珠江－西江经济带城市发展研究
（2010～2015）
生态环境卷

曾　鹏　钟学思　李洪涛等　著

U0370132

中国财经出版传媒集团

经济科学出版社
Economic Science Press

图书在版编目（CIP）数据

珠江 - 西江经济带城市发展研究：2010 - 2015. 生态环境卷/曾鹏等著.
—北京：经济科学出版社，2017. 12
ISBN 978 - 7 - 5141 - 8834 - 9

Ⅰ.①珠…　Ⅱ.①曾…　Ⅲ.①城市经济 - 经济发展 - 研究报告 - 广东 -
2010 - 2015②城市经济 - 经济发展 - 研究报告 - 广西 - 2010 - 2015③生态
环境 - 研究报告 - 广东 - 2010 - 2015④生态环境 - 研究报告 - 广西 - 2010 - 2015
Ⅳ.①F299. 276②X321. 26

中国版本图书馆 CIP 数据核字（2017）第 307272 号

责任编辑：李晓杰　程辛宁
责任校对：王肖楠
责任印制：李　鹏

珠江 - 西江经济带城市发展研究（2010 ~ 2015）
生态环境卷
曾　鹏　钟学思　李洪涛等　著
经济科学出版社出版、发行　新华书店经销
社址：北京市海淀区阜成路甲 28 号　邮编：100142
总编部电话：010 - 88191217　发行部电话：010 - 88191522
网址：www. esp. com. cn
电子邮件：esp@ esp. com. cn
天猫网店：经济科学出版社旗舰店
网址：http：//jjkxcbs. tmall. com
北京季蜂印刷有限公司印装
880 × 1230　16 开　19. 25 印张　800000 字
2017 年 12 月第 1 版　2017 年 12 月第 1 次印刷
ISBN 978 - 7 - 5141 - 8834 - 9　定价：106. 00 元
（图书出现印装问题，本社负责调换。电话：010 - 88191510）
（版权所有　侵权必究　打击盗版　举报热线：010 - 88191661
QQ：2242791300　营销中心电话：010 - 88191537
电子邮箱：dbts@ esp. com. cn）

作者简介

曾鹏，男，1981年7月生，汉族，广西桂林人，中共党员。广西师范大学经济学、法学双学士、管理学硕士，哈尔滨工业大学管理学博士，中国社会科学院研究生院经济学博士研究生（第二博士），中央财经大学经济学博士后，经济学教授，硕士研究生导师。历任桂林理工大学人文社会科学学院副院长（主持行政工作）、广西壮族自治区科学技术厅办公室副主任（挂职），现任桂林理工大学社会科学办公室主任、科技处副处长。入选中华人民共和国国家民族事务委员会"民族问题研究优秀中青年专家"、中华人民共和国国家旅游局"旅游业青年专家培养计划"、中华人民共和国民政部"行政区划调整论证专家"、广西壮族自治区人民政府"十百千人才工程"第二层次人选、广西壮族自治区教育厅"广西高等学校高水平创新团队及卓越学者计划"、广西壮族自治区教育厅"广西高等学校优秀中青年骨干教师培养工程"、广西壮族自治区知识产权局"广西知识产权（专利）领军人才"、广西壮族自治区文化厅"广西文化产业发展专家"。

曾鹏教授主要从事城市群与区域经济可持续发展、计量经济分析等方面的教学与科研工作。主持完成国家社会科学基金项目2项、中国博士后科学基金项目1项、国家民委民族问题研究项目1项、国家旅游局旅游业青年专家培养计划项目1项、广西哲学社会科学规划课题1项、广西教育科学规划课题2项、广西壮族自治区教育厅科研项目3项、广西高等教育教学改革工程项目1项、广西学位与研究生教育改革和发展专项课题1项、广西旅游产业人才小高地人才提升专项研究课题1项、广西壮族自治区社会科学界联合会研究课题2项、广西研究生科研创新项目1项；作为主研人员完成或在研国家社会科学基金项目7项。出版《面向后发地区的区域技术战略对企业迁移作用机理研究》《中国－东盟自由贸易区带动下的西部民族地区城镇化布局研究——基于广西和云南的比较》等著作4部；在《科研管理》《社会科学》《国际贸易问题》《农业经济问题》《数理统计与管理》《经济地理》《中国人口·资源与环境》《人文地理》《现代法学》等中文核心期刊、CSSCI来源期刊、EI来源期刊上发表论文87篇，在省级期刊上发表论文24篇，在《中国人口报》《广西日报》的理论版上发表论文29篇，在《海派经济学》等辑刊、国际年会和论文集上发表论文19篇。论文中有9篇被EI检索，有4篇被ISTP/ISSHP检索，有66篇被CSSCI检索，有2篇被《人大复印资料》《社会科学文摘》全文转载。学术成果获中华人民共和国国家民族事务委员会颁发的国家民委社会科学优秀成果奖二等奖1项、三等奖1项；广西壮族自治区人民政府颁发的广西壮族自治区社会科学优秀成果奖二等奖3项、三等奖6项；中国共产主义青年团中央委员会颁发的全国基层团建创新理论成果奖二等奖1项；中华人民共和国民政部颁发的民政部民政政策理论研究一等奖1项、二等奖1项、三等奖3项、优秀奖1项；教育部社会科学司颁发的高校哲学社会科学研究优秀咨询报告1项；中国共产主义青年团中央委员会办公厅颁发的全国社区共青团工作调研活动优秀调研奖一等奖1项；桂林市人民政府颁发的桂林社会科学优秀成果奖一等奖1项、二等奖1项、三等奖4项；广西壮族自治区教育厅颁发的广西教育科学研究优秀成果奖三等奖1项；广西壮族自治区教育厅颁发的广西高等教育自治区级教学成果奖二等奖1项；全国工商管理硕士教育指导委员会颁发的"全国百篇优秀管理案例"1项。

钟学思，男，1981年4月生，瑶族，广西柳州人，中共党员。广西师范大学经济学学士、教育学硕士，广西师范大学经济管理学院应用经济学教研室主任，副教授、硕士研究生导师，中南财经政法大学经济学博士研究生。主要从事城市化与区域经济可持续发展、少数民族文化产业发展等方面的教学与科研工作。主持国家社会科学基金项目1项、广西哲学社会科学规划课题1项、广西壮族自治区教育厅科研项目2项、广西高等教育教学改革工程项目1项；作为主研人员完成或在研国家社会科学基金项目4项。出版著作《珠江－西江经济带区域体育旅游发展研究：桂林案例》《桂林米粉》；在《体育学刊》《科技管理研究》《社会科学家》《旅游科学》《广西师范大学学报（哲学社会科学版）》《江苏农业科学》等中文核心期刊、CSSCI来源期刊上发表论文9篇，在省级期刊上发表论文22篇，其中有1篇被EI检索。学术成果获广西壮族自治区人民政府颁发的广西壮族自治区社会科学优秀成果奖三等奖1项；中华人民共和国民政部颁发的民政部民政政策理论研究一等奖 1 项；中国共产主义青年团中央委员会办公厅颁发的全国社区共青团工作调研活动优秀调研奖一等奖 1 项；广西壮族自治区科学技术协会、广西壮族自治区社会科学界联合会、共青团广西壮族自治区委员会联合颁发的广西青年学术年会优秀论文一等奖 1 项、二等奖 1 项；桂林市人民政府颁发的桂林社会科学优秀成果奖三等奖 1 项；广西壮族自治区教育厅颁发的广西高等教育自治区级教学成果奖一等奖 1 项、二等奖 1 项。

李洪涛，男，1993 年 3 月生，汉族，广西桂林人，共青团员。桂林电子科技大学工学学士，桂林理工大学社会服务与管理专业硕士研究生，主要从事城市群与区域经济可持续发展方面的科研工作。参与国家社会科学基金项目 2 项，广西哲学社会科学规划课题 1 项。在《科技进步与对策》《海派经济学》等中文核心期刊、CSSCI 来源期刊、集刊上发表论文 3 篇。学术成果获中华人民共和国国家民族事务委员会颁发的国家民委社会科学优秀成果奖三等奖 1 项，中华人民共和国民政部颁发的民政部民政政策理论研究三等奖 2 项。

参加本书撰写人员

曾　鹏　钟学思　李洪涛　杨莎莎　陈　薇

许杰智　陆凤娟　秦慧玲　徐静静　石志禹

韩晓涵　魏　旭　周林英　王俊俊　章昌平

陈　洁　梁仁海　陈　茫　邓国彬　邓小芹

黄　令　陈嘉浩　曹冬勤　邓闻静　杨　柳

前　　言

　　《珠江－西江经济带城市发展研究（2010～2015）》（10 卷本）是 2016 年度广西人文社会科学发展研究中心委托项目"珠江－西江经济带城市发展研究（2010～2015）"（课题编号：WT2016001）的核心成果，总字数约 1000 万字。课题于 2016 年 6 月立项，2017 年 6 月结项，历时一年由桂林理工大学、广西师范大学共同完成，并于 2017 年 12 月在经济科学出版社出版。在课题的研究期间，课题组多次深入珠江－西江经济带各城市展开实际调研，收集到了极为丰富的一线材料和数据，为 10 卷本著作的撰写提供了坚实的写作基础。

　　纵观该 10 卷本著作，具有以下几个特点：

　　一是研究区域的独特性。《珠江－西江经济带城市发展研究（2010～2015）》（10 卷本）研究的珠江－西江经济带是广西重点发展的核心区域，对促进广东、广西经济一体化，探索我国跨省区流域经济合作发展新模式具有十分重要意义。《珠江－西江经济带发展规划》于 2014 年 7 月经国务院批复上升为国家战略，同年 8 月，国家发展和改革委员会正式印发《珠江－西江经济带发展规划》全文。规划范围包括广东省的广州、佛山、肇庆、云浮 4 市和广西壮族自治区的南宁、柳州、梧州、贵港、百色、来宾、崇左 7 市。珠江－西江经济带是珠江三角洲地区转型发展战略腹地、西南地区重要出海通道，在全国区域协调发展与面向东盟开放合作中具有重要战略地位，旨在带动区域内城市协同发展；经济带自然禀赋优良、航运条件优越、产业基础较好、合作前景广阔、发展潜力巨大，是我国新兴的跨省区的经济合作平台，是国家开发轴带的重要组成部分，沿江区域更是产业集聚的重要载体，其产业布局将对未来沿江土地利用及城市经济发展产生重要影响。它的出现将给两广地区，特别是广西经济发展带来新的机遇。在当今新形势下，对珠江－西江经济带各城市发展进行评估，探悉加快推进珠江－西江经济带发展建设，有利于构建我国西南中南地区开放发展新的战略支点，培育我国新的区域经济带打造综合交通大通道，这也是适应我国经济新常态、推进供给侧结构性改革、带动区域内城市协同发展的必然要求。

　　二是研究内容的必要性。《珠江－西江经济带城市发展研究（2010～2015）》（10 卷本）的研究是通过城市综合发展评估的形式，将经济带内各城市关乎国民经济发展的各项指标有机结合，突破单一层面研究的局限，从综合发展、人口就业、区域经济、农业生产、工业企业、基础设施、社会福利、居民生活、科教文卫、生态环境十个方面多视角、多维度深入探讨各城市发展现状，更加突出对城市发展现状的深入探索，全方位体现城市发展水平及差异。珠江－西江经济带建设发展的成效直接体现在经济带各城市综合发展过程。国内外现有的对各地区多视角的发展评估及所构建的评价指标体系，为开展珠江－西江经济带城市综合发展评估提供了前期基础。可以说，开展珠江－西江经济带城市综合发展评估是对珠江－西江经济带规划和城市发展评估理论的进一步深化与提升，符合国家加快实施《珠江－西江经济带发展规划》，对打造综合交通大通道，建设珠江－西江生态廊道，着力构建现代产业体系，着力构筑开放合作新高地，切实支持经济带加快发展、区域协调发展和流域生态文明建设提供示范具有重要的理论意义和现实意义。党的十九大报告强调，"我国经济已由高速增长阶段转向高质量发展阶段，正处在转变发展方式、优化经济结构、转换增长动力的攻关期，建设现代化经济体系是跨越关口的迫切要求和我国发展的战略目标。"建设现代化经济体系是我国目前重要的战略任务，要求从发展方式、经济结构和增长动力的高度对城市综合发展进行评估，探寻城市经济结构和增长动力的发展特点和趋势。因此，开展珠江－西江经济带城市综合发展评估正是顺应了我国建设现代化经济体系的趋势和要求，以综合发展水平的独特视角诠释城市所包含的关乎国民生产生活的方方面面。将发展方式、经济结构和增长动力从发展层面深化至具体绩效评价，为创新区域协调发展体制机制、优化区域空间开发格局，以及全面提高珠江－西江经济带城镇化质量提供理论依据和政策依据；为推进国家实施"一带一路"倡议、京津冀协同发展、长江经济带等战略布局提供可资借鉴的区域发展素材。

三是研究主题的先进性。《珠江-西江经济带城市发展研究（2010~2015）》（10卷本）对珠江-西江经济带各城市生产、生活等方方面面发展问题进行了深入的探讨研究，其涉及的评价内容均为当前我国经济发展过程中的关注点，且其选取的评价层面及提出的实现路径与党的十九大提出的相关政策不谋而合，具有高度前瞻性。如人口就业卷中对人口就业的发展评估顺应了党的十九大发出的实现更高质量和更充分就业的"动员令"；区域经济卷中关于区域经济发展现状评估顺应了党的十六届三中全会"五个统筹"中关于统筹区域发展的重要精神；农业生产卷关于农业生产发展现状评估体现了我国近年来重视发展农业现代化、推动新型城镇化建设重要战略思想；工业企业卷中关于工业企业发展现状评估与党的十九大提出的"建立以企业为主体、市场为导向、产学研深度融合的技术创新体系，加强对中小企业创新的支持，促进科技成果转化"发展思路高度吻合；基础设施卷中关于基础设施的发展现状评估符合党的十九大提出的加强基础设施网络建设和建设"交通强国"的要求；社会福利卷中关于乡村社会福利的发展现状评估与党的十九大提出的"实施乡村振兴战略"高度一致；居民生活卷中关于居民生活的发展现状评估进一步分析了党的十九大的"人民日益增长的美好生活需要和不平衡不充分的发展之间的矛盾"的社会主要矛盾的变化。科教文卫卷中关于科教文卫的发展现状评估与"文化自信"思想一脉相承；生态环境卷中关于生态环境的发展现状评估集中体现了我国牢固树立绿色发展理念，加大生态保护力度，共享绿色发展成果，着力推进"五个协调"全面发展战略。

四是研究成果的独特性。《珠江-西江经济带城市发展研究（2010~2015）》（10卷本）通过构建珠江-西江经济带城市发展水平评价指标体系进行灰色关联度分析，运用SPSS、Arcgis等计量与地理信息软件将评估结果在地图上进行直观展示，最后将评估结果进行对比分析，做到定量和定性、理论和实践的有机统一，在进行珠江-西江经济带城市综合水平发展评估的研究中具有一定的创新性。该10卷本著作是第一部将公开渠道发布的数据进行全方位收集和整理的书籍；也是第一部全方位、多视角对珠江-西江经济带城市各方面发展水平进行综合评估的著作；著作中关于城市发展评估指标体系构建的完整与全面也是目前国内外少有的。

《珠江-西江经济带城市发展研究（2010~2015）》（10卷本）全面评价与揭示珠江-西江经济带城市发展现状，具有重大的理论指导意义。著作更是凝聚了课题组的心血和努力，从数据的全面性与完整性中明显反映出团队所花费的时间与精力，体现出当代学者所崇尚的刻苦钻研、积极进取的精神风貌。我们相信通过此系列成果能引起读者们对珠江-西江经济带城市发展现状有更深入的认识，也盼望能产生一些新的思考与启发。在国家推进西部大开发战略与"一带一路"倡议背景下，广西当前所面临的机遇和挑战是空前的。如果能引起更多学者重视新时代背景下珠江-西江经济带发展问题，探悉发展机制，剖析发展现状，发挥广西后起优势，促进珠江-西江经济带建设，则是我们热切盼望的。

曾　鹏

2017 年 12 月

目　　录

第一章 珠江－西江经济带城市生态环境发展综合评估

一、珠江－西江经济带城市生态环境建设水平评估指标体系及测算方法构建

（一）珠江－西江经济带城市生态环境建设水平评估指标体系建立

1. 珠江－西江经济带城市生态环境的内涵及构成要素

生态环境是人类社会生存和发展的基础，珠江－西江经济带城市地区保持良好的生态环境，是珠江－西江经济带城市可持续发展的客观要求，也是整个国家实现可持续发展的现实需求。由于珠江－西江经济带城市生态环境复杂，加之生态脆弱，经过一系列的生态环境补救措施得到局部改善，但有关生态环境治理的改善措施尚未完全适应现实环境治理的需要。综合考虑资源、环境、经济和社会等多元要素，加快推动和实现生态环境治理政策创新，是合理开发、利用和保护环境的现实而迫切的需要，极具重要的战略意义。

党的十八大以来，党中央、国务院将生态文明建设摆在更加重要的战略位置，统筹推进"五位一体"总体布局和协调推进"四个全面"战略布局，牢固树立和贯彻落实创新、协调、绿色、开放、共享的发展理念，落实节约资源和保护环境基本国策，并作出一系列重大决策部署，以提高环境质量为核心，实施最严格的环境保护制度，打好大气、水、土壤污染防治三大战役，加强生态保护与修复，严密防控生态环境风险，加快推进生态环境领域国家治理体系和治理能力现代化，加快建设资源节约型、环境友好型社会，保障人民群众健康和经济社会可持续发展。如通过出台《生态文明体制改革总体方案》，实施大气、水、土壤污染防治行动计划，将发展观、执政观、自然观内在统一，融入执政理念和发展理念，生态文明建设的认识高度、实践深度、推进力度前所未有。

随着我国经济快速发展，各地区环境市场化进程不断加速，城市内部的组成要素发生较大变化，生态环境反映地区及城市生产力及发展潜力的基本情况。城市生态环境建设水平与其经济产业发展有着直接联系。经济产业结构变化调整将导致城市生态环境实力转变，经济和产业发展为城市内部的居民及劳动力人口提供物质基础。经济及产业的调整变化是通过对地区及城市生产要素分配、生产力及生产关系协调进行优化而实现的，生产力作为各类生产要素中最为活跃的部分，经济产业的变化会第一时间反映在城市的生态环境上。

生态环境的建设水平也制约着城市的发展水平，生产力作为城市发展中最具能动性的要素，对于协调各类要素资源分配、经济产业结构升级起到重要作用。一方面，生态环境改变将对城市综合发展起到推动作用；另一方面，生态绿化的提高、环境治理的改善也对城市经济转型、产业升级起到重要作用。因此，本研究从生态绿化和环境治理两方面对珠江－西江经济带城市生态环境建设水平进行评估。

第一，生态绿化。生态绿化是指运用生态原理和技术，遵循保护、自然环境修复、生态绿地系统格局的原则，借鉴地带性植物群落种类、生存规律、结构特点，对城市绿化地带进行生态设计，构建结构复杂、功能多样的复合人工植物群落，保护生物多样性，建立人与自然和谐共生的城市生态系统，实现人与自然的良性循环。人口密度、城市功能区分布、绿地服务半径、城市生态环境等是城市考虑绿地布局和规模的重要因素。因此，通过绿化面积增长、绿化面积覆盖、生态发展等内容对城市绿化面积进行评估分析。绿化面积增长反映社会公众对城市绿化的需求，起到的是保底的作用，而绿化面积旨在提高人们的城市生活生态绿化的绿地服务半径，涉及公园面积、公园绿地面积等方面。绿化面积的扩大，说明城市居民的日常绿色生活实现保障，城市生态绿化服务供给能力的增长能够不断满足居民对生态绿化服务的需求。城市绿化在城市绿地系统中占据重要的地位，并体现着整个城市的景观风貌。城市绿化面积覆盖情况可通过城市绿化面积在整个城市面积中的占比加以反映，绿化面积覆盖实际是城市各绿化垂直投影面积占城市总面积的比率。绿化面积覆盖越大，说明城市环境质量以及城市居民生活福利水平越高。就业贡献率从各产业部门视角对就业人口的分布及集中情况进行评估。生态发展是对城市绿地事业发展程度的评估分析，由于存在着地区间经济发展、气候条件不平衡问题，生态发展的差距也各不一样，而每个城市均存在最优的生态发展标准值，因此城市也就相对应存在最优的生态发展范围，通过对城市绿地面积、公园面积、公园绿地面积、绿化覆盖面积等多个指标的评估分析，可以说明城市生态发展水平的程度。生态发展水平越高，其城市的绿化面积、绿化覆盖率等生态绿化发展比较全面，城市居民能够享有更多的生态绿化的生活环境。生态绿化反映城市居民绿色生活环境情况及城市经济发展的基本情况，生态绿化优势可以保证城市经济社会的平稳健康可持续发展。

第二，环境治理。环境治理是指在环境允许的容量范围内以环境理论作为科学指导，并借助结合经济、技术、法律、行政等手段对人类的社会活动实施管理。从预期环境效益层面来看，环境治理是管理者对社会、经济发展过

程中存在的污染性因素进行预防和控制以实现经济效益、社会效益和生态效益的有机统一。伴随着科学技术的提升和管理、治理水平的推进，环境治理的内涵及深度在不断地向前推进。从科学技术角度来看，环境的修复和改进是工程技术和生态科学在环境领域中最基础的应用。本研究将由就业环境损害程度、环保支出水平、能耗水平、综合利用水平等方面对生态治理进行评估。环境损害程度反映城市的生产生活对环境绿化的破坏程度的基本情况，环境损害程度更低的城市往往其经济社会发展水平更具备优势，同时通过城市的环境损害程度也可以体现城市劳动力的分布情况以及产业的基本发展阶段。环保支出水平反映城市政府为环境保护事业财政拨款的实力，环保支出实质是政府为提供城市绿化、改善城市环境污染和恢复城市生态绿化等事业的资金支付。环保支出水平是直接影响城市发展的重要因素，一方面为城市产业提供必要的环境支持以促进产业经济效益的提高，另一方面通过环保支出完善城市的绿化环境以提高城市居民的生活质量。能源消费水平和节能降耗状况是通过能耗水平加以反映的，能耗水平的变化间接反映出经济结构和能源利用效率的变化情况，原因在于较高的城市能耗水平说明一个城市在经济活动中对能源的利用程度越高。综合利用水平是对各方面环境治理事业发展的评估分析，由于存在着地区间发展不平衡问题，环境治理水平的差距也各不一样，而每个城市均存在最优的环境治理综合利用标准值，因此城市环境治理水平也就相对应的存在最优的发展范围，通过对城市废水处理率、固体垃圾回收率、污染处理率等多个指标的评估分析，可以为城市说明环境治理综合利用水平的程度。城市的综合利用水平是城市逐步完善城市建设的基础，良好的综合利用水平可以确保城市环境绿化的稳定提升，是城市污染治理提升的重要保障。

2. 珠江－西江经济带城市生态环境建设水平评估指标体系及其评估方法

要客观、全面评价珠江－西江经济带各城市生态环境建设水平，科学合理地掌握珠江－西江经济带及内部各城市生态环境建设水平的各个方面及内在机理，需要对珠江－西江经济带各城市生态环境建设水平展开评估。因此，需要一整套能够客观、准确、科学反映生态环境实力各个方面及其内在结构特征的指标体系，并能运用科学、合理的数学评价计量模型对指标体系进行评价、分析。本研究基于珠江－西江经济带城市生态环境发展现状及生态环境内涵分析，努力探索构建出一整套内容丰富、符合发展实际需要的珠江－西江经济带城市生态环境建设水平评价指标体系及数学评价模型。

珠江－西江经济带城市生态环境建设水平评价指标体系由系统层、模块层、要素层三层指标构成，这三层指标分别对应为1个一级指标、2个二级指标、18个三级指标。其中一、二、三级指标均属于合成性间接指标，第三层要素层指标是通过对客观直接可测量指标计算得到，本研究将在下一节中对具体的测算方法进行阐述分析。

由于研究所构建的三层、两个方面、18个指标之间存在相互依存且相互独立的关系，指标之间既存在联系又具备区别。指标体系整体是一个完整的评估体系，由生态绿

化、环境治理两个方面全面、准确、科学地对珠江－西江经济带城市生态环境建设水平展开评估工作。

在确定评估权重和指标处理的过程中，本研究首先对三级指标进行无量纲化处理，对个别并非正向、负向的指标取与最优值之差构成为负向指标的方式进行处理。

对于正向性指标，可以通过公式（1－1）计算：

$$X_{ik} = \frac{Y_{ik} - \min\limits_i Y_{ik}}{\max\limits_i Y_{ik} - \min\limits_i Y_{ik}} \times 100 \qquad (1-1)$$

对于负向性指标，可以通过公式（1－2）计算：

$$X_{ik} = \frac{\max\limits_i Y_{ik} - Y_{ik}}{\max\limits_i Y_{ik} - \min\limits_i Y_{ik}} \times 100 \qquad (1-2)$$

本研究所构建的珠江－西江经济带城市生态环境建设水平评估指标体系形成一个 $Y_{11 \times 18}$ 的矩阵。由于所选取的指标数量较多并且各指标之间也存在相互联系，因而易形成评价的重叠性，难以直接对其进行综合分析判别。因此，本研究选用灰色理论对18项三层指标进行灰色综合评价和灰色聚类分析。

通过灰色理论对评估指标体系与相关参考因子之间的关系机密程度从而判断各项指标距离理想最优指标之间的距离。本研究通过设立珠江－西江经济带城市生态环境建设水平评估指标理想最优指标作为参考数列 X_0 及各城市指标数列 $X_0(k)$，以珠江－西江经济带城市生态环境建设水平评估指标体系各项指标作为比较数列 X_i 及各城市指标数列 $X_i(k)$，继而求出各指标与理想最优指标之间的灰色关联度。灰色关联度越大，说明该项指标与最优理想状态越为接近，该项指标的发展水平也就越高；而灰色关联度越弱，则说明该项指标的综合发展水平越低。因此，本研究通过对珠江－西江经济带城市生态环境建设水平指标体系的灰色关联度测算，可以得到各城市生态环境实力的强弱顺序。

在对各项三层指标进行无量纲化处理后，将各项指标数据转化为 0～100 区间的标准值，因此选择理想最优指标数列的值为100。本研究通过公式（1－3）对灰色关联系数 $\zeta_i(k)$ 进行求解。

$$\zeta_i(k) = \frac{\min\limits_i \min\limits_k \left| X_0(k) - X_i(k) \right| + \delta \max\limits_i \max\limits_k \left| X_0(k) - X_i(k) \right|}{\left| X_0(k) - X_i(k) \right| + \delta \max\limits_i \max\limits_k \left| X_0(k) - X_i(k) \right|}$$

$$(1-3)$$

其中，δ 为分辨系数，$\delta \in [0, 1]$，通常取 0.5。

通过公式（1－4）计算各项指标的灰色关联系数。

$$\bar{r}_i = \frac{1}{n} \sum_{k=1}^{n} \zeta_i(k), \quad k = 1, 2, \cdots, m \qquad (1-4)$$

通过公式（1－5）计算各项指标在综合评价中的权重 r_i。

$$r_i = \bar{r}_i \Big/ \sum_{k=1}^{m} \bar{r}_i, \quad k = 1, 2, \cdots, m \qquad (1-5)$$

$$D_i = \sum_{k=1}^{m} r_i x_i(k), \quad i = 1, 2, \cdots, n \qquad (1-6)$$

其中，D_i 数值越大，说明珠江－西江经济带各城市该项指标与理想最优状态更为接近。因此，通过对 D_i 数值的分析就可得到城市在生态环境建设水平层面的综合水平排序情况。表1－1为珠江－西江经济带城市生态环境建设水平评估指标体系及客观权重的具体信息。

表 1-1　珠江-西江经济带城市生态环境建设水平评估指标体系及权重

一级指标	生态环境						
二级指标（2个）	三级指标（18个）	权重					
		2010 年	2011 年	2012 年	2013 年	2014 年	2015 年
生态绿化	城镇绿化扩张弹性系数	0.092	0.090	0.093	0.091	0.092	0.089
	生态绿化强度	0.043	0.043	0.045	0.045	0.046	0.044
	城镇绿化动态变化	0.045	0.047	0.047	0.046	0.050	0.045
	绿化扩张强度	0.048	0.051	0.050	0.048	0.047	0.056
	城市绿化蔓延指数	0.041	0.042	0.041	0.048	0.042	0.042
	环境承载力	0.042	0.042	0.043	0.043	0.044	0.044
	城市绿化相对增长率	0.065	0.064	0.063	0.062	0.061	0.067
	城市绿化绝对增量加权指数	0.071	0.075	0.074	0.073	0.073	0.075
环境治理	地区环境相对损害指数（EVI）	0.091	0.090	0.088	0.093	0.095	0.093
	单位 GDP 消耗能源	0.062	0.062	0.063	0.066	0.063	0.071
	环保支出水平	0.049	0.043	0.046	0.046	0.047	0.046
	污染处理率比重增量	0.051	0.063	0.061	0.058	0.054	0.053
	综合利用率平均增长指数	0.053	0.054	0.048	0.049	0.050	0.047
	综合利用率枢纽度	0.058	0.052	0.051	0.049	0.048	0.047
	环保支出规模强度	0.042	0.042	0.043	0.044	0.046	0.046
	环保支出区位商	0.050	0.047	0.048	0.045	0.046	0.044
	环保支出职能规模	0.048	0.044	0.047	0.046	0.049	0.046
	环保支出职能地位	0.049	0.047	0.046	0.046	0.047	0.045

　　表 1-2、表 1-3、表 1-4、表 1-5、表 1-6、表 1-7 为珠江-西江经济带城市生态环境建设水平指标权重分类，根据灰色关联度分析得到各项指标在综合评价体系中的权重，并根据权重的分布范围划分出最重要、较重要、重要指标三级分类标准。

表 1-2　2010 年影响城市综合发展水平的指标分类

类别	权重	指标
最重要	0.07~0.1	城镇绿化扩张弹性系数、城市绿化绝对增量加权指数、地区环境相对损害指数（EVI）
较重要	0.05~0.07	城市绿化相对增长率、单位 GDP 消耗能源、污染处理率比重增量、综合利用率平均增长指数、综合利用率枢纽度、环保支出区位商
重要	0.04~0.05	生态绿化强度、城镇绿化动态变化、绿化扩张强度、城市绿化蔓延指数、环境承载力、环保支出水平、环保支出规模强度、环保支出职能规模、环保支出职能地位

表 1-3　2011 年影响城市综合发展水平的指标分类

类别	权重	指标
最重要	0.07~0.1	城镇绿化扩张弹性系数、城市绿化绝对增量加权指数、地区环境相对损害指数（EVI）
较重要	0.05~0.07	绿化扩张强度、城市绿化相对增长率、单位 GDP 消耗能源、污染处理率比重增量、综合利用率平均增长指数、综合利用率枢纽度
重要	0.04~0.05	生态绿化强度、城镇绿化动态变化、城市绿化蔓延指数、环境承载力、环保支出水平、环保支出规模强度、环保支出区位商、环保支出职能规模、环保支出职能地位

表 1-4　2012 年影响城市综合发展水平的指标分类

类别	权重	指标
最重要	0.07~0.1	城镇绿化扩张弹性系数、城市绿化绝对增量加权指数、地区环境相对损害指数（EVI）
较重要	0.05~0.07	绿化扩张强度、城市绿化相对增长率、单位 GDP 消耗能源、污染处理率比重增量、综合利用率枢纽度
重要	0.04~0.05	生态绿化强度、城镇绿化动态变化、城市绿化蔓延指数、环境承载力、环保支出水平、综合利用率平均增长指数、环保支出规模强度、环保支出区位商、环保支出职能规模、环保支出职能地位

表 1－5   **2013 年影响城市综合发展水平的指标分类**

类别	权重	指标
最重要	0.07～0.1	城镇绿化扩张弹性系数、城市绿化绝对增量加权指数、地区环境相对损害指数（EVI）
较重要	0.05～0.07	城市绿化相对增长率、单位 GDP 消耗能源、污染处理率比重增量
重要	0.04～0.05	生态绿化强度、城镇绿化动态变化、绿化扩张强度、城市绿化蔓延指数、环境承载力、环保支出水平、综合利用率平均增长指数、综合利用率枢纽度、环保支出规模强度、环保支出区位商、环保支出职能规模、环保支出职能地位

表 1－6   **2014 年影响城市综合发展水平的指标分类**

类别	权重	指标
最重要	0.07～0.1	城镇绿化扩张弹性系数、城市绿化绝对增量加权指数、地区环境相对损害指数（EVI）
较重要	0.05～0.07	城镇绿化动态变化、城市绿化相对增长率、单位 GDP 消耗能源、污染处理率比重增量、综合利用率平均增长指数
重要	0.04～0.05	生态绿化强度、绿化扩张强度、城市绿化蔓延指数、环境承载力、环保支出水平、综合利用率枢纽度、环保支出规模强度、环保支出区位商、环保支出职能规模、环保支出职能地位

表 1－7   **2015 年影响城市综合发展水平的指标分类**

类别	权重	指标
最重要	0.07～0.1	城镇绿化扩张弹性系数、城市绿化绝对增量加权指数、地区环境相对损害指数（EVI）、单位 GDP 消耗能源
较重要	0.05～0.07	绿化扩张强度、城市绿化相对增长率、污染处理率比重增量
重要	0.04～0.05	生态绿化强度、城镇绿化动态变化、城市绿化蔓延指数、环境承载力、环保支出水平、综合利用率平均增长指数、综合利用率枢纽度、环保支出规模强度、环保支出区位商、环保支出职能规模、环保支出职能地位

3. 珠江－西江经济带城市生态环境建设水平评估指标体系评价方法

（1）珠江－西江经济带城市生态环境指标变化类型及界定。通过分析珠江－西江经济带各城市生态环境建设水平三级指标的变化趋势，将指标体系中各项指标变化发展态势划分为 6 类形态。

第一，持续上升型。在 2010～2015 年间城市在这一类型指标上保持持续上升状态的指标。处于持续上升型的指标，不仅意味着城市在各项指标数据上的不断增长，更意味着城市的在该项指标以及生态环境建设水平整体上的竞争力优势不断扩大。城市的持续上升型指标数量越多，意味着城市的生态环境建设水平越强。

第二，波动上升型。在 2010～2015 年间城市在这一类型的指标上存在较多波动变化，总体为上升趋势，但在个别年份出现下降的情况，指标并非连续性上升状态。波动上升型指标意味着在评价的时间段内，虽然指标数据存在较大的波动变化，但是其评价末期数据值高于评价初期数据值。波动上升型指标数量的增加，说明城市的生态环境建设水平并不稳定，但整体变化趋势良好。

第三，持续保持型。在 2010～2015 年间城市在该项指标数值上保持平稳，变化波动较少。持续保持型指标意味着城市在该项指标上保持平稳，其竞争力并未出现明显变化，一方面说明城市对已有优势具备保持实力，另一方面也说明城市在该项指标上的持续增长实力出现问题。持续保持型指标较多，说明城市在生态环境建设水平上未能实现进一步发展。

第四，波动保持型。在 2010～2015 年间城市在该项指标数值上虽然呈现波动变化状态，但总体数值情况保持一致。波动保持型指标意味着城市在该项指标上虽然呈现波动状态，但在评价末期和评价初期的数值基本保持一致。波动保持型指标较多，说明城市在生态环境建设水平上并不稳定，未能现实持续性的增长趋势。

第五，波动下降型。在 2010～2015 年间城市在该项指标上总体呈现下降趋势，但评估期间存在上下波动的情况，指标并非连续性下降状态。波动下降型指标意味着在评估的时间段内，虽然指标数据存在较大的波动变化，但是其评价末期数据值低于评价初期数据值。波动下降型指标数量的增多，说明城市的生态环境建设水平呈现下降趋势，并且这一趋势伴随着不稳定的特征。

第六，持续下降性。在 2010～2015 年间城市在该指标上保持持续的下降状态。处于持续下降型的指标，意味着城市在该项指标上不断处在劣势状态，并且这一状况并未得到改善。城市的持续下降型指标数量越多，说明城市的生态环境建设水平越弱。

（2）指标的排名区段和优劣势的判定。首先，排名区段的划分标准。排名前 3 名的城市定为上游区，4～8 名为中游区，9～11 名为下游区。

其次，优劣势的评价标准。评价指标的优劣度分为强势、优势、中势、劣势 4 个层次，凡是在评价时段内处于前 2 名的指标，均属于强势指标；在评价时段内处于 3～5 名的，均属优势指标；在评价时段内处于 6～8 名的，均属中势指标；在评价时段内始终处于 9～11 名的指标，均属劣势指标。对各级指标的评价均采用这一标准。

再次，指标动态变化趋势的判定。根据前面界定的生态环境动态变化类型，在各指标评价结果前分别用"持续

↑""波动↑""持续→""波动→""持续↓""波动↓"符号表示指标的持续上升、波动上升、持续保持、波动保持、持续下降、波动下降6种变化状态,简明扼要地描述指标的具体变化情况。

(二)珠江-西江经济带城市生态环境建设水平评估指标体系的测算与评价

通过对客观性直接可测量指标的简单测算,本研究将获取指标体系第三层要素层指标。在评价过程中,本研究所使用的数据均为国家现行统计体系中公开发布的指标数据;主要来自《中国城市统计年鉴(2011~2016)》《中国区域经济年鉴(2011~2014)》《广西统计年鉴(2011~2016)》《广东统计年鉴(2011~2016)》以及各城市的各年度国民经济发展统计公报数据。本研究的评价范围主要包括南宁市、柳州市、梧州市、贵港市、百色市、来宾市、崇左市、广州市、佛山市、肇庆市、云浮市11个城市。

1. 珠江-西江经济带城市生态绿化建设水平三级指标测算方法

第一,城镇绿化扩张弹性系数的测算公式。

$$E = \frac{(U_{t2} - U_{t1})/U_{t1}}{(P_{t2} - P_{t1})/P_{t1}} \quad (1-7)$$

其中,E为城镇绿化扩张弹性系数,U_{t2}、U_{t1}为城市在一段评估时间内末期和初期的城市用地面积,P_{t2}、P_{t1}为在同一段评估时间内城市的绿化面积。城市的绿化扩张弹性系数越大,说明城市的绿化扩张幅度越小,城市城镇化与城市面积之间呈现协调发展的关系;城镇绿化面积的增加并未导致城市用地面积的过度拥挤及承载力压力问题的出现[1]。

第二,生态绿化强度的测算公式。

$$E = \frac{X_{i,t}}{\frac{1}{n}\sum_{j}^{n} X_{i,t}} \quad (1-8)$$

其中,E为生态绿化强度,$X_{i,t}$为i城市公园绿地面积。经过城市的生态绿化强度测算,可以对城市的公园绿地面积与地区整体平均水平之间的关系展开研究。城市生态绿化强度数值超过1,说明城市的公园绿地将高于地区的平均水平;城市的生态绿化强度系数越小,说明城市的公园绿地不具备优势,城市活力较弱[2]。

第三,城镇绿化动态变化的测算公式。

$$U_v = (U_{t2} - U_{t1})(t_2 - t_1)/U_{t1} \quad (1-9)$$

其中,U_v为城镇绿化动态变化,U_{t2}、U_{t1}为t2、t1时期城镇绿化面积。说明城市城镇绿化土地面积一个时期内的增长变化。城镇绿化动态变化幅度越大,说明城市的绿化面积

增加变大,对应呈现出地区经济活力的增强以及城市规模的扩大[3]。

第四,绿化扩张强度的测算公式。

$$P_i = \frac{\Delta U_i}{TLA} \times 100\% \quad (1-10)$$

其中,P_i为绿化扩张强度,ΔU_i为i城市的绿化扩张面积,TLA为i城市的总绿化面积。经过绿化扩张强度测算,可以对城市绿化的扩张面积的变化增长趋势之间的关系展开分析。城镇扩张强度系数越大,说明城市的建设用地面积增长速率越快,呈现出地区绿化能力的不断提升[4]。

第五,城市绿化蔓延指数的测算公式。

$$SI = \frac{(A_j - A_i)/A_i}{(P_j - P_i)/P_i} \quad (1-11)$$

其中,SI为城市绿化蔓延指数,A_j、A_i为城市在一段评估时间内的末期和初期的绿化面积,P_j、P_i为城市在一段时间内的末期和初期的总人口。城市绿化蔓延指数数值超过1,说明城市的绿化面积的增长将快于人口的增长水平,城市的绿化发展将呈现出蔓延的趋势。但城市的绿化蔓延并非不限制扩大为理想状态,所以城市绿化蔓延指数所在最优的取值范围,通常认为SI=1.12为最优合理状态[5]。

第六,环境承载力的测算公式。

$$ES = \frac{S}{\bar{S}} \quad (1-12)$$

其中,ES为城市的环境承载力,S为城市绿化面积,$\bar{S}$为地区的人均绿化面积。经过环境承载力测算,可以对城市的绿化面积增长情况与全国范围内平均容量范围之间的关系进行分析。城市的环境承载力系数越大,说明城市的绿化面积整体密度更大、容量范围更广[6]。

第七,城市绿化相对增长率的测算公式。

$$NICH = \frac{Y_{2i} - Y_{1i}}{Y_2 - Y_1} \quad (1-13)$$

其中,NICH为城市绿化相对增长率,Y_{1i}、Y_{2i}表示i城市初期和末期的城市绿化面积,Y_1和Y_2表示整体在初期和末期的全国城市绿化面积。经过城市绿化相对增长率测算,可以对城市在一定时期内城市绿化面积增长趋势与全国绿化面积的变化增长趋势之间的关系展开分析。城市绿化相对增长率数值越大,说明城市的绿化面积增长速率越快,城市绿化面积不断扩大[7]。

第八,城市绿化绝对增量加权指数的测算公式。

$$I = \frac{\Delta X_i}{\Delta X} \times \frac{1}{S_i} \quad (1-14)$$

其中,I为城市绿化绝对增量加权指数,ΔX_i为i城市的城

① 周洲、朱建荣:《城镇绿化的制约因素及其对策》,载《林业资源管理》2000年第3期。
② 聂磊:《城市生态绿化的发展策略研究》,载《城市问题》2002年第3期。
③ 吴大千、王仁卿、高甡、丁文娟、王炜、葛秀丽、刘建:《黄河三角洲农业用地动态变化模拟与情景分析》,载《农业工程学报》2010年第4期。
④ 王海军、夏畅、张安琪、刘耀林、贺三维:《基于空间句法的扩张强度指数及其在城镇扩展分析中的应用》,载《地理学报》2016年第8期。
⑤ 张惠丽、王成军:《城市文化产业发展水平综合评价实证分析》,载《科技管理研究》2013年第19期。
⑥ 刘晓丽、方创琳:《城市群资源环境承载力研究进展及展望》,载《地理科学进展》2008年第5期。
⑦ 张惠丽、王成军:《城市文化产业发展水平综合评价实证分析》,载《科技管理研究》2013年第19期。

市绿化面积在一段时间内的增量，ΔX 为全国的绿化面积在该段时间内的增量，S_i 为 i 市面积占全国面积的比重。经过城市绿化绝对增量加权指数测算，可以对城市绿化增长趋势与其土地面积之间的关系展开分析。城市绿化绝对增量加权指数数值越大，说明城市的绿化要素集中度越高，城市绿化变化增长趋向于密集型发展[1]。

2. 珠江 – 西江经济带城市环境治理水平三级指标测算方法

第一，地区环境相对损害指数（EVI）的测算公式。

$$EVI = (RD \div CD)/(RC \div CC) = (RD \div CD)$$
$$/(RA \div CA)$$
$$= RD_A/CD_A \qquad (1-15)$$

其中，EVI 为地区环境相对损害指数，RD 为地区污染排放量，CD 为全国污染排放量，RC 为地区环境承载量，CC 为全国环境承载量，RA 为地区面积，CA 为全国面积，RD_A 为地区污染量，CD_A 为全国地均污染量。城市的地区环境相对损害指数数值越小，说明城市在其经济发展过程中注重环境绿化的保护，城市整体环境状况较其他地区更具优势[2]。

第二，单位 GDP 消耗能源的测算公式。

$$S = U/P \qquad (1-16)$$

其中，S 为城市的单位 GDP 消耗能源，U 为城镇生活消费用水，P 为城市的生产总值。经过单位 GDP 消耗能源（用水）测算，可以对城市城镇生活消费用水与地区经济发展情况的关系展开分析。城市的单位 GDP 消耗能源系数越大，说明城市的整体发展水平越高，城市的发展活力较高，其城镇化发展的潜力巨大。

第三，环保支出水平的测算公式。

$$S = E/P \qquad (1-17)$$

其中，S 为城市的环保支出水平，E 为城市的环境保护支出总额，P 为城市的生产总值。经过环保支出水平测算，可以对城市环境保护财政支付能力大小程度展开分析。城市环保支出水平越高，说明城市的整体发展水平越高，城市内的环保支出源处在不断丰富的状态；城市对外部各类资源要素的集聚吸引能力将不断提升[3]。

第四，污染处理率比重增量的测算公式。

$$P = \frac{X_{it2}}{X_{t2}} - \frac{X_{it1}}{X_{t1}} \qquad (1-18)$$

其中，P 为城市的污染处理率比重增量，X_{it2}、X_{it1} 为 i 城市在一段评估时间内的末期和初期的污染处理率，X_{t2}、X_{t1} 为在同一段评估时间内的末期和初期的全国的污染处理率。城市的污染处理率比重增量越大，说明城市的污染处理率

高于全国的污染处理率，城市整体污染处理率水平更具备优势[4]。

第五，综合利用率平均增长指数的测算公式。

$$S = (X_{t2} - X_{t1})/X_{t1}(t_2 - t_1) \times 100 \qquad (1-19)$$

其中，S 为地区综合利用率的平均增长指数，X_{t2}、X_{t1} 为 t2、t1 时期的工业固体废物综合利用率。城市的综合利用率平均增长指数数值越大，说明城市在评估时间段内的综合利用覆盖程度越高，整体城市综合利用水平得以提升[5]。

第六，综合利用率枢纽度的测算公式。

$$A_i = \frac{V_i}{P_i \cdot G_i} \qquad (1-20)$$

其中，A_i 为 i 城市的综合利用率枢纽度，V_i 为 i 城市的工业固体废物综合利用率，P_i 为 i 城市的常住人口，G_i 为 i 城市的生产总值。经过城市的综合利用率枢纽度测算，可以对城市综合利用程度与其他经济社会发展指标之间的关系展开分析。城市的综合利用率枢纽度数值越大，说明城市的综合利用率能力越强，其在经济社会发展中的地位越高[6]。

第七，环保支出规模强度的测算公式。

$$N_{ij} = (X_{ij} - \overline{X_j})/Sd \qquad (1-21)$$

其中，N_{ij} 为 i 城市的环保支出规模强度，X_{ij} 为 i 城市的环保支出，$\overline{X_j}$ 为珠江 – 西江经济带城市的平均环保支出，Sd 为城市的环保支出标准差。当 $N_{ij} < 0$ 时，说明城市并不具备环保支出职能；当 $0 \leqslant N_{ij} \leqslant 0.5$ 时，说明城市的环保支出职能规模处于中等水平；当 $0.5 \leqslant N_{ij} < 1$ 时，说明城市具备较为显著的城市环保支出能力；当 $1 \leqslant N_{ij} < 2$ 时，说明城市的环保支出规模强度在地区内处于主导地位；当 $N_{ij} \geqslant 2$ 时，说明城市的环保支出是其优势职能。城市的环保支出规模强度系数越大，说明城市的环保支出水平越高。

第八，环保支出区位商的测算公式。

$$Q_{ij} = \frac{L_{ij}/L_i}{L_j/L} \qquad (1-22)$$

其中，Q_{ij} 为城市的环保支出区位商，L_{ij} 为 i 城市的环保支出，L_i 为城市的财政一般预算支出，L_j 为全国环保支出，L 为全国财政一般预算支出。城市的环保支出区位商数值越大，说明城市的环保支出水平越高，城市所具备的环保支出能力越强[7]。

第九，环保支出职能规模的测算公式。

$$\begin{cases} T_{ij} = |Q_{ij} - 1| \times L_{ij} \\ Q_{ij} = \dfrac{L_{ij}/L_i}{L_j/L} \end{cases} \qquad (1-23)$$

其中，T_{ij} 为 i 城市的环保支出职能规模，Q_{ij} 为 i 城市的环保支出区位商，L_{ij} 为 i 城市的环保支出，L_i 为城市的财政

① 杨莎莎、晁操：《十大城市群人口——经济空间集聚均衡特征的比较》，载《统计与决策》2017 年第 7 期。

② 张红振、王金南、牛坤玉、董璟琦、曹东、张天柱、骆永明：《环境损害评估：构建中国制度框架》，载《环境科学》2014 年第 10 期。

③ 原毅军、孔繁彬：《中国地方财政环保支出、企业环保投资与工业技术升级》，载《中国软科学》2015 年第 5 期。

④ 史修松、黄群慧、刘军：《企业所有制结构演变对企业利润及增长影响——基于中国工业数据的研究》，载《上海经济研究》2015 年第 9 期。

⑤ 汤二子、刘凤朝、张娜：《生产技术进步、企业利润分配与国民经济发展》，载《中国工业经济》2013 年第 6 期。

⑥ 张勇民、梁世夫、郭超然：《民族地区农业现代化与新型城镇化协调发展研究》，载《农业经济问题》2014 年第 10 期。

⑦ 张杰、黄泰岩、芦哲：《中国企业利润来源与差异的决定机制研究》，载《中国工业经济》2011 年第 1 期。

一般预算支出，L_j 为全国环保支出，L 为全国财政一般预算支出。城市的环保支出职能规模系数越大，说明城市的环保支出水平越高，城市发展所具备的环保支出能力更强①。

第十，环保支出职能地位的测算公式。

$$F_{ij} = T_{ij} / \sum_{i=1}^{n} T_{ij} \qquad (1-24)$$

其中，F_{ij} 为 i 城市的环保支出职能地位，T_{ij} 为 i 城市的环保支出职能规模。城市环保支出职能地位越高，说明城市的环保支出能力在地区内的水平更具备优势，城市对保护环境和对环境的治理能力增大；城市发展具备的生态绿化及环境治理方面的潜力②。

二、珠江－西江经济带城市生态环境建设水平综合评估与比较

（一）珠江－西江经济带城市生态环境建设水平综合评估结果

根据珠江－西江经济带城市生态环境建设水平指标体系和数学评价模型，对 2010～2015 年间珠江－西江经济带 11 个城市的生态环境建设水平进行评价。表 1－9 至表 1－17 是本次评估期间珠江－西江经济带 11 个城市的生态环境建设水平排名和排名变化情况及其两个二级指标的评价结构。

1. 珠江－西江经济带城市生态环境建设水平排名

根据表 1－8 中内容对 2010 年珠江－西江经济带各城市生态环境建设水平排名变化进行分析，可以看到珠江－西江经济带 11 个城市生态环境建设水平处于上游区的依次是百色市、崇左市、来宾市；珠江－西江经济带 11 个城市生态环境建设水平处在中游区的依次是南宁市、广州市、梧州市、柳州市、贵港市；珠江－西江经济带 11 个城市生态环境建设水平处在下游区的依次是肇庆市、云浮市、佛山市。说明在珠江－西江经济带中广西地区生态环境建设水平高于广东地区，更具优势。

表 1－8　　2010 年珠江－西江经济带城市
生态环境建设水平排名

地区	排名	区段	地区	排名	区段	地区	排名	区段
百色	1	上游区	南宁	4	中游区	肇庆	9	下游区
崇左	2		广州	5		云浮	10	
来宾	3		梧州	6		佛山	11	
			柳州	7				
			贵港	8				

根据表 1－9 中内容对 2011 年珠江－西江经济带各城市生态环境建设水平排名变化进行分析，可以看到在珠江－西江经济带 11 个城市生态环境建设水平处于上游区的依次是百色市、广州市、来宾市；珠江－西江经济带 11 个城市生态环境建设水平处在中游区的依次是柳州市、崇左市、梧州市、佛山市、肇庆市；珠江－西江经济带 11 个城市生态环境建设水平处在下游区的依次是贵港市、云浮市、南宁市。相比于 2010 年，崇左市下降至中游区，南宁市、贵港市下降至下游区，肇庆市、佛山市上升至中游区。

表 1－9　　2011 年珠江－西江经济带城市
生态环境建设水平排名

地区	排名	区段	地区	排名	区段	地区	排名	区段
百色	1	上游区	柳州	4	中游区	贵港	9	下游区
广州	2		崇左	5		云浮	10	
来宾	3		梧州	6		南宁	11	
			佛山	7				
			肇庆	8				

根据表 1－10 中内容对 2012 年珠江－西江经济带各城市生态环境建设水平排名变化进行分析，可以看到在珠江－西江经济带 11 个城市生态环境建设水平处于上游区的依次是百色市、广州市、贵港市；珠江－西江经济带 11 个城市生态环境建设水平处在中游区的依次是柳州市、崇左市、来宾市、梧州市、云浮市；珠江－西江经济带 11 个城市生态环境建设水平处在下游区的依次是肇庆市、南宁市、佛山市。相比于 2011 年，来宾市下降至中游区，贵港市上升至上游区，云浮市上升至中游区，肇庆市、佛山市下降至下游区。

表 1－10　　2012 年珠江－西江经济带城市
生态环境建设水平排名

地区	排名	区段	地区	排名	区段	地区	排名	区段
百色	1	上游区	柳州	4	中游区	肇庆	9	下游区
广州	2		崇左	5		南宁	10	
贵港	3		来宾	6		佛山	11	
			梧州	7				
			云浮	8				

根据表 1－11 中内容对 2013 年珠江－西江经济带各城市生态环境建设水平排名变化进行分析，可以看到在珠江－西江经济带 11 个城市生态环境建设水平处于上游区的依次是百色市、广州市、崇左市；珠江－西江经济带 11 个城市生态环境建设水平处在中游区的依次是柳州市、梧州市、来宾市、佛山市、云浮市；珠江－西江经济带 11 个城

① 田昆：《统筹城乡发展与地方政府投资职能：一般分析》，载《理论与改革》2011 年第 2 期。
② 朱翠萍、万广华、Kala Seetharam Sridhar：《城市如何吸引企业投资：来自中国和印度的证据》，载《云南财经大学学报》2012 年第 2 期。

市生态环境建设水平处在下游区的依次是贵港市、肇庆市、南宁市。相比于2012年，崇左市上升至上游区，贵港市下降至下游区，佛山市上升至中游区。

表1－11　2013年珠江－西江经济带城市生态环境建设水平排名

地区	排名	区段	地区	排名	区段	地区	排名	区段
百色	1	上游区	柳州	4	中游区	贵港	9	下游区
广州	2		梧州	5		肇庆	10	
崇左	3		来宾	6		南宁	11	
			佛山	7				
			云浮	8				

根据表1－12中内容对2014年珠江－西江经济带各城市生态环境建设水平排名变化进行分析，可以看到在珠江－西江经济带11个城市生态环境建设水平处于上游区的依次是百色市、广州市、梧州市；珠江－西江经济带11个城市生态环境建设水平处在中游区的依次是崇左市、云浮市、贵港市、佛山市、来宾市；珠江－西江经济带11个城市生态环境建设水平处在下游区的依次是柳州市、南宁市、肇庆市。相比于2013年，崇左市下降至中游区，柳州市下降至下游区，梧州市上升至上游区。

表1－12　2014年珠江－西江经济带城市生态环境建设水平排名

地区	排名	区段	地区	排名	区段	地区	排名	区段
百色	1	上游区	崇左	4	中游区	柳州	9	下游区
广州	2		云浮	5		南宁	10	
梧州	3		贵港	6		肇庆	11	
			佛山	7				
			来宾	8				

根据表1－13中内容对2015年珠江－西江经济带各城市生态环境建设水平排名变化进行分析，可以看到在珠江－西江经济带11个城市生态环境建设水平处于上游区的依次是广州市、肇庆市、百色市；珠江－西江经济带11个城市生态环境建设水平处在中游区的依次是崇左市、云浮市、梧州市、来宾市、柳州市；珠江－西江经济带11个城市生态环境建设水平处在下游区的依次是贵港市、佛山市、南宁市。相比于2014年，柳州市上升至中游区，贵港市下降至下游区，梧州市下降至中游区，肇庆市上升至上游区，佛山市下降至下游区。

表1－13　2015年珠江－西江经济带城市生态环境建设水平排名

地区	排名	区段	地区	排名	区段	地区	排名	区段
广州	1	上游区	崇左	4	中游区	贵港	9	下游区
肇庆	2		云浮	5		佛山	10	
百色	3		梧州	6		南宁	11	

续表

地区	排名	区段	地区	排名	区段	地区	排名	区段
		上游区	来宾	7	中游区			下游区
			柳州	8				

根据表1－14中内容对2010～2015年珠江－西江经济带各城市生态环境建设水平排名变化趋势进行分析，可以看到在珠江－西江经济带11个城市生态环境建设水平处于上升区的依次是广州市、肇庆市、云浮市、佛山市；珠江－西江经济带11个城市生态环境建设水平处在保持区的是梧州市；珠江－西江经济带11个城市生态环境建设水平处在下降区的依次是百色市、崇左市、南宁市、来宾市、柳州市、贵港市。说明珠江－西江经济带中广西板块城市的生态环境较大幅度降低，广东板块城市生态环境建设水平发展出现较大幅度提升。

表1－14　2010～2015年珠江－西江经济带城市生态环境建设水平排名变化

地区	排名变化	区段	地区	排名变化	区段	地区	排名变化	区段
佛山	1	上升区	梧州	0	保持区	贵港	-1	下降区
广州	4					百色	-2	
云浮	5					崇左	-2	
肇庆	7					来宾	-4	
柳州	-1	下降区				南宁	-7	

2. 珠江－西江经济带城市生态环境建设水平得分情况

通过表1－15对2010～2015年珠江－西江经济带城市生态环境建设水平及变化进行分析。由2010年的珠江－西江经济带生态环境建设水平评价来看，有6个城市的生态环境建设水平得分在42分以上。2010年珠江－西江经济带生态环境建设水平得分处在27.0～59.0分，小于42分的城市有柳州市、梧州市、贵港市、百色市、崇左市、肇庆市、云浮市。珠江－西江经济带生态环境建设水平最高得分为百色市，为58.788分，最低得分为佛山市，为27.203分。珠江－西江经济带生态环境建设水平的得分平均值为42.691分，标准差为7.276，说明城市之间生态环境建设水平的变化差异较大。珠江－西江经济带中广西地区城市的生态环境建设水平的得分较高，其中南宁市、梧州市、百色市、来宾市、崇左市的生态环境建设水平得分均超过42分。说明这些城市的生态环境发展基础较好。珠江－西江经济带中广东地区的生态环境建设水平较低，其中广州市的生态环境建设水平均超过42分。说明广东地区城市的生态环境综合发展能力仍待提升。

表 1 – 15　　　　　　　　　　　**2010 ~ 2015 年珠江 – 西江经济带各城市生态环境建设水平评价比较**

地区	2010 年	2011 年	2012 年	2013 年	2014 年	2015 年	综合变化
南宁	42.921	31.046	40.031	40.171	38.496	38.999	– 3.922
	4	11	10	11	10	11	– 7
柳州	41.643	46.847	44.421	45.524	39.673	43.565	1.922
	7	4	4	4	9	8	– 1
梧州	42.251	43.630	43.222	45.130	47.203	44.068	1.816
	6	6	7	5	3	6	0
贵港	41.117	41.279	44.689	40.676	42.408	41.962	0.845
	8	9	3	9	6	9	– 1
百色	58.788	52.007	56.046	53.775	56.362	52.303	– 6.484
	1	1	1	1	1	3	– 2
来宾	45.616	48.264	43.874	43.032	40.430	43.812	– 1.804
	3	3	6	6	8	7	– 4
崇左	46.008	45.478	44.298	48.012	47.091	47.104	1.095
	2	5	5	3	4	4	– 2
广州	42.390	49.283	47.658	49.877	50.567	61.632	19.242
	5	2	2	2	2	1	4
佛山	27.203	43.492	39.114	42.625	41.027	39.214	12.012
	11	7	11	7	7	10	1
肇庆	40.874	43.068	40.539	40.662	33.243	53.054	12.180
	9	8	9	10	11	2	7
云浮	40.794	39.804	41.502	42.236	42.938	46.997	6.203
	10	10	8	8	5	5	5
最高分	58.788	52.007	56.046	53.775	56.362	61.632	2.845
最低分	27.203	31.046	39.114	40.171	33.243	38.999	11.797
平均分	42.691	44.018	44.127	44.702	43.585	46.610	3.919
标准差	7.276	5.609	4.664	4.326	6.355	6.766	– 0.510

由 2011 年的珠江－西江经济带生态环境建设水平评价来看，有 5 个城市的生态环境建设水平得分在 44 分以上。2011 年珠江－西江经济带生态环境建设水平得分处在 31.0 ~ 53.0 分，小于 44 分的城市有南宁市、梧州市、贵港市、佛山市、肇庆市、云浮市。珠江－西江经济带生态环境建设水平最高得分为百色市，为 52.007 分，最低得分为南宁市，为 31.046 分。珠江－西江经济带生态环境建设水平的得分平均值为 44.018 分，标准差为 5.609，说明城市之间生态环境建设水平的变化差异较大。珠江－西江经济带中广西地区城市的生态环境建设水平的得分较高，其中柳州市、百色市、来宾市、崇左市 4 个城市的生态环境建设水平得分均超过 44 分；说明这些城市的生态环境发展基础较好。珠江－西江经济带中广东地区的生态环境建设水平较低，其中广州市的生态环境建设水平均超过 44 分；说明广东地区城市的生态环境综合发展能力仍待提升。

由 2012 年的珠江－西江经济带生态环境建设水平评价来看，有 5 个城市的生态环境建设水平得分在 44 分以上。2012 年珠江－西江经济带生态环境建设水平得分处在 39.1 ~ 56.1 分，小于 44 分的城市有南宁市、梧州市、来宾市、佛山市、肇庆市、云浮市。珠江－西江经济带生态环境建设水平最高得分为百色市，为 56.046 分，最低得分为

佛山市，为 39.114 分。珠江－西江经济带生态环境建设水平的得分平均值为 44.127 分，标准差为 4.664，说明城市之间生态环境建设水平的变化差异较大。珠江－西江经济带中广西地区城市的生态环境建设水平的得分较高，其中柳州市、贵港市、百色市、崇左市 4 个城市的生态环境建设水平得分均超过 44 分；说明这些城市的生态环境发展基础较好。珠江－西江经济带中广东地区的生态环境建设水平较低，其中广州市的生态环境建设水平均超过 44 分；说明广东地区城市的生态环境综合发展能力仍待提升。

由 2013 年的珠江－西江经济带生态环境建设水平评价来看，有 5 个城市的生态环境建设水平得分在 44 分以上。2013 年珠江－西江经济带生态环境建设水平得分处在 40.1 ~ 53.8 分，小于 44 分的城市有南宁市、贵港市、来宾市、佛山市、肇庆市、云浮市。珠江－西江经济带生态环境建设水平最高得分为百色市，为 53.775 分，最低得分为南宁市，为 40.171 分。珠江－西江经济带生态环境建设水平的得分平均值为 44.702 分，标准差为 4.326，说明城市之间生态环境建设水平的变化差异较大。珠江－西江经济带中广西地区城市的生态环境建设水平得分较高，其中柳州市、梧州市、百色市、崇左市、广州市 5 个城市的生态环境建设水平得分均超过 44 分；说明这些城市的生态环境

发展基础较高。珠江－西江经济带中广东地区的生态环境建设水平较低，其中广州市的生态环境建设水平均超过44分；说明广东地区城市的生态环境综合发展能力仍待提升。

由2014年的珠江－西江经济带生态环境建设水平评价来看，有4个城市的生态环境建设水平得分在44分以上。2014年珠江－西江经济带生态环境建设水平得分处在33.2～56.4分，小于44分的城市有南宁市、柳州市、贵港市、来宾市、佛山市、肇庆市、云浮市。珠江－西江经济带生态环境建设水平最高得分为百色市，为56.362分，最低得分为肇庆市，为33.243分。珠江－西江经济带生态环境建设水平的得分平均值为43.585分，标准差为6.355，说明城市之间生态环境建设水平的变化差异较大。珠江－西江经济带中广西地区城市的生态环境建设水平得分较高，其中梧州市、百色市、崇左市3个城市的生态环境建设水平得分均超过44分；说明这些城市的生态环境发展基础较好。珠江－西江经济带中广东地区的生态环境建设水平较低，其中广州市的生态环境建设水平均超过44分；说明广东地区城市的生态环境综合发展能力仍待提升。

由2015年的珠江－西江经济带生态环境建设水平评价来看，有5个城市的生态环境建设水平得分在46分以上。2015年珠江－西江经济带生态环境建设水平得分处在38.9～61.7分，小于46分的城市有南宁市、柳州市、梧州市、贵港市、来宾市、佛山。珠江－西江经济带生态环境建设水平最高得分为广州市，为61.632分，最低得分为南宁市，为38.999分。珠江－西江经济带生态环境建设水平的得分平均值为46.610分，标准差为6.766，说明城市之间生态环境建设水平的变化差异较大。珠江－西江经济带中广东地区城市的生态环境建设水平得分较高，其中广州市、肇庆市、云浮市3个城市的生态环境建设水平得分均超过46分；说明这些城市的生态环境发展基础较好。珠江－西江经济带中广西地区的生态环境建设水平较低，其

中百色市、崇左市的生态环境建设水平均超过46分；说明广西地区城市的生态环境综合发展能力仍待提升。

对比珠江－西江经济带各城市生态环境建设水平变化，通过对各年间的珠江－西江经济带生态环境建设水平的平均分、标准差进行分析，可以发现其平均分处于波动上升的趋势，说明珠江－西江经济带生态环境综合能力有所上升。珠江－西江经济带生态环境建设水平的标准差处于波动下降的趋势，说明城市间的生态环境建设水平差距有所缩小。对各城市的生态环境建设水平变化展开分析，发现百色市的生态环境建设水平处在绝对领先位置，在2010～2014年的各个时间段内均排名第一，但是其建设水平处于波动下降的趋势。广东地区广州市的排名基本稳定，肇庆市、云浮市有较大幅度的提升，其他城市发展基本稳定。

3. 珠江－西江经济带城市生态绿化建设水平得分情况

通过表1－16对2010～2015年珠江－西江经济带城市生态绿化建设水平及变化进行分析。由2010年的珠江－西江经济带生态绿化建设水平的评价来看，有5个城市的生态绿化建设水平的得分在10分以上。2010年珠江－西江经济带生态绿化建设水平的得分处在5～19分，小于10分的城市有梧州市、贵港市、崇左市、佛山市、肇庆市、云浮市。珠江－西江经济带生态绿化建设水平最高得分为广州市，为18.229分，最低得分为云浮市，为5.565分。珠江－西江经济带生态绿化的得分平均值为9.874分，标准差为3.801，说明城市之间生态绿化情况的变化差异较大。珠江－西江经济带中广东地区城市的生态绿化建设水平得分较低，其中广州市的生态绿化建设水平的得分均超过10分；说明广东地区的生态绿化综合得分较低，生态绿化较差。珠江－西江经济带中广西地区城市的生态绿化得分较高，南宁市、柳州市、百色市、来宾市4个城市的得分超过10分；说明广西地区城市的生态绿化综合得分较高，生态绿化好。

表1－16　　　　　2010～2015年珠江－西江经济带各城市生态绿化建设水平评价比较

地区	2010年	2011年	2012年	2013年	2014年	2015年	综合变化
南宁	13.786	8.959	7.350	7.244	10.857	10.406	-3.380
	2	2	3	6	2	4	-2
柳州	11.705	6.817	4.405	5.852	6.028	5.136	-6.569
	3	7	8	8	9	10	-7
梧州	7.083	4.178	3.424	1.427	2.962	6.769	-0.314
	9	11	11	11	11	8	1
贵港	9.710	5.807	3.860	9.529	6.164	12.404	2.694
	6	10	10	4	7	2	4
百色	10.072	8.509	6.043	5.728	5.908	9.883	-0.190
	5	3	7	10	10	5	0
来宾	11.376	6.346	6.887	14.157	6.177	2.400	-8.976
	4	9	5	2	6	11	-7
崇左	7.832	6.618	4.269	5.780	6.126	12.326	4.494
	7	8	9	7	8	3	4

续表

地区	2010 年	2011 年	2012 年	2013 年	2014 年	2015 年	综合变化
广州	18. 229	21. 608	14. 576	12. 539	18. 816	14. 069	− 4. 160
	1	1	1	3	1	1	0
佛山	5. 611	6. 822	6. 722	17. 188	8. 902	8. 669	3. 057
	10	6	6	1	3	6	4
肇庆	7. 642	8. 419	7. 404	7. 033	6. 799	6. 545	− 1. 097
	8	4	2	7	5	9	− 1
云浮	5. 565	8. 231	7. 121	8. 043	8. 147	7. 921	2. 356
	11	5	4	5	4	7	4
最高分	18. 229	21. 608	14. 576	17. 188	18. 816	14. 069	− 4. 160
最低分	5. 565	4. 178	3. 424	1. 427	2. 962	2. 400	− 3. 165
平均分	9. 874	8. 392	6. 551	8. 593	7. 899	8. 775	− 1. 099
标准差	3. 801	4. 602	3. 055	4. 481	4. 137	3. 483	− 0. 318

由 2011 年的珠江 - 西江经济带生态绿化建设水平的评价来看，有 5 个城市的生态绿化建设水平的得分在 8 分以上。2011 年珠江 - 西江经济带生态绿化建设水平的得分处在 4 ~ 22 分，小于 8 分的城市有柳州市、梧州市、贵港市、来宾市、崇左市、佛山市。珠江 - 西江经济带生态绿化建设水平最高得分为广州市，为 21. 608 分，最低得分为梧州市，为 4. 178 分。珠江 - 西江经济带生态绿化的得分平均值为 8. 392 分，标准差为 4. 602，说明城市之间生态绿化情况的变化差异较大。珠江 - 西江经济带中广西地区城市的生态绿化建设水平得分较低，其中南宁市、百色市的生态绿化建设水平得分均超过 8 分；说明广西地区的生态绿化综合得分较低，生态绿化较差。珠江 - 西江经济带中广东地区的生态绿化得分较高，广州市、肇庆市、云浮市 3 个城市的得分超过 10 分；说明广东地区城市的生态绿化综合得分较高，生态绿化好。

由 2012 年的珠江 - 西江经济带生态绿化建设水平的评价来看，有 4 个城市的生态绿化建设水平的得分在 7 分以上。2012 年珠江 - 西江经济带生态绿化建设水平的得分处在 3 ~ 15 分，小于 7 分的城市有柳州市、梧州市、贵港市、百色市、来宾市、崇左市、佛山市。珠江 - 西江经济带生态绿化建设水平最高得分为广州市，为 14. 576 分，最低得分为梧州市，为 3. 424 分。珠江 - 西江经济带生态绿化的得分平均值为 6. 551 分，标准差为 3. 055，说明城市之间生态绿化情况的变化差异较大。珠江 - 西江经济带中广西地区城市的生态绿化建设水平得分较低，其中南宁市的生态绿化建设水平得分均超过 7 分；说明广西地区的生态绿化综合得分较低，生态绿化较差。珠江 - 西江经济带中广东地区的生态绿化得分较高，广州市、肇庆市、云浮市 3 个城市的得分超过 7 分；说明广东地区城市的生态绿化综合得分较高，生态绿化好。

由 2013 年的珠江 - 西江经济带生态绿化建设水平的评价来看，有 5 个城市的生态绿化建设水平的得分在 8 分以上。2013 年珠江 - 西江经济带生态绿化建设水平的得分处在 1 ~ 18 分，小于 8 分的城市有南宁市、柳州市、梧州市、百色市、崇左市、肇庆市。珠江 - 西江经济带生态绿化建设水平最高得分为佛山市，为 17. 188 分，最低得分为梧州

市，为 1. 427 分。珠江 - 西江经济带生态绿化的得分平均值为 8. 593 分，标准差为 4. 481，说明城市之间生态绿化情况的变化差异较大。珠江 - 西江经济带中广西地区城市的生态绿化建设水平得分较低，其中贵港市、来宾市的生态绿化建设水平得分均超过 8 分；说明广西地区的生态绿化综合得分较低，生态绿化较差。珠江 - 西江经济带中广东地区的生态绿化得分较高，广州市、佛山市、云浮市 4 个城市的得分超过 8 分；说明广东地区城市的生态绿化综合得分较高，生态绿化好。

由 2014 年的珠江 - 西江经济带生态绿化建设水平的评价来看，有 4 个城市的生态绿化建设水平的得分在 8 分以上。2014 年珠江 - 西江经济带生态绿化建设水平的得分处在 2 ~ 19 分，小于 8 分的城市有柳州市、梧州市、百色市、崇左市、肇庆市。珠江 - 西江经济带生态绿化建设水平最高得分为广州市，为 18. 816 分，最低得分为梧州市，为 2. 962 分。珠江 - 西江经济带生态绿化的得分平均值为 7. 899 分，标准差为 4. 137，说明城市之间生态绿化情况的变化差异较大。珠江 - 西江经济带中广西地区城市的生态绿化建设水平得分较低，其中南宁市的生态绿化建设水平得分均超过 8 分；说明广西地区的生态绿化综合得分较低，生态绿化较差。珠江 - 西江经济带中广东地区的生态绿化得分较高，广州市、佛山市、云浮市 3 个城市的得分超过 8 分；说明广东地区城市的生态绿化综合得分较高，生态绿化好。

由 2015 年的珠江 - 西江经济带生态绿化建设水平的评价来看，有 6 个城市的生态绿化建设水平的得分在 8 分以上。2015 年珠江 - 西江经济带生态绿化建设水平的得分处在 2 ~ 15 分，小于 8 分的城市有柳州市、梧州市、来宾市、肇庆市、云浮市。珠江 - 西江经济带生态绿化建设水平最高得分为广州市，为 14. 069 分，最低得分为来宾市，为 2. 400 分。珠江 - 西江经济带生态绿化的得分平均值为 8. 775 分，标准差为 3. 483，说明城市之间生态绿化情况的变化差异较大。珠江 - 西江经济带中广西地区城市的生态绿化建设水平得分较高，其中南宁市、贵港市、崇左市、百色市的生态绿化建设水平得分均超过 8 分；说明广西地区的生态绿化综合得分较高，生态绿化较好。珠江 - 西江

经济带中广东地区的生态绿化得分较低，广州市、佛山市的得分超过 8 分；说明广东地区城市的生态绿化综合得分较低，生态绿化差。

对比珠江－西江经济带各城市生态绿化建设水平变化，通过对各年间的珠江－西江经济带生态绿化建设水平的平均分、标准差进行分析，可以发现其平均分处于波动下降趋势，说明珠江－西江经济带生态绿化综合能力有所衰退。同时珠江－西江经济带生态绿化建设水平的标准差也处于波动下降趋势，说明城市间的生态绿化建设水平差距有所缩小。对各城市的生态绿化建设水平变化展开分析，发现广州市的生态绿化建设水平处在绝对领先位置。另外，珠江－西江经济带各个城市的排名变化幅度较大，发展不稳定。

4. 珠江－西江经济带城市环境治理水平得分情况

本研究通过表 1-17 对 2010～2015 年珠江－西江经济

带城市环境治理水平及变化进行分析。由 2010 年的珠江－西江经济带环境治理水平评价来看，有 4 个城市环境治理水平得分在 21 分以上。2010 年珠江－西江经济带环境治理水平得分处在 15.5～38 分，小于 21 分的城市有南宁市、柳州市、贵港市、广州市、佛山市、肇庆市、云浮市。珠江－西江经济带环境治理水平最高得分为百色市，为 37.996 分，最低得分为广州市，为 15.525 分。珠江－西江经济带环境治理水平得分平均值为 21.887 分，标准差为 6.187，说明城市之间环境治理水平的变化差异较大。珠江－西江经济带中广东地区城市的环境治理水平得分较低，没有城市环境治理水平得分超过 21 分。说明这些城市的环境治理发展基础较差。珠江－西江经济带中广西地区的环境治理水平较高，其中梧州市、百色市、来宾市、崇左市 4 个城市的环境治理水平超过 21 分。说明广西地区城市的环境治理综合发展能力较强。

表 1-17　　　　　2010～2015 年珠江－西江经济带各城市环境治理水平评价比较

地区	2010 年	2011 年	2012 年	2013 年	2014 年	2015 年	综合变化
南宁	15.782	16.802	14.213	17.719	17.121	17.412	1.631
	10	11	11	11	10	11	-1
柳州	20.551	23.182	21.889	20.927	19.865	20.973	0.422
	6	5	5	7	9	9	-3
梧州	22.228	23.542	21.304	24.543	22.099	23.199	0.971
	4	4	6	3	4	5	-1
贵港	20.898	20.127	23.566	20.581	21.920	21.437	0.539
	5	8	3	9	5	8	-3
百色	37.996	32.009	35.208	33.241	34.471	31.766	-6.230
	1	1	1	1	1	1	0
来宾	24.631	25.659	22.751	22.934	20.559	23.652	-0.979
	3	2	4	4	7	4	-1
崇左	25.069	24.714	24.166	24.867	25.773	26.029	0.959
	2	3	2	2	2	3	-1
广州	15.525	17.988	17.703	20.926	21.252	22.328	6.803
	11	10	10	8	6	6	5
佛山	17.389	22.127	18.119	21.783	20.110	17.927	0.537
	9	6	9	5	8	10	-1
肇庆	20.169	21.279	19.214	20.374	15.377	22.086	1.917
	8	7	8	10	11	7	1
云浮	20.517	19.350	20.853	21.762	22.442	26.050	5.533
	7	9	7	6	3	2	5
最高分	37.996	32.009	35.208	33.241	34.471	31.766	-6.230
最低分	15.525	16.802	14.213	17.719	15.377	17.412	1.888
平均分	21.887	22.434	21.726	22.696	21.908	22.987	1.100
标准差	6.187	4.205	5.339	4.025	4.983	4.007	-2.180

由 2011 年的珠江－西江经济带环境治理水平评价来看，有 5 个城市的环境治理水平得分在 23 分以上。2011 年珠江－西江经济带环境治理水平得分处在 16.8～32.1 分，小于 23 分的城市有南宁市、贵港市、广州市、佛山市、肇庆市、云浮市。珠江－西江经济带环境治理水平最高得分

为百色市，为 32.009 分，最低得分为南宁市，为 16.802 分。珠江－西江经济带环境治理水平的得分平均值为 22.434 分，标准差为 4.205，说明城市之间环境治理水平的变化差异较大。珠江－西江经济带中广东地区城市的环境治理水平得分较低，没有城市的环境治理水平得分超过 23

分；说明这些城市的环境治理发展基础较差。珠江－西江经济带中广西地区的环境治理水平较高，其中柳州市、梧州市、百色市、来宾市、崇左市5个城市的环境治理水平超过23分；说明广西地区城市的环境治理综合发展能力较强。

由2012年的珠江－西江经济带环境治理水平评价来看，有6个城市的环境治理水平得分在21分以上。2012年珠江－西江经济带环境治理水平得分处在14.2～35.3分，小于21分的城市有南宁市、广州市、佛山市、肇庆市、云浮市。珠江－西江经济带环境治理水平最高得分为百色市，为35.208分，最低得分为南宁市，为14.213分。珠江－西江经济带环境治理水平的得分平均值为21.726分，标准差为5.339，说明城市之间环境治理水平的变化差异较大。珠江－西江经济带中广东地区城市的环境治理水平得分较低，暂无城市的环境治理水平得分超过21分；说明这些城市的环境治理发展基础较差。珠江－西江经济带中广西地区的环境治理水平较高，其中梧州市、百色市、来宾市、崇左市、柳州市、贵港市6个城市的环境治理水平超过21分；说明广西地区城市的环境治理综合发展能力较强。

由2013年的珠江－西江经济带环境治理水平评价来看，有4个城市的环境治理水平得分在22分以上。2013年珠江－西江经济带环境治理水平得分处在17.7～33.3分，小于22分的城市有南宁市、柳州市、贵港市、广州市、佛山市、肇庆市、云浮市。珠江－西江经济带环境治理水平最高得分为百色市，为33.241分，最低得分为南宁市，为17.719分。珠江－西江经济带环境治理水平的得分平均值为22.696分，标准差为4.025，说明城市之间环境治理水平的变化差异较大。珠江－西江经济带中广东地区城市的环境治理水平得分较低，暂无城市的环境治理水平得分超过22分；说明这些城市的环境治理发展基础较差。珠江－西江经济带中广西地区的环境治理水平较高，其中梧州市、百色市、来宾市、崇左市4个城市的环境治理水平超过22分；说明广西地区城市的环境治理综合发展能力较强。

由2014年的珠江－西江经济带环境治理水平评价来看，有4个城市的环境治理水平得分在22分以上。2014年珠江－西江经济带环境治理水平得分处在15.3～34.5分，小于22分的城市有南宁市、柳州市、贵港市、来宾市、广州市、佛山市、肇庆市。珠江－西江经济带环境治理水平最高得分为百色市，为34.471分，最低得分为肇庆市，为15.377分。珠江－西江经济带环境治理水平的得分平均值为21.908分，标准差为4.983，说明城市之间环境治理水平的变化差异较大。珠江－西江经济带中广东地区城市的环境治理水平得分较低，云浮市的环境治理水平得分超过22分；说明这些城市的环境治理发展基础较差。珠江－西江经济带中广西地区的环境治理水平较高，其中梧州市、百色市、崇左市3个城市的环境治理水平超过22分；说明广西地区城市的环境治理综合发展能力较强。

由2015年的珠江－西江经济带环境治理水平评价来看，有7个城市的环境治理水平得分在22分以上。2015年珠江－西江经济带环境治理水平得分处在17.4～31.8分，小于22分的城市有南宁市、柳州市、贵港市、佛山市。珠江－西江经济带环境治理水平最高得分为百色市，为31.766分，最低得分为南宁市，为17.412分。珠江－西江经济带环境治理水平的得分平均值为22.987分，标准差为4.007，说明城市之间环境治理水平的变化差异较大。珠江－西江经济带中广东地区城市的环境治理水平得分较高，广州市、肇庆市、云浮市的环境治理水平得分超过22分；说明这些城市的环境治理发展基础较好。珠江－西江经济带中广西地区的环境治理水平较低，其中梧州市、百色市、来宾市、崇左市4个城市的环境治理水平超过22分；说明广西地区城市的环境治理综合发展能力较弱。

对比珠江－西江经济带各城市环境治理水平变化，通过对各年间的珠江－西江经济带环境治理水平的平均分、标准差进行分析，可以发现其平均分处于波动上升的趋势，说明珠江－西江经济带环境治理综合能力并未形成提升。珠江－西江经济带环境治理水平的标准差处于波动下降的趋势，说明城市间的环境治理水平差距小幅度缩小。对各城市的环境治理水平变化展开分析，发现百色市的环境治理水平处于绝对领先位置，并且建设水平处于下降的趋势。广东地区的环境治理水平得分在整体来看有所提升。广西地区的大部分城市生态环境建设水平得分趋于下降，说明这些城市的环境治理水平发展处于滞后阶段。

（二）珠江－西江经济带城市生态环境建设水平综合评估结果的比较与评析

1. 珠江－西江经济带城市生态环境建设水平排序变化比较与评析

由图1-1可以看到，2010～2011年，珠江－西江经济带生态环境建设水平处于上升趋势的城市有4个，分别是广州市、柳州市、佛山市、肇庆市；佛山市上升4名，广州市、柳州市上升3名，肇庆市上升1名。珠江－西江经济带生态环境建设水平排名保持不变的城市有4个，分别是百色市、来宾市、梧州市、云浮市。珠江－西江经济带生态环境建设水平处于下降趋势的城市有3个，分别是崇左市、南宁市、贵港市；下降幅度最大的是南宁市，排名下降7名，崇左市下降3名，贵港市下降1名。

由图1-2可以看到，2011～2012年，珠江－西江经济带生态环境建设水平处于上升趋势的城市有3个，分别是贵港市、云浮市、南宁市；上升幅度最大的是贵港市，排名上升6名，云浮市排名上升2名，南宁市排名上升1名。珠江－西江经济带生态环境建设水平排名保持不变的城市有4个，分别是百色市、广州市、柳州市、崇左市。珠江－西江经济带生态环境建设水平处于下降趋势的城市有4个，分别是来宾市、梧州市、肇庆市、佛山市；佛山市下降4名，来宾市下降3名，梧州市、肇庆市均下降1名。

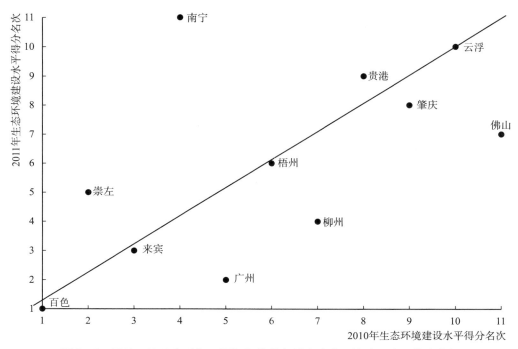

图 1－1　2010～2011 年珠江－西江经济带各城市生态环境建设水平排序变化

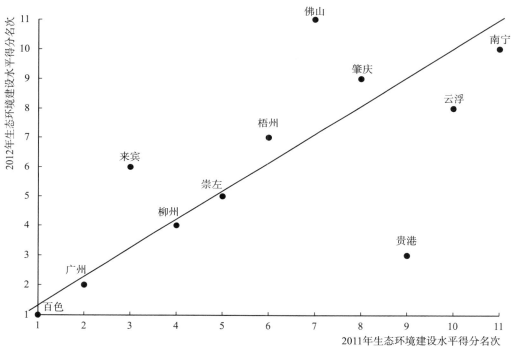

图 1－2　2011～2012 年珠江－西江经济带各城市生态环境建设水平排序变化

由图 1－3 可以看到，2012～2013 年，珠江－西江经济带生态环境建设水平处于上升趋势的城市有 3 个，分别是佛山市、崇左市、梧州市；上升幅度最大的是佛山市，排名上升 4 名，崇左市、梧州市的排名均上升 2 名。珠江－西江经济带生态环境建设水平排名保持不变的城市有 5 个，分别是百色市、广州市、柳州市、来宾市、云浮市。珠江－西江经济带生态环境建设水平处于下降趋势的城市有 3 个，分别是贵港市、肇庆市、南宁市；下降幅度最大

的是贵港市，排名下降 6 名；其次，肇庆市、南宁市排名均下降 1 名。

由图 1－4 可以看到，2013～2014 年，珠江－西江经济带生态环境建设水平处于上升趋势的城市有 4 个，分别是梧州市、云浮市、贵港市、南宁市；上升幅度最大的是云浮市、贵港市，排名上升 3 名，梧州市的排名上升 2 名，南宁市的排名上升 1 名。珠江－西江经济带生态环境建设水平排名保持不变的城市有 3 个，分别是百色市、广州市、

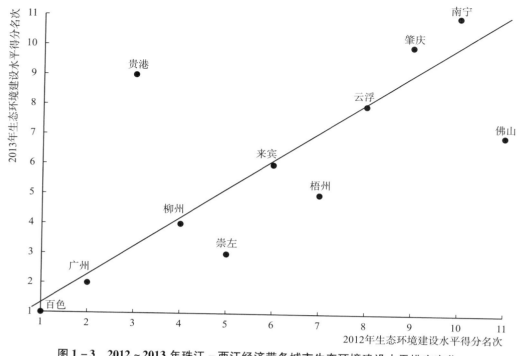

图1-3　2012~2013年珠江-西江经济带各城市生态环境建设水平排序变化

佛山市。珠江-西江经济带生态环境建设水平处于下降趋势的城市有4个，分别是崇左市、来宾市、崇左市、柳州市；下降幅度最大的是柳州市，排名下降5名；其次，来宾市排名下降2名；崇左市、肇庆市的排名均下降1名。

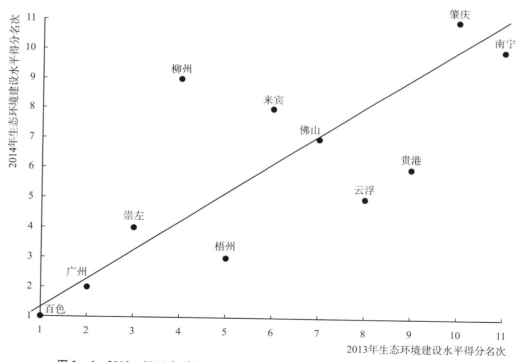

图1-4　2013~2014年珠江-西江经济带各城市生态环境建设水平排序变化

由图1-5可以看到，2014~2015年，珠江-西江经济带生态环境建设水平处于上升趋势的城市有4个，分别是广州市、来宾市、柳州市、肇庆市；上升幅度最大的是肇庆市，排名上升9名，广州市、来宾市、柳州市的排名均上升1名。珠江-西江经济带生态环境建设水平排名保持不变的城市有2个，分别是崇左市、云浮市。珠江-西江经济带生态环境建设水平处于下降趋势的城市有5个，分别是百色市、梧州市、贵港市、佛山市；下降幅度最大的是梧州市、贵港市、佛山市，排名均下降3名，百色市排　　名下降2名，南宁市下降1名。

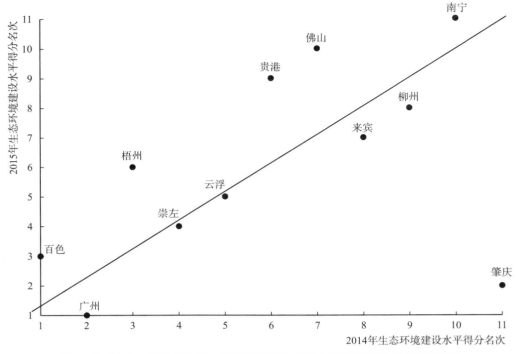

图1－5　2014～2015年珠江－西江经济带各城市生态环境建设水平排序变化

由图1－6可以看到，2010～2015年，珠江－西江经济带生态环境建设水平处于上升趋势的城市有4个，分别是广州市、肇庆市、云浮市、佛山市；上升幅度最大的是肇庆市，排名上升7名，云浮市的排名上升5名，广州市排名上升4名，佛山市排名上升1名。珠江－西江经济带生

态环境建设水平排名保持不变的只有梧州市。珠江－西江经济带生态环境建设水平处于下降趋势的城市有6个，分别是百色市、崇左市、来宾市、南宁市、柳州市、贵港市；南宁市下降7名，来宾市下降4名，百色市、崇左市均下降2名，柳州市、贵港市均下降1名。

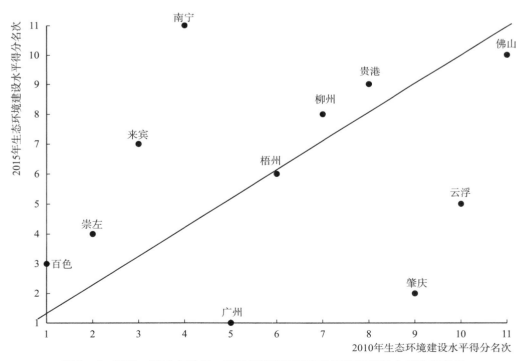

图1－6　2010～2015年珠江－西江经济带各城市生态环境建设水平排序变化

由表 1－18 对 2010～2011 年珠江－西江经济带各城市生态环境建设水平平均得分情况进行分析，可以看到 2010～2011 年生态环境建设水平上、中、下游区的平均得分均呈现变化趋势，分别变化 －0.286 分、2.439 分、1.086 分，说明珠江－西江经济带整体生态环境建设水平出现上升，生态环境发展的平稳性、可持续性较好。

表 1－18   2010～2011 年珠江－西江经济带各城市生态环境建设水平平均得分情况

项目	2010 年			2011 年			得分变化		
	上游区	中游区	下游区	上游区	中游区	下游区	上游区	中游区	下游区
生态环境	50.137	42.064	36.290	49.851	44.503	37.377	－0.286	2.439	1.086
生态绿化	25.032	20.740	16.685	25.855	21.105	18.110	0.823	0.366	1.425
环境治理	29.232	20.872	16.232	27.461	22.051	18.047	－1.771	1.179	1.815

二级指标中，2010～2011 年珠江－西江经济带城市生态绿化建设水平上游区、中游区、下游区呈现变化的趋势，各分区分别变化 0.823 分、0.366 分、1.425 分，说明珠江－西江经济带整体生态绿化变化发展出现上升，各城市间的发展差距逐步缩小。

2010～2011 年珠江－西江经济带城市环境治理水平上、中、下游区的平均得分均呈现出变化的趋势，分别变化 －1.771 分、1.179 分、1.815 分，说明珠江－西江经济带整体的环境治理保持较好的发展势态，地区经济发展呈现上升趋势。

由表 1－19 对 2011～2012 年珠江－西江经济带各城市生态环境建设水平平均得分情况进行分析，可以看到 2011～2012 年生态环境建设水平上、中、下游区的平均得分均呈现变化趋势，分别变化 －0.387 分、－1.040 分、2.518 分，说明珠江－西江经济带整体生态环境建设水平出现上升，生态环境发展的平稳性、可持续性较好。

表 1－19   2011～2012 年珠江－西江经济带各城市生态环境建设水平平均得分情况

项目	2011 年			2012 年			得分变化		
	上游区	中游区	下游区	上游区	中游区	下游区	上游区	中游区	下游区
生态环境	49.851	44.503	37.377	49.464	43.463	39.895	－0.387	－1.040	2.518
生态绿化	25.855	21.105	18.110	26.102	21.297	20.539	0.247	0.192	2.429
环境治理	27.461	22.051	18.047	27.647	21.202	16.678	0.186	－0.849	－1.368

二级指标中，2011～2012 年珠江－西江经济带生态绿化建设水平上游区、中游区、下游区呈现变化的趋势，各分区分别变化 0.247 分、0.192 分、2.429 分，说明珠江－西江经济带整体生态绿化变化发展出现上升，各城市间的发展差距逐步缩小。

2011～2012 年珠江－西江经济带城市环境治理水平上、中、下游区的平均得分均呈现出变化的趋势，分别变化 0.186 分、－0.849 分、－1.368 分，说明珠江－西江经济带整体的环境治理保持较差的发展势态，地区经济发展呈现下降趋势。

由表 1－20 对 2012～2013 年珠江－西江经济带各城市生态环境建设水平平均得分情况进行分析，可以看到 2012～2013 年生态环境建设水平上、中、下游区的平均得分均呈现变化趋势，分别变化 1.091 分、0.246 分、0.608 分，说明珠江－西江经济带整体生态环境建设水平出现上升，生态环境发展的平稳性、可持续性较好。

表 1－20   2012～2013 年珠江－西江经济带各城市生态环境建设水平平均得分情况

项目	2012 年			2013 年			得分变化		
	上游区	中游区	下游区	上游区	中游区	下游区	上游区	中游区	下游区
生态环境	49.464	43.463	39.895	50.555	43.709	40.503	1.091	0.246	0.608
生态绿化	26.102	21.297	20.539	25.564	20.978	20.160	－0.538	－0.319	－0.379
环境治理	27.647	21.202	16.678	27.550	21.667	19.558	－0.096	0.464	2.880

二级指标中，2012～2013 年珠江－西江经济带生态绿化建设水平上游区、中游区、下游区呈现变化的趋势，各分区分别变化 －0.538 分、－0.319 分、－0.379 分，说明珠江－西江经济带整体生态绿化变化发展出现下降，各城市间的发展差距逐步扩大。

2012～2013 年珠江－西江经济带城市环境治理水平上、中、下游区的平均得分均呈现出变化的趋势，分别变化 －0.096 分、0.464 分、2.880 分，说明珠江－西江经济带整体的环境治理保持较好的发展势态，地区经济发展呈现上升的趋势。

由表 1－21 对 2013～2014 年珠江－西江经济带各城市生态环境建设水平平均得分情况进行分析，可以看到 2013～2014 年生态环境建设水平上、中、下游区的平均得分均呈现变化趋势，分别变化 0.823 分、－0.930 分、

－3.366分，说明珠江－西江经济带整体生态环境建设水平

出现下降，生态环境发展的平稳性、可持续性较差。

表1－21   2013～2014年珠江－西江经济带各城市生态环境建设水平平均得分情况

项目	2013 年			2014 年			得分变化		
	上游区	中游区	下游区	上游区	中游区	下游区	上游区	中游区	下游区
生态环境	50.555	43.709	40.503	51.378	42.779	37.137	0.823	－0.930	－3.366
生态绿化	25.564	20.978	20.160	25.437	20.919	19.182	－0.127	－0.059	－0.979
环境治理	27.550	21.667	19.558	27.562	21.188	17.455	0.012	－0.479	－2.103

二级指标中，2013～2014年珠江－西江经济带生态绿化建设水平上游区、中游区、下游区呈现变化的趋势，各分区分别变化－0.127分、－0.059分、－0.979分，说明珠江－西江经济带整体生态绿化变化发展出现下降，各城市间的发展差距逐步扩大。

2013～2014年珠江－西江经济带城市环境治理水平上、中、下游区的平均得分均呈现出变化的趋势，分别变化了0.012分、－0.479分、－2.103分，说明珠江－西江经济带整体的环境治理保持较差的发展势态，地区经济发展呈现下降的趋势。

由表1－22对2014～2015年珠江－西江经济带各城市生态环境建设水平平均得分情况进行分析，可以看到2014～2015年生态环境建设水平上、中、下游区的平均得分均呈现变化趋势，分别变化4.286分、2.330分、2.921分，说明珠江－西江经济带整体生态环境建设水平出现上升，生态环境发展的平稳性、可持续性较好。

表1－22   2014～2015年珠江－西江经济带各城市生态环境建设水平平均得分情况

项目	2014 年			2015 年			得分变化		
	上游区	中游区	下游区	上游区	中游区	下游区	上游区	中游区	下游区
生态环境	51.378	42.779	37.137	55.663	45.109	40.058	4.286	2.330	2.921
生态绿化	25.437	20.919	19.182	30.955	21.153	20.407	5.518	0.234	1.226
环境治理	27.562	21.188	17.455	27.948	22.540	18.771	0.386	1.352	1.316

二级指标中，2014～2015年珠江－西江经济带生态绿化建设水平上游区、中游区、下游区呈现变化的趋势，各分区分别变化5.518分、0.234分、1.226分，说明珠江－西江经济带整体生态绿化变化发展出现上升，各城市间的发展差距逐步缩小。

2014～2015年珠江－西江经济带城市环境治理水平上、中、下游区的平均得分均呈现出变化的趋势，分别变化0.386分、1.352分、1.316分，说明珠江－西江经济带整体的环境治理保持较好的发展势态，地区经济发展呈现上升的趋势。

由表1－23对2010～2015年珠江－西江经济带各城市生态环境建设水平平均得分情况进行分析，可以看到2010～2015年生态环境建设水平上、中、下游区的平均得分均呈现变化趋势，分别变化5.526分、3.045分、3.768分，说明珠江－西江经济带整体生态环境建设水平出现上升，生态环境发展的平稳性、可持续性较好。

表1－23   2010～2015年珠江－西江经济带各城市生态环境建设水平平均得分情况

项目	2010 年			2015 年			得分变化		
	上游区	中游区	下游区	上游区	中游区	下游区	上游区	中游区	下游区
生态环境	50.137	42.064	36.290	55.663	45.109	40.058	5.526	3.045	3.768
生态绿化	25.032	20.740	16.685	30.955	21.153	20.407	5.923	0.413	3.722
环境治理	29.232	20.872	16.232	27.948	22.540	18.771	－1.284	1.668	2.539

二级指标中，2010～2015年珠江－西江经济带生态绿化建设水平上游区、中游区、下游区呈现变化的趋势，各分区分别变化5.923分、0.413分、3.722分，说明珠江－西江经济带整体生态绿化变化发展出现上升，各城市间的发展差距逐步缩小。

2010～2015年珠江－西江经济带城市环境治理水平上、中、下游区的平均得分均呈现出变化的趋势，分别变化－1.284分、1.668分、2.539分，说明珠江－西江经济带整体的环境治理保持较好的发展势态，地区经济发展呈现上升的趋势。

2. 珠江－西江经济带城市生态环境建设水平分布情况

根据灰色综合评价法对无量纲化后的三级指标进行权重得分计算，得到珠江－西江经济带各城市的生态环境建设水平得分及排名，反映出各城市生态环境建设水平情况。为了更为准确地反映出珠江－西江经济带各城市生态环境建设水平差异及整体情况，需要进一步对各城市生态环境建设水平分布情况进行分析，对各城市间实际差距和均衡

性展开研究。因此，研究由图1－7至图1－12对2010～2015年珠江－西江经济带生态环境建设水平评价分值分布进行统计。

由图1－7可以看到，2010年珠江－西江经济带生态环境建设水平得分较均衡，生态环境建设水平得分在40分以下、44～46分、46～48分、50分以上的各有1个城市，4个城市的生态环境建设水平得分分布在40～42分，有3个城市的生态环境建设水平得分在42～44分。这说明珠江－西江经济带生态环境建设水平分布较均衡，大量城市的生态环境建设水平得分较低，地区内生态环境综合得分分布的衔接性较好。

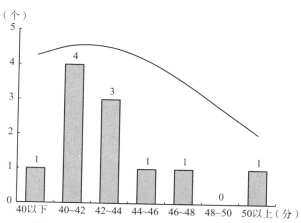

图1－7　2010年珠江－西江经济带城市生态环境建设水平评价分值分布

由图1－8可以看到，2011年珠江－西江经济带生态环境建设水平得分分布与2010年情况相似，分别有1个城市在40～42分、44～46分、46～48分和50分以上，有3个城市的生态环境建设水平得分在42～44分，各有2个城市在40分以下和48～50分。一方面说明珠江－西江经济带生态环境建设水平得分上升幅度小；另一方面也说明地区的生态环境建设水平分布趋向于稳定。

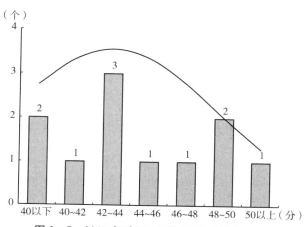

图1－8　2011年珠江－西江经济带城市生态环境建设水平评价分值分布

由图1－9可以看到，2012年珠江－西江经济带生态环境建设水平得分分布出现较大变化，各有1个城市的生态环境建设水平得分分布在40分以下、46～48分和50分以上，分别有3个城市的生态环境建设水平得分分布在40～42分和44～46分，有2个城市的生态环境建设水平得分分布在42～44分，这说明珠江－西江经济带城市的生态环境建设水平分布相对上一年较为不均衡。

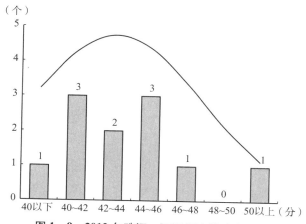

图1－9　2012年珠江－西江经济带城市生态环境建设水平评价分值分布

由图1－10可以看到，2013年珠江－西江经济带生态环境建设水平得分均衡性变差，各有3个城市的生态环境建设水平得分分布在40～42分、42～44分，各有2个城市的生态环境建设水平得分分布在44～46分和48～50分，有1个城市在50分以上。反映出珠江－西江经济带生态环境建设水平变化整体得分呈现小幅度下降势态。

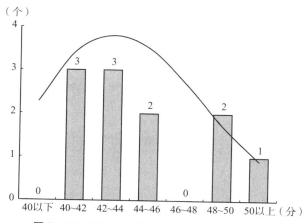

图1－10　2013年珠江－西江经济带城市生态环境建设水平评价分值分布

由图1－11可以看到，2014年珠江－西江经济带城市生态环境建设水平得分较均衡，各有2个城市的生态环境建设水平得分在40～42分、42～44分、46～48分、50分以上，有3个城市的生态环境建设水平得分在40分以下，反映出城市间生态环境建设水平得分差距较小，也说明各城市生态环境发展稳定。

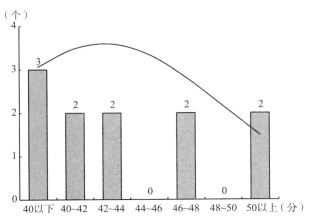

图1－11 2014年珠江－西江经济带城市生态
环境建设水平评价分值分布

由图1－12可以看到，2015年珠江－西江经济带生态环境建设水平得分分布与2014年的情况相比进一步均衡化，这说明珠江－西江经济带生态环境建设水平的得分分布持续保持着大部分城市均衡化发展。

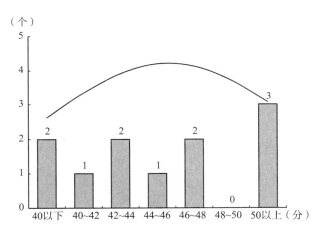

图1－12 2015年珠江－西江经济带城市生态
环境建设水平评价分值分布

本研究进一步对2010～2015年珠江－西江经济带内广西、广东地区的生态环境建设水平平均得分及其变化情况进行分析。由表1－24对珠江－西江经济带各地区板块生态环境建设水平平均得分及变化分析，从得分情况上看，2010年广西地区的生态环境建设水平平均得分为45.478分，广东地区生态环境建设水平得分为37.815分，地区间的比差为1.203：1，地区间的标准差为5.418，说明珠江－西江经济带内广西地区和广东地区的生态环境建设水平得分的分布存在一定差距。2011年广西地区的生态环境建设水平平均得分为44.079分，广东地区的生态环境建设水平平均得分为43.912分，地区间的比差为1.003：1，地区间的标准差为0.118，说明珠江－西江经济带广西和广东地区

的生态环境建设水平得分的分布差距处于缩小趋势。2012年广西地区的生态环境建设水平平均得分为45.226分，广东地区的生态环境建设水平平均得分为42.203分，地区间的比差为1.072：1，地区间的标准差为2.137，一方面说明珠江－西江经济带内广西地区的生态环境建设水平得分出现了下降，另一方面也说明地区间的得分差距小幅度扩大。2013年广西地区的生态环境建设水平平均得分为45.189分，广东地区的生态环境建设水平平均得分为43.85分，地区间的比差为1.031：1，地区间的标准差为0.946，说明珠江－西江经济带内地区间生态环境建设水平的发展差距有所缩小。2014年广西地区的生态环境建设水平平均得分为44.523分，广东地区的生态环境建设水平平均得分为41.944分，地区间的比差为1.062：1，地区间的标准差为1.824，一方面反映出珠江－西江经济带生态环境建设水平呈现下降势态，另一方面也反映出珠江－西江经济带内地区间生态环境建设水平差距扩大。2015年广西地区的生态环境建设水平平均得分为44.545分，广东地区的生态环境建设水平平均得分为50.224分，地区间的比差为0.887：1，地区间的标准差为4.016，说明珠江－西江经济带各地区间生态环境建设水平得分差距呈现扩大趋势。

表1－24 珠江－西江经济带各地区板块
生态环境建设水平平均得分及其变化

年份	广西	广东	标准差
2010	45.478	37.815	5.418
2011	44.079	43.912	0.118
2012	45.226	42.203	2.137
2013	45.189	43.850	0.946
2014	44.523	41.944	1.824
2015	44.545	50.224	4.016
分值变化	−0.933	12.41	9.435

从珠江－西江经济带城市生态环境建设水平的分值变化情况上看，在2010～2015年间珠江－西江经济带内广西的生态环境建设水平得分呈现下降趋势，广东的生态环境建设水平得分呈现上升趋势，并且珠江－西江经济带内各地区的得分差距呈现扩大的趋势。

本研究通过对珠江－西江经济带城市生态环境建设水平各地区板块的对比分析，发现珠江－西江经济带中广东板块的生态环境建设水平高于广西板块，珠江－西江经济带各板块的生态环境建设水平得分差距不断扩大。为了进一步对珠江－西江经济带中各地区板块的城市生态环境建设水平排名情况进行分析，通过表1－25和表1－26对珠江－西江经济带中广西板块、广东板块内城市位次及在珠江－西江经济带整体的位次排序分析，由各地区板块及珠江－西江经济带整体两个维度对城市排名进行分析，同时还对各板块的变化趋势进行分析。

表 1－25　　　　广西板块各城市生态环境建设水平排名比较

地区	2010年	2011年	2012年	2013年	2014年	2015年	排名变化
南宁市	4	7	7	7	7	7	-3
柳州市	6	3	3	3	6	5	1
梧州市	5	5	6	4	2	3	2
贵港市	7	6	2	6	4	6	1
百色市	1	1	1	1	1	1	0
来宾市	3	2	5	5	5	4	-1
崇左市	2	4	4	2	3	2	0

表 1－26　　　广西板块各城市在珠江－西江经济带城市生态环境建设水平排名比较

地区	2010年	2011年	2012年	2013年	2014年	2015年	排名变化
南宁市	4	11	10	11	10	11	-7
柳州市	7	4	4	4	9	8	-1
梧州市	6	6	7	5	3	6	0
贵港市	8	9	3	9	6	9	-1
百色市	1	1	1	1	1	3	-2
来宾市	3	3	6	6	8	7	-4
崇左市	2	5	5	3	4	4	-2

由表 1－25 对珠江－西江经济带中广西板块城市的排名比较进行分析，可以看到南宁市的生态环境建设水平呈现下降趋势。柳州市在珠江－西江经济带中的广西板块排名呈现波动上升趋势。梧州市在珠江－西江经济带中的广西板块排名呈现波动上升的趋势。贵港市在珠江－西江经济带中的广西板块排名呈现上升趋势。百色市在珠江－西江经济带中的广西板块排名呈现保持趋势。来宾市在珠江－西江经济带中的广西板块排名呈现下降趋势，其生态环境建设水平呈现衰退状态。崇左市在珠江－西江经济带中的广西板块排名呈现波动保持的势态。

由表 1－26 对广西板块内城市在珠江－西江经济带城市生态环境建设水平排名情况进行比较，可以看到南宁市在珠江－西江经济带内的排名处于波动下降的趋势。柳州市在珠江－西江经济带内的排名处在下降的趋势。梧州市在珠江－西江经济带内的排名呈现保持的趋势。贵港市在珠江－西江经济带内的排名处在下降趋势，其生态环境建设水平小幅度下降。百色市在珠江－西江经济带内的排名

处于波动下降的势态，城市的生态环境建设水平发展并不稳定。来宾市在珠江－西江经济带内的排名处于波动下降的势态，城市的生态环境综合发展能力较弱。崇左市在珠江－西江经济带内的排名呈现波动下降的趋势。

由表 1－27 对珠江－西江经济带中广东板块城市的排名比较进行分析，可以看到广州市的生态环境建设水平一直稳定保持在广东板块中的第一位置，生态环境建设水平有较好的发展基础和发展水平。此外其他城市的排名均未出现变化，说明各个城市发展相对稳定。

表 1－27　　广东板块各城市生态环境建设水平排名比较

地区	2010年	2011年	2012年	2013年	2014年	2015年	排名变化
广州市	1	1	1	1	1	1	0
佛山市	4	2	4	2	3	4	0
肇庆市	2	3	3	4	4	2	0
云浮市	3	4	2	3	2	3	0

由表 1－28 对广东板块内城市在珠江－西江经济带城市生态环境建设水平排名情况进行比较，可以看到广州市在珠江－西江经济带内的排名趋于上升趋势。佛山市呈现波动上升的趋势之外，肇庆市排名呈现上升的状态，云浮市呈现上升的趋势。

表 1－28　　广东板块各城市在珠江－西江经济带城市生态环境建设水平排名比较

地区	2010年	2011年	2012年	2013年	2014年	2015年	排名变化
广州市	5	2	2	2	2	2	4
佛山市	11	7	11	7	7	10	1
肇庆市	9	8	9	10	11	2	7
云浮市	10	10	8	8	5	5	5

3. 珠江－西江经济带城市生态环境、生态绿化、环境治理建设水平分区段得分情况

由图 1－13 可以看到珠江－西江经济带城市生态环境建设水平上游区各项二级指标的平均得分变化趋势。2010～2015 年珠江－西江经济带生态环境建设水平上游区的得分呈现波动上升的变化趋势，并且其整体得分呈现上升发展趋势。2010～2015 年珠江－西江经济带生态绿化建设水平上游区的得分呈现波动上升的发展趋势。2010～2015 年珠江－西江经济带环境治理水平上游区的得分呈现持续下降的发展趋势。

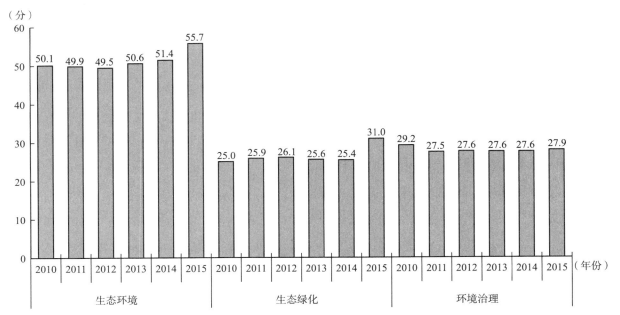

图1-13　珠江－西江经济带城市生态环境建设水平上游区各二级指标的得分比较情况

由图1-14可以看到珠江－西江经济带城市生态环境建设水平中游区各项二级指标的平均得分变化趋势。2010～2015年珠江－西江经济带生态环境建设水平中游区的得分呈现波动上升的变化趋势，并且其整体得分呈现上升发展趋势。2010～2015年珠江－西江经济带生态绿化建设水平中游区的得分呈现波动上升的发展趋势。2010～2015年珠江－西江经济带环境治理水平中游区的得分呈现波动上升的发展趋势。

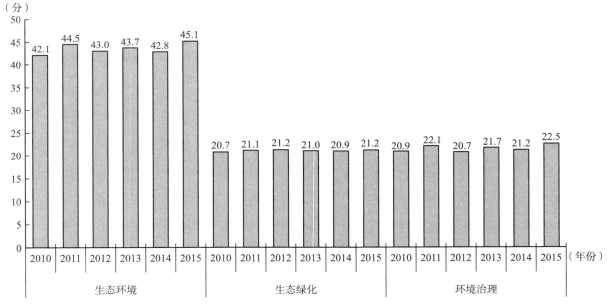

图1-14　珠江－西江经济带城市生态环境建设水平中游区各二级指标的得分比较情况

由图1-15可以看到珠江－西江经济带城市生态环境建设水平下游区各项二级指标的平均得分变化趋势。2010～2015年珠江－西江经济带生态环境建设水平下游区的得分呈现波动上升的变化趋势，并且其整体得分呈现上升发展趋势。2010～2015年珠江－西江经济带生态绿化建设水平下游区的得分呈现波动上升的发展趋势。2010～2015年珠江－西江经济带环境治理水平下游区的得分呈现波动下降的发展趋势。

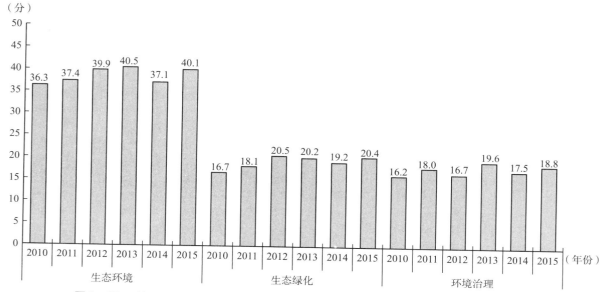

图 1 – 15　珠江－西江经济带城市生态环境建设水平下游区各二级指标的得分比较情况

从图 1 – 16 对 2010 ~ 2011 年珠江－西江经济带城市生态环境建设水平的跨区段变化进行分析，可以看到 2010 ~ 2011 年间有 6 个城市的生态环境建设水平在珠江－西江经济带的位次发生大幅度变动。其中，崇左市由上游区下降到中游区，南宁市、广州市、贵港市由中游区下降到下游区，佛山市、肇庆市由下游区上升到中游区。

从图 1 – 18 对 2012 ~ 2013 年间珠江－西江经济带城市生态环境建设水平的跨区段变化进行分析，可以看到 2012 ~ 2013 年间有 3 个城市的生态环境建设水平在珠江－西江经济带的位次发生大幅度变动。其中，崇左市由上游区下降到中游区，梧州市由中游区上升到上游区，贵港市由下游区上升至中游区。

图 1 – 16　2010 ~ 2011 年珠江－西江经济带城市生态环境建设水平大幅度变动情况

从图 1 – 17 对 2011 ~ 2012 年间珠江－西江经济带城市生态环境建设水平的跨区段变化进行分析，可以看到 2011 ~ 2012 年间有 5 个城市的生态环境建设水平发生大幅度变动。其中，来宾市由上游区下降至中游区，佛山市、肇庆市由中游区下降至下游区，贵港市由下游区上升至上游区，云浮市由下游区上升至中游区。

从图 1 – 19 对 2013 ~ 2014 年间珠江－西江经济带城市生态环境建设水平的跨区段变化进行分析，可以看到 2013 ~ 2014 年间有 4 个城市的生态环境建设水平在珠江－西江经济带的位次发生大幅度变动。其中，崇左市由上游区下降到中游区，梧州市由中游区上升至上游区，柳州市由中游区下降至下游区，贵港市由下游区上升至中游区。

图 1 – 17　2011 ~ 2012 年珠江－西江经济带城市生态环境建设水平大幅度变动情况

图 1 – 19　2013 ~ 2014 年珠江－西江经济带城市生态环境建设水平大幅度变动情况

图 1 – 18　2012 ~ 2013 年珠江－西江经济带城市生态环境建设水平大幅度变动情况

从图1－20对2014～2015年间珠江－西江经济带城市生态环境建设水平的跨区段变化进行分析，可以看到梧州市下降至中游区，佛山市、贵港市下降至下游区，柳州市、肇庆市上升至中游区。

图1－20　2014～2015年珠江－西江经济带城市
生态环境建设水平大幅度变动情况

从图1－21对2010～2015年间珠江－西江经济带城市生态环境建设水平的跨区段变化进行分析，可以看到2010～2015年间有8个城市的生态环境建设水平在珠江－西江经济带的位次发生大幅度变动。其中，佛山市、贵港市由上游区下降到中游区，来宾市、梧州市由中游区下降到下游区，肇庆市、南宁市由中游区上升到上游区，百色市、柳州市由下游区上升到中游区。这说明珠江－西江经济带各城市的生态环境建设水平在2010～2015年间发生较大幅度的变动，但广州市持续保持最优地位，云浮市持续保持中游区地位，崇左市持续保持较低地位。

图1－21　2010～2015年珠江－西江经济带城市
生态环境建设水平大幅度变动情况

三、珠江－西江经济带城市生态绿化建设水平评估与比较

（一）珠江－西江经济带城市生态绿化建设水平评估结果

根据珠江－西江经济带城市生态绿化发展水平指标体系和数学评价模型，对2010～2015年间珠江－西江经济带11个城市的生态绿化建设水平进行评价。表1－29至表1－43是本次评估期间珠江－西江经济带11个城市的生态绿化建设水平排名和排名变化情况及其8个三级指标的评价结构。

1. 珠江－西江经济带城市生态绿化建设水平排名

根据表1－29中内容对2010年珠江－西江经济带各城

市生态绿化建设水平排名变化进行分析，可以看到珠江－西江经济带11个城市生态绿化建设水平处于上游区的依次是南宁市、广州市、柳州市；珠江－西江经济带11个城市生态绿化建设水平处在中游区的依次是来宾市、崇左市、百色市、肇庆市、云浮市；珠江－西江经济带11个城市生态绿化建设水平处于下游区的依次是贵港市、梧州市、佛山市。这说明在珠江－西江经济带中广西地区生态绿化建设水平高于广东地区，更具发展优势。

表1－29　2010年珠江－西江经济带
城市生态绿化建设水平排名

地区	排名	区段	地区	排名	区段	地区	排名	区段
南宁	1	上游区	来宾	4	中游区	贵港	9	下游区
广州	2		崇左	5		梧州	10	
柳州	3		百色	6		佛山	11	
			肇庆	7				
			云浮	8				

根据表1－30中内容对2011年珠江－西江经济带各城市生态绿化建设水平排名变化进行分析，可以看到珠江－西江经济带11个城市生态绿化建设水平处于上游区的依次是广州市、柳州市、来宾市；珠江－西江经济带11个城市生态绿化建设水平处在中游区的依次是肇庆市、佛山市、贵港市、崇左市、云浮市；珠江－西江经济带11个城市生态绿化建设水平处在下游区的依次是梧州市、百色市、南宁市。相比于2010年，百色市、南宁市下降至下游区，来宾市上升至上游区，贵港市、佛山市上升至中游区。

表1－30　2011年珠江－西江经济带
城市生态绿化建设水平排名

地区	排名	区段	地区	排名	区段	地区	排名	区段
广州	1	上游区	肇庆	4	中游区	梧州	9	下游区
柳州	2		佛山	5		百色	10	
来宾	3		贵港	6		南宁	11	
			崇左	7				
			云浮	8				

根据表1－31中内容对2012年珠江－西江经济带各城市生态绿化建设水平排名变化进行分析，可以看到珠江－西江经济带11个城市生态绿化建设水平处于上游区的

表1－31　2012年珠江－西江经济带
城市生态绿化建设水平排名

地区	排名	区段	地区	排名	区段	地区	排名	区段
广州	1	上游区	梧州	4	中游区	百色	9	下游区
南宁	2		肇庆	5		云浮	10	
柳州	3		来宾	6		崇左	11	
			贵港	7				
			佛山	8				

依次是广州市、南宁市、柳州市；珠江－西江经济带11个城市生态绿化建设水平处在中游区的依次是梧州市、肇庆市、来宾市、贵港市、佛山市；珠江－西江经济带11个城市生态绿化建设水平处在下游区的依次是百色市、云浮市、崇左市。相比于2011年，崇左市、云浮市下降至下游区，南宁市上升至上游区，来宾市下降至中游区。

根据表1-32中内容对2013年珠江－西江经济带各城市生态绿化建设水平排名变化进行分析，可以看到珠江－西江经济带11个城市中，生态绿化建设水平处于上游区的依次是广州市、柳州市、崇左市；珠江－西江经济带11个城市生态绿化建设水平处在中游区的依次是南宁市、佛山市、梧州市、百色市、云浮市；珠江－西江经济带11个城市生态绿化建设水平处在下游区的依次是肇庆市、来宾市、贵港市。相比于2012年，百色市上升至中游区，崇左市上升至上游区，南宁市下降到中游区，来宾市、贵港市、云浮市上升至中游区，肇庆市下降至下游区。

表1-32　　2013年珠江－西江经济带城市生态绿化建设水平排名

地区	排名	区段	地区	排名	区段	地区	排名	区段
广州	1	上游区	南宁	4	中游区	肇庆	9	下游区
柳州	2		佛山	5		来宾	10	
崇左	3		梧州	6		贵港	11	
			百色	7				
			云浮	8				

根据表1-33中内容对2014年珠江－西江经济带各城市生态绿化建设水平排名变化进行分析，可以看到珠江－西江经济带11个城市生态绿化建设水平处于上游区的依次是广州市、梧州市、百色市；珠江－西江经济带11个城市生态绿化建设水平处在中游区的依次是南宁市、崇左市、佛山市、云浮市、贵港市；珠江－西江经济带11个城市生态绿化建设水平处在下游区的依次是来宾市、柳州市、肇庆市。相比于2013年，百色市、柳州市、梧州市上升至上游区，崇左市下降至中游区，贵港市上升至中游区。

表1-33　　2014年珠江－西江经济带城市生态绿化建设水平排名

地区	排名	区段	地区	排名	区段	地区	排名	区段
广州	1	上游区	南宁	4	中游区	来宾	9	下游区
梧州	2		崇左	5		柳州	10	
百色	3		佛山	6		肇庆	11	
			云浮	7				
			贵港	8				

根据表1-34中内容对2015年珠江－西江经济带各城市生态绿化建设水平排名变化进行分析，可以看到珠江－西江经济带11个城市生态绿化建设水平处于上游区的依次是广州市、肇庆市、柳州市；珠江－西江经济带11个城市生态绿化建设水平处在中游区的依次是南宁市、佛山市、

崇左市、云浮市、梧州市；珠江－西江经济带11个城市生态绿化建设水平处在下游区的依次是百色市、贵港市、来宾市。相比于2014年，百色市下降至下游区，柳州市、肇庆市上升至上游区，梧州市下降至中游区。

表1-34　　2015年珠江－西江经济带城市生态绿化建设水平排名

地区	排名	区段	地区	排名	区段	地区	排名	区段
广州	1	上游区	南宁	4	中游区	百色	9	下游区
肇庆	2		佛山	5		贵港	10	
柳州	3		崇左	6		来宾	11	
			云浮	7				
			梧州	8				

根据表1-35中内容对2010～2015年珠江－西江经济带各城市生态绿化建设水平排名变化趋势进行分析，可以看到在珠江－西江经济带11个城市生态绿化建设水平处于上升区的是梧州市、云浮市、肇庆市、佛山市、广州市；生态绿化建设水平处于下降区的是百色市、崇左市、南宁市、来宾市、贵港市，柳州市呈现保持趋势。这说明珠江－西江经济带城市生态绿化发展相对不稳定。

表1-35　　2010～2015年珠江－西江经济带城市生态绿化建设水平排名变化

地区	排名变化	区段	地区	排名变化	区段	地区	排名变化	区段
广州	1	上升区	柳州	0	保持区	贵港	-1	下降区
云浮	1					崇左	-1	
梧州	2					南宁	-3	
肇庆	5					百色	-3	
佛山	6					来宾	-7	

2. 珠江－西江经济带城市城镇绿化扩张弹性系数得分情况

通过表1-36对2010～2015年珠江－西江经济带城市城镇绿化扩张弹性系及变化进行分析。由2010年的珠江－西江经济带城镇绿化扩张弹性系数评价来看，有4个城市的城镇绿化扩张弹性系数水平得分在8.2分以上。2010年珠江－西江经济带城镇绿化扩张弹性系数得分处在8.1～8.3分，小于8.2分的城市有柳州市、梧州市、百色市、来宾市、广州市、佛山市、云浮市。珠江－西江经济带城镇绿化扩张弹性系数最高得分为肇庆市，为8.275分，最低得分为佛山市，为8.174分。珠江－西江经济带城镇绿化扩张弹性系数的得分平均值为8.197分，标准差为0.032，说明城市之间城镇绿化扩张弹性系数的变化差异较小。珠江－西江经济带中广西地区城市的城镇绿化扩张弹性系数的得分较高，南宁市、贵港市、崇左市的城镇绿化扩张弹性系数得分均超过8.2分；说明这些城市的城镇绿化扩张弹性系数较高。珠江－西江经济带中广东地区的城镇绿化扩张弹性系数水平较低，其中肇庆市的城镇绿

化扩张弹性系数在 8.2 分之上；说明广东地区城市的城镇 绿化扩张弹性系数较低。

表 1-36　　　　　　2010～2015 年珠江－西江经济带各城市城镇绿化扩张弹性系数评价比较

地区	2010 年	2011 年	2012 年	2013 年	2014 年	2015 年	综合变化
南宁市	8.205	0.000	8.216	7.698	8.108	7.850	-0.354
	4	11	11	11	11	10	-6
柳州市	8.198	7.965	8.263	8.056	8.114	7.857	-0.341
	5	4	4	7	10	7	-2
梧州市	8.174	7.930	8.251	8.051	8.131	7.864	-0.310
	8	7	6	10	3	5	3
贵港市	8.226	8.965	8.516	8.054	8.116	8.067	-0.159
	2	1	2	9	7	1	1
百色市	8.174	7.928	8.247	8.054	8.134	7.819	-0.355
	8	10	8	8	2	11	-3
来宾市	8.182	7.930	8.255	8.093	8.116	7.869	-0.312
	6	7	5	2	7	3	3
崇左市	8.209	7.930	8.243	8.063	8.124	7.855	-0.354
	3	7	10	5	5	9	-6
广州市	8.174	7.943	8.291	8.080	8.136	7.898	-0.277
	8	5	3	3	1	2	6
佛山市	8.174	7.935	8.249	8.057	8.119	7.860	-0.313
	11	6	7	6	6	6	5
肇庆市	8.275	8.207	8.246	8.076	8.116	7.857	-0.419
	1	2	9	4	7	8	-7
云浮市	8.176	7.992	8.671	8.100	8.130	7.866	-0.311
	7	3	1	1	4	4	3
最高分	8.275	8.965	8.671	8.100	8.136	8.067	-0.208
最低分	8.174	0.000	8.216	7.698	8.108	7.819	-0.355
平均分	8.197	7.339	8.313	8.035	8.122	7.878	-0.319
标准差	0.032	2.453	0.144	0.113	0.009	0.065	0.034

由 2011 年的珠江－西江经济带城镇绿化扩张弹性系数评价来看，有 4 个城市的城镇绿化扩张弹性系数得分在 7.95 分以上。2011 年珠江－西江经济带城镇绿化扩张弹性系数得分处在 0～9 分，小于 7.95 分的城市有南宁市、梧州市、百色市、来宾市、崇左市、广州市、佛山市。珠江－西江经济带城镇绿化扩张弹性系数最高得分为贵港市，为 8.965 分，最低得分为南宁市，为 0 分。珠江－西江经济带城镇绿化扩张弹性系数的得分平均值为 7.339 分，标准差为 2.453，说明城市之间城镇绿化扩张弹性系数的变化差异较大。珠江－西江经济带中广西地区城市的城镇绿化扩张弹性系数的得分较低，柳州市、贵港市的城镇绿化扩张弹性系数得分均超过 7.95 分；说明这些城市的城镇绿化扩张弹性系数较低。珠江－西江经济带中广东地区的城镇绿化扩张弹性系数水平较高，其中肇庆市、云浮市的城镇绿化扩张弹性系数在 7.95 分之上；说明广东地区城市的城镇绿化扩张弹性系数较高。

由 2012 年的珠江－西江经济带城镇绿化扩张弹性系数评价来看，有 2 个城市的城镇绿化扩张弹性系数得分在 8.5 分以上。2012 年珠江－西江经济带城镇绿化扩张弹性系数

得分处在 8.2～8.7 分，小于 8.5 分的城市有南宁市、柳州市、梧州市、百色市、来宾市、崇左市、广州市、佛山市、肇庆市。珠江－西江经济带城镇绿化扩张弹性系数最高得分为云浮市，为 8.671 分，最低得分为南宁市，为 8.216 分。珠江－西江经济带城镇绿化扩张弹性系数的得分平均值为 8.313 分，标准差为 0.144，说明城市之间城镇绿化扩张弹性系数的变化差异较小。珠江－西江经济带中广西地区城市的城镇绿化扩张弹性系数的得分较低，贵港市的城镇绿化扩张弹性系数得分超过 8.5 分；说明这些城市的城镇绿化扩张弹性系数较低。珠江－西江经济带中广东地区的城镇绿化扩张弹性系数水平较高，其中云浮市的城镇绿化扩张弹性系数在 8.5 分之上；说明广东地区城市的城镇绿化扩张弹性系数较高。

由 2013 年的珠江－西江经济带城镇绿化扩张弹性系数评价来看，有 1 个城市的城镇绿化扩张弹性系数得分在 8.1 分以上。2013 年珠江－西江经济带城镇绿化扩张弹性系数得分处在 7.7～8.1 分，小于 8.1 分的城市有南宁市、柳州市、梧州市、贵港市、百色市、来宾市、崇左市、广州市、佛山市、肇庆市、云浮市。珠江－西江经济带城镇绿化扩

张弹性系数最高得分为云浮市，为8.100分，最低得分为南宁市，为7.698分。珠江－西江经济带城镇绿化扩张弹性系数的得分平均值为8.035分，标准差为0.113，说明城市之间城镇绿化扩张弹性系数的变化差异较小。珠江－西江经济带中广西地区城市的城镇绿化扩张弹性系数的得分较低，没有城市的城镇绿化扩张弹性系数得分超过8.1分；说明这些城市的城镇绿化扩张弹性系数较低。珠江－西江经济带中广东地区的城镇绿化扩张弹性系数水平较高，其中云浮市的城镇绿化扩张弹性系数在8.1分之上；说明广东地区城市的城镇绿化扩张弹性系数较高。

由2014年的珠江－西江经济带城镇绿化扩张弹性系数评价来看，有4个城市的城镇绿化扩张弹性系数得分在8.13分以上。2014年珠江－西江经济带城镇绿化扩张弹性系数得分处在8.1~8.2分，小于8.13分的城市有南宁市、柳州市、贵港市、来宾市、崇左市、佛山市、肇庆市。珠江－西江经济带城镇绿化扩张弹性系数最高得分为广州市，为8.136分，最低得分为南宁市，为8.108分。珠江－西江经济带城镇绿化扩张弹性系数的得分平均值为8.122分，标准差为0.009，说明城市之间城镇绿化扩张弹性系数的变化差异较小。珠江－西江经济带中广西地区城市的城镇绿化扩张弹性系数的得分较低，梧州市、百色市的城镇绿化扩张弹性系数得分均超过8.13；说明这些城市的城镇绿化扩张弹性系数较高。珠江－西江经济带中广东地区的城镇绿化扩张弹性系数水平较高，其中广州市、云浮市的城镇绿化扩张弹性系数在8.13分之上；说明广东地区城市的城镇绿化扩张弹性系数较高。

由2015年的珠江－西江经济带城镇绿化扩张弹性系数评价来看，有6个城市的城镇绿化扩张弹性系数得分在7.86分以上。2015年珠江－西江经济带城镇绿化扩张弹性系数得分处在7.8~8.1分，小于7.86分的城市有南宁市、柳州市、百色市、崇左市、肇庆市。珠江－西江经济带城镇绿化扩张弹性系数最高得分为贵港市，为8.067分，最低得分为百色市，为7.819分。珠江－西江经济带城镇绿化扩张弹性系数的得分平均值为7.878分，标准差为0.065，说明城市之间城镇绿化扩张弹性系数的变化差异较

小。珠江－西江经济带中广西地区城市的城镇绿化扩张弹性系数的得分较低，梧州市、贵港市、来宾市的城镇绿化扩张弹性系数得分均超过7.86；说明这些城市的城镇绿化扩张弹性系数较低。珠江－西江经济带中广东地区的城镇绿化扩张弹性系数水平较高，其中广州市、佛山市、云浮市的城镇绿化扩张弹性系数在7.86分之上；说明广东地区城市的城镇绿化扩张弹性系数较高。

对比珠江－西江经济带各城市城镇绿化扩张弹性系数变化，通过对各年间的珠江－西江经济带城镇绿化扩张弹性系数的平均分、标准差进行分析，可以发现其平均分处于波动下降的趋势，说明珠江－西江经济带发展较不协调。珠江－西江经济带城镇绿化扩张弹性系数的标准差也处于波动上升的趋势，说明城市间的城镇绿化扩张弹性系数差距逐渐扩大。对各城市的城镇绿化扩张弹性系数变化展开分析，暂无发现占据绝对领先地位的城市。各个城市的相对排名变化幅度较大，说明珠江－西江经济带绿化扩张性发展较不稳定。

3. 珠江－西江经济带城市生态绿化强度得分情况

通过表1-37对2010~2015年珠江－西江经济带城市生态绿化强度及变化进行分析。由2010年的珠江－西江经济带生态绿化强度评价来看，有1个城市的生态绿化强度得分在1分以上。2010年珠江－西江经济带生态绿化强度得分处在0~3.5分，小于1分的城市有南宁市、柳州市、梧州市、贵港市、百色市、来宾市、崇左市、佛山市、肇庆市、云浮市。珠江－西江经济带生态绿化强度最高得分为广州市，为3.451分，最低得分为崇左市，为0.012分。珠江－西江经济带生态绿化强度的得分平均值为0.576分，标准差为0.997，说明城市之间生态绿化强度的变化差异较大。珠江－西江经济带中广东地区城市的生态绿化强度的得分较高，其中广州市的生态绿化强度得分超过1分；说明生态绿化强度发展相对协调。珠江－西江经济带中广西地区的生态绿化强度得分较低，暂无城市的生态绿化强度得分超过1分，这说明广西地区城市的生态绿化强度发展较不协调。

表1-37　2010~2015年珠江－西江经济带各城市生态绿化强度评价比较

地区	2010年	2011年	2012年	2013年	2014年	2015年	综合变化
南宁市	0.787	0.734	0.780	0.707	0.707	0.660	-0.128
	2	2	2	2	2	2	0
柳州市	0.646	0.612	0.460	0.449	0.427	0.392	-0.254
	4	4	4	4	4	4	0
梧州市	0.086	0.116	0.077	0.055	0.052	0.075	-0.011
	7	7	7	7	7	7	0
贵港市	0.164	0.148	0.101	0.087	0.087	0.079	-0.085
	6	6	6	6	6	6	0
百色市	0.037	0.048	0.045	0.026	0.026	0.033	-0.004
	9	9	8	9	10	10	-1
来宾市	0.019	0.047	0.036	0.042	0.043	0.037	0.018
	10	10	9	8	8	8	2

地区	2010 年	2011 年	2012 年	2013 年	2014 年	2015 年	综合变化
崇左市	0.012	0.010	0.003	0.000	0.006	0.010	-0.002
	11	11	11	11	11	11	0
广州市	3.451	3.493	4.201	4.485	4.542	4.396	0.946
	1	1	1	1	1	1	0
佛山市	0.662	0.683	0.533	0.494	0.506	0.495	-0.167
	3	3	3	3	3	3	0
肇庆市	0.397	0.382	0.278	0.244	0.232	0.212	-0.185
	5	5	5	5	5	5	0
云浮市	0.072	0.069	0.030	0.023	0.028	0.037	-0.035
	8	8	10	10	9	9	-1
最高分	3.451	3.493	4.201	4.485	4.542	4.396	0.946
最低分	0.012	0.010	0.003	0.000	0.006	0.010	-0.002
平均分	0.576	0.576	0.595	0.601	0.605	0.584	0.009
标准差	0.997	1.006	1.223	1.310	1.327	1.283	0.287

由 2011 年的珠江－西江经济带生态绿化强度评价来看，有 1 个城市的生态绿化强度得分在 1 分以上。2011 年珠江－西江经济带生态绿化强度得分处在 0～3.5 分，小于 1 分的城市有南宁市、柳州市、梧州市、贵港市、百色市、来宾市、崇左市、佛山市、肇庆市、云浮市。珠江－西江经济带生态绿化强度最高得分为广州市，为 3.493 分，最低得分为崇左市，为 0.010 分。珠江－西江经济带生态绿化强度的得分平均值为 0.576 分，标准差为 1.006，说明城市之间生态绿化强度的变化差异较大。珠江－西江经济带中广东地区城市的生态绿化强度的得分较高，其中广州市的生态绿化强度得分超过 1 分；说明生态绿化强度发展相对协调。珠江－西江经济带中广西地区的生态绿化强度得分较低，暂无城市的生态绿化强度得分超过 1 分；说明广西地区城市的生态绿化强度发展较不协调。

由 2012 年的珠江－西江经济带生态绿化强度评价来看，有 1 个城市的生态绿化强度得分在 1 分以上。2012 年珠江－西江经济带生态绿化强度得分处在 0～4.3 分，小于 1 分的城市有南宁市、柳州市、梧州市、贵港市、百色市、来宾市、崇左市、佛山市、肇庆市、云浮市。珠江－西江经济带生态绿化强度最高得分为广州市，为 4.201 分，最低得分为崇左市，为 0.003 分。珠江－西江经济带生态绿化强度的得分平均值为 0.595 分，标准差为 1.223，说明城市之间生态绿化强度的变化差异较大。珠江－西江经济带中广东地区城市的生态绿化强度的得分较高，其中广州市的生态绿化强度得分超过 1 分；说明生态绿化强度发展相对协调。珠江－西江经济带中广西地区的生态绿化强度得分较低，暂无城市的生态绿化强度得分超过 1 分；说明广西地区城市的生态绿化强度发展较不协调。

由 2013 年的珠江－西江经济带生态绿化强度评价来看，有 1 个城市的生态绿化强度得分在 1 分以上。2013 年珠江－西江经济带生态绿化强度得分处在 0～4.5 分，小于 1 分的城市有南宁市、柳州市、梧州市、贵港市、百色市、来宾市、崇左市、佛山市、肇庆市、云浮市。珠江－西江经济带生态绿化强度最高得分为广州市，为 4.485 分，最

低得分为崇左市，为 0 分。珠江－西江经济带生态绿化强度的得分平均值为 0.601 分，标准差为 1.310，说明城市之间生态绿化强度的变化差异较大。珠江－西江经济带中广东地区城市的生态绿化强度的得分较高，其中广州市的生态绿化强度得分超过 1 分；说明生态绿化强度发展相对协调。珠江－西江经济带中广西地区的生态绿化强度得分较低，暂无城市的生态绿化强度得分超过 1 分；说明广西地区城市的生态绿化强度发展较不协调。

由 2014 年的珠江－西江经济带生态绿化强度评价来看，有 1 个城市的生态绿化强度得分在 1 分以上。2014 年珠江－西江经济带生态绿化强度得分处在 0～4.6 分，小于 1 分的城市有南宁市、柳州市、梧州市、贵港市、百色市、来宾市、崇左市、佛山市、肇庆市、云浮市。珠江－西江经济带生态绿化强度最高得分为广州市，为 4.542 分，最低得分为崇左市，为 0.006 分。珠江－西江经济带生态绿化强度的得分平均值为 0.605 分，标准差为 1.327，说明城市之间生态绿化强度的变化差异较大。珠江－西江经济带中广东地区城市的生态绿化强度的得分较高，其中广州市的生态绿化强度得分超过 1 分；说明生态绿化强度发展相对协调。珠江－西江经济带中广西地区的生态绿化强度得分较低，暂无城市的生态绿化强度得分超过 1 分；说明广西地区城市的生态绿化强度发展较不协调。

由 2015 年的珠江－西江经济带生态绿化强度评价来看，有 1 个城市的生态绿化强度得分在 1 分以上。2015 年珠江－西江经济带生态绿化强度得分处在 0～4.4 分，小于 1 分的城市有南宁市、柳州市、梧州市、贵港市、百色市、来宾市、崇左市、佛山市、肇庆市、云浮市。珠江－西江经济带生态绿化强度最高得分为广州市，为 4.396 分，最低得分为崇左市，为 0.010 分。珠江－西江经济带生态绿化强度的得分平均值为 0.584 分，标准差为 1.283，说明城市之间生态绿化强度的变化差异较大。珠江－西江经济带中广东地区城市的生态绿化强度的得分较高，其中广州市的生态绿化强度得分超过 1 分；说明生态绿化强度发展相

cc

对协调。珠江－西江经济带中广西地区的生态绿化强度得分较低，暂无城市的生态绿化强度得分超过 1 分；说明广西地区城市的生态绿化强度发展较不协调。

对比珠江－西江经济带各城市生态绿化强度变化，通过对各年间的珠江－西江经济带生态绿化强度的平均分、标准差进行分析，可以发现其平均分处于波动上升的趋势，说明珠江－西江经济带生态绿化强度程度有所上升。珠江－西江经济带生态绿化强度的标准差也处于波动上升的趋势，说明城市间的生态绿化强度差距逐渐扩大。对各城市的总生态绿化强度变化展开分析，广州市处于绝对优势的地位。珠江－西江经济带中各个城市的相对排名变化较小，说明珠江－西江经济带生态绿化强度发展较稳定。

4. 珠江－西江经济带城市城镇绿化动态变化得分情况

通过表 1－38 对 2010～2015 年珠江－西江经济带城市城镇绿化动态变化水平及变化进行分析。由 2010 年的珠江－西江经济带城镇绿化动态变化水平评价来看，有 5 个城市的城镇绿化动态变化水平得分在 1 分以上。2010 年珠江－西江经济带城镇绿化动态变化水平得分处在 0.6～1.9 分，小于 1 分的城市有柳州市、梧州市、贵港市、佛山市、肇庆市、云浮市。珠江－西江经济带城镇绿化动态变化水平最高得分为南宁市，为 1.864 分，最低得分为梧州市，为 0.643 分。珠江－西江经济带城镇绿化动态变化水平的得分平均值为 1.080 分，标准差为 0.397，说明城市之间城镇绿化动态变化水平的变化差异较小。珠江－西江经济带中广西地区城市的城镇绿化动态变化水平的得分较高，其中南宁市、百色市、来宾市、崇左市的城镇绿化动态变化水平得分均超过 1 分，说明这些城市的城镇绿化动态变化发展相对协调。珠江－西江经济带中广东地区的城镇绿化动态变化得分较低，其中广州市的城镇绿化动态变化水平得分超过 1 分，说明广东地区城市的城镇绿化动态变化发展较不协调。

表 1－38　　　　2010～2015 年珠江－西江经济带各城市城镇绿化动态变化评价比较

地区	2010 年	2011 年	2012 年	2013 年	2014 年	2015 年	综合变化
南宁市	1.864	1.253	1.429	2.066	0.822	0.803	−1.061
	1	5	5	2	9	9	−8
柳州市	0.869	3.043	2.264	0.118	0.887	1.143	0.275
	6	1	1	11	8	4	2
梧州市	0.643	0.655	2.003	1.358	5.043	0.924	0.281
	11	10	3	3	1	6	5
贵港市	0.758	0.666	1.253	0.631	1.322	0.633	−0.125
	9	9	6	10	4	11	−2
百色市	1.274	1.145	1.201	0.780	1.570	1.115	−0.159
	4	6	7	8	3	5	−1
来宾市	1.452	1.934	1.864	0.885	0.669	0.879	−0.574
	2	2	4	11	7	−5
崇左市	1.438	1.419	0.681	3.382	1.980	1.185	−0.253
	3	4	10	1	2	3	0
广州市	1.265	0.000	2.008	0.866	0.910	2.201	0.936
	5	11	2	7	7	2	3
佛山市	0.776	1.133	0.615	0.891	0.989	0.754	−0.022
	8	7	11	5	6	10	−2
肇庆市	0.786	1.695	0.849	0.741	0.754	2.580	1.795
	7	3	8	9	10	1	6
云浮市	0.750	0.982	0.712	1.232	1.135	0.861	0.111
	10	8	4	5	8	2
最高分	1.864	3.043	2.264	3.382	5.043	2.580	0.717
最低分	0.643	0.000	0.615	0.118	0.669	0.633	−0.010
平均分	1.080	1.266	1.353	1.177	1.462	1.189	0.109
标准差	0.397	0.791	0.603	0.879	1.250	0.624	0.226

由 2011 年的珠江－西江经济带城镇绿化动态变化水平评价来看，有 7 个城市的城镇绿化动态变化水平得分在 1 分以上。2011 年珠江－西江经济带城镇绿化动态变化水平得分处在 0～3.1 分，小于 1 分的城市有梧州市、贵港市、广州市、云浮市。珠江－西江经济带城镇绿化动态变化水平最高得分为柳州市，为 3.043 分，最低得分为广州市，为 0 分。珠江－西江经济带城镇绿化动态变化水平的得分平均值为 1.266 分，标准差为 0.791，说明城市之间城镇绿

化动态变化水平的变化差异较小。珠江－西江经济带中广西地区城市的城镇绿化动态变化水平的得分较高，其中南宁市、柳州市、百色市、来宾市、崇左市的城镇绿化动态变化水平得分均超过1分；说明这些城市的城镇绿化动态变化发展相对协调。珠江－西江经济带中广东地区的城镇绿化动态变化得分较低，其中佛山市、肇庆市的城镇绿化动态变化水平得分超过1分，说明广东地区城市的城镇绿化动态变化发展较不协调。

由2012年的珠江－西江经济带城镇绿化动态变化水平评价来看，有7个城市的城镇绿化动态变化水平得分在1分以上。2012年珠江－西江经济带城镇绿化动态变化水平得分处在0.6～2.3分，小于1分的城市有崇左市、佛山市、肇庆市、云浮市。珠江－西江经济带城镇绿化动态变化水平最高得分为柳州市，为2.264分，最低得分为佛山市，为0.615分。珠江－西江经济带城镇绿化动态变化水平的得分平均值为1.353分，标准差为0.603，说明城市之间城镇绿化动态变化水平的变化差异较小。珠江－西江经济带中广西地区城市的城镇绿化动态变化水平的得分较高，其中南宁市、柳州市、梧州市、贵港市、百色市、来宾市的城镇绿化动态变化水平得分均超过1分；说明这些城市的城镇绿化动态变化发展相对协调。珠江－西江经济带中广东地区的城镇绿化动态变化得分较低，其中广州市的城镇绿化动态变化水平得分超过1分，说明广东地区城市的城镇绿化动态变化发展较不协调。

由2013年的珠江－西江经济带城镇绿化动态变化水平评价来看，有4个城市的城镇绿化动态变化水平得分在1分以上。2013年珠江－西江经济带城镇绿化动态变化水平得分处在0.1～3.4分，小于1分的城市有柳州市、贵港市、百色市、来宾市、广州市、佛山市、肇庆市。珠江－西江经济带城镇绿化动态变化水平最高得分为贵港市，为3.382分，最低得分为柳州市，为0.118分。珠江－西江经济带城镇绿化动态变化水平的得分平均值为1.177分，标准差为0.879，说明城市之间城镇绿化动态变化水平的变化差异较大。珠江－西江经济带中广东地区城市的城镇绿化动态变化水平的得分较低，其中云浮市的城镇绿化动态变化水平得分均超过1分；说明这些城市的城镇绿化动态变化发展基础较低。珠江－西江经济带中广西地区的城镇绿化动态变化评分较高，其中南宁市、梧州市、崇左市的城镇绿化动态变化水平得分超过1分，说明广西地区城市的城镇绿化动态变化发展相对协调。

由2014年的珠江－西江经济带城镇绿化动态变化水平评价来看，有5个城市的城镇绿化动态变化水平得分在1分以上。2014年珠江－西江经济带城镇绿化动态变化水平得分处在0.6～5.1分，小于1分的城市有南宁市、柳州市、来宾市、广州市、佛山市、肇庆市。珠江－西江经济带城镇绿化动态变化水平最高得分为梧州市，为5.043分，最低得分为来宾市，为0.669分。珠江－西江经济带城镇绿化动态变化水平的得分平均值为1.462分，标准差为1.250，说明城市之间城镇绿化动态变化水平的变化差异较大。珠江－西江经济带中广西地区城市的城镇绿化动态变

化水平的得分较高，其中梧州市、贵港市、百色市、崇左市的城镇绿化动态变化水平得分均超过1分，说明这些城市的城镇绿化动态变化发展相对协调。珠江－西江经济带中广东地区的城镇绿化动态变化得分较低，其中云浮市的城镇绿化动态变化水平得分超过1分，说明广东地区城市的城镇绿化动态变化发展较不协调。

由2015年的珠江－西江经济带城镇绿化动态变化水平评价来看，有5个城市的城镇绿化动态变化水平得分在1分以上。2015年珠江－西江经济带城镇绿化动态变化水平得分处在0.6～2.6分，小于1分的城市有南宁市、梧州市、贵港市、来宾市、佛山市、云浮市。珠江－西江经济带城镇绿化动态变化水平最高得分为肇庆市，为2.580分，最低得分为贵港市，为0.633分。珠江－西江经济带城镇绿化动态变化水平的得分平均值为1.189分，标准差为0.624，说明城市之间城镇绿化动态变化水平的变化差异较小。珠江－西江经济带中广西地区城市的城镇绿化动态变化水平的得分较低，其中柳州市、百色市、崇左市的城镇绿化动态变化水平得分均超过1分；说明这些城市的城镇绿化动态变化发展相对不协调。珠江－西江经济带中广东地区的城镇绿化动态变化得分较高，其中广州市、肇庆市的城镇绿化动态变化水平得分超过1分，说明广东地区城市的城镇绿化动态变化发展较协调。

对比珠江－西江经济带各城市城镇绿化动态变化水平变化，通过对各年间的珠江－西江经济带城镇绿化动态变化水平的平均分、标准差进行分析，可以发现其平均分处于波动上升的趋势，说明珠江－西江经济带城镇绿化动态变化程度有所上升。珠江－西江经济带城镇绿化动态变化水平的标准差也处于波动上升的趋势，说明城市间的城镇绿化动态变化水平差距逐渐扩大。对各城市的总城镇绿化动态变化水平变化展开分析，发现珠江－西江经济带中多数城市的排名均较大，说明珠江－西江经济带城镇绿化动态变化的发展极不稳定。

5. 珠江－西江经济带城市绿化扩张强度得分情况

通过表1－39对2010～2015年珠江－西江经济带城市绿化扩张强度及变化进行分析。由2010年的珠江－西江经济带城市绿化扩张强度评价来看，有10个城市的绿化扩张强度得分在1.5分以上。2010年珠江－西江经济带城市绿化扩张强度得分处在0～2.6分，小于1.5分的城市是佛山市。珠江－西江经济带城市绿化扩张强度最高得分为南宁市，为2.596分，最低得分为佛山市，为0分。珠江－西江经济带城市绿化扩张强度的得分平均值为1.512分，标准差为0.591分，说明城市间的绿化扩张强度的变化差异较小。珠江－西江经济带中广西地区城市的绿化扩张强度的得分较高，所有城市的绿化扩张强度得分均超过1.5分；说明这些城市的绿化扩张强度发展基础较好。珠江－西江经济带中广东地区的城市绿化扩张强度水平较低，广州市、肇庆市、云浮市的绿化扩张强度得分超过1.5分；说明广东地区城市的绿化扩张强度综合发展能力仍待提升。

表 1-39　　　　　　　　　　2010~2015 年珠江－西江经济带各城市绿化扩张强度评价比较

地区	2010 年	2011 年	2012 年	2013 年	2014 年	2015 年	综合变化
南宁市	2.596	1.619	3.214	1.411	1.291	1.437	-1.159
	1	10	1	11	9	11	-10
柳州市	1.580	1.869	1.728	1.822	1.132	2.321	0.741
	3	2	4	2	10	3	0
梧州市	1.542	1.631	1.686	1.537	1.819	1.845	0.304
	8	9	6	10	2	6	2
贵港市	1.534	1.631	1.597	1.607	1.502	1.768	0.234
	9	8	9	4	8	9	0
百色市	1.605	1.495	1.653	1.664	1.555	1.738	0.133
	2	11	8	3	5	10	-8
来宾市	1.577	1.813	1.704	1.538	1.541	1.829	0.252
	4	3	5	9	7	7	-3
崇左市	1.553	1.644	1.593	1.589	1.545	1.793	0.240
	7	6	11	6	6	8	-1
广州市	1.527	4.261	1.962	1.904	1.895	5.575	4.048
	10	1	2	1	1	1	9
佛山市	0.000	1.683	1.680	1.598	1.576	1.859	1.859
	11	4	7	5	3	5	6
肇庆市	1.555	1.651	1.737	1.541	0.531	4.833	3.278
	6	5	3	7	11	2	4
云浮市	1.567	1.644	1.595	1.539	1.559	1.885	0.319
	5	6	10	8	4	4	1
最高分	2.596	4.261	3.214	1.904	1.895	5.575	2.979
最低分	0.000	1.495	1.593	1.411	0.531	1.437	1.437
平均分	1.512	1.904	1.832	1.614	1.450	2.444	0.932
标准差	0.591	0.788	0.470	0.140	0.369	1.390	0.799

　　由 2011 年的珠江－西江经济带城市绿化扩张强度评价来看，有 10 个城市的绿化扩张强度得分在 1.5 分以上。2011 年珠江－西江经济带城市绿化扩张强度得分处在 1.4~4.3 分，小于 1.5 分的城市是百色市。珠江－西江经济带城市绿化扩张强度最高得分为广州市，为 4.261 分，最低得分为百色市，为 1.495 分。珠江－西江经济带城市绿化扩张强度的得分平均值为 1.904 分，标准差为 0.788，说明城市间的绿化扩张强度的变化差异较大。珠江－西江经济带中广东地区城市的绿化扩张强度的得分较高，所有城市的绿化扩张强度得分均超过 1.5 分；说明这些城市的绿化扩张强度发展基础较好。珠江－西江经济带中广西地区的城市绿化扩张强度水平较低，百色市的绿化扩张强度得分未超过 1.5 分；说明广西地区城市的绿化扩张强度综合发展能力仍待提升。

　　由 2012 年的珠江－西江经济带城市绿化扩张强度评价来看，有 8 个城市的绿化扩张强度得分在 1.6 分以上。2012 年珠江－西江经济带城市绿化扩张强度得分处在 1.5~3.3 分，小于 1.6 分的城市是贵港市、崇左市、云浮市。珠江－西江经济带城市绿化扩张强度最高得分为南宁市，为 3.214 分，最低得分为崇左市，为 1.593 分。珠江－西江经济带城市绿化扩张强度的得分平均值为 1.832 分，标准差

为 0.470，说明城市之间绿化扩张强度的变化差异较小。珠江－西江经济带中广西地区城市的绿化扩张强度的得分较高，其中南宁市、柳州市、梧州市、百色市、来宾市的绿化扩张强度得分均超过 1.6 分；说明这些城市的绿化扩张强度发展基础较好。珠江－西江经济带中广东地区的城市绿化扩张强度水平较低，广州市、肇庆市、佛山市的绿化扩张强度得分超过 1.6 分；说明广东地区城市的绿化扩张强度综合发展能力仍待提升。

　　由 2013 年的珠江－西江经济带城市绿化扩张强度评价来看，有 4 个城市的绿化扩张强度得分在 1.6 分以上。2013 年珠江－西江经济带城市绿化扩张强度得分处在 1.4~2 分，小于 1.6 分的城市是佛山市。珠江－西江经济带城市绿化扩张强度最高得分为广州市，为 1.904 分，最低得分为南宁市，为 1.411 分。珠江－西江经济带城市绿化扩张强度的得分平均值为 1.614 分，标准差为 0.140，说明城市之间绿化扩张强度的变化差异较小。珠江－西江经济带中广西地区城市的绿化扩张强度的得分较高，其中柳州市、贵港市、百色市的绿化扩张强度得分均超过 1.6 分；说明这些城市的绿化扩张强度发展基础较好。珠江－西江经济带中广东地区的城市绿化扩张强度水平较低，其中广州市的绿化扩张强度得分超过

1.6 分；说明广东地区城市的绿化扩张强度综合发展能力仍待提升。

由 2014 年的珠江－西江经济带城市绿化扩张强度评价来看，有 8 个城市的绿化扩张强度得分在 1.5 分以上。2014 年珠江－西江经济带城市绿化扩张强度得分处在 0.5～1.9 分，小于 1.5 分的城市分别是南宁市、柳州市、肇庆市。珠江－西江经济带城市绿化扩张强度最高得分为广州市，为 1.895 分，最低得分为肇庆市，为 0.531 分。珠江－西江经济带城市绿化扩张强度的得分平均值为 1.450 分，标准差为 0.369，说明城市之间绿化扩张强度的变化差异较小。珠江－西江经济带中广西地区城市的绿化扩张强度的得分较高，其中梧州市、贵港市、百色市、来宾市、崇左市的绿化扩张强度得分均超过 1.5 分；说明这些城市的绿化扩张强度发展基础较好。珠江－西江经济带中广东地区的城市绿化扩张强度水平较低，其中广州市、佛山市、云浮市的绿化扩张强度得分超过 1.5 分；说明广东地区城市的绿化扩张强度综合发展能力仍待提升。

由 2015 年的珠江－西江经济带城市绿化扩张强度评价来看，有 7 个城市的绿化扩张强度得分在 1.8 分以上。2015 年珠江－西江经济带城市绿化扩张强度得分处在 1.4～5.6 分，小于 1.8 分的城市是南宁市、贵港市、百色市、崇左市。珠江－西江经济带城市绿化扩张强度最高得分为广州市，为 5.575 分，最低得分为南宁市，为 1.437 分。珠江－西江经济带城市绿化扩张强度的得分平均值为 2.444 分，标准差为 1.390，说明城市之间绿化扩张强度的变化差异较大。珠江－西江经济带中广西地区城市的绿化扩张强度的得分较低，其中柳州市、梧州市、来宾市绿化扩张强度得分均超过 1.8 分；说明这些城市的绿化扩张强度发展基础较差。珠江－西江经济带中广东地区的城市绿化扩张强度水平较高，所有城市绿化扩张强度得分均超过 1.8 分；说明广东地区城市的绿化扩张强度综合发展能力仍待提升。

对比珠江－西江经济带各城市绿化扩张强度变化，通过对各年间的珠江－西江经济带城市绿化扩张强度的平均分、标准差进行分析，可以发现其平均分处于波动上升的趋势，说明珠江－西江经济带城市绿化扩张强度综合能力有所上升，城市绿化扩张强度能力有所增强。珠江－西江经济带城市绿化扩张强度的标准差也处于波动上升的趋势，说明城市间的绿化扩张强度差距有所扩大。对各城市的绿化扩张强度变化展开分析，发现广州市的绿化扩张强度处在相对领先位置，除了 2010 年和 2012 年，各个时间段内均处于排名第一，并且其处于下降的趋势。其他城市虽然排名变化幅度均较大，得分大部分呈现上升的趋势，说明珠江－西江经济带的城市绿化扩张强度处于上升状态，并且发展相对稳定。

6. 珠江－西江经济带城市绿化蔓延指数得分情况

通过表 1－40 对 2010～2015 年珠江－西江经济带城市绿化蔓延指数及变化进行分析。由 2010 年的珠江－西江经济带城市绿化蔓延指数评价来看，有 4 个城市的绿化蔓延指数得分在 0.5 分以上。2010 年珠江－西江经济带城市绿化蔓延指数得分处在 0～0.7 分，小于 0.5 分的城市有柳州市、梧州市、贵港市、百色市、广州市、佛山市、肇庆市。珠江－西江经济带城市绿化蔓延指数最高得分为崇左市，为 0.631 分，最低得分为佛山市，为 0.089 分。珠江－西江经济带城市绿化蔓延指数的得分平均值为 0.476 分，标准差为 0.138，说明城市之间绿化蔓延指数的变化差异较小。珠江－西江经济带中广西地区的城市绿化蔓延指数的得分较高，其中南宁市、来宾市、崇左市的绿化蔓延指数得分均超过 0.5 分；珠江－西江经济带中广东地区的城市绿化蔓延指数水平较低，云浮市的绿化蔓延指数得分在 0.5 分之上；说明广东地区城市的绿化蔓延能力较低。

表 1－40　　　　　　　　　2010～2015 年珠江－西江经济带各城市绿化蔓延指数评价比较

地区	2010 年	2011 年	2012 年	2013 年	2014 年	2015 年	综合变化
南宁市	0.524	0.489	0.802	0.556	0.473	0.477	－0.047
	4	10	2	10	9	9	－5
柳州市	0.493	0.626	0.420	4.777	0.409	0.674	0.181
	5	2	10	1	10	4	1
梧州市	0.485	0.490	0.650	0.566	0.777	0.541	0.056
	7	9	3	9	2	5	2
贵港市	0.484	0.491	0.501	0.655	0.491	0.491	0.007
	8	8	7	4	8	8	0
百色市	0.451	0.225	0.503	0.929	1.596	0.368	－0.083
	10	11	6	3	1	10	0
来宾市	0.575	1.499	0.027	0.549	0.509	0.000	－0.575
	2	1	11	11	6	11	－9
崇左市	0.631	0.519	0.479	1.094	0.679	0.740	0.109
	1	5	9	2	3	2	－1

续表

地区	2010 年	2011 年	2012 年	2013 年	2014 年	2015 年	综合变化
广州市	0.481	0.529	0.491	0.567	0.497	0.533	0.052
	9	3	8	8	7	6	3
佛山市	0.089	0.508	0.528	0.593	0.520	0.527	0.438
	11	6	4	6	5	7	4
肇庆市	0.486	0.498	0.844	0.574	0.004	2.666	2.180
	6	7	1	7	11	1	5
云浮市	0.537	0.524	0.508	0.600	0.641	0.680	0.143
	3	4	5	5	4	3	0
最高分	0.631	1.499	0.844	4.777	1.596	2.666	2.035
最低分	0.089	0.225	0.027	0.549	0.004	0.000	-0.089
平均分	0.476	0.582	0.523	1.042	0.600	0.700	0.224
标准差	0.138	0.319	0.214	1.252	0.384	0.682	0.544

由 2011 年的珠江－西江经济带城市绿化蔓延指数评价来看，有 6 个城市的绿化蔓延指数得分在 0.5 分以上。2011 年珠江－西江经济带城市绿化蔓延指数得分处在 0.2～1.5 分，小于 0.5 分的城市有南宁市、梧州市、贵港市、百色市、肇庆市。珠江－西江经济带城市绿化蔓延指数最高得分为来宾市，为 1.499 分，最低得分为百色市，为 0.225 分。珠江－西江经济带城市绿化蔓延指数的得分平均值为 0.582 分，标准差为 0.319，说明城市之间绿化蔓延指数的变化差异较小。珠江－西江经济带中广东地区的城市绿化蔓延指数的得分较高，其中广州市、佛山市、云浮市的绿化蔓延指数得分均超过 0.5 分；珠江－西江经济带中广西地区的城市绿化蔓延指数水平较低，柳州市、来宾市、崇左市的绿化蔓延指数得分在 0.5 分之上；说明广西地区城市的绿化蔓延能力较低。

由 2012 年的珠江－西江经济带城市绿化蔓延指数评价来看，有 7 个城市的绿化蔓延指数得分在 0.5 分以上。2012 年珠江－西江经济带城市绿化蔓延指数得分处在 0～0.9 分，小于 0.5 分的城市有柳州市、来宾市、崇左市、广州市。珠江－西江经济带城市绿化蔓延指数最高得分为肇庆市，为 0.844 分，最低得分为来宾市，为 0.027 分。珠江－西江经济带城市绿化蔓延指数的得分平均值为 0.523 分，标准差为 0.214，说明城市之间绿化蔓延指数的变化差异较小。珠江－西江经济带中广东地区的城市绿化蔓延指数的得分较高，其中肇庆市、佛山市、云浮市的绿化蔓延指数得分均超过 0.5 分；珠江－西江经济带中广西地区的城市绿化蔓延指数水平较低，南宁市、梧州市、贵港市、百色市的绿化蔓延指数得分在 0.5 分之上；说明广西地区城市的绿化蔓延能力较低。

由 2013 年的珠江－西江经济带城市绿化蔓延指数评价来看，有 2 个城市的绿化蔓延指数得分在 1 分以上。2013 年珠江－西江经济带城市绿化蔓延指数得分处在 0.5～4.8 分，小于 1 分的城市有南宁市、梧州市、贵港市、百色市、来宾市、广州市、佛山市、肇庆市、云浮市。珠江－西江经济带城市绿化蔓延指数最高得分为柳州市，为 4.777 分，最低得分为来宾市，为 0.027 分。珠江－西江经济带城市绿化蔓延指数的得分平均值为 1.042 分，标准差为 1.252，

说明城市之间绿化蔓延指数的变化差异较大。珠江－西江经济带中广东地区城市的绿化蔓延指数的得分较低，没有城市的绿化蔓延指数得分超过 1 分；珠江－西江经济带中广西地区的城市绿化蔓延指数水平较高，柳州市、崇左市的绿化蔓延指数得分在 1 分之上；说明广西地区城市的绿化蔓延能力较高。

由 2014 年的珠江－西江经济带城市绿化蔓延指数评价来看，有 6 个城市的绿化蔓延指数得分在 0.5 分以上。2014 年珠江－西江经济带城市绿化蔓延指数得分处在 0～1.6 分，小于 0.5 分的城市有南宁市、柳州市、贵港市、广州市、肇庆市。珠江－西江经济带城市绿化蔓延指数最高得分为百色市，为 1.596 分，最低得分为肇庆市，为 0.004 分。珠江－西江经济带城市绿化蔓延指数的得分平均值为 0.6 分，标准差为 0.384，说明城市之间绿化蔓延指数的变化差异较小。珠江－西江经济带中广东地区的城市绿化蔓延指数的得分较高，其中佛山市、云浮市的绿化蔓延指数得分均超过 0.5 分；珠江－西江经济带中广西地区的城市绿化蔓延指数水平较低，梧州市、百色市、来宾市、崇左市的绿化蔓延指数得分在 0.5 分之上；说明广西地区城市的绿化蔓延能力较低。

由 2015 年的珠江－西江经济带城市绿化蔓延指数评价来看，有 7 个城市的绿化蔓延指数得分在 0.5 分以上。2015 年珠江－西江经济带城市绿化蔓延指数得分处在 0～2.7 分，小于 0.5 分的城市有南宁市、贵港市、百色市、来宾市。珠江－西江经济带城市绿化蔓延指数最高得分为肇庆市，为 2.666 分，最低得分为来宾市，为 0 分。珠江－西江经济带城市绿化蔓延指数的得分平均值为 0.7 分，标准差为 0.682，说明城市之间绿化蔓延指数的变化差异较小。珠江－西江经济带中广东地区的城市绿化蔓延指数的得分较高，所有城市的绿化蔓延指数得分均超过 0.5 分；珠江－西江经济带中广西地区的城市绿化蔓延指数水平较低，柳州市、梧州市、崇左市的绿化蔓延指数得分在 0.5 分之上；说明广西地区城市的绿化蔓延能力较低。

对比珠江－西江经济带各城市绿化蔓延指数变化，通过对各年间的珠江－西江经济带城市绿化蔓延指数的平均

分、标准差进行分析，可以发现其平均分处于波动上升的趋势，说明珠江－西江经济带城市绿化蔓延指数综合能力有所上升，区域相对增长能力有所上升。珠江－西江经济带城市绿化蔓延指数的标准差也处于波动上升的趋势，说明城市间的绿化蔓延指数差距扩大。对各城市的城市绿化蔓延指数变化展开分析，在2010～2015年的各个时间段内暂无城市明显处于绝对的优势地位，其他城市的排名变化除了来宾市大幅度下降外均基本稳定，得分大部分小幅度上升，说明珠江－西江经济带各城市绿化蔓延指数仍待优化。

7. 珠江－西江经济带城市环境承载力得分情况

通过表1－41对2010～2015年珠江－西江经济带城市环境承载力及变化进行分析。由2010年的珠江－西江经济带城市环境承载力评价来看，有1个城市的环境承载力得分在1分以上。2010年珠江－西江经济带城市环境承载力得分处在0～3分，小于1分的城市有南宁市、柳州市、梧州市、贵港市、百色市、来宾市、崇左市、佛山市、肇庆市、云浮市。珠江－西江经济带城市环境承载力最高得分为广州市，为2.959分，最低得分为来宾市，为0分。珠江－西江经济带城市环境承载力的得分平均值为0.387分，标准差为0.890，说明城市之间环境承载力的变化差异较大。珠江－西江经济带中广东地区的环境承载力水平较高，其中广州市的环境承载力得分超过1分；说明这些城市的环境承载力发展基础较好，环境承载力大。珠江－西江经济带中广西地区城市的环境承载力的得分较低，暂无城市的环境承载力得分超过1分；说明广西地区城市的环境承载力综合发展能力较低，环境承载力小。

表1－41　　　　　　　　　2010～2015年珠江－西江经济带各城市环境承载力评价比较

地区	2010年	2011年	2012年	2013年	2014年	2015年	综合变化
南宁市	0.873	0.929	1.079	1.132	1.191	1.211	0.338
	2	2	2	2	2	2	0
柳州市	0.129	0.150	0.167	0.197	0.183	0.229	0.100
	3	3	3	3	3	4	−1
梧州市	0.034	0.037	0.045	0.049	0.077	0.086	0.052
	6	6	6	6	5	6	0
贵港市	0.019	0.021	0.023	0.031	0.033	0.035	0.016
	8	7	7	8	8	8	0
百色市	0.020	0.015	0.020	0.031	0.038	0.038	0.018
	7	8	8	7	7	7	0
来宾市	0.000	0.010	0.018	0.020	0.025	0.031	0.031
	11	9	9	9	9	9	2
崇左市	0.002	0.003	0.004	0.009	0.014	0.016	0.015
	9	10	10	10	10	11	−2
广州市	2.959	3.281	3.498	3.718	3.996	4.409	1.450
	1	1	1	1	1	1	0
佛山市	0.112	0.122	0.136	0.148	0.165	0.178	0.065
	4	4	4	4	4	5	−1
肇庆市	0.105	0.113	0.129	0.138	0.072	0.292	0.187
	5	5	5	5	6	3	2
云浮市	0.001	0.003	0.004	0.005	0.011	0.020	0.019
	10	11	11	11	11	10	0
最高分	2.959	3.281	3.498	3.718	3.996	4.409	1.450
最低分	0.000	0.003	0.004	0.005	0.011	0.016	0.016
平均分	0.387	0.426	0.466	0.498	0.528	0.595	0.208
标准差	0.890	0.984	1.053	1.116	1.200	1.311	0.422

由2011年的珠江－西江经济带城市环境承载力评价来看，有1个城市的环境承载力得分在1分以上。2011年珠江－西江经济带城市环境承载力得分处在0～3.3分，小于1分的城市有南宁市、柳州市、梧州市、贵港市、百色市、来宾市、崇左市、佛山市、肇庆市、云浮市。珠江－西江经济带城市环境承载力最高得分为广州市，为3.281分，最低得分为云浮市，为0.003分。珠江－西江经济带城市环境承载力的得分平均值为0.426分，标准差为0.984，说明城市之间环境承载力的变化差异较大。珠江－西江经济带中广东地区的环境承载力水平较高，其中广州市的环境承载力得分超过1分。说明这些城市的环境承载力发展基础较好，环境承载力大。珠江－西江经济带中广西地区城

市的环境承载力的得分较低，暂无城市的环境承载力得分超过1分；说明广西地区城市的环境承载力综合发展能力较低，环境承载力小。

由2012年的珠江－西江经济带环境承载力评价来看，有1个城市的环境承载力得分在2分以上。2012年珠江－西江经济带环境承载力得分处在0~3.5分，小于2分的城市有南宁市、柳州市、梧州市、贵港市、百色市、来宾市、崇左市、佛山市、肇庆市、云浮市。珠江－西江经济带环境承载力最高得分为广州市，为3.498分，最低得分为云浮市，为0.004分。珠江－西江经济带环境承载力的得分平均值为0.466分，标准差为1.053，说明城市之间环境承载力的变化差异较大。珠江－西江经济带中广东地区的环境承载力水平较高，其中广州市的环境承载力得分超过2分；说明这些城市的环境承载力发展基础较好，环境承载力大。珠江－西江经济带中广西地区城市的环境承载力的得分较低，暂无城市的环境承载力得分超过2分；说明广西地区城市的环境承载力综合发展能力较低，环境承载力小。

由2013年的珠江－西江经济带环境承载力评价来看，有1个城市的环境承载力得分在2分以上。2013年珠江－西江经济带环境承载力得分处在0~3.8分，小于2分的城市有南宁市、柳州市、梧州市、贵港市、百色市、来宾市、崇左市、佛山市、肇庆市、云浮市。珠江－西江经济带环境承载力最高得分为广州市，为3.718分，最低得分为云浮市，为0.005分。珠江－西江经济带环境承载力的得分平均值为0.498分，标准差为1.116，说明城市之间环境承载力的变化差异较大。珠江－西江经济带中广东地区的环境承载力水平较高，其中广州市的环境承载力得分超过2分；说明这些城市的环境承载力发展基础较好，环境承载力大。珠江－西江经济带中广西地区城市的环境承载力的得分较低，暂无城市的环境承载力得分超过2分；说明广西地区城市的环境承载力综合发展能力较低，环境承载力小。

由2014年的珠江－西江经济带环境承载力评价来看，有1个城市的环境承载力得分在2分以上。2014年珠江－西江经济带环境承载力得分处在0~4分，小于2分的城市有南宁市、柳州市、梧州市、贵港市、百色市、来宾市、崇左市、佛山市、肇庆市、云浮市。珠江－西江经济带环境承载力最高得分为广州市，为3.996分，最低得分为云浮市，为0.011分。珠江－西江经济带环境承载力的得分平均值为0.528分，标准差为1.200，说明城市之间环境承载力的变化差异较大。珠江－西江经济带中广东地区的环境承载力水平较高，其中广州市的环境承载力得分超过2分；说明这些城市的环境承载力发展基础较好，环境承载力大。珠江－西江经济带中广西地区城市的环境承载力的得分较低，暂无城市的环境承载力得分超过2分；说明广

西地区城市的环境承载力综合发展能力较低，环境承载力小。

由2015年的珠江－西江经济带环境承载力评价来看，有1个城市的环境承载力得分在2分以上。2015年珠江－西江经济带环境承载力得分处在0~4.5分，小于2分的城市有南宁市、柳州市、梧州市、贵港市、百色市、来宾市、崇左市、佛山市、肇庆市、云浮市。珠江－西江经济带环境承载力最高得分为广州市，为4.409分，最低得分为崇左市，为0.016分。珠江－西江经济带环境承载力的得分平均值为0.595分，标准差为1.311，说明城市之间环境承载力的变化差异较大。珠江－西江经济带中广东地区的环境承载力水平较高，其中广州市的环境承载力得分超过2分；说明这些城市的环境承载力发展基础较好，环境承载力大。珠江－西江经济带中广西地区城市的环境承载力的得分较低，暂无城市的环境承载力得分超过2分；说明广西地区城市的环境承载力综合发展能力较低，环境承载力小。

对比珠江－西江经济带各城市环境承载力变化，通过对各年间的珠江－西江经济带环境承载力的平均分、标准差进行分析，可以发现其平均分处于波动上升的趋势，说明珠江－西江经济带城市环境承载力综合能力并未提升。珠江－西江经济带城市环境承载力的标准差也处于波动上升的趋势，说明城市间的环境承载力差距有所扩大。对各城市的环境承载力变化展开分析，发现广州市的环境承载力处在绝对优势的位置，在2010~2015年的各个时间段内均排在第1名，其也处于上升的趋势。珠江－西江经济带其他城市的排名也基本稳定，并且得分均小幅度提升，说明各个城市的环境承载力正在稳定发展。

8. 珠江－西江经济带城市绿化相对增长率得分情况

通过表1-42对2010~2015年珠江－西江经济带城市绿化相对增长率及变化进行分析。由2010年的珠江－西江经济带城市绿化相对增长率评价来看，有9个城市的绿化相对增长率得分在3.8分以上。2010年珠江－西江经济带城市绿化相对增长率得分处在0~6.5分，小于3.8分的城市有广州市、佛山市。珠江－西江经济带城市绿化相对增长率最高得分为南宁市，为6.444分，最低得分为佛山市，为0分。珠江－西江经济带城市绿化相对增长率的得分平均值为3.754分，标准差为1.466，说明城市之间绿化相对增长率的变化差异较大。珠江－西江经济带中广东地区城市的绿化相对增长率的得分较低，肇庆市、云浮市的城市绿化相对增长率实力得分均超过3.8分；说明这些城市的绿化相对增长率较低。珠江－西江经济带中广西地区的城市绿化相对增长率水平较高，所有城市的绿化相对增长率得分超过3.8分；说明广西地区城市的绿化相对增长率综合发展能力较高。

表1-42　　　　　2010~2015年珠江－西江经济带各城市绿化相对增长率评价比较

地区	2010 年	2011 年	2012 年	2013 年	2014 年	2015 年	综合变化
南宁市	6.444	3.726	4.631	3.547	3.459	3.695	-2.749
	1	10	1	11	9	11	-10

续表

地区	2010 年	2011 年	2012 年	2013 年	2014 年	2015 年	综合变化
柳州市	3.922	3.864	3.783	3.774	3.368	4.346	0.424
	3	2	4	2	10	3	0
梧州市	3.827	3.732	3.759	3.617	3.765	3.996	0.169
	8	9	6	10	2	6	2
贵港市	3.807	3.732	3.708	3.655	3.582	3.939	0.132
	9	8	9	4	8	9	0
百色市	3.984	3.657	3.740	3.687	3.612	3.917	-0.067
	2	11	8	3	5	10	-8
来宾市	3.914	3.833	3.769	3.617	3.604	3.984	0.070
	4	3	5	9	7	7	-3
崇左市	3.856	3.739	3.706	3.645	3.607	3.957	0.102
	7	6	11	6	6	8	-1
广州市	3.790	5.186	3.916	3.819	3.809	6.742	2.952
	10	1	2	1	1	1	9
佛山市	0.000	3.761	3.756	3.650	3.624	4.006	4.006
	11	4	7	5	3	5	6
肇庆市	3.859	3.743	3.788	3.619	3.020	6.196	2.337
	6	5	3	7	11	2	4
云浮市	3.889	3.739	3.707	3.618	3.614	4.025	0.136
	5	6	10	8	4	4	1
最高分	6.444	5.186	4.631	3.819	3.809	6.742	0.298
最低分	0.000	3.657	3.706	3.547	3.020	3.695	3.695
平均分	3.754	3.883	3.842	3.659	3.551	4.437	0.683
标准差	1.466	0.436	0.268	0.077	0.214	1.023	-0.443

由 2011 年的珠江－西江经济带城市绿化相对增长率评价来看，有 10 个城市的绿化相对增长率得分在 3.7 分以上。2011 年珠江－西江经济带城市绿化相对增长率得分处在 3.6~5.2 分，小于 3.7 分的城市为百色市。珠江－西江经济带城市绿化相对增长率最高得分为广州市，为 5.186 分，最低得分为百色市，为 3.657 分。珠江－西江经济带城市绿化相对增长率的得分平均值为 3.883 分，标准差为 0.436，说明城市之间绿化相对增长率的变化差异较小。珠江－西江经济带中广东地区城市的绿化相对增长率的得分较高，所有城市的绿化相对增长率实力得分均超过 3.7 分；说明这些城市的绿化相对增长率较高。珠江－西江经济带中广西地区的城市绿化相对增长率水平较低，南宁市、柳州市、梧州市、贵港市、来宾市、崇左市的绿化相对增长率得分超过 3.7 分；说明广西地区城市的绿化相对增长率综合发展能力较低。

由 2012 年的珠江－西江经济带城市绿化相对增长率评价来看，有 7 个城市的绿化相对增长率得分在 3.75 分以上。2012 年珠江－西江经济带城市绿化相对增长率得分处在 3.7~4.7 分，小于 3.75 分的城市有贵港市、百色市、崇左市、云浮市。珠江－西江经济带城市绿化相对增长率最高得分为南宁市，为 4.631 分，最低得分为崇左市，为 3.706 分。珠江－西江经济带城市绿化相对增长率的得分平均值为 3.842 分，标准差为 0.268，说明城市之

间绿化相对增长率的变化差异较小。珠江－西江经济带中广东地区城市的绿化相对增长率的得分较高，广州市、佛山市、肇庆市的绿化相对增长率实力得分均超过 3.75 分；说明这些城市的绿化相对增长率较高。珠江－西江经济带中广西地区的城市绿化相对增长率水平较低，南宁市、柳州市、梧州市、来宾市的绿化相对增长率得分超过 3.75 分；说明广西地区城市的绿化相对增长率综合发展能力较低。

由 2013 年的珠江－西江经济带城市绿化相对增长率评价来看，有 10 个城市的绿化相对增长率得分在 3.6 分以上。2013 年珠江－西江经济带城市绿化相对增长率得分处在 3.5~3.9 分，小于 3.6 分的城市为南宁市。珠江－西江经济带城市绿化相对增长率最高得分为广州市，为 3.819 分，最低得分为南宁市，为 3.547 分。珠江－西江经济带城市绿化相对增长率的得分平均值为 3.659 分，标准差为 0.077，说明城市之间绿化相对增长率的变化差异较小。珠江－西江经济带中广东地区城市的绿化相对增长率的得分较高，所有城市的绿化相对增长率实力得分均超过 3.6 分；说明这些城市的绿化相对增长率较高。珠江－西江经济带中广西地区的城市绿化相对增长率水平较低，百色市、柳州市、梧州市、贵港市、来宾市、崇左市的绿化相对增长率得分超过 3.6 分；说明广西地区城市的绿化相对增长率综合发展能力较低。

由 2014 年的珠江 - 西江经济带城市绿化相对增长率评价来看,有 7 个城市的绿化相对增长率得分在 3.6 分以上。2014 年珠江 - 西江经济带城市绿化相对增长率得分处在 3 ~ 3.9 分,小于 3.6 分的城市有南宁市、柳州市、贵港市、肇庆市。珠江 - 西江经济带城市绿化相对增长率最高得分为广州市,为 3.809 分,最低得分为肇庆市,为 3.020 分。珠江 - 西江经济带城市绿化相对增长率的得分平均值为 3.551 分,标准差为 0.214,说明城市之间绿化相对增长率的变化差异较小。珠江 - 西江经济带中广东地区城市的绿化相对增长率的得分较高,广州市、佛山市、云浮市的绿化相对增长率实力得分均超过 3.6 分;说明这些城市的绿化相对增长率较高。珠江 - 西江经济带中广西地区的城市绿化相对增长率水平较低,梧州市、百色市、来宾市、崇左市的绿化相对增长率得分超过 3.6 分;说明广西地区城市的绿化相对增长率综合发展能力较低。

由 2015 年的珠江 - 西江经济带城市绿化相对增长率评价来看,有 5 个城市的绿化相对增长率得分在 4 分以上。2015 年珠江 - 西江经济带城市绿化相对增长率得分处在 3.6 ~ 6.8 分,小于 4 分的城市有南宁市、梧州市、贵港市、百色市、来宾市、崇左市。珠江 - 西江经济带城市绿化相对增长率最高得分为广州市,为 6.742 分,最低得分为南宁市,为 3.695 分。珠江 - 西江经济带城市绿化相对增长率的得分平均值为 4.437 分,标准差为 1.023,说明城市之间绿化相对增长率的变化差异较大。珠江 - 西江经济带中广东地区城市的绿化相对增长率的得分较高,所有城市的绿化相对增长率实力得分均超过 4 分;说明这些城市的绿化相对增长率较高。珠江 - 西江经济带中广西地区的城市绿化相对增长率水平较低,柳州市的绿化相对增长率得分超过 4 分;说明广西地区城市的绿化相对增长率综合发展能力较低。

对比珠江 - 西江经济带各城市绿化相对增长率变化,通过对各年间的珠江 - 西江经济带城市绿化相对增长率的平均分、标准差进行分析,可以发现其平均分处在波动上升的趋势,说明珠江 - 西江经济带城市绿化相对增长率综合能力有所上升。珠江 - 西江经济带城市绿化相对增长率的标准差处于波动下降的趋势,说明城市间的绿化相对增长率差距有所缩小,可以看出广东和广西地区之间两极分化严重。对各城市的绿化相对增长率变化展开分析,发现没有城市绿化相对增长率处在绝对领先位置,说明珠江 - 西江经济带各城市绿化相对增长率的发展较不稳定。

9. 珠江 - 西江经济带城市绿化绝对增量加权指数得分情况

通过表 1 - 43 对 2010 ~ 2015 年珠江 - 西江经济带城市绿化绝对增量加权指数及变化进行分析。由 2010 年的珠江 - 西江经济带城市绿化绝对增量加权指数评价来看,有 10 个城市的绿化绝对增量加权指数得分在 5 分以上。2010 年珠江 - 西江经济带城市绿化绝对增量加权指数得分处在 0 ~ 5.9 分,小于 5 分的城市为佛山市。珠江 - 西江经济带城市绿化绝对增量加权指数最高得分为南宁市,为 5.846 分,最低得分为佛山市,为 0 分。珠江 - 西江经济带城市绿化绝对增量加权指数的得分平均值为 4.823 分,标准差为 1.610,说明城市之间绿化绝对增量加权指数的变化差异较大。珠江 - 西江经济带中广东地区城市的绿化绝对增量加权指数的得分较低,其中广州市、肇庆市、云浮市的绿化绝对增量加权指数实力得分均超过 5 分;说明这些城市的绿化绝对增量加权指数发展基础较差。珠江 - 西江经济带中广西地区的城市绿化绝对增量加权指数水平较高,所有城市的绿化绝对增量加权指数得分超过 5 分;说明广西地区城市的绿化绝对增量加权指数综合发展能力较高。

表 1 - 43   2010 ~ 2015 年珠江 - 西江经济带各城市绿化绝对增量加权指数评价比较

地区	2010 年	2011 年	2012 年	2013 年	2014 年	2015 年	综合变化
南宁市	5.846	5.495	5.666	5.336	5.323	5.453	- 0.393
	1	10	1	11	9	11	- 10
柳州市	5.255	5.537	5.446	5.402	5.288	5.631	0.375
	4	4	7	3	10	3	1
梧州市	5.233	5.497	5.447	5.355	5.439	5.537	0.304
	8	9	6	10	2	6	2
贵港市	5.227	5.497	5.423	5.376	5.355	5.513	0.286
	9	8	9	4	8	9	0
百色市	5.246	5.485	5.428	5.364	5.360	5.509	0.263
	5	11	8	5	7	10	- 5
来宾市	5.266	5.539	5.450	5.355	5.365	5.531	0.264
	3	3	5	9	5	7	- 4
崇左市	5.238	5.499	5.422	5.363	5.363	5.518	0.280
	7	7	11	6	6	8	- 1
广州市	5.218	6.602	5.588	5.512	5.531	7.550	2.332
	10	1	2	1	1	1	9

地区	2010 年	2011 年	2012 年	2013 年	2014 年	2015 年	综合变化
佛山市	0.000	5.539	5.499	5.411	5.419	5.609	5.609
	11	2	3	2	3	4	7
肇庆市	5.242	5.501	5.454	5.355	5.137	6.331	1.090
	6	6	4	8	11	2	4
云浮市	5.285	5.502	5.423	5.357	5.379	5.573	0.288
	2	5	10	7	4	5	-3
最高分	5.846	6.602	5.666	5.512	5.531	7.550	1.704
最低分	0.000	5.485	5.422	5.336	5.137	5.453	5.453
平均分	4.823	5.608	5.477	5.380	5.360	5.796	0.972
标准差	1.610	0.330	0.079	0.049	0.098	0.630	-0.980

由 2011 年的珠江－西江经济带城市绿化绝对增量加权指数评价来看，有 6 个城市的绿化绝对增量加权指数得分在 5.5 分以上。2011 年珠江－西江经济带城市绿化绝对增量加权指数得分处在 5.4～6.7 分，小于 5.5 分的城市有南宁市、梧州市、贵港市、百色市、崇左市。珠江－西江经济带城市绿化绝对增量加权指数最高得分为广州市，为 6.602 分，最低得分为百色市，为 5.485 分。珠江－西江经济带城市绿化绝对增量加权指数的得分平均值为 5.608 分，标准差为 0.330，说明城市之间绿化绝对增量加权指数的变化差异较小。珠江－西江经济带中广东地区城市的绿化绝对增量加权指数的得分较高，所有城市的绿化绝对增量加权指数实力得分均超过 5.5 分；说明这些城市的绿化绝对增量加权指数发展基础较好。珠江－西江经济带中广西地区的城市绿化绝对增量加权指数水平较低，柳州市、来宾市的绿化绝对增量加权指数得分超过 5.5 分；说明广西地区的城市绿化绝对增量加权指数综合发展能力较低。

由 2012 年的珠江－西江经济带城市绿化绝对增量加权指数评价来看，有 5 个城市的绿化绝对增量加权指数得分在 5.45 分以上。2012 年珠江－西江经济带城市绿化绝对增量加权指数得分处在 5.4～5.7 分，小于 5.45 分的城市有柳州市、梧州市、贵港市、百色市、崇左市、云浮市。珠江－西江经济带城市绿化绝对增量加权指数最高得分为南宁市，为 5.666 分，最低得分为崇左市，为 5.422 分。珠江－西江经济带城市绿化绝对增量加权指数的得分平均值为 5.477 分，标准差为 0.079，说明城市之间绿化绝对增量加权指数的变化差异较小。珠江－西江经济带中广东地区的城市绿化绝对增量加权指数的得分较高，广州市、佛山市、肇庆市的绿化绝对增量加权指数实力得分均超过 5.45 分；说明这些城市的绿化绝对增量加权指数发展基础较好。珠江－西江经济带中广西地区的城市绿化绝对增量加权指数水平较低，南宁市、来宾市的城市绿化绝对增量加权指数得分超过 5.45 分；说明广西地区城市的绿化绝对增量加权指数综合发展能力较低。

由 2013 年的珠江－西江经济带城市绿化绝对增量加权指数评价来看，有 3 个城市的绿化绝对增量加权指数得分在 5.4 分以上。2013 年珠江－西江经济带城市绿化绝对增量加权指数得分处在 5.3～5.6 分，小于 5.4 分的城市有南宁市、梧州市、贵港市、百色市、来宾市、崇左市、肇庆市、云浮市。珠江－西江经济带城市绿化绝对增量加权指数最高得分为广州市，为 5.512 分，最低得分为南宁市，为 5.336 分。珠江－西江经济带城市绿化绝对增量加权指数的得分平均值为 5.380 分，标准差为 0.049，说明城市之间绿化绝对增量加权指数的变化差异较小。珠江－西江经济带中广东地区的城市绿化绝对增量加权指数的得分较高，广州市、佛山市的绿化绝对增量加权指数实力得分均超过 5.4 分；说明这些城市的绿化绝对增量加权指数发展基础较好。珠江－西江经济带中广西地区的城市绿化绝对增量加权指数水平较低，柳州市的绿化绝对增量加权指数得分超过 5.4 分；说明广西地区城市的绿化绝对增量加权指数综合发展能力较低。

由 2014 年的珠江－西江经济带城市绿化绝对增量加权指数评价来看，有 3 个城市的绿化绝对增量加权指数得分在 5.4 分以上。2014 年珠江－西江经济带城市绿化绝对增量加权指数得分处在 5.1～5.6 分，小于 5.4 分的城市有柳州市、南宁市、贵港市、百色市、来宾市、崇左市、肇庆市、云浮市。珠江－西江经济带城市绿化绝对增量加权指数最高得分为广州市，为 5.531 分，最低得分为肇庆市，为 5.137 分。珠江－西江经济带城市绿化绝对增量加权指数的得分平均值为 5.360 分，标准差为 0.098，说明城市之间绿化绝对增量加权指数的变化差异较小。珠江－西江经济带中广东地区的城市绿化绝对增量加权指数的得分较高，广州市、佛山市的绿化绝对增量加权指数实力得分均超过 5.4 分；说明这些城市的绿化绝对增量加权指数发展基础较好。珠江－西江经济带中广西地区的城市绿化绝对增量加权指数水平较低，梧州市的绿化绝对增量加权指数得分超过 5.4 分；说明广西地区城市的绿化绝对增量加权指数综合发展能力较低。

由 2015 年的珠江－西江经济带城市绿化绝对增量加权指数评价来看，有 4 个城市的绿化绝对增量加权指数得分在 5.6 分以上。2015 年珠江－西江经济带城市绿化绝对增量加权指数得分处在 5.4～7.6 分，小于 5.6 分的城市有南宁市、梧州市、贵港市、百色市、来宾市、崇左市、云浮市。珠江－西江经济带城市绿化绝对增量加权指数最高得分为广州市，为 7.550，最低得分为南宁市，为5.453 分。珠江－西江经济带城市绿化绝对增量加权指数的得分平均值为 5.796 分，标准差为 0.630，说明城市之间绿化绝对增量加权指数的变化差异较小。珠江－西江经济带中广东地区的城市绿化绝对增量加权指数的得分较高，广州市、佛山市、肇庆市的绿化绝对增量加权指数实力得分均超过 5.6 分；说明这些城市的绿化绝对增量加权指数发展基础较好。珠江－西江经济带中广西地区的城市绿化绝对增量加权指数水平较低，柳州市的绿化绝对增量加权指数得分超过 5.6 分；说明广西地区城市的绿化绝对增量加权指数综合发展能力较低。

对比珠江－西江经济带各城市绿化绝对增量加权指数变化，通过对各年间的珠江－西江经济带城市绿化绝对增量加权指数的平均分、标准差进行分析，可以发现其平均分处于波动上升的趋势，说明珠江－西江经济带城市绿化绝对增量加权指数综合能力有所上升。珠江－西江经济带城市绿化绝对增量加权指数的标准差处于波动下降的趋势，说明城市间的绿化绝对增量加权指数差距有所缩小。对各城市的绿化绝对增量加权指数变化展开分析，发现没有城市绿化绝对增量加权指数处在绝对领先位置，在 2010～

2015 年的各个时间段内珠江－西江经济带内各城市排名相对变化幅度较大，说明城市绿化绝对增量加权指数发展不稳定。多数城市绿化绝对增量加权指数得分小幅度上升，说明珠江－西江经济带城市绿化绝对增量加权指数波动上涨。

（二）珠江－西江经济带城市生态绿化建设水平评估结果的比较与评析

1. 珠江－西江经济带城市生态绿化建设水平排序变化比较与评析

由图 1－22 可以看到，2010～2011 年，珠江－西江经济带生态绿化建设水平处于上升趋势的城市有 7 个，分别是广州市、柳州市、来宾市、肇庆市、贵港市、佛山市、梧州市；上升最大的是佛山市，上升 6 名，肇庆市、贵港市上升 4 名，广州市、柳州市、来宾市、梧州市均上升 2 名。珠江－西江经济带生态绿化建设水平排名保持不变的城市是云浮市。珠江－西江经济带生态绿化建设水平处于下降趋势的城市有 3 个，分别是南宁市、崇左市、百色市；南宁市下降最大，下降 10 名，百色市下降 4 名，崇左市下降 2 名。

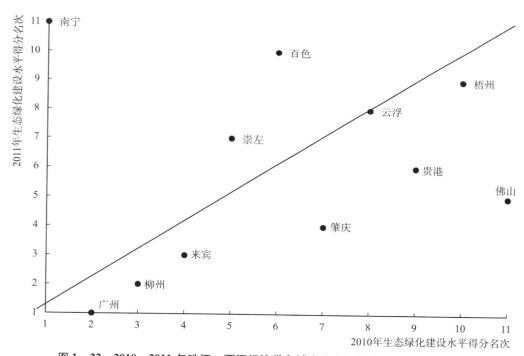

图 1－22　2010～2011 年珠江－西江经济带各城市生态绿化建设水平排序变化

由图 1－23 可以看到，2011～2012 年，珠江－西江经济带生态绿化建设水平处于上升趋势的城市有 3 个，分别是梧州市、百色市、南宁市；南宁市上升最大，排名上升 9 名，梧州市上升 5 名，百色市上升 1 名。珠江－西江经济带生态绿化建设水平排名保持不变的城市是广州市。珠江－西江经济带生态绿化建设水平处于下降趋势的城市有 7 个，分别是柳州市、来宾市、肇庆市、佛山市、贵港市、崇左市、云浮市；下降最大的是崇左市，下降 4 名，来宾市、佛山市均下降 3 名，云浮市下降 2 名，柳州市、肇庆市、贵港市均下降 1 名。

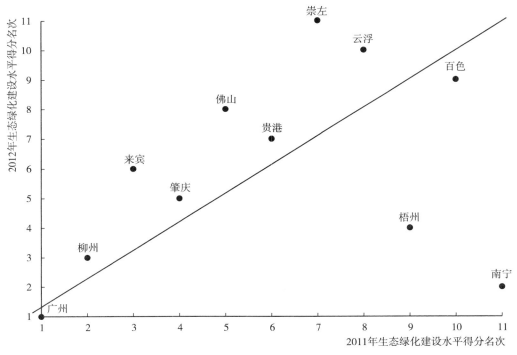

图1－23　2011～2012年珠江－西江经济带各城市生态绿化建设水平排序变化

由图1－24可以看到，2012～2013年，珠江－西江经济带生态绿化建设水平处于上升趋势的城市有5个，分别是柳州市、佛山市、百色市、云浮市、崇左市；上升幅度最大的是崇左市，排名上升8名，佛山市排名上升3名，百色市、云浮市均上升2名，柳州市上升1名。珠江－西江经济带生态绿化建设水平排名保持不变的城市是广州市。珠江－西江经济带生态绿化建设水平处于下降趋势的城市有5个，分别是南宁市、梧州市、肇庆市、来宾市、贵港市；下降最大的是肇庆市、来宾市、贵港市，排名均下降4名，南宁市、梧州市排名均下降2名。

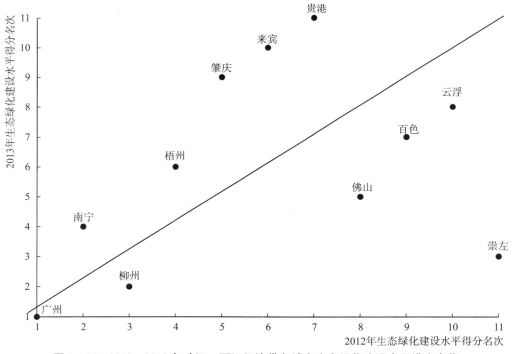

图1－24　2012～2013年珠江－西江经济带各城市生态绿化建设水平排序变化

由图1－25可以看到，2013～2014年，珠江－西江经济带生态绿化建设水平处于上升趋势的城市有5个，分别是梧州市、百色市、云浮市、来宾市、贵港市；上升最大的是梧州市、百色市，排名均上升4名，贵港市上升3名，云浮市、来宾市均上升1名。珠江－西江经济带生态绿化建设水平排名保持不变的城市有2个，分别是广州市、南宁市。珠江－西江经济带生态绿化建设水平处于下降趋势

的城市有4个，分别是柳州市、崇左市、佛山市、肇庆市；下降幅度最大的是柳州市，排名下降8名，崇左市、肇庆市排名均下降2名，佛山市下降1名。

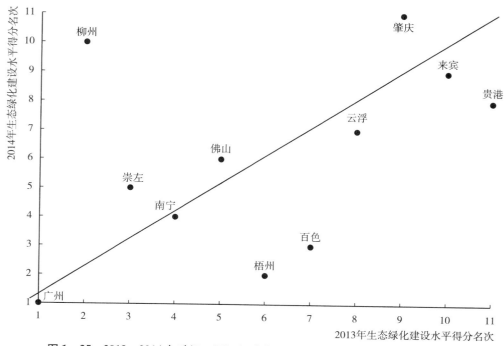

图1－25 2013~2014年珠江－西江经济带各城市生态绿化建设水平排序变化

由图1－26可以看到，2014~2015年，珠江－西江经济带生态绿化建设水平处于上升趋势的城市有3个，分别是佛山市、柳州市、肇庆市；肇庆市排名上升9名，柳州市上升7名，佛山市上升1名。珠江－西江经济带生态绿化建设水平排名保持不变的城市有3个，分别是广州市、

南宁市、云浮市。珠江－西江经济带生态绿化建设水平处于下降趋势的城市有5个，分别是梧州市、百色市、崇左市、贵港市、来宾市；梧州市、百色市排名均下降6名，贵港市、来宾市均下降2名，崇左市下降1名。

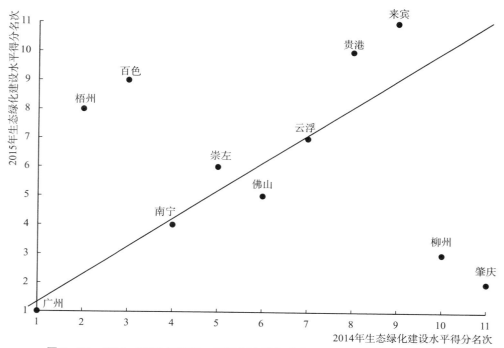

图1－26 2014~2015年珠江－西江经济带各城市生态绿化建设水平排序变化

由图1－27可以看到，2010～2015年，珠江－西江经济带生态绿化建设水平处于上升趋势的城市有5个，分别是广州市、肇庆市、云浮市、梧州市、佛山市；佛山市排名上升6名，肇庆市上升5名，广州市、梧州市均上升2名，云浮市上升1名。珠江－西江经济带生态绿化建设水平排名保持不变的城市有1个，是柳州市。珠江－西江经济带生态绿化建设水平处于下降趋势的城市有5个，分别是南宁市、崇左市、来宾市、百色市、贵港市；来宾市排名下降7名，南宁市下降3名，崇左市、贵港市均下降1名。

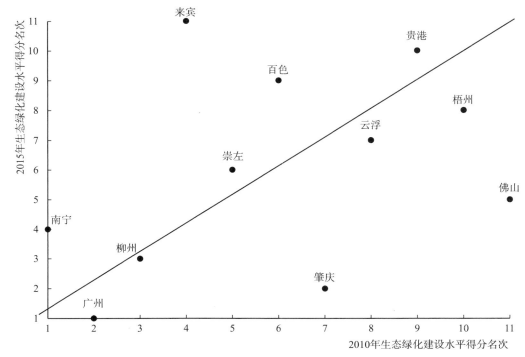

图1－27　2010～2015年珠江－西江经济带各城市生态绿化建设水平排序变化

由表1－44对2010～2011年珠江－西江经济带各城市生态绿化建设水平平均得分情况进行分析，可以看到2010～2011年生态绿化建设水平上游区、中游区、下游区的平均得分均呈现变化趋势，分别变化0.823分、0.366分、1.425分；说明珠江－西江经济带整体生态绿化建设水平出现上升的趋势，生态绿化稳定性较好。

表1－44　　　　　　　　2010～2011年珠江－西江经济带各城市生态绿化建设水平平均得分情况

项目	2010年			2011年			得分变化		
	上游区	中游区	下游区	上游区	中游区	下游区	上游区	中游区	下游区
生态绿化	25.032	20.740	16.685	25.855	21.105	18.110	0.823	0.366	1.425
城镇绿化扩张弹性系数	8.237	8.187	8.174	8.388	7.941	5.286	0.151	−0.246	−2.888
生态绿化强度	1.633	0.273	0.023	1.636	0.265	0.035	0.003	−0.008	0.012
城镇绿化动态变化	1.585	0.994	0.717	2.224	1.186	0.440	0.639	0.192	−0.277
绿化扩张强度	1.927	1.559	1.020	2.648	1.651	1.582	0.720	0.092	0.561
城市绿化蔓延指数	0.581	0.495	0.340	0.885	0.508	0.402	0.304	0.014	0.061
环境承载力	1.320	0.058	0.001	1.453	0.062	0.005	0.133	0.004	0.004
城市绿化相对增长率	4.783	3.869	2.532	4.294	3.743	3.705	−0.489	−0.126	1.172
城市绿化绝对增量加权指数	5.466	5.243	3.482	5.893	5.507	5.492	0.428	0.264	2.011

三级指标中，2010～2011年珠江－西江经济带城市城镇绿化扩张弹性系数上游区、中游区、下游区的平均得分均呈现变化的趋势，分别变化0.151分、−0.246分、−2.888分；说明珠江－西江经济带整体社会绿化水平发展出现小幅度下降，城镇绿化扩张弹性系数有待完善。

2010～2011年珠江－西江经济带城市生态绿化强度上游区、中游区、下游区的平均得分均呈现变化的趋势，分别变化0.003分、−0.008分、0.012分；说明珠江－西江经济带整体生态绿化强度逐渐上升，整体生态绿化强度发展协调。

2010～2011年珠江－西江经济带城市城镇绿化动态变化上、中、下游区的平均得分均呈现出变化的趋势，分别变化0.639分、0.192分、-0.277分；说明珠江－西江经济带整体城镇绿化动态变化出现较小幅度的提升现象。

2010～2011年珠江－西江经济带城市绿化扩张强度上、中、下游区的平均得分均呈现出变化的趋势，分别变化0.720分、0.092分、0.561分；说明珠江－西江经济带整体城市绿化扩张强度出现较小幅度的上升现象。

2010～2011年珠江－西江经济带城市绿化蔓延指数上、中、下游区的平均得分均呈现出变化的趋势，分别变化0.304分、0.014分、0.061分；说明珠江－西江经济带整体绿化蔓延指数出现较小幅度的上升现象，城市整体绿化蔓延指数发展较好。

2010～2011年在珠江－西江经济带城市环境承载力上、中、下游区的平均得分均呈现出变化的趋势，分别变化0.133分、0.004分、0.004分；说明珠江－西江经济带整体环境承载力出现较小幅度的上升现象。

2010～2011年珠江－西江经济带城市绿化相对增长率增量上、中、下游区的平均得分均呈现出变化的趋势，分别变化-0.489分、-0.126分、1.172分；城市绿化相对增长率有所提升。

2010～2011年珠江－西江经济带城市绿化绝对增量加权指数建设水平上、中、下游区的平均得分均呈现出变化的趋势，分别变化0.428分、0.264分、2.011分；说明珠江－西江经济带绿化绝对增量加权指数出现较大幅度的上升现象。

由表1-45对2011～2012年珠江－西江经济带各城市生态绿化建设水平平均得分情况进行分析，可以看到2011～2012年生态绿化建设水平上游区、中游区、下游区的平均得分均呈现变化趋势，分别变化0.247分、0.192分、2.429分；说明珠江－西江经济带整体生态绿化建设水平出现上升的趋势，生态绿化稳定性较好。

表1-45　　　　　　　2011～2012年珠江－西江经济带各城市生态绿化建设水平平均得分情况

项目	2011年			2012年			得分变化		
	上游区	中游区	下游区	上游区	中游区	下游区	上游区	中游区	下游区
生态绿化	25.855	21.105	18.110	26.102	21.297	20.539	0.247	0.192	2.429
城镇绿化扩张弹性系数	8.388	7.941	5.286	8.493	8.253	8.235	0.105	0.312	2.949
生态绿化强度	1.636	0.265	0.035	1.838	0.192	0.023	0.201	-0.073	-0.012
城镇绿化动态变化	2.224	1.186	0.440	2.092	1.319	0.670	-0.132	0.133	0.229
绿化扩张强度	2.648	1.651	1.582	2.304	1.690	1.595	-0.343	0.040	0.013
城市绿化蔓延指数	0.885	0.508	0.402	0.765	0.506	0.309	-0.119	-0.002	-0.093
环境承载力	1.453	0.062	0.005	1.582	0.071	0.009	0.128	0.009	0.003
城市绿化相对增长率	4.294	3.743	3.705	4.112	3.761	3.707	-0.182	0.018	0.002
城市绿化绝对增量加权指数	5.893	5.507	5.492	5.585	5.445	5.423	-0.309	-0.062	-0.069

三级指标中，2011～2012年珠江－西江经济带城市城镇绿化扩张弹性系数上游区、中游区、下游区的平均得分均呈现变化的趋势，分别变化0.105分、0.312分、2.949分；说明珠江－西江经济带整体社会绿化水平发展出现大幅度上升，城镇绿化扩张弹性系数有所完善。

2011～2012年珠江－西江经济带城市生态绿化强度建设水平上游区、中游区、下游区的平均得分均呈现变化的趋势，分别变化0.201分、-0.073分、-0.012分。说明珠江－西江经济带整体生态绿化强度有所下降，整体生态绿化强度发展不协调。

2011～2012年珠江－西江经济带城市城镇绿化动态变化建设水平上、中、下游区的平均得分均呈现出变化的趋势，分别变化-0.132分、0.133分、0.229分；说明珠江－西江经济带整体城镇绿化动态变化出现较小幅度的提升现象。

2011～2012年珠江－西江经济带城市绿化扩张强度建设水平上、中、下游区的平均得分均呈现出变化的趋势，分别变化-0.343分、0.040分、0.013分；说明珠江－西江经济带整体城市绿化扩张强度出现较小幅度的下降现象。

2011～2012年珠江－西江经济带城市绿化蔓延指数上、中、下游区的平均得分均呈现出变化的趋势，分别变化-0.119分、-0.002分、-0.093分；说明珠江－西江经济带整体绿化蔓延指数出现较大幅度的下降的现象，城市整体绿化蔓延指数发展较差。

2011～2012年珠江－西江经济带城市环境承载力上、中、下游区的平均得分均呈现出变化的趋势，分别变化0.128分、0.009分、0.003分；说明珠江－西江经济带整体环境承载力出现较小幅度的上升现象。

2011～2012年珠江－西江经济带城市绿化相对增长率增量上、中、下游区的平均得分均呈现出变化的趋势，分别变化-0.182分、0.018分、0.002分；城市绿化相对增长率有待提升。

2011～2012年珠江－西江经济带城市绿化绝对增量加权指数上、中、下游区的平均得分均呈现出变化的趋势，分别变化-0.309分、-0.062分、-0.069分；说明珠江－西江经济带绿化绝对增量加权指数出现较大幅度的下降的现象。

由表1-46对2012～2013年珠江－西江经济带各城市生态绿化平均得分情况进行分析，可以看到2012～2013年生态绿化建设水平上游区、中游区、下游区的平均得分均呈现变化趋势，分别变化-0.538分、-0.319分、-0.379分；说明珠江－西江经济带整体生态绿化建设水平出现下降的趋势，生态绿化稳定性较差。

表1-46 　　　　　2012～2013年珠江－西江经济带各城市生态绿化平均得分情况

项目	2012年			2013年			得分变化		
	上游区	中游区	下游区	上游区	中游区	下游区	上游区	中游区	下游区
生态绿化	26.102	21.297	20.539	25.564	20.978	20.160	-0.538	-0.319	-0.379
城镇绿化扩张弹性系数	8.493	8.253	8.235	8.091	8.061	7.934	-0.402	-0.192	-0.301
生态绿化强度	1.838	0.192	0.023	1.895	0.175	0.016	0.057	-0.017	-0.007
城镇绿化动态变化	2.092	1.319	0.670	2.269	0.931	0.497	0.177	-0.389	-0.173
绿化扩张强度	2.304	1.690	1.595	1.797	1.575	1.495	-0.507	-0.115	-0.100
城市绿化蔓延指数	0.765	0.506	0.309	2.267	0.598	0.557	1.501	0.092	0.248
环境承载力	1.582	0.071	0.009	1.682	0.079	0.012	0.100	0.009	0.003
城市绿化相对增长率	4.112	3.761	3.707	3.760	3.638	3.594	-0.352	-0.124	-0.114
城市绿化绝对增量加权指数	5.585	5.445	5.423	5.442	5.363	5.348	-0.143	-0.082	-0.075

三级指标中，2012～2013年珠江－西江经济带城市城镇绿化扩张弹性系数上游区、中游区、下游区的平均得分均呈现变化的趋势，分别变化-0.402分、-0.192分、-0.301分；说明珠江－西江经济带整体社会绿化水平发展出现大幅度下降，城镇绿化扩张弹性系数有待完善。

2012～2013年珠江－西江经济带城市生态绿化强度上游区、中游区、下游区的平均得分均呈现变化的趋势，分别变化0.057分、-0.017分、-0.007分；说明珠江－西江经济带整体生态绿化强度有所上升，整体生态绿化强度发展较协调。

2012～2013年珠江－西江经济带城市城镇绿化动态变化上、中、下游区的平均得分均呈现出变化的趋势，分别变化0.177分、-0.389分、-0.173分；说明珠江－西江经济带整体城镇绿化动态变化出现较小幅度的下降现象。

2012～2013年珠江－西江经济带城市绿化扩张强度上、中、下游区的平均得分均呈现出变化的趋势，分别变化-0.507分、-0.115分、-0.100分；说明珠江－西江经济带整体城市绿化扩张强度出现较大幅度的下降现象。

2012～2013年珠江－西江经济带城市绿化蔓延指数上、中、下游区的平均得分均呈现出变化，分别变化1.501分、0.092分、0.248分；说明珠江－西江经济带整体绿化蔓延指数出现较大幅度的上升的现象，城市整体绿化蔓延指数发展较好。

2012～2013年珠江－西江经济带城市环境承载力上、中、下游区的平均得分均呈现出变化的趋势，分别变化0.100分、0.009分、0.003分；说明珠江－西江经济带整体环境承载力出现较小幅度的上升现象。

2012～2013年珠江－西江经济带城市绿化相对增长率增量上、中、下游区的平均得分均呈现出变化的趋势，分别变化-0.352分、-0.124分、-0.114分；城市绿化相对增长率有待提升。

2012～2013年珠江－西江经济带城市绿化绝对增量加权指数上、中、下游区的平均得分均呈现出变化的趋势，分别变化-0.143分、-0.082分、-0.075分；说明珠江－西江经济带绿化绝对增量加权指数出现较大幅度的下降的现象。

由表1-47对2013～2014年珠江－西江经济带各城市生态绿化建设水平平均得分情况进行分析，可以看到2013～2014年生态绿化建设水平上游区、中游区、下游区的平均得分均呈现变化趋势，分别变化-0.127分、-0.059分、-0.979分；说明珠江－西江经济带整体生态绿化建设水平出现下降的趋势，生态绿化稳定性较差。

表1-47 　　　　2013～2014年珠江－西江经济带各城市生态绿化建设水平平均得分情况

项目	2013年			2014年			得分变化		
	上游区	中游区	下游区	上游区	中游区	下游区	上游区	中游区	下游区
生态绿化	25.564	20.978	20.160	25.437	20.919	19.182	-0.127	-0.059	-0.979
城镇绿化扩张弹性系数	8.091	8.061	7.934	8.134	8.121	8.113	0.043	0.060	0.178
生态绿化强度	1.895	0.175	0.016	1.918	0.168	0.020	0.023	-0.007	0.003
城镇绿化动态变化	2.269	0.931	0.497	2.865	1.049	0.748	0.596	0.118	0.252
绿化扩张强度	1.797	1.575	1.495	1.763	1.541	0.985	-0.034	-0.034	-0.510
城市绿化蔓延指数	2.267	0.598	0.557	1.017	0.532	0.295	-1.249	-0.066	-0.262
环境承载力	1.682	0.079	0.012	1.790	0.077	0.017	0.108	-0.002	0.005
城市绿化相对增长率	3.760	3.638	3.594	3.733	3.604	3.282	-0.027	-0.034	-0.311
城市绿化绝对增量加权指数	5.442	5.363	5.348	5.463	5.364	5.249	0.022	0.001	-0.099

三级指标中，2013～2014年珠江－西江经济带城市城　　　镇绿化扩张弹性系数上游区、中游区、下游区的平均得分

均呈现变化的趋势，分别变化 0.043 分、0.060 分、0.178 分；说明珠江－西江经济带整体社会绿化水平发展出现小幅度上升，城镇绿化扩张弹性系数有所完善。

2013～2014 年珠江－西江经济带城市生态绿化强度上游区、中游区、下游区的平均得分均呈现出变化的趋势，分别变化 0.023 分、-0.007 分、0.003 分；说明珠江－西江经济带整体生态绿化强度有所上升，整体生态绿化强度发展较协调。

2013～2014 年珠江－西江经济带城市城镇绿化动态变化上、中、下游区的平均得分均呈现出变化的趋势，分别变化 0.596 分、0.118 分、0.252 分；说明珠江－西江经济带整体城镇绿化动态变化出现较大幅度的上升现象。

2013～2014 年珠江－西江经济带城市绿化扩张强度上、中、下游区的平均得分均呈现出变化的趋势，分别变化 -0.034 分、-0.034 分、-0.510 分；说明珠江－西江经济带整体城市绿化扩张强度出现较大幅度的下降现象。

2013～2014 年珠江－西江经济带城市绿化蔓延指数上、中、下游区的平均得分均呈现出变化的趋势，分别变化 -1.249 分、-0.066 分、-0.262 分；说明珠江－西江经济带整体绿化蔓延指数出现较大幅度的下降的现象，城市整体绿化蔓延指数发展较差。

2013～2014 年珠江－西江经济带城市环境承载力上、中、下游区的平均得分均呈现出变化的趋势，分别变化 0.108 分、-0.002 分、0.005 分；说明珠江－西江经济带整体环境承载力出现较小幅度的上升现象。

2013～2014 年珠江－西江经济带城市绿化相对增长率增量上、中、下游区的平均得分均呈现出变化的趋势，分别变化 -0.027 分、-0.034 分、-0.311 分；城市绿化相对增长率有待提升。

2013～2014 年珠江－西江经济带城市绿化绝对增量加权指数上、中、下游区的平均得分均呈现出变化的趋势，分别变化 0.022 分、0.001 分、-0.099 分；说明珠江－西江经济带绿化绝对增量加权指数出现较小幅度的下降的现象。

由表 1-48 对 2014～2015 年珠江－西江经济带各城市生态绿化建设水平平均得分情况进行分析，可以看到，2014～2015 年，生态绿化建设水平上游区、中游区、下游区的平均得分均呈现变化趋势，分别变化 5.518 分、0.234 分、1.226 分；说明珠江－西江经济带整体生态绿化建设水平出现上升的趋势，生态绿化稳定性较好。

表 1-48　　　　　　　2014～2015 年珠江－西江经济带各城市生态绿化建设水平平均得分情况

项目	2014 年			2015 年			得分变化		
	上游区	中游区	下游区	上游区	中游区	下游区	上游区	中游区	下游区
生态绿化	25.437	20.919	19.182	30.955	21.153	20.407	5.518	0.234	1.226
城镇绿化扩张弹性系数	8.134	8.121	8.113	7.945	7.861	7.841	-0.189	-0.260	-0.271
生态绿化强度	1.918	0.168	0.020	1.850	0.159	0.027	-0.068	-0.009	0.007
城镇绿化动态变化	2.865	1.049	0.748	1.989	0.985	0.730	-0.876	-0.064	-0.018
绿化扩张强度	1.763	1.541	0.985	4.243	1.842	1.648	2.480	0.302	0.663
城市绿化蔓延指数	1.017	0.532	0.295	1.362	0.553	0.282	0.344	0.022	-0.014
环境承载力	1.790	0.077	0.017	1.971	0.113	0.022	0.181	0.036	0.006
城市绿化相对增长率	3.733	3.604	3.282	5.761	3.994	3.850	2.029	0.390	0.568
城市绿化绝对增量加权指数	5.463	5.364	5.249	6.504	5.553	5.492	1.041	0.189	0.242

三级指标中，2014～2015 年珠江－西江经济带城市城镇绿化扩张弹性系数上游区、中游区、下游区的平均得分均呈现变化的趋势，分别变化 -0.189 分、-0.260 分、-0.271 分；说明珠江－西江经济带整体社会绿化水平发展出现大幅度下降，城镇绿化扩张弹性系数有待完善。

2014～2015 年珠江－西江经济带城市生态绿化强度上游区、中游区、下游区的平均得分均呈现变化的趋势，分别变化 -0.068 分、-0.009 分、0.007 分；说明珠江－西江经济带整体生态绿化强度有所下降，整体生态绿化强度发展较不协调。

2014～2015 年珠江－西江经济带城市城镇绿化动态变化上、中、下游区的平均得分均呈现出变化的趋势，分别变化 -0.876 分、-0.064 分、-0.018 分；说明珠江－西江经济带整体城镇绿化动态变化出现较大幅度的下降现象。

2014～2015 年珠江－西江经济带城市绿化扩张强度上、中、下游区的平均得分均呈现出变化的趋势，分别变化 2.480 分、0.302 分、0.663 分；说明珠江－西江经济带整

体城市绿化扩张强度出现较大幅度的上升现象。

2014～2015 年珠江－西江经济带城市绿化蔓延指数上、中、下游区的平均得分均呈现出变化的趋势，分别变化 0.344 分、0.022 分、-0.014 分；说明珠江－西江经济带整体绿化蔓延指数出现较小幅度的上升的现象，城市整体绿化蔓延指数发展较好。

2014～2015 年珠江－西江经济带城市环境承载力上、中、下游区的平均得分均呈现出变化的趋势，分别变化 0.181 分、0.036 分、0.006 分；说明珠江－西江经济带整体环境承载力出现较小幅度的上升现象。

2014～2015 年珠江－西江经济带城市绿化相对增长率增量上、中、下游区的平均得分均呈现出变化的趋势，分别变化 2.029 分、0.390 分、0.568 分；城市绿化相对增长率有所提升。

2014～2015 年间，珠江－西江经济带城市绿化绝对增量加权指数上、中、下游区的平均得分均呈现出变化的趋势，分别变化 1.041 分、0.189 分、0.242 分；说明珠江－西江经济带绿化绝对增量加权指数出现较大幅度的上升的现象。

由表1-49对2010~2015年珠江-西江经济带各城市生态绿化建设水平平均得分情况进行分析，可以看到2010~2015年生态绿化建设水平上游区、中游区、下游区的平均得分均呈现变化趋势，分别变化5.923分、0.413分、3.722分；说明珠江-西江经济带整体生态绿化建设水平出现上升的趋势，生态绿化稳定性较好。

表1-49　　　　2010~2015年珠江-西江经济带各城市生态绿化建设水平平均得分情况

项目	2010年			2015年			得分变化		
	上游区	中游区	下游区	上游区	中游区	下游区	上游区	中游区	下游区
生态绿化	25.032	20.740	16.685	30.955	21.153	20.407	5.923	0.413	3.722
城镇绿化扩张弹性系数	8.237	8.187	8.174	7.945	7.861	7.841	-0.292	-0.326	-0.333
生态绿化强度	1.633	0.273	0.023	1.850	0.159	0.027	0.217	-0.114	0.004
城镇绿化动态变化	1.585	0.994	0.717	1.989	0.985	0.730	0.404	-0.010	0.013
绿化扩张强度	1.927	1.559	1.020	4.243	1.842	1.648	2.316	0.284	0.628
城市绿化蔓延指数	0.581	0.495	0.340	1.362	0.553	0.282	0.781	0.059	-0.059
环境承载力	1.320	0.058	0.001	1.971	0.113	0.022	0.650	0.055	0.021
城市绿化相对增长率	4.783	3.869	2.532	5.761	3.994	3.850	0.978	0.125	1.318
城市绿化绝对增量加权指数	5.466	5.243	3.482	6.504	5.553	5.492	1.038	0.311	2.010

三级指标中，2010~2015年珠江-西江经济带城市城镇绿化扩张弹性系数上游区、中游区、下游区的平均得分均呈现变化的趋势，分别变化-0.292分、-0.326分、-0.333分；说明珠江-西江经济带整体社会绿化水平发展出现大幅度下降，城镇绿化扩张弹性系数有待完善。

2010~2015年珠江-西江经济带城市生态绿化强度上游区、中游区、下游区的平均得分均呈现变化的趋势，分别变化0.217分、-0.114分、0.004分；说明珠江-西江经济带整体生态绿化强度有所上升，整体生态绿化强度发展较协调。

2010~2015年珠江-西江经济带城市城镇绿化动态变化上、中、下游区的平均得分均呈现出变化的趋势，分别变化0.404分、-0.010分、0.013分；说明珠江-西江经济带整体城镇绿化动态变化出现较小幅度的上升现象。

2010~2015年珠江-西江经济带城市绿化扩张强度上、中、下游区的平均得分均呈现出变化的趋势，分别变化2.316分、0.284分、0.628分；说明珠江-西江经济带整体城市绿化扩张强度出现较大幅度的上升现象。

2010~2015年珠江-西江经济带城市绿化蔓延指数上、中、下游区的平均得分均呈现出变化的趋势，分别变化0.781分、0.059分、-0.059分；说明珠江-西江经济带整体绿化蔓延指数出现较小幅度的上升的现象，城市整体绿化蔓延指数发展较好。

2010~2015年珠江-西江经济带城市环境承载力上、中、下游区的平均得分均呈现出变化的趋势，分别变化0.650分、0.055分、0.021分；说明珠江-西江经济带整体环境承载力出现较小幅度的上升现象。

2010~2015年珠江-西江经济带城市绿化相对增长率增量上、中、下游区的平均得分均呈现出变化的趋势，分别变化0.978分、0.125分、1.318分；城市绿化相对增长率有所提升。

2010~2015年珠江-西江经济带城市绿化绝对增量加权指数上、中、下游区的平均得分均呈现出变化的趋势，分别变化1.038分、0.311分、2.010分；说明珠江-西江经济带城市绿化绝对增量加权指数出现较大幅度的上升的现象。

2. 珠江-西江经济带城市生态绿化建设水平分布情况

根据灰色综合评价法对无量纲化后的三级指标进行权重得分计算，得到珠江-西江经济带各城市的生态绿化建设水平得分及排名，反映出各城市生态绿化建设水平情况。为更准确地反映出珠江-西江经济带各城市生态绿化建设水平差异及整体情况，需要进一步对各城市生态绿化建设水平分布情况进行分析，对各城市间实际差距和均衡性展开研究。因此，研究由图1-28至图1-33对2010~2015年珠江-西江经济带城市生态绿化建设水平评价分值分布进行统计。

由图1-28可以看到，2010年珠江-西江经济带城市生态绿化建设水平得分不均衡。生态绿化建设水平得分在24分以上有2个城市，19分以下、21~22分内分别各有1个城市，20~21分内的城市有7个。这说明珠江-西江经济带生态绿化建设水平分布比较不均衡，城市的生态绿化建设水平得分相差较大，地区内生态绿化综合得分分布的衔接性较差。

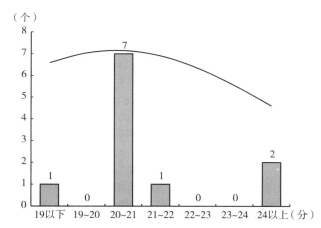

图1-28　2010年珠江-西江经济带城市生态
绿化建设水平评价分值分布

由图 1－29 可以看到，2011 年珠江－西江经济带城市生态绿化建设水平得分稳定性有所好转。生态绿化建设水平得分在 20～21 分内、21～22 分内分别有 3 个城市，分别有 1 个城市的生态绿化建设水平得分在 24 分以上、19 以下、19～20 分内、22～23 分内、23～24 分内。这说明珠江－西江经济带生态绿化建设水平分布趋于均衡。

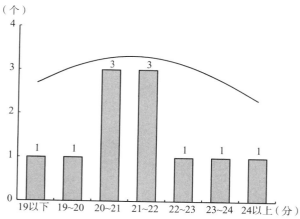

图 1－29　2011 年珠江－西江经济带城市生态
绿化建设水平评价分值分布

由图 1－30 可以看到，2012 年珠江－西江经济带城市生态绿化建设水平得分分布与 2010 年情况相似。生态绿化建设水平得分在 20～21 分、21～22 分的各有 4 个城市，2 个城市的生态绿化建设水平得分在 24 分以上，有 1 个城市的生态绿化建设水平得分在 22～23 分。这说明珠江－西江经济带生态绿化建设水平分布不均衡，但是地区内生态绿化综合得分分布的衔接性较差。

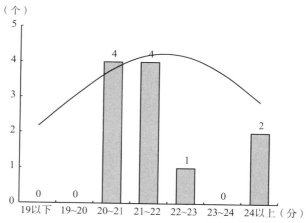

图 1－30　2012 年珠江－西江经济带城市生态
绿化建设水平评价分值分布

由图 1－31 可以看到，2013 年珠江－西江经济带城市生态绿化建设水平得分分布变化较大。生态绿化建设水平得分在 22～23 分、23～24 分内的各有 1 个城市，有 2 个城市的生态绿化建设水平得分在 24 分以上，20～21 分内有 7 个城市。这说明珠江－西江经济带生态绿化建设水平分布均衡性有所降低，地区内生态绿化综合得分分布的衔接性较差。

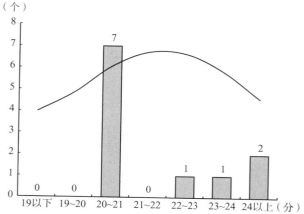

图 1－31　2013 年珠江－西江经济带城市生态
绿化建设水平评价分值分布

由图 1－32 可以看到，2014 年珠江－西江经济带城市生态绿化建设水平得分分布出现好转，显示出相对均衡的状态。生态绿化建设水平得分在 19 分以下区间内有 1 个城市，19～20 分内、24 分以上区间内都分别有 2 个城市，20～21 分内和 21～22 分内各有 3 个城市。这说明珠江－西江经济带生态绿化建设水平分布依旧不均衡，城市的生态绿化建设水平得分相差大，地区内生态绿化综合得分分布的衔接性较差。

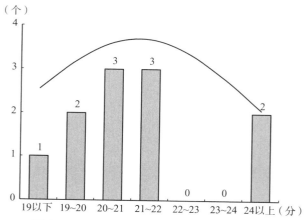

图 1－32　2014 年珠江－西江经济带城市生态
绿化建设水平评价分值分布

由图 1－33 可以看到，2015 年珠江－西江经济带城市生态绿化建设水平得分分布相对均衡。生态绿化建设水平得分在 24 分以上有 2 个城市，有 1 个城市的生态绿化建设水平得分在 22～23 分内，有 3 个城市在 21～22 分内，有 5 个城市在 20～21 分内。这说明珠江－西江经济带生态绿化建设水平分布不均衡，大量城市的生态绿化建设水平得分较高，地区内生态绿化综合得分分布的衔接性较差。

本研究进一步对 2010～2015 年珠江－西江经济带内广西、广东地区的生态绿化建设水平平均得分及其变化情况进行分析。由表 1－50 对珠江－西江经济带各地区板块生

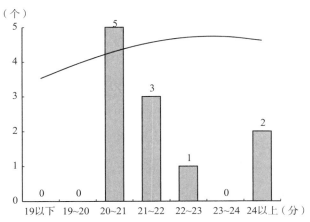

图 1－33　2015 年珠江－西江经济带城市生态
绿化建设水平评价分值分布

态绿化建设水平平均得分及变化分析，从得分情况上看，2010 年广西地区的生态绿化建设水平平均得分为 21.599分，广东地区生态绿化建设水平得分为 19.415 分，地区间的比差为 1.112∶1，地区间的标准差为 1.544；说明珠江－西江经济带内广西地区和广东地区的生态绿化建设水平得分的分布存在一定差距。2011 年广西地区的生态绿化建设水平平均得分为 20.360 分，广东地区的生态绿化建设水平平均得分为 23.726 分，地区间的比差为 0.858∶1，地区间的标准差为 2.380，说明珠江－西江经济带内广东地区的生态绿化建设水平得分出现上升，另一方面也说明珠江－西江经济带广西和广东地区的生态绿化建设水平得分的分布差距处于扩大趋势。2012 年广西地区的生态绿化建设水平平均得分为 21.926 分，广东地区的生态绿化建设水平平均得分为 23.231 分，地区间的比差为 0.944∶1，地区间的标准差为 0.922；说明地区间的得分差距有所下降。2013 年广西地区的生态绿化建设水平平均得分为 21.644 分，广东地区的生态绿化建设水平平均得分为 22.639 分，地区间的比差为 0.956∶1，地区间的标准差为 0.703；说明珠江－西江经济带内地区间生态绿化建设水平的发展差距出现逐步缩小的发展趋势。2014 年广西地区的生态绿化建设水平平均得分为 21.408 分，广东地区的生态绿化建设水平平均得分为 22.149 分，地区间的比差为 0.967∶1，地区间的标准差为 0.524，反映出珠江－西江经济带生态绿化建设水平呈现下降势态。2015 年广西地区的生态绿化建设水平平均得分为 21.049 分，广东地区的生态绿化建设水平平均得分为 28.127 分，地区间的比差为 0.748∶1，地区间的标准差为 5.005；说明珠江－西江经济带内各地区间生态绿化建设水平得分差距呈现扩大趋势。

从珠江－西江经济带城市生态绿化建设水平的分值变化情况上看，在 2010～2015 年间珠江－西江经济带内广西的生态绿化建设水平得分呈现下降趋势，广东地区呈现上升的趋势，并且珠江－西江经济带内各地区的得分差距呈现扩大趋势。

表 1－50　珠江－西江经济带各地区板块生态
绿化建设水平平均得分及其变化

年份	广西	广东	标准差
2010	21.599	19.415	1.544
2011	20.360	23.726	2.380
2012	21.926	23.231	0.922
2013	21.644	22.639	0.703
2014	21.408	22.149	0.524
2015	21.049	28.127	5.005
分值变化	-0.549	8.71	6.548

通过对珠江－西江经济带城市生态绿化建设水平各地区板块的对比分析，发现珠江－西江经济带中广东板块的生态绿化建设水平要高于广西板块，珠江－西江经济带各板块的生态绿化建设水平得分差距不断扩大。为进一步对珠江－西江经济带中各地区板块的城市生态绿化建设水平排名情况进行分析，通过表 1－51 至表 1－54 对珠江－西江经济带中广西板块、广东板块内城市位次及在珠江－西江经济带整体的位次排序分析，由各地区板块及珠江－西江经济带整体两个维度对城市排名进行分析，同时还对各板块的变化趋势进行分析。

由表 1－51 对珠江－西江经济带中广西板块城市的排名比较进行分析，可以看到南宁市的生态绿化建设水平呈现下降趋势。柳州市在珠江－西江经济带中的广西板块排名呈现上升趋势，生态绿化建设水平不断上升。梧州市在珠江－西江经济带中的广西板块排名呈现上升的趋势。贵港市在珠江－西江经济带中的广西板块排名呈现保持的趋势。百色市在珠江－西江经济带中的广西板块排名呈现保持的趋势。来宾市在珠江－西江经济带中的广西板块排名呈现下降的趋势。崇左市在珠江－西江经济带中的广西板块排名呈现上升的趋势。

表 1－51　　广西板块各城市生态绿化
建设水平排名比较

地区	2010年	2011年	2012年	2013年	2014年	2015年	排名变化
南宁市	1	7	1	3	3	2	-1
柳州市	2	1	2	1	7	1	1
梧州市	7	5	3	4	1	4	3
贵港市	6	3	5	7	5	6	0
百色市	5	6	6	5	2	5	0
来宾市	3	2	4	6	6	7	-4
崇左市	4	4	7	2	4	3	1

由表 1－52 对广西板块内城市在珠江－西江经济带生态绿化建设水平排名情况进行比较，可以看到南宁市的生态绿化建设水平呈现下降趋势。柳州市在珠江－西江经济

带中的广西板块排名也呈现保持的趋势。梧州市在珠江－西江经济带中的广西板块排名呈现上升的趋势。贵港市在珠江－西江经济带中的排名呈现下降的趋势。百色市在珠江－西江经济带中的排名呈现下降的趋势。来宾市在珠江－西江经济带中的排名呈现下降的趋势。崇左市在珠江－西江经济带中的排名呈现上升的趋势。

表1-52　**广西板块各城市在珠江－西江经济带城市生态绿化建设水平排名比较**

地区	2010年	2011年	2012年	2013年	2014年	2015年	排名变化
南宁市	1	11	2	4	4	4	-3
柳州市	3	2	3	2	10	3	0
梧州市	10	9	4	6	2	8	2
贵港市	9	6	7	11	8	10	-1
百色市	6	10	9	7	3	9	-3
来宾市	4	3	6	10	9	11	-7
崇左市	5	7	11	3	5	6	-1

由表1-53对珠江－西江经济带中广东板块城市的排名比较进行分析，可以看到广州市的生态绿化建设水平呈现保持的趋势。佛山市在珠江－西江经济带中的广西板块排名也呈现上升趋势，生态绿化建设水平不断上升。肇庆市在珠江－西江经济带中的广西板块排名呈现保持的趋势。云浮市在珠江－西江经济带中的广西板块排名呈现下降的趋势。

表1-53　**广东板块各城市生态绿化建设水平排名比较**

地区	2010年	2011年	2012年	2013年	2014年	2015年	排名变化
广州市	1	1	1	1	1	1	0
佛山市	4	3	3	2	2	3	1

续表

地区	2010年	2011年	2012年	2013年	2014年	2015年	排名变化
肇庆市	2	2	2	4	4	2	0
云浮市	3	4	4	3	3	4	-1

由表1-54对广东板块内城市在珠江－西江经济带生态绿化建设水平排名情况进行比较，可以看到所有城市都有不同幅度的上升趋势。

表1-54　**广东板块各城市在珠江－西江经济带城市生态绿化建设水平排名比较**

地区	2010年	2011年	2012年	2013年	2014年	2015年	排名变化
广州市	2	1	1	1	1	1	1
佛山市	11	6	8	5	6	5	6
肇庆市	7	4	5	9	11	2	5
云浮市	8	8	10	8	7	7	1

3. 珠江－西江经济带城市生态绿化建设水平三级指标分区段得分情况

由图1-34可以看到珠江－西江经济带城市生态绿化建设水平上游区各项三级指标的平均得分变化趋势。2010~2015年间，珠江－西江经济带城市城镇绿化扩张弹性系数上游区的得分呈现波动下降的变化趋势。2010~2015年间，珠江－西江经济带城市生态绿化强度上游区的得分呈现波动上升的发展趋势。2010~2015年间，珠江－西江经济带城市城镇绿化动态变化上游区的得分呈现波动上升的发展趋势。2010~2015年间，珠江－西江经济带城市绿化扩张强度上游区的得分呈现波动上升的发展趋势。

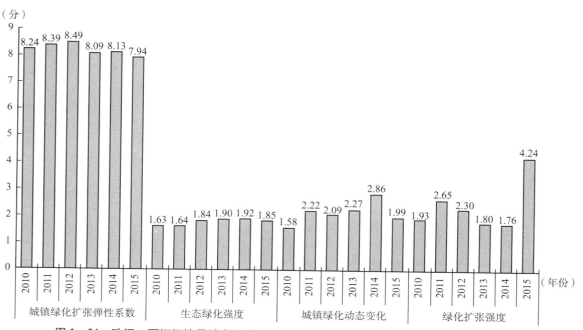

图1-34　珠江－西江经济带城市生态绿化建设水平上游区各三级指标的得分比较情况1

由图 1－35 可以看到珠江－西江经济带城市生态绿化建设水平上游区各项三级指标的平均得分变化趋势。2010～2015 年间，珠江－西江经济带城市绿化蔓延指数上游区的得分波动上升的发展趋势。2010～2015 年间，珠江－西江经济带城市环境承载力上游区的得分呈现持续上升的发展趋势。2010～2015 年间，珠江－西江经济带城市绿化相对增长率上游区的得分呈现先下降后上升的发展趋势。2010～2015 年间，珠江－西江经济带城市绿化绝对增量加权上游区的得分呈现波动上升发展趋势。

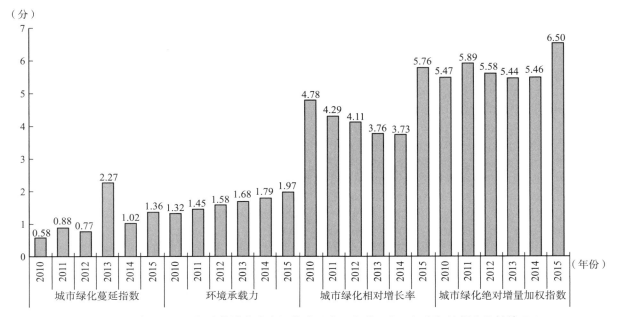

图 1－35 珠江－西江经济带城市生态绿化建设水平上游区各三级指标的得分比较情况 2

由图 1－36 可以看到珠江－西江经济带城市生态绿化建设水平中游区各项三级指标的平均得分变化趋势。2010～2015 年间，珠江－西江经济带城市城镇绿化扩张弹性系数中游区的得分呈现波动下降的变化趋势。2010～2015 年间，珠江－西江经济带城市生态绿化强度中游区的得分呈现波动下降的发展趋势。2010～2015 年间，珠江－西江经济带城市城镇绿化动态变化中游区的得分呈现波动下降的发展趋势。2010～2015 年间，珠江－西江经济带城市绿化扩张强度中游区的得分呈现波动上升的发展趋势。

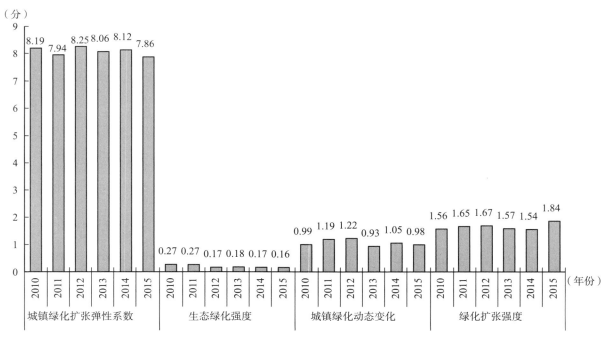

图 1－36 珠江－西江经济带城市生态绿化建设水平中游区各三级指标的得分比较情况 1

由图 1－37 可以看到珠江－西江经济带城市生态绿化建设水平中游区各项三级指标的平均得分变化趋势。2010～2015 年间，珠江－西江经济带城市绿化蔓延指数中游区的得分呈现波动上升的发展趋势。2010～2015 年间，珠江－西江经济带城市环境承载力中游区的得分呈现持续上升的发展趋势。2010～2015 年间，珠江－西江经济带城市绿化相对增长率中游区的得分呈现波动上升发展趋势。2010～2015 年间，珠江－西江经济带城市绿化绝对增量加权中游区的得分呈现波动上升的发展趋势。

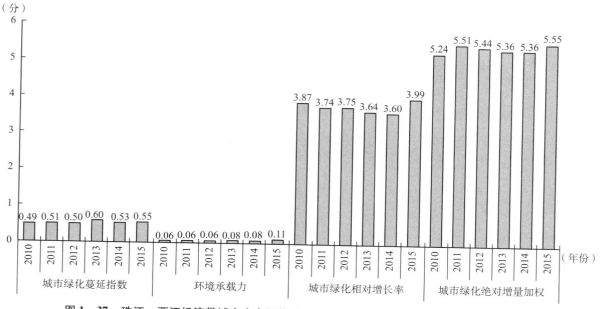

图 1－37　珠江－西江经济带城市生态绿化建设水平中游区各三级指标的得分比较情况 2

由图 1－38 可以看到珠江－西江经济带城市生态绿化建设水平下游区各项三级指标的平均得分变化趋势。2010～2015 年间，珠江－西江经济带城市城镇绿化扩张弹性系数下游区的得分呈现波动下降的变化趋势。2010～2015 年间，珠江－西江经济带城市生态绿化强度下游区的得分呈现波动上升的发展趋势。2010～2015 年间，珠江－西江经济带城市城镇绿化动态变化下游区的得分呈现波动上升的发展趋势。2010～2015 年间，珠江－西江经济带城市绿化扩张强度下游区的得分呈现持续上升的发展趋势。

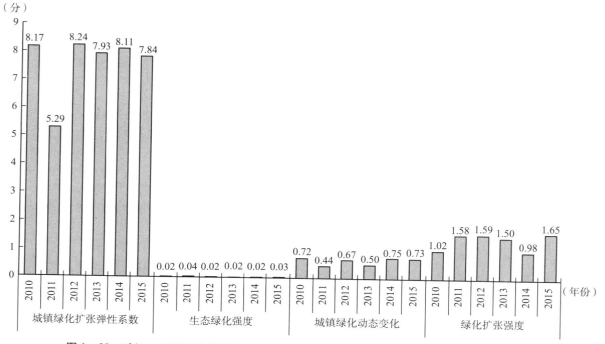

图 1－38　珠江－西江经济带城市生态绿化建设水平下游区各三级指标的得分比较情况 1

由图 1－39 可以看到珠江－西江经济带城市生态绿化建设水平下游区各项三级指标的平均得分变化趋势。2010～2015 年间，珠江－西江经济带城市绿化蔓延指数下游区的得分呈现波动下降的发展趋势。2010～2015 年间，珠江－西江经济带城市环境承载力下游区的得分呈现持续上升的发展趋势。2010～2015 年间，珠江－西江经济带城市绿化相对增长率下游区的得分呈现波动上升的发展趋势。2010～2015 年间，珠江－西江经济带城市绿化绝对增量加权下游区的得分呈现波动上升的发展趋势。

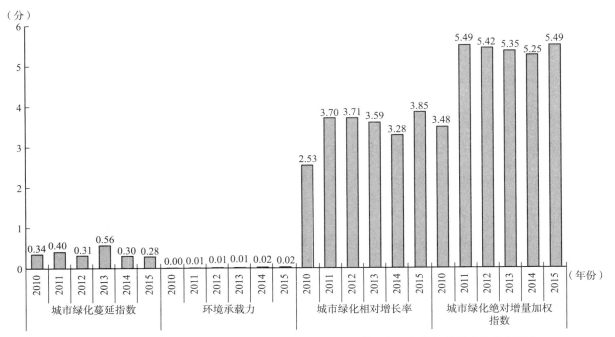

图 1－39　珠江－西江经济带城市生态绿化建设水平下游区各三级指标的得分比较情况 2

从图 1－40 对 2010～2011 年间珠江－西江经济带城市生态绿化建设水平的跨区段变化进行分析，可以看到 2010～2011 年间南宁市由上游区下降至下游区，来宾市由中游区上升至上游区，百色市由中游区下降至下游区，贵港市、佛山市由下游区上升至中游区。

图 1－40　2010～2011 年珠江－西江经济带城市
生态绿化建设水平大幅度变动情况

从图 1－41 对 2011～2012 年间珠江－西江经济带城市生态绿化建设水平的跨区段变化进行分析，可以看到 2011～2012 年间来宾市由上游区下降至中游区，崇左市、云浮市由中游区下降至下游区，梧州市、南宁市由下游区上升至中游区。

图 1－41　2011～2012 年珠江－西江经济带城市
生态绿化建设水平大幅度变动情况

从图 1－42 对 2012～2013 年间珠江－西江经济带城市生态绿化建设水平的跨区段变化进行分析，可以看到 2012～2013 年间有 7 个城市的生态绿化建设水平在珠江－西江经济带的位次发生大幅度变动。其中南宁市由上游区下降到中游区，肇庆市、来宾市、贵港市由中游区下降至下游区，百色市、云浮市、崇左市由下游区上升至中游区。

从图 1－43 对 2013～2014 年间珠江－西江经济带城市生态绿化建设水平的跨区段变化进行分析，可以看到 2013～2014 年间有 4 个城市的生态绿化建设水平在珠江－西江经济带的位次发生大幅度变动。其中柳州市由上游区

2012 年
2013 年
上游区
广州、南宁、柳州
广州、柳州、崇左
上游区
中游区
梧州、肇庆、来宾、贵港、佛山
南宁、佛山、梧州、百色、云浮
中游区
下游区
百色、云浮、崇左
肇庆、来宾、贵港
下游区

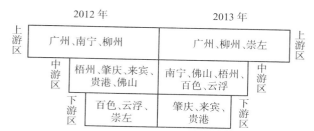

图 1－42 2012～2013 年珠江－西江经济带城市生态绿化建设水平大幅度变动情况

下降到下游区，梧州市、百色市由中游区上升到上游区，贵港市由下游区上升至中游区。

2013 年
2014 年
上游区
广州、柳州、崇左
广州、梧州、百色
上游区
中游区
南宁、佛山、梧州、百色、云浮
南宁、崇左、佛山、云浮、贵港
中游区
下游区
肇庆、来宾、贵港
来宾、柳州、肇庆
下游区

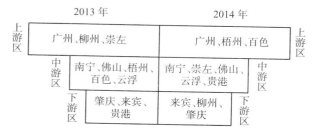

图 1－43 2013～2014 年珠江－西江经济带城市生态绿化建设水平大幅度变动情况

从图 1－44 对 2014～2015 年间珠江－西江经济带城市生态绿化建设水平的跨区段变化进行分析，可以看到 2014～2015 年间梧州市由上游区下降至中游区，百色市由上游区下降至下游区，贵港市由中游区下降至下游区，柳州市、肇庆市由下游区上升至上游区。

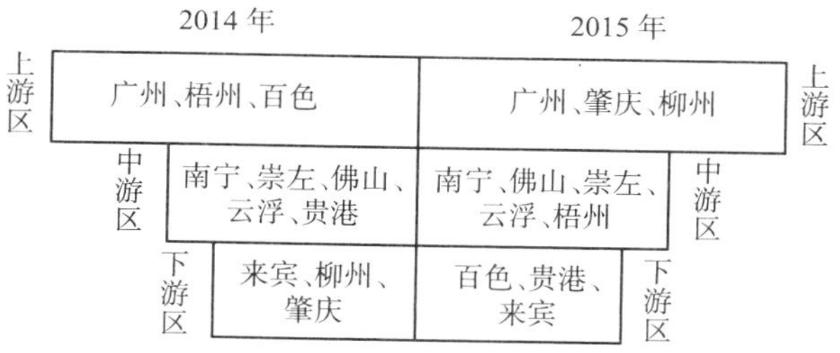
2014 年
2015 年
上游区
广州、梧州、百色
广州、肇庆、柳州
上游区
中游区
南宁、崇左、佛山、云浮、贵港
南宁、佛山、崇左、云浮、梧州
中游区
下游区
来宾、柳州、肇庆
百色、贵港、来宾
下游区

图 1－44 2014～2015 年珠江－西江经济带城市生态绿化建设水平大幅度变动情况

从图 1－45 对 2010～2015 年间珠江－西江经济带城市生态绿化建设水平的跨区段变化进行分析，可以看到

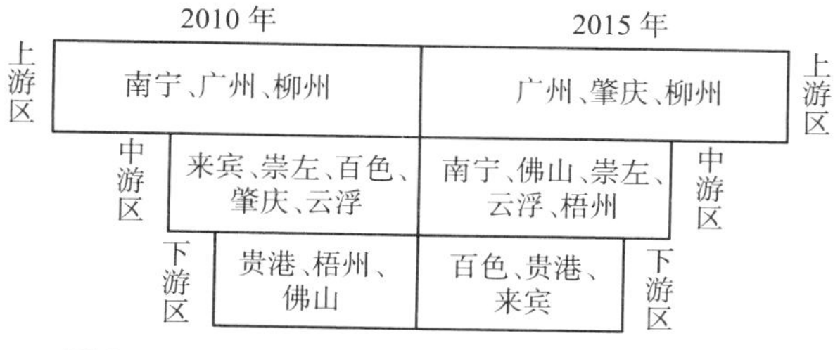
2010 年
2015 年
上游区
南宁、广州、柳州
广州、肇庆、柳州
上游区
中游区
来宾、崇左、百色、肇庆、云浮
南宁、佛山、崇左、云浮、梧州
中游区
下游区
贵港、梧州、佛山
百色、贵港、来宾
下游区

图 1－45 2010～2015 年珠江－西江经济带城市生态绿化建设水平大幅度变动情况

2010～2015 年间有 2 个城市的生态绿化建设水平在珠江－西江经济带的位次发生大幅度变动。其中来宾市由中游区下降到下游区，佛山市由下游区上升到中游区。

四、珠江－西江经济带城市环境治理水平评估与比较

（一）珠江－西江经济带城市环境治理水平评估结果

根据珠江－西江经济带城市环境治理水平指标体系和数学评价模型，对 2010～2015 年间珠江－西江经济带 11 个城市的环境治理水平进行评价。表 1－55 至表 1－71 是本次评估期间珠江－西江经济带 11 个城市的环境治理水平排名和排名变化情况及其三级指标的评价结构。

1. 珠江－西江经济带城市环境治理水平排名

根据表 1－55 中内容对 2010 年珠江－西江经济带各城市环境治理水平排名变化进行分析，可以看到珠江－西江经济带 11 个城市环境治理水平处于上游区的依次是百色市、崇左市、来宾市；珠江－西江经济带 11 个城市环境治理水平处在中游区的依次是梧州市、贵港市、柳州市、云浮市、肇庆市；珠江－西江经济带 11 个城市环境治理水平处在下游区的依次是佛山市、南宁市、广州市。这说明在珠江－西江经济带中广西地区环境治理水平高于广东地区，相对具有发展优势。

表 1－55 2010 年珠江－西江经济带城市环境治理水平排名

地区	排名	区段	地区	排名	区段	地区	排名	区段
百色	1		梧州	4		佛山	9	
崇左	2		贵港	5		南宁	10	
来宾	3	上游区	柳州	6	中游区	广州	11	下游区
			云浮	7				
			肇庆	8				

根据表 1－56 中内容对 2011 年珠江－西江经济带各城市环境治理水平排名变化进行分析，可以看到珠江－西江经济带 11 个城市环境治理水平处于上游区的依次是百色市、来宾市、崇左市；珠江－西江经济带 11 个城市环境治理水平处在中游区的依次是梧州市、柳州市、佛山市、肇庆市、贵港市；珠江－西江经济带 11 个城市环境治理水平处在下游区的依次是云浮市、广州市、南宁市。相比于 2010 年，云浮市下降至下游区，佛山市上升至中游区。

表1－56　　　　2011年珠江－西江经济带城市环境治理水平排名

地区	排名	区段	地区	排名	区段	地区	排名	区段
百色	1	上游区	梧州	4	中游区	云浮	9	下游区
来宾	2		柳州	5		广州	10	
崇左	3		佛山	6		南宁	11	
			肇庆	7				
			贵港	8				

根据表1－57中内容对2012年珠江－西江经济带各城市环境治理水平排名变化进行分析，可以看到珠江－西江经济带11个城市环境治理水平处于上游区的依次是百色市、崇左市、贵港市；珠江－西江经济带11个城市环境治理水平处在中游区的依次是来宾市、柳州市、梧州市、云浮市、肇庆市；珠江－西江经济带11个城市环境治理水平处在下游区的依次是佛山市、广州市、南宁市。相比于2011年，来宾市下降至中游区，贵港市上升至上游区，云浮市下降至中游区，佛山市上升至中游区。

表1－57　　　　2012年珠江－西江经济带城市环境治理水平排名

地区	排名	区段	地区	排名	区段	地区	排名	区段
百色	1	上游区	来宾	4	中游区	佛山	9	下游区
崇左	2		柳州	5		广州	10	
贵港	3		梧州	6		南宁	11	
			云浮	7				
			肇庆	8				

根据表1－58中内容对2013年珠江－西江经济带各城市环境治理水平排名变化进行分析，可以看到珠江－西江经济带11个城市环境治理水平处于上游区的依次是百色市、崇左市、梧州市；珠江－西江经济带11个城市环境治理水平处在中游区的依次是来宾市、佛山市、云浮市、柳州市、广州市；珠江－西江经济带11个城市环境治理水平处在下游区的依次是贵港市、肇庆市、南宁市。相比于2012年，贵港市、肇庆市下降至下游区，梧州市上升至上游区。

表1－58　　　　2013年珠江－西江经济带城市环境治理水平排名

地区	排名	区段	地区	排名	区段	地区	排名	区段
百色	1	上游区	来宾	4	中游区	贵港	9	下游区
崇左	2		佛山	5		肇庆	10	
梧州	3		云浮	6		南宁	11	
			柳州	7				
			广州	8				

根据表1－59中内容对2014年珠江－西江经济带各城市环境治理水平排名变化进行分析，可以看到珠江－西江经济带11个城市环境治理水平处于上游区的依次是百色市、崇左市、云浮市；珠江－西江经济带11个城市环境治理水平处在中游区的依次是梧州市、贵港市、广州市、来宾市、佛山市；珠江－西江经济带11个城市环境治理水平

处在下游区的依次是柳州市、南宁市、肇庆市。相比于2013年，柳州市下降至下游区，贵港市上升至中游区，梧州市下降至中游区，云浮市上升至上游区。

表1－59　　　　2014年珠江－西江经济带城市环境治理水平排名

地区	排名	区段	地区	排名	区段	地区	排名	区段
百色	1	上游区	梧州	4	中游区	柳州	9	下游区
崇左	2		贵港	5		南宁	10	
云浮	3		广州	6		肇庆	11	
			来宾	7				
			佛山	8				

根据表1－60中内容对2015年珠江－西江经济带各城市环境治理水平排名变化进行分析，可以看到珠江－西江经济带11个城市环境治理水平处于上游区的依次是百色市、云浮市、崇左市；珠江－西江经济带11个城市环境治理水平处在中游区的依次是来宾市、梧州市、广州市、肇庆市、贵港市；珠江－西江经济带11个城市环境治理水平处在下游区的依次是柳州市、佛山市、南宁市。相比于2014年，肇庆市上升至中游区，佛山市下降至下游区。

表1－60　　　　2015年珠江－西江经济带城市环境治理水平排名

地区	排名	区段	地区	排名	区段	地区	排名	区段
百色	1	上游区	来宾	4	中游区	柳州	9	下游区
云浮	2		梧州	5		佛山	10	
崇左	3		广州	6		南宁	11	
			肇庆	7				
			贵港	8				

根据表1－61中内容对2010～2015年珠江－西江经济带各城市环境治理水平排名变化趋势进行分析，可以看到在珠江－西江经济带11个城市环境治理水平处于上升区的是肇庆市、云浮市、广州市；珠江－西江经济带11个城市环境治理水平处在下降区的是崇左市、南宁市、来宾市、柳州市、贵港市、梧州市、佛山市；珠江－西江经济带中百色市的环境治理水平处在保持区，说明珠江－西江经济带各城市环境治理发展不稳定，并且广东地区比广西地区发展态势较好。

表1－61　2010～2015年珠江－西江经济带城市环境治理水平排名变化

地区	排名变化	区段	地区	排名变化	区段	地区	排名变化	区段
肇庆	1	上升区	南宁	-1	下降区	柳州	-3	下降区
云浮	5		梧州	-1		贵港	-3	
广州	2		来宾	-1				
百色	0	保持区	崇左	-1				
			佛山	-1				

2. 珠江－西江经济带城市地区环境相对损害指数（EVI）得分情况

通过表1－62对2010～2015年珠江－西江经济带城市地区环境相对损害指数（EVI）及变化进行分析。由2010年的珠江－西江经济带城市地区环境相对损害指数（EVI）评价来看，有8个城市的地区环境相对损害指数（EVI）得分在8分以上。2010年珠江－西江经济带城市地区环境相对损害指数（EVI）得分处在0～9.1分，小于8分的城市有贵港市、广州市、佛山市。珠江－西江经济带城市地区环境相对损害指数（EVI）最高得分为百色市，为9.089

分，最低得分为佛山市，为0分。珠江－西江经济带城市地区环境相对损害指数（EVI）的得分平均值为7.354分，标准差为2.734，说明城市之间地区环境相对损害指数（EVI）的变化差异较大。珠江－西江经济带广东地区城市的地区环境相对损害指数（EVI）的得分较低，其中肇庆市、云浮市的地区环境相对损害指数（EVI）得分均超过8分；说明这些城市的地区环境相对损害指数（EVI）较小。珠江－西江经济带中广西地区的地区环境相对损害指数（EVI）水平较高，南宁市、柳州市、梧州市、百色市、来宾市、崇左市的地区环境相对损害指数（EVI）超过8分；说明广西地区城市的地区环境相对损害指数（EVI）较大。

表1－62　　　2010～2015年珠江－西江经济带各城市地区环境相对损害指数（EVI）评价比较

地区	2010 年	2011 年	2012 年	2013 年	2014 年	2015 年	综合变化
南宁市	8.520	8.302	8.182	8.850	9.040	8.934	0.413
	5	6	5	5	7	6	−1
柳州市	8.408	8.292	7.958	8.822	9.043	8.818	0.410
	7	7	6	6	6	7	0
梧州市	8.833	8.647	8.362	8.984	9.166	8.988	0.155
	2	2	2	4	5	4	−2
贵港市	7.301	7.329	7.177	8.095	9.167	8.963	1.661
	9	9	9	9	4	5	4
百色市	9.089	8.955	8.670	9.204	9.421	9.269	0.180
	1	1	1	2	2	1	0
来宾市	8.155	8.137	7.918	8.773	8.918	8.641	0.486
	8	8	7	7	8	8	0
崇左市	8.768	8.494	8.229	9.174	9.376	9.201	0.434
	3	4	4	3	3	3	0
广州市	4.647	4.751	4.382	4.922	5.515	5.413	0.766
	10	10	10	10	10	10	0
佛山市	0.000	1.853	1.178	3.608	2.690	2.507	2.507
	11	11	11	11	11	11	
肇庆市	8.507	8.308	7.768	8.481	8.603	8.578	0.071
	6	5	8	8	9	9	−3
云浮市	8.664	8.586	8.351	9.237	9.429	9.212	0.549
	4	3	3	1	1	2	2
最高分	9.089	8.955	8.670	9.237	9.429	9.269	0.180
最低分	0.000	1.853	1.178	3.608	2.690	2.507	2.507
平均分	7.354	7.423	7.107	8.014	8.215	8.048	0.694
标准差	2.734	2.176	2.289	1.906	2.143	2.134	−0.600

由2011年的珠江－西江经济带城市地区环境相对损害指数（EVI）评价来看，有8个城市的地区环境相对损害指数（EVI）得分在8分以上。2011年珠江－西江经济带城市地区环境相对损害指数（EVI）得分处在1.8～9分，小于8分的城市有贵港市、广州市、佛山市。珠江－西江经济带城市地区环境相对损害指数（EVI）最高得分为百色市，为8.955分，最低得分为佛山市，为1.853分。珠江－西江经济带地区城市环境相对损害指数（EVI）的得分平均值为7.423分，标准差为2.176，说明城市之间地区环境相

对损害指数（EVI）的变化差异较大。珠江－西江经济带中广东地区城市的地区环境相对损害指数（EVI）的得分较低，其中肇庆市、云浮市的地区环境相对损害指数（EVI）得分均超过8分；说明这些城市的地区环境相对损害指数（EVI）较小。珠江－西江经济带中广西地区的地区环境相对损害指数（EVI）水平较高，南宁市、柳州市、梧州市、百色市、来宾市、崇左市的地区环境相对损害指数（EVI）超过8分；说明广西地区城市的地区环境相对损害指数（EVI）较大。

由 2012 年的珠江－西江经济带城市地区环境相对损害指数（EVI）评价来看，有 8 个城市的地区环境相对损害指数（EVI）得分在 7.5 分以上。2012 年珠江－西江经济带城市地区环境相对损害指数（EVI）得分处于 1.1～8.7 分，小于 7.5 分的城市有贵港市、广州市、佛山市。珠江－西江经济带城市地区环境相对损害指数（EVI）最高得分为百色市，为 8.670 分，最低得分为佛山市，为 1.178 分。珠江－西江经济带城市地区环境相对损害指数（EVI）的得分平均值为 7.107 分，标准差为 2.289，说明城市之间地区环境相对损害指数（EVI）的变化差异较大。珠江－西江经济带中广东地区城市的地区环境相对损害指数（EVI）的得分较低，其中肇庆市、云浮市的地区环境相对损害指数（EVI）得分均超过 8 分；说明这些城市的地区环境相对损害指数（EVI）较小。珠江－西江经济带中广西地区的地区环境相对损害指数（EVI）水平较高，南宁市、柳州市、梧州市、百色市、来宾市、崇左市的地区环境相对损害指数（EVI）超过 8 分；说明广西地区城市的地区环境相对损害指数（EVI）较大。

由 2013 年的珠江－西江经济带城市地区环境相对损害指数（EVI）评价来看，有 9 个城市的地区环境相对损害指数（EVI）得分在 8 分以上。2013 年珠江－西江经济带城市地区环境相对损害指数（EVI）得分处于 3.6～9.3 分，小于 8 分的城市有广州市、佛山市。珠江－西江经济带城市地区环境相对损害指数（EVI）最高得分为云浮市，为 9.237 分，最低得分为佛山市，为 3.608 分。珠江－西江经济带城市地区环境相对损害指数（EVI）的得分平均值为 8.014 分，标准差为 1.906，说明城市之间地区环境相对损害指数（EVI）的变化差异较大。珠江－西江经济带中广东地区城市的地区环境相对损害指数（EVI）的得分较低，其中肇庆市、云浮市的地区环境相对损害指数（EVI）得分均超过 8 分；说明这些城市的地区环境相对损害指数（EVI）较小。珠江－西江经济带中广西地区的地区环境相对损害指数（EVI）水平较高，所有城市的地区环境相对损害指数（EVI）超过 8 分；说明广西地区城市的地区环境相对损害指数（EVI）较大。

由 2014 年的珠江－西江经济带城市地区环境相对损害指数（EVI）评价来看，有 9 个城市的地区环境相对损害指数（EVI）得分在 8 分以上。2014 年珠江－西江经济带城市地区环境相对损害指数（EVI）得分处于 2.6～9.5 分，小于 8 分的城市有广州市、佛山市。珠江－西江经济带城市地区环境相对损害指数（EVI）最高得分为云浮市，为 9.429 分，最低得分为佛山市，为 2.690 分。珠江－西江经济带城市地区环境相对损害指数（EVI）的得分平均值为 8.215 分，标准差为 2.143，说明城市之间地区环境相对损害指数（EVI）的变化差异较大。珠江－西江经济带中广东地区城市的地区环境相对损害指数（EVI）的得分较低，其中肇庆市、云浮市的地区环境相对损害指数（EVI）得分均超过 8 分；说明这些城市的地区环境相对损害指数（EVI）较小。珠江－西江经济带中广西地区的地区环境相对损害指数（EVI）水平较高，所有城市的地区环境相对损害指数（EVI）超过 8 分；说明广西地区城市的地区环境相对损害指数（EVI）较大。

由 2015 年的珠江－西江经济带城市地区环境相对损害指数（EVI）评价来看，有 9 个城市的地区环境相对损害指数（EVI）得分在 8 分以上。2015 年珠江－西江经济带城市地区环境相对损害指数（EVI）得分处于 2.5～9.3 分，小于 8 分的城市有广州市、佛山市。珠江－西江经济带城市地区环境相对损害指数（EVI）最高得分为百色市，为 9.269 分，最低得分为佛山市，为 2.507 分。珠江－西江经济带城市地区环境相对损害指数（EVI）的得分平均值为 8.048 分，标准差为 2.134，说明城市之间地区环境相对损害指数（EVI）的变化差异较大。珠江－西江经济带中广东地区城市的地区环境相对损害指数（EVI）的得分较低，其中肇庆市、云浮市的地区环境相对损害指数（EVI）得分均超过 8 分；说明这些城市的地区环境相对损害指数（EVI）较小。珠江－西江经济带中广西地区的地区环境相对损害指数（EVI）水平较高，所有城市的地区环境相对损害指数（EVI）超过 8 分；说明广西地区城市的地区环境相对损害指数（EVI）较大。

对比珠江－西江经济带各城市地区环境相对损害指数（EVI）变化，通过对各年间的珠江－西江经济带城市地区环境相对损害指数（EVI）的平均分、标准差进行分析，可以发现其平均分处于波动上升的趋势，说明珠江－西江经济带城市地区环境相对损害指数（EVI）逐渐形成上升。但珠江－西江经济带城市地区环境相对损害指数（EVI）的标准差处于波动下降的趋势，说明城市间的地区环境相对损害指数（EVI）程度差距逐渐缩小。对各城市的地区环境相对损害指数（EVI）变化展开分析，发现百色市的地区环境相对损害指数（EVI）最大。珠江－西江经济带内各个城市排名基本稳定，并且得分均有小幅度上升，说明珠江－西江经济带各城市地区环境相对损害指数（EVI）仍待降低。

3. 珠江－西江经济带城市单位 GDP 消耗能源得分情况

通过表 1－63 对 2010～2015 年珠江－西江经济带城市单位 GDP 消耗能源及变化进行分析。由 2010 年的珠江－西江经济带城市单位 GDP 消耗能源评价来看，有 5 个城市的单位 GDP 消耗能源得分在 4 分以上。2010 年珠江－西江经济带城市单位 GDP 消耗能源得分处于 0.7～5.2 分，小于 4 分的城市有南宁市、梧州市、贵港市、百色市、来宾市、云浮市。珠江－西江经济带单位 GDP 消耗能源最高得分为佛山市，为 5.185 分，最低得分为云浮市，为 0.758 分。珠江－西江经济带单位 GDP 消耗能源的得分平均值为 3.272 分，标准差为 1.544，说明城市之间单位 GDP 消耗能源的变化差异较大。珠江－西江经济带中广东地区城市的单位 GDP 消耗能源的得分较高，其中佛山市、肇庆市、云浮市的单位 GDP 消耗能源得分均超过 4 分；说明这些城市的单位 GDP 消耗能源较高。珠江－西江经济带中广西地区的单位 GDP 消耗能源水平较低，其中梧柳州市、崇左市的单位 GDP 消耗能源得分超过 4 分；说明广西地区城市的单位 GDP 消耗能源小。

表1-63　　　　　　　　　　　2010~2015年珠江－西江经济带单位GDP消耗能源评价比较

地区	2010年	2011年	2012年	2013年	2014年	2015年	综合变化
南宁市	2.594	2.765	2.807	3.390	3.252	3.808	1.214
	7	8	8	7	6	8	-1
柳州市	4.512	4.762	4.999	5.609	5.376	6.162	1.651
	4	3	3	1	2	4	0
梧州市	2.403	3.780	4.001	5.409	5.903	6.890	4.487
	8	7	5	2	1	2	6
贵港市	1.894	1.265	0.648	0.740	0.347	0.000	-1.894
	9	10	11	11	10	11	-2
百色市	1.392	1.300	1.852	1.642	0.749	1.860	0.468
	10	9	10	10	9	10	0
来宾市	3.515	3.998	3.160	3.004	2.040	2.006	-1.509
	6	5	7	9	8	9	-3
崇左市	5.074	3.838	3.887	4.479	3.858	4.699	-0.376
	2	6	6	6	5	7	-5
广州市	4.097	4.465	4.432	5.193	5.070	5.670	1.574
	5	4	4	5	3	5	0
佛山市	5.185	5.309	5.144	5.379	4.939	5.636	0.450
	1	1	2	3	4	6	-5
肇庆市	4.564	4.828	5.148	5.241	0.110	7.134	2.570
	3	2	1	4	11	1	2
云浮市	0.758	0.156	2.680	3.189	2.393	6.328	5.571
	11	11	9	8	7	3	8
最高分	5.185	5.309	5.148	5.609	5.903	7.134	1.948
最低分	0.758	0.156	0.648	0.740	0.110	0.000	-0.758
平均分	3.272	3.315	3.523	3.934	3.094	4.563	1.291
标准差	1.544	1.708	1.451	1.668	2.111	2.352	0.809

由2011年的珠江－西江经济带城市单位GDP消耗能源评价来看，有4个城市的单位GDP消耗能源得分在4分以上。2011年珠江－西江经济带城市单位GDP消耗能源得分处在0.1~5.4分，小于4分的城市有崇左市、南宁市、梧州市、贵港市、百色市、来宾市、云浮市。珠江－西江经济带单位GDP消耗能源最高得分为佛山市，为5.309分，最低得分为云浮市，为0.156分。珠江－西江经济带城市单位GDP消耗能源的得分平均值为3.315分，标准差为1.708，说明城市之间单位GDP消耗能源的变化差异较大。珠江－西江经济带中广东地区城市的单位GDP消耗能源的得分较高，其中佛山市、肇庆市、云浮市的单位GDP消耗能源得分均超过4分；说明这些城市的单位GDP消耗能源较高。珠江－西江经济带中广西地区的单位GDP消耗能源水平较低，其中柳州市的单位GDP消耗能源得分超过4分；说明广西地区城市的单位GDP消耗能源小。

由2012年的珠江－西江经济带城市单位GDP消耗能源评价来看，有5个城市的单位GDP消耗能源得分在4分以上。2012年珠江－西江经济带城市单位GDP消耗能源得分处在0.6~5.2分，小于4分的城市有南宁市、崇左市、贵港市、百色市、来宾市、云浮市。珠江－西江经济带城市单位GDP消耗能源最高得分为肇庆市，为5.148分，最低

得分为贵港市，为0.648分。珠江－西江经济带单位GDP消耗能源的得分平均值为3.523分，标准差为1.451，说明城市之间单位GDP消耗能源的变化差异较大。珠江－西江经济带中广东地区城市的单位GDP消耗能源的得分较高，其中佛山市、肇庆市、云浮市的单位GDP消耗能源得分均超过4分；说明这些城市的单位GDP消耗能源较高。珠江－西江经济带中广西地区的单位GDP消耗能源水平较低，其中柳州市、梧州市的单位GDP消耗能源得分超过4分；说明广西地区城市的单位GDP消耗能源小。

由2013年的珠江－西江经济带城市单位GDP消耗能源评价来看，有6个城市的单位GDP消耗能源得分在4分以上。2013年珠江－西江经济带城市单位GDP消耗能源得分处在0.7~5.7分，小于4分的城市有南宁市、贵港市、百色市、来宾市、云浮市。珠江－西江经济带单位GDP消耗能源最高得分为柳州市，为5.609分，最低得分为贵港市，为0.740分。珠江－西江经济带单位GDP消耗能源的得分平均值为3.934分，标准差为1.668，说明城市之间单位GDP消耗能源的变化差异较大。珠江－西江经济带中广东地区城市的单位GDP消耗能源的得分较高，其中佛山市、肇庆市、云浮市的单位GDP消耗能源得分均超过4分；说明这些城市的单位GDP消耗能源较高。珠江－西江经济

带中广西地区的单位 GDP 消耗能源水平较低，其中梧州市、崇左市、柳州市的单位 GDP 消耗能源得分超过 4 分；说明广西地区城市的单位 GDP 消耗能源小。

由 2014 年的珠江－西江经济带城市单位 GDP 消耗能源评价来看，有 4 个城市的单位 GDP 消耗能源得分在 4 分以上。2014 年珠江－西江经济带城市单位 GDP 消耗能源得分处在 0.1～6.0 分，小于 4 分的城市有肇庆市、崇左市、南宁市、贵港市、百色市、来宾市、云浮市。珠江－西江经济带城市单位 GDP 消耗能源最高得分为梧州市，为 5.903 分，最低得分为肇庆市，为 0.110 分。珠江－西江经济带单位 GDP 消耗能源的得分平均值为 3.094 分，标准差为 2.111，说明城市之间单位 GDP 消耗能源的变化差异较大。珠江－西江经济带中广东地区城市的单位 GDP 消耗能源的得分较高，其中广州市、佛山市的单位 GDP 消耗能源得分均超过 4 分；说明这些城市的单位 GDP 消耗能源较高。珠江－西江经济带中广西地区的单位 GDP 消耗能源水平较低，其中柳州市、梧州市的单位 GDP 消耗能源得分超过 4 分；说明广西地区城市的单位 GDP 消耗能源小。

由 2015 年的珠江－西江经济带城市单位 GDP 消耗能源评价来看，有 6 个城市的单位 GDP 消耗能源得分在 5 分以上。2015 年珠江－西江经济带城市单位 GDP 消耗能源得分处在 0～7.2 分，小于 5 分的城市有南宁市、贵港市、百色市、来宾市、崇左市。珠江－西江经济带城市单位 GDP 消耗能源最高得分为肇庆市，为 7.134 分，最低得分为贵港市，为 0 分。珠江－西江经济带单位 GDP 消耗能源的得分平均值为 4.563 分，标准差为 2.352，说明城市之间单位 GDP 消耗能源的变化差异较大。珠江－西江经济带中广东地区城市的单位 GDP 消耗能源的得分较高，所有城市的单位 GDP 消耗能源得分均超过 5 分；说明这些城市的单位 GDP 消耗能源较高。珠江－西江经济带中广西地区的单位 GDP 消耗能源水平较低，其中柳州市、梧州市的单位 GDP

消耗能源得分超过 5 分；说明广西地区城市的单位 GDP 消耗能源小。

对比珠江－西江经济带城市单位 GDP 消耗能源变化，通过对各年间的珠江－西江经济带城市单位 GDP 消耗能源的平均分、标准差进行分析，可以发现其平均分处于波动上升的趋势，说明珠江－西江经济带单位 GDP 消耗能源有所下降。珠江－西江经济带单位 GDP 消耗能源的标准差也处于波动上升的趋势，说明城市间的单位 GDP 消耗能源差距逐渐扩大。对各城市的单位 GDP 消耗能源变化展开分析，发现暂无城市的单位 GDP 消耗能源处在绝对领先位置，但是各个城市的排名变化除了云浮市的排名大幅度下降外均变化不大，得分多数均有上升。

4. 珠江－西江经济带城市环保支出水平得分情况

通过表 1－64 对 2010～2015 年珠江－西江经济带城市环保支出水平及变化进行分析。由 2010 年的珠江－西江经济带各城市环保支出水平评价来看，有 4 个城市的各城市环保支出水平得分在 1 分以上。2010 年珠江－西江经济带各城市环保支出水平得分处在 0.1～4.9 分，小于 1 分的城市有南宁市、柳州市、来宾市、崇左市、广州市、肇庆市、云浮市。珠江－西江经济带城市环保支出水平最高得分为百色市，为 4.872 分，最低得分为南宁市，为 0.139 分。珠江－西江经济带城市环保支出水平的得分平均值为 1.137 分，标准差为 1.278，说明城市之间环保支出水平的变化差异较大。珠江－西江经济带中广西地区的城市环保支出水平较高，梧州市、贵港市、百色市的环保支出水平得分均超过 1 分；说明这些城市的环保支出水平发展基础较好。珠江－西江经济带中广东地区的城市环保支出水平的得分较低，佛山市的环保支出水平得分均超过 1 分；说明广东地区的城市环保支出水平综合发展能力较低，城市环保支出水平较低。

表 1－64　　　　　　　　　2010～2015 年珠江－西江经济带各城市环保支出水平评价比较

地区	2010 年	2011 年	2012 年	2013 年	2014 年	2015 年	综合变化
南宁市	0.139	0.031	0.118	0.325	0.015	0.029	－ 0.111
	11	11	11	10	11	10	1
柳州市	0.873	0.808	0.831	0.003	0.041	0.000	－ 0.873
	6	5	5	11	10	11	－ 5
梧州市	1.139	0.892	1.033	0.972	0.419	0.533	－ 0.607
	3	3	4	4	9	9	－ 6
贵港市	1.185	0.868	1.186	1.038	1.346	1.601	0.416
	2	4	3	3	3	3	－ 1
百色市	4.872	2.205	3.871	4.032	4.179	3.888	－ 0.984
	1	1	1	1	1	1	0
来宾市	0.895	0.693	0.745	0.871	0.948	1.179	0.284
	5	7	7	5	5	5	0
崇左市	0.486	0.951	1.507	1.486	1.559	1.746	1.259
	9	2	2	2	2	2	7
广州市	0.448	0.378	0.423	0.430	0.503	0.536	0.088
	10	10	10	9	8	8	2

续表

地区	2010 年	2011 年	2012 年	2013 年	2014 年	2015 年	综合变化
佛山市	1.009	0.740	0.824	0.765	0.769	0.741	-0.268
	4	6	6	6	6	6	-2
肇庆市	0.799	0.577	0.667	0.570	0.659	0.632	-0.167
	7	8	8	8	7	7	0
云浮市	0.656	0.502	0.478	0.746	1.331	1.495	0.839
	8	9	9	7	4	4	4
最高分	4.872	2.205	3.871	4.032	4.179	3.888	-0.984
最低分	0.139	0.031	0.118	0.003	0.015	0.000	-0.139
平均分	1.137	0.786	1.062	1.022	1.070	1.125	-0.011
标准差	1.278	0.541	1.006	1.073	1.151	1.093	-0.185

由 2011 年的珠江-西江经济带城市环保支出水平评价来看,有 1 个城市的环保支出水平得分在 1 分以上。2011 年珠江-西江经济带城市环保支出水平得分处在 0~2.3 分,小于 1 分的城市有梧州市、贵港市、佛山市、南宁市、柳州市、来宾市、崇左市、广州市、肇庆市、云浮市。珠江-西江经济带城市环保支出水平最高得分为百色市,为 2.205 分,最低得分为南宁市,为 0.031 分。珠江-西江经济带城市环保支出水平的得分平均值为 0.786 分,标准差为 0.541,说明城市之间环保支出水平的变化差异较小。珠江-西江经济带中广西地区的城市环保支出水平较高,百色市的环保支出水平得分均超过 1 分;说明这些城市的环保支出水平发展基础较好。珠江-西江经济带中广东地区的城市环保支出水平的得分较低,暂无城市的环保支出水平得分超过 1 分;说明广东地区的城市环保支出水平综合发展能力较低,城市环保支出水平较低。

由 2012 年的珠江-西江经济带城市环保支出水平评价来看,有 4 个城市的环保支出水平得分在 1 分以上。2012 年珠江-西江经济带城市环保支出水平得分处在 0.1~3.9 分,小于 1 分的城市有南宁市、柳州市、来宾市、佛山市、广州市、肇庆市、云浮市。珠江-西江经济带城市环保支出水平最高得分为百色市,为 3.871 分,最低得分为南宁市,为 0.118 分。珠江-西江经济带城市环保支出水平的得分平均值为 1.062 分,标准差为 1.006,说明城市之间环保支出水平的变化差异较大。珠江-西江经济带中广西地区的城市环保支出水平较高,梧州市、贵港市、百色市、崇左市的环保支出水平得分均超过 1 分;说明这些城市的环保支出水平发展基础较好。珠江-西江经济带中广东地区城市的环保支出水平的得分较低,暂无城市的环保支出水平得分超过 1 分;说明广东地区的城市环保支出水平综合发展能力较低,城市环保支出水平较低。

由 2013 年的珠江-西江经济带城市环保支出水平评价来看,有 3 个城市的环保支出水平得分在 1 分以上。2013 年珠江-西江经济带城市环保支出水平得分处在 0~4.1 分,小于 1 分的城市有南宁市、梧州市、柳州市、来宾市、广州市、佛山市、肇庆市、云浮市。珠江-西江经济带城市环保支出水平最高得分为百色市,为 4.032 分,最低得

分为柳州市,为 0.003 分。珠江-西江经济带城市环保支出水平的得分平均值为 1.022 分,标准差为 1.073,说明城市之间环保支出水平的变化差异较大。珠江-西江经济带中广西地区的城市环保支出水平较高,贵港市、百色市、崇左市的环保支出水平得分均超过 1 分;说明这些城市的环保支出水平发展基础较好。珠江-西江经济带中广东地区的城市环保支出水平的得分较低,暂无城市的环保支出水平得分超过 1 分;说明广东地区的城市环保支出水平综合发展能力较低,城市环保支出水平较低。

由 2014 年的珠江-西江经济带城市环保支出水平评价来看,有 4 个城市的环保支出水平得分在 1 分以上。2014 年珠江-西江经济带城市环保支出水平得分处在 0~4.2 分,小于 1 分的城市有南宁市、柳州市、来宾市、崇左市、广州市、肇庆市、佛山市。珠江-西江经济带城市环保支出水平最高得分为百色市,为 4.179 分,最低得分为南宁市,为 0.015 分。珠江-西江经济带城市环保支出水平的得分平均值为 1.070 分,标准差为 1.151,说明城市之间环保支出水平的变化差异较大。珠江-西江经济带中广西地区的城市环保支出水平较高,贵港市、百色市、崇左市的环保支出水平得分均超过 1 分;说明这些城市的环保支出水平发展基础较好。珠江-西江经济带中广东地区的城市环保支出水平的得分较低,云浮市的环保支出水平得分超过 1 分;说明广东地区的城市环保支出水平综合发展能力较低,城市环保支出水平较低。

由 2015 年的珠江-西江经济带城市环保支出水平评价来看,有 5 个城市的环保支出水平得分在 1 分以上。2015 年珠江-西江经济带城市环保支出水平得分处在 0~3.9 分,小于 1 分的城市有南宁市、柳州市、来宾市、崇左市、广州市、肇庆市、云浮市。珠江-西江经济带城市环保支出水平最高得分为百色市,为 3.888 分,最低得分为柳州市,为 0 分。珠江-西江经济带城市环保支出水平的得分平均值为 1.125 分,标准差为 1.093,说明城市之间环保支出水平的变化差异较大。珠江-西江经济带中广西地区的城市环保支出水平较高,贵港市、百色市、来宾市、崇左市的环保支出水平得分均超过 1 分;说明这些城市的环保支出水平发展基础较好。珠江-西江经济带中广东地区的

城市环保支出水平的得分较低，云浮市的环保支出水平得分超过1分；说明广东地区的城市环保支出水平综合发展能力较低，城市环保支出水平较低。

对比珠江－西江经济带城市环保支出水平变化，通过对各年间的珠江－西江经济带城市环保支出水平的平均分、标准差进行分析，可以发现其平均分处于波动下降的趋势，说明珠江－西江经济带城市环保支出水平有所下降。珠江－西江经济带城市环保支出水平的标准差也处于波动下降的趋势，说明城市间的环保支出水平差距逐渐缩小。对各城市的环保支出水平变化展开分析，发现在2010～2015年的各个时间段珠江－西江经济带百色市均处在第一名，处于绝对的优势地位，其他城市除了梧州市和崇左市有较大幅度的变化外，均基本稳定。

5. 珠江－西江经济带城市污染处理率比重增量得分情况

通过表1－65对2010～2015年珠江－西江经济带城市污染处理率比重增量及变化进行分析。由2010年的珠江－

西江经济带城市污染处理率比重增量评价来看，柳州市、百色市、来宾市、崇左市、广州市5个城市的污染处理率比重增量得分在1.7分以上。2010年珠江－西江经济带城市污染处理率比重增量得分处在0～3.6分，小于1.7分的城市有南宁市、梧州市、贵港市、佛山市、肇庆市、云浮市。珠江－西江经济带城市污染处理率比重增量最高得分为百色市，为3.513分，最低得分为佛山市，为0分。珠江－西江经济带城市污染处理率比重增量的得分平均值为1.745分，标准差为1.047，说明城市之间污染处理率比重增量的变化差异较大。珠江－西江经济带中广西地区城市的污染处理率比重增量的得分较高，柳州市、百色市、来宾市、崇左市的污染处理率比重增量得分均超过1分，说明这些城市的污染处理率比重增量发展基础相比其他城市较好。珠江－西江经济带中广东地区的污染处理率比重增量水平较低，广州市的污染处理率比重增量得分超过1分，说明广东地区城市的污染处理率比重增量综合发展能力仍待提升。

表1－65　　　　2010～2015年珠江－西江经济带各城市污染处理率比重增量评价比较

地区	2010年	2011年	2012年	2013年	2014年	2015年	综合变化
南宁市	1.589	3.826	1.680	2.080	2.818	2.190	0.601
	7	3	10	11	3	10	-3
柳州市	1.838	3.518	2.394	4.562	2.167	3.676	1.839
	5	5	6	1	8	1	4
梧州市	1.008	3.296	2.137	2.875	2.315	2.740	1.732
	9	6	8	6	5	3	6
贵港市	1.661	2.981	6.143	2.473	2.290	2.638	0.977
	6	8	1	9	6	4	2
百色市	3.513	6.133	5.910	4.232	3.461	2.244	-1.268
	1	1	2	2	1	9	-8
来宾市	3.047	4.290	3.756	2.894	1.612	2.559	-0.489
	2	2	3	5	11	5	-3
崇左市	2.796	3.774	2.558	2.857	3.431	2.291	-0.505
	3	4	5	7	2	8	-5
广州市	1.878	2.427	2.579	3.158	1.789	1.847	-0.031
	4	11	4	3	10	11	-7
佛山市	0.000	3.203	1.667	3.016	1.987	2.773	2.773
	11	7	11	4	9	2	9
肇庆市	1.121	2.793	2.156	2.197	2.220	2.313	1.192
	8	9	7	10	7	7	1
云浮市	0.740	2.748	1.854	2.590	2.801	2.314	1.574
	10	10	9	8	4	6	4
最高分	3.513	6.133	6.143	4.562	3.461	3.676	0.164
最低分	0.000	2.427	1.667	2.080	1.612	1.847	1.847
平均分	1.745	3.544	2.985	2.994	2.445	2.508	0.763
标准差	1.047	1.017	1.611	0.772	0.614	0.473	-0.574

由2011年的珠江－西江经济带城市污染处理率比重增量评价来看，有7个城市的污染处理率比重增量得分在3分以上。2011年珠江－西江经济带城市污染处理率比重增

量得分处在2.4～6.2分，小于3分的城市有贵港市、广州市、肇庆市、云浮市。珠江－西江经济带城市污染处理率比重增量最高得分为百色市，为6.133分，最低得分为广

州市，为 2.427 分。珠江－西江经济带城市污染处理率比重增量的得分平均值为 3.544 分，标准差为 1.017，说明城市之间污染处理率比重增量的变化差异较大。珠江－西江经济带中广西地区城市的污染处理率比重增量的得分较高，南宁市、柳州市、梧州市、百色市、来宾市、崇左市的污染处理率比重增量得分均超过 1 分；说明这些城市的污染处理率比重增量发展基础相比其他城市较好。珠江－西江经济带中广东地区的污染处理率比重增量水平较低，佛山市的污染处理率比重增量得分超过 1 分；说明广东地区城市的污染处理率比重增量综合发展能力仍待提升。

由 2012 年的珠江－西江经济带城市污染处理率比重增量评价来看，有 8 个城市的污染处理率比重增量得分在 2 分以上。2012 年珠江－西江经济带城市污染处理率比重增量得分处在 1.6～6.2 分，小于 2 分的城市有南宁市、佛山市、云浮市。珠江－西江经济带城市污染处理率比重增量最高得分为贵港市，为 6.143 分，最低得分为佛山市，为 1.667 分。珠江－西江经济带污染处理率比重增量的得分平均值为 2.985 分，标准差为 1.611，说明城市之间污染处理率比重增量的变化差异较大。珠江－西江经济带中广西地区城市的污染处理率比重增量的得分较高，柳州市、梧州市、贵港市、百色市、来宾市、崇左市的污染处理率比重增量得分均超过 1 分；说明这些城市的污染处理率比重增量发展基础相比其他城市较好。珠江－西江经济带中广东地区的污染处理率比重增量水平较低，广州市、肇庆市的污染处理率比重增量得分超过 1 分；说明广东地区城市的污染处理率比重增量综合发展能力仍待提升。

由 2013 年的珠江－西江经济带城市污染处理率比重增量评价来看，有 4 个城市的污染处理率比重增量得分在 3 分以上。2013 年珠江－西江经济带城市污染处理率比重增量得分处在 2～4.6 分，小于 3 分的城市有南宁市、梧州市、贵港市、来宾市、崇左市、肇庆市、云浮市。珠江－西江经济带城市污染处理率比重增量最高得分为柳州市，为 4.562 分，最低得分为南宁市，为 2.080 分。珠江－西江经济带城市污染处理率比重增量的得分平均值为 2.994 分，标准差为 0.772，说明城市之间污染处理率比重增量的变化差异较大。珠江－西江经济带中广西地区城市的污染处理率比重增量的得分较高，柳州市、百色市的污染处理率比重增量得分均超过 1 分；说明这些城市的污染处理率比重增量发展基础相比其他城市较好。珠江－西江经济带中广东地区的污染处理率比重增量水平较低，广州市、佛山市的污染处理率比重增量得分超过 1 分；说明广东地区城市的污染处理率比重增量综合发展能力仍待提升。

由 2014 年的珠江－西江经济带城市污染处理率比重增量评价来看，有 8 个城市的污染处理率比重增量得分在 2 分以上。2014 年珠江－西江经济带城市污染处理率比重增量得分处在 1.6～3.5 分，小于 2 分的城市有来宾市、广州市、佛山市。珠江－西江经济带城市污染处理率比重增量最高得分为百色市，为 3.461 分，最低得分为来宾市，为 1.612 分。珠江－西江经济带城市污染处理率比重增量的得分平均值为 2.445 分，标准差为 0.614，说明城市之间污染处理率比重增量的变化差异较小。珠江－西江经济带中广西地区城市的污染处理率比重增量的得分较高，南宁、

柳州市、梧州市、贵港市、百色市、崇左市的污染处理率比重增量得分均超过 1 分；说明这些城市的污染处理率比重增量发展基础相比其他城市较好。珠江－西江经济带中广东地区的污染处理率比重增量水平较低，肇庆市、云浮市的污染处理率比重增量得分超过 1 分；说明广东地区城市的污染处理率比重增量综合发展能力仍待提升。

由 2015 年的珠江－西江经济带城市污染处理率比重增量评价来看，有 10 个城市的污染处理率比重增量得分在 2 分以上。2015 年珠江－西江经济带城市污染处理率比重增量得分处在 1.8～3.7 分，小于 2 分的城市有广州市。珠江－西江经济带城市污染处理率比重增量最高得分为柳州市，为 3.676 分，最低得分为广州市，为 1.847 分。珠江－西江经济带城市污染处理率比重增量的得分平均值为 2.508 分，标准差为 0.473，说明城市之间污染处理率比重增量的变化差异较小。珠江－西江经济带中广西地区城市的污染处理率比重增量的得分较高，所有城市的污染处理率比重增量得分均超过 1 分；说明这些城市的污染处理率比重增量发展基础相比其他城市较好。珠江－西江经济带中广东地区的污染处理率比重增量水平较低，肇庆市、云浮市的污染处理率比重增量得分超过 1 分；说明广东地区城市的污染处理率比重增量综合发展能力仍待提升。

对比珠江－西江经济带各城市污染处理率比重增量变化，通过对各年间的珠江－西江经济带城市污染处理率比重增量的平均分、标准差进行分析，可以发现其平均分处于波动上升的趋势，说明珠江－西江经济带城市污染处理率比重增量综合能力有所上升。珠江－西江经济带城市污染处理率比重增量的标准差处于波动下降的趋势，说明城市间的污染处理率比重增量差距有所缩小。对各城市的污染处理率比重增量变化展开分析，发现暂无城市的污染处理率比重增量处在绝对领先位置。珠江－西江经济带各城市排名变化幅度较大，得分多数上升，发展不稳定。

6. 珠江－西江经济带城市综合利用率平均增长指数得分情况

通过表 1－66 对 2010～2015 年珠江－西江经济带城市综合利用率平均增长指数及变化进行分析。由 2010 年的珠江－西江经济带城市综合利用率平均增长指数评价来看，有 8 个城市的综合利用率平均增长指数得分超过 2 分。2010 年珠江－西江经济带城市综合利用率平均增长指数得分处在 1.3～3.4 分。珠江－西江经济带综合利用率平均增长指数最高得分为梧州市，为 3.343 分，最低得分为广州市，为 1.340 分。珠江－西江经济带城市综合利用率平均增长指数的得分平均值为 2.307 分，标准差为 0.566，说明城市之间综合利用率平均增长指数的变化差异较小。珠江－西江经济带中广西地区城市的综合利用率平均增长指数的得分较高，柳州市、梧州市、贵港市、百色市、来宾市、崇左市的得分超过 2 分；说明这些城市的综合利用率平均增长指数发展基础较好。珠江－西江经济带中广东地区的综合利用率平均增长指数水平较低，其中肇庆市、云浮市的得分超过 2 分；说明广东地区城市的综合利用率平均增长指数综合发展能力仍待提升。

表1－66　　　　　　　**2010～2015年珠江－西江经济带各城市综合利用率平均增长指数评价比较**

地区	2010年	2011年	2012年	2013年	2014年	2015年	综合变化
南宁市	1.973	1.066	0.533	1.817	1.331	1.854	-0.119
	9	10	10	4	8	4	5
柳州市	2.035	2.098	1.539	0.536	1.783	1.164	-0.872
	8	5	5	11	6	8	0
梧州市	3.343	2.344	2.097	2.954	2.056	1.854	-1.488
	1	3	3	1	4	3	-2
贵港市	2.364	1.245	1.520	2.529	2.354	1.705	-0.659
	7	9	6	2	3	5	2
百色市	2.988	5.406	2.277	1.642	2.358	1.594	-1.394
	2	1	1	5	2	6	-4
来宾市	2.406	2.486	1.485	1.979	1.586	2.834	0.428
	5	2	7	3	7	1	4
崇左市	2.386	1.832	1.662	1.302	1.826	2.080	-0.306
	6	6	4	7	5	2	4
广州市	1.340	1.598	1.062	1.089	0.924	1.161	-0.179
	11	7	8	10	11	9	2
佛山市	1.616	0.647	0.126	1.150	2.572	0.000	-1.616
	10	11	11	8	1	11	-1
肇庆市	2.453	2.222	0.777	1.577	1.330	1.124	-1.329
	4	4	9	6	9	10	-6
云浮市	2.474	1.443	2.210	1.125	1.087	1.526	-0.947
	3	8	2	9	10	7	-4
最高分	3.343	5.406	2.277	2.954	2.572	2.834	-0.508
最低分	1.340	0.647	0.126	0.536	0.924	0.000	-1.340
平均分	2.307	2.035	1.390	1.609	1.746	1.536	-0.771
标准差	0.566	1.256	0.700	0.693	0.549	0.709	0.143

　　由2011年的珠江－西江经济带城市综合利用率平均增长指数评价来看，有5个城市的综合利用率平均增长指数得分超过2分。2011年珠江－西江经济带城市综合利用率平均增长指数得分处在0.6～5.5分。珠江－西江经济带综合利用率平均增长指数最高得分为百色市，为5.406分，最低得分为佛山市，为0.647分。珠江－西江经济带城市综合利用率平均增长指数的得分平均值为2.035分，标准差为1.256，说明城市之间综合利用率平均增长指数的变化差异较大。珠江－西江经济带中广西地区城市的综合利用率平均增长指数的得分较高，柳州市、梧州市、百色市、来宾市的得分超过2分；说明这些城市的综合利用率平均增长指数发展基础较好。珠江－西江经济带中广东地区的综合利用率平均增长指数水平较低，其中肇庆市的得分超过2分；说明广东地区城市的综合利用率平均增长指数综合发展能力仍待提升。

　　由2012年的珠江－西江经济带城市综合利用率平均增长指数评价来看，有8个城市的综合利用率平均增长指数得分超过1分。2012年珠江－西江经济带城市综合利用率平均增长指数得分处在0.1～2.3分。珠江－西江经济带城市综合利用率平均增长指数最高得分为百色市，为2.277分，最低得分为佛山市，为0.126分。珠江－西江经济带

城市综合利用率平均增长指数的得分平均值为1.390分，标准差为0.700，说明城市之间综合利用率平均增长指数的变化差异较小。珠江－西江经济带中广西地区城市的综合利用率平均增长指数的得分较高，柳州市、梧州市、贵港市、百色市、来宾市、崇左市的得分超过2分；说明这些城市的综合利用率平均增长指数发展基础较好。珠江－西江经济带中广东地区的综合利用率平均增长指数水平较低，其中广州市、云浮市的得分超过2分；说明广东地区城市的综合利用率平均增长指数综合发展能力仍待提升。

　　由2013年的珠江－西江经济带城市综合利用率平均增长指数评价来看，有6个城市的综合利用率平均增长指数得分超过1.5分。2013年珠江－西江经济带城市综合利用率平均增长指数得分处在0.5～3分；珠江－西江经济带城市综合利用率平均增长指数最高得分为梧州市，为2.954分，最低得分为柳州市，为0.536分。珠江－西江经济带城市综合利用率平均增长指数的得分平均值为1.609分，标准差为0.693，说明城市之间综合利用率平均增长指数的变化差异较小。珠江－西江经济带中广西地区城市的综合利用率平均增长指数的得分较高，南宁市、梧州市、贵港市、百色市、来宾市的得分超过1.5分；说明这些城市的综合利用率平均增长指数发展基础较好。珠江－西江经济

带中广东地区的综合利用率平均增长指数水平较低，其中肇庆市的得分超过 1.5 分；说明广东地区城市的综合利用率平均增长指数综合发展能力仍待提升。

由 2014 年的珠江－西江经济带城市综合利用率平均增长指数评价来看，有 4 个城市的综合利用率平均增长指数得分超过 2 分。2014 年珠江－西江经济带城市综合利用率平均增长指数得分处在 0.9~2.6 分。珠江－西江经济带城市综合利用率平均增长指数最高得分为佛山市，为 2.572 分，最低得分为广州市，为 0.924 分。珠江－西江经济带综合利用率平均增长指数的得分平均值为 1.746 分，标准差为 0.549，说明城市之间综合利用率平均增长指数的变化差异较小。珠江－西江经济带中广西地区城市的综合利用率平均增长指数的得分较高，梧州市、贵港市、百色市的得分超过 2 分；说明这些城市的综合利用率平均增长指数发展基础较好。珠江－西江经济带中广东地区的综合利用率平均增长指数水平较低，其中佛山市的得分超过 2 分；说明广东地区城市的综合利用率平均增长指数综合发展能力仍待提升。

由 2015 年的珠江－西江经济带城市综合利用率平均增长指数评价来看，有 7 个城市的综合利用率平均增长指数得分超过 1.5 分。2015 年珠江－西江经济带城市综合利用率平均增长指数得分处在 0~2.9 分。珠江－西江经济带城市综合利用率平均增长指数最高得分为来宾市，为 2.834 分，最低得分为佛山市，为 0 分。珠江－西江经济带城市综合利用率平均增长指数的得分平均值为 1.536 分，标准差为 0.709，说明城市之间综合利用率平均增长指数的变化差异较小。珠江－西江经济带中广西地区城市的综合利用率平均增长指数的得分较高，南宁市、梧州市、贵港市、百色市、来宾市、崇左市的得分超过 1.5 分；说明这些城市的综合利用率平均增长指数发展基础较好。珠江－西江经济带中广东地区的综合利用率平均增长指数水平较低，云浮市的得分超过 1.5 分；说明广东地区城市的综合利用

率平均增长指数综合发展能力仍待提升。

对比珠江－西江经济带各城市综合利用率平均增长指数变化，通过对各年间的珠江－西江经济带城市综合利用率平均增长指数的平均分、标准差进行分析，可以发现其平均分处于波动下降的趋势，说明珠江－西江经济带城市综合利用率平均增长指数综合能力小幅度下降。珠江－西江经济带城市综合利用率平均增长指数的标准差处于波动上升的趋势，说明城市间的综合利用率平均增长指数差距有所扩大。对各城市的综合利用率平均增长指数变化展开分析，发现暂无城市的综合利用率平均增长指数处在绝对优势的地位。各城市相对排名变化幅度较大，说明发展较不稳定。

7. 珠江－西江经济带城市综合利用率枢纽度综合得分情况

通过表 1 - 67 对 2010~2015 年珠江－西江经济带城市综合利用率枢纽度得分及变化进行分析。由 2010 年的珠江－西江经济带城市综合利用率枢纽度评价来看，有 7 个城市的综合利用率枢纽度得分在 1 分以上。2010 年珠江－西江经济带城市综合利用率枢纽度得分处在 0~5.8 分，小于 1 分的城市有南宁市、广州市、佛山市、肇庆市。珠江－西江经济带综合利用率枢纽度最高得分为云浮市，为 5.757 分，最低得分为广州市，为 0.017 分。珠江－西江经济带城市综合利用率枢纽度的得分平均值为 2.207 分，珠江－西江经济带城市综合利用率枢纽度的得分标准差为 2.034，说明城市之间综合利用率枢纽度的变化差异较大。珠江－西江经济带中广西地区的综合利用率枢纽度水平较高，柳州市、梧州市、贵港市、百色市、来宾市、崇左市的综合利用率枢纽度得分均超过 1 分；说明这些城市的综合利用率枢纽度水平较高。珠江－西江经济带中广东地区城市的综合利用率枢纽度的得分较低，云浮市的综合利用率枢纽度得分超过 1 分；说明广东地区城市的综合利用率枢纽度较低。

表 1 - 67　　　　2010~2015 年珠江－西江经济带各城市综合利用率枢纽度评价比较

地区	2010 年	2011 年	2012 年	2013 年	2014 年	2015 年	综合变化
南宁市	0.482	0.354	0.293	0.259	0.222	0.205	-0.277
	9	9	9	9	9	9	0
柳州市	1.179	0.917	0.789	0.689	0.604	0.562	-0.617
	6	7	7	7	7	7	-1
梧州市	2.818	2.015	1.776	1.479	1.313	1.231	-1.588
	4	4	4	5	5	5	-1
贵港市	2.450	1.930	1.802	1.622	1.513	1.404	-1.047
	5	5	4	4	4	4	1
百色市	1.166	1.073	0.918	0.854	0.751	0.744	-0.422
	7	6	6	6	6	6	1
来宾市	4.855	3.866	3.848	3.708	3.580	3.729	-1.126
	2	2	2	1	1	1	1
崇左市	4.522	3.472	3.406	3.007	2.721	2.788	-1.734
	3	3	3	3	3	2	1
广州市	0.017	0.011	0.008	0.004	0.002	0.000	-0.017
	11	11	11	11	11	11	0

续表

地区	2010 年	2011 年	2012 年	2013 年	2014 年	2015 年	综合变化
佛山市	0.121	0.092	0.091	0.081	0.074	0.065	－0.056
	10	10	10	10	10	10	0
肇庆市	0.908	0.685	0.619	0.546	0.498	0.488	－0.421
	8	8	8	8	8	8	0
云浮市	5.757	4.512	4.040	3.443	3.046	2.776	－2.981
	1	1	1	2	2	3	－2
最高分	5.757	4.512	4.040	3.708	3.580	3.729	－2.028
最低分	0.017	0.011	0.008	0.004	0.002	0.000	－0.017
平均分	2.207	1.721	1.599	1.427	1.302	1.272	－0.935
标准差	2.034	1.587	1.515	1.366	1.268	1.274	－0.760

由 2011 年的珠江－西江经济带城市综合利用率枢纽度评价来看，有 6 个城市的综合利用率枢纽度得分在 1 分以上。2011 年珠江－西江经济带城市综合利用率枢纽度得分处在 0～4.6 分，小于 1 分的城市有柳州市、南宁市、广州市、佛山市、肇庆市。珠江－西江经济带城市综合利用率枢纽度最高得分为云浮市，为 4.512 分，最低得分为广州市，为 0.011 分。珠江－西江经济带城市综合利用率枢纽度的得分平均值为 1.721 分，标准差为 1.587，说明城市之间综合利用率枢纽度的变化差异较大。珠江－西江经济带中广西地区的综合利用率枢纽度水平较高，梧州市、贵港市、百色市、来宾市、崇左市的综合利用率枢纽度得分均超过 1 分；说明这些城市的综合利用率枢纽度水平较高。珠江－西江经济带中广东地区城市的综合利用率枢纽度的得分较低，云浮市的综合利用率枢纽度得分超过 1 分；说明广东地区城市的综合利用率枢纽度较低。

由 2012 年的珠江－西江经济带城市综合利用率枢纽度评价来看，有 5 个城市的综合利用率枢纽度得分在 1 分以上。2012 年珠江－西江经济带城市综合利用率枢纽度得分处在 0～4.1 分，小于 1 分的城市有柳州市、百色市、南宁市、广州市、佛山市、肇庆市。珠江－西江经济带城市综合利用率枢纽度最高得分为云浮市，为 4.040 分，最低得分为广州市，为 0.008 分。珠江－西江经济带城市综合利用率枢纽度的得分平均值为 1.599 分，标准差为 1.515，说明城市之间综合利用率枢纽度的变化差异较大。珠江－西江经济带中广西地区的综合利用率枢纽度水平较高，柳州市、梧州市、贵港市、百色市、来宾市、崇左市的综合利用率枢纽度得分均超过 1 分；说明这些城市的综合利用率枢纽度水平较高。珠江－西江经济带中广东地区城市的综合利用率枢纽度的得分较低，云浮市的综合利用率枢纽度得分超过 1 分；说明广东地区城市的综合利用率枢纽度较低。

由 2013 年的珠江－西江经济带城市综合利用率枢纽度评价来看，有 5 个城市的综合利用率枢纽度得分在 1 分以上。2013 年珠江－西江经济带城市综合利用率枢纽度得分处在 0～3.8 分，小于 1 分的城市有柳州市、百色市、南宁市、广州市、佛山市、肇庆市。珠江－西江经济带城市综合利用率枢纽度最高得分为来宾市，为 3.708 分，最低得分为广州市，为 0.004 分。珠江－西江经济带城市综合利用率枢纽度的得分平均值为 1.427 分，标准差为 1.366，说明城市之间综合利用率枢纽度的变化差异较大。珠江－西江经济带中广西地区的综合利用率枢纽度水平较高，柳州市、梧州市、贵港市、百色市、来宾市、崇左市的综合利用率枢纽度得分均超过 1 分；说明这些城市的综合利用率枢纽度水平较高。珠江－西江经济带中广东地区城市的综合利用率枢纽度的得分较低，云浮市的综合利用率枢纽度得分超过 1 分；说明广东地区城市的综合利用率枢纽度较低。

由 2014 年的珠江－西江经济带城市综合利用率枢纽度评价来看，有 5 个城市的综合利用率枢纽度得分在 1 分以上。2014 年珠江－西江经济带城市综合利用率枢纽度得分处在 0～3.6 分，小于 1 分的城市有柳州市、百色市、南宁市、广州市、佛山市、肇庆市。珠江－西江经济带城市综合利用率枢纽度最高得分为来宾市，为 3.580 分，最低得分为广州市，为 0.002 分。珠江－西江经济带城市综合利用率枢纽度的得分平均值为 1.302 分，标准差为 1.268，说明城市之间综合利用率枢纽度的变化差异较大。珠江－西江经济带中广西地区的综合利用率枢纽度水平较高，柳州市、梧州市、贵港市、百色市、来宾市、崇左市的综合利用率枢纽度得分均超过 1 分；说明这些城市的综合利用率枢纽度水平较高。珠江－西江经济带中广东地区城市的综合利用率枢纽度的得分较低，云浮市的综合利用率枢纽度得分超过 1 分；说明广东地区城市的综合利用率枢纽度较低。

由 2015 年的珠江－西江经济带城市综合利用率枢纽度评价来看，有 5 个城市的综合利用率枢纽度得分在 1 分以上。2015 年珠江－西江经济带城市综合利用率枢纽度得分处在 0～3.8 分，小于 1 分的城市有柳州市、百色市、南宁市、广州市、佛山市、肇庆市。珠江－西江经济带城市综合利用率枢纽度最高得分为来宾市，为 3.729 分，最低得分为广州市，为 0 分。珠江－西江经济带城市综合利用率枢纽度的得分平均值为 1.272 分，标准差为 1.274，说明城市之间综合利用率枢纽度的变化差异较大。珠江－西江经济带中广西地区的综合利用率枢纽度水平较高，柳州市、梧州市、贵港市、百色市、来宾市、崇左市的综合利用率枢纽度得分均超过 1 分；说明这些城市的综合利用率枢纽度水平较高。珠江－西江经济带中广东地区城市的综合利用率枢纽度的得分较低，云浮市的综合利用率枢纽度得分超过 1 分；说明广东地区城市的综合利用率枢纽度较低。

对比珠江－西江经济带各城市综合利用率枢纽度变化，

通过对各年间的珠江－西江经济带城市综合利用率枢纽度的平均分、标准差进行分析，可以发现其平均分处于波动下降的趋势，说明珠江－西江经济带综合利用率枢纽度综合能力没有提升。珠江－西江经济带综合利用率枢纽度的标准差也处于波动下降的趋势，说明城市间的综合利用率枢纽度差距有所缩小。对各城市的综合利用率枢纽度变化展开分析，来宾市处于绝对优势的地位，珠江－西江经济带各城市之间排名变化幅度较小，说明城市综合利用率枢纽度水平发展较稳定。

8. 珠江－西江经济带城市环保支出规模强度综合得分情况

通过表1－68对2010～2015年珠江－西江经济带城市环保支出规模强度及变化进行分析。由2010年的珠江－西江经济

带城市环保支出规模强度评价来看，有2个城市的环保支出规模强度得分在1分以上。2010年珠江－西江经济带城市环保支出规模强度得分处在0～2.2分，小于1分的城市有南宁市、柳州市、梧州市、贵港市、百色市、来宾市、崇左市、肇庆市、云浮市。珠江－西江经济带城市环保支出规模强度最高得分为广州市，为2.184分，最低得分为崇左市，为0分。珠江－西江经济带城市环保支出规模强度的得分平均值为0.492分，标准差为0.746，说明城市之间环保支出规模强度的变化差异较大。珠江－西江经济带中广东地区城市的环保支出规模强度的得分较高，其中广州市、佛山市的环保支出规模强度实力得分均超过1分；说明这些城市的环保支出规模强度发展基础较好。珠江－西江经济带中广西地区的环保支出规模强度水平较低，暂无城市的环保支出规模强度得分达到1分；说明广西地区城市的环保支出规模强度综合发展能力较小。

表1－68　　　　　　　　2010～2015年珠江－西江经济带各城市环保支出规模强度评价比较

地区	2010年	2011年	2012年	2013年	2014年	2015年	综合变化
南宁市	0.185	0.205	0.293	0.470	0.340	0.393	0.208
	6	6	6	4	5	5	1
柳州市	0.302	0.395	0.465	0.171	0.224	0.219	-0.083
	4	3	4	9	7	9	-5
梧州市	0.115	0.151	0.200	0.247	0.149	0.185	0.070
	7	7	7	6	10	10	-3
贵港市	0.108	0.114	0.169	0.173	0.255	0.344	0.236
	8	8	8	8	6	6	2
百色市	0.522	0.318	0.628	0.715	0.881	0.921	0.399
	3	4	3	3	3	3	0
来宾市	0.035	0.049	0.058	0.074	0.097	0.133	0.098
	9	10	10	11	11	11	-2
崇左市	0.000	0.079	0.149	0.174	0.218	0.274	0.274
	11	9	9	7	8	7	4
广州市	2.184	2.512	2.857	3.336	4.018	4.622	2.438
	1	1	1	1	1	1	0
佛山市	1.729	1.821	1.912	1.975	2.176	2.370	0.641
	2	2	2	2	2	2	0
肇庆市	0.218	0.249	0.305	0.330	0.424	0.462	0.244
	5	5	5	5	4	4	1
云浮市	0.015	0.027	0.035	0.085	0.192	0.249	0.234
	10	11	11	10	9	8	2
最高分	2.184	2.512	2.857	3.336	4.018	4.622	2.438
最低分	0.000	0.027	0.035	0.074	0.097	0.133	0.133
平均分	0.492	0.538	0.643	0.704	0.816	0.925	0.433
标准差	0.746	0.827	0.903	1.028	1.219	1.384	0.637

由2011年的珠江－西江经济带城市环保支出规模强度评价来看，有2个城市的环保支出规模强度得分在1分以上。2011年珠江－西江经济带城市环保支出规模强度得分处在0～2.6分，小于1分的城市有南宁市、柳州市、梧州市、贵港市、百色市、来宾市、崇左市、肇庆市、云浮市。珠江－西江经济带城市环保支出规模强度最高得分为广州

市，为2.512分，最低得分为云浮市，为0.027分。珠江－西江经济带城市环保支出规模强度的得分平均值为0.538分，标准差为0.827，说明城市之间环保支出规模强度的变化差异较大。珠江－西江经济带中广东地区城市的环保支出规模强度的得分较高，其中广州市、佛山市的环保支出规模强度实力得分均超过1分；说明这些城市的环保支出

规模强度发展基础较好。珠江－西江经济带中广西地区的环保支出规模强度水平较低，暂无城市的环保支出规模强度得分达到1分；说明广西地区城市的环保支出规模强度综合发展能力较小。

由2012年的珠江－西江经济带城市环保支出规模强度评价来看，有2个城市的环保支出规模强度得分在1分以上。2012年珠江－西江经济带城市环保支出规模强度得分处在0～2.9分，小于1分的城市有南宁市、柳州市、梧州市、贵港市、百色市、来宾市、崇左市、肇庆市、云浮市。珠江－西江经济带城市环保支出规模强度最高得分为广州市，为2.857分，最低得分为云浮市，为0.035分。珠江－西江经济带城市环保支出规模强度的得分平均值为0.643分，标准差为0.903，说明城市之间环保支出规模强度的变化差异较大。珠江－西江经济带中广东地区城市的环保支出规模强度的得分较高，其中广州市、佛山市的环保支出规模强度实力得分均超过1分；说明这些城市的环保支出规模强度发展基础较好。珠江－西江经济带中广西地区的环保支出规模强度水平较低，暂无城市的环保支出规模强度得分达到1分；说明广西地区城市的环保支出规模强度综合发展能力较小。

由2013年的珠江－西江经济带城市环保支出规模强度评价来看，有2个城市的环保支出规模强度得分在1分以上。2013年珠江－西江经济带城市环保支出规模强度得分处在0～3.4分，小于1分的城市有南宁市、柳州市、梧州市、贵港市、百色市、来宾市、崇左市、肇庆市、云浮市。珠江－西江经济带城市环保支出规模强度最高得分为广州市，为3.336分，最低得分为来宾市，为0.074分。珠江－西江经济带城市环保支出规模强度的得分平均值为0.704分，标准差为1.028，说明城市之间环保支出规模强度的变化差异较大。珠江－西江经济带中广东地区城市的环保支出规模强度的得分较高，其中广州市、佛山市的环保支出规模强度实力得分均超过1分；说明这些城市的环保支出规模强度发展基础较好。珠江－西江经济带中广西地区的环保支出规模强度水平较低，暂无城市的环保支出规模强度得分达到1分；说明广西地区城市的环保支出规模强度综合发展能力较小。

由2014年的珠江－西江经济带城市环保支出规模强度评价来看，有2个城市的环保支出规模强度得分在1分以上。2014年珠江－西江经济带城市环保支出规模强度得分处在0～4.1分，小于1分的城市有南宁市、柳州市、梧州市、贵港市、百色市、来宾市、崇左市、肇庆市、云浮市。珠江－西江经济带城市环保支出规模强度最高得分为广州市，为4.018分，最低得分为来宾市，为0.097分。珠江－西江经济带城市环保支出规模强度的得分平均值为0.816分，标准差为1.219，说明城市之间环保支出规模强度的变化差异较大。珠江－西江经济带中广东地区城市的环保支出规模强度的得分较高，其中广州市、佛山市的环保支出规模强度实力得分均超过1分；说明这些城市的环保支出规模强度发展基础较好。珠江－西江经济带中广西地区的

环保支出规模强度水平较低，暂无城市的环保支出规模强度得分达到1分；说明广西地区城市的环保支出规模强度综合发展能力较小。

由2015年的珠江－西江经济带城市环保支出规模强度评价来看，有2个城市的环保支出规模强度得分在1分以上。2015年珠江－西江经济带城市环保支出规模强度得分处在0.1～4.7分，小于1分的城市有南宁市、柳州市、梧州市、贵港市、百色市、来宾市、崇左市、肇庆市、云浮市。珠江－西江经济带城市环保支出规模强度最高得分为广州市，为4.622分，最低得分为来宾市，为0.133分。珠江－西江经济带城市环保支出规模强度的得分平均值为0.925分，标准差为1.384，说明城市之间环保支出规模强度的变化差异较大。珠江－西江经济带中广东地区城市的环保支出规模强度的得分较高，其中广州市、佛山市的环保支出规模强度实力得分均超过1分；说明这些城市的环保支出规模强度发展基础较好。珠江－西江经济带中广西地区的环保支出规模强度水平较低，暂无城市的环保支出规模强度得分达到1分；说明广西地区城市的环保支出规模强度综合发展能力较小。

对比珠江－西江经济带各城市环保支出规模强度变化，通过对各年间的珠江－西江经济带城市环保支出规模强度的平均分、标准差进行分析，可以发现其平均分处于波动上升的趋势，说明珠江－西江经济带城市环保支出规模强度综合能力有所提升。但珠江－西江经济带城市环保支出规模强度的标准差处于波动上升的趋势，说明城市间的环保支出规模强度差距有所扩大。对各城市的环保支出规模强度变化展开分析，广州市环保支出规模强度处在绝对领先位置，在2010～2015年的各个时间段内均保持排在第1名。珠江－西江经济带整体城市排名基本稳定，得分也基本稳定。

9. 珠江－西江经济带城市环保支出区位商综合得分情况

通过表1－69对2010～2015年珠江－西江经济带城市环保支出区位商水平及变化进行分析。由2010年的珠江－西江经济带城市环保支出区位商评价来看，有5个城市的环保支出区位商得分在1分以上。2010年珠江－西江经济带城市环保支出区位商得分处在0～5分，小于1分的城市有南宁市、柳州市、崇左市、广州市、肇庆市、云浮市。珠江－西江经济带城市环保支出区位商最高得分为百色市，为4.985分，最低得分为南宁市，为0.079分。珠江－西江经济带城市环保支出区位商的得分平均值为1.296分，标准差为1.364，说明城市之间环保支出区位商的变化差异较大。珠江－西江经济带中广西地区城市的环保支出区位商的得分较大，梧州市、贵港市、百色市、来宾市的环保支出区位商实力得分均超过1分；说明这些城市的环保支出区位商发展基础较好。珠江－西江经济带中广东地区的环保支出区位商水平较低，佛山市的环保支出区位商得分达到1分。说明广东地区城市的环保支出区位商综合发展能力仍待提升。

表 1 − 69　　　　　　　**2010 ~ 2015 年珠江－西江经济带各城市环保支出区位商评价比较**

地区	2010 年	2011 年	2012 年	2013 年	2014 年	2015 年	综合变化
南宁市	0.079	0.074	0.111	0.230	0.024	0.000	− 0.079
	11	11	11	10	11	11	0
柳州市	0.613	0.941	1.153	0.201	0.247	0.119	− 0.494
	8	7	5	11	10	10	− 2
梧州市	1.428	1.249	0.841	0.737	0.329	0.334	− 1.094
	3	6	7	6	9	9	− 6
贵港市	2.288	2.495	2.718	2.041	2.235	2.080	− 0.208
	2	2	2	2	2	2	0
百色市	4.985	2.791	3.686	3.161	3.389	2.948	− 2.037
	1	1	1	1	1	1	0
来宾市	1.021	1.284	1.052	0.904	0.973	1.415	0.394
	5	5	6	5	5	3	2
崇左市	0.546	1.306	1.523	1.209	1.372	1.374	0.828
	9	4	3	3	3	4	5
广州市	0.340	0.416	0.438	0.467	0.503	0.445	0.105
	10	10	10	9	8	8	2
佛山市	1.348	1.338	1.262	0.966	0.841	0.667	− 0.681
	4	3	4	4	6	6	− 2
肇庆市	0.751	0.727	0.801	0.605	0.618	0.538	− 0.213
	7	9	8	8	7	7	0
云浮市	0.852	0.785	0.664	0.708	1.081	1.013	0.161
	6	8	9	7	4	5	1
最高分	4.985	2.791	3.686	3.161	3.389	2.948	− 2.037
最低分	0.079	0.074	0.111	0.201	0.024	0.000	− 0.079
平均分	1.296	1.219	1.295	1.021	1.055	0.994	− 0.302
标准差	1.364	0.812	1.042	0.874	0.987	0.901	− 0.463

由 2011 年的珠江－西江经济带城市环保支出区位商评价来看，有 6 个城市的环保支出区位商得分在 1 分以上。2011 年珠江－西江经济带城市环保支出区位商得分处在 0 ~ 2.8 分，小于 1 分的城市有南宁市、柳州市、广州市、肇庆市、云浮市。珠江－西江经济带城市环保支出区位商最高得分为百色市，为 2.791 分，最低得分为南宁市，为 0.074 分。珠江－西江经济带城市环保支出区位商的得分平均值为 1.219 分，标准差为 0.812，说明城市之间环保支出区位商的变化差异较大。珠江－西江经济带中广西地区城市的环保支出区位商的得分较大，梧州市、贵港市、百色市、来宾市、崇左市的环保支出区位商实力得分均超过 1分；说明这些城市的环保支出区位商发展基础较好。珠江－西江经济带中广东地区的环保支出区位商水平较低，佛山市的环保支出区位商得分达到 1 分；说明广东地区城市的环保支出区位商综合发展能力仍待提升。

由 2012 年的珠江－西江经济带城市环保支出区位商评价来看，有 6 个城市的环保支出区位商得分在 1 分以上。2012 年珠江－西江经济带城市环保支出区位商得分处在 0.1 ~ 3.7 分，小于 1 分的城市有南宁市、梧州市、广州市、肇庆市、云浮市。珠江－西江经济带城市环保支出区位商最高得分为百色市，为 3.686 分，最低得分为南宁市，为

0.111 分。珠江－西江经济带城市环保支出区位商的得分平均值为 1.295 分，标准差为 1.042，说明城市之间环保支出区位商的变化差异较大。珠江－西江经济带中广西地区城市的环保支出区位商的得分较大，柳州市、贵港市、百色市、来宾市、崇左市的环保支出区位商实力得分均超过 1分；说明这些城市的环保支出区位商发展基础较好。珠江－西江经济带中广东地区的环保支出区位商水平较低，佛山市的环保支出区位商得分达到 1 分；说明广东地区城市的环保支出区位商综合发展能力仍待提升。

由 2013 年的珠江－西江经济带城市环保支出区位商评价来看，有 3 个城市的环保支出区位商得分在 1 分以上。2013 年珠江－西江经济带城市环保支出区位商得分处在 0.2 ~ 3.2 分，小于 1 分的城市有南宁市、柳州市、梧州市、来宾市、广州市、佛山市、肇庆市、云浮市。珠江－西江经济带城市环保支出区位商最高得分为百色市，为 3.161分，最低得分为柳州市，为 0.201 分。珠江－西江经济带城市环保支出区位商的得分平均值为 1.021 分，标准差为 0.874，说明城市之间环保支出区位商的变化差异较大。珠江－西江经济带中广西地区城市的环保支出区位商的得分较大，贵港市、百色市、崇左市的环保支出区位商实力得分均超过 1 分；说明这些城市的环保支出区位商发展基

础较好。珠江－西江经济带中广东地区的环保支出区位商水平较低，没有城市的环保支出区位商得分达到1分；说明广东地区城市的环保支出区位商综合发展能力仍待提升。

由2014年的珠江－西江经济带城市环保支出区位商评价来看，有4个城市的环保支出区位商得分在1分以上。2014年珠江－西江经济带城市环保支出区位商得分处在0～3.4分，小于1分的城市有南宁市、柳州市、梧州市、来宾市、广州市、佛山市、肇庆市。珠江－西江经济带城市环保支出区位商最高得分为百色市，为3.389分，最低得分为南宁市，为0.024分。珠江－西江经济带城市环保支出区位商的得分平均值为1.055分，标准差为0.987，说明城市之间环保支出区位商的变化差异较大。珠江－西江经济带中广西地区城市的环保支出区位商的得分较大，贵港市、百色市、崇左市的环保支出区位商实力得分均超过1分；说明这些城市的环保支出区位商发展基础较好。珠江－西江经济带中广东地区的环保支出区位商水平较低，云浮市的环保支出区位商得分达到1分；说明广东地区城市的环保支出区位商综合发展能力仍待提升。

由2015年的珠江－西江经济带城市环保支出区位商评价来看，有5个城市的环保支出区位商得分在1分以上。2015年珠江－西江经济带城市环保支出区位商得分处在0～3分，小于1分的城市有南宁市、柳州市、梧州市、广州市、佛山市、肇庆市。珠江－西江经济带城市环保支出区位商最高得分为百色市，为2.948分，最低得分为南宁市，为0分。珠江－西江经济带城市环保支出区位商的得分平均值为0.994分，标准差为0.901，说明城市之间环保支出区位商的变化差异较大。珠江－西江经济带中广西地区城市的环保支出区位商的得分较大，贵港市、百色市、崇左市、来宾市的环保支出区位商实力得分均超过1分；说明这些城市的环保支出区位商发展基础较好。珠江－西江经济带中广东地区的环保支出区位商水平较低，云浮市的环保支出区位商得分达到1分；说明广东地区城市的环

保支出区位商综合发展能力仍待提升。

对比珠江－西江经济带各城市环保支出区位商变化，通过对各年间的珠江－西江经济带城市环保支出区位商的平均分、标准差进行分析，可以发现其平均分处于波动下降的趋势，说明珠江－西江经济带城市环保支出区位商综合能力有所下降。但珠江－西江经济带城市环保支出区位商的标准差处于波动下降的趋势，说明城市间的环保支出区位商差距有所缩小。对各城市的环保支出区位商变化展开分析，百色市的环保支出区位商处在绝对领先位置，在2010～2015年的各个时间段内均保持排名第一的位置。从珠江－西江经济带整体来看，各个城市的排名变化幅度较小，得分变化也不大，说明各城市环保支出区位商发展稳定。

10. 珠江－西江经济带城市环保支出职能规模综合得分情况

通过表1－70对2010～2015年珠江－西江经济带城市环保支出职能规模及变化进行分析。由2010年的珠江－西江经济带城市环保支出职能规模评价来看，有2个城市的环保支出职能规模得分在1分以上。2010年珠江－西江经济带城市环保支出职能规模得分处在0.1～4.6分，小于1分的城市有南宁市、柳州市、梧州市、贵港市、广州市、来宾市、崇左市、肇庆市、云浮市。珠江－西江经济带环保支出职能规模最高得分为百色市，为4.551分，最低得分为南宁市，为0.116分。珠江－西江经济带环保支出职能规模的得分平均值为1.007分，标准差为1.436，说明城市之间环保支出职能规模的变化差异较大。珠江－西江经济带中广东地区城市的环保支出职能规模的得分较大，佛山市的环保支出职能规模实力得分超过1分；说明这些城市的环保支出职能规模发展基础较好。珠江－西江经济带中广西地区的环保支出职能规模水平较低，百色市的环保支出职能规模得分达到1分；说明广西地区城市的环保支出职能规模综合发展能力较低。

表1－70   2010～2015年珠江－西江经济带各城市环保支出职能规模评价比较

地区	2010年	2011年	2012年	2013年	2014年	2015年	综合变化
南宁市	0.116	0.102	0.099	0.153	0.038	0.000	－0.116
	11	11	11	11	11	11	0
柳州市	0.389	0.663	0.926	0.170	0.196	0.129	－0.260
	6	4	4	10	10	10	－4
梧州市	0.556	0.538	0.448	0.436	0.232	0.228	－0.329
	4	6	8	6	9	9	－5
贵港市	0.799	0.860	1.159	0.909	1.266	1.385	0.586
	3	3	3	4	4	3	0
百色市	4.551	1.709	3.903	3.745	4.881	4.253	－0.298
	1	2	1	1	1	1	0
来宾市	0.346	0.400	0.380	0.360	0.419	0.592	0.247
	7	9	9	8	8	6	1
崇左市	0.246	0.450	0.653	0.577	0.739	0.808	0.562
	10	7	6	5	5	5	5

续表

地区	2010 年	2011 年	2012 年	2013 年	2014 年	2015 年	综合变化
广州市	0.285	0.653	0.800	1.130	1.537	1.350	1.065
	9	5	5	3	3	4	5
佛山市	3.069	3.162	3.121	2.341	2.133	1.623	−1.446
	2	1	2	2	2	2	0
肇庆市	0.416	0.415	0.510	0.408	0.478	0.419	0.003
	5	8	7	7	7	8	−3
云浮市	0.298	0.283	0.281	0.318	0.566	0.582	0.284
	8	10	10	9	6	7	1
最高分	4.551	3.162	3.903	3.745	4.881	4.253	−0.298
最低分	0.116	0.102	0.099	0.153	0.038	0.000	−0.116
平均分	1.007	0.840	1.116	0.959	1.135	1.034	0.027
标准差	1.436	0.877	1.234	1.117	1.397	1.196	−0.240

由 2011 年的珠江－西江经济带城市环保支出职能规模评价来看，有 2 个城市的环保支出职能规模得分在 1 分以上。2011 年珠江－西江经济带城市环保支出职能规模得分处在 0.1～3.2 分，小于 1 分的城市有南宁市、柳州市、梧州市、贵港市、广州市、来宾市、崇左市、肇庆市、云浮市。珠江－西江经济带城市环保支出职能规模最高得分为佛山市，为 3.162 分，最低得分为南宁市，为 0.102 分。珠江－西江经济带城市环保支出职能规模的得分平均值为 0.840 分，标准差为 0.877，说明城市之间环保支出职能规模的变化差异较大。珠江－西江经济带中广东地区城市的环保支出职能规模的得分较大，佛山市的环保支出职能规模实力得分超过 1 分；说明这些城市的环保支出职能规模发展基础较好。珠江－西江经济带中广西地区的环保支出职能规模水平较低，百色市的环保支出职能规模得分达到 1 分；说明广西地区城市的环保支出职能规模综合发展能力较低。

由 2012 年的珠江－西江经济带城市环保支出职能规模评价来看，有 3 个城市的环保支出职能规模得分在 1 分以上。2012 年珠江－西江经济带城市环保支出职能规模得分处在 0～4 分，小于 1 分的城市有南宁市、柳州市、梧州市、来宾市、崇左市、广州市、肇庆市、云浮市。珠江－西江经济带城市环保支出职能规模最高得分为百色市，为 3.903 分，最低得分为南宁市，为 0.099 分。珠江－西江经济带城市环保支出职能规模的得分平均值为 1.116 分，标准差为 1.234，说明城市之间环保支出职能规模的变化差异较大。珠江－西江经济带中广东地区城市的环保支出职能规模的得分较大，佛山市的环保支出职能规模实力得分超过 1 分；说明这些城市的环保支出职能规模发展基础较好。珠江－西江经济带中广西地区的环保支出职能规模水平较低，百色市、贵港市的环保支出职能规模得分达到 1 分；说明广西地区城市的环保支出职能规模综合发展能力较低。

由 2013 年的珠江－西江经济带城市环保支出职能规模评价来看，有 3 个城市的环保支出职能规模得分在 1 分以上。2013 年珠江－西江经济带城市环保支出职能规模得分处在 0.1～3.8 分，小于 1 分的城市有南宁市、柳州市、梧州市、贵港市、来宾市、崇左市、肇庆市、云浮市。珠江－西江经济带城市环保支出职能规模最高得分为百色市，为 3.745 分，

最低得分为南宁市，为 0.153 分。珠江－西江经济带城市环保支出职能规模的得分平均值为 0.959 分，标准差为 1.117，说明城市之间环保支出职能规模的变化差异较大。珠江－西江经济带中广东地区城市的环保支出职能规模的得分较大，佛山市、广州市的环保支出职能规模实力得分均超过 1 分；说明这些城市的环保支出职能规模发展基础较好。珠江－西江经济带中广西地区的环保支出职能规模水平较低，百色市的环保支出职能规模得分达到 1 分；说明广西地区城市的环保支出职能规模综合发展能力较低。

由 2014 年的珠江－西江经济带城市环保支出职能规模评价来看，有 4 个城市的环保支出职能规模得分在 1 分以上。2014 年珠江－西江经济带城市环保支出职能规模得分处在 0～4.9 分，小于 1 分的城市有南宁市、柳州市、梧州市、来宾市、崇左市、肇庆市、云浮市。珠江－西江经济带城市环保支出职能规模最高得分为百色市，为 4.881 分，最低得分为南宁市，为 0.038 分。珠江－西江经济带城市环保支出职能规模的得分平均值为 1.135 分，标准差为 1.397，说明城市之间环保支出职能规模的变化差异较大。珠江－西江经济带中广东地区城市的环保支出职能规模的得分较大，广州市、佛山市的环保支出职能规模实力得分均超过 1 分；说明这些城市的环保支出职能规模发展基础较好。珠江－西江经济带中广西地区的环保支出职能规模水平较低，贵港市、百色市的环保支出职能规模得分达到 1 分；说明广西地区城市的环保支出职能规模综合发展能力较低。

由 2015 年的珠江－西江经济带城市环保支出职能规模评价来看，有 4 个城市的环保支出职能规模得分在 1 分以上。2015 年珠江－西江经济带城市环保支出职能规模得分处在 0～4.3 分，小于 1 分的城市有南宁市、柳州市、梧州市、来宾市、崇左市、肇庆市、云浮市。珠江－西江经济带城市环保支出职能规模最高得分为百色市，为 4.253 分，最低得分为南宁市，为 0 分。珠江－西江经济带城市环保支出职能规模的得分平均值为 1.034 分，标准差为 1.196，说明城市之间环保支出职能规模的变化差异较大。珠江－西江经济带中广东地区城市的环保支出职能规模的得分较大，广州市、佛山市的环保支出职能规模实力得分均超过 1 分；说明这些城市的环保支出职能规模发展基础较好。珠江－西江经济带中

广西地区的环保支出职能规模水平较低，贵港市、百色市的环保支出职能规模得分达到1分；说明广西地区城市的环保支出职能规模综合发展能力较低。

对比珠江－西江经济带各城市环保支出职能规模变化，通过对各年间的珠江－西江经济带城市环保支出职能规模的平均分、标准差进行分析，可以发现其平均分处于波动上升的趋势，说明珠江－西江经济带城市环保支出职能规模综合能力有所上升。但珠江－西江经济带城市环保支出职能规模的标准差处于波动下降的趋势，说明城市间的环保支出职能规模差距有所缩小。对各城市的环保支出职能规模变化展开分析，广州市的环保支出职能规模处在绝对领先位置，在2010～2015年的各个时间段内均保持排名第一的位置。从珠江－西江经济带整体来看，各个城市的排名变化幅度较小，得分变化也不大，说明各城市环保支出职能规模发展稳定。

11. 珠江－西江经济带城市环保支出职能地位综合得分情况

通过表1-71对2010～2015年珠江－西江经济带城市

环保支出职能地位及变化进行分析。由2010年的珠江－西江经济带城市环保支出职能地位评价来看，有2个城市的环保支出职能地位得分在1分以上。2010年珠江－西江经济带城市环保支出职能地位得分处在0.1～5分，小于1分的城市有南宁市、柳州市、梧州市、贵港市、广州市、来宾市、崇左市、肇庆市、云浮市。珠江－西江经济带城市环保支出职能地位最高得分为百色市，为4.920分，最低得分为南宁市，为0.105分。珠江－西江经济带城市环保支出职能地位的得分平均值为1.072分，标准差为1.559，说明城市之间环保支出职能地位的变化差异较大。珠江－西江经济带中广东地区城市的环保支出职能地位的得分较大，佛山市的环保支出职能地位实力得分超过1分；说明这些城市的环保支出职能地位发展基础较好。珠江－西江经济带中广西地区的环保支出职能地位水平较低，百色市的环保支出职能地位得分达到1分，说明广西地区城市的环保支出职能地位综合发展能力较低。

表1-71　　　　2010～2015年珠江－西江经济带各城市环保支出职能地位评价比较

地区	2010年	2011年	2012年	2013年	2014年	2015年	综合变化
南宁市	0.105	0.077	0.098	0.145	0.041	0.000	-0.105
	11	11	11	11	11	11	0
柳州市	0.402	0.789	0.836	0.163	0.184	0.123	-0.279
	6	4	4	10	10	10	-4
梧州市	0.583	0.631	0.410	0.450	0.216	0.216	-0.367
	4	6	8	6	9	9	-5
贵港市	0.847	1.040	1.045	0.960	1.147	1.317	0.470
	3	3	3	4	4	3	0
百色市	4.920	2.119	3.494	4.014	4.403	4.044	-0.875
	1	2	1	1	1	1	0
来宾市	0.355	0.456	0.349	0.368	0.385	0.563	0.209
	7	9	9	8	8	6	1
崇左市	0.246	0.519	0.593	0.601	0.673	0.768	0.522
	10	7	6	5	5	5	5
广州市	0.289	0.777	0.724	1.198	1.391	1.284	0.995
	9	5	5	3	3	4	5
佛山市	3.311	3.964	2.795	2.502	1.928	1.544	-1.767
	2	1	2	2	2	2	0
肇庆市	0.431	0.475	0.465	0.419	0.438	0.398	-0.033
	5	8	7	7	7	8	-3
云浮市	0.303	0.307	0.260	0.322	0.517	0.553	0.250
	8	10	10	9	6	7	1
最高分	4.920	3.964	3.494	4.014	4.403	4.044	-0.875
最低分	0.105	0.077	0.098	0.145	0.041	0.000	-0.105
平均分	1.072	1.014	1.006	1.013	1.029	0.983	-0.089
标准差	1.559	1.114	1.101	1.203	1.259	1.137	-0.422

由2011年的珠江－西江经济带城市环保支出职能地位评价来看，有3个城市的环保支出职能地位得分在1分以

上。2011年珠江－西江经济带城市环保支出职能地位得分处在0～4分，小于1分的城市有南宁市、柳州市、梧州

市、广州市、来宾市、崇左市、肇庆市、云浮市。珠江－西江经济带城市环保支出职能地位最高得分为佛山市，为3.964分，最低得分为南宁市，为0.077分。珠江－西江经济带城市环保支出职能地位的得分平均值为1.014分，标准差为1.114，说明城市之间环保支出职能地位的变化差异较大。珠江－西江经济带中广西地区城市的环保支出职能地位的得分较大，贵港市、百色市的环保支出职能地位实力得分均超过1分；说明这些城市的环保支出职能地位发展基础较好。珠江－西江经济带中广东地区的环保支出职能地位水平较低，佛山市的环保支出职能地位得分达到1分；说明广东地区城市的环保支出职能地位综合发展能力较低。

由2012年的珠江－西江经济带城市环保支出职能地位评价来看，有3个城市的环保支出职能地位得分在1分以上。2012年珠江－西江经济带城市环保支出职能地位得分处在0～3.5分，小于1分的城市有南宁市、柳州市、梧州市、广州市、来宾市、崇左市、肇庆市、云浮市。珠江－西江经济带城市环保支出职能地位最高得分为百色市，为3.494分，最低得分为南宁市，为0.098分。珠江－西江经济带城市环保支出职能地位的得分平均值为1.006分，标准差为1.101，说明城市之间环保支出职能地位的变化差异较大。珠江－西江经济带中广西地区城市的环保支出职能地位的得分较大，贵港市、百色市的环保支出职能地位实力得分均超过1分；说明这些城市的环保支出职能地位发展基础较好。珠江－西江经济带中广东地区的环保支出职能地位水平较低，佛山市的环保支出职能地位得分达到1分；说明广东地区城市的环保支出职能地位综合发展能力较低。

由2013年的珠江－西江经济带城市环保支出职能地位评价来看，有3个城市的环保支出职能地位得分在1分以上。2013年珠江－西江经济带城市环保支出职能地位得分处在0.1～4.1分，小于1分的城市有贵港市、南宁市、柳州市、梧州市、来宾市、崇左市、肇庆市、云浮市。珠江－西江经济带城市环保支出职能地位最高得分为百色市，为4.014分，最低得分为南宁市，为0.145分。珠江－西江经济带城市环保支出职能地位的得分平均值为1.013分，标准差为1.203，说明城市之间环保支出职能地位的变化差异较大。珠江－西江经济带中广东地区城市的环保支出职能地位的得分较大，广州市、佛山市的环保支出职能地位实力得分均超过1分；说明这些城市的环保支出职能地位发展基础较好。珠江－西江经济带中广西地区的环保支出职能地位水平较低，百色市的环保支出职能地位得分达到1分；说明广西地区城市的环保支出职能地位综合发展能力较低。

由2014年的珠江－西江经济带城市环保支出职能地位评价来看，有4个城市的环保支出职能地位得分在1分以上。2014年珠江－西江经济带城市环保支出职能地位得分处在0～4.5分，小于1分的城市有南宁市、柳州市、梧州市、来宾市、崇左市、肇庆市、云浮市。珠江－西江经济带城市环保支出职能地位最高得分为百色市，为4.403分，最低得分为南宁市，为0.041分。珠江－西江经济带城市环保支出职能地位的得分平均值为1.029分，标准差为

1.259，说明城市之间环保支出职能地位的变化差异较大。珠江－西江经济带中广东地区城市的环保支出职能地位的得分较大，广州市、佛山市的环保支出职能地位实力得分均超过1分；说明这些城市的环保支出职能地位发展基础较好。珠江－西江经济带中广西地区的环保支出职能地位水平较低，百色市、贵港市的环保支出职能地位得分达到1分；说明广西地区城市的环保支出职能地位综合发展能力较低。

由2015年的珠江－西江经济带城市环保支出职能地位评价来看，有4个城市的环保支出职能地位得分在1分以上。2015年珠江－西江经济带城市环保支出职能地位得分处在0～4.1分，小于1分的城市有南宁市、柳州市、梧州市、来宾市、崇左市、肇庆市、云浮市。珠江－西江经济带城市环保支出职能地位最高得分为百色市，为4.044分，最低得分为南宁市，为0分。珠江－西江经济带城市环保支出职能地位的得分平均值为0.983分，标准差为1.137，说明城市之间环保支出职能地位的变化差异较大。珠江－西江经济带中广东地区城市的环保支出职能地位的得分较大，广州市、佛山市的环保支出职能地位实力得分均超过1分；说明这些城市的环保支出职能地位发展基础较好。珠江－西江经济带中广西地区的环保支出职能地位水平较低，百色市、贵港市的环保支出职能地位得分达到1分；说明广西地区城市的环保支出职能地位综合发展能力较低。

对比珠江－西江经济带各城市环保支出职能地位变化，通过对各年间的珠江－西江经济带城市环保支出职能地位的平均分、标准差进行分析，可以发现其平均分处于波动下降的趋势，说明珠江－西江经济带城市环保支出职能地位综合能力有所下降。但珠江－西江经济带城市环保支出职能地位的标准差处于波动下降的趋势，说明城市间的环保支出职能地位差距有所缩小。对各城市的环保支出职能地位变化展开分析，百色市的环保支出职能地位处在绝对领先位置，在2010～2015年中有五年保持排名第一的位置。从珠江－西江经济带整体来看，各个城市的排名变化幅度较小，得分变化也不大，说明各城市环保支出职能地位发展稳定。

（二）珠江－西江经济带城市环境治理水平评估结果的比较与评析

1. 珠江－西江经济带城市环境治理水平实力排序变化比较与评析

由图1-46可以看到，2010～2011年，珠江－西江经济带城市环境治理水平处于上升趋势的城市有5个，分别是来宾市、柳州市、肇庆市、佛山市、广州市；佛山市排名上升3名，来宾市、柳州市、肇庆市、广州市的排名均上升1名。珠江－西江经济带环境治理水平排名保持不变的城市有2个，分别是百色市、梧州市。珠江－西江经济带环境治理水平处于下降趋势的城市有4个，分别是崇左市、贵港市、云浮市、南宁市；下降幅度最大的是贵港市，排名均下降3名，云浮市下降2名，崇左市、南宁市均下降1名。

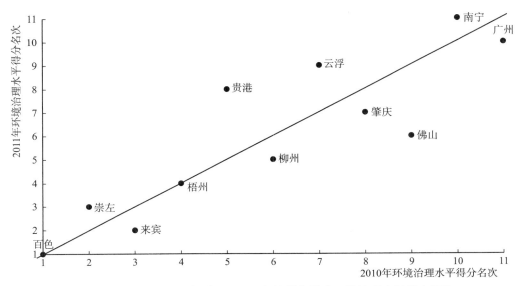

图1-46　2010~2011年珠江－西江经济带各城市环境治理水平排序变化

由图1-47可以看到，2011~2012年，珠江－西江经济带城市环境治理水平处于上升趋势的城市有3个，分别是崇左市、云浮市、贵港市；贵港市上升5名，云浮市上升2名，崇左市上升1名。珠江－西江经济带环境治理水平排名保持不变的城市有4个，分别是百色市、柳州市、广州市、南宁市。珠江－西江经济带环境治理水平处于下降趋势的城市有4个，分别是来宾市、梧州市、佛山市、肇庆市；佛山市下降4名，来宾市、梧州市均下降2名，肇庆市下降1名。

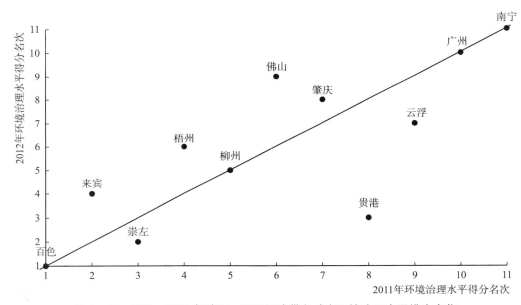

图1-47　2011~2012年珠江－西江经济带各城市环境治理水平排序变化

由图1-48可以看到，2012~2013年，珠江－西江经济带城市环境治理水平处于上升趋势的城市有4个，分别是梧州市、云浮市、佛山市、广州市；佛山市排名上升4名，梧州市、广州市均上升3名，云浮市上升1名。珠江－西江经济带环境治理水平排名保持不变的城市有4个，分别是百色市、崇左市、来宾市、南宁市。珠江－西江经济带环境治理水平处于下降趋势的城市有3个，分别是贵港市、柳州市、肇庆市；贵港市下降6名，柳州市、肇庆均下降2名。

由图1-49可以看到，2013~2014年，珠江－西江经济带环境治理水平处于上升趋势的城市有4个，分别是云浮市、广州市、贵港市、南宁市；上升幅度最大的是贵港市，排名上升4名，云浮市排名上升3名，广州市排名上升2名，南宁市上升1名。珠江－西江经济带环境治理水平排名保持不变的城市有2个，分别是百色市、崇左市。珠江－西江经济带环境治理水平处于下降趋势的城市有4个，分别是梧州市、来宾市、佛山市、柳州市；下降幅度最大的是来宾市、佛山市，排名均下降3名，柳州市的排名下降2名，梧州市、肇庆市均下降1名。

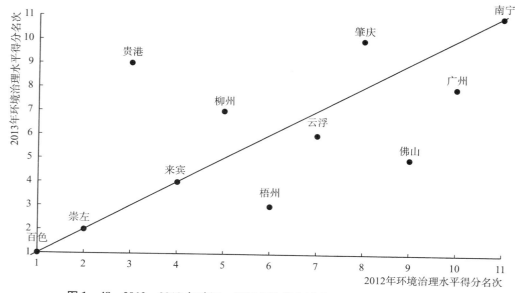

图1-48　2012~2013年珠江-西江经济带各城市环境治理水平排序变化

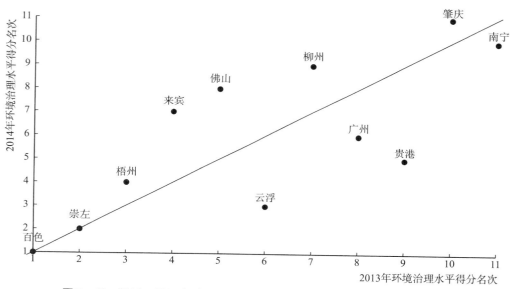

图1-49　2013~2014年珠江-西江经济带各城市环境治理水平排序变化

由图1-50可以看到，2014~2015年，珠江-西江经济带城市环境治理水平处于上升趋势的城市有3个，分别是云浮市、来宾市、肇庆市；上升幅度最大的是肇庆市，排名上升4名，来宾市排名上升3名，云浮市上升1名。珠江-西江经济带环境治理水平排名保持不变的城市有3个，分别是百色市、广州市、柳州市。珠江-西江经济带环境治理水平处于下降趋势的城市有5个，分别是崇左市、梧州市、贵港市、佛山市、南宁市；贵港市下降3名，佛山市下降1名，崇左市、梧州市、南宁市均上升1名。

由图1-51可以看到，2010~2015年，珠江-西江经济带环境治理水平处于上升趋势的城市有3个，分别是云浮市、肇庆市、广州市；云浮市、广州市排名上升5名，肇庆市上升1名。珠江-西江经济带环境治理水平排名保持不变的城市是百色市。珠江-西江经济带环境治理水平处于下降趋势的城市有7个，分别是崇左市、来宾市、梧州市、贵港市、柳州市、佛山市、南宁市；贵港市、柳州市排名均下降3名，崇左市、来宾市、梧州市、佛山市、南宁市均下降1名。

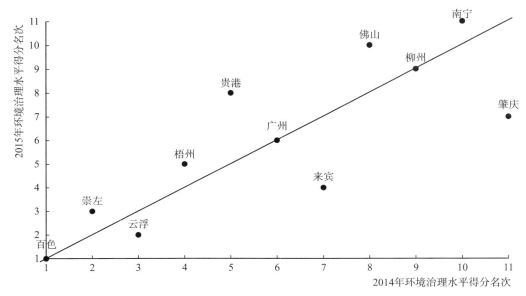

图1-50 2014~2015年珠江-西江经济带各城市环境治理水平排序变化

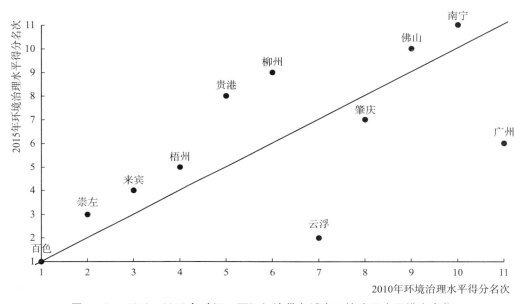

图1-51 2010~2015年珠江-西江经济带各城市环境治理水平排序变化

由表1-72对2010~2011年珠江-西江经济带各城市环境治理水平平均得分情况进行分析，可以看到2010~2011年环境治理水平上游区、中游区、下游区的平均得分均呈现变化的趋势，分别变化-1.771分、1.179分、1.815分；说明珠江-西江经济带整体环境治理水平出现上升，环境治理富有活力，城市环境治理有所改善和提升。

表1-72　　　　　　　2010~2011年珠江-西江经济带各城市环境治理水平平均得分情况

项目	2010年			2011年			得分变化		
	上游区	中游区	下游区	上游区	中游区	下游区	上游区	中游区	下游区
环境治理	29.232	20.872	16.232	27.461	22.051	18.047	-1.771	1.179	1.815
地区环境相对损害指数（EVI）	8.897	8.451	3.983	8.729	8.307	4.645	-0.168	-0.144	0.662
单位GDP消耗能源	4.941	3.424	1.348	4.966	3.769	0.907	0.025	0.345	-0.441
环保支出水平	2.399	0.847	0.358	1.349	0.737	0.304	-1.049	-0.109	-0.054
污染处理率比重增量	3.119	1.617	0.583	4.749	3.354	2.656	1.631	1.737	2.073
综合利用率平均增长指数	2.935	2.329	1.643	3.412	1.839	0.986	0.477	-0.491	-0.657

续表

项目	2010 年			2011 年			得分变化		
	上游区	中游区	下游区	上游区	中游区	下游区	上游区	中游区	下游区
综合利用率枢纽度	5.045	1.704	0.207	3.950	1.324	0.152	-1.095	-0.380	-0.054
环保支出规模强度	1.478	0.186	0.017	1.576	0.207	0.052	0.097	0.022	0.035
环保支出区位商	2.900	0.917	0.322	2.208	1.113	0.406	-0.692	0.196	0.084
环保支出职能规模	2.806	0.401	0.216	1.911	0.544	0.262	-0.896	0.142	0.046
环保支出职能地位	3.026	0.415	0.213	2.374	0.638	0.280	-0.652	0.223	0.067

三级指标中，2010～2011 年，地区环境相对损害指数（EVI）水平上游区、中游区、下游区的平均得分均呈现变化的趋势，分别变化 -0.168 分、-0.144 分、0.662 分；说明珠江－西江经济带整体地区环境相对损害指数（EVI）水平出现下降。

2010～2011 年，单位 GDP 消耗能源水平上游区、中游区、下游区的平均得分均呈现变化的趋势，分别变化 0.025 分、0.345 分、-0.441 分；说明珠江－西江经济带整体单位 GDP 消耗能源水平出现上升，城市单位 GDP 消耗能源有所改善和提升。

2010～2011 年，环保支出水平上游区、中游区、下游区的平均得分均呈现变化的趋势，分别变化 -1.049 分、-0.109 分、-0.054 分；说明珠江－西江经济带整体环保支出水平出现大幅度下降，环保支出水平活力有所下降。

2010～2011 年，污染处理率比重增量上游区、中游区、下游区的平均得分均呈现变化的趋势，分别变化 1.631 分、1.737 分、2.073 分；说明珠江－西江经济带整体污染处理率比重增量出现大幅度上升，污染处理率比重增量活力有所上升。

2010～2011 年，综合利用率平均增长指数上游区、中游区、下游区的平均得分均呈现变化的趋势，分别变化 0.477 分、-0.491 分、-0.657 分；说明珠江－西江经济带整体综合利用率平均增长指数出现小幅度下降，综合利用率平均增长指数活力有所下降，综合利用率平均增长指数没有改善和提升。

2010～2011 年，综合利用率枢纽度上游区、中游区、下游区的平均得分均呈现变化的趋势，分别变化 -1.095 分、-0.380 分、-0.054 分；说明珠江－西江经济带整体综合利用率枢纽度出现大幅度下降，综合利用率枢纽度活力有所下降，综合利用率枢纽度有待改善和提升。

2010～2011 年，环保支出规模强度上游区、中游区、下游区的平均得分均呈现变化的趋势，分别变化 0.097 分、0.022 分、0.035 分；说明珠江－西江经济带整体环保支出规模强度出现大幅度上升，环保支出规模强度有所上升，城市环保支出规模强度有所改善和提升。

2010～2011 年，环保支出区位商上游区、中游区、下游区的平均得分均呈现变化的趋势，分别变化 -0.692 分、0.196 分、0.084 分；说明珠江－西江经济带整体环保支出区位商出现小幅度上升，环保支出区位商活力有所上升，环保支出区位商有所改善和提升。

2010～2011 年，环保支出职能规模上游区、中游区、下游区的平均得分均呈现变化的趋势，分别变化 -0.896 分、0.142 分、0.046 分；说明珠江－西江经济带环保支出职能规模出现小幅度上升，环保支出职能规模活力有所上升，城市环保支出职能规模有所改善和提升。

2010～2011 年，环保支出职能地位上游区、中游区、下游区的平均得分均呈现变化的趋势，分别变化 -0.652 分、0.223 分、0.067 分；说明珠江－西江经济带整体环保支出职能地位出现小幅度上升，环保支出职能地位活力有所上升，环保支出职能地位有所改善和提升。

由表 1-73 对 2011～2012 年珠江－西江经济带各城市环境治理平均得分情况进行分析，可以看到 2011～2012 年，环境治理上游区、中游区、下游区的平均得分均呈现变化的趋势，分别变化 0.186 分、-0.849 分、-1.368 分；说明珠江－西江经济带整体环境治理出现下降，环境治理缺乏活力，城市环境治理有待改善和提升。

表 1-73　　　　**2011～2012 年珠江－西江经济带各城市环境治理水平平均得分情况**

项目	2011 年			2012 年			得分变化		
	上游区	中游区	下游区	上游区	中游区	下游区	上游区	中游区	下游区
环境治理	27.461	22.051	18.047	27.647	21.202	16.678	0.186	-0.849	-1.368
地区环境相对损害指数（EVI）	8.729	8.307	4.645	8.461	8.011	4.245	-0.268	-0.296	-0.399
单位 GDP 消耗能源	4.966	3.769	0.907	5.097	3.657	1.726	0.131	-0.112	0.819
环保支出水平	1.349	0.737	0.304	2.188	0.820	0.340	0.839	0.083	0.036
污染处理率比重增量	4.749	3.354	2.656	5.270	2.365	1.734	0.520	-0.990	-0.922
综合利用率平均增长指数	3.412	1.839	0.986	2.195	1.453	0.479	-1.217	-0.385	-0.507
综合利用率枢纽度	3.950	1.324	0.152	3.764	1.181	0.130	-0.185	-0.143	-0.022
环保支出规模强度	1.576	0.207	0.052	1.799	0.286	0.081	0.223	0.079	0.029
环保支出区位商	2.208	1.113	0.406	2.642	1.022	0.404	0.434	-0.091	-0.002

项目	2011 年			2012 年			得分变化		
	上游区	中游区	下游区	上游区	中游区	下游区	上游区	中游区	下游区
环保支出职能规模	1.911	0.544	0.262	2.728	0.667	0.253	0.817	0.123	-0.008
环保支出职能地位	2.374	0.638	0.280	2.444	0.605	0.236	0.070	-0.033	-0.044

三级指标中，2011～2012 年，地区环境相对损害指数（EVI）上游区、中游区、下游区的平均得分均呈现变化的趋势，分别变化 -0.268 分、-0.296 分、-0.399 分；说明珠江－西江经济带整体地区环境相对损害指数（EVI）出现下降。

2011～2012 年，单位 GDP 消耗能源上游区、中游区、下游区的平均得分均呈现变化的趋势，分别变化 0.131 分、-0.112 分、0.819 分；说明珠江－西江经济带整体单位 GDP 消耗能源出现上升，城市单位 GDP 消耗能源有所改善和提升。

2011～2012 年，环保支出水平上游区、中游区、下游区的平均得分均呈现变化的趋势，分别变化 0.839 分、0.083 分、0.036 分；说明珠江－西江经济带整体环保支出水平出现小幅度上升，环保支出水平活力有所增长。

2011～2012 年，污染处理率比重增量上游区、中游区、下游区的平均得分均呈现变化的趋势，分别变化 0.520 分、-0.990 分、-0.922 分；说明珠江－西江经济带整体污染处理率比重增量出现小幅度下降，污染处理率比重增量活力有所上升，城市污染处理率比重增量有所改善和提升。

2011～2012 年，综合利用率平均增长指数上游区、中游区、下游区的平均得分均呈现变化的趋势，分别变化 -1.217 分、-0.385 分、-0.507 分；说明珠江－西江经济带整体综合利用率平均增长指数出现大幅度下降，综合利用率平均增长指数活力有所下降，综合利用率平均增长指数有待改善和提升。

2011～2012 年，综合利用率枢纽度上游区、中游区、下游区的平均得分均呈现变化的趋势，分别变化 -0.185 分、-0.143 分、-0.022 分；说明珠江－西江经济带整体综合利用率枢纽度出现小幅度下降，综合利用率枢纽度活力有所上升，综合利用率枢纽度有待改善和提升。

2011～2012 年，环保支出规模强度上游区、中游区、下游区的平均得分均呈现变化的趋势，分别变化 0.223 分、0.079 分、0.029 分；说明珠江－西江经济带整体环保支出规模强度出现大幅度上升，环保支出规模强度活力有所上升，城市环保支出规模强度有所改善和提升。

2011～2012 年，环保支出区位商上游区、中游区、下游区的平均得分均呈现变化的趋势，分别变化 0.434 分、-0.091 分、-0.002 分；说明珠江－西江经济带整体环保支出区位商出现小幅度上升，环保支出区位商活力有所上升，环保支出区位商有所改善和提升。

2011～2012 年，环保支出职能规模上游区、中游区、下游区的平均得分均呈现变化的趋势，分别变化 0.817 分、0.123 分、-0.008 分；说明珠江－西江经济带环保支出职能规模出现小幅度上升，环保支出职能规模活力有所上升，城市环保支出职能规模有所改善和提升。

2011～2012 年，环保支出职能地位上游区、中游区、下游区的平均得分均呈现变化的趋势，分别变化 0.070 分、-0.033 分、-0.044 分；说明珠江－西江经济带整体环保支出职能地位出现小幅度下降，环保支出职能地位活力有所下降，环保支出职能地位有待改善和提升。

由表 1-74 对 2012～2013 年珠江－西江经济带各城市环境治理平均得分情况进行分析，可以看到 2012～2013 年环境治理上游区、中游区、下游区的平均得分均呈现变化的趋势，分别变化 -0.096 分、0.464 分、2.880 分；说明珠江－西江经济带整体环境治理出现上升，环境治理具有活力，城市环境治理有所改善和提升。

表 1-74   **2012～2013 年珠江－西江经济带各城市环境治理水平平均得分情况**

项目	2012 年			2013 年			得分变化		
	上游区	中游区	下游区	上游区	中游区	下游区	上游区	中游区	下游区
环境治理	27.647	21.202	16.678	27.550	21.667	19.558	-0.096	0.464	2.880
地区环境相对损害指数（EVI）	8.461	8.011	4.245	9.205	8.782	5.542	0.744	0.771	1.296
单位 GDP 消耗能源	5.097	3.657	1.726	5.466	4.298	1.795	0.369	0.641	0.069
环保支出水平	2.188	0.820	0.340	2.185	0.785	0.253	-0.003	-0.035	-0.087
污染处理率比重增量	5.270	2.365	1.734	3.984	2.847	2.250	-1.286	0.482	0.516
综合利用率平均增长指数	2.195	1.453	0.479	2.487	1.498	0.917	0.293	0.044	0.438
综合利用率枢纽度	3.764	1.181	0.130	3.386	1.038	0.115	-0.379	-0.142	-0.016
环保支出规模强度	1.799	0.286	0.081	2.009	0.278	0.110	0.210	-0.008	0.029
环保支出区位商	2.642	1.022	0.404	2.137	0.784	0.299	-0.505	-0.238	-0.105
环保支出职能规模	2.728	0.667	0.253	2.405	0.538	0.214	-0.322	-0.129	-0.040
环保支出职能地位	2.444	0.605	0.236	2.571	0.559	0.210	0.127	-0.046	-0.026

三级指标中，2012～2013年，地区环境相对损害指数（EVI）上游区、中游区、下游区的平均得分均呈现变化的趋势，分别变化0.744分、0.771分、1.296分；说明珠江－西江经济带整体地区环境相对损害指数（EVI）出现上升。

2012～2013年，单位GDP消耗能源上游区、中游区、下游区的平均得分均呈现变化的趋势，分别变化0.369分、0.641分、0.069分；说明珠江－西江经济带整体单位GDP消耗能源出现上升，城市单位GDP消耗能源有所改善和提升。

2012～2013年，环保支出水平上游区、中游区、下游区的平均得分均呈现变化的趋势，分别变化－0.003分、－0.035分、－0.087分；说明珠江－西江经济带整体环保支出水平出现小幅度下降，环保支出水平活力有所下降。

2012～2013年，污染处理率比重增量上游区、中游区、下游区的平均得分均呈现变化的趋势，分别变化－1.286分、0.482分、0.516分；说明珠江－西江经济带整体污染处理率比重增量出现小幅度下降，污染处理率比重增量活力有所下降，城市污染处理率比重增量有待改善和提升。

2012～2013年，综合利用率平均增长指数上游区、中游区、下游区的平均得分均呈现变化的趋势，分别变化0.293分、0.044分、0.438分；说明珠江－西江经济带整体综合利用率平均增长指数出现大幅度下降，综合利用率平均增长指数活力有所下降，综合利用率平均增长指数有待改善和提升。

2012～2013年，综合利用率枢纽度上游区、中游区、下游区的平均得分均呈现变化的趋势，分别变化－0.379分、－0.142分、－0.016分；说明珠江－西江经济带整体

综合利用率枢纽度出现小幅度下降，综合利用率枢纽度活力有所下降，综合利用率枢纽度有待改善和提升。

2012～2013年，环保支出规模强度上游区、中游区、下游区的平均得分均呈现变化的趋势，分别变化0.210分、－0.008分、0.029分；说明珠江－西江经济带整体环保支出规模强度出现小幅度上升，环保支出规模强度活力有所上升，城市环保支出规模强度有所改善和提升。

2012～2013年，环保支出区位商上游区、中游区、下游区的平均得分均呈现变化的趋势，分别变化－0.505分、－0.238分、－0.105分；说明珠江－西江经济带整体环保支出区位商出现小幅度下降，环保支出区位商活力有所下降，环保支出区位商有待改善和提升。

2012～2013年，环保支出职能规模上游区、中游区、下游区的平均得分均呈现变化的趋势，分别变化－0.322分、－0.129分、－0.040分；说明珠江－西江经济带环保支出职能规模出现小幅度下降，环保支出职能规模活力有所下降，城市环保支出职能规模有待改善和提升。

2012～2013年，环保支出职能地位上游区、中游区、下游区的平均得分均呈现变化的趋势，分别变化0.127分、－0.046分、－0.026分；说明珠江－西江经济带整体环保支出职能地位出现小幅度下降，环保支出职能地位活力有所下降，环保支出职能地位有待改善和提升。

由表1－75对2013～2014年珠江－西江经济带各城市环境治理平均得分情况进行分析，可以看到2013～2014年环境治理上游区、中游区、下游区的平均得分均呈现变化的趋势，分别变化0.012分、－0.479分、－2.103分；说明珠江－西江经济带整体环境治理出现下降，环境治理缺乏活力，城市环境治理有待改善和提升。

表1－75　　　　2013～2014年珠江－西江经济带各城市环境治理水平平均得分情况

项目	2013年			2014年			得分变化		
	上游区	中游区	下游区	上游区	中游区	下游区	上游区	中游区	下游区
环境治理	27.550	21.667	19.558	27.562	21.188	17.455	0.012	-0.479	-2.103
地区环境相对损害指数（EVI）	9.205	8.782	5.542	9.408	9.067	5.603	0.204	0.285	0.061
单位GDP消耗能源	5.466	4.298	1.795	5.450	3.297	0.402	-0.016	-1.002	-1.394
环保支出水平	2.185	0.785	0.253	2.361	0.842	0.158	0.176	0.057	-0.094
污染处理率比重增量	3.984	2.847	2.250	3.237	2.359	1.796	-0.747	-0.488	-0.454
综合利用率平均增长指数	2.487	1.498	0.917	2.428	1.716	1.114	-0.060	0.219	0.197
综合利用率枢纽度	3.386	1.038	0.115	3.116	0.936	0.099	-0.270	-0.102	-0.015
环保支出规模强度	2.009	0.278	0.110	2.359	0.292	0.146	0.350	0.014	0.036
环保支出区位商	2.137	0.784	0.299	2.332	0.803	0.200	0.195	0.019	-0.099
环保支出职能规模	2.405	0.538	0.214	2.850	0.694	0.155	0.445	0.156	-0.058
环保支出职能地位	2.571	0.559	0.210	2.574	0.632	0.147	0.003	0.072	-0.063

三级指标中，2013～2014年，地区环境相对损害指数（EVI）上游区、中游区、下游区的平均得分均呈现变化的趋势，分别变化0.204分、0.285分、0.061分；说明珠江－西江经济带整体地区环境相对损害指数（EVI）出现上升。

2013～2014年，单位GDP消耗能源上游区、中游区、

下游区的平均得分均呈现变化的趋势，分别变化－0.016分、－1.002分、－1.394分；说明珠江－西江经济带整体单位GDP消耗能源出现下降，城市单位GDP消耗能源有待改善和提升。

2013～2014年，环保支出水平上游区、中游区、下游区的平均得分均呈现变化的趋势，分别变化0.176分、

0.057 分、－0.094 分；说明珠江－西江经济带整体环保支出水平出现小幅度上升，环保支出水平活力有所上升。

2013～2014 年，污染处理率比重增量上游区、中游区、下游区的平均得分均呈现变化的趋势，分别变化－0.747分、－0.488 分、－0.454 分；说明珠江－西江经济带整体污染处理率比重增量出现大幅度上升，污染处理率比重增量活力有所上升，城市污染处理率比重增量有所改善和提升。

2013～2014 年，综合利用率平均增长指数上游区、中游区、下游区的平均得分均呈现变化的趋势，分别变化－0.060 分、0.219 分、0.197 分；说明珠江－西江经济带整体综合利用率平均增长指数出现小幅度下降，综合利用率平均增长指数活力有所下降，综合利用率平均增长指数有待改善和提升。

2013～2014 年，综合利用率枢纽度上游区、中游区、下游区的平均得分均呈现变化的趋势，分别变化－0.270分、－0.102 分、－0.015 分；说明珠江－西江经济带整体综合利用率枢纽度出现小幅度下降，综合利用率枢纽度活力有所下降，综合利用率枢纽度有待改善和提升。

2013～2014 年，环保支出规模强度上游区、中游区、下游区的平均得分均呈现变化的趋势，分别变化 0.350 分、0.014 分、0.036 分；说明珠江－西江经济带整体环保支出规模强度出现小幅度上升，环保支出规模强度活力有所上升，城市环保支出规模强度有所改善和提升。

2013～2014 年，环保支出区位商上游区、中游区、下游区的平均得分均呈现变化的趋势，分别变化 0.195 分、0.019 分、－0.099 分；说明珠江－西江经济带整体环保支出区位商出现大幅度下降，环保支出区位商活力有所下降，环保支出区位商有待改善和提升。

2013～2014 年，环保支出职能规模上游区、中游区、下游区的平均得分均呈现变化的趋势，分别变化 0.445 分、0.156 分、－0.058 分；说明珠江－西江经济带环保支出职能规模出现小幅度上升，环保支出职能规模活力有所上升，城市环保支出职能规模有所改善和提升。

2013～2014 年，环保支出职能地位上游区、中游区、下游区的平均得分均呈现变化的趋势，分别变化 0.003 分、0.072 分、－0.063 分；说明珠江－西江经济带整体环保支出职能地位出现小幅度上升，环保支出职能地位活力有所上升，环保支出职能地位有所改善和提升。

由表 1－76 对 2014～2015 年珠江－西江经济带各城市环境治理平均得分情况进行分析，可以看到 2014～2015 年环境治理上游区、中游区、下游区的平均得分均呈现变化的趋势，分别变化 0.386 分、1.352 分、1.316 分；说明珠江－西江经济带整体环境治理出现上升，环境治理富有活力，城市环境治理有所改善和提升。

表 1－76 **2014～2015 年珠江－西江经济带各城市环境治理水平平均得分情况**

项目	2014 年			2015 年			得分变化		
	上游区	中游区	下游区	上游区	中游区	下游区	上游区	中游区	下游区
环境治理	27.562	21.188	17.455	27.948	22.540	18.771	0.386	1.352	1.316
地区环境相对损害指数（EVI）	9.408	9.067	5.603	9.228	8.869	5.499	－0.181	－0.198	－0.103
单位 GDP 消耗能源	5.450	3.297	0.402	6.784	5.195	1.289	1.335	1.898	0.887
环保支出水平	2.361	0.842	0.158	2.412	0.917	0.187	0.050	0.075	0.029
污染处理率比重增量	3.237	2.359	1.796	3.063	2.423	2.094	－0.174	0.064	0.298
综合利用率平均增长指数	2.428	1.716	1.114	2.256	1.569	0.762	－0.172	－0.148	－0.352
综合利用率枢纽度	3.116	0.936	0.099	3.098	0.886	0.090	－0.018	－0.050	－0.009
环保支出规模强度	2.359	0.292	0.146	2.638	0.344	0.179	0.279	0.052	0.033
环保支出区位商	2.332	0.803	0.200	2.148	0.808	0.151	－0.184	0.005	－0.049
环保支出职能规模	2.850	0.694	0.155	2.420	0.750	0.119	－0.430	0.057	－0.036
环保支出职能地位	2.574	0.632	0.147	2.302	0.713	0.113	－0.272	0.082	－0.034

三级指标中，2014～2015 年，地区环境相对损害指数（EVI）上游区、中游区、下游区的平均得分均呈现变化的趋势，分别变化－0.181 分、－0.198 分、－0.103 分；说明珠江－西江经济带整体地区环境相对损害指数（EVI）出现下降。

2014～2015 年，单位 GDP 消耗能源上游区、中游区、下游区的平均得分均呈现变化的趋势，分别变化 1.335 分、1.898 分、0.887 分；说明珠江－西江经济带整体单位 GDP 消耗能源出现上升，城市单位 GDP 消耗能源有所改善和提升。

2014～2015 年，环保支出水平上游区、中游区、下游区的平均得分均呈现变化的趋势，分别变化 0.050 分、0.075 分、0.029 分；说明珠江－西江经济带整体环保支出水平出现小幅度上升，环保支出水平活力有所上升。

2014～2015 年，污染处理率比重增量上游区、中游区、下游区的平均得分均呈现变化的趋势，分别变化－0.174分、0.064 分、0.298 分；说明珠江－西江经济带整体污染处理率比重增量出现小幅度上升，污染处理率比重增量活力有所上升，城市污染处理率比重增量有所改善和提升。

2014～2015 年，综合利用率平均增长指数上游区、中游区、下游区的平均得分均呈现变化的趋势，分别变化－0.172 分、－0.148 分、－0.352 分；说明珠江－西江经济带整体综合利用率平均增长指数出现小幅度下降，综合利用率平均增长指数活力有所下降，综合利用率平均增长指数有待改善和提升。

2014～2015 年，综合利用率枢纽度上游区、中游区、下游区的平均得分均呈现变化的趋势，分别变化 -0.018 分、-0.050 分、-0.009 分；说明珠江－西江经济带整体综合利用率枢纽度出现小幅度下降，综合利用率枢纽度活力有所下降，综合利用率枢纽度有待改善和提升。

2014～2015 年，环保支出规模强度上游区、中游区、下游区的平均得分均呈现变化的趋势，分别变化 0.279 分、0.052 分、0.033 分；说明珠江－西江经济带整体环保支出规模强度出现大幅度上升，环保支出规模强度活力有所上升，城市环保支出规模强度有所改善和提升。

2014～2015 年，环保支出区位商上游区、中游区、下游区的平均得分均呈现变化的趋势，分别变化 -0.184 分、0.005 分、-0.049 分；说明珠江－西江经济带整体环保支出区位商出现小幅度下降，环保支出区位商活力有所下降，环保支出区位商有待改善和提升。

2014～2015 年，环保支出职能规模上游区、中游区、

下游区的平均得分均呈现变化的趋势，分别变化 -0.430 分、0.057 分、-0.036 分；说明珠江－西江经济带环保支出职能规模出现小幅度下降，环保支出职能规模活力有所下降，城市环保支出职能规模有待改善和提升。

2014～2015 年，环保支出职能地位上游区、中游区、下游区的平均得分均呈现变化的趋势，分别变化 -0.272 分、0.082 分、-0.034 分；说明珠江－西江经济带整体环保支出职能地位出现小幅度下降，环保支出职能地位活力有所下降，环保支出职能地位有待改善和提升。

由表 1－77 对 2010～2015 年珠江－西江经济带各城市环境治理平均得分情况进行分析，可以看到 2010～2015 年环境治理上游区、中游区、下游区的平均得分均呈现变化的趋势，分别变化 -1.284 分、1.668 分、2.539 分；说明珠江－西江经济带整体环境治理出现上升，环境治理富有活力，城市环境治理有所改善和提升。

表 1－77 **2010～2015 年珠江－西江经济带各城市环境治理水平平均得分情况**

项目	2010 年			2015 年			得分变化		
	上游区	中游区	下游区	上游区	中游区	下游区	上游区	中游区	下游区
环境治理	29.232	20.872	16.232	27.948	22.540	18.771	-1.284	1.668	2.539
地区环境相对损害指数（EVI）	8.897	8.451	3.983	9.228	8.869	5.499	0.331	0.418	1.517
单位 GDP 消耗能源	4.941	3.424	1.348	6.784	5.195	1.289	1.843	1.771	-0.059
环保支出水平	2.399	0.847	0.358	2.412	0.917	0.187	0.013	0.070	-0.171
污染处理率比重增量	3.119	1.617	0.583	3.063	2.423	2.094	-0.056	0.806	1.511
综合利用率平均增长指数	2.935	2.329	1.643	2.256	1.569	0.762	-0.678	-0.760	-0.881
综合利用率枢纽度	5.045	1.704	0.207	3.098	0.886	0.090	-1.947	-0.819	-0.117
环保支出规模强度	1.478	0.186	0.017	2.638	0.344	0.179	1.159	0.159	0.162
环保支出区位商	2.900	0.917	0.322	2.148	0.808	0.151	-0.753	-0.110	-0.171
环保支出职能规模	2.806	0.401	0.216	2.420	0.750	0.119	-0.386	0.349	-0.097
环保支出职能地位	3.026	0.415	0.213	2.302	0.713	0.113	-0.724	0.299	-0.100

三级指标中，2010～2015 年，地区环境相对损害指数（EVI）上游区、中游区、下游区的平均得分均呈现变化的趋势，分别变化 0.331 分、0.418 分、1.517 分；说明珠江－西江经济带整体地区环境相对损害指数（EVI）出现上升。

2010～2015 年，单位 GDP 消耗能源上游区、中游区、下游区的平均得分均呈现变化的趋势，分别变化 1.843 分、1.771 分、-0.059 分；说明珠江－西江经济带整体单位 GDP 消耗能源出现上升，城市单位 GDP 消耗能源有所改善和提升。

2010～2015 年，环保支出水平上游区、中游区、下游区的平均得分均呈现变化的趋势，分别变化 0.013 分、0.070 分、-0.171 分；说明珠江－西江经济带整体环保支出水平出现小幅度上升，环保支出水平活力有所上升。

2010～2015 年，污染处理率比重增量上游区、中游区、下游区的平均得分均呈现变化的趋势，分别变化 -0.056 分、0.806 分、1.511 分；说明珠江－西江经济带整体污染处理率比重增量出现小幅度上升，污染处理率比重增量活力有所上升，城市污染处理率比重增量有所改善和提升。

2010～2015 年，综合利用率平均增长指数上游区、中

游区、下游区的平均得分均呈现变化的趋势，分别变化 -0.678 分、-0.760 分、-0.881 分；说明珠江－西江经济带整体综合利用率平均增长指数出现大幅度下降，综合利用率平均增长指数活力有所下降，综合利用率平均增长指数有待改善和提升。

2010～2015 年，综合利用率枢纽度上游区、中游区、下游区的平均得分均呈现变化的趋势，分别变化 -1.947 分、-0.819 分、-0.117 分；说明珠江－西江经济带整体综合利用率枢纽度出现大幅度下降，综合利用率枢纽度活力有所下降，综合利用率枢纽度有待改善和提升。

2010～2015 年，环保支出规模强度上游区、中游区、下游区的平均得分均呈现变化的趋势，分别变化 1.159 分、0.159 分、0.162 分；说明珠江－西江经济带整体环保支出规模强度出现小幅度上升，环保支出规模强度活力有所上升，城市环保支出规模强度有所改善和提升。

2010～2015 年，环保支出区位商上游区、中游区、下游区的平均得分均呈现变化的趋势，分别变化 -0.753 分、-0.110 分、-0.171 分；说明珠江－西江经济带整体环保支出区位商出现大幅度下降，环保支出区位商活力有所下降，环保支出区位商有待改善和提升。

2010～2015 年，环保支出职能规模上游区、中游区、下游区的平均得分均呈现变化的趋势，分别变化 -0.386 分、0.349 分、-0.097 分；说明珠江－西江经济带环保支出职能规模出现小幅度下降，环保支出职能规模活力有所下降，城市环保支出职能规模有待改善和提升。

2010～2015 年，环保支出职能地位上游区、中游区、下游区的平均得分均呈现变化的趋势，分别变化 -0.724 分、0.299 分、-0.100 分；说明珠江－西江经济带整体环保支出职能地位出现小幅度下降，环保支出职能地位活力有所下降，环保支出职能地位有待改善和提升。

2. 珠江－西江经济带城市环境治理水平分布情况

根据灰色综合评价法对无量纲化后的三级指标进行权重得分计算，得到珠江－西江经济带各城市的环境治理水平得分及排名，反映出各城市环境治理水平情况。为更为准确地反映出珠江－西江经济带各城市环境治理水平差异及整体情况，需要进一步对各城市环境治理水平分布情况进行分析，对各城市间实际差距和均衡性展开研究。因此，研究由图 1-52 至图 1-57 中对 2010～2015 年珠江－西江经济带城市环境治理水平评价分值分布进行统计。

由图 1-52 可以看到，2010 年珠江－西江经济带城市环境治理水平得分比较均衡。环境治理水平得分在 17 分以下的有 2 个，17～19 分、21～23 分、23～25 分、25～27 分以及 27 分以上均有 1 个城市，19～21 分有 4 个城市。这说明珠江－西江经济带城市环境治理水平分布均衡，城市的环境治理水平得分相差较小，地区内环境治理综合得分分布的衔接性较好。

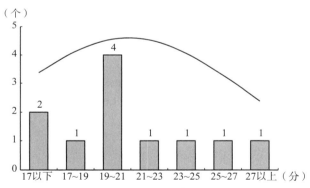

图 1-52　2010 年珠江－西江经济带城市环境治理水平评价分值分布

由图 1-53 可以看到，2011 年珠江－西江经济带城市环境治理水平得分出现较大波动，分布均衡性变差。环境治理水平得分在 19～21 分和 21～23 分分别有 2 个城市，环境治理水平得分在 17 分以下、17～19 分、25～27 分以及 27 分以上分别有 1 个城市，在 23～25 分有 3 个城市。这说明珠江－西江经济带城市环境治理水平分布均衡性较差，地区内环境治理综合得分分布的衔接性变差。

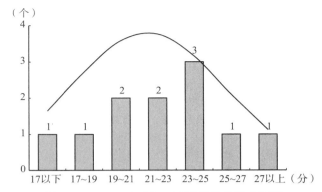

图 1-53　2011 年珠江－西江经济带城市环境治理水平评价分值分布

由图 1-54 可以看到，2012 年珠江－西江经济带城市环境治理水平得分分布与 2011 年情况相比出现较大变动。环境治理水平得分在 21～23 分的有 3 个城市，环境治理水平得分在 17 分以下和 27 分以上的各有 1 个城市，17～19 分、19～21 分、23～25 分分别有 2 个城市。这说明珠江－西江经济带城市环境治理水平分布不均衡，地区内环境治理综合得分分布的衔接性较差。

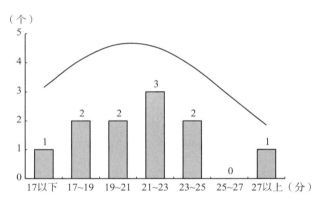

图 1-54　2012 年珠江－西江经济带城市环境治理水平评价分值分布

由图 1-55 可以看到，2013 年珠江－西江经济带城市环境治理水平得分分布未出现好转，仍旧未显示出均衡的

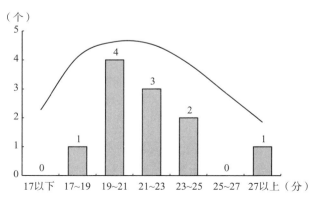

图 1-55　2013 年珠江－西江经济带城市环境治理水平评价分值分布

状态。环境治理水平得分在 19~21 分有 4 个城市,3 个城市的环境治理水平得分在 21~23 分,城市的环境治理水平得分在 17~19 分、27 分以上的都分别只有 1 个城市,有 2 个城市在 23~25 分。这说明珠江－西江经济带城市环境治理水平分布不均衡,城市的环境治理水平得分相差较大,地区内环境治理综合得分分布的衔接性较差。

由图 1-56 可以看到,2014 年珠江－西江经济带城市环境治理水平得分分布显示出相对均衡的状态。环境治理水平得分在 21~23 区间的有 4 个城市,17 分以下、17~19 分、25~27 分、27 分分别各有 1 个城市,有 3 个城市的环境治理水平得分在 19~21 分。这说明珠江－西江经济带城市环境治理水平分布较均衡,城市的环境治理水平得分相差较小,地区内环境治理综合得分分布的衔接性有所改善。

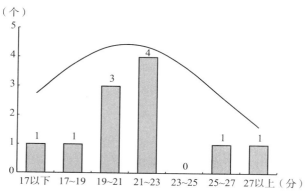

（个）

图 1-56　2014 年珠江－西江经济带城市环境治理水平评价分值分布

由图 1-57 可以看到,2015 年珠江－西江经济带城市环境治理水平得分分布均衡。环境治理水平得分在 21~23 分的有 3 个城市,各有 2 个城市的环境治理水平得分在 17~19 分和 23~25 分、25~27 分,各有 1 个城市的环境治理水平得分在 19~21 分和 27 分以上区间内。这说明珠江－西江经济带城市环境治理水平分布不均衡,大量城市的环境治理水平得分较高,地区内环境治理综合得分分布的衔接性较差。

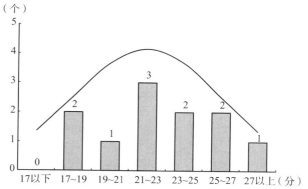

（个）

图 1-57　2015 年珠江－西江经济带城市环境治理水平评价分值分布

对 2010~2015 年珠江－西江经济带内广西、广东地区的城市环境治理水平平均得分及其变化情况进行分析。由表 1-78 对珠江－西江经济带各地区板块环境治理水平平均得分及变化分析,从得分情况上看,2010 年广西地区的城市环境治理水平平均得分为 23.879 分,广东地区城市环境治理水平平均得分为 18.400 分,地区间的比差为 1.300∶1,地区间的标准差为 3.874,说明珠江－西江经济带内广西地区和广东地区的城市环境治理水平得分的分布存在一定差距。2011 年广西地区的环境治理水平平均得分为 23.719 分,广东地区的环境治理水平平均得分为 20.186 分,地区间的比差为 1.175∶1,地区间的标准差为 2.498,一方面说明珠江－西江经济带广东地区的环境治理水平得分出现上升;另一方面也说明珠江－西江经济带广西和广东地区的环境治理水平得分的分布差距处于缩小的趋势。2012 年广西地区的环境治理水平平均得分为 23.300 分,广东地区的环境治理水平平均得分为 18.972 分,地区间的比差为 1.228∶1,地区间的标准差为 3.060,说明地区间的得分差距出现了扩大的发展趋势。2013 年广西地区的环境治理水平平均得分为 23.545 分,广东地区的环境治理水平平均得分为 21.211 分,地区间的比差为 1.110∶1,地区间的标准差为 1.650,说明珠江－西江经济带内地区间环境治理水平的发展差距出现逐步缩小的发展趋势。2014 年广西地区的环境治理水平平均得分为 23.115 分,广东地区的环境治理水平平均得分为 19.795 分,地区间的比差为 1.168∶1,地区间的标准差为 2.348,一方面反映出珠江－西江经济带城市环境治理水平呈现下降势态,各地区间的平均得分均呈现下降;另一方面也反映出珠江－西江经济带城市地区间环境治理水平差距有所扩大。2015 年广西地区的环境治理水平平均得分为 23.495 分,广东地区的环境治理水平平均得分为 22.098 分,地区间的比差为 1.063∶1,地区间的标准差为 0.988,说明珠江－西江经济带各地区间环境治理水平得分差距呈现扩大趋势。

从珠江－西江经济带环境治理水平的分值变化情况上看,2010~2015 年,珠江－西江经济带广西地区的环境治理水平得分均呈现下降趋势,广东地区的环境治理水平得分均呈现上升趋势,并且珠江－西江经济带各地区的得分差距呈现扩大趋势。

表 1-78　珠江－西江经济带各地区板块环境治理水平平均得分及其变化

年份	广西	广东	标准差
2010	23.879	18.400	3.874
2011	23.719	20.186	2.498
2012	23.300	18.972	3.060
2013	23.545	21.211	1.650
2014	23.115	19.795	2.348
2015	23.495	22.098	0.988
分值变化	-0.384	3.70	2.886

通过对珠江－西江经济带城市环境治理水平各地区板块的对比分析，发现珠江－西江经济带中广西板块的环境治理水平高于广东板块，珠江－西江经济带各板块的环境治理水平得分差距不断扩大。为进一步对珠江－西江经济带中各地区板块的城市环境治理水平排名情况进行分析，通过表1－79至表1－82对珠江－西江经济带中广西板块、广东板块内城市位次及在珠江－西江经济带整体的位次排序分析，由各地区板块及珠江，西江经济带整体两个维度对城市排名进行分析，同时还对各板块的变化趋势进行分析。

由表1－79对珠江－西江经济带中广西板块城市的排名比较进行分析，可以看到所有城市的排名均未发生变化。

表1－79　　　广西板块各城市环境治理水平排名比较

地区	2010年	2011年	2012年	2013年	2014年	2015年	排名变化
南宁市	7	7	7	7	7	7	0
柳州市	6	5	5	5	6	6	0
梧州市	4	4	6	3	4	4	0
贵港市	5	6	3	6	3	5	0
百色市	1	1	1	1	1	1	0
来宾市	3	2	4	4	5	3	0
崇左市	2	3	2	2	2	2	0

由表1－80对广西板块内城市在珠江－西江经济带环境治理水平排名情况进行比较，以看到南宁市的环境治理水平呈现下降趋势，环境治理水平发展缓慢。柳州市在珠江－西江经济带中的排名呈现下降趋势。梧州市在珠江－西江经济带中的排名也呈现下降趋势。贵港市在珠江－西江经济带中的排名也呈现下降趋势。百色市在珠江－西江经济带中的排名呈现保持趋势。来宾市在珠江－西江经济带中的排名也呈现下降趋势。崇左市在珠江－西江经济带中的排名也呈现下降趋势。

表1－80　　　广西板块各城市在珠江－西江经济带城市环境治理水平排名比较

地区	2010年	2011年	2012年	2013年	2014年	2015年	排名变化
南宁市	10	11	11	11	10	11	－1
柳州市	6	5	5	7	9	9	－3
梧州市	4	4	6	3	4	5	－1
贵港市	5	8	3	9	5	8	－3
百色市	1	1	1	1	1	1	0

续表

地区	2010年	2011年	2012年	2013年	2014年	2015年	排名变化
来宾市	3	2	4	4	7	4	－1
崇左市	2	3	2	2	2	3	－1

由表1－81对珠江－西江经济带中广东板块城市的排名比较进行分析，可以看到广州市呈现上升的趋势，佛山市、肇庆市呈现下降的趋势，云浮市呈现波动保持的趋势。

表1－81　　　广东板块各城市环境治理水平排名比较

地区	2010年	2011年	2012年	2013年	2014年	2015年	排名变化
广州市	4	4	4	3	2	2	2
佛山市	3	1	3	1	3	4	－1
肇庆市	2	2	2	4	4	3	－1
云浮市	1	3	1	2	1	1	0

由表1－82对广东板块内城市在珠江－西江经济带城市环境治理水平排名情况进行比较，可以看到广州市、肇庆市、云浮市呈现出上升的趋势，佛山市呈现出下降的变化趋势。

表1－82　　　广东板块各城市在珠江－西江经济带城市环境治理水平排名比较

地区	2010年	2011年	2012年	2013年	2014年	2015年	排名变化
广州市	11	10	10	8	6	6	5
佛山市	9	6	9	5	8	10	－1
肇庆市	8	7	8	10	11	7	1
云浮市	7	9	7	6	3	2	5

3. 珠江－西江经济带城市环境治理水平三级指标分区段得分情况

由图1－58可以看到珠江－西江经济带城市环境治理水平上游区各项三级指标的平均得分变化趋势。2010～2015年珠江－西江经济带城市地区环境相对损害指数（EVI）上游区的得分呈现波动上升的变化趋势。2010～2015年珠江－西江经济带城市单位GDP消耗能源上游区的得分呈现波动上升的发展趋势。2010～2015年珠江－西江经济带环保支出水平上游区的得分呈现波动上升的发展趋势。

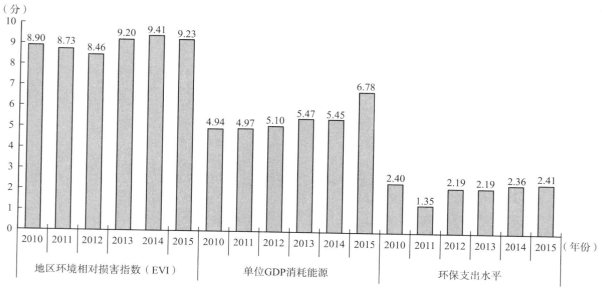

图1-58 珠江－西江经济带城市环境治理水平上游区各三级指标的得分比较情况1

由图1-59可以看到珠江－西江经济带城市环境治理水平上游区各项三级指标的平均得分变化趋势。2010～2015年珠江－西江经济带污染处理率比重增量上游区的得分呈现波动上升的发展趋势。2010～2015年珠江－西江经济带综合利用率平均增长指数上游区的得分呈现波动下降的发展趋势。2010～2015年珠江－西江经济带综合利用率枢纽度上游区的得分呈现波动下降的发展趋势。

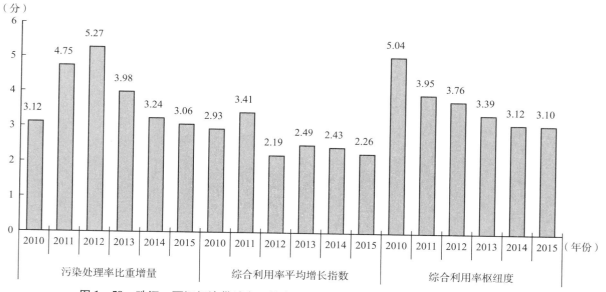

图1-59 珠江－西江经济带城市环境治理水平上游区各三级指标的得分比较情况2

由图1-60可以看到珠江－西江经济带城市环境治理水平中游区各项三级指标的平均得分变化趋势。2010～2015年珠江－西江经济带环保支出规模强度中游区的得分呈现持续上升的变化趋势。2010～2015年珠江－西江经济带环保支出区位商中游区的得分呈现波动下降的发展趋势。2010～2015年珠江－西江经济带环保支出职能规模中游区的得分呈现波动下降的发展趋势。2010～2015年珠江－西江经济带环保支出职能地位中游区的得分呈现波动下降的发展趋势。

由图1-61可以看到珠江－西江经济带城市环境治理水平中游区各项三级指标的平均得分变化趋势。2010～2015年珠江－西江经济带城市地区环境相对损害指数（EVI）中游区的得分呈现波动上升的变化趋势。2010～2015年珠江－西江经济带单位GDP消耗能源中游区的得分呈现波动上升的发展趋势。2010～2015年珠江－西江经济带环保支出水平中游区的得分呈现波动上升的发展趋势。

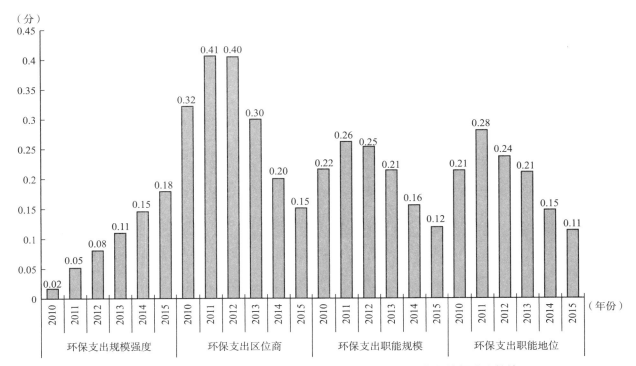

图1-60 珠江－西江经济带城市环境治理水平上游区各三级指标的得分比较情况3

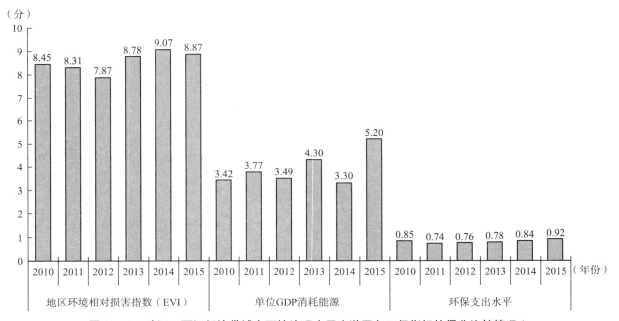

图1-61 珠江－西江经济带城市环境治理水平中游区各三级指标的得分比较情况1

由图1-62可以看到珠江－西江经济带城市环境治理水平中游区各项三级指标的平均得分变化趋势。2010～2015年珠江－西江经济带污染处理率比重增量中游区的得分呈现波动上升的发展趋势。2010～2015年珠江－西江经济带综合利用率平均增长指数中游区的得分呈现波动下降的发展趋势。2010～2015年珠江－西江经济带综合利用率枢纽度中游区的得分呈现持续下降的发展趋势。

由图1-63可以看到珠江－西江经济带城市环境治理水平中游区各项三级指标的平均得分变化趋势。2010～2015年珠江－西江经济带环保支出规模强度中游区的得分呈现持续上升的变化趋势。2010～2015年珠江－西江经济带环保支出区位商中游区的得分呈现波动下降的发展趋势。2010～2015年珠江－西江经济带环保支出职能规模中游区的得分呈现波动上升的发展趋势。2010～2015年珠江－西江经济带环保支出职能地位中游区的得分呈现波动上升的发展趋势。

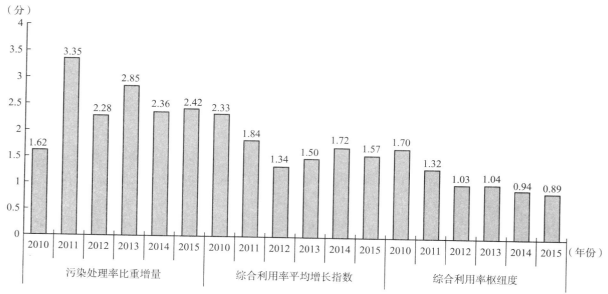

图 1-62　珠江－西江经济带城市环境治理水平中游区各三级指标的得分比较情况 2

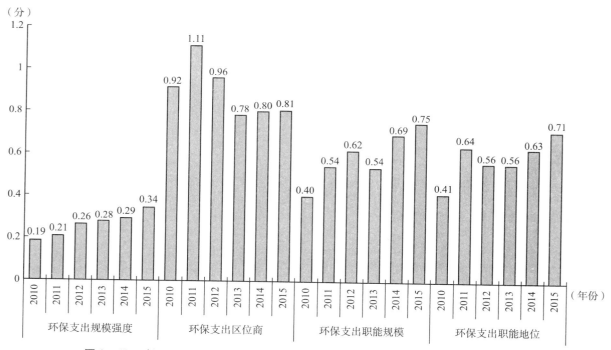

图 1-63　珠江－西江经济带城市环境治理水平中游区各三级指标的得分比较情况 3

由图 1-64 可以看到珠江－西江经济带城市环境治理水平下游区各项三级指标的平均得分变化趋势。2010~2015 年珠江－西江经济带城市地区环境相对损害指数（EVI）下游区的得分呈现波动上升的变化趋势。2010~2015 年珠江－西江经济带单位 GDP 消耗能源下游区的得分呈现波动下降的发展趋势。2010~2015 年珠江－西江经济带环保支出水平下游区的得分呈现波动下降的发展趋势。

由图 1-65 可以看到珠江－西江经济带城市环境治理水平下游区各项三级指标的平均得分变化趋势。2010~2015 年珠江－西江经济带污染处理率比重增量下游区的得分呈现波动上升的发展趋势。2010~2015 年珠江－西江经济带综合利用率平均增长指数下游区的得分呈现波动下降的发展趋势。2010~2015 年珠江－西江经济带综合利用率枢纽度下游区的得分呈现持续下降的发展趋势。

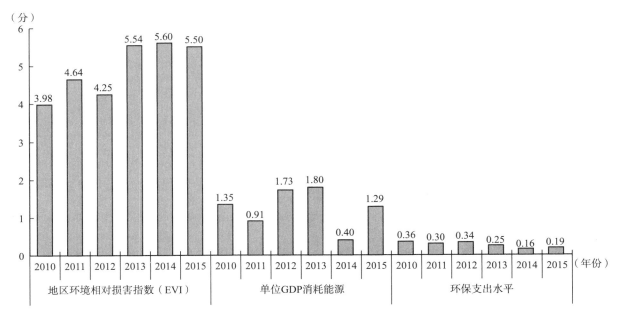

图1-64 珠江-西江经济带城市环境治理水平下游区各三级指标的得分比较情况1

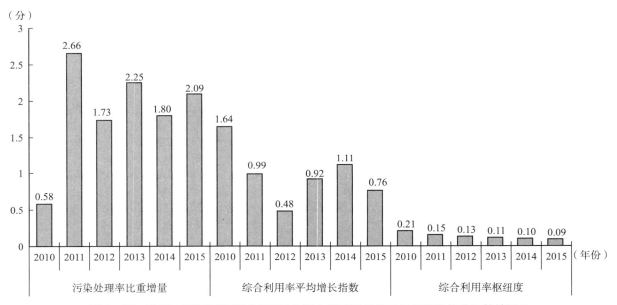

图1-65 珠江-西江经济带城市环境治理水平下游区各三级指标的得分比较情况2

由图1-66可以看到珠江-西江经济带城市环境治理水平下游区各项三级指标的平均得分变化趋势。2010～2015年珠江-西江经济带环保支出规模强度下游区的得分呈现持续上升的变化趋势。2010～2015年珠江-西江经济带环保支出区位商下游区的得分呈现波动下降的发展趋势。2010～2015年珠江-西江经济带环保支出职能规模下游区的得分呈现波动下降的发展趋势。2010～2015年珠江-西江经济带环保支出职能地位下游区的得分呈现波动下降的发展趋势。

从图1-67对2010～2011年珠江-西江经济带城市环境治理水平的跨区段变化进行分析，可以看到2010～2011年间云浮市由中游区下降至下游区，佛山市由下游区上升至中游区。

从图1-68对2011～2012年珠江-西江经济带城市环境治理水平的跨区段变化进行分析，可以看到2011～2012年间来宾市由上游区下降至中游区，贵港市由中游区上升至上游区，佛山市由中游区下降至下游区，云浮市由下游区上升至中游区。

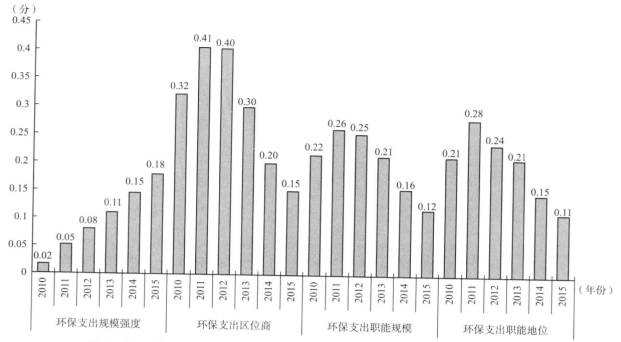

图 1－66　珠江－西江经济带城市环境治理水平下游区各三级指标的得分比较情况 3

2010 年　　　　　　　　2011 年

上游区	百色、来宾、崇左	百色、来宾、崇左	上游区
中游区	梧州、贵港、佛山、云浮、肇庆	梧州、贵港、柳州、佛山、肇庆	中游区
下游区	佛山、南宁、广州	云浮、南宁、广州	下游区

图 1－67　2010～2011 年珠江－西江经济带
城市环境治理水平大幅度变动情况

2012 年　　　　　　　　2013 年

上游区	百色、贵港、崇左	百色、梧州、崇左	上游区
中游区	梧州、来宾、柳州、云浮、肇庆	佛山、来宾、柳州、云浮、广州	中游区
下游区	佛山、南宁、广州	贵港、肇庆、南宁	下游区

图 1－69　2012～2013 年珠江－西江经济带
城市环境治理水平大幅度变动情况

2011 年　　　　　　　　2012 年

上游区	百色、来宾、崇左	百色、贵港、崇左	上游区
中游区	梧州、贵港、柳州、佛山、肇庆	梧州、来宾、佛山、云浮、肇庆	中游区
下游区	云浮、南宁、广州	佛山、南宁、广州	下游区

图 1－68　2011～2012 年珠江－西江经济带
城市环境治理水平大幅度变动情况

从图 1－69 对 2012～2013 年珠江－西江经济带城市环境治理水平的跨区段变化进行分析，可以看到在 2012～2013 年间有 5 个城市的环境治理水平在珠江－西江经济带的位次发生大幅度变动。其中，贵港市由上游区下降到下游区，梧州市由中游区上升到上游区，肇庆市由中游区下降至下游区，佛山市、广州市由下游区上升至中游区。

从图 1－70 对 2013～2014 年珠江－西江经济带城市环境治理水平的跨区段变化进行分析，可以看到 2013～2014 年间有 4 个城市的环境治理水平在珠江－西江经济带的位次发生大幅度变动。其中，梧州市由上游区下降到中游区，云浮市由中游区上升到上游区，柳州市由中游区下降到下游区，贵港市由下游区上升到中游区。

2013 年　　　　　　　　2014 年

上游区	百色、梧州、崇左	百色、云浮、崇左	上游区
中游区	佛山、来宾、柳州、云浮、广州	佛山、来宾、梧州、贵港、广州	中游区
下游区	贵港、肇庆、南宁	柳州、肇庆、南宁	下游区

图 1－70　2013～2014 年珠江－西江经济带
城市环境治理水平大幅度变动情况

从图1－71对2014～2015年珠江－西江经济带城市环境治理水平的跨区段变化进行分析，可以看到2014～2015年间有2个城市的环境治理水平在珠江－西江经济带的位次发生大幅度变动。其中，佛山市由中游区下降到下游区，肇庆市由下游区上升到中游区。

从图1－72对2010～2015年珠江－西江经济带城市环境治理水平的跨区段变化进行分析，可以看到2010～2015年间有2个城市的环境治理水平在珠江－西江经济带的位次发生大幅度变动。其中，柳州市由中游区下降到下游区，云浮市由中游区上升到上游区。

图1－71　2014～2015年珠江－西江经济带
城市环境治理水平大幅度变动情况

图1－72　2010～2015年珠江－西江经济带
城市环境治理水平大幅度变动情况

第二章　南宁市生态环境建设水平综合评估

一、南宁市生态绿化建设水平综合评估与比较

（一）南宁市生态绿化建设水平评估指标变化趋势评析

通过对客观性直接可测量指标的简单测算得到指标体系第三层要素层指标，在评价过程中研究所使用的数据为国家现行统计体系中公开发布的指标数据，主要来自《中国城市统计年鉴》（2011~2016）、《中国区域经济年鉴》（2011~2014）、《广西统计年鉴》（2011~2016）、《广东统计年鉴》（2011~2016）以及各城市的各年度国民经济发展统计公报数据。对南宁市、柳州市、梧州市、贵港市、百色市、来宾市、崇左市、广州市、佛山市、肇庆市、云浮市11个城市的18个三级指标进行细致分析，定量研究后对每个城市、每个指标均绘制相应的折线图，方便更加了解其趋势变动情况。

1. 城镇绿化扩张弹性系数

根据图2-1分析可知，2010~2015年南宁市城镇绿化扩张弹性系数总体上呈现波动保持型的状态。波动保持型指标意味着城市在该项指标上虽然呈现波动状态，但在评价末期和评价初期的数值基本保持一致，由该图可知南宁市城镇绿化扩张弹性系数数值保持在0~88.787。即使南宁市城镇绿化扩张弹性系数存在过最低值，其数值为0，但南宁市在城镇绿化扩张弹性系数上总体表现相对平稳；说明该地区城镇绿化能力及活力持续又稳定。

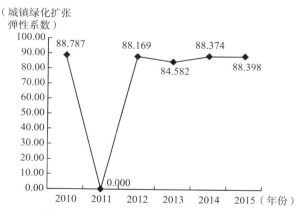

图2-1　2010~2015年南宁市城镇绿化扩张弹性系数变化趋势

2. 生态绿化强度

根据图2-2分析可知，2010~2015年南宁市的生态绿化强度总体上呈现波动下降型的状态。2010~2015年城市在该项指标上总体呈现下降趋势，但在评估期间存在上下波动的情况，指标并非连续性下降状态。波动下降型指标意味着在评估期间，虽然指标数据存在较大波动变化，但是其评价末期数据值低于评价初期数据值。如图所示，南宁市生态绿化强度指标处于不断下降的状态中，2010年此指标数值最高，为18.174，到2015年下降至15.003。分析这种变化趋势，可以得出南宁市环境发展的水平处于劣势，生态绿化水平不断下降，城市的发展活力仍待提升。

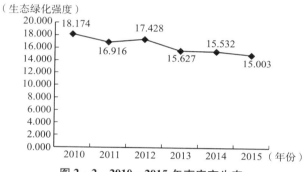

图2-2　2010~2015年南宁市生态绿化强度变化趋势

3. 城镇绿化动态变化

根据图2-3分析可知，2010~2015年南宁市城镇绿化动态变化总体上呈现波动下降型的状态。2010~2015年城市在该项指标上总体呈现下降趋势，但在期间存在上下波动的情况，并非连续性下降状态。这就意味着在评估的时

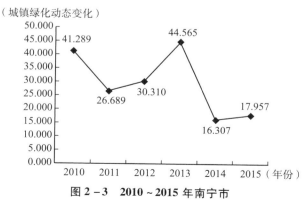

图2-3　2010~2015年南宁市城镇绿化动态变化趋势

间段内，虽然指标数据存在较大的波动，但是其评价末期数据值低于评价初期数据值。南宁市的城镇绿化末期低于初期的数据，降低 25 个单位左右，并且在2013～2014 年存在明显下降的变化，这说明南宁市城镇绿化动态变化情况处于不太稳定的下降状态。

4. 绿化扩张强度

根据图 2－4 分析可知，2010～2015 年南宁市绿化扩张强度总体上呈现波动下降型的状态。2010～2015 年城市在该项指标上总体呈现下降趋势，但在期间存在上下波动的情况，并非连续性下降状态。这就意味着在评估的时间段内，虽然指标数据存在较大的波动，但是其评价末期数据值低于评价初期数据值。南宁市的绿化扩张强度末期低于初期的数据，降低 25 个单位左右，并且在 2012～2013 年存在明显下降的变化，这说明南宁市绿化扩张情况处于不太稳定的下降状态。

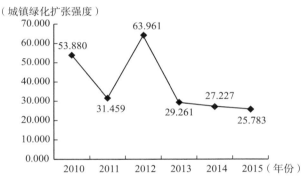

（城镇绿化扩张强度）

图 2－4　2010～2015 年南宁市绿化扩张强度变化趋势

5. 城市绿化蔓延指数

根据图 2－5 分析可知，2010～2015 年南宁市城市绿化蔓延指数总体上呈现波动保持型的状态。波动保持型指标意味着城市在该项指标上虽然呈现波动状态，在评价末期和评价初期的数值基本保持一致，其保持在 11.449～19.425。南宁市绿化蔓延指数虽然有过波动下降趋势，但下降趋势不大；这说明南宁市在城市绿化蔓延指数这个指标上表现相对稳定，也能体现出南宁市在生态环境发展和经济增长间能够协同发展。

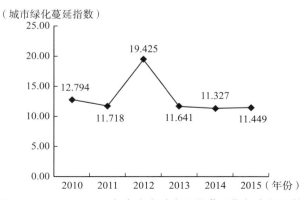

（城市绿化蔓延指数）

图 2－5　2010～2015 年南宁市城市绿化蔓延指数变化趋势

6. 环境承载力

根据图 2－6 分析可知，2010～2015 年南宁市的城市环境发展水平总体上呈现持续上升型的指标，不仅意味着城市在各项指标数据上的不断增长，更意味着城市在该项指标以及生态绿化建设水平整体上的竞争力优势不断扩大。通过该图可以看出，南宁市的城市环境承载力指标不断提高，在 2015 年达到 27.467，相较于 2010 年上升 5 个单位左右；说明南宁市的绿化面积整体密度更大、容量范围更广。

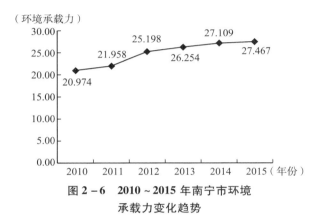

（环境承载力）

图 2－6　2010～2015 年南宁市环境承载力变化趋势

7. 城市绿化相对增长率

根据图 2－7 分析可知，2010～2015 年南宁市绿化相对增长率指数总体上呈现波动下降型的状态。2010～2015 年城市在该项指标上总体呈现下降趋势，但在期间存在上下波动的情况，并非连续性下降状态。这就意味着在评估的时间段内，虽然指标数据存在较大的波动，但是其评价末期数据值低于评价初期数据值。南宁市的城市绿化相对增长率指数末期低于初期的数据，降低 45 个单位左右，并且在 2010～2011 年存在明显下降的变化；这说明南宁市绿化相对增长率情况处于不太稳定的下降状态。

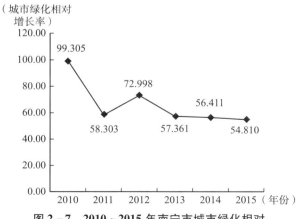

（城市绿化相对增长率）

图 2－7　2010～2015 年南宁市城市绿化相对增长率变化趋势

8. 城市绿化绝对增量加权指数

根据图2-8分析可知，2010～2015年南宁市绿化绝对增量加权指数总体上呈现波动下降型的状态。2010～2015年城市在该项指标上总体呈现下降趋势，但在期间存在上下波动的情况，并非连续性下降状态。这就意味着在评估的时间段内，虽然指标数据存在一定的波动，但是其评价末期数据值低于评价初期数据值。此折线图可以看出南宁市6年内城市绿化绝对增量加权指数变化幅度较大，城市绿化发展水平不稳定；说明城市的生态环境承载力仍待提升。

根据表2-1至表2-3可以显示出2010～2015年南宁市生态绿化建设水平在相应年份的原始值、标准值及排名情况。

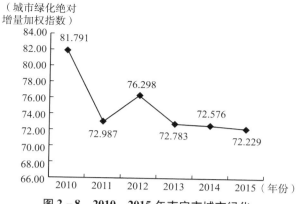

图2-8 2010～2015年南宁市城市绿化
绝对增量加权指数变化趋势

表2-1　　　　2010～2011年南宁市生态绿化建设水平各级指标排名及相关数值

指标		2010 年			2011 年		
		原始值	标准值	排名	原始值	标准值	排名
生态绿化	城镇绿化扩张弹性系数	2.093	88.787	4	-561.192	0.000	11
	生态绿化强度	1.353	18.174	2	1.262	16.916	2
	城镇绿化动态变化	0.154	41.289	1	0.072	26.689	5
	绿化扩张强度	0.001	53.880	1	0.000	31.459	10
	城市绿化蔓延指数	4.633	12.794	4	-0.111	11.718	10
	环境承载力	469066.129	20.974	2	490739.100	21.958	2
	城市绿化相对增长率	0.109	99.305	1	0.000	58.303	10
	城市绿化绝对增量加权指数	23.186	81.791	1	-0.059	72.987	10

表2-2　　　　2012～2013年南宁市生态绿化建设水平各级指标排名及相关数值

指标		2012 年			2013 年		
		原始值	标准值	排名	原始值	标准值	排名
生态绿化	城镇绿化扩张弹性系数	-1.829	88.169	11	-24.585	84.582	11
	生态绿化强度	1.299	17.428	2	1.169	15.627	2
	城镇绿化动态变化	0.092	30.310	5	0.172	44.565	2
	绿化扩张强度	0.002	63.961	1	0.000	29.261	11
	城市绿化蔓延指数	33.858	19.425	2	-0.451	11.641	10
	环境承载力	562097.106	25.198	2	585360.515	26.254	2
	城市绿化相对增长率	0.039	72.998	1	-0.003	57.361	11
	城市绿化绝对增量加权指数	8.681	76.298	1	-0.597	72.783	11

表2-3　　　　2014～2015年南宁市生态绿化建设水平各级指标排名及相关数值

指标		2014 年			2015 年		
		原始值	标准值	排名	原始值	标准值	排名
生态绿化	城镇绿化扩张弹性系数	-0.527	88.374	11	-0.376	88.398	10
	生态绿化强度	1.162	15.532	2	1.124	15.003	2
	城镇绿化动态变化	0.013	16.307	9	0.023	17.957	9
	绿化扩张强度	0.000	27.227	9	0.000	25.783	11
	城市绿化蔓延指数	-1.832	11.327	9	-1.293	11.449	9
	环境承载力	604189.015	27.109	2	612061.828	27.467	2
	城市绿化相对增长率	-0.005	56.411	9	-0.010	54.810	11
	城市绿化绝对增量加权指数	-1.144	72.576	9	-2.060	72.229	11

（二）南宁市生态绿化建设水平评估结果

根据表2-4对2010～2012年南宁市生态绿化建设水平各级指标的得分、排名、优劣度进行分析。2010年南宁市生态绿化建设水平排名处在珠江－西江经济带第1名，2011年南宁市生态绿化建设水平排名降至珠江－西江经济带第11名，2012年其排名又升至珠江－西江经济带第2名；说明南宁市生态绿化建设水平较于珠江－西江经济带其他城市处于较为领先的位置。对南宁市的生态绿化建设水平得分情况进行分析，发现南宁市生态绿化建设水平得分先下降后上升，变动幅度较大；说明南宁市生态绿化建设水平发展较不稳定。2010～2012年南宁市的生态绿化建设水平在珠江－西江经济带中在强势地位和劣势地位波动，说明南宁市的生态绿化建设水平整体稳定性仍待增强。

表2-4　　　　2010～2012年南宁市生态绿化建设水平各级指标的得分、排名及优劣度分析

指标	2010年			2011年			2012年		
	得分	排名	优劣度	得分	排名	优劣度	得分	排名	优劣度
生态绿化	27.140	1	强势	14.245	11	劣势	25.819	2	强势
城镇绿化扩张弹性系数	8.205	4	优势	0.000	11	劣势	8.216	11	劣势
生态绿化强度	0.787	2	强势	0.734	2	强势	0.780	2	强势
城镇绿化动态变化	1.864	1	强势	1.253	5	优势	1.429	5	优势
绿化扩张强度	2.596	1	强势	1.619	10	劣势	3.214	1	强势
城市绿化蔓延指数	0.524	4	优势	0.489	10	劣势	0.802	2	强势
环境承载力	0.873	2	强势	0.929	2	强势	1.079	2	强势
城市绿化相对增长率	6.444	1	强势	3.726	10	劣势	4.631	1	强势
城市绿化绝对增量加权指数	5.846	1	强势	5.495	10	劣势	5.666	1	强势

对南宁市生态绿化建设水平的三级指标进行分析，其中城镇绿化扩张弹性系数得分排名呈现出先下降后保持的发展趋势。对南宁市城镇绿化扩张弹性系数的得分情况进行分析，发现南宁市城镇绿化扩张弹性系数得分波动上升；说明南宁市的城市环境与城市面积之间呈现协调发展的关系，城市的绿化扩张越来越合理。

生态绿化强度得分排名呈现出持续保持的趋势。对南宁市生态绿化强度的得分情况进行分析，发现南宁市在生态绿化强度的得分波动下降；说明南宁市的生态绿化强度不断降低，城市公园绿地的优势不断降低，城市活力仍待提升。

城镇绿化动态变化得分排名呈现出先下降后保持的趋势。对南宁市城镇绿化动态变化的得分情况进行分析，发现南宁市在城镇绿化动态变化的得分波动下降；说明南宁市的城市绿化面积减小，与此显示出南宁市的经济活力和城市规模的不断缩小。

绿化扩张强度得分排名呈现出波动保持的趋势。对南宁市绿化扩张强度的得分情况进行分析，发现南宁市在绿化扩张强度的得分波动上升；说明南宁在推进城市绿化建设方面存在较大的提升空间。

城市绿化蔓延指数得分排名呈现波动上升的趋势。对南宁市的城市绿化蔓延指数的得分情况进行分析，发现南宁市的城市绿化蔓延指数的得分波动上升，分值变动幅度较大，说明城市的城市绿化蔓延指数稳定性较低，但仍存在较大的提升空间。

环境承载力得分排名呈现出持续保持的趋势。对南宁市环境承载力的得分情况进行分析，发现南宁市在环境承载力的得分持续上升；说明2010～2012年南宁市的环境承载力不断提高，并存在一定的提升空间。

城市绿化相对增长率得分排名呈现出波动保持的趋势。对南宁市绿化相对增长率的得分情况进行分析，发现南宁市在城市绿化相对增长率的得分波动下降，分值变动幅度较大；说明2010～2012年南宁市的城市绿化面积不断减小。

城市绿化绝对增量加权指数得分排名呈现出波动保持的趋势。对南宁市的城市绿化绝对增量加权指数的得分情况进行分析，发现南宁市在城市绿化绝对增量加权指数的得分波动下降，变化幅度较小；说明2010～2012年南宁市的城市绿化要素集中度较低，城市绿化变化增长趋向于分散型发展。

根据表2-5对2013～2015年南宁市生态绿化建设水平各级指标的得分、排名和优劣度进行分析。2013～2015年南宁市生态绿化建设水平排名均处在珠江－西江经济带第4名，说明南宁市生态绿化建设水平较于珠江－西江经济带其他城市高且稳定。对南宁市的生态绿化建设水平得分情况进行分析，发现南宁市生态绿化建设水平综合得分波动下降，说明南宁市生态绿化建设水平仍待提升。2013～2015年南宁市的生态绿化建设水平在珠江－西江经济带中一直处于优势地位；说明南宁市的生态绿化建设水平整体趋于平稳。

表2-5　　　　2013～2015年南宁市生态绿化建设水平各级指标的得分、排名及优劣度分析

指标	2013年			2014年			2015年		
	得分	排名	优劣度	得分	排名	优劣度	得分	排名	优劣度
生态绿化	22.453	4	优势	21.375	4	优势	21.587	4	优势

续表

指标	2013 年			2014 年			2015 年		
	得分	排名	优劣度	得分	排名	优劣度	得分	排名	优劣度
城镇绿化扩张弹性系数	7.698	11	劣势	8.108	11	劣势	7.850	10	劣势
生态绿化强度	0.707	2	强势	0.707	2	强势	0.660	2	强势
城镇绿化动态变化	2.066	2	强势	0.822	9	劣势	0.803	9	劣势
绿化扩张强度	1.411	11	劣势	1.291	9	劣势	1.437	11	劣势
城市绿化蔓延指数	0.556	10	劣势	0.473	9	劣势	0.477	9	劣势
环境承载力	1.132	2	强势	1.191	2	强势	1.211	2	强势
城市绿化相对增长率	3.547	11	劣势	3.459	9	劣势	3.695	11	劣势
城市绿化绝对增量加权指数	5.336	11	劣势	5.323	9	劣势	5.453	11	劣势

对南宁市生态绿化建设水平的三级指标进行分析，其中城镇绿化扩张弹性系数得分排名呈现出先保持后上升的发展趋势。对南宁市城镇绿化扩张弹性系数的得分情况进行分析，发现南宁市的城镇绿化扩张弹性系数得分波动上升；说明南宁市的城市环境与城市面积之间呈现协调发展的关系，城市的绿化扩张越来越合理。

生态绿化强度得分排名呈现出持续保持的趋势。对南宁市生态绿化强度得分情况进行分析，发现南宁市的生态绿化强度得分在波动下降；说明南宁市生态绿化强度存在一定的提升空间。

城镇绿化动态变化得分排名呈现先下降后保持的趋势。对南宁市城镇绿化动态变化的得分情况进行分析，发现南宁市城镇绿化动态变化的得分持续下降；说明城市的城镇绿化动态变化不断降低，城市绿化面积的增加变小，相应的呈现出城市经济活力和城市规模的不断减小。

绿化扩张强度得分排名呈现出波动保持的趋势。对南宁市的绿化扩张强度得分情况进行分析，发现南宁市在绿化扩张强度上的得分波动上升；说明南宁市的绿化用地面积增长速率得到提高，相对应的呈现出城市城镇绿化能力及活力的不断扩大。

城市绿化蔓延指数得分排名呈现出先上升后保持的趋势。对南宁市的城市绿化蔓延指数的得分情况进行分析，发现南宁市在城市绿化蔓延指数的得分波动下降。

环境承载力得分排名呈现出持续保持的趋势。对南宁市环境承载力的得分情况进行分析，发现南宁市在环境承载力上的得分持续上升；说明 2013～2015 年南宁市环境承载力不断提高，城市的绿化面积整体密度、容量范围也在不断扩大。

城市绿化相对增长率得分排名呈现出波动保持的趋势。对南宁市的城市绿化相对增长率得分情况进行分析，发现南宁市在城市绿化相对增长率的得分波动上升；说明南宁市绿化面积增长速率不断提高，城市绿化面积不断扩大。

城市绿化绝对增量加权指数得分排名呈现出波动保持的趋势。对南宁市的城市绿化绝对增量加权指数的得分情况进行分析，发现南宁市在城市绿化绝对增量加权指数的得分波动上升；说明南宁市的城市绿化绝对增量加权指数不断提高，城市的绿化要素集中度不断提高，城市绿化变化增长趋向于密集型发展。

对 2010～2015 年南宁市生态绿化建设水平及各三级指标的得分、排名和优劣度进行分析。2010 年南宁市生态绿化建设水平得分排名处在珠江－西江经济带第 1 名，2011 年其排名降至珠江－西江经济带第 11 名，2012 年其排名升至珠江－西江经济带第 2 名，2013～2015 年其排名均降至珠江－西江经济带第 4 名。2010～2015 年南宁市生态绿化建设水平得分排名在珠江－西江经济带介于上游区、中游区和下游区波动，城市生态绿化建设水平也一直在强势、优势和劣势地位波动，说明南宁市生态绿化建设水平发展较之于珠江－西江经济带的其他城市具有较高的竞争优势。对南宁市的生态绿化建设水平得分情况进行分析，发现南宁市的生态绿化建设水平得分呈现波动下降的发展趋势，2010～2015 年南宁市的生态绿化建设水平得分呈频繁升降的趋势，说明南宁市生态绿化建设水平稳定性有待提升。

从生态绿化基础指标的优劣度结构来看（见表 2－6），在 8 个基础指标中，指标的优劣度结构为 25.0∶0.0∶0.0∶75.0。

表 2－6　　　　　　　　2015 年南宁市生态绿化建设水平指标的优劣度结构

二级指标	三级指标数	强势指标		优势指标		中势指标		劣势指标		优劣度
		个数	比重（%）	个数	比重（%）	个数	比重（%）	个数	比重（%）	
生态绿化	8	2	25.000	0	0.000	0	0.000	6	75.000	优势

（三）南宁市生态绿化建设水平比较分析

图 2－9 和图 2－10 将 2010～2015 年南宁市生态绿化建设水平与珠江－西江经济带最高水平和平均水平进行比较。

从生态绿化建设水平的要素得分比较来看，由图 2－9 可知，2010 年，南宁市城镇绿化扩张弹性系数得分比珠江－西江经济带最高分低 0.071 分，比平均分高 0.008 分；2011 年，城镇绿化扩张弹性系数得分比最高分低 8.965 分，比平均分低

7.339 分；2012 年，城镇绿化扩张弹性系数得分比最高分低 0.455 分，比平均分低 0.097 分；2013 年，城镇绿化扩张弹性系数得分比最高分低 0.402 分，比平均分低 0.336 分；2014 年，城镇绿化扩张弹性系数得分比最高分低 0.028 分，比平均分低 0.014 分；2015 年，城镇绿化扩张弹性系数得分比最高分低 0.217 分，比平均分低 0.028 分。这说明整体上南宁市城镇绿化扩张弹性系数得分与珠江－西江经济带最高分的差距波动增大，与珠江－西江经济带平均分的差距波动增大。

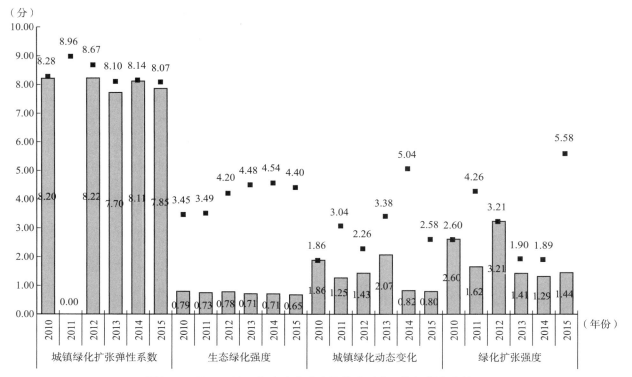

图 2－9 2010～2015 年南宁市生态绿化建设水平指标得分比较 1

注：■为最高分，下同。

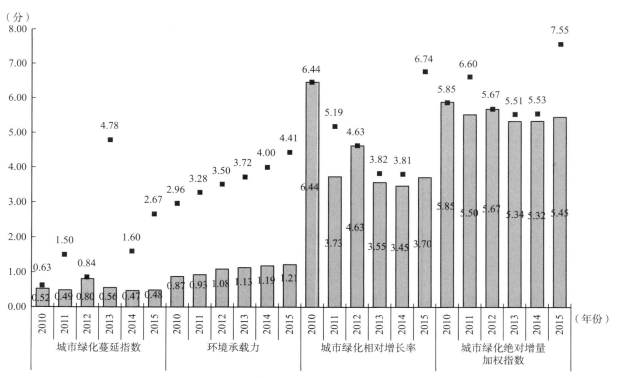

图 2－10 2010～2015 年南宁市生态绿化建设水平指标得分比较 2

2010 年，南宁市生态绿化强度得分比珠江 - 西江经济带最高分低 2.663 分，比平均分高 0.212 分；2011 年，生态绿化强度得分比最高分低 2.759 分，比平均分高 0.157 分；2012 年，生态绿化强度得分比最高分低 3.420 分，比平均分高 0.185 分；2013 年，生态绿化强度得分比最高分低 3.778 分，比平均分高 0.106 分；2014 年，生态绿化强度得分比最高分低 3.835 分，比平均分高 0.102 分；2015 年，生态绿化强度得分比最高分低 3.737 分，比平均分高 0.075 分。这说明整体上南宁市生态绿化强度得分与珠江 - 西江经济带最高分的差距波动增大，与珠江 - 西江经济带平均分的差距波动减小。

2010 年，南宁市城镇绿化动态变化得分为珠江 - 西江经济带最高分，比平均分高 0.784 分；2011 年，城镇绿化动态变化得分比最高分低 1.789 分，比平均分低 0.013 分；2012 年，城镇绿化动态变化得分比最高分低 0.835 分，比平均分高 0.077 分；2013 年，城镇绿化动态变化得分比最高分低 1.315 分，比平均分高 0.889 分；2014 年，城镇绿化动态变化得分比最高分低 4.221 分，比平均分低 0.640 分；2015 年，城镇绿化动态变化得分比最高分低 1.778 分，比平均分低 0.386 分。这说明整体上南宁市城镇绿化动态变化得分与珠江 - 西江经济带最高分的差距波动增大，与珠江 - 西江经济带平均分的差距波动减小。

2010 年，南宁市绿化扩张强度得分为珠江 - 西江经济带最高分，比平均分高 1.084 分；2011 年，绿化扩张强度得分比最高分低 2.642 分，比平均分低 0.285 分；2012 年，绿化扩张强度得分为珠江 - 西江经济带最高分，比平均分高 1.382 分；2013 年，绿化扩张强度得分比最高分低 0.493 分，比平均分低 0.203 分；2014 年，绿化扩张强度得分比最高分低 0.604 分，比平均分低 0.159 分；2015 年，绿化扩张强度得分比最高分低 4.138 分，比平均分低 1.007 分。这说明整体上南宁市绿化扩张强度得分与珠江 - 西江经济带最高分的差距波动增大，与珠江 - 西江经济带平均分的差距波动减小。

由图 2 - 10 可知，2010 年，南宁绿化蔓延指数得分比珠江 - 西江经济带最高分低 0.107 分，比平均分高 0.048 分；2011 年，城市绿化蔓延指数得分比最高分低 1.010 分，比平均分低 0.092 分；2012 年，城市绿化蔓延指数得分比最高分低 0.042 分，比平均分高 0.279 分；2013 年，城市绿化蔓延指数得分比最高分低 4.221 分，比平均分低 0.486 分；2014 年，城市绿化蔓延指数得分比最高分低 1.123 分，比平均分低 0.127 分；2015 年，城市绿化蔓延指数得分比最高分低 2.189 分，比平均分低 0.223 分。这说明整体上南宁市绿化蔓延指数得分与珠江 - 西江经济带最高分的差距波动增大，与珠江 - 西江经济带平均分的差距波动增大。

2010 年，南宁市环境承载力得分比珠江 - 西江经济带最高分低 2.085 分，比平均分高 0.487 分；2011 年，环境承载力得分比最高分低 2.353 分，比平均分高 0.503 分；2012 年，环境承载力得分比最高分低 2.419 分，比平均分高 0.614 分；2013 年，环境承载力得分比最高分低 2.586

分，比平均分高 0.634 分；2014 年，环境承载力得分比最高分低 2.805 分，比平均分高 0.664 分；2015 年，环境承载力得分比最高分低 3.198 分，比平均分高 0.616 分。这说明整体上南宁市环境承载力得分与珠江 - 西江经济带最高分的差距持续增大，与珠江 - 西江经济带平均分的差距波动增大。

2010 年，南宁市绿化相对增长率得分为珠江 - 西江经济带最高分，比平均分高 2.691 分；2011 年，城市绿化相对增长率得分比最高分低 1.460 分，比平均分低 0.157 分；2012 年，城市绿化相对增长率得分为珠江 - 西江经济带最高分，比平均分高 0.789 分；2013 年，城市绿化相对增长率得分比最高分低 0.272 分，比平均分低 0.112 分；2014 年，城市绿化相对增长率得分比最高分低 0.349 分，比平均分低 0.092 分；2015 年，城市绿化相对增长率得分比最高分低 3.047 分，比平均分低 0.741 分。这说明整体上南宁市绿化相对增长率得分与珠江 - 西江经济带最高分的差距波动增大，与珠江 - 西江经济带平均分的差距波动减小。

2010 年，南宁市绿化绝对增量加权指数得分为珠江 - 西江经济带最高分，比平均分高 1.023 分；2011 年，城市绿化绝对增量加权指数得分比最高分低 1.107 分，比平均分低 0.113 分；2012 年，城市绿化绝对增量加权指数得分为最高分，比平均分高 0.189 分；2013 年，城市绿化绝对增量加权指数得分比最高分低 0.176 分，比平均分低 0.045 分；2014 年，城市绿化绝对增量加权指数得分比最高分低 0.208 分，比平均分低 0.037 分；2015 年，城市绿化绝对增量加权指数得分比最高分低 2.097 分，比平均分低 0.343 分。这说明整体上南宁市绿化绝对增量加权指数得分与珠江 - 西江经济带最高分的差距波动增大，与珠江 - 西江经济带平均分的差距波动减小。

二、南宁市环境治理水平综合评估与比较

（一）南宁市环境治理水平评估指标变化趋势评析

1. 地区环境相对损害指数（EVI）

根据图 2 - 11 分析可知，2010 ~ 2015 年南宁市地区环境相对损害指数（EVI）总体上呈现波动上升型的状态。2010 ~ 2015 年城市在这一类型指标上存在一定的波动变化，总体趋势为上升趋势，但在个别年份出现下降的情况，指标并非连续性上升状态。波动上升型指标意味着在评价的时间段内，虽然指标数据存在较大的波动变化，但是其评价末期数据值高于评价初期数据值。南宁市在 2010 ~ 2011 年虽然出现下降的状况，2011 年为 91.999，但是总体上还是呈现上升的态势，最终稳定在 96.256。地区环境相对损害指数（EVI）越大，说明城市的生态环境保护能力仍待提升，对于南宁市来说，其城市生态环境发展潜力也越大。

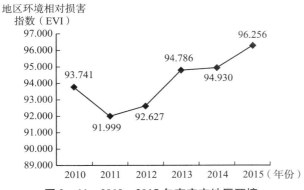

图 2－11　2010～2015 年南宁市地区环境
相对损害指数（EVI）变化趋势

2. 单位 GDP 消耗能源

根据图 2－12 分析可知，2010～2015 年南宁市的单位 GDP 消耗能源总体上呈现持续上升型的状态。处于持续上升型的指标，不仅意味着城市在各项指标数据上的不断增长，更意味着城市在该项指标以及生态保护实力整体上的竞争力优势不断扩大。通过折线图可以看出，南宁市的单位 GDP 消耗能源指标数值不断提高，在 2015 年达到 53.384，相较于 2010 年上升 10 个单位左右；说明南宁市的整体发展水平较高，城市的发展活力较高，其城镇化发展的潜力较大。

图 2－12　2010～2015 年南宁市单位
GDP 消耗能源变化趋势

3. 环保支出水平

根据图 2－13 分析可知，2010～2015 年南宁市环保支出水平指数总体上呈现波动下降型的状态。2010～2015 年城市在该项指标上总体呈现下降趋势，但在评估期间存在上下波动的情况，并非连续性下降状态。这就意味着在评估的时间段内，虽然指标数据存在较大的波动化，但是其评价末期数据值低于评价初期数据值。南宁市的环保支出水平指数末期低于初期的数据，降低 2个单位左右，并且在 2013～2014 年存在明显下降的变化，这说明南宁市环保支出水平情况处于不太稳定的下降状态。

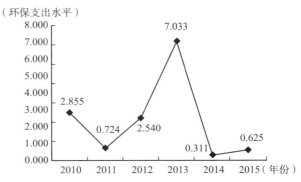

图 2－13　2010～2015 年南宁市环保
支出水平变化趋势

4. 污染处理率比重增量

根据图 2－14 分析可知，2010～2015 年南宁市污染处理率比重增量总体上呈现波动上升型的状态。2010～2015 年城市在这一类型指标上存在一定的波动变化，总体趋势为上升趋势，但在个别年份出现下降的情况，指标并非连续性上升状态。波动上升型指标意味着在评价的时间段内，虽然指标数据存在较大的波动变化，但是其评价末期数据值高于评价初期数据值。南宁市在 2011～2012 年虽然出现下降的状况，2012 年为 27.346，但是总体上还是呈现上升的态势，最终稳定在 41.109。污染处理率比重增量越大，说明城市的环保发展水平越高，对于南宁市来说，其城市生态保护发展潜力越大。

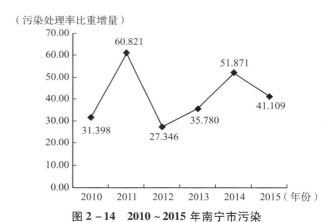

图 2－14　2010～2015 年南宁市污染
处理率比重增量变化趋势

5. 综合利用率平均增长指数

根据图 2－15 分析可知，2010～2015 年南宁市综合利用率平均增长指数总体上呈现波动保持型的状态。波动保持型指标意味着城市在该项指标上虽然呈现波动状态，在评价末期和评价初期的数值基本保持一致，由该图可知南宁市综合利用率平均增长指数数值保持 11.212～39.391。即使南宁市综合利用率平均增长指数存在过最低值，其数值为 11.212，但南宁市在综合利用率平均增长指数上总体表现相对平稳；说明该地区城镇生态绿化建设能力及活力持续又稳定。

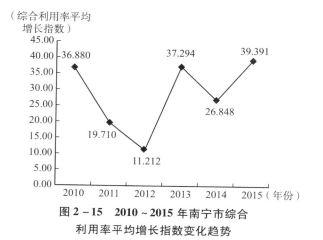

（综合利用率平均
增长指数）

图 2 - 15　2010～2015 年南宁市综合
利用率平均增长指数变化趋势

（环保支出规模强度）

图 2 - 17　2010～2015 年南宁市环保支出
规模强度变化趋势

6. 综合利用率枢纽度

根据图 2 - 16 分析可知，2010～2015 年南宁市的综合利用率枢纽度总体上呈现持续下降型的状态。处于持续下降型的指标，意味着城市在该项指标上不断处在劣势状态，并且这一状况并未得到改善。如图所示，南宁市综合利用率枢纽度指标处于不断下降的状态，2010 年此指标数值最高，为 8.376，到 2015 年下降至 4.369。分析这种变化趋势，可以说明南宁市综合利用率发展的水平仍待提升。

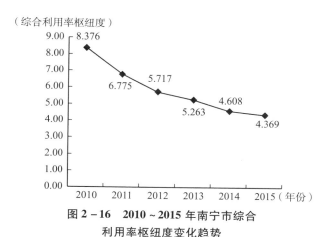

（综合利用率枢纽度）

图 2 - 16　2010～2015 年南宁市综合
利用率枢纽度变化趋势

7. 环保支出规模强度

根据图 2 - 17 分析可知，2010～2015 年南宁市环保支出规模强度总体上呈现波动上升型的状态。2010～2015 年城市在这一类型指标上存在一定的波动变化，总体趋势为上升趋势，但在个别年份出现下降的情况，指标并非连续性上升状态。波动上升型指标意味着在评价的时间段内，虽然指标数据存在较大的波动变化，但是其评价末期数据值高于评价初期数据值。南宁市在 2013～2014 年虽然出现下降的状况，2014 年为 7.466，但是总体上还是呈现上升的态势，最终稳定在 8.502。环保支出规模强度越大，说明城市的环保支出水平越高，对于南宁市来说，其城市生态保护发展潜力越大。

8. 环保支出区位商

根据图 2 - 18 分析可知，2010～2015 年南宁市环保支出区位商指数总体上呈现波动下降型的状态。2010～2015 年城市在该项指标上总体呈现下降趋势，但在评估期间存在上下波动的情况，并非连续性下降状态。这就意味着在评估的时间段内，虽然指标数据存在较大的波动，但是其评价末期数据值低于评价初期数据值。南宁市的环保支出区位商指数末期低于初期的数据，降低 1 个单位左右，并且在 2013～2014 年存在明显下降的变化；这说明南宁市环保支出区位商情况处于不太稳定的下降状态。

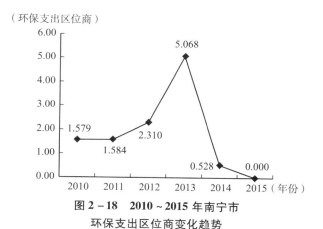

（环保支出区位商）

图 2 - 18　2010～2015 年南宁市
环保支出区位商变化趋势

9. 环保支出职能规模

根据图 2 - 19 分析可知，2010～2015 年南宁市环保支出职能规模指数总体上呈现波动下降型的状态。这种状态表现为 2010～2015 年城市在该项指标上总体呈现下降趋势，但在评估期间存在上下波动的情况，并非连续性下降状态。这就意味着在评估的时间段内，虽然指标数据存在较大的波动化，但是其评价末期数据值低于评价初期数据值。南宁市的环保支出职能规模指数末期低于初期的数据，降低 2 个单位左右，并且在 2013～2015 年存在明显下降的变化；这说明南宁市环保支出职能规模情况处于不太稳定的下降状态，城市发展所具备的环保支出能力仍待提升。

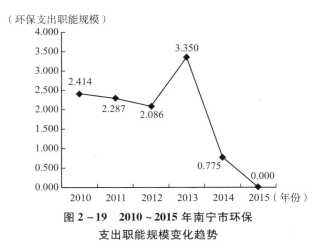

（环保支出职能规模）

图 2－19　2010～2015 年南宁市环保
支出职能规模变化趋势

10. 环保支出职能地位

根据图 2－20 分析可知，2010～2015 年南宁市环保支出职能地位指数总体上呈现波动下降型的状态。这种状态表现为在 2010～2015 年城市在该项指标上总体呈现下降趋势，但在评估期间存在上下波动的情况，并非连续性下降状态。这就意味着在评估的时间段内，虽然指标数据存

在较大的波动，但是其评价末期数据值低于评价初期数据值。南宁市的环保支出职能地位指数末期低于初期的数据，降低 2 个单位左右，并且在 2013～2015 年存在明显下降的变化，这说明南宁市环保支出职能地位情况处于不太稳定的下降状态，城市发展具备的生态绿化及环境治理方面的潜力仍待增强。

（环保支出职能地位）

图 2－20　2010～2015 年南宁市环保
支出职能地位变化趋势

根据表 2－7 至表 2－9 可以显示出 2010～2015 年南宁市环境治理水平在相应年份的原始值、标准值及排名情况。

表 2－7　　　　　　2010～2011 年南宁市环境治理水平各级指标排名及相关数值

指标		2010 年			2011 年		
		原始值	标准值	排名	原始值	标准值	排名
环境治理	地区环境相对损害指数（EVI）	1.175	93.741	5	1.426	91.999	6
	单位 GDP 消耗能源	0.015	41.893	7	0.014	44.289	8
	环保支出水平	0.002	2.855	11	0.001	0.724	11
	污染处理率比重增量	－0.017	31.398	7	0.052	60.821	3
	综合利用率平均增长指数	0.000	36.880	9	0.000	19.710	10
	综合利用率枢纽度	0.000	8.376	9	0.000	6.775	9
	环保支出规模强度	－0.411	4.437	6	－0.389	4.842	6
	环保支出区位商	0.685	1.579	11	0.685	1.584	11
	环保支出职能规模	－9150.583	2.414	11	－9709.759	2.287	11
	环保支出职能地位	－0.012	2.132	11	－0.014	1.653	11

表 2－8　　　　　　2012～2013 年南宁市环境治理水平各级指标排名及相关数值

指标		2012 年			2013 年		
		原始值	标准值	排名	原始值	标准值	排名
环境治理	地区环境相对损害指数（EVI）	1.336	92.627	5	1.025	94.786	5
	单位 GDP 消耗能源	0.014	44.401	8	0.013	51.252	7
	环保支出水平	0.002	2.540	11	0.002	7.033	10
	污染处理率比重增量	－0.026	27.346	10	－0.007	35.780	11
	综合利用率平均增长指数	0.000	11.212	10	0.000	37.294	4
	综合利用率枢纽度	0.000	5.717	9	0.000	5.263	9
	环保支出规模强度	－0.279	6.791	6	－0.059	10.732	4
	环保支出区位商	0.733	2.310	11	0.912	5.068	10
	环保支出职能规模	－10588.396	2.086	11	－5053.425	3.350	11
	环保支出职能地位	－0.012	2.128	11	－0.006	3.121	11

表 2-9　　　　　　　　　　　2014~2015 年南宁市环境治理水平各级指标排名及相关数值

指标		2014 年			2015 年		
		原始值	标准值	排名	原始值	标准值	排名
环境治理	地区环境相对损害指数（EVI）	1.004	94.930	7	0.813	96.256	6
	单位 GDP 消耗能源	0.013	51.971	6	0.013	53.384	8
	环保支出水平	0.001	0.311	11	0.001	0.625	10
	污染处理率比重增量	0.031	51.871	3	0.006	41.109	10
	综合利用率平均增长指数	0.000	26.848	8	0.000	39.391	4
	综合利用率枢纽度	0.000	4.608	9	0.000	4.369	9
	环保支出规模强度	-0.242	7.466	5	-0.184	8.502	5
	环保支出区位商	0.617	0.528	11	0.583	0.000	11
	环保支出职能规模	-16330.548	0.775	11	-19726.969	0.000	11
	环保支出职能地位	-0.018	0.876	11	-0.023	0.000	11

（二）南宁市环境治理水平评估结果

根据表 2-10 对 2010~2012 年南宁市环境治理水平各级指标得分、排名、优劣度进行分析。2010 年南宁市环境治理水平排名处在珠江-西江经济带第 10 名，2011~2012 年南宁市环境治理水平排名均降至珠江-西江经济带第 11

名，说明南宁市环境治理水平较于珠江-西江经济带其他城市发展态势差。对南宁市的环境治理水平得分情况作出分析，发现南宁市环境治理水平得分波动下降，说明南宁市环境治理水平仍待提升。2010~2012 年间南宁市的环境治理水平在珠江-西江经济带中一直处于劣势地位，说明南宁市的环境治理水平提升仍存在较大的发展空间。

表 2-10　　　　　　　2010~2012 年南宁市环境治理水平各级指标的得分、排名及优劣度分析

指标	2010 年			2011 年			2012 年		
	得分	排名	优劣度	得分	排名	优劣度	得分	排名	优劣度
环境治理	15.782	10	劣势	16.802	11	劣势	14.213	11	劣势
地区环境相对损害指数（EVI）	8.520	5	优势	8.302	6	中势	8.182	5	优势
单位 GDP 消耗能源	2.594	7	中势	2.765	8	中势	2.807	8	中势
环保支出水平	0.139	11	劣势	0.031	11	劣势	0.118	11	劣势
污染处理率比重增量	1.589	7	中势	3.826	3	优势	1.680	10	劣势
综合利用率平均增长指数	1.973	9	劣势	1.066	10	劣势	0.533	10	劣势
综合利用率枢纽度	0.482	9	劣势	0.354	9	劣势	0.293	9	劣势
环保支出规模强度	0.185	6	中势	0.205	6	中势	0.293	6	中势
环保支出区位商	0.079	11	劣势	0.074	11	劣势	0.111	11	劣势
环保支出职能规模	0.116	11	劣势	0.102	11	劣势	0.099	11	劣势
环保支出职能地位	0.105	11	劣势	0.077	11	劣势	0.098	11	劣势

对南宁市环境治理水平的三级指标进行分析，其中地区环境相对损害指数（EVI）得分排名呈现出先下降后上升的发展趋势。再对南宁市的地区环境相对损害指数（EVI）的得分情况进行分析，发现南宁市的地区环境相对损害指数（EVI）得分持续下降，说明南宁市的地区环境相对损害指数（EVI）存在较大的提升空间，在发展城市经济的同时注重环境保护需要投入更大的力度。

单位 GDP 消耗能源得分排名呈现出先下降后保持的趋势。对南宁市单位 GDP 消耗能源的得分情况进行分析，发现南宁市在单位 GDP 消耗能源的得分持续上升，说明南宁市的整体发展水平高，城市活力有所提升，环境发展潜力大。

环保支出水平得分排名呈现出持续保持的趋势。对南宁

市环保支出水平的得分情况进行分析，发现南宁市在环保支出水平的得分波动下降，说明南宁市对环境治理的财政支持能力有待提高，以促进经济发展与生态环境协调发展。

污染处理率比重增量得分排名呈现出先上升后下降的趋势。对南宁市的污染处理率比重增量的得分情况进行分析，发现南宁市在污染处理率比重增量的得分波动上升，说明南宁市在推动城市污染处理方面的力度不断提高。

综合利用率平均增长指数得分排名呈现先下降后保持的趋势。对南宁市的综合利用率平均增长指数的得分情况进行分析，发现南宁市的综合利用率平均增长指数的得分持续下降，分值变动幅度较小，说明城市的综合利用覆盖程度有待增强。

综合利用率枢纽度得分排名呈现出持续保持的趋势。

对南宁市的综合利用率枢纽度的得分情况进行分析，发现南宁市在综合利用率枢纽度的得分持续下降；说明2010~2012年南宁市的综合利用率能力不断降低，其综合利用率枢纽度发展存在较大的提升空间。

环保支出规模强度得分排名呈现出持续保持的趋势。对南宁市的环保支出规模强度的得分情况进行分析，发现南宁市在环保支出规模强度的得分持续上升；说明2010~2012年南宁市的环保支出能力不断高于地区环保支出平均水平。

环保支出区位商得分排名呈现出持续保持的趋势。对南宁市的环保支出区位商的得分情况进行分析，发现南宁市在环保支出区位商的得分波动上升；说明2010~2012年南宁市的环保支出区位商不断提升，城市所具备的环保支出能力不断提高。

环保支出职能规模得分排名呈现出持续保持的趋势。对南宁市的环保支出职能规模的得分情况进行分析，发现南宁市在环保支出职能规模的得分持续下降；说明南宁市在环保支出水平方面不断降低，城市所具备的环保支出能

力不断降低。

环保支出职能地位得分排名呈现出持续保持的趋势。对南宁市环保支出职能地位的得分情况进行分析，发现南宁市在环保支出职能地位的得分波动下降；说明南宁市在环保支出方面的地位不断降低，城市对保护环境和环境的治理能力仍待增强。

根据表2-11对2013~2015年南宁市环境治理水平各级指标得分、排名、优劣度进行分析。2013年南宁市环境治理水平排名处在珠江-西江经济带第11名，2014年南宁市环境治理水平排名升至珠江-西江经济带第10名，2015年其排名降至珠江-西江经济带第11名，说明南宁市环境治理水平较于珠江-西江经济带其他城市不具备优势。对南宁市的环境治理水平得分情况进行分析，发现南宁市环境治理水平得分波动下降；说明南宁市环境治理水平仍待提升。2013~2015年南宁市的环境治理水平在珠江-西江经济带中均处于劣势地位，说明南宁市的环境治理水平存在较大的提升空间。

表2-11　　　　　　　　2013~2015年南宁市环境治理水平各级指标的得分、排名及优劣度分析

指标	2013 年			2014 年			2015 年		
	得分	排名	优劣度	得分	排名	优劣度	得分	排名	优劣度
环境治理	17.719	11	劣势	17.121	10	劣势	17.412	11	劣势
地区环境相对损害指数（EVI）	8.850	5	优势	9.040	7	中势	8.934	6	中势
单位 GDP 消耗能源	3.390	7	中势	3.252	6	中势	3.808	8	中势
环保支出水平	0.325	10	劣势	0.015	11	劣势	0.029	10	劣势
污染处理率比重增量	2.080	11	劣势	2.818	3	优势	2.190	10	劣势
综合利用率平均增长指数	1.817	4	优势	1.331	8	中势	1.854	4	优势
综合利用率枢纽度	0.259	9	劣势	0.222	9	劣势	0.205	9	劣势
环保支出规模强度	0.470	4	优势	0.340	5	优势	0.393	5	优势
环保支出区位商	0.230	10	劣势	0.024	11	劣势	0.000	11	劣势
环保支出职能规模	0.153	11	劣势	0.038	11	劣势	0.000	11	劣势
环保支出职能地位	0.145	11	劣势	0.041	11	劣势	0.000	11	劣势

对南宁市环境治理水平的三级指标进行分析，其中地区环境相对损害指数（EVI）得分排名呈现出先下降后上升的发展趋势。对南宁市地区环境相对损害指数（EVI）的得分情况进行分析，发现南宁市的地区环境相对损害指数（EVI）得分波动上升；说明南宁市地区环境状况仍待改善，城市在发展经济的同时进行环境保护仍需注重。

单位GDP消耗能源得分排名呈现出先上升后下降的趋势。对南宁市单位GDP消耗能源的得分情况进行分析，发现南宁市在单位GDP消耗能源的得分波动上升；说明南宁市的单位GDP消耗能源有所提高，城市整体发展水平提高，城市越来越具有活力。

环保支出水平得分排名呈现出先下降后上升的趋势。对南宁市的环保支出水平的得分情况进行分析，发现南宁市在环保支出水平的得分波动下降；说明南宁市的环保支出水平不断降低，城市的环保支出源不断减少，城市对外部资源各类要素的集聚吸引能力不断降低。

污染处理率比重增量得分排名呈现出先上升后下降的

趋势。对南宁市的污染处理率比重增量的得分情况进行分析，发现南宁市在污染处理率比重增量的得分波动上升；说明南宁市整体污染处理能力方面有所提高，污染处理率比重增量仍存在较大的提升空间。

综合利用率平均增长指数得分排名呈现先下降后上升的趋势。对南宁市的综合利用率平均增长指数的得分情况进行分析，发现南宁市的综合利用率平均增长指数的得分波动上升；说明城市综合利用水平有所提升。

综合利用率枢纽度得分排名呈现出持续保持的趋势。对南宁市的综合利用率枢纽度的得分情况进行分析，发现南宁市在综合利用率枢纽度的得分持续下降；说明2013~2015年南宁市的综合利用率枢纽度存在较大的提升空间。

环保支出规模强度得分排名呈现出先下降后保持的趋势。发现南宁市在环保支出规模强度的得分波动下降；说明2013~2015年南宁市的环保支出规模强度与地区平均环保支出水平相比不断降低。

环保支出区位商得分排名呈现出先下降后保持的趋势。对南宁市的环保支出区位商的得分情况进行分析，发现南宁市在环保支出区位商的得分持续下降，说明2013～2015年南宁市环保支出区位商有所下降，环保支出水平降低。

环保支出职能规模得分排名呈现出持续保持的趋势。对南宁市的环保支出职能规模的得分情况进行分析，发现南宁市在环保支出职能规模的得分持续下降，说明南宁市的环保支出职能规模的发展仍待提升。

环保支出职能地位得分排名呈现出持续保持的趋势。对南宁市环保支出职能地位的得分情况进行分析，发现南宁市在环保支出职能地位的得分持续下降，说明南宁市对保护环境和治理环境的能力仍待提升。

对2010～2015年南宁市环境治理水平及各三级指标的得分、排名和优劣度进行分析。2010年南宁市环境治理水

平得分排名处在珠江－西江经济带第10名，2011～2013年南宁市环境治理水平得分排名均降至珠江－西江经济带第11名，2014年南宁市环境治理水平得分排名又升至珠江－西江经济带第10名，2015年南宁市环境治理水平得分排名降至珠江－西江经济带第11名。2010～2015年南宁市环境治理水平得分排名一直处在珠江－西江经济带下游区，城市环境治理水平较之于珠江－西江经济带的其他城市不具优势。对南宁市的环境治理水平得分情况进行分析，发现南宁市的环境治理水平得分呈现波动上升的发展趋势，说明南宁市环境治理水平不断提高，对环境治理的力度不断加强。

从环境治理水平基础指标的优劣度结构来看（见表2－12），在10个基础指标中，指标的优劣度结构为0.0：20.0：20.0：60.0。

表2－12　　　　　　　　　　2015年南宁市环境治理水平指标的优劣度结构

二级指标	三级指标数	强势指标		优势指标		中势指标		劣势指标		优劣度
		个数	比重（%）	个数	比重（%）	个数	比重（%）	个数	比重（%）	
环境治理	10	0	0.000	2	20.000	2	20.000	6	60.000	劣势

（三）南宁市环境治理水平比较分析

图2－21和图2－22将2010～2015年南宁市环境治理水平与珠江－西江经济带最高水平和平均水平进行比较。从环境治理水平的要素得分比较来看，由图2－21可知，2010年，南宁市地区环境相对损害指数（EVI）得分比珠江－西江经济带最高分低0.569分，比平均分高1.167分；2011年，地区环境相对损害指数（EVI）得分比最高分低0.653分，比平均分高0.879分；2012年，地区环境相对损

害指数（EVI）得分比最高分低0.488分，比平均分高1.075分；2013年，地区环境相对损害指数（EVI）得分比最高分低0.387分，比平均分高0.836分；2014年，地区环境相对损害指数（EVI）得分比最高分低0.389分，比平均分高0.825分；2015年，地区环境相对损害指数（EVI）得分比最高分低0.336分，比平均分高0.886分。这说明整体上南宁市地区环境相对损害指数（EVI）得分与珠江－西江经济带最高分的差距波动减小，与珠江－西江经济带平均分的差距波动减小。

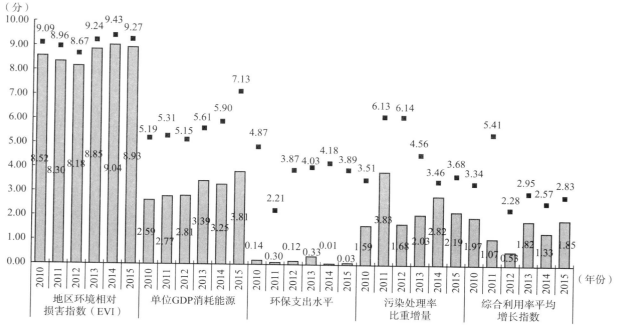

图2－21　2010～2015年南宁市环境治理水平指标得分比较1

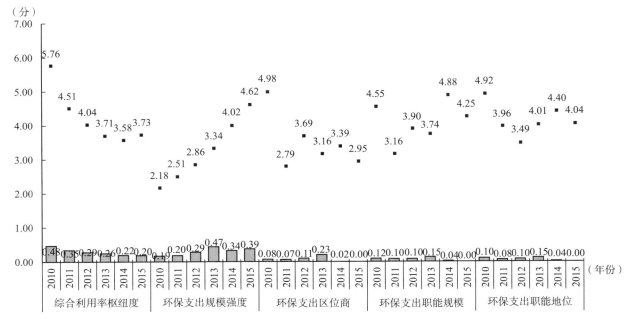

图2－22 2010～2015年南宁市环境治理水平指标得分比较2

2010年，南宁市单位GDP消耗能源得分比珠江－西江经济带最高分低2.592分，比平均分低0.678分；2011年，单位GDP消耗能源得分比最高分低2.543分，比平均分低0.550分；2012年，单位GDP消耗能源得分比最高分低2.341分，比平均分低0.717分；2013年，单位GDP消耗能源得分比最高分低2.220分，比平均分低0.545分；2014年，单位GDP消耗能源得分比最高分低2.651分，比平均分高0.158分；2015年，单位GDP消耗能源得分比最高分低3.325分，比平均分低0.755分。这说明整体上南宁市单位GDP消耗能源得分与珠江－西江经济带最高分的差距先减后增，与珠江－西江经济带平均分的差距波动增大。

2010年，南宁市环保支出水平得分比珠江－西江经济带最高分低4.732分，比平均分低0.997分；2011年，环保支出水平得分比最高分低2.174分，比平均分低0.755分；2012年，环保支出水平得分比最高分低3.753分，比平均分低0.944分；2013年，环保支出水平得分比最高分低3.707分，比平均分低0.696分；2014年，环保支出水平得分比最高分低4.165分，比平均分低1.055分；2015年，环保支出水平得分比最高分低3.859分，比平均分低1.097分。这说明整体上南宁市环保支出水平得分与珠江－西江经济带最高分的差距波动减小，与珠江－西江经济带平均分的差距波动增大。

2010年，南宁市污染处理率比重增量得分比珠江－西江经济带最高分低1.924分，比平均分低0.156分；2011年，污染处理率比重增量得分比最高分低2.307分，比平均分高0.282分；2012年，污染处理率比重增量得分比最高分低4.463分，比平均分低1.305分；2013年，污染处理率比重增量得分比最高分低2.482分，比平均分低0.914分；2014年，污染处理率比重增量得分比最高分低0.643分，比平均分高0.373分；2015年，污染处理率比重增量得分比最高分低1.486分，比平均分低0.318分。这说明整体上南宁市污染处理率比重增量得分与珠江－西江经济带

最高分的差距波动减小，与珠江－西江经济带平均分的差距波动增大。

2010年，南宁市综合利用率平均增长指数得分比珠江－西江经济带最高分低1.370分，比平均分低0.334分；2011年，综合利用率平均增长指数得分比最高分低4.340分，比平均分低0.969分；2012年，综合利用率平均增长指数得分比最高分低1.744分，比平均分低0.857分；2013年，综合利用率平均增长指数得分比最高分低1.137分，比平均分高0.208分；2014年，综合利用率平均增长指数得分比最高分低1.241分，比平均分低0.415分；2015年，综合利用率平均增长指数得分比最高分低0.980分，比平均分高0.318分。这说明整体上南宁市综合利用率平均增长指数得分与珠江－西江经济带最高分的差距波动减小，与珠江－西江经济带平均分的差距波动减小。

由图2－22可知，2010年，南宁市综合利用率枢纽度得分比珠江－西江经济带最高分低5.275分，比平均分低1.725分；2011年，综合利用率枢纽度得分比最高分低4.158分，比平均分低1.366分；2012年，综合利用率枢纽度得分比最高分低3.747分，比平均分低1.306分；2013年，综合利用率枢纽度得分比最高分低3.449分，比平均分低1.167分；2014年，综合利用率枢纽度得分比最高分低3.358分，比平均分低1.080分；2015年，综合利用率枢纽度得分比最高分低3.524分，比平均分低1.067分。这说明整体上南宁市综合利用率枢纽度得分与珠江－西江经济带最高分的差距波动减小，与珠江－西江经济带平均分的差距持续减小。

2010年，南宁市环保支出规模强度得分比珠江－西江经济带最高分低1.999分，比平均分低0.307分；2011年，环保支出规模强度得分比最高分低2.307分，比平均分低0.333分；2012年，环保支出规模强度得分比最高分低2.564分，比平均分低0.349分；2013年，环保支出规模强度得分比最高分低2.866分，比平均分低0.235分；2014年，环保支出规模强度得分比最高分低3.678分，比平均

分低 0.476 分；2015 年，环保支出规模强度得分比最高分低 4.229 分，比平均分低 0.532 分。这说明整体上南宁市环保支出规模强度得分与珠江 – 西江经济带最高分的差距持续增大，与珠江 – 西江经济带平均分的差距波动增大。

2010 年，南宁市环保支出区位商得分比珠江 – 西江经济带最高分低 4.906 分，比平均分低 1.217 分；2011 年，环保支出区位商得分比最高分低 2.717 分，比平均分低 1.145 分；2012 年，环保支出区位商得分比最高分低 3.575 分，比平均分低 1.185 分；2013 年，环保支出区位商得分比最高分 2.932 分，比平均分低 0.791 分；2014 年，环保支出区位商得分比最高分低 3.365 分，比平均分低 1.031 分；2015 年，环保支出区位商得分比最高分低 2.948 分，比平均分低 0.994 分。这说明整体上南宁市环保支出区位商得分与珠江 – 西江经济带最高分的差距波动减小，与珠江 – 西江经济带平均分的差距波动减小。

2010 年，南宁市环保支出职能规模得分比珠江 – 西江经济带最高分低 4.435 分，比平均分低 0.891 分；2011 年，环保支出职能规模得分比最高分低 3.060 分，比平均分低 0.738 分；2012 年，环保支出职能规模得分比最高分低 3.804 分，比平均分低 1.017 分；2013 年，环保支出职能规模得分比最高分低 3.591 分，比平均分低 0.805 分；2014 年，环保支出职能规模得分比最高分低 4.843 分，比平均分低 1.097 分；2015 年，环保支出职能规模得分比最高分低 4.253 分，比平均分低 1.034 分。这说明整体上南宁市环保支出职能规模得分与珠江 – 西江经济带最高分的差距波动减小，与珠江 – 西江经济带平均分的差距波动增大。

2010 年，南宁市环保支出职能地位得分比珠江 – 西江经济带最高分低 4.815 分，比平均分低 0.967 分；2011 年，环保支出职能地位得分比最高分低 3.887 分，比平均分低 0.937 分；2012 年，环保支出职能地位得分比最高分低 3.395 分，比平均分低 0.908 分；2013 年，环保支出职能地位得分比最高分低 3.869 分，比平均分低 0.868 分；2014 年，环保支出职能地位得分比最高分低 4.361 分，比平均分低 0.988 分；2015 年，环保支出职能地位得分比最高分低 4.044 分，比平均分低 0.983 分。这说明整体上南宁市环保支出职能地位得分与珠江 – 西江经济带最高分的差距波动减小，与珠江 – 西江经济带平均分的差距波动减小。

三、南宁市生态环境建设水平综合评估与比较评述

从对南宁市生态环境建设水平评估及其 2 个二级指标在珠江 – 西江经济带的排名变化和指标结构的综合分析来看，2010～2015 年南宁市生态环境板块中上升指标的数量小于下降指标的数量，上升的动力小于下降的拉力，使得 2015 年南宁市生态环境建设水平的排名呈波动下降，在珠江 – 西江经济带城市排名中位居第 11 名。

（一）南宁市生态环境建设水平概要分析

南宁市生态环境建设水平在珠江 – 西江经济带所处的位置及变化如表 2 – 13 所示，3 个二级指标的得分和排名变化如表 2 – 14 所示。

表 2 – 13　　　　　　　　　2010～2015 年南宁市生态环境建设水平一级指标比较

项目	2010 年	2011 年	2012 年	2013 年	2014 年	2015 年
排名	4	11	10	11	10	11
所属区位	中游	下游	下游	下游	下游	下游
得分	42.921	31.046	40.031	40.171	38.496	38.999
全国最高分	58.788	52.007	56.046	53.775	56.362	61.632
全国平均分	42.691	44.018	44.127	44.702	43.585	46.610
与最高分的差距	− 15.866	− 20.960	− 16.014	− 13.604	− 17.866	− 22.633
与平均分的差距	0.230	− 12.972	− 4.095	− 4.530	− 5.089	− 7.611
优劣度	优势	劣势	劣势	劣势	劣势	劣势
波动趋势	—	下降	上升	下降	上升	下降

表 2 – 14　　　　　　　　　2010～2015 年南宁市生态环境建设水平二级指标比较

年份	生态绿化		环境治理	
	得分	排名	得分	排名
2010	27.140	1	15.782	10
2011	14.245	11	16.802	11
2012	25.819	2	14.213	11
2013	22.453	4	17.719	11
2014	21.375	4	17.121	10
2015	21.587	4	17.412	11
得分变化	− 5.553	—	1.631	—
排名变化	—	− 3	—	− 1
优劣度	优势	优势	劣势	劣势

（1）从指标排名变化趋势看，2015 年南宁市生态环境建设水平评估排名在珠江－西江经济带处于第 11 名，表明其在珠江－西江经济带处于劣势地位，与 2010 年相比，排名下降 7 名。总的来看，评价期内南宁市生态环境建设水平呈现波动下降趋势。

在 2 个二级指标中，2 个指标排名波动下降，为生态绿化和环境治理，受指标排名升降的综合影响，评价期内南宁市生态环境的综合排名呈波动下降趋势，在珠江－西江经济带排名第 11 名。

（2）从指标所处区位来看，2015 年南宁市生态环境建设水平处在下游区。其中，生态绿化为优势指标，环境治理为劣势指标。

（3）从指标得分来看，2015 年南宁市生态环境建设水

平得分为 38.999 分，比珠江－西江经济带最高分低 22.633 分，比珠江－西江经济带平均分低 7.611 分；与 2010 年相比，南宁市生态环境得分下降 3.922 分，与当年最高分的差距增大，也与珠江－西江经济带平均分的差距增大。

2015 年，南宁市生态环境建设水平二级指标的得分均高于 17 分，与 2010 年相比，得分上升最多的为环境治理，上升 1.631 分；得分下降最多的为生态绿化，下降 5.553 分。

（二）南宁市生态环境建设水平指标动态变化分析

2010～2015 年南宁市生态环境建设水平评估各级指标的动态变化及其结构，如图 2－23 和表 2－15 所示。

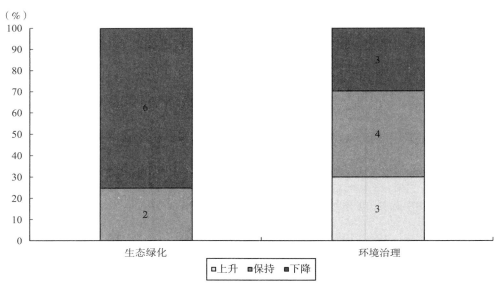

图 2－23　2010～2015 年南宁市生态环境建设水平动态变化结构

表 2－15　　　　　2010～2015 年南宁市生态环境建设水平各级指标排名变化态势比较

二级指标	三级指标数	上升指标		保持指标		下降指标	
		个数	比重（%）	个数	比重（%）	个数	比重（%）
生态绿化	8	0	0.000	2	25.000	6	75.000
环境治理	10	3	30.000	4	40.000	3	30.000
合计	18	3	16.667	6	33.333	9	50.000

从图 2－23 可以看出，南宁市生态环境建设水平评估的三级指标中下降指标的比例大于上升指标，表明下降指标居于主导地位。表 2－15 中的数据进一步说明，南宁市生态环境建设水平评估的 18 个三级指标中，上升的指标有 3 个，占指标总数的 16.667%；保持的指标有 6 个，占指标总数的 33.333%；下降的指标有 9 个，占指标总数的 50%。由于下降指标的数量大于上升指标的数量，且受变动幅度与外部因素的综合影响，评价期内南宁市生态环境建设水

平排名呈现波动下降趋势，在珠江－西江经济带位居第 11 名。

（三）南宁市生态环境建设水平评估指标变化动因分析

2015 年南宁市生态环境建设水平各级指标的优劣势变化及其结构，如图 2－24 和表 2－16 所示。

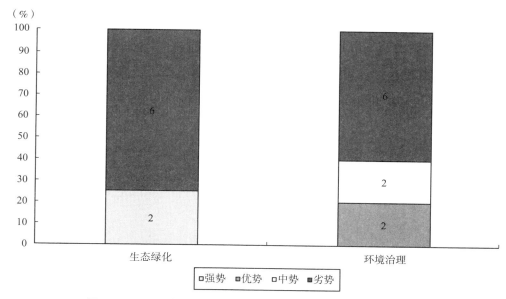

图 2 – 24　2015 年南宁市生态环境建设水平各级指标优劣度结构

表 2 – 16　　　　　　　　　　2015 年南宁市生态环境建设水平各级指标优劣度比较

二级指标	三级指标数	强势指标		优势指标		中势指标		劣势指标		优劣度
		个数	比重（%）	个数	比重（%）	个数	比重（%）	个数	比重（%）	
生态绿化	8	2	25.000	0	0.000	0	0.000	6	75.000	优势
环境治理	10	0	0.000	2	20.000	2	20.000	6	60.000	劣势
合计	18	2	11.111	2	11.111	2	11.111	12	66.667	劣势

从图 2 – 24 可以看出，2015 年南宁市生态环境建设水平评估的三级指标中势和劣势指标的比例大于强势和优势指标的比例，表明中势和劣势指标居于主导地位。表 2 – 16 中的数据进一步说明，2015 年南宁市生态环境的 18 个三级指标中，强势指标有 2 个，占指标总数的 11.111%；优势指标为 2 个，占指标总数的 11.111%；中势指标 2 个，占指标总数的 11.111%；劣势指标为 12 个，占指标总数的 66.667%；中势指标和劣势指标之和占指标总数的 77.778%，数量与比重均大于优势指标。从二级指标来看，其中，生态绿化的强势指标有 2 个，占指标总数的 25%；不存在优势指标；不存在中势指标；劣势指标为 6 个，占指标总数的 75%；中势指标和劣势指标之和占指标总数的 75%；说明生态绿化的中、劣势指标居于主导地位。环境

治理不存在强势指标；优势指标为 2 个，占指标总数的 20%；中势指标 2 个，占指标总数的 20%；劣势指标 6 个，占指标总数的 60%；中势指标和劣势指标之和占指标总数的 80%；说明环境治理的中、劣势指标处于主导地位。由于中、劣势指标比重较大，南宁市生态环境建设水平处于劣势地位，在珠江 – 西江经济带位居第 11 名，处于下游区。

为了进一步明确影响南宁市生态环境建设水平变化的具体因素，以便于对相关指标进行深入分析，为提升南宁市生态环境建设水平提供决策参考，表 2 – 17 列出生态环境建设水平评估指标体系中直接影响南宁市生态环境建设水平升降的强势指标、优势指标、中势指标和劣势指标。

表 2 – 17　　　　　　　　　　2015 年南宁市生态环境建设水平三级指标优劣度统计

指标	强势指标	优势指标	中势指标	劣势指标
生态绿化（8 个）	生态绿化强度、环境承载力（2 个）	（0 个）	（0 个）	城镇绿化扩张弹性系数、城镇绿化动态变化、绿化扩张强度、城市绿化蔓延指数、城市绿化相对增长率、城市绿化绝对增量加权指数（6 个）
环境治理（10 个）	（0 个）	综合利用率平均增长指数、环保支出规模强度（2 个）	地区环境相对损害指数（EVI）、单位 GDP 消耗能源（2 个）	环保支出水平、污染处理率比重增量、综合利用率枢纽度、环保支出区位商、环保支出相对职能规模、环保支出职能地位（6 个）

第三章 柳州市生态环境建设水平综合评估

一、柳州市生态绿化建设水平综合评估与比较

（一）柳州市生态绿化建设水平评估指标变化趋势评析

1. 城镇绿化扩张弹性系数

根据图 3-1 分析可知，2010~2015 年柳州市城镇绿化扩张弹性系数总体上呈现波动保持型的状态。波动保持型指标意味着城市在该项指标上虽然呈现波动状态，但在评价末期和评价初期的数值基本保持一致，由该图可知柳州市城镇绿化扩张弹性系数数值保持在 88.443~88.847。即使柳州市城镇绿化扩张弹性系数存在过最低值，其数值为 88.443，但柳州市在城镇绿化扩张弹性系数上总体表现相对平稳；说明该地区城镇绿化能力及活力持续又稳定。

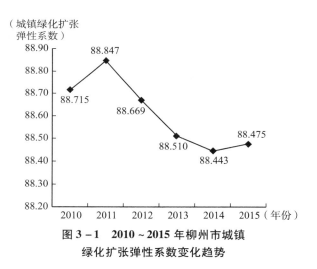

图 3-1 2010~2015 年柳州市城镇
绿化扩张弹性系数变化趋势

2. 生态绿化强度

根据图 3-2 分析可知，2010~2015 年柳州市的生态绿化强度总体上呈现持续下降型的状态。处于持续下降型的指标，意味着城市在该项指标上不断处在劣势状态，并且这一状况并未得到改善。如图所示，柳州市生态绿化强度指标处于不断下降的状态中，2010 年此指标数值最高，为 14.905，到 2015 年下降至 8.908。分析这种变化趋势，可以得出柳州市生态绿化发展的水平处于劣势，生态绿化水平不断下降，城市的发展活力仍待提升。

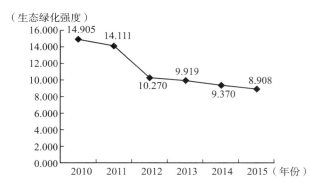

图 3-2 2010~2015 年柳州市生态绿化强度变化趋势

3. 城镇绿化动态变化

根据图 3-3 分析可知，2010~2015 年柳州市城镇绿化动态变化总体上呈现波动上升型的状态。2010~2015 年城市在这一类型指标上存在一定的波动变化，总体趋势为上升趋势，但在个别年份出现下降的情况，指标并非连续性上升状态。波动上升型指标意味着在评价的时间段内，虽然指标数据存在较大的波动变化，但是其评价末期数据值高于评价初期数据值。在 2011~2013 年柳州市虽然出现下降的状况，2013 年为 2.552，但是总体上还是呈现上升的态势，最终稳定在 25.571。对于柳州市来说，其城市生态保护发展潜力较大。

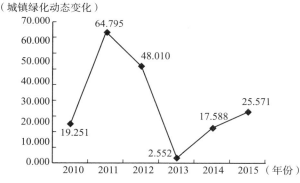

图 3-3 2010~2015 年柳州市城镇绿化动态变化趋势

4. 绿化扩张强度

根据图 3-4 分析可知，2010~2015 年柳州市绿化扩张强度总体上呈现波动上升型的状态。2010~2015 年城市在这一类型指标上存在一定的波动变化，总体趋势为上升趋势，但在个别年份出现下降的情况，指标并非连续性上升状态。波动上升型指标意味着在评价的时间段内，虽然指

标数据存在较大的波动变化，但是其评价末期数据值高于评价初期数据值。柳州市在 2013～2014 年虽然出现下降的状况，2014 年为 23.887，但是总体上还是呈现上升的态势，最终稳定在 41.626。绿化扩张强度越大，说明城市绿化能力不断提升，对于柳州市来说，其城市生态保护发展潜力越大。

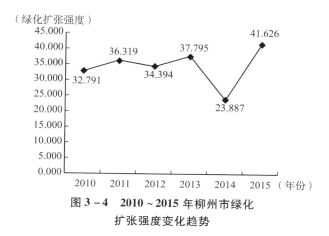

（绿化扩张强度）

图 3-4　2010～2015 年柳州市绿化
扩张强度变化趋势

5. 城市绿化蔓延指数

根据图 3-5 分析可知，2010～2015 年柳州市城市绿化蔓延指数总体上呈现波动上升型的状态。2010～2015 年城市在这一类型指标上存在一定的波动变化，总体趋势为上升趋势，但在个别年份出现下降的情况，指标并非连续性上升状态。波动上升型指标意味着在评价的时间段内，虽然指标数据存在较大的波动变化，但是其评价末期数据值要高于评价初期数据值。柳州市在 2013～2014 年虽然出现下降的状况，2014 年为 9.790，但是总体上还是呈现上升的态势，最终稳定在 16.178。对于柳州市来说，其城市生态保护发展潜力大，将强化推进生态环境发展与经济增长的协同发展。

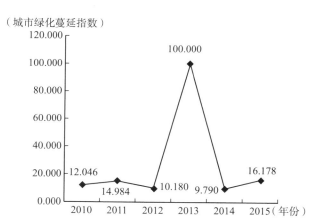

（城市绿化蔓延指数）

图 3-5　2010～2015 年柳州市城市绿化
蔓延指数变化趋势

6. 环境承载力

根据图 3-6 分析可知，2010～2015 年柳州市的环境承载力总体上呈现持续上升型的状态。2010～2015 年城市在该项指标上存在较多波动变化，总体趋势为上升趋势，但在个别年份出现下降的情况，指标并非连续性上升。波动上升型指标意味着在评估期间，虽然指标数据存在较大波动变化，但是其评价末期数据值高于评价初期数据值。通过折线图可以看出，柳州市的城市环境承载力指标不断提高，在 2015 年达到 5.187，相较于 2010 年上升 2 个单位左右；说明柳州市的绿化面积整体密度更大、容量范围更广。

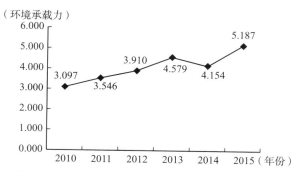

（环境承载力）

图 3-6　2010～2015 年柳州市环境承载力变化趋势

7. 城市绿化相对增长率

根据图 3-7 分析可知，2010～2015 年柳州市城市绿化相对增长率总体上呈现波动上升型的状态。2010～2015 年城市在这一类型指标上存在一定的波动变化，总体趋势为上升趋势，但在个别年份出现了下降的情况，指标并非连续性上升状态。波动上升型指标意味着在评价的时间段内，虽然指标数据存在较大的波动变化，但是其评价末期数据值要高于评价初期数据值。柳州市在 2013～2014 年虽然出现下降的状况，2014 年为 54.917，但是总体上还是呈现上升的态势，最终稳定在 64.457。城市绿化相对增长率越大，说明城市绿化面积不断扩大，对于柳州市来说，其城市生态保护发展潜力越大。

（城市绿化相对增长率）

图 3-7　2010～2015 年柳州市城市
绿化相对增长率变化趋势

8. 城市绿化绝对增量加权指数

根据图 3-8 分析可知，2010～2015 年柳州市城市绿化绝对增量加权指数总体上呈现波动上升型的状态。

2010～2015 年城市在这一类型指标上存在一定的波动变化，总体趋势为上升趋势，但在个别年份出现下降的情况，指标并非连续性上升状态。波动上升型指标意味着在评价的时间段内，虽然指标数据存在较大的波动变化，但是其评价末期数据值高于评价初期数据值。柳州市在2013～2014 年虽然出现下降的状况，2014 年为 72.103，但是总体上还是呈现上升的态势，最终稳定在 74.579。城市绿化绝对增量加权指数越大，说明柳州市生态保护发展潜力较大。

根据表 3－1～表 3－3 可以显示出 2010～2015 年柳州市生态绿化建设水平在相应年份的原始值、标准值及排名情况。

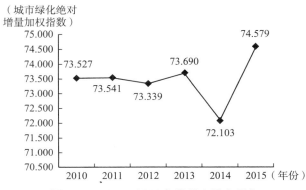

图 3－8　2010～2015 年柳州市城市绿化
绝对增量加权指数变化趋势

表 3－1　　　　　　2010～2011 年柳州市生态绿化建设水平各级指标排名及相关数值

指标		2010 年			2011 年		
		原始值	标准值	排名	原始值	标准值	排名
生态绿化	城镇绿化扩张弹性系数	1.639	88.715	5	2.473	88.847	4
	生态绿化强度	1.117	14.905	4	1.059	14.111	4
	城镇绿化动态变化	0.030	19.251	6	0.286	64.795	1
	绿化扩张强度	0.000	32.791	3	0.000	36.319	2
	城市绿化蔓延指数	1.335	12.046	5	14.285	14.984	2
	环境承载力	75303.276	3.097	3	85209.059	3.546	3
	城市绿化相对增长率	0.005	60.436	3	0.005	60.467	2
	城市绿化绝对增量加权指数	1.367	73.527	4	1.402	73.541	4

表 3－2　　　　　　2012～2013 年柳州市生态绿化建设水平各级指标排名及相关数值

指标		2012 年			2013 年		
		原始值	标准值	排名	原始值	标准值	排名
生态绿化	城镇绿化扩张弹性系数	1.343	88.669	4	0.334	88.510	7
	生态绿化强度	0.782	10.270	4	0.757	9.919	4
	城镇绿化动态变化	0.191	48.010	1	−0.064	2.552	11
	绿化扩张强度	0.000	34.394	4	0.000	37.795	2
	城市绿化蔓延指数	−6.889	10.180	10	388.987	100.000	1
	环境承载力	93212.500	3.910	3	107956.308	4.579	3
	城市绿化相对增长率	0.003	59.629	4	0.007	61.034	2
	城市绿化绝对增量加权指数	0.870	73.339	7	1.796	73.690	3

表 3－3　　　　　　2014～2015 年柳州市生态绿化建设水平各级指标排名及相关数值

指标		2014 年			2015 年		
		原始值	标准值	排名	原始值	标准值	排名
生态绿化	城镇绿化扩张弹性系数	−0.088	88.443	10	0.115	88.475	7
	生态绿化强度	0.717	9.370	4	0.684	8.908	4
	城镇绿化动态变化	0.020	17.588	8	0.065	25.571	4
	绿化扩张强度	0.000	23.887	10	0.001	41.626	3
	城市绿化蔓延指数	−8.607	9.790	10	19.548	16.178	4
	环境承载力	98586.115	4.154	3	121353.305	5.187	4
	城市绿化相对增长率	−0.009	54.917	10	0.016	64.457	3
	城市绿化绝对增量加权指数	−2.393	72.103	10	4.144	74.579	3

（二）柳州市生态绿化建设水平评估结果

根据表3-4对2010~2012年柳州市生态绿化建设水平各级指标得分、排名、优劣度进行分析。2010年柳州市生态绿化排名处在珠江-西江经济带第3名，2011年柳州市生态绿化排名升至珠江-西江经济带第2名，2012年其排名又降至珠江-西江经济带第3名，说明柳州市生态绿化建设水平较于珠江-西江经济带其他城市处于相对优势的位置。对柳州市的生态绿化建设水平得分情况进行分析，发现柳州市生态绿化建设水平得分先上升后下降，变动幅度较大，说明柳州市生态绿化建设水平发展较不稳定。2010~2012年柳州市的生态绿化建设水平在珠江-西江经济带中介于强势地位和优势地位波动，说明柳州市的生态绿化建设水平整体稳定性仍待增强。

表3-4　　　　2010~2012年柳州市生态绿化建设水平各级指标的得分、排名及优劣度分析

指标	2010年			2011年			2012年		
	得分	排名	优劣度	得分	排名	优劣度	得分	排名	优劣度
生态绿化	21.092	3	优势	23.665	2	强势	22.532	3	优势
城镇绿化扩张弹性系数	8.198	5	优势	7.965	4	优势	8.263	4	优势
生态绿化强度	0.646	4	优势	0.612	4	优势	0.460	4	优势
城镇绿化动态变化	0.869	6	中势	3.043	1	强势	2.264	1	强势
绿化扩张强度	1.580	3	优势	1.869	2	强势	1.728	4	优势
城市绿化蔓延指数	0.493	5	优势	0.626	2	强势	0.420	10	劣势
环境承载力	0.129	3	优势	0.150	3	优势	0.167	3	优势
城市绿化相对增长率	3.922	3	优势	3.864	2	强势	3.783	4	优势
城市绿化绝对增量加权指数	5.255	4	优势	5.537	4	优势	5.446	7	中势

对柳州市生态绿化建设水平的三级指标进行分析，其中城镇绿化扩张弹性系数得分排名呈现出先上升后保持的发展趋势。对柳州市城镇绿化扩张弹性系数的得分情况进行分析，发现柳州市城镇绿化扩张弹性系数得分波动上升，说明柳州市的城市环境与城市面积之间呈现协调发展的关系，城市的绿化扩张越来越合理。

生态绿化强度得分排名呈现出持续保持的趋势。对柳州市生态绿化强度的得分情况进行分析，发现柳州市在生态绿化强度的得分持续下降，说明柳州市的生态绿化强度不断降低，城市公园绿地的优势不断降低，城市活力仍待提升。

城镇绿化动态变化得分排名呈现出先上升后保持的趋势。对柳州市城镇绿化动态变化的得分情况进行分析，发现柳州市在城镇绿化动态变化的得分波动上升，说明柳州市的城市绿化面积扩大，显示出柳州市的经济活力和城市规模的不断提高。

绿化扩张强度得分排名呈现出先上升后下降的趋势。对柳州市绿化扩张强度的得分情况进行分析，发现柳州市在绿化扩张强度的得分波动上升，说明柳州市在推进城市绿化建设方面存在较大的提升空间。

城市绿化蔓延指数得分排名呈现先上升后下降的趋势。对柳州市的城市绿化蔓延指数的得分情况进行分析，发现柳州市的城市绿化蔓延指数的得分波动下降，分值变动幅度较大，说明柳州市的城市绿化蔓延指数稳定性较好。

环境承载力得分排名呈现出持续保持的趋势。对柳州市环境承载力的得分情况进行分析，发现柳州市在环境承载力的得分持续上升，说明2010~2012年柳州市的环境承载力不断提高，并存在一定的提升空间。

城市绿化相对增长率得分排名呈现出先上升后下降的趋势。对柳州市绿化相对增长率的得分情况进行分析，发现柳州市在城市绿化相对增长率上的得分持续下降，分值变动幅度较小，说明2010~2012年柳州市的城市绿化面积不断减小。

城市绿化绝对增量加权指数得分排名呈现出先保持后下降的趋势。对柳州市的城市绿化绝对增量加权指数的得分情况进行分析，发现柳州市在城市绿化绝对增量加权指数的得分波动上升，变化幅度较小，说明2010~2012年柳州市的城市绿化要素集中度较高，城市绿化变化增长趋向于集中型发展。

根据表3-5对2013~2015年柳州市生态绿化建设水平的得分、排名和优劣度进行分析。2013年柳州市生态绿化建设水平排名处在珠江-西江经济带第2名，2014年其排名降至珠江-西江经济带第10名，2015年其排名升至珠江-西江经济带第3名，说明柳州市生态绿化建设水平较于珠江-西江经济带其他城市有一定优势。对柳州市的生态绿化建设水平得分情况进行分析，发现柳州市生态绿化建设水平得分波动下降，说明柳州市生态绿化建设水平仍待提升。2013~2015年柳州市的生态绿化建设水平在珠江-西江经济带介于强势、劣势和优势地位波动，说明柳州市的生态环境建设水平整体的稳定性有待提升。

表3-5　　　　2013~2015年柳州市生态绿化建设水平各级指标的得分、排名及优劣度分析

指标	2013年			2014年			2015年		
	得分	排名	优劣度	得分	排名	优劣度	得分	排名	优劣度
生态绿化	24.596	2	强势	19.808	10	劣势	22.592	3	优势

续表

指标	2013 年			2014 年			2015 年		
	得分	排名	优劣度	得分	排名	优劣度	得分	排名	优劣度
城镇绿化扩张弹性系数	8.056	7	中势	8.114	10	劣势	7.857	7	中势
生态绿化强度	0.449	4	优势	0.427	4	优势	0.392	4	优势
城镇绿化动态变化	0.118	11	劣势	0.887	8	中势	1.143	4	优势
绿化扩张强度	1.822	2	强势	1.132	10	劣势	2.321	3	优势
城市绿化蔓延指数	4.777	1	强势	0.409	10	劣势	0.674	3	优势
环境承载力	0.197	3	优势	0.183	3	优势	0.229	4	优势
城市绿化相对增长率	3.774	2	强势	3.368	10	劣势	4.346	3	优势
城市绿化绝对增量加权指数	5.402	3	优势	5.288	10	劣势	5.631	3	优势

对柳州市生态绿化建设水平的三级指标进行分析，其中城镇绿化扩张弹性系数得分排名呈现出先降后升的发展趋势。对柳州市城镇绿化扩张弹性系数的得分情况进行分析，发现柳州市的城镇绿化扩张弹性系数得分波动下降，说明柳州市的城市环境与城市面积之间的协调发展仍有很大的空间。

生态绿化强度得分排名呈现出持续保持的趋势。对柳州市生态绿化强度得分情况进行分析，发现柳州市的生态绿化强度得分在持续下降。

城镇绿化动态变化得分排名呈现持续上升的趋势。对柳州市城镇绿化动态变化的得分情况进行分析，发现柳州市城镇绿化动态变化的得分持续上升，说明城市的城镇绿化动态变化不断提高，城市绿化面积的增加变大，相应地呈现出城市经济活力和城市规模的不断提高。

绿化扩张强度得分排名呈现出先下降后上升的趋势。对柳州市的绿化扩张强度得分情况进行分析，发现柳州市在绿化扩张强度的得分波动上升，说明柳州市的绿化用地面积增长速率得到提高，相应地呈现出城市城镇绿化能力及活力的不断扩大。

城市绿化蔓延指数得分排名呈现出先下降后上升的趋势，对柳州市的城市绿化蔓延指数的得分情况进行分析，发现柳州市在城市绿化蔓延指数的得分波动下降。

环境承载力得分排名呈现出先保持后下降的趋势。对柳州市环境承载力的得分情况进行分析，发现柳州市在环境承载力的得分波动上升，说明 2013~2015 年柳州市环境承载力不断提高，城市的绿化面积整体密度、容量范围也在不断扩大。

城市绿化相对增长率得分排名呈现出先降后升的趋势。

对柳州市的城市绿化相对增长率得分情况进行分析，发现柳州市在城市绿化相对增长率的得分波动上升，说明柳州市绿化面积增长速率不断提高，城市绿化面积不断扩大。

城市绿化绝对增量加权指数得分排名呈现出波动保持的趋势。对柳州市的城市绿化绝对增量加权指数的得分情况进行分析，发现柳州市在城市绿化绝对增量加权指数的得分波动上升，说明柳州市的城市绿化绝对增量加权指数不断提高，城市的绿化要素集中度不断提高，城市绿化变化增长趋向于密集型发展。

对 2010~2015 年柳州市生态绿化建设水平及各三级指标的得分、排名和优劣度进行分析。2010 年、2012 年柳州市生态绿化建设水平得分排名均处在珠江－西江经济带第 3 名，2011 年、2013 年其排名均降至珠江－西江经济带第 2 名，2014 年其排名降至珠江－西江经济带第 10 名，2015 年其排名均降至珠江－西江经济带第 3 名。2010~2015 年柳州市生态绿化建设水平得分排名在珠江－西江经济带介于上游区、中游区和下游区波动，城市生态绿化的建设水平也一直在强势、优势和劣势地位波动，说明柳州市生态绿化建设水平发展较之于珠江－西江经济带的其他城市具有较高的竞争优势。对柳州市的生态绿化建设水平得分情况进行分析，发现柳州市的生态绿化建设水平得分呈现波动上升的发展趋势，2010~2015 年柳州市的生态绿化建设水平得分呈现频繁升降的趋势，说明柳州市生态绿化建设水平稳定性有待提升。

从生态绿化建设水平基础指标的优劣度结构来看（见表 3-6），在 8 个基础指标中，指标的优劣度结构为 0.0:87.5:12.5:0.0。

表 3-6　　　　　　　　　　　　2015 年柳州市生态绿化建设水平指标的优劣度结构

二级指标	三级指标数	强势指标		优势指标		中势指标		劣势指标		优劣度
		个数	比重（%）	个数	比重（%）	个数	比重（%）	个数	比重（%）	
生态绿化	8	0	0.000	7	87.500	1	12.500	0	0.000	优势

（三）柳州市生态绿化建设水平比较分析

图 3-9 和图 3-10 将 2010~2015 年柳州市生态绿化建设水平与珠江－西江经济带最高水平和平均水平进行比较。从生态绿化建设水平的要素得分比较来看，由图 3-9 可知，2010 年，柳州市城镇绿化扩张弹性系数得分比珠江－西江经

济带最高分低 0.077 分，比平均分高 0.001 分；2011 年，城镇绿化扩张弹性系数得分比最高分低 1 分，比平均分高 0.626 分；2012 年，城镇绿化扩张弹性系数得分比最高分低 0.408 分，比平均分低 0.050 分；2013 年，城镇绿化扩张弹性系数得分比最高分低 0.044 分，比平均分高 0.021 分；

2014 年，城镇绿化扩张弹性系数得分比最高分低 0.022 分，比平均分低 0.008 分；2015 年，城镇绿化扩张弹性系数得分比最高分低 0.210 分，比平均分低 0.021 分。这说明整体上柳州市城镇绿化扩张弹性系数得分与珠江 - 西江经济带最高分的差距波动增大，与珠江 - 西江经济带平均分的差距波动增大。

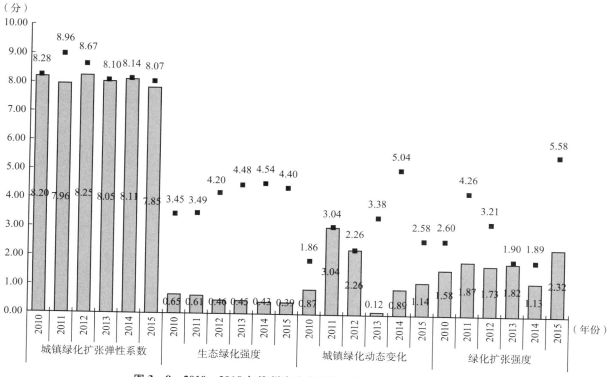

图 3 - 9 2010 ~ 2015 年柳州市生态绿化建设水平指标得分比较 1

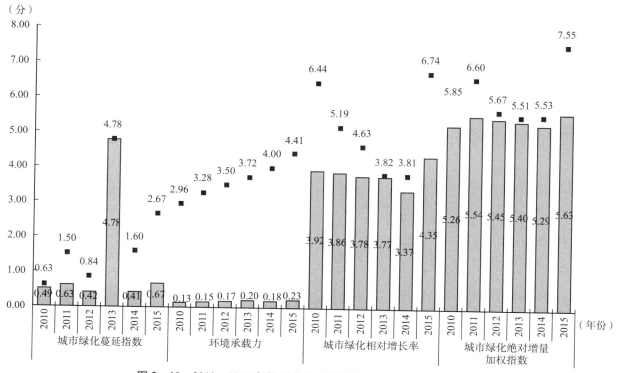

图 3 - 10 2010 ~ 2015 年柳州市生态绿化建设水平指标得分比较 2

2010 年，柳州市生态绿化强度得分比珠江－西江经济带最高分低 2.805 分，比平均分高 0.070 分；2011 年，生态绿化强度得分比最高分低 2.880 分，比平均分高 0.036 分；2012 年，生态绿化强度得分比最高分低 3.741 分，比平均分低 0.135 分；2013 年，生态绿化强度得分比最高分低 4.036 分，比平均分低 0.152 分；2014 年，生态绿化强度得分比最高分低 4.115 分，比平均分低 0.178 分；2015 年，生态绿化强度得分比最高分低 4.005 分，比平均分低 0.193 分。这说明整体上柳州市生态绿化强度得分与珠江－西江经济带最高分的差距波动增大，与珠江－西江经济带平均分的差距先减后增。

2010 年，柳州市城镇绿化动态变化得分比珠江－西江经济带最高分低 0.995 分，比平均分低 0.211 分；2011 年，城镇绿化动态变化得分为最高分，比平均分高 1.777 分；2012 年，城镇绿化动态变化得分为最高分，比平均分高 0.911 分；2013 年，城镇绿化动态变化得分比最高分低 3.263 分，比平均分低 1.059 分；2014 年，城镇绿化动态变化得分比最高分低 4.156 分，比平均分低 0.575 分；2015 年，城镇绿化动态变化得分比最高分低 1.437 分，比平均分低 0.046 分。这说明整体上柳州市城镇绿化动态变化得分与珠江－西江经济带最高分的差距波动增大，与珠江－西江经济带平均分的差距波动减小。

2010 年，柳州市绿化扩张强度得分比珠江－西江经济带最高分低 1.016 分，比平均分高 0.068 分；2011 年，绿化扩张强度得分比最高分低 2.392 分，比平均分低 0.035 分；2012 年，绿化扩张强度得分比最高分低 1.486 分，比平均分低 0.103 分；2013 年，绿化扩张强度得分比最高分低 0.082 分，比平均分高 0.209 分；2014 年，绿化扩张强度得分比最高分低 0.762 分，比平均分低 0.317 分；2015 年，绿化扩张强度得分比最高分低 3.254 分，比平均分低 0.123 分。这说明整体上柳州市绿化扩张强度得分与珠江－西江经济带最高分的差距波动增大，与珠江－西江经济带平均分的差距波动增大。

由图 3－10 可知，2010 年，柳州市绿化蔓延指数得分比珠江－西江经济带最高分低 0.138 分，比平均分高 0.017 分；2011 年，城市绿化蔓延指数得分比最高分低 0.873 分，比平均分高 0.044 分；2012 年，城市绿化蔓延指数得分比最高分低 0.424 分，比平均分低 0.103 分；2013 年，城市绿化蔓延指数得分为最高分，比平均分高 3.736 分；2014 年，城市绿化蔓延指数得分比最高分低 1.187 分，比平均分低 0.191 分；2015 年，城市绿化蔓延指数得分比最高分低 1.992 分，比平均分低 0.026 分。这说明整体上柳州市绿化蔓延指数得分与珠江－西江经济带最高分的差距波动增大，与珠江－西江经济带平均分的差距波动增大。

2010 年，柳州市环境承载力得分比珠江－西江经济带最高分低 2.830 分，比平均分低 0.258 分；2011 年，环境承载力得分比最高分低 3.131 分，比平均分低 0.276 分；2012 年，环境承载力得分比最高分低 3.331 分，比平均分低 0.298 分；2013 年，环境承载力得分比最高分低 3.520 分，比平均分低 0.301 分；2014 年，环境承载力得分比最高分低 3.814 分，比平均分低 0.345 分；2015 年，环境承载力得分比最高分低 4.180 分，比平均分低 0.366 分。这说明整体上柳州市环境承载力得分与珠江－西江经济带最高分的差距持续增大，与珠江－西江经济带平均分的差距持续增大。

2010 年，柳州市绿化相对增长率得分比珠江－西江经济带最高分低 2.522 分，比平均分高 0.168 分；2011 年，城市绿化相对增长率得分比最高分低 1.322 分，比平均分低 0.019 分；2012 年，城市绿化相对增长率得分比最高分低 0.848 分，比平均分低 0.059 分；2013 年，城市绿化相对增长率得分比最高分低 0.045 分，比平均分高 0.115 分；2014 年，城市绿化相对增长率得分比最高分低 0.441 分，比平均分低 0.184 分；2015 年，城市绿化相对增长率得分比最高分低 2.396 分，比平均分低 0.091 分。这说明整体上柳州市绿化相对增长率得分与珠江－西江经济带最高分的差距波动减小，与珠江－西江经济带平均分的差距波动减小。

2010 年，柳州市绿化绝对增量加权指数得分比珠江－西江经济带最高分低 0.591 分，比平均分高 0.432 分；2011 年，城市绿化绝对增量加权指数得分比最高分低 1.065 分，比平均分低 0.072 分；2012 年，城市绿化绝对增量加权指数得分比最高分低 0.220 分，比平均分低 0.031 分；2013 年，城市绿化绝对增量加权指数得分比最高分低 0.110 分，比平均分高 0.022 分；2014 年，城市绿化绝对增量加权指数得分比最高分低 0.243 分，比平均分低 0.072 分；2015 年，城市绿化绝对增量加权指数得分比最高分低 1.919 分，比平均分低 0.165 分。这说明整体上柳州市绿化绝对增量加权指数得分与珠江－西江经济带最高分的差距波动增大，与珠江－西江经济带平均分的差距波动减小。

二、柳州市环境治理水平综合评估与比较

（一）柳州市环境治理水平评估指标变化趋势评析

1. 地区环境相对损害指数（EVI）

根据图 3－11 分析可知，2010～2015 年柳州市地区环境相对损害指数（EVI）总体上呈现波动上升型的状态。2010～2015 年城市在这一类型指标上存在一定的波动变化，总体趋势为上升趋势，但在个别年份出现下降的情况，指标并非连续性上升状态。波动上升型指标意味着在评价的时间段内，虽然指标数据存在较大的波动变化，但是其评价末期数据值高于评价初期数据值。柳州市在 2010～2012 年虽然出现下降的状况，2012 年为 90.095，但是总体上还是呈现上升的态势，最终稳定在 95.008。地区环境相对损害指数（EVI）越大，说明城市的生态环境保护能力仍待提升，对于柳州市来说，其城市生态环境发展潜力越大。

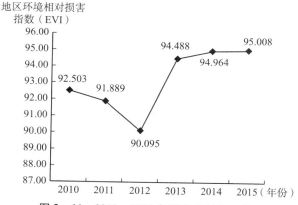

图 3-11　2010～2015 年柳州市地区环境
相对损害指数（EVI）变化趋势

2. 单位 GDP 消耗能源

根据图 3-12 分析可知，2010～2015 年柳州市的单位
GDP 消耗能源总体上呈现持续上升型的状态。处于持续上
升型的指标，不仅意味着城市在各项指标数据上的不断增
长，更意味着城市在该项指标以及生态环境治理水平整体
上的竞争力优势不断扩大。通过折线图可以看出，柳州市
的单位 GDP 消耗能源指标不断提高，在 2015 年达到
86.383，相较于 2010 年上升 14 个单位左右；说明柳州市的
整体发展水平较高，城市的发展活力较高，其城镇化发展
的潜力较大。

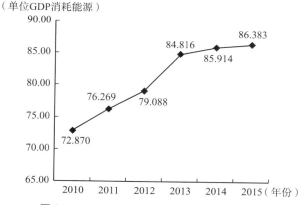

图 3-12　2010～2015 年柳州市单位 GDP
消耗能源变化趋势

3. 环保支出水平

根据图 3-13 分析可知，2010～2015 年柳州市环保支
出水平指数总体上呈现波动下降型的状态。这种状态表现
为 2010～2015 年城市在该项指标上总体呈现下降趋势，但
在期间存在上下波动的情况，并非连续性下降状态。这就
意味着在评估的时间段内，虽然指标数据存在较大的波动，
但是其评价末期数据值低于评价初期数据值。柳州市的环
保支出水平指数末期低于初期的数据，降低 15 个单位左
右，并且在 2012～2013 年存在明显下降的变化，这说明柳
州市环保支出水平情况处于不太稳定的下降状态。

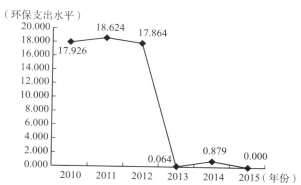

图 3-13　2010～2015 年柳州市环保支出水平变化趋势

4. 污染处理率比重增量

根据图 3-14 分析可知，2010～2015 年柳州市污染处
理率比重增量总体上呈现波动上升型的状态。2010～2015
年城市在这一类型指标上存在一定的波动变化，总体趋势
为上升趋势，但在个别年份出现下降的情况，指标并非连
续性上升状态。波动上升型指标意味着在评价的时间段内，
虽然指标数据存在较大的波动变化，但是其评价末期数据
值高于评价初期数据值。柳州市在 2013～2014 年虽然出现
下降的状况，2014 年为 39.888，但是总体上还是呈现上升
的态势，最终稳定在 69.002。污染处理率比重增量越大，
说明城市的生态环境发展水平越高，对于柳州市来说，其
城市生态保护发展潜力越大。

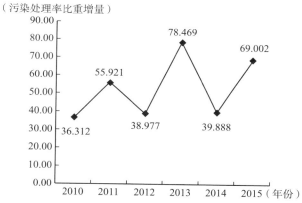

图 3-14　2010～2015 年柳州市污染处理率
比重增量变化趋势

5. 综合利用率平均增长指数

根据图 3-15 分析可知，2010～2015 年柳州市综合利
用率平均增长指数总体上呈现波动下降型的状态。这种状
态表现为在 2010～2015 年城市在该项指标上总体呈现下降
趋势，但在期间存在上下波动的情况，并非连续性下降状
态。这就意味着在评估的时间段内，虽然指标数据存在较
大的波动，但是其评价末期数据值低于评价初期数据值。
柳州市的综合利用率平均增长指数末期低于初期的数据，
降低 15 个单位左右，并且在 2012～2013 年存在明显下降的
变化；这说明柳州市综合利用率平均增长指数情况处于不
太稳定的下降状态。

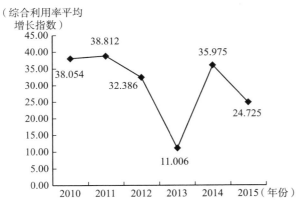

图 3 – 15　2010 ~ 2015 年柳州市综合利用率
平均增长指数变化趋势

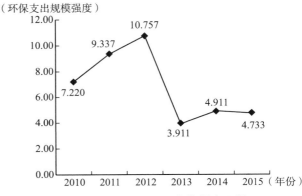

图 3 – 17　2010 ~ 2015 年柳州市环保
支出规模强度变化趋势

6. 综合利用率枢纽度

根据图 3 – 16 分析可知，2010 ~ 2015 年柳州市的综合利用率枢纽度总体上呈现持续下降型的状态。处于持续下降型的指标，意味着城市在该项指标上不断处在劣势状态，并且这一状况并未得到改善。如图所示，柳州市综合利用率枢纽度指标处于不断下降的状态，2010 年此指标数值最高，为 20.479，到 2015 年下降至 11.991。分析这种变化趋势，可以说明柳州市综合利用率发展的水平仍待提升。

8. 环保支出区位商

根据图 3 – 18 分析可知，2010 ~ 2015 年柳州市环保支出区位商指数总体上呈现波动下降型的状态。这种状态表现为 2010 ~ 2015 年城市在该项指标上总体呈现下降趋势，但在评估期间存在上下波动的情况，并非连续性下降状态。这就意味着在评估的时间段内，虽然指标数据存在较大的波动，但是其评价末期数据值低于评价初期数据值。柳州市的环保支出区位商指数末期低于初期的数据，降低 10 个单位左右，并且在 2012 ~ 2013 年存在明显下降的变化；这说明柳州市环保支出区位商情况处于不太稳定的下降状态。

图 3 – 16　2010 ~ 2015 年柳州市综合
利用率枢纽度变化趋势

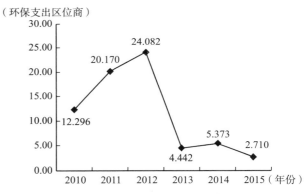

图 3 – 18　2010 ~ 2015 年柳州市环保
支出区位商变化趋势

7. 环保支出规模强度

根据图 3 – 17 分析可知，2010 ~ 2015 年柳州市环保支出规模强度指数总体上呈现波动下降型的状态。这种状态表现为 2010 ~ 2015 年城市在该项指标上总体呈现下降趋势，但在评估期间存在上下波动的情况，并非连续性下降状态。这就意味着在评估的时间段内，虽然指标数据存在较大的波动化，但是其评价末期数据值低于评价初期数据值。柳州市的环保支出规模强度指数末期低于初期的数据，降低 5 个单位左右，并且在 2012 ~ 2013 年存在明显下降的变化；这说明柳州市环保支出规模强度情况处于不太稳定的下降状态。

9. 环保支出职能规模

根据图 3 – 19 分析可知，2010 ~ 2015 年柳州市环保支出职能规模指数总体上呈现波动下降型的状态。这种状态表现为 2010 ~ 2015 年城市在该项指标上总体呈现下降趋势，但在评估期间存在上下波动的情况，并非连续性下降状态。这就意味着在评估的时间段内，虽然指标数据存在较大的波动化，但是其评价末期数据值低于评价初期数据值。柳州市的环保支出职能规模指数末期低于初期的数据，降低 2 个单位左右，并且在 2013 ~ 2015 年存在明显下降的变化；这说明柳州市环保支出职能规模情况处于不太稳定的下降状态，城市发展所具备的环保支出能力仍待提升。

（环保支出职能规模）

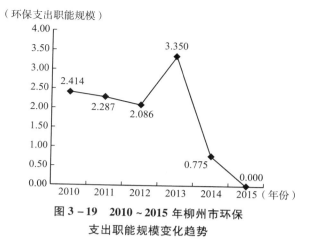

图 3-19　2010～2015 年柳州市环保
支出职能规模变化趋势

10. 环保支出职能地位

根据图 3-20 分析可知，2010～2015 年柳州市环保支出职能地位指数总体上呈现波动下降型的状态。这种状态表现为 2010～2015 年城市在该项指标上总体呈现下降趋势，但在评估期间存在上下波动的情况，并非连续性下降状态。这就意味着在评估的时间段内，虽然指标数据存在较大的波动，但是其评价末期数据值低于评价初期数据值。

柳州市的环保支出职能地位指数末期要低于初期的数据，降低 5 个单位左右，并且在 2012～2013 年存在明显下降的变化；这说明柳州市环保支出职能地位情况处于不太稳定的下降状态，城市发展具备的生态绿化及环境治理方面的潜力仍待增强。

（环保支出职能地位）

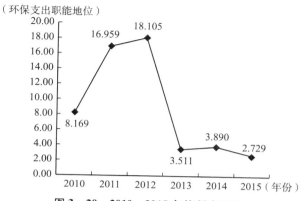

图 3-20　2010～2015 年柳州市环保
支出职能地位变化趋势

根据表 3-7～表 3-9 可以显示出 2010～2015 年柳州市环境治理水平在相应年份的原始值、标准值及排名情况。

表 3-7　　　　　　　**2010～2011 年柳州市环境治理水平各级指标排名及相关数值**

指标		2010 年			2011 年		
		原始值	标准值	排名	原始值	标准值	排名
环境治理	地区环境相对损害指数（EVI）	1.354	92.503	7	1.442	91.889	7
	单位 GDP 消耗能源	0.010	72.870	4	0.009	76.269	3
	环保支出水平	0.003	17.926	6	0.003	18.624	5
	污染处理率比重增量	-0.005	36.312	5	0.040	55.921	5
	综合利用率平均增长指数	0.000	38.054	8	0.000	38.812	5
	综合利用率枢纽度	0.000	20.479	6	0.000	17.527	7
	环保支出规模强度	-0.255	7.220	4	-0.137	9.337	3
	环保支出区位商	1.381	12.296	8	1.893	20.170	7
	环保支出职能规模	15824.086	8.116	6	45510.781	14.893	4
	环保支出职能地位	0.020	8.169	6	0.066	16.959	4

表 3-8　　　　　　　**2012～2013 年柳州市环境治理水平各级指标排名及相关数值**

指标		2012 年			2013 年		
		原始值	标准值	排名	原始值	标准值	排名
环境治理	地区环境相对损害指数（EVI）	1.701	90.095	6	1.067	94.488	6
	单位 GDP 消耗能源	0.009	79.088	3	0.008	84.816	1
	环保支出水平	0.003	17.864	5	0.001	0.064	11
	污染处理率比重增量	0.001	38.977	6	0.093	78.469	1
	综合利用率平均增长指数	0.000	32.386	5	0.000	11.006	11
	综合利用率枢纽度	0.000	15.423	7	0.000	14.003	7
	环保支出规模强度	-0.057	10.757	4	-0.441	3.911	9

指标		2012 年			2013 年		
		原始值	标准值	排名	原始值	标准值	排名
环境治理	环保支出区位商	2.147	24.082	5	0.871	4.442	11
	环保支出职能规模	65759.841	19.515	4	-3443.298	3.717	10
	环保支出职能地位	0.072	18.105	4	-0.004	3.511	10

表 3-9　　　　　2014～2015 年柳州市环境治理水平各级指标排名及相关数值

指标		2014 年			2015 年		
		原始值	标准值	排名	原始值	标准值	排名
环境治理	地区环境相对损害指数（EVI）	0.999	94.964	6	0.993	95.008	7
	单位 GDP 消耗能源	0.008	85.914	2	0.008	86.383	4
	环保支出水平	0.001	0.879	10	0.001	0.000	11
	污染处理率比重增量	0.003	39.888	8	0.071	69.002	1
	综合利用率平均增长指数	0.000	35.975	6	0.000	24.725	8
	综合利用率枢纽度	0.000	12.524	7	0.000	11.991	7
	环保支出规模强度	-0.385	4.911	7	-0.395	4.733	9
	环保支出区位商	0.931	5.373	10	0.759	2.710	10
	环保支出职能规模	-2136.084	4.016	10	-7335.835	2.829	10
	环保支出职能地位	-0.002	3.890	10	-0.008	2.729	10

（二）柳州市环境治理水平评估结果

根据表 3-10 对 2010～2012 年柳州市环境治理水平得分、排名、优劣度进行分析。2010 年柳州市环境治理水平排名处在珠江－西江经济带第 6 名，2011～2012 年柳州市环境治理水平排名均升至珠江－西江经济带第 5 名，说明柳州市环境治理水平较于珠江－西江经济带其他城市发展态势好。对柳州市的环境治理水平得分情况作出分析，发现柳州市环境治理水平得分波动上升，说明柳州市环境治理力度不断增强。2010～2012 年柳州市环境治理水平在珠江－西江经济带中由中势上升至优势地位，说明柳州市的环境治理水平有所提升。

表 3-10　　　　　2010～2012 年柳州市环境治理水平各级指标的得分、排名及优劣度分析

指标	2010 年			2011 年			2012 年	
	得分	排名	优劣度	得分	排名	优劣度	得分	排名
环境治理	20.551	6	中势	23.182	5	优势	21.889	5
地区环境相对损害指数（EVI）	8.408	7	中势	8.292	7	中势	7.958	6
单位 GDP 消耗能源	4.512	4	优势	4.762	3	优势	4.999	3
环保支出水平	0.873	6	中势	0.808	5	优势	0.831	5
污染处理率比重增量	1.838	5	优势	3.518	5	优势	2.394	6
综合利用率平均增长指数	2.035	8	中势	2.098	5	优势	1.539	5
综合利用率枢纽度	1.179	6	中势	0.917	7	中势	0.789	7
环保支出规模强度	0.302	4	优势	0.395	3	优势	0.465	4
环保支出区位商	0.613	8	中势	0.941	7	中势	1.153	5
环保支出职能规模	0.389	6	中势	0.663	5	优势	0.926	4
环保支出职能地位	0.402	6	中势	0.789	4	优势	0.836	4

对柳州市环境治理水平的三级指标进行分析，其中地区环境相对损害指数（EVI）得分排名呈现出先保持后上升的发展趋势。对柳州市的地区环境相对损害指数（EVI）的得分情况进行分析，发现柳州市的地区环境相对损害指数（EVI）得分持续下降，说明柳州市的地区环境相对损害指数（EVI）存在较大的提升空间，在发展城市经济的同时注重环境保护需要投入更大的力度。

单位 GDP 消耗能源得分排名呈现出先上升后保持的趋势。对柳州市单位 GDP 消耗能源得分情况进行分析，发现柳州市在单位 GDP 消耗能源得分持续上升，说明柳州市的整体发展水平高，城市活力有所提升。

环保支出水平得分排名呈现出先上升后保持的趋势。对

柳州市环保支出水平的得分情况进行分析，发现柳州市在环保支出水平的得分波动下降，说明柳州市对环境治理的财政支持能力有待提高。

污染处理率比重增量得分排名呈现出先保持后下降的趋势。对柳州市的污染处理率比重增量的得分情况进行分析，发现柳州市在污染处理率比重增量的得分波动上升，说明柳州市在推动城市污染处理方面的力度不断提高。

综合利用率平均增长指数得分排名呈现先上升后保持的趋势。对柳州市的综合利用率平均增长指数的得分情况进行分析，发现柳州市的综合利用率平均增长指数的得分波动下降，分值变动幅度较大，说明城市的综合利用覆盖程度有待增强。

综合利用率枢纽度得分排名呈现出先下降后保持的趋势。对柳州市的综合利用率枢纽度的得分情况进行分析，发现柳州市在综合利用率枢纽度的得分持续下降，说明2010～2012年柳州市的综合利用率能力不断降低，其综合利用率枢纽度存在较大的提升空间。

环保支出规模强度得分排名呈现出波动保持的趋势。对柳州市的环保支出规模强度的得分情况进行分析，发现柳州市在环保支出规模强度的得分持续上升，说明2010～2012年柳州市的环保支出能力不断高于地区环保支出平均水平。

环保支出区位商得分排名呈现出持续上升的趋势。对

柳州市的环保支出区位商得分情况进行分析，发现柳州市在环保支出区位商上得分持续上升，说明2010～2012年柳州市的环保支出区位商不断提升，城市所具备的环保支出能力不断提高。

环保支出职能规模得分排名呈现出先上升后保持的趋势。对柳州市的环保支出职能规模的得分情况进行分析，发现柳州市在环保支出职能规模上的得分持续上升，说明柳州市在环保支出水平方面不断增强，城市所具备的环保支出能力不断增强。

环保支出职能地位得分排名呈现出先上升后保持的趋势。对柳州市环保支出职能地位得分情况进行分析，发现柳州市在环保支出职能地位上得分持续上升，说明柳州市在环保支出方面的地位不断提高，城市对保护环境和环境的治理能力提高。

根据表3-11对2013～2015年柳州市环境治理水平得分、排名、优劣度进行分析。2013年柳州市环境治理水平排名处在珠江-西江经济带第7名，2014～2015年柳州市环境治理水平排名均降至珠江-西江经济带第9名，说明柳州市环境治理水平较之于珠江-西江经济带其他城市不具备优势。对柳州市的环境治理水平得分情况进行分析，发现柳州市环境治理水平得分波动上升，说明柳州市环境治理力度增强。2013～2015年柳州市的环境治理水平在珠江-西江经济带中由中势地位降至劣势地位，说明柳州市的环境治理水平存在较大的提升空间。

表3-11   **2013～2015年柳州市环境治理水平各级指标的得分、排名及优劣度分析**

指标	2013年			2014年			2015年		
	得分	排名	优劣度	得分	排名	优劣度	得分	排名	优劣度
环境治理	20.927	7	中势	19.865	9	劣势	20.973	9	劣势
地区环境相对损害指数（EVI）	8.822	6	中势	9.043	6	中势	8.818	7	中势
单位GDP消耗能源	5.609	1	强势	5.376	2	强势	6.162	4	优势
环保支出水平	0.003	11	劣势	0.041	10	劣势	0.000	11	劣势
污染处理率比重增量	4.562	1	强势	2.167	8	中势	3.676	1	强势
综合利用率平均增长指数	0.536	11	劣势	1.783	6	中势	1.164	8	中势
综合利用率枢纽度	0.689	7	中势	0.604	7	中势	0.562	7	中势
环保支出规模强度	0.171	9	劣势	0.224	7	中势	0.219	9	劣势
环保支出区位商	0.201	11	劣势	0.247	10	劣势	0.119	10	劣势
环保支出职能规模	0.170	10	劣势	0.196	10	劣势	0.129	10	劣势
环保支出职能地位	0.163	10	劣势	0.184	10	劣势	0.123	10	劣势

对柳州市环境治理水平的三级指标进行分析，其中地区环境相对损害指数（EVI）得分排名呈现出先保持后下降的发展趋势。对柳州市地区环境相对损害指数（EVI）的得分情况进行分析，发现柳州市的地区环境相对损害指数（EVI）得分波动下降，说明柳州市地区环境状况有待改善，城市在发展经济的同时进行环境保护仍需注重。

单位GDP消耗能源得分排名呈现出持续下降的趋势。对柳州市单位GDP消耗能源得分情况进行分析，发现柳州市在单位GDP消耗能源得分波动上升，说明柳州市的单位GDP消耗能源有所提高，城市整体发展水平提高，城市越来越具有活力。

环保支出水平得分排名呈现出先升后降的趋势。对柳州市的环保支出水平的得分情况进行分析，发现柳州市在环保支出水平的得分波动下降，说明柳州市的环保支出水平不断降低，城市的环保支出源不断减少，城市对外部资源各类要素的集聚吸引能力不断降低。

污染处理率比重增量得分排名呈现出先降后升的趋势。对柳州市的污染处理率比重增量的得分情况进行分析，发现柳州市在污染处理率比重增量的得分波动下降，说明柳州市整体污染处理能力降低，污染处理率比重增量仍存在较大的提升空间。

综合利用率平均增长指数得分排名呈现先升后降的趋

势。对柳州市的综合利用率平均增长指数的得分情况进行分析，发现柳州市的综合利用率平均增长指数的得分波动上升，说明城市综合利用水平有所提升。

综合利用率枢纽度得分排名呈现出持续保持的趋势。对柳州市的综合利用率枢纽度的得分情况进行分析，发现柳州市在综合利用率枢纽度的得分持续下降，说明2013～2015年柳州市的综合利用率枢纽度存在较大的发展空间。

环保支出规模强度得分排名呈现出先上升后下降的趋势。对柳州市的环保支出规模强度的得分情况进行分析，发现柳州市在环保支出规模强度的得分波动上升，说明2013～2015年柳州市的环保支出规模强度与地区平均环保支出水平相比不断增强。

环保支出区位商得分排名呈现出先上升后保持的趋势。对柳州市的环保支出区位商的得分情况进行分析，发现柳州市在环保支出区位商得分波动下降，说明2013～2015年柳州市环保支出区位商有所下降，环保支出水平降低。

环保支出职能规模得分排名呈现出持续保持的趋势。对柳州市的环保支出职能规模的得分情况进行分析，发现柳州市在环保支出职能规模的得分波动下降，说明柳州市的环保支出职能规模的发展仍待提升。

环保支出职能地位得分排名呈现出持续保持的趋势。对柳州市环保支出职能地位的得分情况进行分析，发现柳州市在环保支出职能地位的得分波动下降，说明柳州市对保护环境和治理环境的能力仍待提升。

对2010～2015年柳州市环境治理水平及各三级指标的得分、排名和优劣度进行分析。2010年柳州市环境治理水平得分排名处在珠江－西江经济带第6名，2011～2012年柳州市环境治理水平得分排名均升至珠江－西江经济带第5名，2013年柳州市环境治理水平得分排名又降至珠江－西江经济带第7名，2014～2015年柳州市环境治理水平得分排名均降至珠江－西江经济带第9名。2010～2015年柳州市环境治理水平得分排名在珠江－西江经济带介于中游区和下游区波动，城市环境治理水平较之于珠江－西江经济带的其他城市不具优势。对柳州市的环境治理水平得分情况进行分析，发现柳州市的环境治理水平得分呈现波动上升的发展趋势，说明柳州市环境治理水平增强，对环境治理的力度不断提高。

从环境治理水平基础指标的优劣度结构来看（见表3-12），在10个基础指标中，指标的优劣度结构为10.0：10.0：30.0：50.0。

表3-12　　　　　　　　　2015年柳州市环境治理水平指标的优劣度结构

二级指标	三级指标数	强势指标		优势指标		中势指标		劣势指标		优劣度
		个数	比重（%）	个数	比重（%）	个数	比重（%）	个数	比重（%）	
环境治理	10	1	10.000	1	10.000	3	30.000	5	50.000	劣势

（三）柳州市环境治理水平比较分析

图3-21和图3-22将2010～2015年柳州市环境治理水平与珠江－西江经济带最高水平和平均水平进行比较。从环境治理水平的要素得分比较来看，由图3-21可知，2010年，柳州市地区环境相对损害指数（EVI）得分比珠

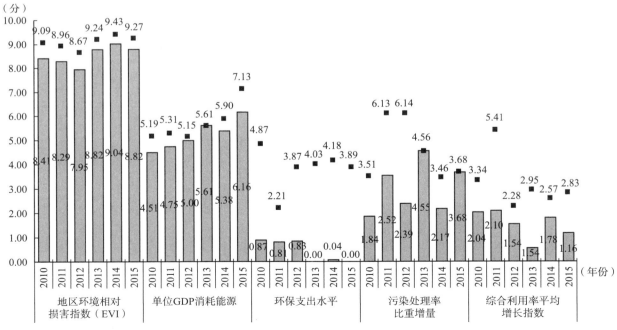

图3-21　2010～2015年柳州市环境治理水平指标得分比较1

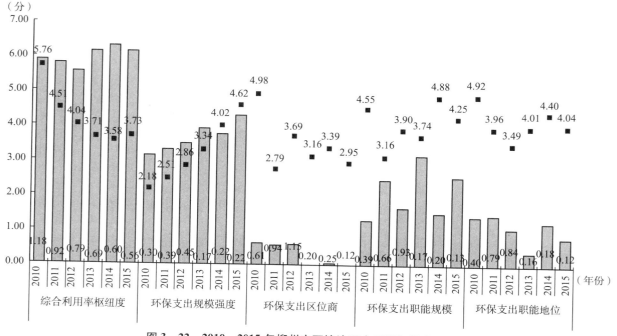

图 3-22 2010~2015 年柳州市环境治理水平指标得分比较 2

江－西江经济带最高分低 0.681 分，平均分高 1.054 分；2011 年，地区环境相对损害指数（EVI）得分比最高分低 0.663 分，比平均分高 0.869 分；2012 年，地区环境相对损害指数（EVI）得分比最高分低 0.712 分，比平均分高 0.851 分；2013 年，地区环境相对损害指数（EVI）得分比最高分低 0.415 分，比平均分高 0.808 分；2014 年，地区环境相对损害指数（EVI）得分比最高分低 0.386 分，比平均分高 0.828 分；2015 年，地区环境相对损害指数（EVI）得分比最高分低 0.451 分，比平均分高 0.770 分。这说明整体上柳州市地区环境相对损害指数（EVI）得分与珠江－西江经济带最高分的差距波动减小，与珠江－西江经济带平均分的差距波动减小。

2010 年，柳州市单位 GDP 消耗能源水平得分比珠江－西江经济带最高分低 0.674 分，比平均分高 1.240 分；2011 年，单位 GDP 消耗能源水平得分比最高分低 0.547 分，比平均分高 1.447 分；2012 年，单位 GDP 消耗能源水平得分比最高分低 0.149 分，比平均分高 1.476 分；2013 年，单位 GDP 消耗能源水平得分最高分，比平均分高 1.675 分；2014 年，单位 GDP 消耗能源水平得分比最高分低 0.527 分，比平均分高 2.282 分；2015 年，单位 GDP 消耗能源水平得分比最高分低 0.971 分，比平均分高 1.599 分。这说明整体上柳州市单位 GDP 消耗能源水平得分与珠江－西江经济带最高分的差距先减后增，与珠江－西江经济带平均分的差距波动增大。

2010 年，柳州市环保支出水平得分比珠江－西江经济带最高分低 3.998 分，比平均分低 0.263 分；2011 年，环保支出水平得分比最高分低 1.398 分，比平均分高 0.022 分；2012 年，环保支出水平得分比最高分低 3.041 分，比平均分低 0.231 分；2013 年，环保支出水平得分比最高分低 4.029 分，比平均分低 1.019 分；2014 年，环保支出水平得分比最高分低 4.138 分，比平均分低 1.029 分；2015

年，环保支出水平得分最高分低 3.888 分，比平均分低 1.125 分。这说明整体上柳州市环保支出水平得分与珠江－西江经济带最高分的差距波动减小，与珠江－西江经济带平均分的差距先减后增。

2010 年，柳州市污染处理率比重增量得分比珠江－西江经济带最高分低 1.675 分，比平均分高 0.093 分；2011 年，污染处理率比重增量得分比最高分低 2.615 分，比平均分低 0.027 分；2012 年，污染处理率比重增量得分比最高分低 3.749 分，比平均分低 0.590 分；2013 年，污染处理率比重增量得分为最高分，比平均分高 1.568 分；2014 年，污染处理率比重增量得分比最高分低 1.294 分，比平均分低 0.278 分；2015 年，污染处理率比重增量得分为最高分，比平均分高 1.168 分。这说明整体上柳州市污染处理率比重增量得分与珠江－西江经济带最高分的差距波动减小，与珠江－西江经济带平均分的差距波动增大。

2010 年，柳州市综合利用率平均增长指数得分比珠江－西江经济带最高分低 1.307 分，平均分低 0.272 分；2011 年，综合利用率平均增长指数得分比最高分低 3.308 分，比平均分高 0.063 分；2012 年，综合利用率平均增长指数得分比最高分低 0.738 分，比平均分高 0.149 分；2013 年，综合利用率平均增长指数得分比最高分低 2.418 分，比平均分低 1.073 分；2014 年，综合利用率平均增长指数得分比最高分低 0.789 分，比平均分高 0.037 分；2015 年，综合利用率平均增长指数得分比最高分低 1.671 分，比平均分低 0.372 分。这说明整体上柳州市综合利用率平均增长指数得分与珠江－西江经济带最高分的差距波动增加，与珠江－西江经济带平均分的差距波动增加。

由图 3-22 可知，2010 年，柳州市综合利用率枢纽度得分比珠江－西江经济带最高分低 4.578 分，比平均分低

1.028 分；2011 年，综合利用率枢纽度得分比最高分低 3.595 分，比平均分低 0.804 分；2012 年，综合利用率枢纽度得分比最高分低 3.251 分，比平均分低 0.810 分；2013 年，综合利用率枢纽度得分比最高分低 3.018 分，比平均分低 0.737 分；2014 年，综合利用率枢纽度得分比最高分低 2.976 分，比平均分低 0.698 分；2015 年，综合利用率枢纽度得分比最高分低 3.167 分，比平均分低 0.710。这说明整体上柳州市综合利用率枢纽度得分与珠江－西江经济带最高分的差距波动减小，与珠江－西江经济带平均分的差距波动减小。

2010 年，柳州市环保支出规模强度得分比珠江－西江经济带最高分低 1.882 分，比平均分低 0.191 分；2011 年，环保支出规模强度得分比最高分低 2.117 分，比平均分低 0.143 分；2012 年，环保支出规模强度得分比最高分低 2.392 分，比平均分低 0.178 分；2013 年，环保支出规模强度得分比最高分低 3.165 分，比平均分低 0.533 分；2014 年，环保支出规模强度得分比最高分低 3.794 分，比平均分低 0.592 分；2015 年，环保支出规模强度得分比最高分低 4.403 分，比平均分低 0.706 分。这说明整体上柳州市环保支出规模强度得分与珠江－西江经济带最高分的差距持续增大，与珠江－西江经济带平均分的差距先减后增。

2010 年，柳州市环保支出区位商得分比珠江－西江经济带最高分低 4.372 分，比平均分低 0.683 分；2011 年，环保支出区位商得分比最高分低 1.850 分，比平均分低 0.277 分；2012 年，环保支出区位商得分比最高分 2.533 分，比平均分低 0.143 分；2013 年，环保支出区位商得分比最高分 2.960 分，比平均分低 0.820 分；2014 年，环保支出区位商得分比最高分低 3.142 分，比平均分低 0.808 分；2015 年，环保支出区位商得分与最高分比平均分低 0.875 分。这说明整体上柳州市环保支出区位商得分与珠江－西江经济带最高分的差距波动减小，与珠江－西江经济带平均分的差距波动增加。

2010 年，柳州市环保支出职能规模得分比珠江－西江经济带最高分低 4.161 分，比平均分低 0.617 分；2011 年，环保支出职能规模得分比最高分低 2.499 分，比平均

分低 0.177 分；2012 年，环保支出职能规模得分比最高分低 2.977 分，比平均分低 0.191 分；2013 年，环保支出职能规模得分比最高分低 3.575 分，比平均分低 0.789 分；2014 年，环保支出职能规模得分比最高分低 4.685 分，比平均分低 0.939 分；2015 年，环保支出职能规模得分比最高分低 4.123 分，比平均分低 0.904 分。这说明整体上柳州市环保支出职能规模得分与珠江－西江经济带最高分的差距波动减小，与珠江－西江经济带平均分的差距波动增大。

2010 年，柳州市环保支出职能地位得分比珠江－西江经济带最高分低 4.518 分，比平均分低 0.670 分；2011 年，环保支出职能地位得分比最高分低 3.174 分，比平均分低 0.225 分；2012 年，环保支出职能地位得分比最高分低 2.657 分，比平均分低 0.170 分；2013 年，环保支出职能地位得分比最高分低 3.851 分，比平均分低 0.850 分；2014 年，环保支出职能地位得分比最高分低 4.219 分，比平均分低 0.846 分；2015 年，环保支出职能地位得分比最高分低 3.921 分，比平均分低 0.860 分。这说明整体上柳州市环保支出职能地位得分与珠江－西江经济带最高分的差距波动减小，与珠江－西江经济带平均分的差距波动增加。

三、柳州市生态环境建设水平综合评估与比较评述

从对柳州市生态环境评估及其 2 个二级指标在珠江－西江经济带的排名变化和指标结构的综合分析来看，2010～2015 年柳州市生态环境板块中上升指标的数量小于下降指标的数量，上升的动力小于下降的拉力，使得 2015 年柳州市生态环境水平的排名呈波动下降趋势，在珠江－西江经济带城市排名中位居第 8 名。

（一）柳州市生态环境建设水平概要分析

柳州市生态环境建设水平在珠江－西江经济带所处的位置及变化如表 3－13 所示，3 个二级指标的得分和排名变化如表 3－14 所示。

表 3－13　　　　2010～2015 年柳州市生态环境建设水平一级指标比较

项目	2010 年	2011 年	2012 年	2013 年	2014 年	2015 年
排名	7	4	4	4	9	8
所属区位	中游	中游	中游	中游	下游	中游
得分	41.643	46.847	44.421	45.524	39.673	43.565
全国最高分	58.788	52.007	56.046	53.775	56.362	61.632
全国平均分	42.691	44.018	44.127	44.702	43.585	46.610
与最高分的差距	-17.145	-5.159	-11.624	-8.252	-16.689	-18.068
与平均分的差距	-1.048	2.829	0.295	0.822	-3.912	-3.045
优劣度	中势	优势	优势	优势	劣势	中势
波动趋势	—	上升	持续	持续	下降	上升

表 3 – 14　2010 ~ 2015 年柳州市生态环境建设水平二级指标比较

年份	生态绿化		环境治理	
	得分	排名	得分	排名
2010	21.092	3	20.551	6
2011	23.665	2	23.182	5
2012	22.532	3	21.889	5
2013	24.596	2	20.927	7
2014	19.808	10	19.865	9
2015	22.592	3	20.973	9
得分变化	-0.032	—	0.422	—
排名变化	—	0	—	-3
优劣度	强势	强势	中势	中势

（1）从指标排名变化趋势看，2015 年柳州市生态环境建设水平评估排名在珠江 – 西江经济带处于第 8 名，表明其在珠江 – 西江经济带处于中势地位，与 2010 年相比，排名下降 1 名。总的来看，评价期内柳州市生态环境建设水平呈现波动下降趋势。

在 2 个二级指标中，1 个指标排名波动保持，为生态绿化；1 个指标排名波动下降，为环境治理；受指标排名升降的综合影响，评价期内柳州市生态环境的综合排名呈波动下降趋势，在珠江 – 西江经济带排名第 8 名。

（2）从指标所处区位来看，2015 年柳州市生态环境建设水平处在中游区。其中，生态绿化为强势指标，环境治理为中势指标。

（3）从指标得分来看，2015 年柳州市生态环境建设水平得分为 43.565 分，比珠江 – 西江经济带最高分低 18.068 分，比珠江 – 西江经济带平均分低 3.045 分；与 2010 年相比，柳州市生态环境建设水平得分上升 1.922 分，与当年最高分的差距增大，也与珠江 – 西江经济带平均分的差距增大。

2015 年，柳州市生态环境建设水平二级指标的得分均高于 20 分，与 2010 年相比，得分上升最多的为环境治理，上升 0.422 分；得分下降最多的为生态绿化，下降 0.032 分。

（二）柳州市生态环境建设水平评估指标动态变化分析

2010 ~ 2015 年柳州市生态环境建设水平评估各级指标的动态变化及其结构，如图 3 – 23 和表 3 – 15 所示。

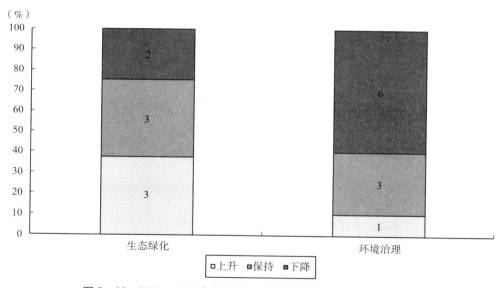

图 3 – 23　2010 ~ 2015 年柳州市生态环境建设水平动态变化结构

表 3 – 15　2010 ~ 2015 年柳州市生态环境建设水平各级指标排名变化态势比较

二级指标	三级指标数	上升指标		保持指标		下降指标	
		个数	比重（%）	个数	比重（%）	个数	比重（%）
生态绿化	8	3	37.500	3	37.500	2	25.000
环境治理	10	1	10.000	3	30.000	6	60.000
合计	18	4	22.222	6	33.333	8	44.444

从图 3 – 23 可以看出，柳州市生态环境建设水平评估的三级指标中下降指标的比例大于上升指标，表明下降指

标居于主导地位。表 3 – 15 中的数据进一步说明，柳州市生态环境建设水平评估的 18 个三级指标中，上升的指

标有 4 个，占指标总数的 22.222%；保持的指标有 6
个，占指标总数的 33.333%；下降的指标有 8 个，占指
标总数的 44.444%。由于下降指标的数量大于上升指标
的数量，且受变动幅度与外部因素的综合影响，评价期
内柳州市生态环境建设水平排名呈现波动下降趋势，在
珠江－西江经济带位居第 8 名。

（三）柳州市生态环境建设水平评估指标变化动因分析

2015 年柳州市生态环境建设水平各级指标的优劣势变
化及其结构，如图 3－24 和表 3－16 所示。

从图 3－24 可以看出，2015 年柳州市生态环境建设水
平评估的三级指标优势和中势指标的比例大于强势和劣势
指标的比例，表明优势和中势指标居于主导地位。表
3－16 中的数据进一步说明，2015 年柳州市生态环境的 18
个三级指标中，强势指标有 1 个，占指标总数的 5.556%；

优势指标为 8 个，占指标总数的 44.444%；中势指标 4
个，占指标总数的 22.222%；劣势指标为 5 个，占指标总
数的 27.778%；优势指标和中势指标之和占指标总数的
66.666%，数量与比重均大于劣势指标。从二级指标来
看，其中，生态绿化不存在强势指标；优势指标为 7 个，
占指标总数的 87.500%；中势指标为 1 个，占指标总数的
12.500%；不存在劣势指标；优势指标和中势指标之和占
指标总数的 100.000%；说明生态绿化的优、中势指标居
于主导地位。环境治理的强势指标为 1 个，占指标总数的
10.000%；优势指标为 1 个，占指标总数的 10.000%；中
势指标 3 个，占指标总数的 30.000%；劣势指标 5 个，占
指标总数的 50.000%；优势指标和中势指标之和占指标总
数的 40.000%；说明环境治理的优、中势指标不处于主导
地位。由于优、中势指标比重较大，柳州市生态环境建设
水平处于中势地位，在珠江－西江经济带位居第 8 名，处
于中游区。

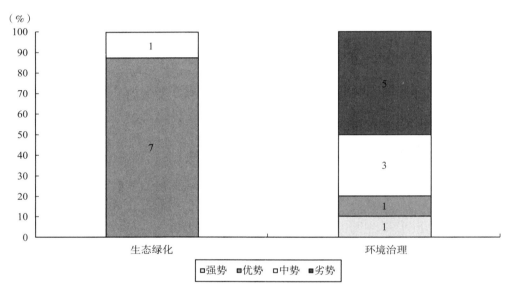

图 3－24　2015 年柳州市生态环境建设水平各级指标优劣度结构

表 3－16　　　　　　　　2015 年柳州市生态环境建设水平各级指标优劣度比较

二级指标	三级指标数	强势指标		优势指标		中势指标		劣势指标		优劣度
		个数	比重（%）	个数	比重（%）	个数	比重（%）	个数	比重（%）	
生态绿化	8	0	0.000	7	87.500	1	12.500	0	0.000	优势
环境治理	10	1	10.000	1	10.000	3	30.000	5	50.000	劣势
合计	18	1	5.556	8	44.444	4	22.222	5	27.778	中势

为了进一步明确影响柳州市生态环境建设水平变化
的具体因素，以便于对相关指标进行深入分析，为提升
柳州市生态环境建设水平提供决策参考，表 3－17 列出

生态环境建设水平评估指标体系中直接影响柳州市生态
环境建设水平升降的强势指标、优势指标、中势指标和
劣势指标。

表 3 - 17　　　　　　　　　2015 年柳州市生态环境建设水平三级指标优劣度统计

指标	强势指标	优势指标	中势指标	劣势指标
生态绿化 （8 个）	（0 个）	生态绿化强度、城镇绿化动态变化、绿化扩张强度、城市绿化蔓延指数、环境承载力、城市绿化相对增长率、城市绿化绝对增量加权指数（7 个）	城镇绿化扩张弹性系数（1个）	（0 个）
环境治理 （10 个）	污染处理率比重增量（1个）	单位 GDP 消耗能源（1个）	地区环境相对损害指数（EVI）、综合利用率平均增长指数、综合利用率枢纽度（3 个）	环保支出水平、环保支出规模强度、环保支出区位商、环保支出相对职能规模、环保支出职能地位（5个）

第四章 梧州市生态环境建设水平综合评估

一、梧州市生态绿化建设水平综合评估与比较

（一）梧州市生态绿化建设水平评估指标变化趋势评析

1. 城镇绿化扩张弹性系数

根据图4-1分析可知，2010~2015年梧州市城镇绿化扩张弹性系数总体上呈现波动保持型的状态。波动保持型指标意味着城市在该项指标上虽然呈现波动状态，但在评价末期和评价初期的数值基本保持一致，由该图可知梧州市城镇绿化扩张弹性系数数值保持在88.457~88.621。即使梧州市城镇绿化扩张弹性系数存在过最低值，其数值为88.457，但梧州市在城镇绿化扩张弹性系数上总体表现相对平稳；说明该地区城镇绿化能力及活力持续又稳定。

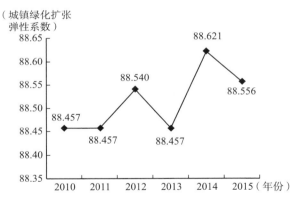

图4-1 2010~2015年梧州市城镇绿化
扩张弹性系数变化趋势

2. 生态绿化强度

根据图4-2分析可知，2010~2015年梧州市生态绿化强度总体上呈现波动保持型的状态。波动保持型指标意味着城市在该项指标上虽然呈现波动状态，但在评价末期和评价初期的数值基本保持一致，由该图可知梧州市生态绿化强度数值保持在1.151~2.672。即使梧州市生态绿化强度存在过最低值，其数值为1.151，但梧州市在生态绿化强度上总体表现相对平稳；说明该地区城镇绿化能力及活力持续又稳定。

图4-2 2010~2015年梧州市生态
绿化强度变化趋势

3. 城镇绿化动态变化

根据图4-3分析可知，2010~2015年梧州市城镇绿化动态变化总体上呈现波动上升型的状态。2010~2015年城市在这一类型指标上存在一定的波动变化，总体趋势为上升趋势，但在个别年份出现下降的情况，指标并非连续性上升状态。波动上升型指标意味着在评价的时间段内，虽然指标数据存在较大的波动变化，但是其评价末期数据值高于评价初期数据值。梧州市在2014~2015年虽然出现下降的状况，但是总体上还是呈现上升的态势，最终稳定在20.675。对于梧州市来说，其城市生态保护发展潜力越大。

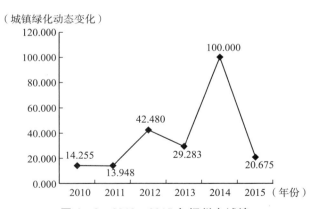

图4-3 2010~2015年梧州市城镇
绿化动态变化趋势

4. 绿化扩张强度

根据图4-4分析可知，2010~2015年梧州市绿化扩张强度总体上呈现波动保持型的状态。波动保持型指标意

味着城市在该项指标上虽然呈现波动状态,但在评价末期和评价初期的数值基本保持一致,由该图可知梧州市绿化扩张强度数值保持在31.689~38.386。即使梧州市绿化扩张强度存在过最低值,其数值为31.689,但梧州市在绿化扩张强度上总体表现相对平稳;说明该地区城镇绿化能力不断提升。

（绿化扩张强度）

图4-4 2010~2015年梧州市
绿化扩张强度变化趋势

5. 城市绿化蔓延指数

根据图4-5分析可知,2010~2015年梧州市城镇绿化蔓延指数总体上呈现波动保持型的状态。波动保持型指标意味着城市在该项指标上虽然呈现波动状态,但在评价末期和评价初期的数值基本保持一致,其数值保持在11.743~18.600。梧州市绿化蔓延指数虽然有过波动下降趋势,但下降趋势不大;这说明梧州市在城市绿化蔓延指数表现相对稳定,也能体现出梧州市强化推进生态环境发展与经济增长的协同发展。

（城市绿化蔓延指数）

图4-5 2010~2015年梧州市城市绿化
蔓延指数变化趋势

6. 环境承载力

根据图4-6分析可知,2010~2015年梧州市的环境承载力总体上呈现持续上升型的状态。处于持续上升型的指标,不仅意味着城市在各项指标数据上的不断增长,更意味着城市在该项指标以及生态绿化建设整体上的竞争力优势不

断扩大。通过折线图可以看出,梧州市的环境承载力指标不断提高,在2015年达到1.948,相较于2010年上升1个单位左右,说明梧州市的绿化面积整体密度更大、容量范围更广。

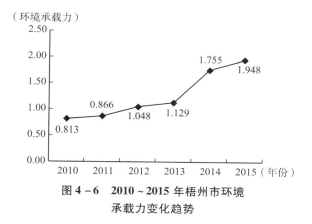

（环境承载力）

图4-6 2010~2015年梧州市环境
承载力变化趋势

7. 城市绿化相对增长率

根据图4-7分析可知,2010~2015年梧州市绿化相对增长率总体上呈现波动保持型的状态。波动保持型指标意味着城市在该项指标上虽然呈现波动状态,但在评价末期和评价初期的数值基本保持一致,由该图可知梧州市绿化相对增长率数值保持在58.406~61.401。即使梧州市绿化相对增长率存在过最低值,其数值为58.406,但梧州市在城市绿化相对增长率上总体表现相对平稳;说明该地区生态保护发展潜力较大。

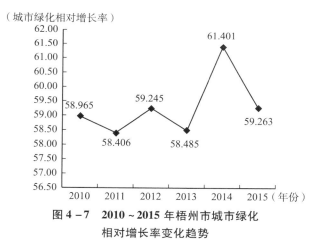

（城市绿化相对增长率）

图4-7 2010~2015年梧州市城市绿化
相对增长率变化趋势

8. 城市绿化绝对增量加权指数

根据图4-8分析可知,2010~2015年梧州市城市绿化绝对增量加权指数总体上呈现波动保持型的状态。波动保持型指标意味着城市在该项指标上虽然呈现波动状态,但在评价末期和评价初期的数值基本保持一致,由该图可知梧州市绿化绝对增量加权指数数值保持在73.010~74.159。即使梧州市绿化绝对增量加权指数存在过最低值,其数值为73.010,但梧州市在城市绿化绝对增量加权指数上总体

表现相对平稳；说明该地区生态保护发展潜力较大。

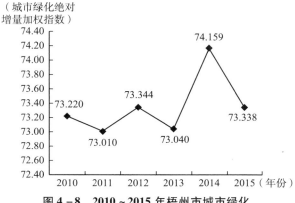

图 4 - 8   2010～2015 年梧州市城市绿化
绝对增量加权指数变化趋势

根据表 4 - 1～表 4 - 3 可以显示出 2010～2015 年生态绿化建设水平在相应年份的原始值、标准值及排名情况：

（二）梧州市生态绿化建设水平评估结果

根据表 4 - 4 对 2010～2012 年梧州市生态绿化建设水平得分、排名、优劣度进行分析。2010 年梧州市生态绿化建设水平排名处在珠江 - 西江经济带第 10 名，2011 年梧州市生态绿化建设水平排名升至珠江 - 西江经济带第 9 名，2012 年其排名又升至珠江 - 西江经济带第 4 名，说明梧州市生态绿化建设水平较于珠江 - 西江经济带其他城市处于相对优势的位置。对梧州市的生态绿化建设水平得分情况进行分析，发现梧州市生态绿化建设水平得分持续上升，变动幅度较大，说明梧州市生态绿化建设水平发展较不稳定。2010～2012 年梧州市的生态绿化建设水平在珠江 - 西江经济带中介于劣势地位和优势地位波动，说明梧州市的生态绿化建设水平整体稳定性仍待增强。

表 4 - 1   2010～2011 年柳州市生态绿化建设水平各级指标排名及相关数值

指标		2010 年			2011 年		
		原始值	标准值	排名	原始值	标准值	排名
生态绿化	城镇绿化扩张弹性系数	0.000	88.457	8	0.000	88.457	7
	生态绿化强度	0.183	1.974	7	0.233	2.672	7
	城镇绿化动态变化	0.002	14.255	11	0.000	13.948	10
	绿化扩张强度	0.000	31.992	8	0.000	31.689	9
	城市绿化蔓延指数	0.481	11.852	7	0.000	11.743	9
	环境承载力	25004.225	0.813	6	26176.456	0.866	6
	城市绿化相对增长率	0.001	58.965	8	0.000	58.406	9
	城市绿化绝对增量加权指数	0.556	73.220	8	0.000	73.010	9

表 4 - 2   2012～2013 年南宁市生态绿化建设水平各级指标排名及相关数值

指标		2012 年			2013 年		
		原始值	标准值	排名	原始值	标准值	排名
生态绿化	城镇绿化扩张弹性系数	0.527	88.540	6	0.000	88.457	10
	生态绿化强度	0.165	1.729	7	0.128	1.221	7
	城镇绿化动态变化	0.160	42.480	3	0.086	29.283	3
	绿化扩张强度	0.000	33.544	6	0.000	31.871	10
	城市绿化蔓延指数	17.686	15.756	3	0.473	11.850	9
	环境承载力	30185.467	1.048	6	31957.504	1.129	6
	城市绿化相对增长率	0.002	59.245	6	0.000	58.485	10
	城市绿化绝对增量加权指数	0.882	73.344	6	0.079	73.040	10

表 4 - 3   2014～2015 年柳州市生态绿化建设水平各级指标排名及相关数值

指标		2014 年			2015 年		
		原始值	标准值	排名	原始值	标准值	排名
生态绿化	城镇绿化扩张弹性系数	1.043	88.621	3	0.631	88.556	5
	生态绿化强度	0.123	1.151	7	0.163	1.705	7
	城镇绿化动态变化	0.484	100.000	1	0.038	20.675	6
	绿化扩张强度	0.000	38.386	2	0.000	33.096	6

续表

指标		2014 年			2015 年		
		原始值	标准值	排名	原始值	标准值	排名
生态绿化	城市绿化蔓延指数	30.224	18.600	2	5.519	12.995	5
	环境承载力	45756.949	1.755	5	50007.714	1.948	6
	城市绿化相对增长率	0.008	61.401	2	0.002	59.263	6
	城市绿化绝对增量加权指数	3.034	74.159	2	0.867	73.338	6

表 4 - 4　　　　　2010～2012 年梧州市生态绿化各级指标的得分、排名及优劣度分析

指标	2010 年			2011 年			2012 年		
	得分	排名	优劣度	得分	排名	优劣度	得分	排名	优劣度
生态绿化	20.024	10	劣势	20.088	9	劣势	21.918	4	优势
城镇绿化扩张弹性系数	8.174	8	中势	7.930	7	中势	8.251	6	中势
生态绿化强度	0.086	7	中势	0.116	7	中势	0.077	7	中势
城镇绿化动态变化	0.643	11	劣势	0.655	10	劣势	2.003	3	优势
绿化扩张强度	1.542	8	中势	1.631	9	劣势	1.686	6	中势
城市绿化蔓延指数	0.485	7	中势	0.490	9	劣势	0.650	3	优势
环境承载力	0.034	6	中势	0.037	6	中势	0.045	6	中势
城市绿化相对增长率	3.827	8	中势	3.732	9	劣势	3.759	6	中势
城市绿化绝对增量加权指数	5.233	8	中势	5.497	9	劣势	5.447	6	中势

对梧州市生态绿化建设水平的三级指标进行分析，其中城镇绿化扩张弹性系数得分排名呈现出持续上升的发展趋势。对梧州市城镇绿化扩张弹性系数的得分情况进行分析，发现梧州市城镇绿化扩张弹性系数得分波动上升，说明梧州市的城市环境与城市面积之间呈现协调发展的关系，城市的绿化扩张越来越合理。

生态绿化强度得分排名呈现出持续保持的趋势。对梧州市生态绿化强度的得分情况进行分析，发现梧州市在生态绿化强度上的得分波动下降，说明梧州市的生态绿化强度不断降低，城市公园绿地的优势不断降低，城市活力仍待提升。

城镇绿化动态变化得分排名呈现出持续上升的趋势。对梧州市城镇绿化动态变化的得分情况进行分析，发现梧州市在城镇绿化动态变化的得分持续上升，说明梧州市的城市绿化面积扩大，显示出梧州市的经济活力和城市规模的不断提高。

绿化扩张强度得分排名呈现出先降后升的趋势。对梧州市绿化扩张强度的得分情况进行分析，发现梧州市在绿化扩张强度的得分持续上升，说明梧州市在推进城市绿化建设方面存在较大的提升空间。

城市绿化蔓延指数得分排名呈现先降后升的趋势。对梧州市的城市绿化蔓延指数的得分情况进行分析，发现梧州市的城市绿化蔓延指数的得分持续上升，分值变动幅度较大，说明城市的城市绿化蔓延指数稳定性较低。

环境承载力得分排名呈现出持续保持的趋势。对梧州市环境承载力的得分情况进行分析，发现梧州市在环境承载力的得分持续上升，说明 2010～2012 年梧州市的环境承载力不断提高。

城市绿化相对增长率得分排名呈现出先降后升的趋势。2010 年梧州市的城市绿化相对增长率得分排名处在珠江 – 西江经济带第 8 名，2011 年梧州市的城市绿化相对增长率得分排名降至珠江 – 西江经济带第 9 名，2012 年梧州市的城市绿化相对增长率得分排名升至珠江 – 西江经济带第 6 名，梧州市在城市绿化相对增长率方面的得分排名波动幅度大，一直在珠江 – 西江经济带中势地位和劣势地位波动，一方面说明梧州市的城市绿化相对增长率稳定性较低；另一方面说明梧州市较之于珠江 – 西江经济带其他城市，梧州市的城市绿化面积增长率处于相对劣势的水平。对梧州市绿化相对增长率的得分情况进行分析，发现梧州市在城市绿化相对增长率的得分波动下降，分值变动幅度较小，说明2010～2012 年间梧州市的城市绿化面积不断减小。

城市绿化绝对增量加权指数得分排名呈现出先降后升的趋势。对梧州市的城市绿化绝对增量加权指数的得分情况进行分析，发现梧州市在城市绿化绝对增量加权指数的得分波动上升，变化幅度较小，说明 2010～2012 年梧州市的城市绿化要素集中度较高，城市绿化变化增长趋向于集中型发展。

表 4 -5　　　　　2013～2015 年梧州市生态绿化建设水平各级指标的得分、排名及优劣度分析

指标	2013 年			2014 年			2015 年		
	得分	排名	优劣度	得分	排名	优劣度	得分	排名	优劣度
生态绿化	20.587	6	中势	25.105	2	强势	20.869	8	中势

指标	2013 年			2014 年			2015 年		
	得分	排名	优劣度	得分	排名	优劣度	得分	排名	优劣度
城镇绿化扩张弹性系数	8.051	10	劣势	8.131	3	优势	7.864	5	优势
生态绿化强度	0.055	7	中势	0.052	7	中势	0.075	7	中势
城镇绿化动态变化	1.358	3	优势	5.043	1	强势	0.924	6	中势
绿化扩张强度	1.537	10	劣势	1.819	2	强势	1.845	6	中势
城市绿化蔓延指数	0.566	9	劣势	0.777	2	强势	0.541	6	优势
环境承载力	0.049	6	中势	0.077	5	优势	0.086	6	中势
城市绿化相对增长率	3.617	10	劣势	3.765	2	强势	3.996	6	中势
城市绿化绝对增量加权指数	5.355	10	劣势	5.439	2	强势	5.537	6	中势

对梧州市城镇绿化扩张弹性系数进行分析，其中城镇绿化扩张弹性系数得分排名呈现出先升后降的发展趋势。对梧州市城镇绿化扩张弹性系数的得分情况进行分析，发现梧州市的城镇绿化扩张弹性系数得分波动下降，说明梧州市的城市环境与城市面积之间的协调发展仍有较大的发展空间。

生态绿化强度得分排名呈现出持续保持的趋势。对梧州市生态绿化强度得分情况进行分析，发现梧州市的生态绿化强度得分在波动上升，说明梧州市生态绿化强度有所提高。

城镇绿化动态变化得分排名呈现先上升后下降的趋势。对梧州市城镇绿化动态变化的得分情况进行分析，发现梧州市城镇绿化动态变化的得分波动下降，说明城市的城镇绿化动态变化不断降低，城市绿化面积的增加变小，相应的呈现出城市经济活力和城市规模的不断降低。

绿化扩张强度得分排名呈现出先上升后下降的趋势。对梧州市的绿化扩张强度得分情况进行分析，发现梧州市在绿化扩张强度的得分持续上升，说明梧州市的绿化用地面积增长速率得到提高，相对应的呈现出城市城镇绿化能力及活力的不断扩大。

城市绿化蔓延指数得分排名呈现出先上升后下降的趋势。对梧州市的城市绿化蔓延指数的得分情况进行分析，发现梧州市在城市绿化蔓延指数的得分波动下降。

环境承载力得分排名呈现出先升后降的趋势。对梧州市环境承载力的得分情况进行分析，发现梧州市在环境承载力的得分持续上升，说明2013～2015年梧州市环境承载力不断提高，城市的绿化面积整体密度、容量范围也在不断扩大。

城市绿化相对增长率得分排名呈现出先上升后下降的趋

势。对梧州市的城市绿化相对增长率得分情况进行分析，发现梧州市在城市绿化相对增长率的得分持续上升，说明梧州市绿化面积增长速率不断提高，城市绿化面积不断扩大。

城市绿化绝对增量加权指数得分排名呈现出先上升后下降的趋势。对梧州市的城市绿化绝对增量加权指数的得分情况进行分析，发现梧州市在城市绿化绝对增量加权指数的得分持续上升，说明梧州市的城市绿化绝对增量加权指数不断提高，城市的绿化要素集中度不断提高，城市绿化变化增长趋向于密集型发展。

对2010～2015年梧州市生态绿化建设水平及各三级指标的得分、排名和优劣度进行分析。2010年梧州市生态绿化建设水平得分排名均处在珠江－西江经济带第10名，2011年其排名升至珠江－西江经济带第9名，2012年其排名升至珠江－西江经济带第4名，2013年其排名降至珠江－西江经济带第6名，2014年其排名升至珠江－西江经济带第2名，2015年其排名降至珠江－西江经济带第8名。2010～2015年梧州市生态绿化建设水平得分排名在珠江－西江经济带介于上游区、中游区和下游区波动，城市生态绿化建设水平也一直在强势、优势、中势和劣势地位波动，说明梧州市生态绿化建设水平发展较之于珠江－西江经济带的其他城市具有一定的竞争优势。对梧州市的生态绿化建设水平得分情况进行分析，发现梧州市的生态绿化建设水平得分呈现波动上升的发展趋势，2010～2015年梧州市的生态绿化得分呈频繁升降的趋势，说明梧州市生态绿化建设水平稳定性有待提升。

从生态绿化基础指标的优劣度结构来看（见表4-6），在8个基础指标中，指标的优劣度结构为0.0:25.0:75.0:0.0。

表4-6　　　　　　2015年梧州市生态绿化建设水平指标的优劣度结构

二级指标	三级指标数	强势指标		优势指标		中势指标		劣势指标		优劣度
		个数	比重（%）	个数	比重（%）	个数	比重（%）	个数	比重（%）	
生态绿化	8	0	0.000	2	25.000	6	75.000	0	0.000	中势

（三）梧州市生态绿化建设水平比较分析

图4-9和图4-10将2010～2015年梧州市生态绿化建

设水平与珠江－西江经济带最高水平和平均水平进行比较。从生态绿化建设水平的要素得分比较来看，由图4-9可知，2010年，梧州市城镇绿化扩张弹性系数得分比珠江－西江经济带最高分低 0.101 分，比平均分低 0.023 分；2011 年，城镇绿化扩张弹性系数得分比最高分低 1.035 分，比平均分高 0.591 分；2012 年，城镇绿化扩张弹性系数得分比最高分低 0.420 分，比平均分低 0.062 分；2013 年，城镇绿化扩张弹性系数得分比最高分低 0.049 分，比平均分高 0.016 分；2014 年，

城镇绿化扩张弹性系数建得分比最高分低 0.005 分，比平均分低 0.009 分；2015 年，城镇绿化扩张弹性系数得分比最高分低 0.203 分，比平均分低 0.014 分。这说明整体上梧州市城镇绿化扩张弹性系数得分与珠江－西江经济带最高分的差距波动增大，与珠江－西江经济带平均分的差距波动减小。

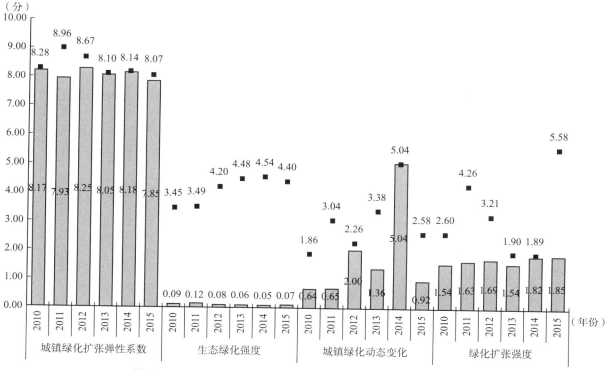

图 4-9 2010~2015 年梧州市生态绿化建设水平指标得分比较 1

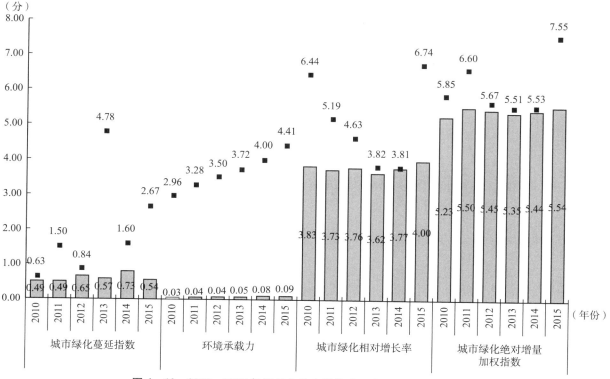

图 4-10 2010~2015 年梧州市生态绿化建设水平指标得分比较 2

2010 年，梧州市生态绿化强度得分比珠江－西江经济带最高分低 3.365 分，比平均分低 0.490 分；2011 年，生态绿化强度得分比最高分低 3.377 分，比平均分低 0.461 分；2012 年，生态绿化强度得分比最高分低 4.123 分，比平均分低 0.517 分；2013 年，生态绿化强度得分比最高分低 4.430 分，比平均分低 0.546 分；2014 年，生态绿化强度得分比最高分低 4.489 分，比平均分低 0.553 分；2015 年，生态绿化强度得分比最高分低 4.321 分，比平均分低 0.509 分。这说明整体上梧州市生态绿化强度得分与珠江－西江经济带最高分的差距波动增大，与珠江－西江经济带平均分的差距波动增大。

2010 年，梧州市城镇绿化动态变化得分比珠江－西江经济带最高分低 1.120 分，比平均分低 0.436 分；2011 年，城镇绿化动态变化得分比最高分低 2.388 分，比平均分低 0.611 分；2012 年，城镇绿化动态变化得分比最高分低 0.261 分，比平均分高 0.650 分；2013 年，城镇绿化动态变化得分比最高分低 2.024 分，比平均分高 0.181 分；2014 年，城镇绿化动态变化得分为最高分，比平均分高 3.581 分；2015 年，城镇绿化动态变化得分比最高分低 1.656 分，比平均分低 0.265 分。这说明整体上梧州市城镇绿化动态变化得分与珠江－西江经济带最高分的差距波动增大，与珠江－西江经济带平均分的差距波动减小。

2010 年，梧州市绿化扩张强度得分比珠江－西江经济带最高分高 1.055 分，比平均分低 0.029 分；2011 年，绿化扩张强度得分比最高分低 2.630 分，比平均分低 0.273 分；2012 年，绿化扩张强度得分比最高分低 1.528 分，比平均分低 0.146 分；2013 年，绿化扩张强度得分比最高分低 0.368 分，比平均分高 0.077 分；2014 年，绿化扩张强度得分比最高分高 0.075 分，比平均分低 0.370 分；2015 年，绿化扩张强度得分比最高分低 3.730 分，比平均分低 0.599 分。这说明整体上梧州市绿化扩张强度得分与珠江－西江经济带最高分的差距波动增大，与珠江－西江经济带平均分的差距波动增大。

由图 4－10 可知，2010 年，梧州市绿化蔓延指数得分比珠江－西江经济带最高分低 0.146 分，比平均分高 0.009 分；2011 年，城市绿化蔓延指数得分比最高分低 1.009 分，比平均分低 0.091 分；2012 年，城市绿化蔓延指数得分比最高分低 0.194 分，比平均分高 0.127 分；2013 年，城市绿化蔓延指数得分比最高分低 4.211 分，比平均分低 0.476 分；2014 年，城市绿化蔓延指数得分比最高分低 0.819 分，比平均分高 0.177 分；2015 年，城市绿化蔓延指数得分比最高分低 2.125 分，比平均分低 0.158 分。这说明整体上梧州市绿化蔓延指数得分与珠江－西江经济带最高分的差距波动增大，与珠江－西江经济带平均分的差距波动增大。

2010 年，梧州市环境承载力得分比珠江－西江经济带最高分低 2.925 分，比平均分低 0.353 分；2011 年，环境承载力得分比最高分低 3.245 分，比平均分低 0.389 分；2012 年，环境承载力得分比最高分低 3.453 分，比平均分低 0.421 分；2013 年，环境承载力得分比最高分低 3.669 分，比平均分低 0.449 分；2014 年，环境承载力得分比最高分低 3.919 分，比平均分低 0.451 分；2015 年，环境承载力得分比最高分低 4.323 分，比平均分低 0.509 分。这说

明整体上梧州市环境承载力得分与珠江－西江经济带最高分的差距持续增大，与珠江－西江经济带平均分的差距持续增大。

2010 年，梧州市绿化相对增长率得分比珠江－西江经济带最高分低 2.618 分，比平均分高 0.073 分；2011 年，城市绿化相对增长率得分比最高分低 1.454 分，比平均分低 0.151 分；2012 年，城市绿化相对增长率得分比最高分低 0.873 分，比平均分低 0.083 分；2013 年，城市绿化相对增长率得分比最高分低 0.203 分，比平均分低 0.042 分；2014 年，城市绿化相对增长率得分比最高分低 0.043 分，比平均分高 0.214 分；2015 年，城市绿化相对增长率得分比最高分低 2.747 分，比平均分低 0.441 分。这说明整体上梧州市绿化相对增长率得分与珠江－西江经济带最高分的差距先减后增，与珠江－西江经济带平均分的差距波动增大。

2010 年，梧州市绿化绝对增量加权指数得分比珠江－西江经济带最高分低 0.613 分，比平均分高 0.410 分；2011 年，城市绿化绝对增量加权指数得分比最高分低 1.105 分，比平均分低 0.112 分；2012 年，城市绿化绝对增量加权指数得分比最高分低 0.219 分，比平均分低 0.030 分；2013 年，城市绿化绝对增量加权指数得分比最高分低 0.157 分，比平均分低 0.026 分；2014 年，城市绿化绝对增量加权指数得分比最高分低 0.092 分，比平均分高 0.079 分；2015 年，城市绿化绝对增量加权指数得分比最高分低 2.013 分，比平均分低 0.259 分。这说明整体上梧州市绿化绝对增量加权指数得分与珠江－西江经济带最高分的差距波动增大，与珠江－西江经济带平均分的差距波动减小。

二、梧州市环境治理水平综合评估与比较

（一）梧州市环境治理水平评估指标变化趋势评析

1. 地区环境相对损害指数（EVI）

根据图 4－11 分析可知，2010～2015 年梧州市地区环境相对损害指数（EVI）总体上呈现波动保持型的状态。波

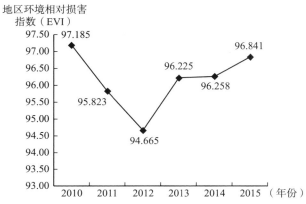

图 4－11　2010～2015 年梧州市地区环境相对损害指数（EVI）变化趋势

动保持型指标意味着城市在该项指标上虽然呈现波动状态，但在评价末期和评价初期的数值基本保持一致，由该图可知梧州市地区环境相对损害指数（EVI）数值保持在94.665～97.185。即使梧州市地区环境相对损害指数（EVI）存在过最低值，其数值为94.665，但梧州市在地区环境相对损害指数（EVI）上总体表现相对平稳，说明该地区城镇绿化能力及活力持续又稳定。

2. 单位GDP消耗能源

根据图4－12分析可知，2010～2015年梧州市的单位GDP消耗能源总体上呈现持续上升型的状态。处于持续上升型的指标，不仅意味着城市在各项指标数据上的不断增长，更意味着城市在该项指标以及生态环境治理水平整体上的竞争力优势不断扩大。通过折线图可以看出，梧州市的单位GDP消耗能源指标不断提高，在2015年达到96.589，相较于2010年上升60个单位左右，说明梧州市的整体发展水平较高，城市的发展活力较高，其城镇化发展的潜力较大。

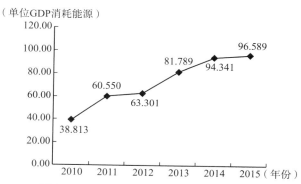

（单位GDP消耗能源）

图4－12　2010～2015年梧州市单位GDP
消耗能源变化趋势

3. 环保支出水平

根据图4－13分析可知，2010～2015年梧州市环保支出水平指数总体上呈现波动下降型的状态。2010～2015年城市在该项指标上总体呈现下降趋势，但在评估期间存在上下波动的情况，并非连续性下降状态。

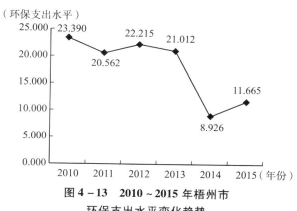

（环保支出水平）

图4－13　2010～2015年梧州市
环保支出水平变化趋势

这就意味着在评估的时间段内，虽然指标数据存在较大的波动，但是其评价末期数据值低于评价初期数据值。梧州市的环保支出水平指数末期低于初期的数据，降低10个单位左右，并且在2013～2014年存在明显下降的变化；这说明梧州市环保支出水平情况处于不太稳定的下降状态。

4. 污染处理率比重增量

根据图4－14分析可知，2010～2015年梧州市污染处理率比重增量总体上呈现波动上升型的状态。2010～2015年城市在这一类型指标上存在一定的波动变化，总体趋势为上升趋势，但在个别年份出现下降的情况，指标并非连续性上升状态。波动上升型指标意味着在评价的时间段内，虽然指标数据存在较大的波动变化，但是其评价末期数据值高于评价初期数据值。梧州市在2011～2012年虽然出现下降的状况，2012年为34.782，但是总体上还是呈现上升的态势，最终稳定在51.432。污染处理率比重增量越大，说明城市的环保发展水平越高，对于梧州市来说，其城市生态保护发展潜力越大。

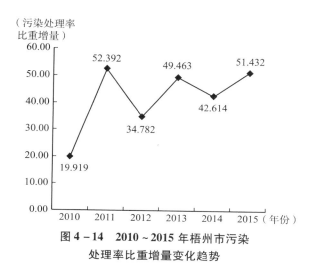

（污染处理率
比重增量）

图4－14　2010～2015年梧州市污染
处理率比重增量变化趋势

5. 综合利用率平均增长指数

根据图4－15分析可知，2010～2015年梧州市综合利

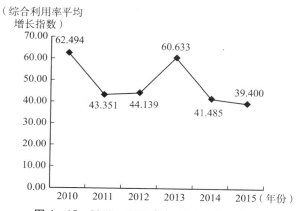

（综合利用率平均
增长指数）

图4－15　2010～2015年梧州市综合利用率
平均增长指数变化趋势

用率平均增长指数总体上呈现波动下降型的状态。这种状态表现为2010～2015年城市在该项指标上总体呈现下降趋势，但在评估期间存在上下波动的情况，并非连续性下降状态。这就意味着在评估的时间段内，虽然指标数据存在较大的波动，但是其评价末期数据值低于评价初期数据值。梧州市的综合利用率平均增长指数末期低于初期的数据，降低20个单位左右，并且在2010～2011年存在明显下降的变化；这说明梧州市综合利用率平均增长指数情况处于不太稳定的下降状态。

6. 综合利用率枢纽度

根据图4－16分析可知，2010～2015年梧州市的综合利用率枢纽度总体上呈现持续下降型的状态。处于持续下降型的指标，意味着城市在该项指标上不断处在劣势状态，并且这一状况并未得到改善。如图所示，梧州市综合利用率枢纽度指标处于不断下降的状态，2010年此指标数值最高，为48.951，到2015年下降至26.243。分析这种变化趋势，可以说明梧州市综合利用率发展的水平仍待提升。

（综合利用率枢纽度）

图4－16　2010～2015年梧州市综合利用率枢纽度变化趋势

7. 环保支出规模强度

根据图4－17分析可知，2010～2015年梧州市环保支

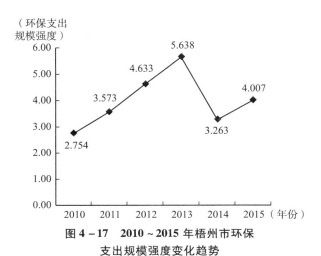

（环保支出规模强度）

图4－17　2010～2015年梧州市环保支出规模强度变化趋势

出规模强度总体上呈现波动上升型的状态。2010～2015年间城市在这一类型指标上存在一定的波动变化，总体趋势为上升趋势，但在个别年份出现下降的情况，指标并非连续性上升状态。波动上升型指标意味着在评价的时间段内，虽然指标数据存在较大的波动变化，但是其评价末期数据值高于评价初期数据值。梧州市在2013～2014年虽然出现下降的状况，2014年为3.263，但是总体上还是呈现上升的态势，最终稳定在4.007。环保支出规模强度越大，说明城市的生态环境保护程度越高，对于梧州市来说，其城市生态保护发展潜力越大。

8. 环保支出区位商

根据图4－18分析可知，2010～2015年梧州市的环保支出区位商总体上呈现持续下降型的状态。处于持续下降型的指标，意味着城市在该项指标上不断处在劣势状态，并且这一状况并未得到改善。如图所示，梧州市环保支出区位商指标处于不断下降的状态，2010年此指标数值最高，为28.650，到2015年下降至7.592。分析这种变化趋势，可以得出梧州市环保发展的水平仍待提升。

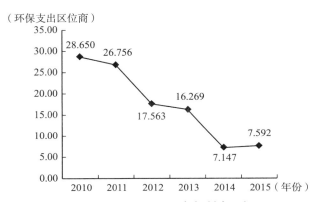

（环保支出区位商）

图4－18　2010～2015年梧州市环保支出区位商变化趋势

9. 环保支出职能规模

根据图4－19分析可知，2010～2015年梧州市环保支

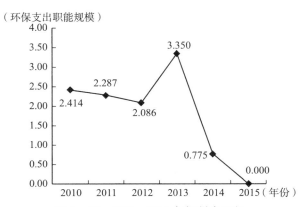

（环保支出职能规模）

图4－19　2010～2015年梧州市环保支出职能规模变化趋势

出职能规模指数总体上呈现波动下降型的状态。这种状态表现为 2010～2015 年城市在该项指标上总体呈现下降趋势，但在评估期间存在上下波动的情况，并非连续性下降状态。这就意味着在评估的时间段内，虽然指标数据存在较大的波动变化，但是其评价末期数据值低于评价初期数据值。梧州市的环保支出职能规模指数末期低于初期的数据，降低 2 个单位左右，并且在 2013～2015 年存在明显下降的变化；这说明梧州市环保支出职能规模情况处于不太稳定的下降状态，城市发展所具备的环保支出能力仍待提升。

10. 环保支出职能地位

根据图 4 - 20 分析可知，2010～2015 年梧州市环保支出职能地位指数总体上呈现波动下降型的状态。这种状态表现为 2010～2015 年城市在该项指标上总体呈现下降趋势，但在评估期间存在上下波动的情况，并非连续性下降状态。这就意味着在评估的时间段内，虽然指标数据存在较大的波动变化，但是其评价末期数据值低于评价初期数据值。梧州市的环保支出职能地位指数末期低于初期的数据，降低 5 个单位左右，并且在 2011～2014 年存在明显

下降的变化；这说明梧州市环保支出职能地位情况处于不太稳定的下降状态，城市发展具备的生态绿化及环境治理方面的潜力仍待增强。

（环保支出职能地位）

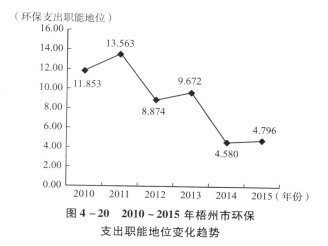

图 4 - 20 2010～2015 年梧州市环保
支出职能地位变化趋势

根据表 4 - 7～表 4 - 9 可以显示出 2010～2015 年梧州市环境治理水平在相应年份的原始值、标准值及排名情况。

表 4 - 7   2010～2011 年梧州环境治理水平各级指标排名及相关数值

指标		2010 年			2011 年		
		原始值	标准值	排名	原始值	标准值	排名
环境治理	地区环境相对损害指数（EVI）	0.679	97.185	2	0.875	95.823	2
	单位 GDP 消耗能源	0.015	38.813	8	0.012	60.550	7
	环保支出水平	0.004	23.390	3	0.003	20.562	3
	污染处理率比重增量	- 0.044	19.919	9	0.032	52.392	6
	综合利用率平均增长指数	0.001	62.494	1	0.001	43.351	3
	综合利用率枢纽度	0.000	48.951	4	0.000	38.521	4
	环保支出规模强度	- 0.505	2.754	7	- 0.460	3.573	7
	环保支出区位商	2.443	28.650	3	2.320	26.756	6
	环保支出职能规模	31066.777	11.595	4	33259.785	12.096	6
	环保支出职能地位	0.039	11.853	4	0.048	13.563	6

表 4 - 8   2012～2013 年梧州环境治理水平各级指标排名及相关数值

指标		2012 年			2013 年		
		原始值	标准值	排名	原始值	标准值	排名
环境治理	地区环境相对损害指数（EVI）	1.042	94.665	2	0.817	96.225	4
	单位 GDP 消耗能源	0.011	63.301	5	0.009	81.789	2
	环保支出水平	0.004	22.215	4	0.003	21.012	4
	污染处理率比重增量	- 0.009	34.782	8	0.025	49.463	6
	综合利用率平均增长指数	0.001	44.139	3	0.001	60.633	1
	综合利用率枢纽度	0.000	34.705	5	0.000	30.045	5
	环保支出规模强度	- 0.400	4.633	7	- 0.344	5.638	6
	环保支出区位商	1.723	17.563	7	1.639	16.269	6
	环保支出职能规模	21648.261	9.445	8	22009.971	9.528	6
	环保支出职能地位	0.024	8.874	8	0.028	9.672	6

表 4－9   **2014～2015 年梧州环境治理各级指标排名及相关数值**

指标		2014 年			2015 年		
		原始值	标准值	排名	原始值	标准值	排名
环境治理	地区环境相对损害指数（EVI）	0.812	96.258	5	0.728	96.841	4
	单位 GDP 消耗能源	0.007	94.341	1	0.006	96.589	2
	环保支出水平	0.002	8.926	9	0.003	11.665	9
	污染处理率比重增量	0.009	42.614	5	0.030	51.432	3
	综合利用率平均增长指数	0.000	41.485	4	0.000	39.400	3
	综合利用率枢纽度	0.000	27.205	5	0.000	26.243	5
	环保支出规模强度	−0.477	3.263	10	−0.435	4.007	10
	环保支出区位商	1.047	7.147	9	1.076	7.592	9
	环保支出职能规模	1112.961	4.757	9	2052.311	4.972	9
	环保支出职能地位	0.001	4.580	9	0.002	4.796	9

（二）梧州市环境治理水平评估结果

根据表 4－10 对 2010～2012 年梧州市环境治理水平得分、排名、优劣度进行分析。2010～2011 年梧州市环境治理水平排名均处在珠江－西江经济带第 4 名，2012 年梧州市环境治理水平排名降至珠江－西江经济带第 6 名，说明梧州市环境治理水平较于珠江－西江经济带其他城市发展态势一般。对梧州市的环境治理水平得分情况进行分析，发现梧州市环境治理水平得分波动下降，说明梧州市环境治理力度有待提升。2010～2012 年梧州市环境治理水平在珠江－西江经济带中由优势下降至中势地位，说明梧州市的环境治理水平仍有较大的发展空间。

表 4－10   **2010～2012 年梧州市环境治理水平各级指标的得分、排名及优劣度分析**

指标	2010 年			2011 年			2012 年		
	得分	排名	优劣度	得分	排名	优劣度	得分	排名	优劣度
环境治理	22.228	4	优势	23.542	4	优势	21.304	6	中势
地区环境相对损害指数（EVI）	8.833	2	强势	8.647	2	强势	8.362	2	强势
单位 GDP 消耗能源	2.403	8	中势	3.780	7	中势	4.001	5	优势
环保支出水平	1.139	3	优势	0.892	3	优势	1.033	4	优势
污染处理率比重增量	1.008	9	劣势	3.296	6	中势	2.137	8	中势
综合利用率平均增长指数	3.343	1	强势	2.344	3	优势	2.097	3	优势
综合利用率枢纽度	2.818	4	优势	2.015	4	优势	1.776	5	优势
环保支出规模强度	0.115	7	中势	0.151	7	中势	0.200	7	中势
环保支出区位商	1.428	3	优势	1.249	6	中势	0.841	7	中势
环保支出职能规模	0.556	4	优势	0.538	6	中势	0.448	8	中势
环保支出职能地位	0.583	4	优势	0.631	6	中势	0.410	8	中势

对梧州市环境治理水平的三级指标进行分析，其中地区环境相对损害指数（EVI）得分排名呈现出持续保持的发展趋势。对梧州市的地区环境相对损害指数（EVI）的得分情况进行分析，发现梧州市的地区环境相对损害指数（EVI）得分持续下降，说明梧州市的地区环境相对损害指数（EVI）存在较大的提升空间，在发展城市经济的同时注重环境保护需要投入更大的力度。

单位 GDP 消耗能源得分排名呈现出持续上升的趋势。对梧州市单位 GDP 消耗能源的得分情况进行分析，发现梧州市在单位 GDP 消耗能源的得分持续上升，说明梧州市的整体发展水平高，城市活力有所提升，环保发展潜力大。

环保支出水平得分排名呈现出先保持后下降的趋势。对梧州市环保支出水平的得分情况进行分析，发现梧州市在环保支出水平的得分波动下降，说明梧州市对环境治理的财政支持能力有待提高，以促进经济发展与生态环境协调发展。

污染处理率比重增量得分排名呈现出先升后降的趋势。对梧州市的污染处理率比重增量的得分情况进行分析，发现梧州市在污染处理率比重增量的得分波动上升，说明梧州市在推动城市污染处理方面的力度不断提高。

综合利用率平均增长指数得分排名呈现先下降后保持的趋势。对梧州市的综合利用率平均增长指数的得分情况进行分析，发现梧州市的综合利用率平均增长指数的得分持续下降，分值变动幅度较大，说明城市的综合利用覆盖程度有待增强。

综合利用率枢纽度得分排名呈现先保持后下降趋势。对梧州市的综合利用率枢纽度的得分情况进行分析，发现梧州市在综合利用率枢纽度的得分持续下降，说明2010～2012年梧州市的综合利用率能力不断降低，其综合利用率枢纽度存在较大的提升空间。

环保支出规模强度得分排名呈现出持续保持的趋势。对梧州市的环保支出规模强度的得分情况进行分析，发现梧州市在环保支出规模强度的得分持续上升，说明2010～2012年梧州市的环保支出能力不断高于地区环保支出平均水平。

环保支出区位商得分排名呈现出持续下降的趋势。对梧州市的环保支出区位商的得分情况作出分析，发现梧州市在环保支出区位商的得分持续下降，说明2010～2012年梧州市的环保支出区位商不断降低，城市所具备的环保支出能力仍待增强。

环保支出职能规模得分排名呈现出持续下降的趋势。对梧州市的环保支出职能规模的得分情况进行分析，发现梧州市在环保支出职能规模的得分持续下降，说明梧州市在环保支出水平方面不断降低，城市所具备的环保支出能

力不断降低。

环保支出职能地位得分排名呈现出持续下降的趋势。对梧州市环保支出职能地位的得分情况进行分析，发现梧州市在环保支出职能地位的得分波动下降，说明梧州市在环保支出方面的地位不断降低，城市对保护环境和环境的治理能力有待提升。

根据表4-11对2013～2015年梧州市环境治理水平得分、排名、优劣度进行分析。2013年梧州市环境治理水平排名处在珠江-西江经济带第3名，2014年梧州市环境治理水平排名降至珠江-西江经济带第4名，2015年其排名降至珠江-西江经济带第5名，说明梧州市环境治理水平较于珠江-西江经济带其他城市处于相对优势的位置。对梧州市的环境治理水平得分情况进行分析，发现梧州市环境治理水平得分波动下降，说明梧州市环境治理力度仍待增强。2013～2015年梧州市的环境治理水平处在珠江-西江经济带中优势地位，说明梧州市的环境治理水平发展优势较为稳定。

表4-11　　　　　2013～2015年梧州市环境治理水平各级指标的得分、排名及优劣度分析

指标	2013年			2014年			2015年		
	得分	排名	优劣度	得分	排名	优劣度	得分	排名	优劣度
环境治理	24.543	3	优势	22.099	4	优势	23.199	5	优势
地区环境相对损害指数（EVI）	8.984	4	优势	9.166	5	优势	8.988	4	优势
单位GDP消耗能源	5.409	2	强势	5.903	1	强势	6.890	2	强势
环保支出水平	0.972	4	优势	0.419	9	劣势	0.533	9	劣势
污染处理率比重增量	2.875	6	中势	2.315	5	优势	2.740	3	优势
综合利用率平均增长指数	2.954	1	强势	2.056	4	优势	1.854	3	优势
综合利用率枢纽度	1.479	5	优势	1.313	5	优势	1.231	5	优势
环保支出规模强度	0.247	6	中势	0.149	10	劣势	0.185	10	劣势
环保支出区位商	0.737	6	中势	0.329	9	劣势	0.334	9	劣势
环保支出职能规模	0.436	6	中势	0.232	9	劣势	0.228	9	劣势
环保支出职能地位	0.450	6	中势	0.216	9	劣势	0.216	9	劣势

对梧州市环境治理水平的三级指标进行分析，其中地区环境相对损害指数（EVI）得分排名呈现出先降后升的发展趋势。对梧州市地区环境相对损害指数（EVI）的得分情况进行分析，发现梧州市的地区环境相对损害指数（EVI）得分波动上升，说明梧州市地区环境状况仍待改善，城市在发展经济的同时进行环境保护仍需注重。

单位GDP消耗能源得分排名呈现出先升后降的趋势。对梧州市单位GDP消耗能源的得分情况进行分析，发现梧州市在单位GDP消耗能源的得分持续上升，说明梧州市的单位GDP消耗能源有所提高，城市整体发展水平提高，城市越来越具有活力。

环保支出水平得分排名呈现出先下降后保持的趋势。对梧州市的环保支出水平的得分情况进行分析，发现梧州市在环保支出水平的得分波动下降，说明梧州市的环保支出水平不断降低，城市的环保支出源不断减少，城市对外部资源各类要素的集聚吸引能力不断降低。

污染处理率比重增量得分排名呈现出持续上升的趋势。对梧州市的污染处理率比重增量的得分情况进行分析，发

现梧州市在污染处理率比重增量的得分波动下降，说明梧州市整体污染处理能力方面在降低。

综合利用率平均增长指数得分排名呈现先降后升的趋势。对梧州市的综合利用率平均增长指数的得分情况进行分析，发现梧州市的城市综合利用率平均增长指数的得分持续下降，说明城市综合利用水平降低。

综合利用率枢纽度得分排名呈现出持续保持的趋势。对梧州市的综合利用率枢纽度的得分情况进行分析，发现梧州市在综合利用率枢纽度的得分持续下降，说明2013～2015年梧州市的综合利用率枢纽度的发展欠佳。

环保支出规模强度得分排名呈现出先下降后保持的趋势。对梧州市的环保支出规模强度的得分情况进行分析，发现梧州市在环保支出规模强度的得分波动下降，说明2013～2015年梧州市的环保支出规模强度与地区平均环保支出水平相比降低。

环保支出区位商得分排名呈现出先下降后保持的趋势。对梧州市的环保支出区位商的得分情况进行分析，发现梧州市在环保支出区位商上的得分波动下降，说明2013～

2015 年梧州市环保支出区位商有所下降，环保支出水平降低。

环保支出职能规模得分排名呈现出先下降后保持的趋势。对梧州市的环保支出职能规模的得分情况进行分析，发现梧州市在环保支出职能规模上的得分持续下降，说明梧州市的环保支出职能规模的发展仍待提升。

环保支出职能地位得分排名呈现出先下降后保持的趋势。对梧州市环保支出职能地位的得分情况作出分析，发现梧州市在环保支出职能地位上的得分持续下降，说明梧州市对保护环境和治理环境的能力仍待提升。

对 2010~2015 年梧州市环境治理水平及各三级指标的得分、排名和优劣度进行分析。2010~2011 年梧州市环境治理水平得分排名均处在珠江－西江经济带第 4 名，2012

年梧州市环境治理水平得分排名降至珠江－西江经济带第 6 名，2013 年梧州市环境治理水平得分排名又升至珠江－西江经济带第 3 名，2014 年其排名降至珠江－西江经济带第 4 名，2015 年其排名降至珠江－西江经济带第 5 名。2010~2015 年梧州市环境治理水平得分排名在珠江－西江经济带介于上游区和中游区波动，城市环境治理水平较之于珠江－西江经济带的其他城市具有优势。对梧州市的环境治理水平得分情况进行分析，发现梧州市的环境治理水平得分呈现波动上升的发展趋势，说明梧州市环境治理水平增强，对环境治理的力度不断提高。

从环境治理水平基础指标的优劣度结构来看（见表 4－12），在 10 个基础指标中，指标的优劣度结构为 10.0：40.0：0.0：50.0。

表 4－12　　　　　　　　　　　　　2015 年梧州市环境治理水平指标的优劣度结构

二级指标	三级指标数	强势指标		优势指标		中势指标		劣势指标		优劣度
		个数	比重（%）	个数	比重（%）	个数	比重（%）	个数	比重（%）	
环境治理	10	1	10.000	4	40.000	0	0.000	5	50.000	优势

（三）梧州市环境治理水平比较分析

图 4－21 和图 4－22 将 2010~2015 年梧州市环境治理水平与珠江－西江经济带最高水平和平均水平进行比较。从环境治理水平的要素得分比较来看，由图 4－21 可知，2010 年，梧州市地区环境相对损害指数（EVI）得分比珠江－西江经济带最高分低 0.256 分，比平均分高 1.479 分；2011 年，地区环境相对损害指数（EVI）得分比最高分低 0.308 分，比平均分高 1.224 分；2012 年，地区环境相对损

害指数（EVI）得分比最高分低 0.308 分，比平均分高 1.255 分；2013 年，地区环境相对损害指数（EVI）得分比最高分低 0.252 分，比平均分高 0.971 分；2014 年，地区环境相对损害指数（EVI）得分比最高分低 0.263 分，比平均分高 0.951 分；2015 年，地区环境相对损害指数（EVI）得分比最高分低 0.281 分，比平均分高 0.940 分。这说明整体上梧州市地区环境相对损害指数（EVI）得分与珠江－西江经济带最高分的差距波动增大，与珠江－西江经济带平均分的差距波动减小。

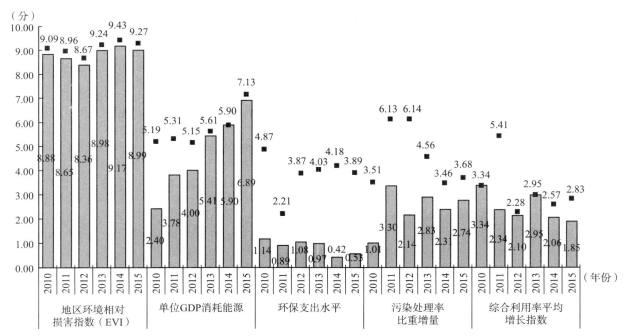

图 4－21　2010~2015 年梧州市环境治理水平指标得分比较 1

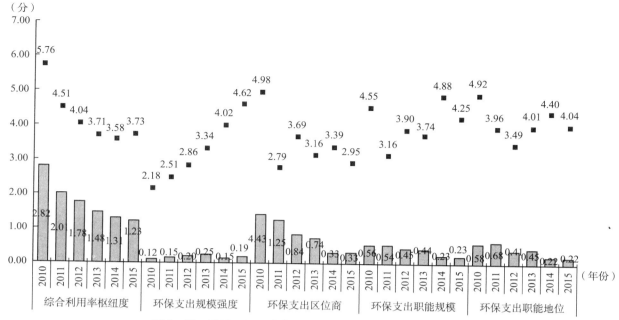

图4-22　2010~2015年梧州市环境治理水平指标得分比较2

2010年，梧州市单位GDP消耗能源水平得分比珠江-西江经济带最高分低2.782分，比平均分低0.869分；2011年，单位GDP消耗能源水平得分比最高分低1.528分，比平均分高0.465分；2012年，单位GDP消耗能源水平得分比最高分低1.146分，比平均分高0.478分；2013年，单位GDP消耗能源水平得分比最高分低0.200分，比平均分高1.475分；2014年，单位GDP消耗能源水平得分为最高分，比平均分高2.809分；2015年，单位GDP消耗能源水平得分比最高分低0.243分，比平均分高2.327分。这说明整体上梧州市单位GDP消耗能源水平得分与珠江-西江经济带最高分的差距波动减小，与珠江-西江经济带平均分的差距波动增大。

2010年，梧州市环保支出水平得分比珠江-西江经济带最高分低3.732分，比平均分高3.003分；2011年，环保支出水平得分比最高分低1.314分，比平均分高0.106分；2012年，环保支出水平得分比最高分低2.838分，比平均分低0.029分；2013年，环保支出水平得分比最高分低3.060分，比平均分低0.050分；2014年，环保支出水平得分比最高分低3.760分，比平均分低0.651分；2015年，环保支出水平得分比最高分低3.355分，比平均分低0.593分。这说明整体上梧州市环保支出水平得分与珠江-西江经济带最高分的差距波动减小，与珠江-西江经济带平均分的差距波动增大。

2010年，梧州市污染处理率比重增量得分比珠江-西江经济带最高分低2.505分，比平均分低0.736分；2011年，污染处理率比重增量得分比最高分低2.837分，比平均分低0.249分；2012年，污染处理率比重增量得分比最高分低4.006分，比平均分低0.848分；2013年，污染处理率比重增量得分比最高分低1.686分，比平均分低0.119分；2014年，污染处理率比重增量得分比最高分低1.146分，比平均分低0.130分；2015年，污染处理率比重增量得分比最高分低0.936分，比平均分高0.232分。这说明整体上梧州市污染处理率比重增量得分与珠江-西江经济带最高分的差距先增后减，与珠江-西江经济带平均分的差距波动减小。

2010年，梧州市综合利用率平均增长指数得分与珠江-西江经济带最高分不存在差异，比珠江-西江经济带平均分高1.036分；2011年，综合利用率平均增长指数得分比最高分低3.062分，比平均分高0.309分；2012年，综合利用率平均增长指数得分比最高分低0.180分，比平均分高0.707分；2013年，综合利用率平均增长指数得分比最高分低2.418分，比平均分高1.073分；2014年，综合利用率平均增长指数得分为最高分，比平均分高1.345分；2015年，综合利用率平均增长指数得分比最高分低0.516分，比平均分高0.310分。这说明整体上梧州市综合利用率平均增长指数得分与珠江-西江经济带最高分的差距波动增加，与珠江-西江经济带平均分的差距波动减小。

由图4-22可知，2010年，梧州市综合利用率枢纽度得分比珠江-西江经济带最高分低2.939分，比平均分高0.611分；2011年，综合利用率枢纽度得分比最高分低2.497分，比平均分高0.294分；2012年，综合利用率枢纽度得分比最高分低2.264分，比平均分高0.177分；2013年，综合利用率枢纽度得分比最高分低2.229分，比平均分高0.052分；2014年，综合利用率枢纽度得分比最高分低2.267分，比平均分高0.010分；2015年，综合利用率枢纽度得分比最高分低2.498分，比平均分低0.041分。这说明整体上梧州市综合利用率枢纽度得分与珠江-西江经济带最高分的差距波动减小，与珠江-西江经济带平均分的差距波动减小。

2010年，梧州市环保支出规模强度得分比珠江-西江经济带最高分低2.069分，比平均分低0.377分；2011年，环保支出规模强度得分比最高分低2.361分，比平均分低0.387分；2012年，环保支出规模强度得分比最高分低2.657分，比平均分低0.443分；2013年，环保支出规模强度得分比最高分低3.089分，比平均分低0.458分；2014年，环保支出规模强度得分比最高分低3.870分，比平均分低0.667分；2015年，环保支出规模强度得分比最高分低4.437分，比平均分低0.740分。这说明整体上梧州市环保支出规模强度得分与珠江－西江经济带最高分的差距持续增大，与珠江－西江经济带平均分的差距持续增大。

2010年，梧州市环保支出区位商得分比珠江－西江经济带最高分低3.557分，比平均分高0.133分；2011年，环保支出区位商得分比最高分低1.543分，比平均分高0.030分；2012年，环保支出区位商得分比最高分低2.845分，比平均分低0.455分；2013年，环保支出区位商得分比最高分2.424分，比平均分低0.284分；2014年，环保支出区位商得分比最高分低3.060分，比平均分低0.727分；2015年，环保支出区位商得分比最高分低2.614分，比平均分低0.660分。这说明整体上梧州市环保支出区位商得分与珠江－西江经济带最高分的差距波动减小，与珠江－西江经济带平均分的差距波动增加。

2010年，梧州市环保支出职能规模得分比珠江－西江经济带最高分低3.994分，比平均分低0.450分；2011年，环保支出职能规模得分比最高分低2.624分，比平均分低0.301分；2012年，环保支出职能规模得分比最高分低3.455分，比平均分低0.668分；2013年，环保支出职能规模得分比最高分低3.309分，比平均分低0.523分；2014年，环保支出职能规模得分比最高分低4.648分，比平均分低0.903分；2015年，环保支出职能规模得分比最高分低4.025分，比平均分低0.806分。这说明整体上梧州市环保支出职能规模得分与珠江－西江经济带最高分的差距波动增大，与珠江－西江经济带平均分的差距波动增大。

2010年，梧州市环保支出职能地位得分比珠江－西江

经济带最高分低4.337分，比平均分低0.489分；2011年，环保支出职能地位得分比最高分低3.332分，比平均分低0.383分；2012年，环保支出职能地位得分比最高分低3.084分，比平均分低0.596分；2013年，环保支出职能地位得分比最高分低3.565分，比平均分低0.563分；2014年，环保支出职能地位得分比最高分低4.186分，比平均分低0.813分；2015年，环保支出职能地位得分比最高分低3.828分，比平均分低0.767分。这说明整体上梧州市环保支出职能地位得分与珠江－西江经济带最高分的差距波动减小，与珠江－西江经济带平均分的差距波动增大。

三、梧州市生态环境建设水平综合评估与比较评述

从对梧州市生态环境建设水平评估及其2个二级指标在珠江－西江经济带的排名变化和指标结构的综合分析来看，2010～2015年梧州市生态环境板块中上升指标的数量等于下降指标的数量，上升的动力等于下降的拉力，使得2015年梧州市生态环境建设水平的排名呈波动保持，在珠江－西江经济带城市排名中位居第6名。

（一）梧州市生态环境建设水平概要分析

梧州市生态环境建设水平在珠江－西江经济带所处的位置及变化如表4－13所示，3个二级指标的得分和排名变化如表4－14所示。

表4－13　　　　　2010～2015年梧州市生态环境建设水平一级指标比较

项目	2010年	2011年	2012年	2013年	2014年	2015年
排名	6	6	7	5	3	6
所属区位	中游	中游	中游	中游	上游	中游
得分	42.251	43.630	43.222	45.130	47.203	44.068
全国最高分	58.788	52.007	56.046	53.775	56.362	61.632
全国平均分	42.691	44.018	44.127	44.702	43.585	46.610
与最高分的差距	-16.536	-8.377	-12.824	-8.645	-9.159	-17.565
与平均分的差距	-0.440	-0.388	-0.905	0.428	3.618	-2.542
优劣度	中势	中势	中势	优势	优势	中势
波动趋势	—	持续	下降	上升	上升	下降

表4－14　　2010～2015年梧州市生态环境建设水平二级指标比较

年份	生态绿化		环境治理	
	得分	排名	得分	排名
2010	20.024	10	22.228	4
2011	20.088	9	23.542	4
2012	21.918	4	21.304	6
2013	20.587	6	24.543	3
2014	25.105	2	22.099	4
2015	20.869	8	23.199	5
得分变化	0.845	—	0.971	—
排名变化	—	2	—	-1
优劣度	优势	优势	优势	优势

（1）从指标排名变化趋势看，2015年梧州市生态环境建设水平评估排名在珠江－西江经济带处于第6名，表明其在珠江－西江经济带处于中势地位，与2010年相比，排名保持。总的来看，评价期内梧州市生态环境建设水平呈现波动保持状态。

在2个二级指标中，1个指标排名波动上升，为生态绿化；1个指标排名波动下降，为环境治理；受指标排名升降的综合影响，评价期内梧州市生态环境的综合排名呈波动保持状态，在珠江－西江经济带排名第6名。

（2）从指标所处区位来看，2015年梧州市生态环境建设水平处在中游区。其中，生态绿化为优势指标，环境治理为优势指标。

（3）从指标得分来看，2015 年梧州市生态环境建设水平得分为 44.068 分，比珠江－西江经济带最高分低 17.565分，比珠江－西江经济带平均分低 2.542 分；与 2010 年相比，梧州市生态环境建设水平得分上升 1.817 分，与当年最高分的差距增大，也与珠江－西江经济带平均分的差距增大。

2015 年，梧州市生态环境建设水平二级指标的得分均高于 20 分，与 2010 年相比，得分上升最多的为环境治理，上升 0.971 分；得分上升最少的为生态绿化，上升0.845 分。

（二）梧州市生态环境建设水平评估指标动态变化分析

2010～2015 年梧州市生态环境建设水平评估各级指标的动态变化及其结构，如图 4-23 和表 4-15 所示。

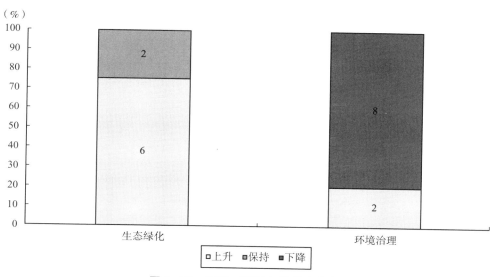

图 4 - 23　2010～2015 年梧州市生态
环境建设水平动态变化结构

表 4 - 15　　　　　　2010～2015 年梧州市生态环境建设水平各级指标排名变化态势比较

二级指标	三级指标数	上升指标		保持指标		下降指标	
		个数	比重（%）	个数	比重（%）	个数	比重（%）
生态绿化	8	6	75.000	2	25.000	0	0.000
环境治理	10	2	20.000	0	0.000	8	80.000
合计	18	8	44.444	2	11.111	8	44.444

从图 4-23 可以看出，梧州市生态环境建设水平评估的三级指标中下降指标的比例等于上升指标，表明上升指标与下降指标相等。表 4-15 中的数据进一步说明，梧州市生态环境建设水平评估的 18 个三级指标中，上升的指标有 8 个，占指标总数的 44.444%；保持的指标有 2 个，占指标总数的 11.111%；下降的指标有 8 个，占指标总数的44.444%。由于下降指标的数量等于上升指标的数量，且受变动幅度与外部因素的综合影响，评价期内梧州市生态环境建设水平排名呈现波动保持状态，在珠江－西江经济带位居第 6 名。

（三）梧州市生态环境建设水平评估指标变化动因分析

2015 年梧州市生态环境建设水平各级指标的优劣势变化及其结构，如图 4-24 和表 4-16 所示。

从图 4-24 可以看出，2015 年梧州市生态环境建设水平评估的三级指标优势和中势指标的比例大于强势和劣势指标的比例，表明优势和中势指标居于主导地位。表 4-16 中的

数据进一步说明，2015 年梧州市生态环境的 18 个三级指标中，强势指标有 1 个，占指标总数的 5.556%；优势指标为 6个，占指标总数的 33.333%；中势指标 6 个，占指标总数的33.333%；劣势指标为 5 个，占指标总数的 27.778%；优势指标和中势指标之和占指标总数的 66.666%，数量与比重均大于劣势指标。从二级指标来看，其中，生态绿化不存在强势指标；优势指标为 2 个，占指标总数的 25.000%；中势指标为 6 个，占指标总数的 75.000%；不存在劣势指标；优势指标和中势指标之和占指标总数的 100.000%；说明生态绿化的优、中势指标居于主导地位。环境治理的强势指标为 1 个，占指标总数的 10.000%；优势指标为 4 个，占指标总数的 40.000%；不存在中势指标；劣势指标 5 个，占指标总数的 50.000%；优势指标和中势指标之和占指标总数的 40.000%；说明环境治理的优、中势指标不处于主导地位。由于优、中势指标比重较大，梧州市生态环境建设水平处于中势地位，在珠江－西江经济带位居第 6 名，处于中游区。

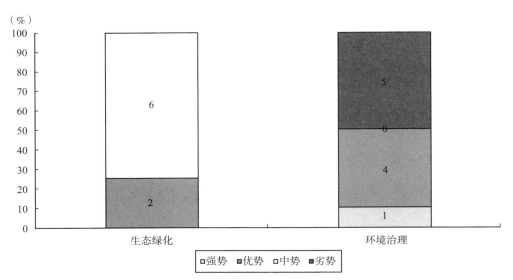

图4－24　2015年梧州市生态环境建设水平各级指标优劣度结构

表4－16　　　　　　　　　　2015年梧州市生态环境建设水平各级指标优劣度比较

二级指标	三级指标数	强势指标		优势指标		中势指标		劣势指标		优劣度
		个数	比重（%）	个数	比重（%）	个数	比重（%）	个数	比重（%）	
生态绿化	8	0	0.000	2	25.000	6	75.000	0	0.000	中势
环境治理	10	1	10.000	4	40.000	0	0.000	5	50.000	优势
合计	18	1	5.556	6	33.333	6	33.333	5	27.778	中势

为了进一步明确影响梧州市生态环境建设水平变化的具体因素，以便于对相关指标进行深入分析，为提升梧州市生态环境建设水平提供决策参考，表4－17列出生态环境建设水平评估指标体系中直接影响梧州市生态环境建设水平升降的强势指标、优势指标、中势指标和劣势指标。

表4－17　　　　　　　　　　2015年梧州市生态环境建设水平三级指标优劣度统计

指标	强势指标	优势指标	中势指标	劣势指标
生态绿化 （8个）	（0个）	城镇绿化扩张弹性系数、城市绿化蔓延指数（2个）	生态绿化强度、城镇绿化动态变化、绿化扩张强度、环境承载力、城市绿化相对增长率、城市绿化绝对增量加权指数（6个）	（0个）
环境治理 （10个）	单位GDP消耗能源（1个）	地区环境相对损害指数（EVI）、污染处理率比重增量、综合利用率平均增长指数、综合利用率枢纽度（4个）	（0个）	环保支出水平、环保支出规模强度、环保支出区位商、环保支出相对职能规模、环保支出职能地位（5个）

第五章 贵港市生态环境建设水平综合评估

一、贵港市生态绿化建设水平 综合评估与比较

（一）贵港市生态绿化建设水平评估指标变化 趋势评析

1. 城镇绿化扩张弹性系数

根据图5-1分析可知，2010～2015年贵港市城镇绿化扩张弹性系数总体上呈现波动上升型的状态。2010～2015年城市在这一类型指标上存在一定的波动变化，总体呈现上升趋势，但在个别年份出现下降的情况，指标非连续性上升状态。波动上升型指标意味着在评价的时段内，虽然指标数据存在较大的波动变化，但是其评价末期数据值高于评价初期数据值。贵港市在2011～2013年虽然出现下降的状况，2013年为88.491；但是总体上还是呈现上升的态势，最终稳定在90.843。城镇绿化扩张弹性系数越大，说明城市的绿化扩张幅度越小，城市城镇化与城市面积之间呈现协调发展的关系；对于贵港市来说，该地区城镇绿化能力及活力持续又稳定。

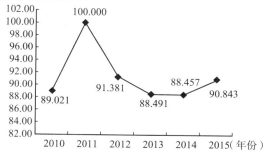

（城镇绿化扩张弹性系数）

图5-1 2010～2015年贵港市城镇绿化 扩张弹性系数变化趋势

2. 生态绿化强度

根据图5-2分析可知，2010～2015年贵港市的生态绿化强度总体上呈现持续下降型的状态。处于持续下降型的指标，意味着城市在该项指标上不断处在劣势状态，并且这一状况并未得到改善。如图所示，贵港市生态绿化强度指标处于不断下降的状态中，2010年此指标数值最高，为3.782，到2015年下降至1.795。分析这种变化趋势，可以得出贵港市生态绿化发展的水平处于劣势，生态绿化水

不断下降，城市的发展活力仍待提升。

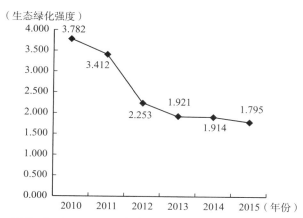

（生态绿化强度）

图5-2 2010～2015年贵港市生态绿化强度变化趋势

3. 城镇绿化动态变化

根据图5-3分析可知，2010～2015年贵港市城镇绿化动态变化总体上呈现波动下降型的状态。这种状态表现为在2010～2015年城市在该项指标上总体呈现下降趋势，但在评估期间存在上下波动的情况，并非连续性下降状态。这就意味着在评估的时间段内，虽然指标数据存在较大的波动，但是其评价末期数据值低于评价初期数据值。贵港市的城镇绿化末期低于初期的数据，降低2个单位左右，并且在2012～2013年存在明显下降的变化；这说明贵港市城镇绿化动态变化情况处于不太稳定的下降状态。

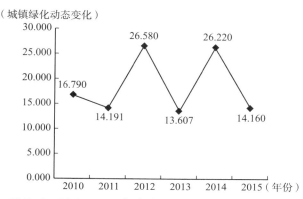

（城镇绿化动态变化）

图5-3 2010～2015年贵港市城镇绿化动态变化趋势

4. 绿化扩张强度

根据图5-4分析可知，2010～2015年贵港市绿化强

度总体上呈现波动保持型的状态。波动保持型指标意味着城市在该项指标上虽然呈现波动状态，在评价末期和评价初期的数值基本保持一致，该图可知贵港市绿化强度数值保持在 31.697～33.320。即使贵港市绿化强度存在过最低值，其数值为 31.697，但贵港市在绿化强度上总体表现相对平稳；说明该地区城镇绿化能力及活力持续又稳定。

升型的指标，不仅意味着城市在各项指标数据上的不断增长，更意味着城市在该项指标以及生态保护实力整体上的竞争力优势不断扩大。通过折线图可以看出，贵港市的环境承载力指标不断提高，在 2015 年达到 0.794，说明贵港市的绿化面积整体密度更大、容量范围更广。

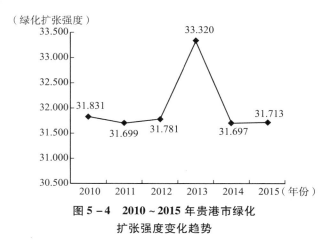

图 5－4　2010～2015 年贵港市绿化扩张强度变化趋势

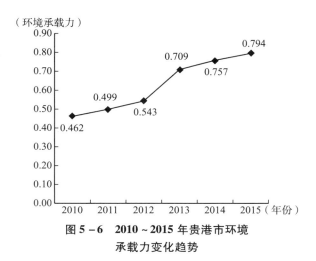

图 5－6　2010～2015 年贵港市环境承载力变化趋势

5. 城市绿化蔓延

根据图 5－5 分析可知，2010～2015 年贵港市城市绿化蔓延指数总体上呈现波动保持型的状态。波动保持型指标意味着城市在该项指标上虽然呈现波动状态，在评价末期和评价初期的数值基本保持一致，其数值保持在 11.758～13.719。贵港市绿化蔓延指数虽然有过波动下降趋势，但下降趋势不大，这说明贵港市在城市绿化蔓延指数指标上表现相对稳定，也能体现出贵港市将强化推进生态环境发展与经济增长的协同发展。

7. 城市绿化相对增长率

根据图 5－7 分析可知，2010～2015 年贵港市绿化相对增长率总体上呈现波动保持型的状态。波动保持型指标意味着城市在该项指标上虽然呈现波动状态，但在评价末期和评价初期的数值基本保持一致，由该图可知贵港市绿化相对增长率数值保持在 58.410～59.108。即使贵港市绿化相对增长率存在过最低值，其数值为 58.410，但贵港市在城市绿化相对增长率上总体表现相对平稳；说明该地区城镇绿化能力及活力持续又稳定。

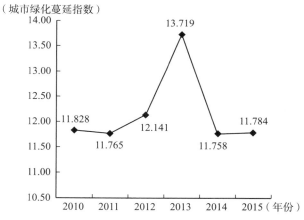

图 5－5　2010～2015 年贵港市城市绿化蔓延指数变化趋势

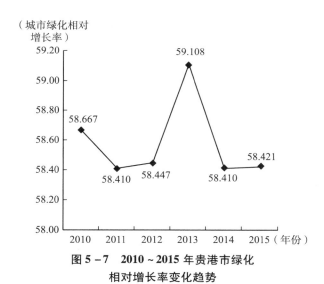

图 5－7　2010～2015 年贵港市绿化相对增长率变化趋势

6. 环境承载力

根据图 5－6 分析可知，2010～2015 年贵港市的环境承载力总体上呈现持续上升型的状态。处于持续上

8. 城市绿化绝对增量加权指数

根据图 5－8 分析可知，2010～2015 年贵港市绿化绝对

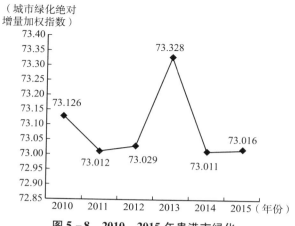

（城市绿化绝对
增量加权指数）

图 5 - 8　2010～2015 年贵港市绿化
绝对增量加权指数变化趋势

增量加权指数总体上呈现波动下降型的状态。这种状态表现为 2010～2015 年城市在该项指标上总体呈现下降趋势，但在评估期间存在上下波动的情况，并非连续性下降状态。这就意味着在评估的时间段内，虽然指标数据存在一定的波动，但是其评价末期数据值低于评价初期数据值。由此折线图可以看出贵港市 6 年内城市绿化绝对增量加权指数变化幅度并不大，城市的城市绿化发展水平较稳定；说明城市所具备的生态发展能力将不断提升。

根据表 5 - 1～表 5 - 3 可以显示出 2010～2015 年贵港市生态绿化建设水平在相应年份的原始值、标准值及排名情况。

表 5 - 1　　2010～2011 年贵港市生态绿化建设水平各级指标排名及相关数据

指标		2010 年			2011 年		
		原始值	标准值	排名	原始值	标准值	排名
生态绿化	城镇绿化扩张弹性系数	3.579	89.021	2	73.232	100.000	1
	生态绿化强度	0.313	3.782	6	0.287	3.412	6
	城镇绿化动态变化	0.016	16.790	9	0.001	14.191	9
	绿化扩张强度	0.000	31.831	9	0.000	31.699	8
	城市绿化蔓延指数	0.374	11.828	8	0.099	11.765	8
	环境承载力	17271.741	0.462	8	18094.690	0.499	7
	城市绿化相对增长率	0.001	58.667	9	0.000	58.410	8
	城市绿化绝对增量加权指数	0.308	73.126	9	0.005	73.012	8

表 5 - 2　　2012～2013 年贵港市生态绿化建设水平各级指标排名及相关数据

指标		2012 年			2013 年		
		原始值	标准值	排名	原始值	标准值	排名
生态绿化	城镇绿化扩张弹性系数	18.549	91.381	2	0.219	88.491	9
	生态绿化强度	0.203	2.253	6	0.179	1.921	6
	城镇绿化动态变化	0.071	26.580	6	-0.002	13.607	10
	绿化扩张强度	0.000	31.781	9	0.000	33.320	4
	城市绿化蔓延指数	1.753	12.141	7	8.710	13.719	4
	环境承载力	19063.049	0.543	7	22716.955	0.709	8
	城市绿化相对增长率	0.000	58.447	9	0.002	59.108	4
	城市绿化绝对增量加权指数	0.052	73.029	9	0.841	73.328	4

表 5 - 3　　2014～2015 年贵港市生态绿化建设水平各级指标排名及相关数据

指标		2014 年			2015 年		
		原始值	标准值	排名	原始值	标准值	排名
生态绿化	城镇绿化扩张弹性系数	0.000	88.457	7	15.140	90.843	1
	生态绿化强度	0.178	1.914	6	0.170	1.795	6
	城镇绿化动态变化	0.069	26.220	4	0.001	14.160	11
	绿化扩张强度	0.000	31.697	8	0.000	31.713	9
	城市绿化蔓延指数	0.069	11.758	8	0.181	11.784	8
	环境承载力	23781.472	0.757	8	24596.526	0.794	8
	城市绿化相对增长率	0.000	58.410	8	0.000	58.421	9
	城市绿化绝对增量加权指数	0.004	73.011	8	0.017	73.016	9

（二）贵港市生态绿化建设水平评估结果

根据表5-4对2010～2012年贵港市生态绿化建设水平得分、排名、优劣度进行分析。2010年贵港市生态绿化建设水平排名处在珠江－西江经济带第9名，2011年贵港市生态绿化建设水平排名上升至珠江－西江经济带第6名，2012年上升至第7名，说明贵港市生态绿化建设水平从珠江－西江经济带下游上升至中游，发展水平有所提升。对贵港市的生态绿化建设水平得分情况进行分析，发现贵港市生态绿化建设水平得分先升后降，整体呈上升趋势，说明贵港市生态绿化建设水平发展处于上升的状态。2010～2012年贵港市的生态绿化建设水平从珠江－西江经济带劣势地位上升至中势地位，说明贵港市的生态绿化建设水平在经济带中具备较大的发展潜力。

表5-4　　　　　2010～2012年生态绿化建设水平各级指标的得分、排名及优劣度分析

指标	2010 年			2011 年			2012 年		
	得分	排名	优劣度	得分	排名	优劣度	得分	排名	优劣度
生态绿化	20.219	9	劣势	21.152	6	中势	21.123	7	中势
城镇绿化扩张弹性系数	8.226	2	强势	8.965	1	强势	8.516	2	强势
生态绿化强度	0.164	6	中势	0.148	6	中势	0.101	6	中势
城镇绿化动态变化	0.758	9	劣势	0.666	9	劣势	1.253	6	中势
绿化扩张强度	1.534	9	劣势	1.631	8	中势	1.597	9	劣势
城市绿化蔓延指数	0.484	8	中势	0.491	8	中势	0.501	7	中势
环境承载力	0.019	8	中势	0.021	7	中势	0.023	7	中势
城市绿化相对增长率	3.807	9	劣势	3.732	8	中势	3.708	9	劣势
城市绿化绝对增量加权指数	5.227	9	劣势	5.497	8	中势	5.423	9	劣势

对贵港市生态绿化建设水平的三级指标进行分析，其中城镇绿化扩张弹性系数得分排名呈现出波动保持的发展趋势。对贵港市城镇绿化扩张弹性系数的得分情况进行分析，发现贵港市城镇绿化扩张弹性系数得分波动上升，说明贵港市的城市环境与城市面积之间呈现协调发展的关系，城市的绿化扩张越来越合理。

生态绿化强度的得分排名呈现出持续保持的趋势。对贵港市生态绿化强度的得分情况进行分析，发现贵港市在生态绿化强度的得分持续下降，说明贵港市的生态绿化强度不断降低，城市公园绿地的优势减小，城市所具备的活力仍待提升。

城镇绿化动态变化得分排名呈现出先保持后上升的趋势。对贵港市城镇绿化动态变化的得分情况进行分析，发现贵港市在城镇绿化动态变化的得分波动上升，说明贵港市的城市绿化面积得到较大的增加，与此显示出贵港市的经济活力和城市规模的不断扩大。

绿化扩张强度得分排名呈现出波动保持的趋势。对贵港市绿化扩张强度的得分情况进行分析，发现贵港市在绿化扩张强度的得分波动上升，说明贵港市在推进城市绿化建设方面存在较大的提升空间。

城市绿化蔓延指数得分排名呈现先保持后上升的趋势。对贵港市的城市绿化蔓延指数的得分情况进行分析，发现贵港市的城市绿化蔓延指数的得分持续上升，分值变动幅度较小，说明城市的城市绿化蔓延指数稳定性较高，但仍存在较大的提升空间。

环境承载力得分排名呈现出先上升后保持的趋势。对贵港市环境承载力的得分情况进行分析，发现贵港市在环境承载力的得分持续上升，说明2010～2012年贵港市的环境承载力不断提高，并存在一定的提升空间。

城市绿化相对增长率得分排名呈现出波动保持的趋势。

对贵港市绿化相对增长率的得分情况进行分析，发现贵港市在城市绿化相对增长率的得分持续下降，说明2010～2012年贵港市的城市绿化面积不断减小。

城市绿化绝对增量加权指数得分排名呈现出波动保持的趋势。2010年贵港市的城市绿化绝对增量加权指数得分排名处在珠江－西江经济带第9名，2011年贵港市的城市绿化绝对增量加权指数得分排名升至珠江－西江经济带第8名，2012年贵港市的城市绿化绝对增量加权指数得分排名降至珠江－西江经济带第9名，贵港市在城市绿化绝对增量加权指数方面的得分排名波动幅度小，处于珠江－西江经济带中下游，一方面说明贵港市的城市绿化绝对增量加权指数稳定性较高；另一方面也说明贵港市较之于珠江－西江经济带中其他城市的城市绿化绝对增量加权指数在经济带中所具备的优势较小。对贵港市的城市绿化绝对增量加权指数的得分情况进行分析，发现贵港市在城市绿化绝对增量加权指数的得分波动上升，说明2010～2012年贵港市的城市绿化要素集中度有所提升，城市绿化增长逐渐趋向于密集型发展。

根据表5-5对2013～2015年贵港市生态绿化建设水平的得分、排名和优劣度进行分析。2013年贵港市生态绿化建设水平排名均处在珠江－西江经济带第11名，2014年上升至第8名，2012年贵港市生态绿化建设水平排名降至珠江－西江经济带第10名，说明贵港市生态绿化建设水平与珠江－西江经济带其他城市相比较略低，稳定性有待提升。对贵港市的生态绿化建设水平得分情况进行分析，发现贵港市生态绿化建设水平得分持续上升，说明贵港市生态绿化建设水平不断得到提高。2013～2015年贵港市的生态绿化建设水平处于珠江－西江经济带中下游，说明贵港市的生态绿化建设水平在经济带中具备较大的提升空间。

表 5 - 5　　　　　　　　　**2013～2015 年贵港市生态绿化建设水平各级指标的得分、排名及优劣度分析**

指标	2013 年			2014 年			2015 年		
	得分	排名	优劣度	得分	排名	优劣度	得分	排名	优劣度
生态绿化	20.095	11	劣势	20.489	8	中势	20.525	10	劣势
城镇绿化扩张弹性系数	8.054	9	劣势	8.116	7	中势	8.067	1	强势
生态绿化强度	0.087	6	中势	0.087	6	中势	0.079	6	中势
城镇绿化动态变化	0.631	10	劣势	1.322	4	优势	0.633	11	劣势
绿化扩张强度	1.607	4	优势	1.502	8	中势	1.768	9	劣势
城市绿化蔓延指数	0.655	4	优势	0.491	8	中势	0.491	8	中势
环境承载力	0.031	8	中势	0.033	8	中势	0.035	8	中势
城市绿化相对增长率	3.655	4	优势	3.582	8	中势	3.939	9	劣势
城市绿化绝对增量加权指数	5.376	4	优势	5.355	8	中势	5.513	9	劣势

对贵港市生态绿化建设的三级指标进行分析，其中城镇绿化扩张弹性系数得分排名呈现出持续上升的发展趋势。对贵港市城镇绿化扩张弹性系数的得分情况进行分析，发现贵港市的城镇绿化扩张弹性系数得分波动上升，说明贵港市的城市环境与城市面积之间呈现协调发展的关系，城市的绿化扩张越来越合理。

生态绿化强度得分排名呈现出持续保持的趋势。对贵港市生态绿化强度得分情况进行分析，发现贵港市的生态绿化强度得分持续下降，说明贵港市生态绿化强度存在一定的提升空间。

城镇绿化动态变化得分排名呈现先升后降的趋势。对贵港市城镇绿化动态变化的得分情况进行分析，发现贵港市城镇绿化动态变化的得分波动上升，说明贵港市的城镇绿化动态变化有所提高，城市绿化面积的增加变大，相应的呈现出城市经济活力和城市规模也扩大。

绿化扩张强度得分排名呈现出持续下降的趋势。对贵港市的绿化扩张强度得分情况进行分析，发现贵港市在绿化扩张强度的得分波动上升，说明贵港市的绿化用地面积增长速率得到提高，相对应地呈现出城市城镇绿化能力及活力的不断扩大。

城市绿化蔓延指数得分排名呈现出先下降后保持的趋势。对贵港市的城市绿化蔓延指数的得分情况进行分析，发现贵港市在城市绿化蔓延指数的得分持续下降。

环境承载力得分排名呈现出持续保持的趋势。对贵港市环境承载力的得分情况进行分析，发现贵港市在环境承载力的得分持续上升，说明 2013～2015 年贵港市环境承载力不断提高，城市的绿化面积整体密度、容量范围也在不断提高。

城市绿化相对增长率得分排名呈现出持续下降的趋势。对贵港市的城市绿化相对增长率得分情况进行分析，发现

贵港市在城市绿化相对增长率的得分波动上升，说明贵港市绿化面积增长速率有所提高，城市绿化面积扩大。

城市绿化绝对增量加权指数得分排名呈现出持续下降的趋势。对贵港市的城市绿化绝对增量加权指数的得分情况进行分析，发现贵港市在城市绿化绝对增量加权指数的得分波动上升，说明贵港市的城市绿化绝对增量加权指数波动增大，城市的绿化要素集中度有所降低，城市绿化变化增长未趋向于密集型发展。

对 2010～2015 年贵港市生态绿化建设水平及各三级指标的得分、排名和优劣度进行分析。2010 年贵港市生态绿化建设水平得分排名处在珠江 - 西江经济带第 9 名，2011 年上升至第 6 名，2012～2013 年贵港市生态绿化建设水平得分降至珠江 - 西江经济带第 7 名，接着又降至第 11 名，2014 年上升至第 8 名，2015 年贵港市生态绿建设水平得分排名降至珠江 - 西江经济带第 10 名。2010～2015 年贵港市生态绿化建设水平得分排名在珠江 - 西江经济带介于中游区和下游区波动，城市生态绿化建设水平也在中势地位和劣势地位之间波动，说明贵港市生态绿化建设水平发展较之于珠江 - 西江经济带的其他城市在经济带中具备较大的发展潜力。对贵港市的生态绿化建设水平得分情况进行分析，发现贵港市的生态绿化建设水平得分呈现波动上升的发展趋势，2010～2011 年贵港市的生态绿化建设水平得分保持上升的趋势，在 2011～2013 年则保持持续下降的趋势，之后 2013～2015 年贵港市的生态绿化建设水平得分呈现持续上升的趋势，说明贵港市生态绿化建设水平稳定性仍待提升，生态绿化建设水平发展存在一定的提升空间。

从生态绿化建设水平基础指标的优劣度结构来看，在 8 个基础指标中，指标的优劣度结构为 12.5:0.0:37.5:50.0。见表 5 - 6。

表 5 - 6　　　　　　　　　**2015 年贵港市生态绿化建设水平指标的优劣度结构**

二级指标	三级指标数	强势指标		优势指标		中势指标		劣势指标		优劣度
		个数	比重（%）	个数	比重（%）	个数	比重（%）	个数	比重（%）	
生态绿化	8	1	12.500	0	0.000	3	37.500	4	50.000	劣势

（三）贵港市生态绿化建设水平比较分析

图 5-9 和图 5-10 将 2010～2015 年贵港市生态绿化建设水平与珠江－西江经济带最高水平和平均水平进行比较。从生态绿化建设水平的要素得分比较来看，由图 5-9 可知，2010 年，贵港市城镇绿化扩张弹性系数得分比珠江－西江经济带最高分低 0.049 分，比平均分高 0.029 分；2011 年，城镇绿化扩张弹性系数得分为最高分比平均分高 1.626

分；2012 年，城镇绿化扩张弹性系数得分比最高分低 0.156 分，比平均分高 0.202 分；2013 年，城镇绿化扩张弹性系数得分比最高分低 0.046 分，比平均分高 0.019 分；2014 年，城镇绿化扩张弹性系数得分比最高分低 0.020 分，比平均分低 0.006 分；2015 年，城镇绿化扩张弹性系数得分为最高分比平均分高 0.189 分。这说明整体上贵港市城镇绿化扩张弹性系数得分与珠江－西江经济带最高分的差距先增大后减小，与珠江－西江经济带平均分的差距波动增大。

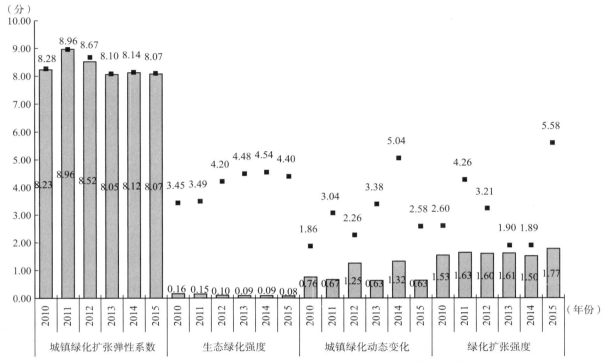

图 5-9　2010～2015 年贵港市生态绿化建设水平指标得分比较 1

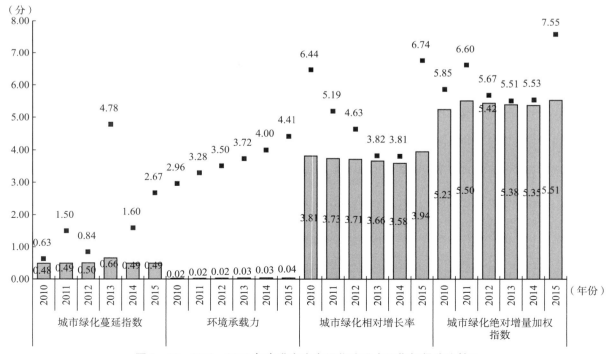

图 5-10　2010～2015 年贵港市生态绿化建设水平指标得分比较 2

2010 年，贵港市生态绿化强度得分比珠江－西江经济带最高分低 3.287 分，比平均分低 0.412 分；2011 年，生态绿化强度得分比最高分低 3.345 分，比平均分低 0.428 分；2012 年，生态绿化强度得分比最高分低 4.100 分，比平均分低 0.494 分；2013 年，生态绿化强度得分比最高分低 4.398 分，比平均分低 0.514 分；2014 年，生态绿化强度得分比最高分低 4.455 分，比平均分低 0.518 分；2015 年，生态绿化强度得分比最高分低 4.317 分，比平均分低 0.505 分。这说明整体上贵港市生态绿化强度得分与珠江－西江经济带最高分的差距先增大后减小，与珠江－西江经济带平均分的差距波动增大。

2010 年，贵港市城镇绿化动态变化得分比珠江－西江经济带最高分低 1.106 分，比平均分低 0.322 分；2011 年，城镇绿化动态变化得分比最高分低 2.376 分，比平均分低 0.600 分；2012 年，城镇绿化动态变化得分比最高分低 1.011 分，比平均分低 0.099 分；2013 年，城镇绿化动态变化得分比最高分低 2.751 分，比平均分低 0.546 分；2014 年，城镇绿化动态变化得分比最高分低 3.721 分，比平均分低 0.140 分；2015 年，城镇绿化动态变化得分比最高分低 1.947 分，比平均分低 0.556 分。这说明整体上贵港市城镇绿化动态变化得分与珠江－西江经济带最高分的差距波动增大，与珠江－西江经济带平均分的差距波动增大。

2010 年，贵港市绿化扩张强度得分比珠江－西江经济带最高分低 1.062 分，比平均分高 0.022 分；2011 年，绿化扩张强度得分比最高分低 2.630 分，比平均分低 0.272 分；2012 年，绿化扩张强度得分比最高分低 1.617 分，比平均分低 0.235 分；2013 年，绿化扩张强度得分比最高分低 0.298 分，比平均分低 0.007 分；2014 年，绿化扩张强度得分比最高分低 0.392 分，比平均分高 0.053 分；2015 年，绿化扩张强度得分比最高分低 3.807 分，比平均分低 0.676 分。这说明整体上贵港市绿化扩张强度得分与珠江－西江经济带最高分的差距先增大后减小，与珠江－西江经济带平均分的差距先增大后减小。

由图 5－10 可知，2010 年，贵港市绿化蔓延指数得分比珠江－西江经济带最高分低 0.147 分，比平均分高 0.008 分；2011 年，城市绿化蔓延指数得分比最高分低 1.008 分，比平均分低 0.090 分；2012 年，城市绿化蔓延指数得分比最高分低 0.343 分，比平均分低 0.022 分；2013 年，城市绿化蔓延指数得分比最高分低 4.122 分，比平均分低 0.386 分；2014 年，城市绿化蔓延指数得分比最高分低 1.105 分，比平均分低 0.108 分；2015 年，城市绿化蔓延指数得分比最高分低 2.175 分，比平均分低 0.209 分。这说明整体上贵港市绿化蔓延指数得分与珠江－西江经济带最高分的差距波动增大，与珠江－西江经济带平均分的差距波动增大。

2010 年，贵港市环境承载力得分比珠江－西江经济带最高分低 2.940 分，比平均分低 0.368 分；2011 年，环境承载力得分比最高分低 3.260 分，比平均分低 0.405 分；2012 年，环境承载力得分比最高分低 3.475 分，比平均分低 0.443 分；2013 年，环境承载力得分比最高分低 3.687 分，比平均分低 0.467 分；2014 年，环境承载力得分比最高分低 3.963 分，比平均分低 0.494 分；2015 年，环境承载力得分比最高分低 4.374 分，比平均分低 0.560 分。这说

明整体上贵港市环境承载力得分与珠江－西江经济带最高分的差距持续增大，与珠江－西江经济带平均分的差距持续增大。

2010 年，贵港市绿化相对增长率得分比珠江－西江经济带最高分低 2.637 分，比平均分高 0.053 分；2011 年，城市绿化相对增长率得分比最高分低 1.453 分，比平均分低 0.151 分；2012 年，城市绿化相对增长率得分比最高分低 0.923 分，比平均分低 0.134 分；2013 年，城市绿化相对增长率得分比最高低 0.164 分，比平均分低 0.004 分；2014 年，城市绿化相对增长率得分比最高分低 0.227 分，比平均分高 0.031 分；2015 年，城市绿化相对增长率得分比最高分低 2.803 分，比平均分低 0.498 分。这说明整体上贵港市绿化相对增长率得分与珠江－西江经济带最高分的差距先减小后增大，与珠江－西江经济带平均分的差距先增大后减小。

2010 年，贵港市绿化绝对增量加权指数得分比珠江－西江经济带最高分低 0.619 分，比平均分高 0.403 分；2011 年，城市绿化绝对增量加权指数得分比最高分低 1.105 分，比平均分低 0.112 分；2012 年，城市绿化绝对增量加权指数得分比最高分低 0.243 分，比平均分低 0.054 分；2013 年，城市绿化绝对增量加权指数得分比最高分低 0.136 分，比平均分低 0.005 分；2014 年，城市绿化绝对增量加权指数得分比最高分低 0.176 分，比平均分低 0.005 分；2015 年，城市绿化绝对增量加权指数得分比最高分低 2.037 分，比平均分低 0.283 分。这说明整体上贵港市绿化绝对增量加权指数得分与珠江－西江经济带最高分的差距先减小后增大，与珠江－西江经济带平均分的差距波动减小。

二、贵港市环境治理水平综合评估与比较

（一）贵港市环境治理水平评估指标变化趋势评析

1. 地区环境相对损害指数（EVI）

根据图 5－11 分析可知，2010～2015 年贵港市的地区

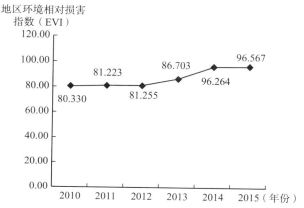

地区环境相对损害指数（EVI）

图 5－11　2010～2015 年贵港市地区环境相对损害指数（EVI）变化趋势

环境损害指数（EVI）总体上呈现持续上升型的状态。处于持续上升型的指标，不仅意味着城市在各项指标数据上的不断增长，更意味着城市在该项指标以及生态保护实力整体上的竞争力优势不断扩大。通过折线图可以看出，贵港市的地区环境损害指数（EVI）指标不断提高，在 2015 年达到 96.567，相较于 2010 年上升 16 个单位左右；说明贵港市的生态环境保护能力仍待提升。

2. 单位 GDP 消耗能源

根据图 5－12 分析可知，2010～2015 年贵港市的单位 GDP 消耗能源总体上呈现波动下降型的状态。处于持续下降型的指标，意味着城市在该项指标上不断处在劣势状态，并且这一状况并未得到改善。如图所示，贵港市单位 GDP 消耗能源指标处于波动下降的状态中，2010 年此指标数值最高，为 30.591，到 2015 年下降至最低点。分析这种变化趋势，可以得出贵港市生态环境保护发展的水平处于劣势，生态绿化能力仍待提升。

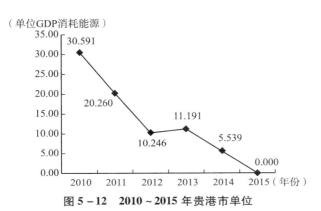

（单位GDP消耗能源）

图 5－12　2010～2015 年贵港市单位
GDP 消耗能源变化趋势

3. 环保支出水平

根据图 5－13 分析可知，2010～2015 年贵港市环保支出水平总体上呈现波动上升型的状态。在 2010～2015 年城市在这一类型指标上存在一定的波动变化，总体趋势

（环保支出水平）

图 5－13　2010～2015 年贵港市环保
支出水平变化趋势

为上升趋势，但在个别年份出现下降的情况，指标并非连续性上升状态。波动上升型指标意味着在评价的时间段内，虽然指标数据存在较大的波动变化，但是其评价末期数据值高于评价初期数据值。贵港市在 2010～2011 年虽然出现了下降的状况，2011 年为 20.015，但是总体上还是呈现上升的态势，最终稳定在 35.073。环保支出水平越大，说明城市的环境保护水平越高，对于贵港市来说，其城市生态环境保护发展潜力越大。

4. 污染处理率比重增量

根据图 5－14 分析可知，2010～2015 年贵港市污染处理率比重增量总体上呈现波动上升型的状态。2010～2015 年城市在这一类型指标上存在一定的波动变化，总体趋势为上升趋势，但在个别年份出现下降的情况，指标并非连续性上升状态。波动上升型指标意味着在评价的时间段内，虽然指标数据存在较大的波动变化，但是其评价末期数据值高于评价初期数据值。贵港市在 2012～2013 年虽然出现下降的状况，2013 年为 42.534，但是总体上还是呈现上升的态势，最终稳定在 49.517。污染处理率比重增量越大，说明城市的环保发展水平越高，对于贵港市来说，其城市生态保护发展潜力越大。

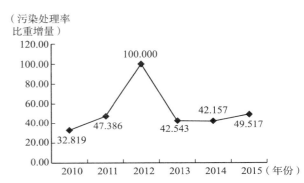

（污染处理率比重增量）

图 5－14　2010～2015 年贵港市污染处理率
比重增量变化趋势

5. 综合利用率平均增长指数

根据图 5－15 分析可知，2010～2015 年贵港市综合利

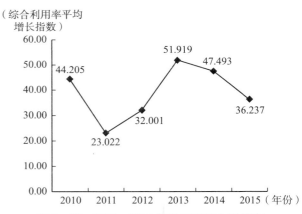

（综合利用率平均增长指数）

图 5－15　2010～2015 年贵港市综合利用率
平均增长指数变化趋势

用率平均增长指数总体上呈现波动下降型的状态。这种状态表现为 2010～2015 年城市在该项指标上总体呈现下降趋势，但在评估期间存在上下波动的情况，并非连续性下降状态。这就意味着在评估的时间段内，虽然指标数据存在较大的波动，但是其评价末期数据值低于评价初期数据值。贵港市的综合利用率平均增长指数末期低于初期的数据，降低 8 个单位左右，并且在 2010～2011 年存在明显下降的变化；这说明贵港市综合利用率平均增长指数情况处于不太稳定的下降状态。

6. 综合利用率枢纽度

根据图 5－16 分析可知，2010～2015 年贵港市的综合利用率枢纽度总体上呈现持续下降型的状态。处于持续下降型的指标，意味着城市在该项指标上不断处在劣势状态，并且这一状况并未得到改善。如图所示，贵港市综合利用率枢纽度指标处于不断下降的状态，2010 年此指标数值最高，为 42.563，到 2015 年下降至 29.935。分析这种变化趋势，可以说明贵港市综合利用率发展的水平仍待提升。

（综合利用率枢纽度）

图 5－16　2010～2015 年贵港市综合
利用率枢纽度变化趋势

7. 环保支出规模强度

根据图 5－17 分析可知，2010～2015 年贵港市的环保支出规模强度总体上呈现持续上升型的状态。处于持续上升型的指标，不仅意味着城市在各项指标数据上的不断增长，更意味着城市在该项指标以及环境治理水平整体上的

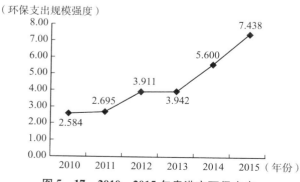

（环保支出规模强度）

图 5－17　2010～2015 年贵港市环保支出
规模强度变化趋势

竞争力优势不断扩大。通过折线图可以看出，贵港市的环保支出规模强度指标不断提高，在 2015 年达到 7.438，相较于 2010 年上升 5 个单位左右；说明贵港市的生态环境保护程度较高，其生态保护发展潜力较大。

8. 环保支出区位商

根据图 5－18 分析可知，2010～2015 年贵港市环保支出区位商总体上呈现波动保持型的状态。波动保持型指标意味着城市在该项指标上虽然呈现波动状态，在评价末期和评价初期的数值基本保持一致，该图可知贵港市环保支出区位商数值保持在 45.058～56.784。即使贵港市环保支出区位商存在过最低值，其数值为 45.058，但贵港市在环保支出区位商上总体表现相对平稳；说明该地区城镇绿化能力及活力持续又稳定。

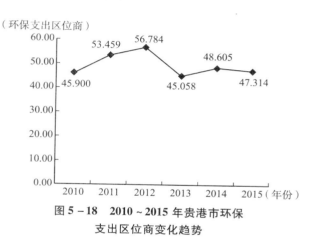

（环保支出区位商）

图 5－18　2010～2015 年贵港市环保
支出区位商变化趋势

9. 环保支出职能规模

根据图 5－19 分析可知，2010～2015 年贵港市环保支出职能规模指数总体上呈现波动下降型的状态。这种状态表现为 2010～2015 年城市在该项指标上总体呈现下降趋势，但在期间存在上下波动的情况，并非连续性下降状态。这就意味着在评估的时间段内，虽然指标数据存在较大的波动，但是其评价末期数据值低于评价初期数据值。

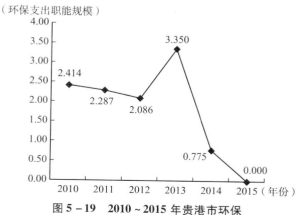

（环保支出职能规模）

图 5－19　2010～2015 年贵港市环保
支出职能规模变化趋势

贵港市的环保支出职能规模指数末期低于初期的数据，降低2个单位左右，并且在2013～2015年存在明显下降的变化；这说明贵港市环保支出职能规模情况处于不太稳定的下降状态，城市发展所具备的环保支出能力仍待提升。

10. 环保支出职能地位

根据图5-20分析可知，2010～2015年贵港市的环保支出职能地位变化总体上呈现持续上升型的状态。2010～2015年城市在该项指标上存在较多波动变化，总体趋势为上升趋势，但在个别年份出现下降的情况，指标并非连续性上升。波动上升型指标意味着在评估期间，虽然指标数据存在较大波动变化，但是其评价末期数据值高于评价初期数据值。通过折线图可以看出，贵港市的环保支出职能地位变化指标不断提高，在2015年达到29.192，相较于2010年上升12个单位左右；说明贵港市的环保发展水平较高，城市发展具备的生态绿化及环境治理方面的潜力仍待增强。

（环保支出职能地位）

图5-20　2010～2015年贵港市环保支出职能地位变化趋势

根据表5-7～表5-9可以显示出2010～2015年贵港市环境治理在水平相应年份的原始值、标准值及排名情况。

表5-7　　　　　　　　　2010～2011年贵港市环境治理水平各级指标排名及相关数据

指标		2010年			2011年		
		原始值	标准值	排名	原始值	标准值	排名
环境治理	地区环境相对损害指数（EVI）	3.109	80.330	9	2.980	81.223	9
	单位GDP消耗能源	0.016	30.591	9	0.018	20.260	10
	环保支出水平	0.004	24.328	2	0.003	20.015	4
	污染处理率比重增量	-0.014	32.819	6	0.020	47.386	8
	综合利用率平均增长指数	0.001	44.205	7	0.000	23.022	9
	综合利用率枢纽度	0.000	42.563	5	0.000	36.901	5
	环保支出规模强度	-0.515	2.584	8	-0.509	2.695	8
	环保支出区位商	3.564	45.900	2	4.055	53.459	2
	环保支出职能规模	53222.078	16.653	3	64941.511	19.328	3
	环保支出职能地位	0.067	17.208	3	0.094	22.344	3

表5-8　　　　　　　　　2012～2013年贵港市环境治理水平各级指标排名及相关数据

指标		2012年			2013年		
		原始值	标准值	排名	原始值	标准值	排名
环境治理	地区环境相对损害指数（EVI）	2.976	81.255	9	2.190	86.703	9
	单位GDP消耗能源	0.020	10.246	11	0.019	11.191	11
	环保支出水平	0.004	25.498	3	0.004	22.431	3
	污染处理率比重增量	0.144	100.000	1	0.009	42.543	9
	综合利用率平均增长指数	0.000	32.001	6	0.001	51.919	2
	综合利用率枢纽度	0.000	35.214	4	0.000	32.961	4
	环保支出规模强度	-0.441	3.911	8	-0.439	3.942	8
	环保支出区位商	4.271	56.784	2	3.509	45.058	2
	环保支出职能规模	87326.349	24.439	3	67345.059	19.877	4
	环保支出职能地位	0.095	22.617	3	0.085	20.645	4

表 5 – 9　　　　　　　　　**2014～2015 年贵港市环境治理水平各级指标排名及相关数据**

指标		2014 年			2015 年		
		原始值	标准值	排名	原始值	标准值	排名
环境治理	地区环境相对损害指数（EVI）	0.811	96.264	4	0.768	96.567	5
	单位 GDP 消耗能源	0.020	5.539	10	0.021	0.000	11
	环保支出水平	0.004	28.655	3	0.005	35.073	3
	污染处理率比重增量	0.008	42.157	6	0.025	49.517	4
	综合利用率平均增长指数	0.001	47.493	3	0.000	36.237	5
	综合利用率枢纽度	0.000	31.365	3	0.000	29.935	4
	环保支出规模强度	-0.346	5.600	6	-0.243	7.438	6
	环保支出区位商	3.739	48.605	2	3.656	47.314	2
	环保支出职能规模	93865.448	25.931	4	112839.856	30.263	3
	环保支出职能地位	0.104	24.278	4	0.130	29.192	3

（二）贵港市环境治理水平评估结果

根据表 5 – 10 对 2010～2012 年贵港市环境治理水平得分、排名、优劣度进行分析。2010 年贵港市环境治理水平排名处在珠江 – 西江经济带第 5 名，2011 年下降至第 8 名，2012 年贵港市环境治理水平排名升至珠江 – 西江经济带第 3 名，说明贵港市环境治理水平在经济带中具备较大的发展潜力。对贵港市的环境治理水平得分情况进行分析，发现贵港市环境治理水平得分波动上升，说明贵港市环境治理力度有所加强。2010～2012 年贵港市的环境治理水平处于珠江 – 西江经济带中上游，说明贵港市的环境治理水平提升仍存在较大的发展空间。

表 5 – 10　　　　　　**2010～2012 年贵港市环境治理水平各级指标的得分、排名及优劣度分析**

指标	2010 年			2011 年			2012 年		
	得分	排名	优劣度	得分	排名	优劣度	得分	排名	优劣度
环境治理	20.898	5	优势	20.127	8	中势	23.566	3	优势
地区环境相对损害指数（EVI）	7.301	9	劣势	7.329	9	劣势	7.177	9	劣势
单位 GDP 消耗能源	1.894	9	劣势	1.265	10	劣势	0.648	11	劣势
环保支出水平	1.185	2	强势	0.868	4	优势	1.186	3	优势
污染处理率比重增量	1.661	6	中势	2.981	8	中势	6.143	1	强势
综合利用率平均增长指数	2.364	7	中势	1.245	9	劣势	1.520	6	中势
综合利用率枢纽度	2.450	5	优势	1.930	5	优势	1.802	4	优势
环保支出规模强度	0.108	8	中势	0.114	8	中势	0.169	8	中势
环保支出区位商	2.288	2	强势	2.495	2	强势	2.718	2	强势
环保支出职能规模	0.799	3	优势	0.860	3	优势	1.159	3	优势
环保支出职能地位	0.847	3	优势	1.040	3	优势	1.045	3	优势

对贵港市环境治理水平的三级指标进行分析，其中地区环境相对损害指数（EVI）得分排名呈现出持续保持的发展趋势。对贵港市的地区环境相对损害指数（EVI）的得分情况进行分析，发现贵港市的地区环境相对损害指数（EVI）得分波动下降，说明贵港市的地区环境相对损害指数（EVI）存在较大的提升空间，在发展城市经济的同时注重环境保护需要投入更大的力度。

单位 GDP 消耗能源的得分排名呈现出持续下降的趋势。对贵港市单位 GDP 消耗能源的得分情况进行分析，发现贵港市在单位 GDP 消耗能源的得分持续下降，说明贵港市的整体发展水平较低，城市活力不断减弱。

环保支出水平得分排名呈现出先降后升的趋势。对贵港市环保支出水平的得分情况进行分析，发现贵港市在环保支出水平的得分波动上升，说明贵港市对环境治理的财政支持能力有所提高，促进经济发展与生态环境协调发展的力度有所加大。

污染处理率比重增量得分排名呈现先降后升的趋势。对贵港市的污染处理率比重增量的得分情况进行分析，发现贵港市在污染处理率比重增量上的得分持续上升，说明贵港市在推动城市污染处理方面的力度不断提高。

综合利用率平均增长指数得分排名呈现先降后升的趋势。对贵港市的综合利用率平均增长指数的得分情况进行分析，发现贵港市的综合利用率平均增长指数的得分波动下降，说明城市的综合利用覆盖程度有待增强。

综合利用率枢纽度得分排名呈现出先保持后上升的趋势。对贵港市的综合利用率枢纽度的得分情况进行分析，发现贵港市在综合利用率枢纽度的得分持续下降，说明2010～2012 年贵港市的综合利用率能力不断降低。

环保支出规模强度得分排名呈现出持续保持的趋势。对贵港市的环保支出规模强度的得分情况进行分析，发现贵港市在环保支出规模强度的得分持续上升，说明2010～2012年贵港市的环保支出能力不断高于地区环保支出平均水平。

环保支出区位商得分排名呈现出持续保持的趋势。对贵港市的环保支出区位商的得分情况作出分析，发现贵港市在环保支出区位商的得分持续上升，说明2010～2012年贵港市的环保支出区位商不断提升，城市所具备的环保支出能力不断提高。

环保支出职能规模得分排名呈现出持续保持的趋势。对贵港市的环保支出职能规模的得分情况作出分析，发现贵港市在环保支出职能规模的得分持续上升，说明贵港市在环保支出水平方面不断提高，城市所具备的环保支出能力不断增强。

环保支出职能地位得分排名呈现出持续保持的趋势。对贵港市环保支出职能地位的得分情况作出分析，发现贵港市在环保支出职能地位的得分持续上升，说明贵港市在环保支出方面的地位不断提高，城市对保护环境和环境的治理能力增大。

根据表5－11对2013～2015年贵港市环境治理水平得分、排名、优劣度进行分析。2013年贵港市环境治理水平排名处在珠江－西江经济带第9名，2014上升至第5名，2015年贵港市环境治理水平排名降至珠江－西江经济带第8名，说明贵港市环境治理水平较于珠江－西江经济带其他城市不具备优势。对贵港市的环境治理水平得分情况进行分析，发现贵港市环境治理水平得分波动上升，说明贵港市环境治理力度不断加强。2013～2015年贵港市的环境治理水平从珠江－西江经济带劣势地位上升至中势地位，说明贵港市的环境治理水平存在较大的提升空间。

表5－11　　　　2013～2015年贵港市环境治理水平各级指标的得分、排名及优劣度分析

指标	2013年			2014年			2015年		
	得分	排名	优劣度	得分	排名	优劣度	得分	排名	优劣度
环境治理	20.581	9	劣势	21.920	5	优势	21.437	8	中势
地区环境相对损害指数（EVI）	8.095	9	劣势	9.167	4	优势	8.963	5	优势
单位GDP消耗能源	0.740	11	劣势	0.347	10	劣势	0.000	11	劣势
环保支出水平	1.038	3	优势	1.346	3	优势	1.601	3	优势
污染处理率比重增量	2.473	9	劣势	2.290	6	中势	2.638	4	优势
综合利用率平均增长指数	2.529	2	强势	2.354	3	优势	1.705	5	优势
综合利用率枢纽度	1.622	4	优势	1.513	4	优势	1.404	4	优势
环保支出规模强度	0.173	8	中势	0.255	6	中势	0.344	6	中势
环保支出区位商	2.041	2	强势	2.235	2	强势	2.080	2	强势
环保支出职能规模	0.909	4	优势	1.266	4	优势	1.385	3	优势
环保支出职能地位	0.960	4	优势	1.147	4	优势	1.317	3	优势

对贵港市环境治理水平的三级指标进行分析，其中地区环境相对损害指数（EVI）得分排名呈现波动上升的发展趋势。对贵港市地区环境相对损害指数（EVI）的得分情况进行分析，发现贵港市的地区环境相对损害指数（EVI）得分波动上升，说明贵港市地区环境状况仍待改善，城市在发展经济的同时进行环境保护仍需注重。

单位GDP消耗能源的得分排名呈现出波动保持的趋势。对贵港市单位GDP消耗能源的得分情况进行分析，发现贵港市在单位GDP消耗能源的得分持续下降，说明贵港市的单位GDP消耗能源不断减小，城市整体发展水平有所下降，城市所具备的活力仍待提升。

环保支出水平得分排名呈现出持续保持的趋势。对贵港市的环保支出水平的得分情况进行分析，发现贵港市在环保支出水平的得分持续上升，说明贵港市的环保支出水平不断提高，城市的环保支出源不断丰富，城市对外部资源各类要素的集聚吸引能力不断提升。

污染处理率比重增量得分排名呈现出持续上升的趋势。对贵港市的污染处理率比重增量的得分情况进行分析，发现贵港市在污染处理率比重增量的得分波动上升，说明贵港市整体污染处理能力方面有所提高，污染处理率比重增量存在较大的提升空间。

综合利用率平均增长指数得分排名呈现出现下降的趋势。对贵港市的综合利用率平均增长指数的得分情况进行分析，发现贵港市的城市综合利用率平均增长指数的得分持续下降，说明城市综合利用水平仍待提升。

综合利用率枢纽度得分排名呈现出持续保持的趋势。对贵港市的综合利用率枢纽度的得分情况进行分析，发现贵港市在综合利用率枢纽度的得分持续下降，说明2013～2015年贵港市的综合利用率枢纽度存在较大的发展空间。

环保支出规模强度得分排名呈现出先上升后保持的趋势。对贵港市的环保支出规模强度的得分情况进行分析，发现贵港市在环保支出规模强度的得分持续上升，说明2013～2015年贵港市的环保支出规模强度与地区平均环保支出水平相比不断提高。

环保支出区位商得分排名呈现出持续保持的趋势。对贵港市的环保支出区位商的得分情况作出分析，发现贵港市在环保支出区位商的得分波动上升，说明2013～2015年贵港市环保支出区位商处于良性发展状态，环保支出水平提升。

其中环保支出职能规模得分排名呈现出先保持后上升的趋势。对贵港市的环保支出职能规模的得分情况进行分析，发现贵港市在环保支出职能规模的得分持续上升，说明贵港市的环保支出职能规模存在一定的提升空间。

其中环保支出职能地位得分排名呈现出先保持后上升的趋势。对贵港市环保支出职能地位的得分情况进行分析，发现贵港市在环保支出职能地位的得分持续上升，说明贵港市对保护环境和治理环境的能力不断提升，其环保支出职能地位存在一定的提升空间。

对 2010～2015 年贵港市环境治理水平及各三级指标的得分、排名和优劣度进行分析。2010 年贵港市环境治理水平得分排名处在珠江－西江经济带第 5 名，2011～2012 年贵港市环境治理水平得分排名降至珠江－西江经济带第 8 名，接着又上升至第 3 名，2013 年贵港市环境治理水平得

分排名降至珠江－西江经济带第 9 名，2014～2015 年贵港市环境治理水平得分排名升至珠江－西江经济带第 5 名，接着又降至第 8 名。2010～2015 年贵港市环境治理水平得分排名一直在珠江－西江经济带介于上游区、中游区和下游区波动，其城市生活环境水平也在经济带优势地位、中势地位和劣势地位之间波动，说明贵港市环境治理水平发展波动较大，在经济带中具备较大的发展潜力。对贵港市的环境治理水平得分情况进行分析，发现贵港市的环境治理水平得分呈现波动上升的发展趋势，说明贵港市环境治理水平不断提高，对环境治理的力度不断加强。

从环境治理水平基础指标的优劣度结构来看（见表 5－12），在 10 个基础指标中，指标的优劣度结构为 10.0∶70.0∶10.0∶10.0。

表 5－12　　　　　　　　　2015 年贵港市环境治理水平指标的优劣度结构

二级指标	三级指标数	强势指标		优势指标		中势指标		劣势指标		优劣度
		个数	比重（％）	个数	比重（％）	个数	比重（％）	个数	比重（％）	
环境治理	10	1	10.000	7	70.000	1	10.000	1	10.000	中势

（三）贵港市环境治理水平比较分析

图 5－21 和图 5－22 将 2010～2015 年贵港市环境治理水平与珠江－西江经济带最高水平和平均水平进行比较。从环境治理水平的要素得分比较来看，由图 5－21 可知，2010 年，贵港市地区环境相对损害指数（EVI）得分比珠江－西江经济带最高分低 1.788 分，比平均分低 0.053 分；2011 年，地区环境相对损害指数（EVI）得分比最高分低 1.626 分，比平均分低 0.094 分；2012 年，地区环境相对损

害指数（EVI）得分比最高分低 1.493 分，比平均分高 0.070 分；2013 年，地区环境相对损害指数（EVI）得分比最高分低 1.142 分，比平均分高 0.081 分；2014 年，地区环境相对损害指数（EVI）得分比最高分低 0.262 分，比平均分高 0.952 分；2015 年，地区环境相对损害指数（EVI）得分比最高分低 0.307 分，比平均分高 0.915 分。这说明整体上贵港市地区环境相对损害指数（EVI）得分与珠江－西江经济带最高分的差距先减小后增大，与珠江－西江经济带平均分的差距波动增大。

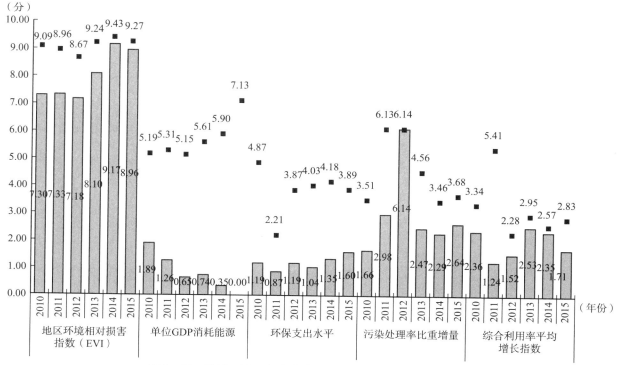

图 5－21　2010～2015 年贵港市环境治理水平指标得分比较 1

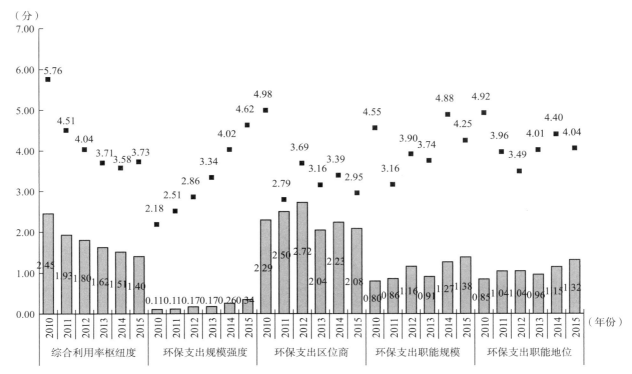

图 5 – 22　2010～2015 年贵港市环境治理水平指标得分比较 2

　　2010 年，贵港市单位 GDP 消耗能源水平得分比珠江－西江经济带最高分低 3.291 分，比平均分低 1.378 分；2011年，单位 GDP 消耗能源水平得分比最高分低 4.044 分，比平均分低 2.050 分；2012 年，单位 GDP 消耗能源水平得分比最高分低 4.500 分，比平均分低 2.876 分；2013 年，单位 GDP 消耗能源水平得分比最高分低 4.869 分，比平均分低 3.194 分；2014 年，单位 GDP 消耗能源水平得分比最高分低 5.557 分，比平均分低 2.748 分；2015 年，单位 GDP 消耗能源水平得分比最高分低 7.134 分，比平均分低 4.563分。这说明整体上贵港市单位 GDP 消耗能源水平得分与珠江－西江经济带最高分的差距持续增大，与珠江－西江经济带平均分的差距波动增大。

　　2010 年，贵港市环保支出水平得分比珠江－西江经济带最高分低 3.686 分，比平均分高 0.049 分；2011 年，环保支出水平得分比最高分低 1.337 分，比平均分高 0.082分；2012 年，环保支出水平得分比最高分低 2.686 分，比平均分高 0.124 分；2013 年，环保支出水平得分比最高分低 2.994 分，比平均分高 0.016 分；2014 年，环保支出水平得分比最高分低 2.834 分，比平均分高 0.276 分；2015年，环保支出水平得分比最高分低 2.287 分，比平均分高0.476 分。这说明整体上贵港市环保支出水平得分与珠江－西江经济带最高分的差距波动减小，与珠江－西江经济带平均分的差距波动增大。

　　2010 年，贵港市污染处理率比重增量得分比珠江－西江经济带最高分低 1.852 分，比平均分低 0.084 分；2011年，污染处理率比重增量得分比最高分低 3.152 分，比平均分低 0.564 分；2012 年，污染处理率比重增量得分为最高分，比平均分高 3.158 分；2013 年，污染处理率比重增量得分比最高分低 2.089 分，比平均分低 0.521 分；2014

年，污染处理率比重增量得分比最高分低 1.170 分，比平均分低 0.155 分；2015 年，污染处理率比重增量得分比最高分低 1.038 分，比平均分高 0.130 分。这说明整体上贵港市污染处理率比重增量得分与珠江－西江经济带最高分的差距波动减小，与珠江－西江经济带平均分的差距波动增大。

　　2010 年，贵港市综合利用率平均增长指数得分比珠江－西江经济带最高分低 0.978 分，比平均分高 0.057分；2011 年，综合利用率平均增长指数得分比最高分低4.161 分，比平均分低 0.790 分；2012 年，综合利用率平均增长指数得分比最高分低 0.757 分，比平均分高 0.131分；2013 年，综合利用率平均增长指数得分比最高分低0.425 分，比平均分高 0.920 分；2014 年，综合利用率平均增长指数得分比最高分低 0.218 分，比平均分高 0.608分；2015 年，综合利用率平均增长指数得分比最高分低1.129 分，比平均分高 0.169 分。这说明整体上贵港市综合利用率平均增长指数得分与珠江－西江经济带最高分的差距波动增大，与珠江－西江经济带平均分的差距波动增大。

　　由图 5 – 22 可知，2010 年，贵港市综合利用率枢纽度得分比珠江－西江经济带最高分低 3.307 分，比平均分高0.243 分；2011 年，综合利用率枢纽度得分比最高分低2.582 分，比平均分高 0.210 分；2012 年，综合利用率枢纽度得分比最高分低 2.238 分，比平均分高 0.203 分；2013年，综合利用率枢纽度得分比最高分低 2.085 分，比平均分高 0.196 分；2014 年，综合利用率枢纽度得分比最高分低 2.067 分，比平均分高 0.211 分；2015 年，综合利用率枢纽度得分比最高分低 2.325 分，比平均分高 0.132 分。这说明整体上贵港市综合利用率枢纽度得分与珠江－西江经济带最高分的差距先减小后增大，与珠江－西江经济带平均分的差距先减小后增大。

2010年，贵港市环保支出规模强度得分比珠江－西江经济带最高分低2.076分，比平均分低0.384分；2011年，环保支出规模强度得分比最高分低2.398分，比平均分低0.424分；2012年，环保支出规模强度得分比最高分低2.688分，比平均分低0.474分；2013年，环保支出规模强度得分比最高分低3.163分，比平均分低0.532分；2014年，环保支出规模强度得分比最高分低3.763分，比平均分低0.561分；2015年，环保支出规模强度得分比最高分低4.278分，比平均分低0.581分。这说明整体上贵港市环保支出规模强度得分与珠江－西江经济带最高分的差距持续增大，与珠江－西江经济带平均分的差距持续增大。

2010年，贵港市环保支出区位商得分比珠江－西江经济带最高分低2.697分，比平均分高0.992分；2011年，环保支出区位商得分比最高分低0.296分，比平均分高1.276分；2012年，环保支出区位商得分比最高分低0.968分，比平均分高1.423分；2013年，环保支出区位商得分比最高分低1.120分，比平均分高1.020分；2014年，环保支出区位商得分比最高分低1.154分，比平均分高1.179分；2015年，环保支出区位商得分比最高分低0.868分，比平均分高1.086分。这说明整体上贵港市环保支出区位商得分与珠江－西江经济带最高分的差距波动减小，与珠江－西江经济带平均分的差距波动增大。

2010年，贵港市环保支出职能规模得分比珠江－西江经济带最高分低3.752分，比平均分低0.207分；2011年，环保支出职能规模得分比最高分低2.302分，比平均分高0.020分；2012年，环保支出职能规模得分比最高分低2.774分，比平均分高0.043分；2013年，环保支出职能规模得分比最高分低2.835分，比平均分低0.049分；2014年，环保支出职能规模得分比最高分低3.615分，比

平均分高0.131分；2015年，环保支出职能规模得分比最高分低2.868分，比平均分高0.351分。这说明整体上贵港市环保支出职能规模得分与珠江－西江经济带最高分的差距波动减小，与珠江－西江经济带平均分的差距先减小后增大。

2010年，贵港市环保支出职能地位得分比珠江－西江经济带最高分低4.073分，比平均分低0.225分；2011年，环保支出职能地位得分比最高分低2.924分，比平均分高0.026分；2012年，环保支出职能地位得分比最高分低2.449分，比平均分高0.038分；2013年，环保支出职能地位得分比最高分低3.055分，比平均分低0.053分；2014年，环保支出职能地位得分比最高分低3.256分，比平均分高0.118分；2015年，环保支出职能地位得分比最高分低2.727分，比平均分高0.334分。这说明整体上贵港市环保支出职能地位得分与珠江－西江经济带最高分的差距波动减小，与珠江－西江经济带平均分的差距先减小后增大。

三、贵港市生态环境建设水平综合评估与比较评述

从对贵港市生态环境建设水平评估及其4个二级指标在珠江－西江经济带的排名变化和指标结构的综合分析来看，2010～2015年贵港市生态环境板块中上升指标数量小于下降指标的数量，上升的动力小于下降的动力，使得2015年贵港市生态环境建设水平的排名呈波动下降趋势，在珠江－西江经济带城市排名中位居第9名。

（一）贵港市生态环境建设水平概要分析

贵港市生态环境建设水平在珠江－西江经济带所处的位置及变化如表5－13所示，4个二级指标的得分和排名变化如表5－14所示。

表5－13　　　　　2010～2015年贵港市生态环境建设水平一级指标比较

项目	2010年	2011年	2012年	2013年	2014年	2015年
排名	8	9	3	9	6	9
所属区位	中游	下游	上游	下游	中游	下游
得分	41.117	41.279	44.689	40.676	42.408	41.962
全国最高分	58.788	52.007	56.046	53.775	56.362	61.632
全国平均分	42.691	44.018	44.127	44.702	43.585	46.610
与最高分的差距	-17.671	-10.728	-11.356	-13.099	-13.954	-19.670
与平均分的差距	-1.574	-2.739	0.562	-4.026	-1.177	-4.648
优劣度	中势	劣势	优势	劣势	中势	劣势
波动趋势	—	下降	上升	下降	上升	下降

表 5－14   2010～2015 年贵港市生态环境
建设水平二级指标比较

年份	生态绿化		环境治理	
	得分	排名	得分	排名
2010	20.219	9	20.898	5
2011	21.152	6	20.127	8
2012	21.123	7	23.566	3
2013	20.095	11	20.581	9
2014	20.489	8	21.920	5
2015	20.525	10	21.437	8
得分变化	0.306	—	0.539	—
排名变化	—	-1	—	-3
优劣度	劣势	劣势	中势	中势

（1）从指标排名变化趋势看，2015 年贵港市生态环境建设水平评估排名在珠江－西江经济带处于第 9 名，表明其在珠江－西江经济带处于下游区，与 2010 年相比，排名下降 1 名。总的来看，评价期内贵港市生态环境呈现波动下降趋势。

在 2 个二级指标中，2 个指标均处于下降趋势，为生态绿化和环境治理，这是贵港市生态环境呈波动下降动力的原因所在。受指标排名升降的综合影响，评价期内贵港市生态环境建设水平的综合排名呈波动下降趋势，在珠江－西江经济带排名第 9 名。

（2）从指标所处区位来看，2015 年贵港市生态环境建设水平处在下游区。其中，生态绿化指标为劣势指标，环境治理为中势指标。

（3）从指标得分来看，2015 年贵港市生态环境建设水平得分为 41.962 分，比珠江－西江经济带最高分低 19.670 分，比珠江－西江经济带平均分低 4.648 分；与 2010 年相比，贵港市生态环境建设水平得分上升 0.845 分，与当年最高分的差距波动增大，与珠江－西江经济带平均分的差距波动增大。

2015 年，贵港市生态环境建设水平二级指标的得分均高于 20 分，与 2010 年相比，得分上升最多的为环境治理，上升 0.539 分。

（二）贵港市生态环境建设水平评估指标动态变化分析

2010～2015 年贵港市生态环境建设水平评估各级指标的动态变化及其结构，如图 5－23 和表 5－15 所示。

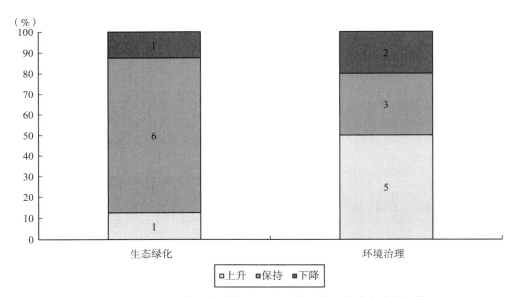

图 5－23   2010～2015 年贵港市生态环境建设水平动态变化结构

表 5－15   2010～2015 年贵港市生态环境建设水平各级指标排名变化态势比较

二级指标	三级指标数	上升指标		保持指标		下降指标	
		个数	比重（%）	个数	比重（%）	个数	比重（%）
生态绿化	8	1	12.500	6	75.000	1	12.500
环境治理	10	5	50.000	3	30.000	2	20.000
合计	18	6	33.333	9	50.000	3	16.667

从图5-23可以看出，贵港市生态环境建设水平评估的三级指标中上升指标的比例小大持续指标的比例，表明上升指标为居于主导地位。表5-15中的数据进一步说明，贵港市生态环境建设水平评估的18个三级指标中，上升的指标有6个，占指标总数的33.333%；保持的指标有9个，占指标总数的50.000%；下降的指标有3个，占指标总数的16.667%。虽然上升指标的数量大于下降指标的数量，但受变动幅度与外部因素的综合影响，评价期内

贵港市生态环境建设水平排名呈现波动下降趋势，在珠江-西江经济带位居第9名。

（三）贵港市生态环境建设水平评估指标变化动因分析

2015年贵港市生态环境建设水平各级指标的优劣势变化及其结构，如图5-24和表5-16所示。

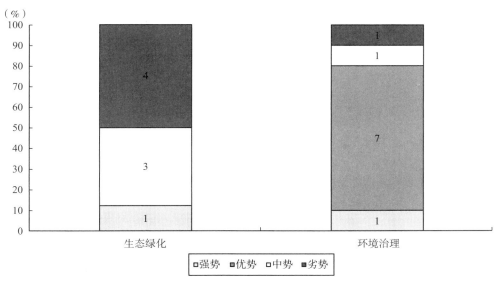

图5-24　2015年贵港市生态环境建设水平各级指标优劣度结构

表5-16　　　　　　　　2015年贵港市生态环境建设水平各级指标优劣度比较

二级指标	三级指标数	强势指标		优势指标		中势指标		劣势指标		优劣度
		个数	比重（%）	个数	比重（%）	个数	比重（%）	个数	比重（%）	
生态绿化	8	1	12.500	0	0.000	3	37.500	4	50.000	劣势
环境治理	10	1	10.000	7	70.000	1	10.000	1	10.000	中势
合计	18	2	11.111	7	38.889	4	22.222	5	27.778	劣势

从图5-24可以看出，2015年贵港市生态环境建设水平评估的三级指标强势和优势指标的比例小于劣势指标的比例，表明强势和优势指标未居于主导地位。表5-16中的数据进一步说明，2015年贵港市生态环境建设水平的18个三级指标中，强势指标有2个，占指标总数的11.111%；优势指标为7个，占指标总数的38.889%；中势指标4个，占指标总数的22.222%；劣势指标为5个，占指标总数的27.778%；强势指标和优势指标之和占指标总数的50.00%，数量与比重均大于劣势指标。从二级指标来看，其中，生态绿化的强势指标有1个，占指标总数的12.500%；不存在优势指标；中势指标为3个，占指标总数的37.500%；劣势指标为4个，占指标总数的50.000%；强势指标和优势指标之和占指标总数的12.500%；说明生

态绿化的强、优势指标未居于主导地位。环境治理的强势指标为1个，占指标总数的10.00%；优势指标为7个，占指标总数的70.000%；中势指标1个，占指标总数的10.000%；劣势指标为1个，占指标总数的10.000%；强势指标和优势指标之和占指标总数的80.000%；说明环境治理的强、优势指标处于主导地位。由于强、优势指标比重较小，贵港市生态环境处于劣势地位，在珠江-西江经济带位居第9名，处于下游区。

为了进一步明确影响贵港市生态环境建设水平变化的具体因素，以便于对相关指标进行深入分析，为提升贵港市生态环境建设水平提供决策参考，表5-17列出生态环境建设水平评估指标体系中直接影响贵港市生态环境升降的强势指标、优势指标和劣势指标。

表 5 – 17   2015 年贵港市生态环境建设水平三级指标优劣度统计

指标	强势指标	优势指标	中势指标	劣势指标
生态绿化（8 个）	城镇绿化扩张弹性系数（1 个）	（0 个）	生态绿化强度、城市绿化蔓延指数、环境承载力（3 个）	城镇绿化动态变化、绿化扩张强度、城市绿化相对增长率、城市绿化绝对增量加权指数（4 个）
环境治理（10 个）	环保支出区位商（1 个）	地区环境相对损害指数（EVI）、环保支出水平、污染处理率比重增量、综合利用率平均增长指数、综合利用率枢纽度、环保支出职能规模、环保支出职能地位（7 个）	环保支出规模强度（1 个）	单位 GDP 消耗能源（1 个）

第六章　百色市生态环境建设水平综合评估

一、百色市生态绿化建设水平综合评估与比较

（一）百色市生态绿化建设水平指标变化趋势评析

1. 城镇绿化扩张弹性系数

根据图 6－1 分析可知，2010～2015 年百色市城镇绿化扩张弹性系数总体上呈现波动保持型的状态。波动保持型指标意味着城市在该项指标上虽然呈现波动状态，但在评价末期和评价初期的数值基本保持一致，由该图可知百色市城镇绿化扩张弹性系数数值保持在 88.043～88.657。即使百色市城镇绿化扩张弹性系数存在过最低值，其数值为 88.043，但百色市在城镇绿化扩张弹性系数上总体表现相对平稳；说明该地区城镇绿化能力及活力持续又稳定。

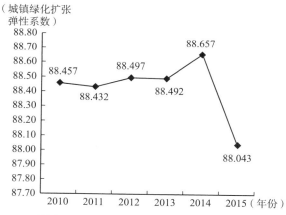

图 6－1　2010～2015 年百色市城镇绿化扩张弹性系数变化趋势

2. 生态绿化强度

根据图 6－2 分析可知，2010～2015 年百色市生态绿化强度总体上呈现波动保持型的状态。波动保持型指标意味着城市在该项指标上虽然呈现波动状态，但在评价末期和评价初期的数值基本保持一致，由该图可知百色市生态绿化强度数值保持在 0.563～1.103。即使百色市生态绿化强度存在过最低值，其数值为 0.563，但百色市在生态绿化强度上总体表现的也是相对平稳；说明该地区城镇绿化能力

及活力持续又稳定。

图 6－2　2010～2015 年百色市生态绿化强度变化趋势

3. 城镇绿化动态变化

根据图 6－3 分析可知，2010～2015 年百色市城镇绿化动态变化总体上呈现波动下降型的状态。这种状态表现为在 2010～2015 年城市在该项指标上总体呈现下降趋势，但在评估期间存在上下波动的情况，并非连续性下降状态。这就意味着在评估的时间段内，虽然指标数据存在较大的波动，但是其评价末期数据值低于评价初期数据值。百色市的城镇绿化末期低于初期的数据，降低 4 个单位左右，并且在 2012～2013 年存在明显下降的变化；这说明百色市城镇绿化动态变化情况处于不太稳定的下降状态。

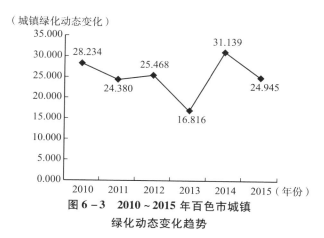

图 6－3　2010～2015 年百色市城镇绿化动态变化趋势

4. 绿化扩张强度

根据图 6－4 分析可知，2010～2015 年百色市绿化扩张

强度总体上呈现波动下降型的状态。这种状态表现为2010～2015年城市在该项指标上总体呈现下降趋势，但在评估期间存在上下波动的情况，并非连续性下降状态。这就意味着在评估的时间段内，虽然指标数据存在较大的波动，但是其评价末期数据值低于评价初期数据值。百色市的绿化扩张强度末期低于初期的数据，降低2个单位左右，并且在2010～2011年存在明显下降的变化；这说明百色市绿化扩张强度情况处于不太稳定的下降状态。

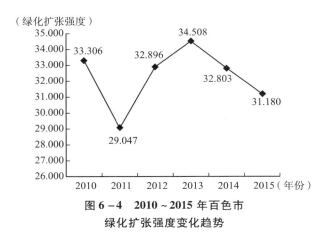

图6-4　2010～2015年百色市
绿化扩张强度变化趋势

5. 城市绿化蔓延指数

根据图6-5分析可知，2010～2015年百色市绿化蔓延指数总体上呈现波动下降型的状态。这种状态表现为2010～2015年城市在该项指标上总体呈现下降趋势，但在评估期间存在上下波动的情况，并非连续性下降状态。这就意味着在评估的时间段内，虽然指标数据存在较大的波动，但是其评价末期数据值低于评价初期数据值。百色市的绿化蔓延指数末期低于初期的数据，降低3个单位左右，并且在2014～2015年存在明显下降的变化；这说明百色市生态保护发展潜力较大，将强化推进生态环境发展与经济增长的协同发展。

图6-5　2010～2015年百色市城市
绿化蔓延指数变化趋势

6. 环境承载力

根据图6-6分析可知，2010～2015年百色市的环境

承载力总体上呈现持续上升型的状态。2010～2015年城市在该项指标上存在较多波动变化，总体趋势为上升趋势，但在个别年份出现下降的情况，指标并非连续性上升。波动上升型指标意味着在评估期间，虽然指标数据存在较大波动变化，但是其评价末期数据值高于评价初期数据值。通过折线图可以看出，百色市的环境承载力指标不断提高，在2015年达到0.858，相较于2010年上升4个单位左右；说明百色市的绿化面积整体密度更大、容量范围更广。

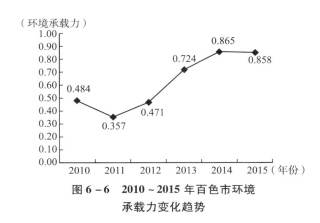

图6-6　2010～2015年百色市环境
承载力变化趋势

7. 城市绿化相对增长率

根据图6-7分析可知，2010～2015年百色市城市绿化相对增长率指数总体上呈现波动下降型的状态。这种状态表现为在2010～2015年城市在该项指标上总体呈现下降趋势，但在评估期间存在上下波动的情况，并非连续性下降状态。这就意味着在评估的时间段内，虽然指标数据存在较大的波动，但是其评价末期数据值低于评价初期数据值。百色市的城市绿化相对增长率指数末期低于初期的数据，降低3个单位左右，并且在2010～2011年存在明显下降的变化；这说明百色市城市绿化相对增长率情况处于不太稳定的下降状态。

图6-7　2010～2015年百色市城市绿化
相对增长率变化趋势

8. 城市绿化绝对增量加权指数

根据图6-8分析可知，2010～2015年百色市城市

绿化绝对增量加权指数总体上呈现波动下降型的状态。这种状态表现为在 2010 ~ 2015 年城市在该项指标上总体呈现下降趋势，但在评估期间存在上下波动的情况，并非连续性下降状态。这就意味着在评估的时间段内，虽然指标数据存在一定的波动，但是其评价末期数据值低于评价初期数据值。由此折线图可以看出百色市 6 年内城市绿化绝对增量加权指数变化幅度并不大，城市的城市绿化发展水平稳定；说明城市的生态环境承载力仍待提升。

根据表 6 - 1 ~ 表 6 - 3 可以显示出 2010 ~ 2015 年生态绿化建设水平在相应年份的原始值、标准值及排名情况。

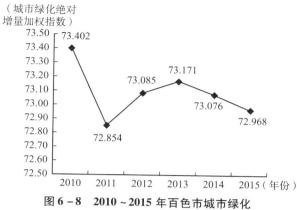

图 6 - 8　2010 ~ 2015 年百色市城市绿化
绝对增量加权指数变化趋势

表 6 - 1　　2010 ~ 2011 年百色市生态绿化建设水平各级指标排名及相关数据

指标		2010 年			2011 年		
		原始值	标准值	排名	原始值	标准值	排名
生态绿化	城镇绿化扩张弹性系数	0.000	88.457	8	- 0.155	88.432	10
	生态绿化强度	0.102	0.861	9	0.120	1.103	9
	城镇绿化动态变化	0.080	28.234	4	0.059	24.380	6
	绿化扩张强度	0.000	33.306	2	0.000	29.047	11
	城市绿化蔓延指数	- 3.211	11.014	10	- 28.029	5.383	11
	环境承载力	17764.498	0.484	7	14959.864	0.357	8
	城市绿化相对增长率	0.008	61.386	2	- 0.003	57.230	11
	城市绿化绝对增量加权指数	1.037	73.402	5	- 0.411	72.854	11

表 6 - 2　　2012 ~ 2013 年百色市生态绿化建设水平各级指标排名及相关数据

指标		2012 年			2013 年		
		原始值	标准值	排名	原始值	标准值	排名
生态绿化	城镇绿化扩张弹性系数	0.252	88.497	8	0.222	88.492	8
	生态绿化强度	0.113	1.016	8	0.081	0.570	9
	城镇绿化动态变化	0.065	25.468	7	0.016	16.816	8
	绿化扩张强度	0.000	32.896	8	0.000	34.508	3
	城市绿化蔓延指数	1.930	12.181	6	33.917	19.438	3
	环境承载力	17472.156	0.471	8	23036.095	0.724	7
	城市绿化相对增长率	0.001	58.952	8	0.003	59.619	3
	城市绿化绝对增量加权指数	0.199	73.085	8	0.426	73.171	5

表 6 - 3　　2014 ~ 2015 年百色市生态绿化建设水平各级指标排名及相关数据

指标		2014 年			2015 年		
		原始值	标准值	排名	原始值	标准值	排名
生态绿化	城镇绿化扩张弹性系数	1.272	88.657	2	- 2.627	88.043	11
	生态绿化强度	0.081	0.563	10	0.095	0.762	10
	城镇绿化动态变化	0.097	31.139	3	0.062	24.945	5
	绿化扩张强度	0.000	32.803	5	0.000	31.180	10
	城市绿化蔓延指数	116.666	38.213	1	- 12.860	8.825	10
	环境承载力	26148.996	0.865	7	25990.851	0.858	7
	城市绿化相对增长率	0.001	58.904	5	- 0.001	58.096	10
	城市绿化绝对增量加权指数	0.175	73.076	7	- 0.109	72.968	10

（二）百色市生态绿化建设水平评估结果

根据表6-4对2010～2012年百色市生态绿化建设水平得分、排名、优劣度进行分析。2010年百色市生态绿化建设水平排名处在珠江－西江经济带第6名，2011年下降至第10名，2012年百色市生态绿化建设水平排名上升至珠江－西江经济带第9名。对百色市的生态绿化建设水平得分情况进行分析，发现百色市生态绿化建设水平得分波动上升，变动幅度较大，说明百色市生态绿化建设水平发展较不稳定。2010～2012年百色市的生态绿化建设水平从珠江－西江经济带中势地位下滑至劣势地位，说明百色市的生态绿化建设水平在经济带中具备较大的发展提升空间。

表6-4　　　　　2010～2012年百色市生态绿化建设水平各级指标的得分、排名及优劣度分析

指标	2010年			2011年			2012年		
	得分	排名	优劣度	得分	排名	优劣度	得分	排名	优劣度
生态绿化	20.792	6	中势	19.997	10	劣势	20.837	9	劣势
城镇绿化扩张弹性系数	8.174	8	中势	7.928	10	劣势	8.247	8	中势
生态绿化强度	0.037	9	劣势	0.048	9	劣势	0.045	8	中势
城镇绿化动态变化	1.274	4	优势	1.145	6	中势	1.201	7	中势
绿化扩张强度	1.605	2	强势	1.495	11	劣势	1.653	8	中势
城市绿化蔓延指数	0.451	10	劣势	0.225	11	劣势	0.503	6	中势
环境承载力	0.020	7	中势	0.015	8	中势	0.020	8	中势
城市绿化相对增长率	3.984	2	强势	3.657	11	劣势	3.740	8	中势
城市绿化绝对增量加权指数	5.246	5	优势	5.485	11	劣势	5.428	8	中势

对百色市生态绿化建设水平的三级指标进行分析，其中城镇绿化扩张弹性系数得分排名呈现出波动保持的发展趋势。对百色市城镇绿化扩张弹性系数的得分情况进行分析，发现百色市城镇绿化扩张弹性系数得分波动上升，说明百色市的城市环境与城市面积之间呈现协调发展的关系，城市的绿化扩张越来越合理。

生态绿化强度的得分排名呈现出先保持后上升的趋势。对百色市生态绿化强度的得分情况进行分析，发现百色市在生态绿化强度的得分波动上升，说明百色市的生态绿化强度有所提高，城市公园绿地的优势提高，城市越来越具有活力。

城镇绿化动态变化得分排名呈现出持续下降的趋势。对百色市城镇绿化动态变化的得分情况进行分析，发现百色市在城镇绿化动态变化的得分波动下降，说明百色市的城市绿化面积不断减小，与此显示出百色市的经济活力和城市规模的不断缩小。

绿化扩张强度得分排名呈现出先降后升的趋势。对百色市绿化扩张强度的得分情况进行分析，发现百色市在绿化扩张强度的得分波动上升，说明百色市在推进城市绿化建设方面的水平不断提升。

城市绿化蔓延指数得分排名呈现波动上升的趋势。对百色市的城市绿化蔓延指数的得分情况进行分析，发现百色市的城市绿化蔓延指数的得分波动上升，说明百色市的城市绿化蔓延指数稳定性较低。

环境承载力得分排名呈现出先下降后保持的趋势。对百色市环境承载力的得分情况进行分析，发现百色市在环境承载力的得分波动保持，说明2010～2012年百色市的环境承载力未出现明显变化，发展水平有待进一步提升。

城市绿化相对增长率得分排名呈现出波动下降的趋势。对百色市绿化相对增长率的得分情况进行分析，发现百色市在城市绿化相对增长率的得分波动下降，说明2010～2012年百色市的城市绿化面积有所减小。

城市绿化绝对增量加权指数得分排名呈现出先下降后上升的趋势。对百色市的城市绿化绝对增量加权指数的得分情况进行分析，发现百色市在城市绿化绝对增量加权指数的得分波动上升，变化幅度较小，说明2010～2012年百色市的城市绿化要素集中度较高，城市绿化增长趋向于密集型发展。

根据表6-5对2013～2015年百色市生态绿化建设水平的得分、排名和优劣度进行分析。2013年百色市生态绿化建设水平排名处在珠江－西江经济带第7名，2014年上升至第3名，2015年百色市生态绿化建设水平排名降至珠江－西江经济带第9名，说明百色市生态绿化建设水平较于珠江－西江经济带其他城市发展稳定性仍待提升。对百色市的生态绿化建设水平得分情况进行分析，发现百色市生态绿化建设水平得分波动上升，说明百色市生态绿化建设水平有所提高。2013～2015年百色市的生态绿化建设水平从珠江－西江经济带中势地位下滑至劣势地位，说明百色市的生态绿化建设水平在珠江－西江经济带中不具备优势。

表6-5　　　　　2013～2015年百色市生态绿化建设水平各级指标的得分、排名及优劣度分析

指标	2013年			2014年			2015年		
	得分	排名	优劣度	得分	排名	优劣度	得分	排名	优劣度
生态绿化	20.534	7	中势	21.891	3	优势	20.537	9	劣势
城镇绿化扩张弹性系数	8.054	8	中势	8.134	2	强势	7.819	11	劣势

续表

指标	2013 年			2014 年			2015 年		
	得分	排名	优劣度	得分	排名	优劣度	得分	排名	优劣度
生态绿化强度	0.026	9	劣势	0.026	10	劣势	0.033	10	劣势
城镇绿化动态变化	0.780	8	中势	1.570	3	优势	1.115	5	优势
绿化扩张强度	1.664	3	优势	1.555	5	优势	1.738	10	劣势
城市绿化蔓延指数	0.929	3	优势	1.596	1	强势	0.368	10	劣势
环境承载力	0.031	7	中势	0.038	7	中势	0.038	7	中势
城市绿化相对增长率	3.687	3	优势	3.612	5	优势	3.917	10	劣势
城市绿化绝对增量加权指数	5.364	5	优势	5.360	7	中势	5.509	10	劣势

对百色市生态绿化建设水平的三级指标进行分析，其中城镇绿化扩张弹性系数得分排名呈现出波动下降的发展趋势。对百色市城镇绿化扩张弹性系数的得分情况进行分析，发现百色市的城镇绿化扩张弹性系数得分波动下降，说明百色市的城镇绿化扩张与城市的环境、城市面积之间的协调发展存在一定的提升空间。

其中生态绿化强度的得分排名呈现出先下降后保持的趋势。对百色市生态绿化强度的得分情况进行分析，发现百色市的生态绿化强度的得分在持续上升，说明百色市生态绿化强度不断提升。

其中城镇绿化动态变化得分排名呈现先升后降的趋势。对百色市城镇绿化动态变化的得分情况进行分析，发现百色市城镇绿化动态变化的得分波动上升，说明城市的城镇绿化动态变化有所提高，城市绿化面积的增加变大，相应的呈现出城市经济活力和城市规模的不断扩大。

其中绿化扩张强度得分排名呈现出持续下降的趋势。对百色市的绿化扩张强度得分情况进行分析，发现百色市在绿化扩张强度的得分波动上升，说明百色市的绿化用地面积增长速率得到提高，相对应的呈现出城市城镇绿化能力及活力的扩大。

其中城市绿化蔓延指数得分排名呈现出先升后降的趋势。对百色市的城市绿化蔓延指数的得分情况进行分析，发现百色市在城市绿化蔓延指数的得分波动下降。

其中环境承载力得分排名呈现出持续保持的趋势。对百色市环境承载力的得分情况进行分析，发现百色市在环境承载力的得分持续上升，说明 2013～2015 年百色市环境承载力不断提高，城市的绿化面积整体密度、容量范围也在不断提高。

其中城市绿化相对增长率得分排名呈现出持续下降的趋势。对百色市的城市绿化相对增长率得分情况进行分析，发现百色市在城市绿化相对增长率的得分波动上升，说明百色市绿化面积增长速率有所提高，城市绿化面积也有所扩大。

其中城市绿化绝对增量加权指数得分排名呈现出持续下降的趋势。对百色市的城市绿化绝对增量加权指数的得分情况进行分析，发现百色市在城市绿化绝对增量加权指数的得分波动上升，说明百色市的城市绿化绝对增量加权指数有所提高，城市的绿化要素集中度提高，城市绿化变化增长趋向于密集型发展。

对 2010～2015 年百色市生态绿化建设水平及各三级指标的得分、排名和优劣度进行分析。2010 年百色市生态绿化建设水平得分排名处在珠江－西江经济带第 6 名，2011 年下降至第 10 名，2012～2014 年百色市生态绿化建设水平得分排名升至珠江－西江经济带的第 9 名、第 7 名、第 3 名，2015 年百色市生态绿化建设水平得分排名降至珠江－西江经济带第 9 名。2010～2015 年百色市生态绿化建设水平得分排名在珠江－西江经济带介于上游、中游和下游波动，城市生态绿化建设水平实力从中势地位下滑至劣势地位，说明百色市生态绿化建设水平发展较之于珠江－西江经济带的其他城市具有较小的竞争力。对百色市的生态绿化建设水平得分情况进行分析，发现百色市的生态绿化建设水平得分呈现波动下降的发展趋势，说明百色市生态绿化建设水平稳定性有待提升，生态绿化建设水平的发展存在一定的提升空间。

从生态绿化基础指标的优劣度结构来看（见表 6-6），在 8 个基础指标中，指标的优劣度结构为 0.0∶12.5∶12.5∶75.0。

表 6-6　　　　　　　　2015 年百色市生态绿化建设水平指标的优劣度结构

二级指标	三级指标数	强势指标		优势指标		中势指标		劣势指标		优劣度
		个数	比重（%）	个数	比重（%）	个数	比重（%）	个数	比重（%）	
生态绿化	8	0	0.000	1	12.500	1	12.500	6	75.000	劣势

（三）百色市生态绿化建设水平比较分析

图 6-9 和图 6-10 将 2010～2015 年百色市生态绿化建设水平与珠江－西江经济带最高水平和平均水平进行比较。

从生态绿化建设水平的要素得分比较来看，由图 6-9 可知，2010 年，百色市城镇绿化扩张弹性系数得分比珠江－西江经济带最高分低 0.101 分，比平均分低 0.023 分；2011 年，城镇绿化扩张弹性系数得分比最高分低 1.037 分，比平均分高

0.589 分；2012 年，城镇绿化扩张弹性系数得分比最高分低 0.424 分，比平均分低 0.066 分；2013 年，城镇绿化扩张弹性系数得分比最高分低 0.046 分，比平均分高 0.019 分；2014 年，城镇绿化扩张弹性系数得分比最高分低 0.002 分，

比平均分高 0.012 分；2015 年，城镇绿化扩张弹性系数得分比最高分低 0.249 分，比平均分低 0.060 分。这说明整体上百色市城镇绿化扩张弹性系数得分与珠江－西江经济带最高分的差距波动增大，与珠江－西江经济带平均分的差距波动增大。

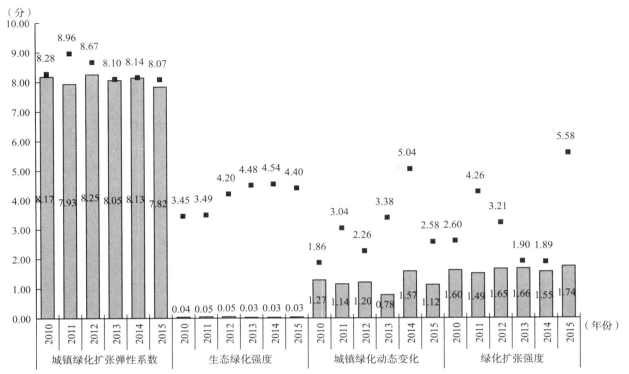

图 6 - 9　2010～2015 年百色市生态绿化建设水平指标得分比较 1

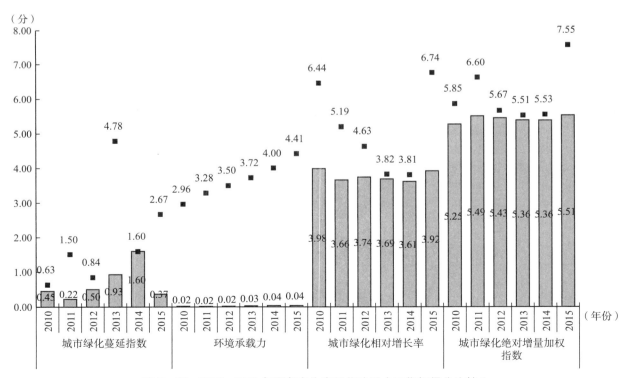

图 6 - 10　2010～2015 年百色市生态绿化建设水平指标得分比较 2

2010 年，百色市生态绿化强度得分比珠江 – 西江经济带最高分低 3.413 分，比平均分低 0.538 分；2011 年，生态绿化强度得分比最高分低 3.445 分，比平均分低 0.529 分；2012 年，生态绿化强度得分比最高分低 4.155 分，比平均分低 0.549 分；2013 年，生态绿化强度得分比最高分低 4.459 分，比平均分低 0.575 分；2014 年，生态绿化强度得分比最高分低 4.516 分，比平均分低 0.579 分；2015 年，生态绿化强度得分比最高分低 4.363 分，比平均分低 0.551 分。这说明整体上百色市生态绿化强度得分与珠江 – 西江经济带最高分的差距先增大后减小，与珠江 – 西江经济带平均分的差距波动增大。

2010 年，百色市城镇绿化动态变化得分比珠江 – 西江经济带最高分低 0.589 分，比平均分高 0.195 分；2011 年，城镇绿化动态变化得分比最高分低 1.898 分，比平均分低 0.121 分；2012 年，城镇绿化动态变化得分比最高分低 1.063 分，比平均分低 0.152 分；2013 年，城镇绿化动态变化得分比最高分低 2.602 分，比平均分低 0.398 分；2014 年，城镇绿化动态变化得分比最高分低 3.473 分，比平均分高 0.108 分；2015 年，城镇绿化动态变化得分比最高分低 1.465 分，比平均分低 0.074 分。这说明整体上百色市城镇绿化动态变化得分与珠江 – 西江经济带最高分的差距波动增大，与珠江 – 西江经济带平均分的差距波动减小。

2010 年，百色市绿化扩张强度得分比珠江 – 西江经济带最高分低 0.991 分，比平均分高 0.093 分；2011 年，绿化扩张强度得分比最高分低 2.766 分，比平均分低 0.409 分；2012 年，绿化扩张强度得分比最高分低 1.561 分，比平均分低 0.179 分；2013 年，绿化扩张强度得分比最高分低 0.240 分，比平均分高 0.050 分；2014 年，绿化扩张强度得分比最高分低 0.340 分，比平均分高 0.105 分；2015 年，绿化扩张强度得分比最高分低 3.837 分，比平均分低 0.706 分。这说明整体上百色市绿化扩张强度得分与珠江 – 西江经济带最高分的差距波动增大，与珠江 – 西江经济带平均分的差距波动增大。

由图 6 – 10 可知，2010 年，百色市绿化蔓延指数得分比珠江 – 西江经济带最高分低 0.180 分，比平均分低 0.025 分；2011 年，城市绿化蔓延指数得分比最高分低 1.274 分，比平均分低 0.357 分；2012 年，城市绿化蔓延指数得分比最高分低 0.341 分，比平均分低 0.020 分；2013 年，城市绿化蔓延指数得分比最高分低 3.849 分，比平均分低 0.113 分；2014 年，城市绿化蔓延指数得分为珠江 – 西江经济带最高分，比平均分高 0.997 分；2015 年，城市绿化蔓延指数得分比最高分低 2.299 分，比平均分低 0.332 分。这说明整体上百色市绿化蔓延指数得分与珠江 – 西江经济带最高分的差距波动增大，与珠江 – 西江经济带平均分的差距波动增大。

2010 年，百色市环境承载力得分比珠江 – 西江经济带最高分低 2.939 分，比平均分低 0.367 分；2011 年，环境承载力得分比最高分低 3.266 分，比平均分低 0.411 分；2012 年，环境承载力得分比最高分低 3.478 分，比平均分低 0.446 分；2013 年，环境承载力得分比最高分低 3.686 分，比平均分低 0.467 分；2014 年，环境承载力得分比最高分低 3.958 分，比平均分低 0.490 分；2015 年，环境承

载力得分比最高分低 4.371 分，比平均分低 0.557 分。这说明整体上百色市环境承载力得分与珠江 – 西江经济带最高分的差距持续增大，与珠江 – 西江经济带平均分的差距持续增大。

2010 年，百色市绿化相对增长率得分比珠江 – 西江经济带最高分低 2.461 分，比平均分高 0.230 分；2011 年，城市绿化相对增长率得分比最高分低 1.529 分，比平均分低 0.226 分；2012 年，城市绿化相对增长率得分比最高分低 0.891 分，比平均分低 0.102 分；2013 年，城市绿化相对增长率得分比最高低 0.133 分，比平均分高 0.028 分；2014 年，城市绿化相对增长率得分比最高分低 0.197 分，比平均分高 0.061 分；2015 年，城市绿化相对增长率得分比最高分低 2.825 分，比平均分低 0.520 分。这说明整体上百色市绿化相对增长率得分与珠江 – 西江经济带最高分的差距先减小后增大，与珠江 – 西江经济带平均分的差距先减小后增大。

2010 年，百色市绿化绝对增量加权指数得分比珠江 – 西江经济带最高分低 0.600 分，比平均分高 0.423 分；2011 年，城市绿化绝对增量加权指数得分比最高分低 1.117 分，比平均分低 0.123 分；2012 年，城市绿化绝对增量加权指数得分比最高分低 0.239 分，比平均分低 0.049 分；2013 年，城市绿化绝对增量加权指数得分比最高分低 0.148 分，比平均分低 0.016 分；2014 年，城市绿化绝对增量加权指数得分比最高分低 0.172 分，与平均分保持一致；2015 年，城市绿化绝对增量加权指数得分比最高分低 2.041 分，比平均分低 0.287 分。这说明整体上百色市绿化绝对增量加权指数得分与珠江 – 西江经济带最高分的差距先减小后增大，与珠江 – 西江经济带平均分的差距先减小后增大。

二、百色市环境治理水平综合评估与比较

（一）百色市环境治理水平评估指标变化趋势评析

通过对客观性直接可测量指标的简单测算得到指标体系第三层要素层指标，在评价过程中研究所使用的数据为国家现行统计体系中公开发布的指标数据，主要来自《中国城市统计年鉴》（2011～2016）、《中国区域经济年鉴》（2011～2014）、《广西统计年鉴》（2011～2016）、《广东统计年鉴》（2011～2016）以及各城市的各年度国民经济发展统计公报数。对南宁市、柳州市、梧州市、贵港市、百色市、来宾市、崇左市、广州市、佛山市、肇庆市、云浮市 11 个城市的 18 个三级指标进行细致分析，定量研究后对每个城市、每个指标都绘制相应的折线图，方便更加了解其趋势变动情况。

1. 地区环境相对损害指数（EVI）

根据图 6 – 11 分析可知，百色市 2010～2015 年地区环境相对损害指数（EVI）总体上呈现波动保持型的状态。波动保持型指标意味着城市在该项指标上虽然呈现波动状态，在评价末期和评价初期的数值基本保持一致，该图可知百色市地区环境相对损害指数（EVI）数值保持在

98.154～100.000。即使百色市地区环境相对损害指数（EVI）存在过最低值，其数值为98.154，但百色市在地区环境相对损害指数（EVI）上总体表现相对平稳；说明该地区城镇绿化能力及活力持续又稳定。

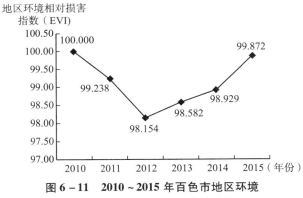

图6－11　2010～2015 年百色市地区环境
相对损害指数（EVI）变化趋势

2. 单位 GDP 消耗能源

根据图6－12 分析可知，2010～2015 年百色市单位 GDP 消耗能源总体上呈现波动上升型的状态。2010～2015 年城市在这一类型指标上存在一定的波动变化，总体趋势为上升趋势，但在个别年份出现下降的情况，指标并非连续性上升状态。波动上升型指标意味着在评价的时间段内，虽然指标数据存在较大的波动变化，但是其评价末期数据值高于评价初期数据值。百色市在2012～2014 年虽然出现下降的状况，2014 年为11.966，但是总体上还是呈现上升的态势，最终稳定在26.069。单位 GDP 消耗能源越大，说明城市的环境保护水平越高，对于百色市来说，其城市发展活力较高，城镇化发展的潜力较大。

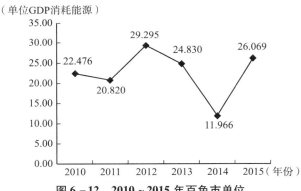

图6－12　2010～2015 年百色市单位
GDP 消耗能源变化趋势

3. 环保支出水平

根据图6－13 分析可知，2010～2015 年百色市环保支出水平指数总体上呈现波动下降型的状态。这种状态表现为2010～2015 年城市在该项指标上总体呈现下降趋势，但在评估期间存在上下波动的情况，并非连续性下降状态。这就意味着在评估的时间段内，虽然指标数据存在较大的

波动，但是其评价末期数据值低于评价初期数据值。百色市的环保支出水平指数末期低于初期的数据，降低15个单位左右，并且在2010～2011 年存在明显下降的变化；这说明百色市环保支出水平情况处于不太稳定的下降状态。

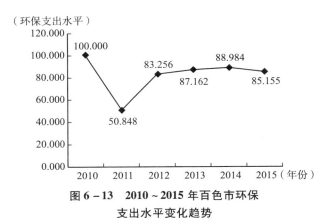

图6－13　2010～2015 年百色市环保
支出水平变化趋势

4. 污染处理率比重增量

根据图6－14 分析可知，2010～2015 年百色市污染处理率比重增量总体上呈现波动下降型的状态。这种状态表现为2010～2015 年城市在该项指标上总体呈现下降趋势，但在评估期间存在上下波动的情况，并非连续性下降状态。这就意味着在评估的时间段内，虽然指标数据存在较大的波动，但是其评价末期数据值低于评价初期数据值。百色市的污染处理率比重增量末期低于初期的数据，降低27个单位左右，并且在2012～2015 年存在明显下降的变化；这说明百色市污染处理率比重增量情况处于不太稳定的下降状态。

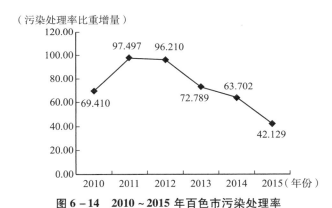

图6－14　2010～2015 年百色市污染处理率
比重增量变化趋势

5. 综合利用率平均增长指数

根据图6－15 分析可知，2010～2015 年百色市综合利用率平均增长指数总体上呈现波动下降型的状态。这种状态表现为2010～2015 年城市在该项指标上总体呈现下降趋势，但在评估期间存在上下波动的情况，并非连续性下降状态。这就意味着在评估的时间段内，虽然指标数据存在较大的波动，但是其评价末期数据值低于评价初期数据值。百色市的综合利用率平均增长指数末期低于初期的数据，

降低 22 个单位左右，并且在 2011～2013 年存在明显下降的变化；这说明百色市综合利用率平均增长指数情况处于不太稳定的下降状态。

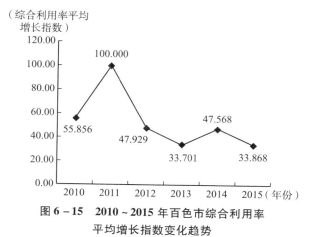

图 6－15　2010～2015 年百色市综合利用率平均增长指数变化趋势

6. 综合利用率枢纽度

根据图 6－16 分析可知，2010～2015 年百色市的综合利用率枢纽度总体上呈现持续下降型的状态。2010～2015 年城市在该项指标上总体呈现下降趋势，但在评估期间存在上下波动的情况，指标并非连续性下降状态。波动下降型指标意味着在评估期间，虽然指标数据存在较大波动变化，但是其评价末期数据值低于评价初期数据值。如图所示，百色市综合利用率枢纽度指标处于不断下降的状态，2011 年此指标数值最高，为 20.509，到 2015 年下降至 15.875。分析这种变化趋势，可以得出百色市综合利用率发展的水平仍待提升。

图 6－16　2010～2015 年百色市综合利用率枢纽度变化趋势

7. 环保支出规模强度

根据图 6－17 分析可知，2010～2015 年百色市环保支出规模强度总体上呈现波动上升型的状态。2010～2015 年城市在这一类型指标上存在一定的波动变化，总体趋势为上升趋势，但在个别年份出现下降的情况，指标并非连续性上升状态。波动上升型指标意味着在评价的时间段内，

虽然指标数据存在较大的波动变化，但是其评价末期数据值高于评价初期数据值。百色市在 2010～2011 年虽然出现下降的状况，2011 年为 7.519，但是总体上还是呈现上升的态势，最终稳定在 19.926。环保支出规模强度越大，说明城市的生态环境保护水平越高，对于百色市来说，其城市生态保护发展潜力越大。

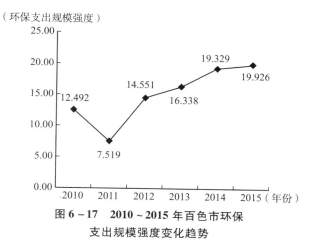

图 6－17　2010～2015 年百色市环保支出规模强度变化趋势

8. 环保支出区位商

根据图 6－18 分析可知，2010～2015 年百色市环保支出区位商指数总体上呈现波动下降型的状态。这种状态表现为 2010～2015 年城市在该项指标上总体呈现下降趋势，但在评估期间存在上下波动的情况，并非连续性下降状态。这就意味着在评估的时间段内，虽然指标数据存在较大的波动，但是其评价末期数据值低于评价初期数据值。百色市的环保支出区位商指数末期低于初期的数据，降低 33 个单位左右，并且在 2010～2011 年存在明显下降的变化；这说明百色市环保支出区位商情况处于不太稳定的下降状态。

图 6－18　2010～2015 年百色市环保支出区位商变化趋势

9. 环保支出职能规模

根据图 6－19 分析可知，2010～2015 年百色市环保支出职能规模指数总体上呈现波动下降型的状态。这种状态表现为 2010～2015 年城市在该项指标上总体呈现下降趋势，但在

评估期间存在上下波动的情况，并非连续性下降状态。这就意味着在评估的时间段内，虽然指标数据存在较大的波动，但是其评价末期数据值低于评价初期数据值。百色市的环保支出职能规模指数末期低于初期的数据，降低2个单位左右，并且在2013～2015年存在明显下降的变化；这说明百色市环保支出职能规模情况处于不太稳定的下降状态，城市发展所具备的环保支出能力仍待提升。

出职能地位指数总体上呈现波动下降型的状态。这种状态表现为2010～2015年城市在该项指标上总体呈现下降趋势，但在期间存在上下波动的情况，并非连续性下降状态。这就意味着在评估的时间段内，虽然指标数据存在较大的波动，但是其评价末期数据值低于评价初期数据值。百色市的环保支出职能地位指数末期低于初期的数据，降低10个单位左右，并且在2010～2011年存在明显下降的变化；这说明百色市环保支出职能地位情况处于不太稳定的下降状态，城市发展具备的生态绿化及环境治理方面的潜力仍待增强。

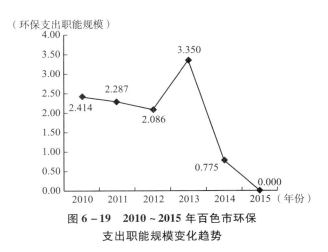

图6－19　2010～2015年百色市环保
支出职能规模变化趋势

图6－20　2010～2015年百色市环保
支出职能地位变化趋势

10. 环保支出职能地位

根据图6－20分析可知，2010～2015年百色市环保支

根据表6－7～表6－9可以显示出2010～2015年百色市环境治理水平在相应年份的原始值、标准值及排名情况。

表6－7　　　　　2010～2011年百色市环境治理水平各级指标排名及相关数据

指标		2010 年			2011 年		
		原始值	标准值	排名	原始值	标准值	排名
环境治理	地区环境相对损害指数（EVI）	0.273	100.000	1	0.383	99.238	1
	单位 GDP 消耗能源	0.018	22.476	10	0.018	20.820	9
	环保支出水平	0.012	100.000	1	0.007	50.848	1
	污染处理率比重增量	0.072	69.410	1	0.138	97.497	1
	综合利用率平均增长指数	0.001	55.856	2	0.002	100.000	1
	综合利用率枢纽度	0.000	20.252	7	0.000	20.509	6
	环保支出规模强度	0.040	12.492	3	-0.239	7.519	4
	环保支出区位商	7.077	100.000	1	4.467	59.808	1
	环保支出职能规模	395751.797	94.847	1	148575.594	38.421	2
	环保支出职能地位	0.499	100.000	1	0.215	45.526	2

表6－8　　　　　2012～2013年百色市环境治理水平各级指标排名及相关数据

指标		2012 年			2013 年		
		原始值	标准值	排名	原始值	标准值	排名
环境治理	地区环境相对损害指数（EVI）	0.539	98.154	1	0.477	98.582	2
	单位 GDP 消耗能源	0.017	29.295	10	0.017	24.830	10
	环保支出水平	0.010	83.256	1	0.010	87.162	1
	污染处理率比重增量	0.135	96.210	2	0.080	72.789	2
	综合利用率平均增长指数	0.001	47.929	1	0.000	33.701	5
	综合利用率枢纽度	0.000	17.932	6	0.000	17.345	6
	环保支出规模强度	0.155	14.551	3	0.255	16.338	3

续表

指标		2012 年			2013 年		
		原始值	标准值	排名	原始值	标准值	排名
环境治理	环保支出区位商	5.584	77.003	1	5.115	69.785	1
	环保支出职能规模	340729.654	82.286	1	338799.311	81.846	1
	环保支出职能地位	0.372	75.643	1	0.427	86.350	1

表 6-9　　　　2014~2015 年百色市环境治理水平各级指标排名及相关数据

指标		2014 年			2015 年		
		原始值	标准值	排名	原始值	标准值	排名
环境治理	地区环境相对损害指数（EVI）	0.427	98.929	2	0.291	99.872	1
	单位 GDP 消耗能源	0.019	11.966	9	0.017	26.069	10
	环保支出水平	0.010	88.984	1	0.010	85.155	1
	污染处理率比重增量	0.059	63.702	1	0.008	42.129	9
	综合利用率平均增长指数	0.001	47.568	2	0.000	33.868	6
	综合利用率枢纽度	0.000	15.565	6	0.000	15.875	6
	环保支出规模强度	0.423	19.329	3	0.456	19.926	3
	环保支出区位商	5.370	73.712	1	4.937	67.045	1
	环保支出职能规模	418324.793	100.000	1	387386.553	92.937	1
	环保支出职能地位	0.463	93.183	1	0.445	89.649	1

（二）百色市环境治理水平评估结果

根据表 6-10 对 2010~2012 年百色市环境治理水平得分、排名、优劣度进行分析。2010~2012 年百色市环境治理水平排名始终处在珠江-西江经济带第 1 名，说明百色市环境治理水平较于珠江-西江经济带其他城市发展态势好。对百色市的环境治理水平得分情况进行分析，发现百色市环境治理水平得分波动下降，说明百色市环境治理力度仍待提升。2010~2012 年间百色市环境治理水平在珠江-西江经济带中处于强势地位，说明百色市的环境治理水平领先于经济带其他城市。

表 6-10　　　2010~2012 年百色市环境治理水平各级指标的得分、排名及优劣度分析

指标	2010 年			2011 年			2012 年		
	得分	排名	优劣度	得分	排名	优劣度	得分	排名	优劣度
环境治理	37.996	1	强势	32.009	1	强势	35.208	1	强势
地区环境相对损害指数（EVI）	9.089	1	强势	8.955	1	强势	8.670	1	强势
单位 GDP 消耗能源	1.392	10	劣势	1.300	9	劣势	1.852	10	劣势
环保支出水平	4.872	1	强势	2.205	1	强势	3.871	1	强势
污染处理率比重增量	3.513	1	强势	6.133	1	强势	5.910	2	强势
综合利用率平均增长指数	2.988	2	强势	5.406	1	强势	2.277	1	强势
综合利用率枢纽度	1.166	7	中势	1.073	6	中势	0.918	6	中势
环保支出规模强度	0.522	3	优势	0.318	4	优势	0.628	3	优势
环保支出区位商	4.985	1	强势	2.791	1	强势	3.686	1	强势
环保支出职能规模	4.551	1	强势	1.709	2	强势	3.903	1	强势
环保支出职能地位	4.920	1	强势	2.119	2	强势	3.494	1	强势

对百色市环境治理水平的三级指标进行分析，其中地区环境相对损害指数（EVI）得分排名呈现出持续保持的发展趋势。对百色市的地区环境相对损害指数（EVI）的得分情况进行分析，发现百色市的地区环境相对损害指数（EVI）得分持续下降，说明百色市的地区环境相对损害指数（EVI）存在较大的提升空间，在发展城市经济的同时注重环境保护需要投入更大的力度。

单位 GDP 消耗能源的得分排名呈现出波动保持的趋势。对百色市单位 GDP 消耗能源的得分情况进行分析，发现百色市在单位 GDP 消耗能源的得分波动上升，说明百色市的整体发展水平高，城市活力有所提升。

环保支出水平得分排名呈现出持续保持的趋势。对百色

市环保支出水平的得分情况进行分析，发现百色市在环保支出水平的得分波动下降，说明百色市对环境治理的财政支持能力有待提高，以促进经济与生态环境协调发展。

污染处理率比重增量得分排名呈现出先保持后下降的趋势。对百色市的污染处理率比重增量的得分情况进行分析，发现百色市在污染处理率比重增量的得分波动上升，说明百色市在推动城市污染处理方面的力度有所提高。

综合利用率平均增长指数得分排名呈现先上升后保持的趋势。对百色市的综合利用率平均增长指数的得分情况进行分析，发现百色市的综合利用率平均增长指数的得分波动下降，说明城市的综合利用率覆盖程度有待增强。

综合利用率枢纽度得分排名呈现出先上升后保持的趋势。对百色市的综合利用率枢纽度的得分情况进行分析，发现百色市在综合利用率枢纽度的得分持续下降，说明2010～2012年百色市的综合利用率能力不断降低，其综合利用率枢纽度存在较大的提升空间。

环保支出规模强度得分排名呈现出波动保持的趋势。对百色市的环保支出规模强度的得分情况进行分析，发现百色市在环保支出规模强度的得分波动上升，说明2010～2012年百色市的环保支出能力高于地区环保支出平均水平，所具备的竞争优势增大。

环保支出区位商得分排名呈现出持续保持的趋势。对百色市的环保支出区位商的得分情况进行分析，发现百色市在环保支出区位商的得分波动下降，说明2010～2012年百色市的环保支出区位商有所下降，城市所具备的环保支出能力也有所降低。

环保支出职能规模得分排名呈现出波动保持的趋势。对百色市的环保支出职能规模的得分情况进行分析，发现百色市在环保支出职能规模的得分波动下降，说明百色市在环保支出水平方面有所下降，城市所具备的环保支出能力也有所降低。

环保支出职能地位得分排名呈现出波动保持的趋势。对百色市环保支出职能地位的得分情况进行分析，发现百色市在环保支出职能地位的得分波动下降，说明百色市在环保支出方面的地位有所下降，城市对保护环境和环境的治理能力也有所降低。

根据表6－11对2013～2015年百色市环境治理水平得分、排名、优劣度进行分析。2013～2015年百色市环境治理水平排名均处于珠江－西江经济带第1名，说明百色市环境治理水平领先于珠江－西江经济带其他城市，在经济带中具备明显的竞争优势。对百色市的环境治理水平得分情况进行分析，发现百色市环境治理水平得分波动下降，说明百色市环境治理力度仍待提升。2013～2015年百色市的环境治理水平在珠江－西江经济带中均保持强势地位，说明百色市的环境治理水平较高。

表6－11　　　　**2013～2015年百色市环境治理水平各级指标的得分、排名及优劣度分析**

指标	2013 年			2014 年			2015 年		
	得分	排名	优劣度	得分	排名	优劣度	得分	排名	优劣度
环境治理	33.241	1	强势	34.471	1	强势	31.766	1	强势
地区环境相对损害指数（EVI）	9.204	2	强势	9.421	2	强势	9.269	1	强势
单位 GDP 消耗能源	1.642	10	劣势	0.749	9	劣势	1.860	10	劣势
环保支出水平	4.032	1	强势	4.179	1	强势	3.888	1	强势
污染处理率比重增量	4.232	2	强势	3.461	1	强势	2.244	9	劣势
综合利用率平均增长指数	1.642	5	优势	2.358	2	强势	1.594	6	中势
综合利用率枢纽度	0.854	6	中势	0.751	6	中势	0.744	6	中势
环保支出规模强度	0.715	3	优势	0.881	3	优势	0.921	3	优势
环保支出区位商	3.161	1	强势	3.389	1	强势	2.948	1	强势
环保支出职能规模	3.745	1	强势	4.881	1	强势	4.253	1	强势
环保支出职能地位	4.014	1	强势	4.403	1	强势	4.044	1	强势

对百色市环境治理水平的三级指标进行分析，其中地区环境相对损害指数（EVI）得分排名呈现出先保持后上升的发展趋势。对百色市地区环境相对损害指数（EVI）的得分情况进行分析，发现百色市的地区环境相对损害指数（EVI）得分波动上升，说明百色市地区环境状况仍待改善，城市在发展经济的同时进行环境保护仍需注重。

单位 GDP 消耗能源的得分排名呈现出波动保持的趋势。对百色市单位 GDP 消耗能源的得分情况进行分析，发现百色市在单位 GDP 消耗能源的得分波动上升，说明百色市的单位 GDP 消耗能源有所提高，城市整体发展水平提高，城市越来越具有活力。

环保支出水平得分排名呈现出持续保持的趋势。对百色市的环保支出水平的得分情况进行分析，发现百色市在环保支出水平的得分波动下降，说明百色市的环保支出水平有所降低，城市的环保支出源的丰富程度下降，城市对外部资源各类要素的集聚吸引能力也有所下降。

污染处理率比重增量得分排名呈现出先升后降的趋势。对百色市的污染处理率比重增量的得分情况进行分析，发现百色市在污染处理率比重增量的得分持续下降，说明百色市整体污染处理能力方面不断下降，污染处理率比重增量存在较大的提升空间。

综合利用率平均增长指数得分排名呈现先升后降的趋势。对百色市的综合利用率平均增长指数的得分情况进行分析，发现百色市的综合利用率平均增长指数的得分波动下降，说明城市综合利用水平有所降低。

综合利用率枢纽度得分排名呈现出持续保持的趋势。对百色市的综合利用率枢纽度的得分情况进行分析，发现百色市在综合利用率枢纽度的得分持续下降，说明2013～2015年百色市的综合利用率枢纽度存在较大的提升空间。

环保支出规模强度得分排名呈现出持续保持的趋势。对百色市的环保支出规模强度的得分情况进行分析，发现百色市在环保支出规模强度的得分持续上升，说明2013～2015年百色市的环保支出规模强度与地区平均环保支出水平相比不断提高。

环保支出区位商得分排名呈现出持续保持的趋势。对百色市的环保支出区位商的得分情况进行分析，发现百色市在环保支出区位商的得分波动下降，说明2013～2015年百色市环保支出区位商有所下降，环保支出水平降低。

环保支出职能规模得分排名呈现出持续保持的趋势。对百色市的环保支出职能规模的得分情况进行分析，发现百色市在环保支出职能规模的得分波动上升，说明百色市的环保支出职能规模处于良性发展状态。

环保支出职能地位得分排名呈现出持续保持的趋势。对百色市环保支出职能地位的得分情况进行分析，发现百色市在环保支出职能地位的得分波动上升，说明百色市对保护环境和治理环境的能力增强，其环保支出职能地位存在一定的提升空间。

对2010～2015年百色市环境治理水平及各三级指标的得分、排名和优劣度进行分析。2010～2015年百色市环境治理水平得分排名始终处在珠江－西江经济带第1名，2010～2015年百色市环境治理水平得分排名处在珠江－西江经济带上游区，在城市环境治理水平上一直处于强势地位，说明百色市环境治理领先于珠江－西江经济带的其他城市，在经济带中具备明显的竞争优势。对百色市的环境治理水平得分情况进行分析，发现百色市的环境治理水平得分呈现波动下降的发展趋势，说明百色市环境治理水平有所下降，对环境治理的力度仍待增强。

从环境治理水平基础指标的优劣度结构来看（见表6－12），在10个基础指标中，指标的优劣度结构为50.0∶10.0∶20.0∶20.0。

表6－12　　　　　　　　　　　2015年百色市环境治理水平指标的优劣度结构

二级指标	三级指标数	强势指标		优势指标		中势指标		劣势指标		优劣度
		个数	比重（%）	个数	比重（%）	个数	比重（%）	个数	比重（%）	
环境治理	10	5	50.000	1	10.000	2	20.000	2	20.000	强势

（三）百色市环境治理水平比较分析

图6－21和图6－22将2010～2015年百色市环境治理水平与珠江－西江经济带最高水平和平均水平进行比较。

从环境治理水平的要素得分比较来看，由图6－21可知，2010年，百色市地区环境相对损害指数（EVI）得分为珠江－西江经济带最高分，比珠江－西江经济带平均分高1.735分；2011年，地区环境相对损害指数（EVI）得分为

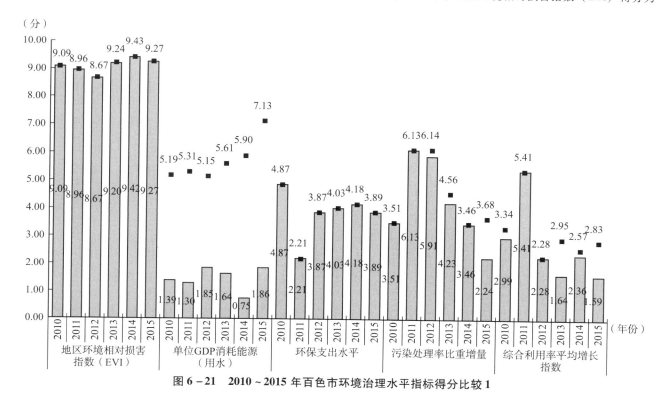

图6－21　2010～2015年百色市环境治理水平指标得分比较1

珠江－西江经济带最高分，比平均分高 1.532 分；2012 年，地区环境相对损害指数（EVI）得分为珠江－西江经济带最高分，比平均分高 1.562 分；2013 年，地区环境相对损害指数（EVI）得分为珠江－西江经济带最高分，比平均分高 1.191 分；2014 年，地区环境相对损害指数（EVI）得分为

珠江－西江经济带最高分，比平均分高 1.205 分；2015 年，地区环境相对损害指数（EVI）得分为珠江－西江经济带最高分，比平均分高 1.222 分。这说明整体上百色市地区环境相对损害指数（EVI）得分与珠江－西江经济带最高分不存在差距，与珠江－西江经济带平均分的差距波动减小。

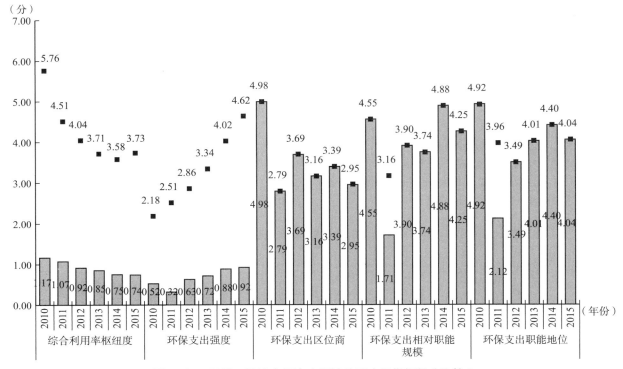

图 6 - 22　2010~2015 年百色市环境治理水平指标得分比较 2

2010 年，百色市单位 GDP 消耗能源得分比珠江－西江经济带最高分低 3.794 分，比平均分低 1.880 分；2011 年，单位 GDP 消耗能源得分比最高分低 4.009 分，比平均分低 2.015 分；2012 年，单位 GDP 消耗能源得分比最高分低 3.296 分，比平均分低 1.672 分；2013 年，单位 GDP 消耗能源得分比最高分低 3.967 分，比平均分低 2.292 分；2014 年，单位 GDP 消耗能源得分比最高分低 5.154 分，比平均分低 2.346 分；2015 年，单位 GDP 消耗能源得分比最高分低 5.274 分，比平均分低 2.703 分。这说明整体上百色市单位 GDP 消耗能源得分与珠江－西江经济带最高分的差距波动增大，与珠江－西江经济带平均分的差距波动增大。

2010 年，百色市环保支出水平得分为珠江－西江经济带最高分，比珠江－西江经济带平均分高 3.735 分；2011 年，环保支出水平得分为珠江－西江经济带最高分，比平均分高 1.419 分；2012 年，环保支出水平得分为珠江－西江经济带最高分，比平均分高 2.809 分；2013 年，环保支出水平得分为珠江－西江经济带最高分，比平均分高 3.010 分；2014 年，环保支出水平得分为珠江－西江经济带最高分，比平均分高 3.110 分；2015 年，环保支出水平得分为珠江－西江经济带最高分，比平均分高 2.763 分。这说明整体上百色市环保支出水平得分与珠江－西江经济带最高分不存在差距，与珠江－西江经济带平均分的差距波动减小。

2010 年，百色市污染处理率比重增量得分为珠江－西

江经济带最高分，比平均分高 1.768 分；2011 年，污染处理率比重增量得分为珠江－西江经济带最高分，比平均分高 2.589 分；2012 年，污染处理率比重增量得分比最高分低 0.233 分，比平均分高 2.925 分；2013 年，污染处理率比重增量得分比最高分低 0.330 分，比平均分高 1.238 分；2014 年，污染处理率比重增量得分为珠江－西江经济带最高分，比平均分高 1.016 分；2015 年，污染处理率比重增量得分比最高分低 1.038 分，比平均分低 0.263 分。这说明整体上百色市污染处理率比重增量得分与珠江－西江经济带最高分的差距波动增大，与珠江－西江经济带平均分的差距先增大后减小。

2010 年，百色市综合利用率平均增长指数得分比珠江－西江经济带最高分低 0.355 分，比平均分高 0.681 分；2011 年，综合利用率平均增长指数得分为珠江－西江经济带最高分，比平均分高 3.371 分；2012 年，综合利用率平均增长指数得分为珠江－西江经济带最高分，比平均分高 0.887 分；2013 年，综合利用率平均增长指数得分比最高分低 1.312 分，比平均分高 0.033 分；2014 年，综合利用率平均增长指数得分比最高分低 0.214 分，比平均分高 0.612 分；2015 年，综合利用率平均增长指数得分比最高分低 1.240 分，比平均分高 0.058 分。这说明整体上百色市综合利用率平均增长指数得分与珠江－西江经济带最高分的差距波动增大，与珠江－西江经济带平均分的差距先增

大后减小。

由图 6 - 22 可知，2010 年，百色市综合利用率枢纽度得分比珠江 - 西江经济带最高分低 4.591 分，比平均分低 1.041 分；2011 年，综合利用率枢纽度得分比最高分低 3.439 分，比平均分低 0.648 分；2012 年，综合利用率枢纽度得分比最高分低 3.122 分，比平均分低 0.681 分；2013 年，综合利用率枢纽度得分比最高分低 2.854 分，比平均分低 0.573 分；2014 年，综合利用率枢纽度得分比最高分低 2.829 分，比平均分低 0.551 分；2015 年，综合利用率枢纽度得分比最高分低 2.985 分，比平均分低 0.528 分。这说明整体上百色市综合利用率枢纽度得分与珠江 - 西江经济带最高分的差距先减小后增大，与珠江 - 西江经济带平均分的差距波动减小。

2010 年，百色市环保支出规模强度得分比珠江 - 西江经济带最高分低 1.662 分，比平均分高 0.030 分；2011 年，环保支出规模强度得分比最高分低 2.194 分，比平均分低 0.220 分；2012 年，环保支出规模强度得分比最高分低 2.228 分，比平均分低 0.014 分；2013 年，环保支出规模强度得分比最高分低 2.621 分，比平均分高 0.011 分；2014 年，环保支出规模强度得分比最高分低 3.137 分，比平均分高 0.065 分；2015 年，环保支出规模强度得分比最高分低 3.701 分，比平均分低 0.004 分。这说明整体上百色市环保支出规模强度得分与珠江 - 西江经济带最高分的差距持续增大，与珠江 - 西江经济带平均分的差距波动减小。

2010 年，百色市环保支出区位商得分为珠江 - 西江经济带最高分，比平均分高 3.689 分；2011 年，环保支出区位商得分为珠江 - 西江经济带最高分，比平均分高 1.573 分；2012 年，环保支出区位商得分为珠江 - 西江经济带最高分，比平均分高 2.391 分；2013 年，环保支出区位商得分为珠江 - 西江经济带最高分，比平均分高 2.140 分；2014 年，环保支出区位商得分为珠江 - 西江经济带最高分，比平均分高 2.334 分；2015 年，环保支出区位商得分为珠江 - 西江经济带最高分，比平均分高 1.954 分。这说明整体上百色市环保支出区位商得分与珠江 - 西江经济带最高分不存在差距，与珠江 - 西江经济带平均分的差距波动减小。

2010 年，百色市环保支出职能规模得分为珠江 - 西江经济带最高分，比平均分高 3.544 分；2011 年，环保支出职能规模得分比最高分低 1.453 分，比平均分高 0.870 分；2012 年，环保支出职能规模得分为珠江 - 西江经济带最高分，比平均分高 2.787 分；2013 年，环保支出职能规模得分为珠江 - 西江经济带最高分，比平均分低 2.786；2014 年，环保支出职能规模得分为珠江 - 西江经济带最高分，比平均分高 3.746 分；2015 年，环保支出职能规模得分为珠江 - 西江经济带最高分，比平均分高 3.219 分。这说明整体上百色市环保支出职能规模得分与珠江 - 西江经济带最高分几乎不存在差距，与珠江 - 西江经济带平均分的差距波动减小。

2010 年，百色市环保支出职能地位得分为珠江 - 西江经济带最高分，比平均分高 3.848 分；2011 年，环保支出职能地位得分比最高分低 1.845 分，比平均分高 1.105 分；2012 年，环保支出职能地位得分为珠江 - 西江经济带最高分，比平均分高 2.487 分；2013 年，环保支出职能地位得分为珠江 - 西江经济带最高分，比平均分低 3.002 分；2014 年，环保支出职能地位得分为珠江 - 西江经济带最高分，比平均分高 3.373 分；2015 年，环保支出职能地位得分为珠江 - 西江经济带最高分，比平均分高 3.061 分。这说明整体上百色市环保支出职能地位得分与珠江 - 西江经济带最高分几乎不存在差距，与珠江 - 西江经济带平均分的差距波动减小。

三、百色市生态环境建设水平综合评估与比较评述

从对百色市生态环境建设水平评估及其 2 个二级指标在珠江 - 西江经济带的排名变化和指标结构的综合分析来看，2010 ~ 2015 年百色市生态环境板块中不存在上升指标，持续指标的数量大于下降指标的数量，使得 2015 年百色市生态环境建设水平的排名呈先持续后下降，在珠江 - 西江经济带城市排名中位居第 3 名。

（一）百色市生态环境建设水平概要分析

百色市生态环境建设水平在珠江 - 西江经济带所处的位置及变化如表 6 - 13 所示，2 个二级指标的得分和排名变化如表 6 - 14 所示。

表 6 - 13　　　　　　　　2010 ~ 2015 年百色市生态环境建设水平一级指标比较

项目	2010 年	2011 年	2012 年	2013 年	2014 年	2015 年
排名	1	1	1	1	1	3
所属区位	上游	上游	上游	上游	上游	上游
得分	58.788	52.007	56.046	53.775	56.362	52.303
全国最高分	58.788	52.007	56.046	53.775	56.362	61.632
全国平均分	42.691	44.018	44.127	44.702	43.585	46.610
与最高分的差距	0.000	0.000	0.000	0.000	0.000	- 9.329
与平均分的差距	16.096	7.989	11.919	9.073	12.777	5.693
优劣度	强势	强势	强势	强势	强势	优势
波动趋势	—	持续	持续	持续	持续	下降

表 6－14　　　2010～2015 年百色市生态
环境建设水平二级指标比较

年份	生态绿化		环境治理	
	得分	排名	得分	排名
2010	20.792	6	37.996	1
2011	19.997	10	32.009	1
2012	20.837	9	35.208	1
2013	20.534	7	33.241	1
2014	21.891	3	34.471	1
2015	20.537	9	31.766	1
得分变化	－0.254	—	－6.230	—
排名变化	—	－3	—	0
优劣度	中势	中势	强势	强势

（1）从指标排名变化趋势看，2015 年百色市生态环境建设水平评估排名在珠江－西江经济带处于第 3 名，表明其在珠江－西江经济带处于优势地位，与 2010 年相比，排名下降 2 名。总的来看，评价期内百色市生态环境建设水平呈现先持续后下降趋势。

在 2 个二级指标中，其中 1 个指标排名处于保持的趋势，为环境治理；1 个指标排名处于下降至的趋势，为生态绿化，

这是百色市生态环境建设水平呈下降的原因所在。受指标排名升降的综合影响，评价期内百色市生态环境的综合排名呈先持续后下降趋势，在珠江－西江经济带排名第 3 名。

（2）从指标所处区位来看，2015 年百色市生态环境建设水平处在上游区。其中，生态绿化为中势指标，环境治理为强势指标。

（3）从指标得分来看，2015 年百色市生态环境建设水平得分为 52.303 分，比珠江－西江经济带最高分低 9.329 分，比珠江－西江经济带平均分高 5.693 分；与 2010 年相比，百色市生态环境建设水平得分下降 6.485 分，与当年最高分的差距增大，与珠江－西江经济带平均分的差距缩小。

2015 年，百色市生态环境建设水平二级指标的得分均高于 19 分，与 2010 年相比，得分下降最多的为环境治理，下降 6.230 分；得分下降最少的为生态绿化，下降 0.254 分。

（二）百色市生态环境建设水平评估指标动态变化分析

2010～2015 年百色市生态环境建设水平评估各级指标的动态变化及其结构，如图 6－23 和表 6－15 所示。

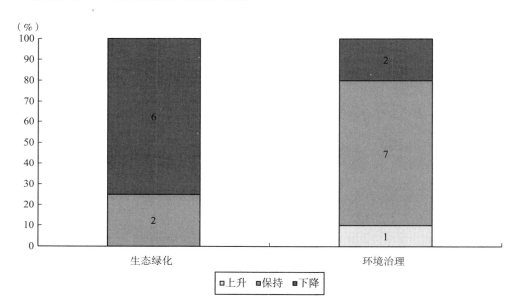

图 6－23　2010～2015 年百色市生态环境建设水平动态变化结构

表 6－15　　　　　　　2010～2015 年百色市生态环境建设水平各级指标排名变化态势比较

二级指标	三级指标数	上升指标		保持指标		下降指标	
		个数	比重（%）	个数	比重（%）	个数	比重（%）
生态绿化	8	0	0.000	2	25.000	6	75.000
环境治理	10	1	10.000	7	70.000	2	20.000
合计	18	1	5.556	9	50.000	8	44.444

从图 6－23 可以看出，百色市生态环境建设水平评估的三级指标中上升指标的比例小于下降指标，表明下降指标居

于主导地位。表 6－15 中的数据进一步说明，百色市生态环境建设水平评估的 18 个三级指标中，上升的指标有 1 个，占

指标总数的 5.556%；保持的指标有 9 个，占指标总数的 50.000%；下降的指标有 8 个，占指标总数的 44.444%。由于上升指标的数量小于下降指标的数量，且受变动幅度与外部因素的综合影响，评价期内百色市生态环境建设水平排名呈现先持续后下降趋势，在珠江－西江经济带位居第 3 名。

（三）百色市生态环境建设水平评估指标变化动因分析

2015 年百色市生态环境建设水平指标的优劣势变化及其结构，如图 6 - 24 和表 6 - 16 所示。

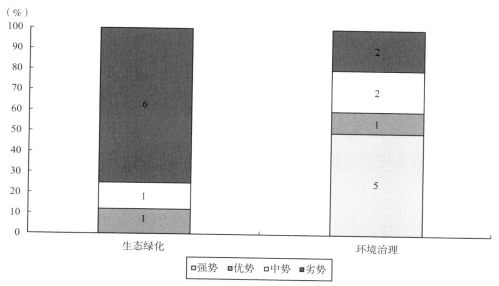

图 6 - 24　2015 年百色市生态环境建设水平各级指标优劣度结构

表 6 - 16　　2015 年百色市生态环境建设水平各级指标优劣度比较

二级指标	三级指标数	强势指标		优势指标		中势指标		劣势指标		优劣度
		个数	比重（%）	个数	比重（%）	个数	比重（%）	个数	比重（%）	
生态绿化	8	0	0.000	1	12.500	1	12.500	6	75.000	劣势
环境治理	10	5	50.000	1	10.000	2	20.000	2	20.000	强势
合计	18	5	27.778	2	11.111	3	16.667	8	44.444	优势

从图 6 - 24 可以看出，2015 年百色市生态环境建设水平评估的三级指标强势和优势指标的比例大于劣势指标的比例，表明强势和优势指标居于主导地位。表 6 - 16 中的数据进一步说明，2015 年百色市生态环境的 18 个三级指标中，强势指标有 5 个，占指标总数的 27.778%；优势指标为 2 个，占指标总数的 11.111%；中势指标 3 个，占指标总数的 16.667%；劣势指标为 8 个，占指标总数的 38.889%；强势指标和优势指标之和占指标总数的 44.444%，数量与比重均小于劣势指标。从二级指标来看，其中，生态绿化不存在强势指标；优势指标为 1 个，占指标总数的 12.500%；中势指标 1 个，占指标总数的 12.500%；劣势指标为 6 个，占指标总数的 75.000%；强势指标和优势指标之和占指标总数的 12.500%；说明生态

绿化的强、优势指标未居于主导地位。环境治理的强势指标有 5 个，占指标总数的 50.000%；优势指标为 1 个，占指标总数的 10.000%；中势指标 2 个，占指标总数的 20.000%；劣势指标为 2 个，占指标总数的 20.000%；强势指标和优势指标之和占指标总数的 60.000%；说明环境治理的强、优势指标处于主导地位。由于强、优势指标比重较大，百色市生态环境建设水平处于优势地位，在珠江－西江经济带位居第 3 名，处于上游区。

为了进一步明确影响百色市生态环境建设水平变化的具体因素，以便于对相关指标进行深入分析，为提升百色市生态环境建设水平提供决策参考，表 6 - 17 列出生态环境建设水平指标体系中直接影响百色市生态环境建设水平升降的强势指标、优势指标、中势指标和劣势指标。

表 6 - 17　　2015 年百色市生态环境建设水平三级指标优劣度统计

指标	强势指标	优势指标	中势指标	劣势指标
生态绿化（8 个）	（0 个）	城镇绿化动态变化（1 个）	环境承载力（1 个）	城镇绿化扩张弹性系数、生态绿化强度、绿化扩张强度、城市绿化蔓延指数、城市绿化相对增长率、城市绿化绝对增量加权指数（6 个）

指标	强势指标	优势指标	中势指标	劣势指标
环境治理 （10个）	地区环境相对损害指数（EVI）、环保支出水平、环保支出区位商、环保支出职能规模、环保支出职能地位（5个）	环保支出规模强度（1个）	综合利用率平均增长指数、综合利用率枢纽度（2个）	单位GDP消耗能源、污染处理率比重增量（2个）

第七章 来宾市生态环境建设水平综合评估

一、来宾市生态绿化建设水平综合评估与比较

（一）来宾市生态绿化建设水平评估指标变化趋势评析

1. 城镇绿化扩张弹性系数

根据图 7-1 分析可知，2010~2015 年来宾市城镇绿化扩张弹性系数总体上呈现波动保持型的状态。波动保持型指标意味着城市在该项指标上虽然呈现波动状态，但在评价末期和评价初期的数值基本保持一致，来宾市城镇绿化扩张弹性系数数值保持在 88.457~88.916。即使来宾市城镇绿化扩张弹性系数存在过最低值，其数值为 88.457，但来宾市在城镇绿化扩张弹性系数上总体表现相对平稳；这说明该地区城镇绿化能力及活力持续又稳定。

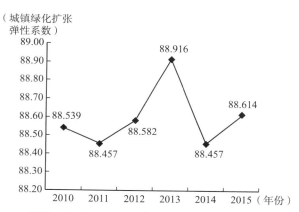

图 7-1　2010~2015 年来宾市城镇绿化扩张弹性系数变化趋势

2. 生态绿化强度

根据图 7-2 分析可知，2010~2015 年来宾市生态绿化强度总体上呈现波动上升型的状态。2010~2015 年城市在这一类型指标上存在一定的波动变化，总体趋势为上升趋势，但在个别年份出现下降的情况，指标并非连续性上升状态。波动上升型指标意味着在评价的时间段内，虽然指标数据存在较大的波动变化，但是其评价末期数据值高于评价初期数据值。来宾市在 2011~2012 年虽然出现下降的状况，2012 年为 0.803，但是总体上还是呈现上升的态

势，最终稳定在 0.848。生态绿化强度越大，这说明城市的环境保护能力越高，对于来宾市来说，其城市生态保护发展潜力越大。

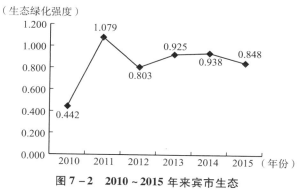

图 7-2　2010~2015 年来宾市生态绿化强度变化趋势

3. 城镇绿化动态变化

根据图 7-3 分析可知，2010~2015 年来宾市城镇绿化动态变化总体上呈现波动下降型的状态。这种状态表现为 2010~2015 年城市在该项指标上总体呈现下降趋势，但在评估期间存在上下波动的情况，并非连续性下降状态。这就意味着在评估的时间段内，虽然指标数据存在较大的波动，但是其评价末期数据值低于评价初期数据值。来宾市的城镇绿化末期低于初期的数据，降低 13 个单位左右，并且在 2012~2013 年存在明显下降的变化；这说明来宾市城镇绿化动态变化情况处于不太稳定的下降状态。

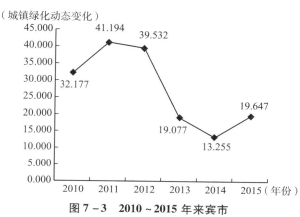

图 7-3　2010~2015 年来宾市城镇绿化动态变化趋势

4. 绿化扩张强度

根据图7-4分析可知，2010～2015年来宾市绿化扩张强度总体上呈现波动保持型的状态。波动保持型指标意味着城市在该项指标上虽然呈现波动状态，但在评价末期和评价初期的数值基本保持一致，来宾市绿化扩张强度数值保持在31.889～35.224。即使来宾市绿化扩张强度存在过最低值，其数值为31.889，但来宾在绿化扩张强度上总体表现相对平稳；这说明该地区城镇绿化能力及活力持续又稳定。

（绿化扩张强度）

图7-4　2010～2015年来宾市
绿化扩张强度变化趋势

5. 城市绿化蔓延指数

根据图7-5分析可知，2010～2015年来宾市绿化蔓延指数总体上呈现波动下降型的状态。这种状态表现为2010～2015年城市在该项指标上总体呈现下降趋势，但在评估期间存在上下波动的情况，并非连续性下降状态。这就意味着在评估的时间段内，虽然指标数据存在较大的波动，但是其评价末期数据值低于评价初期数据值。来宾市的城市绿化蔓延指数末期低于初期的数据，降低14个单位左右，并且在2011～2012年存在明显下降的变化；这说明来宾市城市绿化蔓延情况处于不太稳定的下降状态。

（城市绿化蔓延指数）

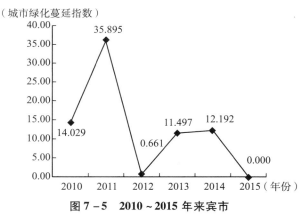

图7-5　2010～2015年来宾市
城市绿化蔓延指数变化趋势

6. 环境承载力

根据图7-6分析可知，2010～2015年来宾市的环境承载力总体上呈现持续上升型的状态。处于持续上升型的指标，不仅意味着城市在各项指标数据上的不断增长，更意味着城市在该项指标以及生态绿化建设水平整体上的竞争力优势不断扩大。通过折线图可以看出，来宾市的环境承载力指标不断提高，在2015年达到0.700，相较于2010年上升1个单位左右；这说明来宾市的绿化面积整体密度更大、容量范围更广。

（环境承载力）

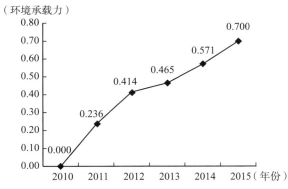

图7-6　2010～2015年来宾市环境承载力变化趋势

7. 城市绿化相对增长率

根据图7-7分析可知，2010～2015年来宾市城市绿化相对增长率指数总体上呈现波动下降型的状态。这种状态表现为2010～2015年城市在该项指标总体呈现下降趋势，但在评估期间存在上下波动的情况，并非连续性下降状态。这就意味着在评估的时间段内，虽然指标数据存在较大的波动，但是其评价末期数据值低于评价初期数据值。来宾市的城市绿化相对增长率指数末期低于初期的数据，降低1个单位左右，并且在2010～2013年存在明显下降的变化；这说明来宾市城市绿化相对增长率情况处于不太稳定的下降状态。

（城市绿化相对增长率）

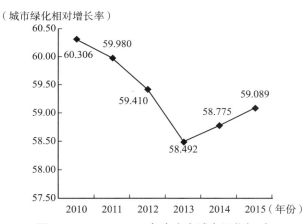

图7-7　2010～2015年来宾市城市绿化相对
增长率变化趋势

8. 城市绿化绝对增量加权指数

根据图 7－8 分析可知，2010～2015 年来宾市城市绿化绝对增量加权指数总体上呈现波动下降型的状态。这种状态表现为 2010～2015 年城市在该项指标总体呈现下降趋势，但在评估期间存在上下波动的情况，并非连续性下降状态。这就意味着在评估的时间段内，虽然指标数据存在一定的波动，但是其评价末期数据值低于评价初期数据值。此折线图可以看出，来宾市 6 年内城市绿化绝对增量加权指数变化幅度并不大，城市绿化发展水平较稳定；这说明城市的生态环境承载力不断提升，城市所具备的生态发展能力仍待提升。

根据表 7－1、表 7－2、表 7－3 可以显示出 2010～2015 年来宾市生态绿化建设水平在相应年份的原始值、标准值及排名情况。

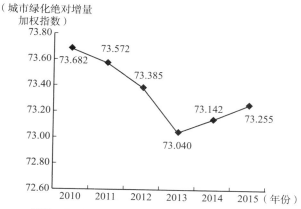

图 7－8　2010～2015 年来宾市绿化绝对增量
加权指数变化趋势

表 7－1 　　2010～2011 年来宾市生态绿化建设水平各级指标排名及相关数据

指标		2010 年			2011 年		
		原始值	标准值	排名	原始值	标准值	排名
生态绿化	城镇绿化扩张弹性系数	0.520	88.539	6	0.000	88.457	7
	生态绿化强度	0.072	0.442	10	0.118	1.079	10
	城镇绿化动态变化	0.102	32.177	2	0.153	41.194	2
	绿化扩张强度	0.000	32.720	4	0.000	35.224	3
	城市绿化蔓延指数	10.077	14.029	2	106.447	35.895	1
	环境承载力	7100.745	0.000	11	12301.215	0.236	9
	城市绿化相对增长率	0.005	60.306	4	0.004	59.980	3
	城市绿化绝对增量加权指数	1.776	73.682	3	1.486	73.572	3

表 7－2 　　2012～2013 年来宾市生态绿化建设水平各级指标排名及相关数据

指标		2012 年			2013 年		
		原始值	标准值	排名	原始值	标准值	排名
生态绿化	城镇绿化扩张弹性系数	0.792	88.582	5	2.914	88.916	2
	生态绿化强度	0.098	0.803	9	0.107	0.925	8
	城镇绿化动态变化	0.144	39.532	4	0.029	19.077	6
	绿化扩张强度	0.000	33.910	5	0.000	31.889	9
	城市绿化蔓延指数	－48.843	0.661	11	－1.086	11.497	11
	环境承载力	16227.109	0.414	9	17349.603	0.465	9
	城市绿化相对增长率	0.003	59.410	5	0.000	58.492	9
	城市绿化绝对增量加权指数	0.991	73.385	5	0.081	73.040	9

表 7－3 　　2014～2015 年来宾市生态绿化建设水平各级指标排名及相关数据

指标		2014 年			2015 年		
		原始值	标准值	排名	原始值	标准值	排名
生态绿化	城镇绿化扩张弹性系数	0.000	88.457	7	0.994	88.614	3
	生态绿化强度	0.108	0.938	8	0.101	0.848	8
	城镇绿化动态变化	－0.004	13.255	11	0.032	19.647	7
	绿化扩张强度	0.000	32.514	7	0.000	32.810	7
	城市绿化蔓延指数	1.979	12.192	6	－51.756	0.000	11

指标		2014 年			2015 年		
		原始值	标准值	排名	原始值	标准值	排名
生态绿化	环境承载力	19668.659	0.571	9	22512.871	0.700	9
	城市绿化相对增长率	0.001	58.775	7	0.002	59.089	7
	城市绿化绝对增量加权指数	0.351	73.142	5	0.648	73.255	7

（二）来宾市生态绿化建设水平评估结果

根据表7－4对2010～2012年来宾市生态绿化建设水平得分、排名、优劣度进行分析。2010年来宾市生态绿化建设水平排名处在珠江－西江经济带第4名，2011年来宾市生态绿化建设水平排名升至珠江－西江经济带第3名，2012年降至第6名，这说明来宾市生态绿化建设水平较于珠江－西江经济带其他城市较高，但稳定性有待提高。对来宾市的生态绿化建设水平得分情况进行分析，发现来宾市生态绿化建设水平得分先升后降，整体呈上升趋势，说明来宾市生态绿化建设水平处于波动上升的状态。2010～2012年来宾市的生态绿化建设水平处于珠江－西江经济带中上游，这说明来宾市的生态绿化建设水平在经济带中具备一定的竞争力。

表7－4　　　**2010～2012年来宾市生态绿化建设水平各级指标的得分、排名及优劣度分析**

指标	2010 年			2011 年			2012 年		
	得分	排名	优劣度	得分	排名	优劣度	得分	排名	优劣度
生态绿化	20.984	4	优势	22.605	3	优势	21.123	6	中势
城镇绿化扩张弹性系数	8.182	6	中势	7.930	7	中势	8.255	5	优势
生态绿化强度	0.019	10	劣势	0.047	10	劣势	0.036	9	劣势
城镇绿化动态变化	1.452	2	强势	1.934	2	强势	1.864	4	优势
绿化扩张强度	1.577	4	优势	1.813	3	优势	1.704	5	优势
城市绿化蔓延指数	0.575	2	强势	1.499	1	强势	0.027	11	劣势
环境承载力	0.000	11	劣势	0.010	9	劣势	0.018	9	劣势
城市绿化相对增长率	3.914	4	优势	3.833	3	优势	3.769	5	优势
城市绿化绝对增量加权指数	5.266	3	优势	5.539	3	优势	5.450	5	优势

对来宾市生态绿化建设水平的三级指标进行分析，其中城镇绿化扩张弹性系数得分排名呈现出先降后升的发展趋势。对来宾市城镇绿化扩张弹性系数的得分情况进行分析，发现来宾市城镇绿化扩张弹性系数得分波动上升，这说明来宾市的城市环境与城市面积之间呈现协调发展的关系，城市的绿化扩张越来越合理。

生态绿化强度的得分排名呈现出先保持后上升的趋势。对来宾市生态绿化强度的得分情况进行分析，发现来宾市在生态绿化强度的得分波动上升，这说明来宾市的生态绿化强度有所提高，城市公园绿地的优势有所提高，城市越来越具有活力。

城镇绿化动态变化得分排名呈现出先保持后下降的趋势。对来宾市城镇绿化动态变化的得分情况进行分析，发现来宾市在城镇绿化动态变化的得分波动上升，这说明来宾市的城市绿化面积得到较大的增加，显示出来宾市的经济活力和城市规模的不断扩大。

绿化扩张强度得分排名呈现出先升后降的趋势。对来宾市绿化扩张强度的得分情况进行分析，发现来宾市在绿化扩张强度的得分波动上升，这说明来宾市在推进城市绿化建设方面存在较大的提升空间。

城市绿化蔓延指数得分排名呈现先升后降的趋势。对来宾市的城市绿化蔓延指数的得分情况进行分析，发现来宾市的城市绿化蔓延指数的得分波动下降，分值变动幅度较大，这说明城市的城市绿化蔓延指数稳定性仍需提升。

环境承载力得分排名呈现出先上升后保持的趋势。对来宾市环境承载力的得分情况进行分析，发现来宾市在环境承载力的得分持续上升，这说明2010～2012年来宾市的环境承载力不断提高，并存在一定的提升空间。

城市绿化相对增长率得分排名呈现出先升后降的趋势。对来宾市绿化相对增长率的得分情况进行分析，发现来宾市在城市绿化相对增长率的得分持续下降，这说明2010～2012年来宾市的城市绿化面积不断减小。

城市绿化绝对增量加权指数得分排名呈现出先保持后下降的趋势。对来宾市的城市绿化绝对增量加权指数的得分情况进行分析，发现来宾市在城市绿化绝对增量加权指数的得分波动上升，这说明2010～2012年来宾市的城市绿化要素集中度不断提高，城市绿化变化增长趋向于密集型发展。

表 7－5　　　　　　　**2013～2015 年来宾市生态绿化建设水平各级指标的得分、排名及优劣度分析**

指标	2013 年			2014 年			2015 年		
	得分	排名	优劣度	得分	排名	优劣度	得分	排名	优劣度
生态绿化	20.098	10	劣势	19.871	9	劣势	20.160	11	劣势
城镇绿化扩张弹性系数	8.093	2	强势	8.116	7	中势	7.869	3	优势
生态绿化强度	0.042	8	中势	0.043	8	中势	0.037	8	中势
城镇绿化动态变化	0.885	6	中势	0.669	11	劣势	0.879	7	中势
绿化扩张强度	1.538	9	劣势	1.541	7	中势	1.829	7	中势
城市绿化蔓延指数	0.549	11	劣势	0.509	6	中势	0.000	11	劣势
环境承载力	0.020	9	劣势	0.025	9	劣势	0.031	9	劣势
城市绿化相对增长率	3.617	9	劣势	3.604	7	中势	3.984	7	中势
城市绿化绝对增量加权指数	5.355	9	劣势	5.365	5	优势	5.531	7	中势

根据表 7－5 对 2013～2015 年来宾市生态绿化建设水平的得分、排名和优劣度进行分析。2013 年来宾市生态绿化建设水平排名处在珠江－西江经济带第 10 名，2014 年上升至第 9 名，2015 年下降至第 11 名，说明来宾市生态绿化建设水平较于珠江－西江经济带其他城市较低。对来宾市的生态绿化建设水平得分情况进行分析，发现来宾市生态绿化建设水平得分波动上升，说明来宾市生态绿化建设水平不断提升。2013～2015 年来宾市的生态绿化建设水平在珠江－西江经济带中一直处于劣势地位，说明来宾市的环境治理建设水平落后于经济带其他城市，在经济带中具备较大的上升空间。

对来宾市生态绿化建设水平的三级指标进行分析，其中城镇绿化扩张弹性系数得分排名呈现出波动下降的发展趋势。对来宾市城镇绿化扩张弹性系数的得分情况进行分析，发现来宾市的城镇绿化扩张弹性系数得分波动下降，这说明来宾市的城镇绿化扩张与城市的环境、城市面积之间的协调发展存在一定的提升空间。

生态绿化强度的得分排名呈现出持续保持的趋势。对来宾市生态绿化强度的得分情况进行分析，发现来宾市的生态绿化强度的得分在波动下降，这说明来宾市生态绿化强度存在一定的提升空间。

城镇绿化动态变化得分排名呈现先降后升的趋势。对来宾市城镇绿化动态变化的得分情况进行分析，发现来宾市城镇绿化动态变化的得分波动下降，这说明来宾市的城镇绿化动态变化幅度有所下降，城市绿化面积的增加幅度变小，相应地呈现出城市经济活力和城市规模有所降低。

绿化扩张强度得分排名呈现出先上升后保持的趋势。对来宾市的绿化扩张强度得分情况进行分析，发现来宾市在绿化扩张强度的得分波动上升，这说明来宾市的绿化用地面积增长速率得到提高，相对应的呈现出城市城镇绿化能力及活力的不断扩大。

城市绿化蔓延指数得分排名呈现波动保持的趋势。对来宾市的城市绿化蔓延指数的得分情况进行分析，发现来宾市在城市绿化蔓延指数的得分持续下降，这说明 2013～2015 年来宾市绿化蔓延指数存在较大的提升空间。

环境承载力得分排名呈现出持续保持的趋势。对来宾市环境承载力的得分情况进行分析，发现来宾市在环境承载力的得分持续上升，这说明 2013～2015 年来宾市环境承载力不断提高，城市的绿化面积整体密度、容量范围也在不断扩大。

城市绿化相对增长率得分排名呈现出先上升后保持的趋势。对来宾市的城市绿化相对增长率得分情况进行分析，发现来宾市在城市绿化相对增长率的得分波动上升，这说明来宾市绿化面积增长速率不断提高，城市绿化面积不断扩大。

城市绿化绝对增量加权指数得分排名呈现出先升后降的趋势。对来宾市的城市绿化绝对增量加权指数的得分情况进行分析，发现来宾市在城市绿化绝对增量加权指数的得分持续上升，这说明来宾市的城市绿化绝对增量加权指数不断提高，城市的绿化要素集聚度不断提高，城市绿化变化增长趋向于密集型发展。

对 2010～2015 年来宾市生态绿化建设水平及各三级指标的得分、排名和优劣度进行分析。2010 年来宾市生态绿化建设水平得分排名处在珠江－西江经济带第 4 名，2011 年上升至第 3 名，2012～2013 年来宾市生态绿化建设水平得分排名下降至第 6 名又下降至第 10 名，2014 年升至第 9 名，2015 年来宾市生态绿化建设水平得分排名降至珠江－西江经济带第 11 名。2010～2015 年来宾市生态绿化建设水平得分排名从珠江－西江经济带中上游区下滑至下游区，城市生态绿化建设水平从经济带优势地位滑落至劣势地位，说明来宾市生态绿化建设水平发展较之于珠江－西江经济带的其他城市具有的竞争优势不断减小。对来宾市的生态绿化建设水平得分情况进行分析，发现来宾市的生态绿化建设水平得分呈现波动下降的发展趋势，2010～2011 年来宾市的生态绿化建设水平得分保持上升的趋势，在 2011～2014 年则保持持续下降的趋势，之后 2014～2015 年来宾市的生态绿化建设水平得分呈现持续上升的趋势，说明来宾市生态绿化建设水平发展稳定性有待提升。

从生态绿化建设水平基础指标的优劣度结构来看（见表 7－6），在 8 个基础指标中，指标的优劣度结构为 0.0：12.5：62.5：25.0。

表7-6　　　　　　　　　　　　　2015年来宾市生态绿化建设水平指标的优劣度结构

二级指标	三级指标数	强势指标		优势指标		中势指标		劣势指标		优劣度
		个数	比重（%）	个数	比重（%）	个数	比重（%）	个数	比重（%）	
生态绿化	8	0	0.000	1	12.500	5	62.500	2	25.000	劣势

（三）来宾市生态绿化建设水平比较分析

图7-9和图7-10将2010～2015年来宾市生态绿化建设水平与珠江－西江经济带最高水平和平均水平进行比较。从生态绿化建设水平的要素得分比较来看，由图7-9可知，2010年，来宾市城镇绿化扩张弹性系数得分比珠江－西江经济带最高分低0.094分，比平均分低0.015分；2011年，城镇绿化扩张弹性系数得分比最高分低1.035分，比平均分高0.591分；2012年，城镇

绿化扩张弹性系数得分比最高分低0.416分，比平均分低0.059分；2013年，城镇绿化扩张弹性系数得分比最高分低0.007分，比平均分高0.058分；2014年，城镇绿化扩张弹性系数得分比最高分低0.020分，比平均分到低0.006分；2015年，城镇绿化扩张弹性系数得分比最高分低0.198分，比平均分低0.009分。这说明整体上来宾市城镇绿化扩张弹性系数得分与珠江－西江经济带最高分的差距波动增大，与珠江－西江经济带平均分的差距波动减小。

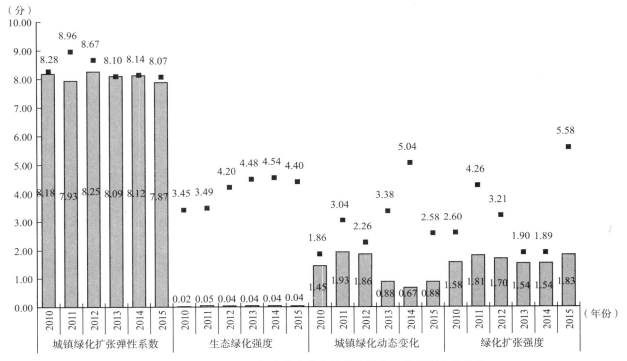

图7-9　2010～2015年来宾市生态绿化建设水平指标得分比较1

2010年，来宾市生态绿化强度得分比珠江－西江经济带最高分低3.431分，比珠江－西江经济带平均分低0.556分；2011年，生态绿化强度得分比最高分低3.446分，比平均分低0.530分；2012年，生态绿化强度得分比最高分低4.165分，比平均分低0.559分；2013年，生态绿化强度得分比最高分低4.443分，比平均分低0.559分；2014年，生态绿化强度得分比最高分低4.499分，比平均分低0.562分；2015年，生态绿化强度得分比最高分低4.359分，比平均分低0.547分。这说明整体上来宾市生态绿化强度得分与珠江－西江经济带最高分的差距先增大后减小，与珠江－西江经济带平均分的差距波动增大。

2010年，来宾市城镇绿化动态变化得分比珠江－西江经济带最高分低0.411分，比平均分高0.373分；2011

年，城镇绿化动态变化得分比最高分低1.108分，比平均分高0.668分；2012年，城镇绿化动态变化得分比最高分低0.400分，比平均分高0.511分；2013年，城镇绿化动态变化得分比最高分低2.497分，比平均分低0.293分；2014年，城镇绿化动态变化得分比最高分低4.375分，比平均分低0.794分；2015年，城镇绿化动态变化得分比最高分低1.702分，比平均分低0.311分。这说明整体上来宾市城镇绿化动态变化得分与珠江－西江经济带最高分的差距波动增大，与珠江－西江经济带平均分的差距波动增大。

2010年，来宾市绿化扩张强度得分比珠江－西江经济带最高分低1.020分，比平均分高0.064分；2011年，绿化扩张强度得分比最高分低2.448分，比平均分低0.091

分；2012 年，绿化扩张强度得分比最高分低 1.510 分，比平均分低 0.128 分；2013 年，绿化扩张强度得分比最高分低 0.367 分，比平均分低 0.076 分；2014 年，绿化扩张强度得分比最高分低 0.353 分，比平均分高 0.092 分；2015 年，绿化扩张强度得分比最高分低 3.746 分，比平均分低 0.615 分。这说明整体上来宾市绿化扩张强度得分与珠江 – 西江经济带最高分的差距先减小后增大，与珠江 – 西江经济带平均分的差距波动增大。

由图 7 – 10 可知，2010 年，来宾市绿化蔓延指数得分比珠江 – 西江经济带最高分低 0.057 分，比平均分高

0.098 分；2011 年，城市绿化蔓延指数得分与最高分不存在差距，比平均分高 0.917 分；2012 年，城市绿化蔓延指数得分比最高分低 0.817 分，比平均分低 0.496 分；2013 年，城市绿化蔓延指数得分比最高分低 4.228 分，比平均分低 0.493 分；2014 年，城市绿化蔓延指数得分比最高分低 1.087 分，比平均分低 0.090 分；2015 年，城市绿化蔓延指数得分比最高分低 2.666 分，比平均分低 0.700 分。这说明整体上来宾市绿化蔓延指数得分与珠江 – 西江经济带最高分的差距波动增大，与珠江 – 西江经济带平均分的差距波动增大。

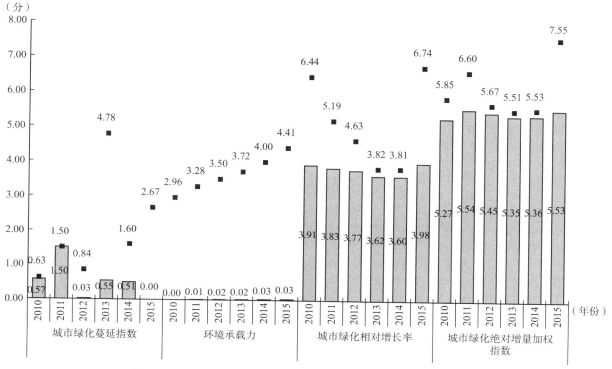

图 7 – 10　2010～2015 年来宾市生态绿化建设水平指标得分比较 2

2010 年，来宾市环境承载力得分比珠江 – 西江经济带最高分低 3.959 分，比平均分低 0.387 分；2011 年，环境承载力得分比最高分低 3.271 分，比平均分低 0.416 分；2012 年，环境承载力得分比最高分低 3.481 分，比平均分低 0.448 分；2013 年，环境承载力得分比最高分低 3.698 分，比平均分低 0.478 分；2014 年，环境承载力得分比最高分低 3.971 分，比平均分低 0.503 分；2015 年，环境承载力得分比最高分低 4.378 分，比平均分低 0.564 分。这说明整体上来宾市环境承载力得分与珠江 – 西江经济带最高分的差距持续增大，与珠江 – 西江经济带平均分的差距持续增大。

2010 年，来宾市绿化相对增长率得分比珠江 – 西江经济带最高分低 2.531 分，比平均分高 0.160 分；2011 年，城市绿化相对增长率得分比最高分低 1.353 分，比平均分低 0.050 分；2012 年，城市绿化相对增长率得分比最高分低 0.862 分，比平均分低 0.073 分；2013 年，城市绿化相对增长率得分比最高低 0.202 分，比平均分低 0.042 分；2014 年，城市绿化相对增长率得分比最高分低 0.204 分，

比平均分高 0.053 分；2015 年，城市绿化相对增长率得分比最高分低 2.758 分，比平均分低 0.453 分。这说明整体上来宾市绿化相对增长率得分与珠江 – 西江经济带最高分的差距先减小后增大，与珠江 – 西江经济带平均分的差距先减小后增大。

2010 年，来宾市绿化绝对增量加权指数得分比珠江 – 西江经济带最高分低 0.580 分，比平均分高 0.443 分；2011 年，城市绿化绝对增量加权指数得分比最高分低 1.063 分，比平均分低 0.069 分；2012 年，城市绿化绝对增量加权指数得分比最高分低 0.216 分，比平均分低 0.027 分；2013 年，城市绿化绝对增量加权指数得分比最高分低 0.157 分，比平均分低 0.026 分；2014 年，城市绿化绝对增量加权指数得分比最高分低 0.167 分，比平均分高 0.005 分；2015 年，城市绿化绝对增量加权指数得分比最高分低 2.019 分，比平均分低 0.265 分。这说明整体上来宾市绿化绝对增量加权指数得分与珠江 – 西江经济带最高分的差距先减小后增大，与珠江 – 西江经济带平均分的差距先减小后增大。

二、来宾市环境治理水平综合评估与比较

（一）来宾市环境治理水平评估指标变化趋势评析

1. 地区环境相对损害指数（EVI）

根据图 7－11 分析可知，2010～2015 年来宾市地区环境相对损害指数（EVI）总体上呈现波动上升型的状态。2010～2015 年城市在这一类型指标上存在一定的波动变化，总体趋势为上升趋势，但在个别年份出现下降的情况，指标并非连续性上升状态。波动上升型指标意味着在评价的时间段内，虽然指标数据存在较大的波动变化，但是其评价末期数据值高于评价初期数据值。来宾市在 2011～2012 年虽然出现下降的状况，2012 年为 89.648，但是总体上还是呈现上升的态势，最终稳定在 93.101。地区环境相对损害指数（EVI）越大，这说明城市的生态环境保护能力越强，对于来宾市来说，其城市生态环境发展潜力越大。

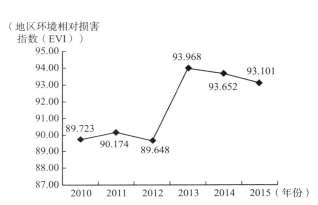

图 7－11　2010～2015 年来宾市地区环境相对损害指数（EVI）变化趋势

2. 单位 GDP 消耗能源

根据图 7－12 分析可知，2010～2015 年来宾市单位 GDP 消耗能源指数总体上呈现波动下降型的状态。这种状态

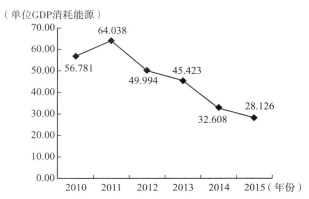

图 7－12　2010～2015 年来宾市单位 GDP 消耗能源变化趋势

表现为 2010～2015 年城市在该项指标上总体呈现下降趋势，但在评估期间存在上下波动的情况，并非连续性下降状态。这就意味着在评估的时间段内，虽然指标数据存在较大的波动，但是其评价末期数据值低于评价初期数据值。来宾市的单位 GDP 消耗能源指数末期低于初期的数据，降低 28 个单位左右，并且在 2011～2015 年存在明显下降的变化；这说明来宾市单位 GDP 消耗能源情况处于不太稳定的下降状态。

3. 环保支出水平

根据图 7－13 分析可知，2010～2015 年来宾市的环保支出水平总体上呈现持续上升型的状态。2010～2015 年城市在该项指标上存在较多波动变化，总体趋势为上升趋势，但在个别年份出现下降的情况，指标并非连续性上升。波动上升型指标意味着在评估期间，虽然指标数据存在较大波动变化，但是其评价末期数据值高于评价初期数据值。通过折线图可以看出，来宾市的环保支出水平指标不断提高，在 2015 年达到 25.813，相较于 2010 年上升 7 个单位左右，这说明来宾市的整体发展水平较高，城市的发展活力较高，其城镇化发展的潜力较大。

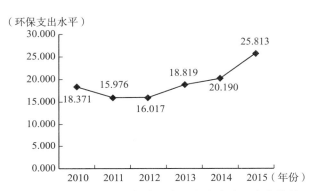

图 7－13　2010～2015 年来宾市环保支出水平变化趋势

4. 污染处理率比重增量

根据图 7－14 分析可知，2010～2015 年来宾市污染处理率指数总体上呈现波动下降型的状态。这种状态表现为 2010～2015 年城市在该项指标上总体呈现下降趋势，但在

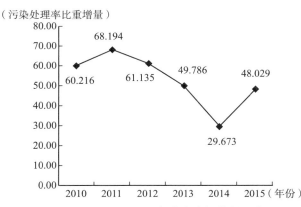

图 7－14　2010～2015 年来宾市污染处理率比重增量变化趋势

评估期间存在上下波动的情况，并非连续性下降状态。这就意味着在评估的时间段内，虽然指标数据存在较大的波动，但是其评价末期数据值低于评价初期数据值。来宾市的污染处理率指数末期低于初期的数据，降低 12 个单位左右，并且在 2011~2013 年存在明显下降的变化；这说明来宾市污染处理率情况处于不太稳定的下降状态。

5. 综合利用率平均增长指数

根据图 7-15 分析可知，2010~2015 年来宾市综合利用率平均增长指数总体上呈现波动上升型的状态。2010~2015 年城市在这一类型指标上存在一定的波动变化，总体趋势为上升趋势，但在个别年份出现下降的情况，指标并非连续性上升状态。波动上升型指标意味着在评价的时间段内，虽然指标数据存在较大的波动变化，但是其评价末期数据值高于评价初期数据值。来宾市在 2011~2012 年虽然出现下降的状况，2012 年为 31.256，但是总体上还是呈现上升的态势，最终稳定在 60.223。综合利用率平均增长指数越大，这说明城市的生态环境保护能力越高，对于来宾市来说，其城市生态保护发展潜力越大。

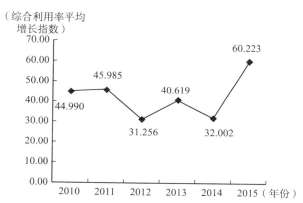

图 7-15 2010~2015 年来宾市综合利用率平均增长指数变化趋势

6. 综合利用率枢纽度

根据图 7-16 分析可知，2010~2015 年来宾市综合利用率指数总体上呈现波动下降型的状态。这种状态表现为

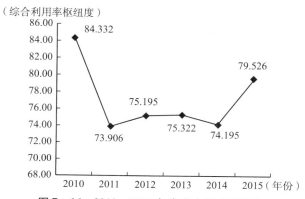

图 7-16 2010~2015 年来宾市综合利用率枢纽度变化趋势

2010~2015 年城市在该项指标上总体呈现下降趋势，但在评估期间存在上下波动的情况，并非连续性下降状态。这就意味着在评估的时间段内，虽然指标数据存在较大的波动，但是其评价末期数据值低于评价初期数据值。来宾市的综合利用率指数末期低于初期的数据，降低 5 个单位左右，并且在 2010~2011 年存在明显下降的变化；这说明来宾市综合利用率发展的水平仍待提升。

7. 环保支出规模强度

根据图 7-17 分析可知，2010~2015 年来宾市的环保支出规模强度总体上呈现持续上升型的状态。处于持续上升型的指标，不仅意味着城市在各项指标数据上的不断增长，更意味着城市在该项指标以及环境治理水平整体上的竞争力优势不断扩大。通过折线图可以看出，来宾市的环保支出规模强度指标不断提高，在 2015 年达到 2.884，相较于 2010 年上升 2 个单位左右；这说明来宾市的环保支出规模强度较大，城市的生态环境保护水平越高，城市生态保护发展潜力越大。

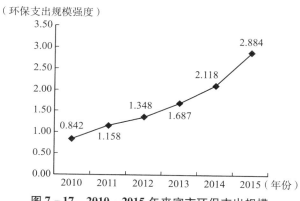

图 7-17 2010~2015 年来宾市环保支出规模强度变化趋势

8. 环保支出区位商

根据图 7-18 分析可知，2010~2015 年来宾市环保支出区位商总体上呈现波动上升型的状态。2010~2015 年城市在这一类型指标上存在一定的波动变化，总体趋势上为

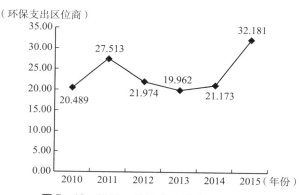

图 7-18 2010~2015 年来宾市环保支出区位商变化趋势

上升趋势，但在个别年份出现下降的情况，指标并非连续性上升状态。波动上升型指标意味着在评价的时间段内，虽然指标数据存在较大的波动变化，但是其评价末期数据值高于评价初期数据值。来宾市在 2011～2013 年虽然出现下降的状况，2013 年为 19.962，但是总体上还是呈现上升的态势，最终稳定在 32.181。环保支出区位商越大，这说明城市的环境保护能力越高，对于来宾市来说，其城市生态保护发展潜力越大。

9. 环保支出职能规模

根据图 7－19 分析可知，2010～2015 年来宾市环保支出职能规模指数总体上呈现波动下降型的状态。这种状态表现为 2010～2015 年城市在该项指标上总体呈现下降趋势，但在评估期间存在上下波动的情况，并非连续性下降状态。这就意味着在评估的时间段内，虽然指标数据存在较大的波动，但是其评价末期数据值低于评价初期数据值。来宾市的环保支出职能规模指数末期低于初期的数据，降低 2 个单位左右，并且 2013～2015 年存在明显下

（环保支出职能规模）

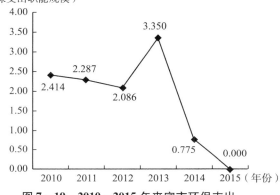

图 7－19　2010～2015 年来宾市环保支出
职能规模变化趋势

降的变化；这说明来宾市环保支出职能规模情况处于不太稳定的下降状态。

10. 环保支出职能地位

根据图 7－20 分析可知，2010～2015 年来宾市环保支出职能地位总体上呈现波动上升型的状态。2010～2015 年城市在这一类型指标上存在一定的波动变化，总体趋势为上升趋势，但在个别年份出现下降的情况，指标并非连续性上升状态。波动上升型指标意味着在评价的时间段内，虽然指标数据存在较大的波动变化，但是其评价末期数据值高于评价初期数据值。来宾市在 2011～2012 年虽然出现下降的状况，2012 年为 7.562，但是总体上还是呈现上升的态势，最终稳定在 12.486。环保支出职能地位越大，这说明城市的环境保护能力越高，对于来宾市来说，其城市生态保护发展潜力越大。

（环保支出职能地位）

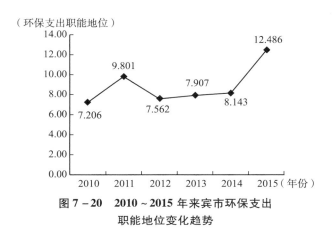

图 7－20　2010～2015 年来宾市环保支出
职能地位变化趋势

根据表 7－7、表 7－8、表 7－9 可以显示出 2010～2015 年来宾市环境治理水平在相应年份的原始值、标准值及排名情况。

表 7－7　　　　　　　　　　2010～2011 年来宾市环境治理水平各级指标排名及相关数据

指标		2010 年			2011 年		
		原始值	标准值	排名	原始值	标准值	排名
环境治理	地区环境相对损害指数（EVI）	1.755	89.723	8	1.690	90.174	8
	单位 GDP 消耗能源	0.012	56.781	6	0.011	64.038	5
	环保支出水平	0.003	18.371	5	0.003	15.976	7
	污染处理率比重增量	0.051	60.216	2	0.069	68.194	2
	综合利用率平均增长指数	0.001	44.990	5	0.001	45.985	2
	综合利用率枢纽度	0.000	84.332	2	0.000	73.906	2
	环保支出规模强度	-0.612	0.842	9	-0.595	1.158	10
	环保支出区位商	1.913	20.489	5	2.369	27.513	5
	环保支出职能规模	11840.231	7.206	7	19688.383	8.998	9
	环保支出职能地位	0.015	7.206	7	0.028	9.801	9

表 7 - 8 **2012~2013 年来宾市环境治理水平各级指标排名及相关数据**

指标		2012 年			2013 年		
		原始值	标准值	排名	原始值	标准值	排名
环境治理	地区环境相对损害指数（EVI）	1.765	89.648	7	1.143	93.968	7
	单位 GDP 消耗能源	0.013	49.994	7	0.014	45.423	9
	环保支出水平	0.003	16.017	7	0.003	18.819	5
	污染处理率比重增量	0.053	61.135	3	0.026	49.786	5
	综合利用率平均增长指数	0.000	31.256	7	0.000	40.619	3
	综合利用率枢纽度	0.000	75.195	2	0.000	75.322	1
	环保支出规模强度	-0.584	1.348	10	-0.565	1.687	11
	环保支出区位商	2.010	21.974	6	1.879	19.962	5
	环保支出职能规模	15376.470	8.014	9	14719.029	7.863	8
	环保支出职能地位	0.017	7.562	9	0.019	7.907	8

表 7 - 9 **2014~2015 年来宾市环境治理水平各级指标排名及相关数据**

指标		2014 年			2015 年		
		原始值	标准值	排名	原始值	标准值	排名
环境治理	地区环境相对损害指数（EVI）	1.188	93.652	8	1.268	93.101	8
	单位 GDP 消耗能源	0.016	32.608	8	0.017	28.126	9
	环保支出水平	0.003	20.190	5	0.004	25.813	5
	污染处理率比重增量	-0.021	29.673	11	0.022	48.029	5
	综合利用率平均增长指数	0.000	32.002	7	0.001	60.223	1
	综合利用率枢纽度	0.000	74.195	1	0.000	79.526	1
	环保支出规模强度	-0.541	2.118	11	-0.498	2.884	11
	环保支出区位商	1.958	21.173	5	2.673	32.181	3
	环保支出职能规模	17886.915	8.587	8	36973.809	12.944	6
	环保支出职能地位	0.020	8.143	8	0.042	12.486	6

（二）来宾市环境治理水平评估结果

根据表 7 - 10 对 2010~2012 年来宾市环境治理水平得分、排名、优劣度进行分析。2010 年来宾市环境治理水平排名处在珠江 - 西江经济带第 3 名，2011 年上升至第 2 名，2012 年来宾市环境治理水平排名降至珠江 - 西江经济带第 4 名，说明来宾市环境治理水平较于珠江 - 西江经济带其他城市发展态势好。对来宾市的环境治理水平得分情况进行分析，发现来宾市环境治理水平得分波动下降，这说明来宾市环境治理力度仍待增强。2010~2012 年来宾市的环境治理水平在珠江 - 西江经济带中一直处于优势地位，说明来宾市的环境治理水平在经济带中具备较大的竞争力。

表 7 - 10 **2010~2012 年来宾市环境治理水平各级指标的得分、排名及优劣度分析**

指标	2010 年			2011 年			2012 年		
	得分	排名	优劣度	得分	排名	优劣度	得分	排名	优劣度
环境治理	24.631	3	优势	25.659	2	强势	22.751	4	优势
地区环境相对损害指数（EVI）	8.155	8	中势	8.137	8	中势	7.918	7	中势
单位 GDP 消耗能源	3.515	6	中势	3.998	5	优势	3.160	7	中势
环保支出水平	0.895	5	优势	0.693	7	中势	0.745	7	中势
污染处理率比重增量	3.047	2	强势	4.290	2	强势	3.756	3	优势
综合利用率平均增长指数	2.406	5	优势	2.486	2	强势	1.485	7	中势
综合利用率枢纽度	4.855	2	强势	3.866	2	强势	3.848	2	强势
环保支出规模强度	0.035	9	劣势	0.049	10	劣势	0.058	10	劣势
环保支出区位商	1.021	5	优势	1.284	5	优势	1.052	6	优势
环保支出职能规模	0.346	7	中势	0.400	9	劣势	0.380	9	劣势
环保支出职能地位	0.355	7	中势	0.456	9	劣势	0.349	9	劣势

对来宾市环境治理水平的三级指标进行分析，其中地区环境相对损害指数（EVI）得分排名呈现出先保持后上升的发展趋势。对来宾市的地区环境相对损害指数（EVI）的得分情况进行分析，发现来宾市的地区环境相对损害指数（EVI）得分持续下降，这说明来宾市的地区环境相对损害指数（EVI）存在较大的提升空间，在发展城市经济的同时注重环境保护需要投入更大的力度。

单位 GDP 消耗能源的得分排名呈现出先升后降的趋势。对来宾市单位 GDP 消耗能源的得分情况进行分析，发现来宾市在单位 GDP 消耗能源上的得分波动下降，这说明来宾市的整体发展水平有所下降，城市活力有待提升。

环保支出水平得分排名呈现出先下降后保持的趋势。对来宾市环保支出水平的得分情况进行分析，发现来宾市在环保支出水平的得分波动下降，这说明来宾市对环境治理的财政支持能力有待提高，以促进经济发展与生态环境协调发展。

污染处理率比重增量得分排名呈现出先保持后下降的趋势。对来宾市的污染处理率比重增量的得分情况进行分析，发现来宾市在污染处理率比重增量的得分波动上升，这说明来宾市在推动城市污染处理方面的力度不断提高。

综合利用率平均增长指数得分排名呈现先升后降的趋势。对来宾市的综合利用率平均增长指数的得分情况进行分析，发现来宾市的综合利用率平均增长指数的得分波动下降，分值变动幅度较小，这说明城来宾市的综合利用覆盖程度有待增强。

综合利用率枢纽度得分排名呈现出持续保持的趋势。对来宾市的综合利用率枢纽度的得分情况进行分析，发现来宾市在综合利用率枢纽度的得分持续下降，这说明2010～2012 年来宾市的综合利用率能力不断降低，其综合利用率枢纽度存在较大的提升空间。

环保支出规模强度得分排名呈现出先下降后保持的趋势。对来宾市的环保支出规模强度的得分情况进行分析，发现来宾市在环保支出规模强度的得分持续上升，这说明2010～2012 年来宾市的环保支出能力不断高于地区环保支出平均水平。

环保支出区位商得分排名呈现出先保持后下降的趋势。对来宾市的环保支出区位商的得分情况进行分析，发现来宾市在环保支出区位商的得分波动上升，这说明2010～2012 年来宾市的环保支出区位商有所提升，城市所具备的环保支出能力也有所提高。

环保支出职能规模得分排名呈现出先下降后保持的趋势。对来宾市的环保支出职能规模的得分情况进行分析，发现来宾市在环保支出职能规模的得分波动上升，这说明来宾市在环保支出水平方面有所提高，城市所具备的环保支出能力也有所增强。

环保支出职能地位得分排名呈现出先下降后保持的趋势。对来宾市环保支出职能地位的得分情况进行分析，发现来宾市在环保支出职能地位的得分波动下降，这说明来宾市在环保支出方面的地位有所降低，城市对保护环境和环境的治理能力也有所下降。

根据表 7-11 对 2013～2015 年来宾市环境治理水平得分、排名、优劣度进行分析。2013 年来宾市环境治理水平排名处在珠江－西江经济带第 4 名，2014 年下降至第 7 名，2015 年来宾市环境治理水平排名升至珠江－西江经济带第 4 名，说明来宾市环境治理水平较于珠江－西江经济带其他城市较高，具备一定的优势。对来宾市的环境治理水平得分情况进行分析，发现来宾市环境治理水平得分波动上升，说明来宾市环境治理力度有所加强。2013～2015 年来宾市的环境治理水平处于珠江－西江经济带中游区，说明来宾市的环境治理水平存在较大的提升空间。

表 7-11   2013～2015 年来宾市环境治理水平各级指标的得分、排名及优劣度分析

指标	2013 年			2014 年			2015 年		
	得分	排名	优劣度	得分	排名	优劣度	得分	排名	优劣度
环境治理	22.934	4	优势	20.559	7	中势	23.652	4	优势
地区环境相对损害指数（EVI）	8.773	7	中势	8.918	8	中势	8.641	8	中势
单位 GDP 消耗能源	3.004	9	劣势	2.040	8	中势	2.006	9	劣势
环保支出水平	0.871	5	优势	0.948	5	优势	1.179	5	优势
污染处理率比重增量	2.894	5	优势	1.612	11	劣势	2.559	5	优势
综合利用率平均增长指数	1.979	3	优势	1.586	7	中势	2.834	1	强势
综合利用率枢纽度	3.708	1	强势	3.580	1	强势	3.729	1	强势
环保支出规模强度	0.074	11	劣势	0.097	11	劣势	0.133	11	劣势
环保支出区位商	0.904	5	优势	0.973	5	优势	1.415	3	优势
环保支出职能规模	0.360	8	中势	0.419	8	中势	0.592	6	中势
环保支出职能地位	0.368	8	中势	0.385	8	中势	0.563	6	中势

对来宾市环境治理水平的三级指标进行分析，其中地区环境相对损害指数（EVI）得分排名呈现出先下降后保持的发展趋势。对来宾市地区环境相对损害指数（EVI）的得分情况进行分析，发现来宾市的地区环境相对损害指数（EVI）得分波动下降，这说明来宾市地区环境状况有待改善，城市在发展经济的同时需要注重环境保护发展。

单位 GDP 消耗能源的得分排名呈现出波动保持的趋势。对来宾市单位 GDP 消耗能源的得分情况进行分析，发现来宾市在单位 GDP 消耗能源的得分波动下降，这说明来宾市的单位 GDP 消耗能源有所降低，城市整体发展水平下降，城市所具有的活力减弱。

环保支出水平得分排名呈现出持续保持的趋势。对来宾市的环保支出水平的得分情况进行分析，发现来宾市在环保支出水平的得分持续上升，这说明来宾市的环保支出水平不断提高，城市的环保支出源不断丰富，城市对外部资源各类要素的集聚吸引能力不断提升。

污染处理率比重增量得分排名呈现出波动保持的趋势。对来宾市的污染处理率比重增量的得分情况进行分析，发现来宾市在污染处理率比重增量的得分波动下降，这说明来宾市整体污染处理能力方面有所下降，污染处理率比重增量存在较大的提升空间。

综合利用率平均增长指数得分排名呈现先下降后上升的趋势。对来宾市的综合利用率平均增长指数的得分情况进行分析，发现来宾市的城市供气密度的得分波动上升，这说明城市工业固体废物综合利用水平有所提升。

综合利用率枢纽度得分排名呈现出持续保持的趋势。对来宾市的综合利用率枢纽度的得分情况进行分析，发现来宾市在综合利用率枢纽度的得分波动上升，这说明2013～2015年来宾市的综合利用率枢纽度不断提高。

环保支出规模强度得分排名呈现出持续保持的趋势。对来宾市的环保支出规模强度的得分情况进行分析，发现来宾市在环保支出规模强度的得分持续上升，这说明2013～2015

年来宾市的环保支出规模强度与地区平均环保支出水平相比不断提高。

环保支出区位商得分排名呈现出先保持后上升的趋势。对来宾市的环保支出区位商的得分情况进行分析，发现来宾市在环保支出区位商的得分持续上升，这说明2013～2015年来宾市环保支出区位商不断提高，环保支出水平也持续提升。

环保支出职能规模得分排名呈现出先保持后上升的趋势。对来宾市的环保支出职能规模的得分情况进行分析，发现来宾市在环保支出职能规模上的得分持续上升，这说明来宾市的环保支出职能规模存在一定的提升空间。

环保支出职能地位得分排名呈现出先保持后上升的趋势。对来宾市环保支出职能地位的得分情况进行分析，发现来宾市在环保支出职能地位的得分持续上升，这说明来宾市对保护环境和治理环境的能力不断提高，其环保支出职能地位存在一定的提升空间。

对2010～2015年来宾市环境治理水平及各三级指标的得分、排名和优劣度进行分析。2010年来宾市环境治理水平得分排名处在珠江－西江经济带第3名，2011年上升至第2名，2012～2013年来宾市环境治理水平得分排名均降至第4名，2014年降至第7名，2015年来宾市环境治理水平得分排名升至第4名。2010～2015年来宾市环境治理水平得分排名一直处在珠江－西江经济带中游区或上游区，城市环境治理水平处于经济带优势地位，说明来宾市环境治理水平发展较之于珠江－西江经济带的其他城市较高。对来宾市的环境治理水平得分情况进行分析，发现来宾市的环境治理水平得分呈现波动下降的发展趋势，说明来宾市环境治理水平有待提升，对环境治理的力度仍待增强。

由表7－12可知，从环境治理水平基础指标的优劣度结构来看，在10个基础指标中，指标的优劣度结构为10.0∶30.0∶30.0∶20.0。

表 7 - 12　　　　　　　　**2015 年来宾市环境治理水平指标的优劣度结构**

二级指标	三级指标数	强势指标		优势指标		中势指标		劣势指标		优劣度
		个数	比重（%）	个数	比重（%）	个数	比重（%）	个数	比重（%）	
环境治理	10	2	20.000	3	30.000	3	30.000	2	20.000	优势

（三）来宾市环境治理水平比较分析

图7－21和图7－22将2010～2015年来宾市环境治理水平与珠江－西江经济带最高水平和平均水平进行比较。从环境治理水平的要素得分比较来看，由图7－21可知，2010年，来宾地区环境相对损害指数（EVI）得分比珠江－西江经济带最高分低0.934分，比平均分高0.801分；2011年，地区环境相对损害指数（EVI）得分比最高分低0.818分，比平均分高0.714分；2012年，地区环境相对损

害指数（EVI）得分比最高分低0.751分，比平均分高0.812分；2013年，地区环境相对损害指数（EVI）得分比最高分低0.463分，比平均分高0.760分；2014年，地区环境相对损害指数（EVI）得分比最高分低0.511分，比平均分高0.703分；2015年，地区环境相对损害指数（EVI）得分比最高分低0.628分，比平均分高0.593分。这说明整体上来宾市地区环境相对损害指数（EVI）得分与珠江－西江经济带最高分的差距先减小后增大，与珠江－西江经济带平均分的差距波动减小。

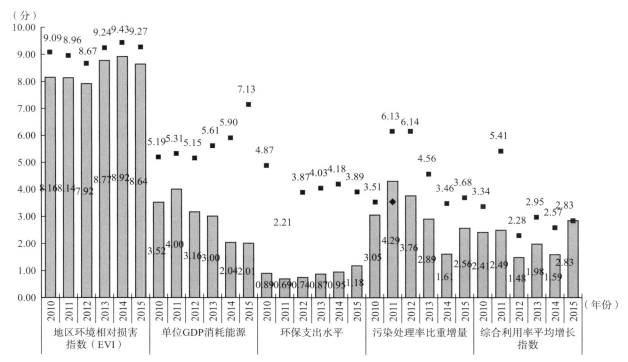

图 7 - 21　2010~2015 年来宾市环境治理水平指标得分比较 1

　　2010 年，来宾市单位 GDP 消耗能源得分比珠江－西江经济带最高分低 1.670 分，比平均分高 0.244 分；2011 年，单位 GDP 消耗能源得分比最高分低 1.310 分，比平均分高 0.683 分；2012 年，单位 GDP 消耗能源得分比最高分低 1.988 分，比平均分低 0.363 分；2013 年，单位 GDP 消耗能源得分比最高分低 2.605 分，比平均分低 0.930 分；2014 年，单位 GDP 消耗能源得分比最高分低 3.863 分，比平均分低 1.054 分；2015 年，单位 GDP 消耗能源得分比最高分低 5.127 分，比平均分低 2.557 分。这说明整体上来宾市单位 GDP 消耗能源得分与珠江－西江经济带最高分的差距波动增大，与珠江－西江经济带平均分的差距波动增大。

　　2010 年，来宾市环保支出水平得分比珠江－西江经济带最高分低 3.977 分，比平均分低 0.242 分；2011 年，环保支出水平得分比最高分低 1.512 分，比平均分低 0.093 分；2012 年，环保支出水平得分比最高分低 3.126 分，比平均分低 0.317 分；2013 年，环保支出水平得分比最高分低 3.161 分，比平均分低 0.151 分；2014 年，环保支出水平得分比最高分低 3.231 分，比平均分低 0.122 分；2015 年，环保支出水平得分比最高分低 2.709 分，比平均分高 0.053 分。这说明整体上来宾市环保支出水平得分与珠江－西江经济带最高分的差距波动减小，与珠江－西江经济带平均分的差距波动减小。

　　2010 年，来宾市污染处理率比重增量得分比珠江－西江经济带最高分低 0.465 分，比平均分高 1.303 分；2011 年，污染处理率比重增量得分比最高分低 1.843 分，比平均分高 0.745 分；2012 年，污染处理率比重增量得分比最高分低 2.387 分，比平均分高 0.771 分；2013 年，污染处理率比重增量得分比最高分低 1.667 分，比平均分低 0.100 分；2014 年，污染处理率比重增量得分比最高分低 1.849

分，比平均分低 0.833 分；2015 年，污染处理率比重增量得分比最高分低 1.117 分，比平均分高 0.051 分。这说明整体上来宾市污染处理率比重增量得分与珠江－西江经济带最高分的差距波动增大，与珠江－西江经济带平均分的差距波动减小。

　　2010 年，来宾市综合利用率平均增长指数得分比珠江－西江经济带最高分低 0.936 分，比平均分高 0.099 分；2011 年，综合利用率平均增长指数得分比最高分低 2.920 分，比平均分高 0.451 分；2012 年，综合利用率平均增长指数得分比最高分低 0.792 分，比平均分高 0.095 分；2013 年，综合利用率平均增长指数得分比最高分低 0.975 分，比平均分高 0.370 分；2014 年，综合利用率平均增长指数得分比最高分低 0.986 分，比平均分低 0.160 分；2015 年，综合利用率平均增长指数得分为最高分，比平均分高 1.298 分。这说明整体上来宾市综合利用率平均增长指数得分与珠江－西江经济带最高分的差距先增大后减小，与珠江－西江经济带平均分的差距波动增大。

　　由图 7 - 22 可知，2010 年，来宾市综合利用率枢纽度得分比珠江－西江经济带最高分低 0.902 分，比平均分高 2.648 分；2011 年，综合利用率枢纽度得分比最高分低 0.646 分，比平均分高 2.145 分；2012 年，综合利用率枢纽度得分比最高分低 0.192 分，比平均分高 2.249 分；2013 年，综合利用率枢纽度得分为珠江－西江经济带最高分，比平均分高 2.281 分；2014 年，综合利用率枢纽度得分为珠江－西江经济带最高分，比平均分高 2.278 分；2015 年，综合利用率枢纽度得分为珠江－西江经济带最高分，比平均分高 2.457 分。这说明整体上来宾市综合利用率枢纽度得分与珠江－西江经济带最高分的差距先增大后减小，与珠江－西江经济带平均分的差距先减小后增大。

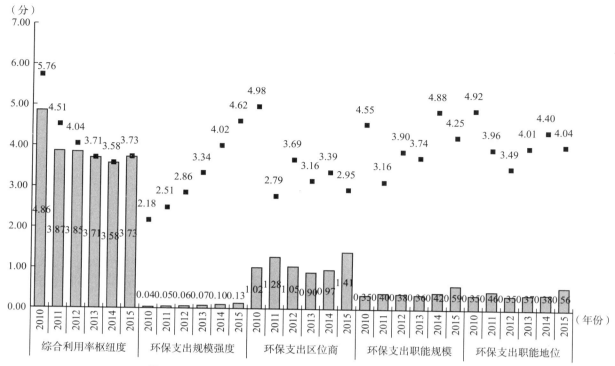

图7-22　2010～2015年来宾市环境治理水平指标得分比较2

2010年，来宾市环保支出规模强度得分比珠江-西江经济带最高分低2.149分，比平均分低0.457分；2011年，环保支出规模强度得分比最高分低2.463分，比平均分低0.489分；2012年，环保支出规模强度得分比最高分低2.799分，比平均分低0.585分；2013年，环保支出规模强度得分比最高分低3.262分，比平均分低0.631分；2014年，环保支出规模强度得分比最高分低3.922分，比平均分低0.719分；2015年，环保支出规模强度得分比最高分低4.489分，比平均分低0.791分。这说明整体上来宾市环保支出规模强度得分与珠江-西江经济带最高分的差距持续增大，与珠江-西江经济带平均分的差距持续增大。

2010年，来宾市环保支出区位商得分比珠江-西江经济带最高分低3.964分，比平均分低0.274分；2011年，环保支出区位商得分比最高分低1.507分，比平均分高0.065分；2012年，环保支出区位商得分比最高分低2.634分，比平均分低0.243分；2013年，环保支出区位商得分比最高分低2.257分，比平均分低0.117分；2014年，环保支出区位商得分比最高分低2.416分，比平均分低0.082分；2015年，环保支出区位商得分比最高分低1.533分，比平均分高0.421分。这说明整体上来宾市环保支出区位商得分与珠江-西江经济带最高分的差距波动减小，与珠江-西江经济带平均分的差距先减小后增大。

2010年，来宾市环保支出职能规模得分比珠江-西江经济带最高分低4.205分，比平均分低0.661分；2011年，环保支出职能规模得分比最高分低2.762分，比平均分低0.439分；2012年，环保支出职能规模得分比最高分低3.523分，比平均分低0.736分；2013年，环保支出职能规模得分比最高分低3.385分，比平均分低0.599分；2014年，环保支出职能规模得分比最高分低4.461分，比平均

分低0.716分；2015年，环保支出职能规模得分比最高分低3.660分，比平均分低0.441分。这说明整体上来宾市环保支出职能规模得分与珠江-西江经济带最高分的差距波动减小，与珠江-西江经济带平均分的差距波动减小。

2010年，来宾市环保支出职能地位得分比珠江-西江经济带最高分低4.565分，比平均分低0.717分；2011年，环保支出职能地位得分比最高分低3.507分，比平均分低0.558分；2012年，环保支出职能地位得分比最高分低3.144分，比平均分低0.657分；2013年，环保支出职能地位得分比最高分低3.647分，比平均分低0.645分；2014年，环保支出职能地位得分比最高分低4.018分，比平均分低0.645分；2015年，环保支出职能地位得分比最高分低3.481分，比平均分低0.420分。这说明整体上来宾市环保支出职能地位得分与珠江-西江经济带最高分的差距波动减小，与珠江-西江经济带平均分的差距波动减小。

三、来宾市生态环境建设水平综合评估与比较评述

从对来宾市生态环境建设水平评估及其2个二级指标在珠江-西江经济带的排名变化和指标结构的综合分析来看，2010～2015年来宾市生态环境板块中上升指标的数量小于下降指标的数量，上升的动力小于下降的动力，使得2015年来宾市生态环境建设水平的排名呈波动下降趋势，在珠江-西江经济带城市排名中位居第7名。

（一）来宾市生态环境建设水平概要分析

来宾市生态环境建设水平在珠江-西江经济带所处的

位置及变化如表 7 - 13 所示，2 个二级指标的得分和排名变　化如表 7 - 14 所示。

表 7 - 13　　　　　　　　　　　2010～2015 年来宾市生态环境建设水平一级指标比较

项目	2010 年	2011 年	2012 年	2013 年	2014 年	2015 年
排名	3	3	6	6	8	7
所属区位	上游	上游	中游	中游	中游	中游
得分	45.616	48.264	43.874	43.032	40.430	43.812
全国最高分	58.788	52.007	56.046	53.775	56.362	61.632
全国平均分	42.691	44.018	44.127	44.702	43.585	46.610
与最高分的差距	-13.172	-3.743	-12.172	-10.743	-15.932	-17.821
与平均分的差距	2.924	4.246	-0.253	-1.670	-3.155	-2.798
优劣度	优势	优势	中势	中势	中势	中势
波动趋势	—	持续	下降	持续	下降	上升

表 7 - 14　　2010～2015 年来宾市生态
环境建设水平二级指标比较

年份	生态绿化		环境治理	
	得分	排名	得分	排名
2010	20.984	4	24.631	3
2011	22.605	3	25.659	2
2012	21.123	6	22.751	4
2013	20.098	10	22.934	4
2014	19.871	9	20.559	7
2015	20.160	11	23.652	4
得分变化	-0.824	—	-0.979	—
排名变化	—	-7	—	-1
优劣度	中势	中势	优势	优势

（1）从指标排名变化趋势看，2015 年来宾市生态环境建设水平评估排名在珠江－西江经济带处于第 7 名，表明其在珠江－西江经济带处于中势地位，与 2010 年相比，排名下降 4 名。总的来看，评价期内来宾市生态环境建设水平呈现波动下降趋势。

在两个二级指标中，其中 2 个指标排名均处于下降的趋势，为生态绿化和环境治理，这是来宾市生态环境建设水平呈波动下降的原因所在。受指标排名升降的综合影响，评价期内来宾市生态环境建设水平排名呈波动下降趋势，在珠江－西江经济带排名第 7 名。

（2）从指标所处区位来看，2015 年来宾市生态环境建设水平处在中游区。其中，生态绿化为中势指标，环境治理为优势指标。

（3）从指标得分来看，2015 年来宾市生态环境建设水平得分为 43.812 分，比珠江－西江经济带最高分低 17.821 分，比平均分低 2.798 分；与 2010 年相比，来宾市生态环境建设水平得分下降 1.804 分，与当年最高分的差距增大，与平均分的差距波动缩小。

2015 年，来宾市生态环境建设水平二级指标的得分均高于 19 分，与 2010 年相比，得分下降最多的为环境治理，下降 0.979 分；得分下降最少的为生态绿化，下降 0.824 分。

（二）来宾市生态环境建设水平评估指标动态变化分析

2010～2015 年来宾市生态环境建设水平评估各级指标的动态变化及其结构，如图 7 - 23 和表 7 - 15 所示。从图 7 - 23 可以看出，来宾市生态环境建设水平评估的三级指标中上升指标的比例等于下降指标，表明上升指标未居于主导地位。表 7 - 15 中的数据进一步说明，来宾市生态环境建设水平评估的 18 个三级指标中，上升的指标有 8 个，占指标总数的 44.444%；保持的指标有 2 个，占指标总数的 11.111%；下降的指标有 8 个，占指标总数的 44.444%。由于上升指标的数量等于下降指标的数量，且受变动幅度与外部因素的综合影响，评价期内来宾市生态环境建设水平排名呈现波动下降趋势，在珠江－西江经济带位居第 7 名。

（三）来宾市生态环境建设水平建设水平评估指标变化动因分析

2015 年来宾市生态环境建设水平评估指标的优劣势变化及其结构，如图 7 - 24 和表 7 - 16 所示。从图 7 - 24 可以看出，2015 年来宾市生态环境建设水平评估的三级指标强势和优势指标的比例小于劣势指标的比例，表明强势和优势指标未居于主导地位。表 7 - 16 中的数据进一步说明，2015 年来宾市生态环境建设水平的 18 个三级指标中，强势指标有 2 个，占指标总数的 11.111%；优势指标为 4 个，占指标总数的 22.222%；中势指标 8 个，占指标总数的 44.444%；劣势指标为 4 个，占指标总数的 22.222%；强势指标和优势指标之和占指标总数的 33.333%，数量与比重均大于劣势指标。从二级指标来看，其中，生态绿化不存在强势指标；优势指标为 1 个，占指标总数的 12.500%；中势指标 5 个，占指标总数的 62.500%；劣势指标为 2 个，占指标总数的 25.000%；强势指标和优势指标之和占指标总数的 12.500%；说明生态绿化的强、优势指标未居于主导地位。环境治理的强势指标有 2 个，占指标总数的 20.000%；优势指标为 3 个，占指标总数的 30.000%；中势指标 3 个，占指标总数的 30.000%；劣势指标为 2 个，占指标总数的 20.000%；强势指标和优势指标之和占指标总数的 50.000%；说明环境治理的强、优势指标处于主导地位。由于强、优势指标比重较小，来宾市生态环境建设水平处于中势地位，在珠江－西江经济带位居第 7 名，处于中游区。

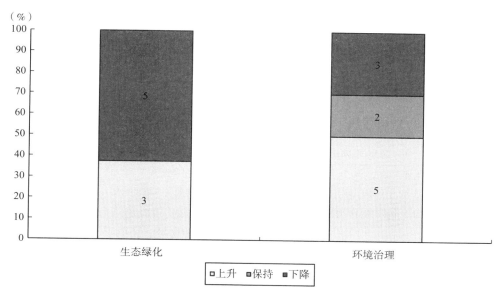

图 7－23　2010～2015 年来宾市生态环境建设水平动态变化结构

表 7－15　　　　　　　　　　　2010～2015 年来宾市生态环境建设水平各级指标排名变化态势比较

二级指标	三级指标数	上升指标		保持指标		下降指标	
		个数	比重（%）	个数	比重（%）	个数	比重（%）
生态绿化	8	3	37.500	0	0.000	5	62.500
环境治理	10	5	50.000	2	20.000	3	30.000
合计	18	8	44.444	2	11.111	8	44.444

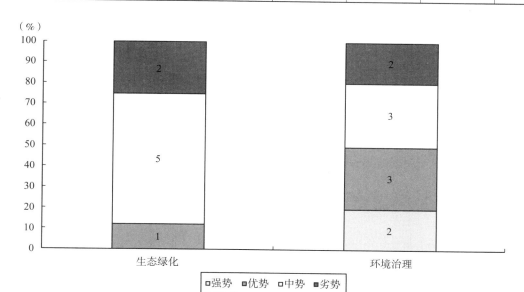

图 7－24　2015 年来宾市生态环境建设水平各级指标优劣度结构

表 7－16　　　　　　　　　　　2015 年来宾市生态环境建设水平各级指标优劣度比较

二级指标	三级指标数	强势指标		优势指标		中势指标		劣势指标		优劣度
		个数	比重（%）	个数	比重（%）	个数	比重（%）	个数	比重（%）	
生态绿化	8	0	0.000	1	12.500	5	62.500	2	25.000	劣势

二级指标	三级指标数	强势指标		优势指标		中势指标		劣势指标		优劣度
		个数	比重（%）	个数	比重（%）	个数	比重（%）	个数	比重（%）	
环境治理	10	2	20.000	3	30.000	3	30.000	2	20.000	优势
合计	18	2	11.111	4	22.222	8	44.444	4	22.222	中势

为了进一步明确影响来宾市生态环境建设水平变化的具体因素，以便于对相关指标进行深入分析，为提升来宾市生态环境建设水平提供决策参考，表7-17列出生态环境建设水平评估指标体系中直接影响来宾市生态环境建设水平升降的强势指标、优势指标、中势指标和劣势指标。

表7-17　　　　2015年来宾市生态环境建设水平三级指标优劣度统计

指标	强势指标	优势指标	中势指标	劣势指标
生态绿化（8个）	（0个）	城镇绿化扩张弹性系数（1个）	生态绿化强度、城镇绿化动态变化、绿化扩张强度、城市绿化相对增长率、城市绿化绝对增量加权指数（5个）	城市绿化蔓延指数、环境承载力（2个）
环境治理（10个）	综合利用率平均增长指数、综合利用率枢纽度（2个）	环保支出水平、污染处理率比重增量、环保支出区位商（3个）	地区环境相对损害指数（EVI）、环保支出职能规模、环保支出职能地位（3个）	单位GDP消耗能源、环保支出规模强度（2个）

第八章　崇左市生态环境建设水平综合评估

一、崇左市生态绿化建设水平综合评估与比较

（一）崇左市生态绿化建设水平评估指标变化趋势评析

1. 城镇绿化扩张弹性系数

根据图 8－1 分析可知，2010～2015 年崇左市城镇绿化扩张弹性系数总体上呈现波动保持型的状态。波动保持型指标意味着城市在该项指标上虽然呈现波动状态，但在评价末期和评价初期的数值基本保持一致，由该图可知崇左市城镇绿化扩张弹性系数数值保持在 88.457～88.834。即使崇左市城镇绿化扩张弹性系数存在过最低值，其数值为 88.457，但崇左市在城镇绿化扩张弹性系数上总体表现相对平稳；说明该地区城镇绿化能力及活力持续又稳定。

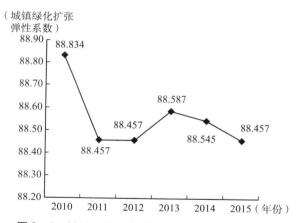

（城镇绿化扩张弹性系数）

图 8－1　2010～2015 年崇左市城镇绿化扩张弹性系数变化趋势

2. 生态绿化强度

根据图 8－2 分析可知，2010～2015 年崇左市生态绿化强度指数总体上呈现波动下降型的状态。2010～2015 年城市在该项指标数值上虽然呈现波动变化状态，但总体数值情况保持一致。波动保持型指标意味着城市在该项指标上虽然呈现波动状态，但在评价末期和评价初期的数值基本保持一致。这就意味着在评估的时间段内，虽然指标数据存在较大的波动，但是其评价末期数据值低于评价初期数据值。崇左市的生态绿化强度指数末期低于初期的数据，

降低 1 个单位左右，并且 2010～2013 年存在明显下降的变化；这说明崇左市生态绿化强度情况处于不太稳定的下降状态。

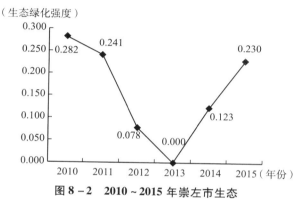

（生态绿化强度）

图 8－2　2010～2015 年崇左市生态绿化强度变化趋势

3. 城镇绿化动态变化

根据图 8－3 分析可知，2010～2015 年崇左市城镇绿化动态变化总体上呈现波动下降型的状态。这种状态表现为 2010～2015 年城市在该项指标上总体呈现下降趋势，但在评估期间存在上下波动的情况，并非连续性下降状态。这就意味着在评估的时间段内，虽然指标数据存在较大的波动化，但是其评价末期数据值低于评价初期数据值。崇左市的城镇绿化末期低于初期的数据，降低 5 个单位左右，并且 2013～2014 年存在明显下降的变化；这说明崇左市城镇绿化动态变化情况处于不太稳定的下降状态。

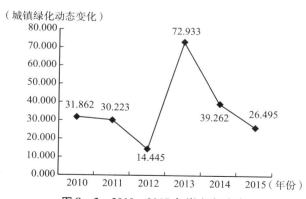

（城镇绿化动态变化）

图 8－3　2010～2015 年崇左市城镇绿化动态变化趋势

4. 绿化扩张强度

根据图 8－4 分析可知，2010～2015 年崇左市绿化扩张强度总体上呈现波动保持型的状态。波动保持型指标意味着城市在该项指标上虽然呈现波动状态，但在评价末期和评价初期的数值基本保持一致，由该图可知崇左市绿化扩张强度数值保持在 31.707～32.955。即使崇左市绿化扩张强度存在过最低值，其数值为 31.707，但崇左市在绿化扩张强度上总体表现相对平稳；说明该地区城镇绿化能力及活力持续又稳定。

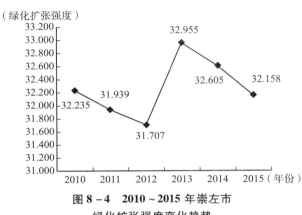

图 8－4　2010～2015 年崇左市
绿化扩张强度变化趋势

5. 城市绿化蔓延指数

根据图 8－5 分析可知，2010～2015 年崇左市绿化蔓延指数总体上呈现波动上升型的状态。2010～2015 年城市在这一类型指标上存在一定的波动变化，总体趋势为上升趋势，但在个别年份出现下降的情况，指标并非连续性上升状态。波动上升型指标意味着在评价的时间段内，虽然指标数据存在较大的波动变化，但是其评价末期数据值高于评价初期数据值。崇左市在 2011～2012 年虽然出现下降的状况，2012 年为 11.602，但是总体上还是呈现上升的态势，最终稳定在 17.762。城市绿化蔓延指数越大，说明城市的生态环境保护水平越高，对于崇左市来说，其城市生态保护发展潜力越大。

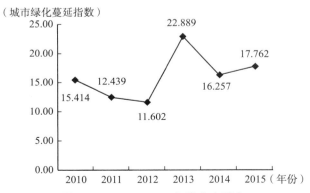

图 8－5　2010～2015 年崇左市城市
绿化蔓延指数变化趋势

6. 环境承载力

根据图 8－6 分析可知，2010～2015 年崇左市的环境承载力总体上呈现持续上升型的状态。处于持续上升型的指标，不仅意味着城市在各项指标数据上的不断增长，更意味着城市在该项指标以及生态绿化建设水平整体上的竞争力优势不断扩大。通过折线图可以看出，崇左市的环境承载力指标不断提高，在 2015 年达到 0.374，相较于 2010 年上升 0.3 个单位左右；说明崇左市的绿化面积整体密度更大、容量范围更广。

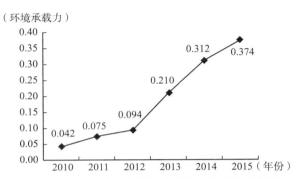

图 8－6　2010～2015 年崇左市环境承载力变化趋势

7. 城市绿化相对增长率

根据图 8－7 分析可知，2010～2015 年崇左市绿化相对增长率指数总体上呈现波动下降型的状态。这种状态表现为 2010～2015 年城市在该项指标上总体呈现下降趋势，但在评估期间存在上下波动的情况，并非连续性下降状态。这就意味着在评估的时间段内，虽然指标数据存在较大的波动，但是其评价末期数据值低于评价初期数据值。崇左市的城市绿化相对增长率指数末期低于初期的数据，降低 1 个单位左右，并且 2010～2011 年存在明显下降的变化；这说明崇左市城市绿化相对增长率情况处于不太稳定的下降状态。

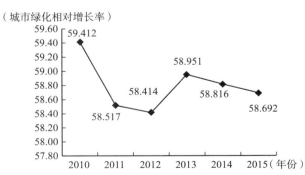

图 8－7　2010～2015 年崇左市城市绿化相对
增长率变化趋势

8. 城市绿化绝对增量加权指数

根据图 8－8 分析可知，2010～2015 年崇左市城市绿化

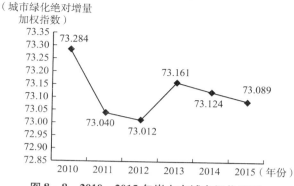

图8-8 2010～2015年崇左市城市绿化绝对增量加权指数变化趋势

绝对增量加权指数总体上呈现波动保持型的状态。波动保持型指标意味着城市在该项指标上虽然呈现波动状态，但在评价末期和评价初期的数值基本保持一致，由该图可知崇左市绿化绝对增量加权指数数值保持在73.012～73.284。即使崇左市绿化绝对增量加权指数存在过最低值，其数值为73.012，但崇左市在城市绿化绝对增量加权指数上总体表现相对平稳；说明该地区城镇绿化能力及活力持续又稳定。

根据表8-1、表8-2、表8-3可以显示出2010～2015年崇左市生态绿化建设水平在相应年份的原始值、标准值及排名情况。

表8-1   2010～2011年崇左市生态绿化建设水平各级指标排名及相关数据

指标		2010年			2011年		
		原始值	标准值	排名	原始值	标准值	排名
生态绿化	城镇绿化扩张弹性系数	2.391	88.834	3	0.000	88.457	7
	生态绿化强度	0.060	0.282	11	0.058	0.241	11
	城镇绿化动态变化	0.101	31.862	3	0.091	30.223	4
	绿化扩张强度	0.000	32.235	7	0.000	31.939	6
	城市绿化蔓延指数	16.179	15.414	1	3.066	12.439	5
	环境承载力	8023.084	0.042	9	8743.121	0.075	10
	城市绿化相对增长率	0.003	59.412	7	0.000	58.517	6
	城市绿化绝对增量加权指数	0.725	73.284	7	0.081	73.040	7

表8-2   2012～2013年崇左市生态绿化建设水平各级指标排名及相关数据

指标		2012年			2013年		
		原始值	标准值	排名	原始值	标准值	排名
生态绿化	城镇绿化扩张弹性系数	0.000	88.457	10	0.826	88.587	5
	生态绿化强度	0.046	0.078	11	0.040	0.000	11
	城镇绿化动态变化	0.003	14.445	10	0.331	72.933	1
	绿化扩张强度	0.000	31.707	11	0.000	32.955	6
	城市绿化蔓延指数	-0.622	11.602	9	49.127	22.889	2
	环境承载力	9171.844	0.094	10	11735.643	0.210	10
	城市绿化相对增长率	0.000	58.414	11	0.001	58.951	6
	城市绿化绝对增量加权指数	0.006	73.012	11	0.400	73.161	6

表8-3   2014～2015年崇左市生态绿化建设水平各级指标排名及相关数据

指标		2014年			2015年		
		原始值	标准值	排名	原始值	标准值	排名
生态绿化	城镇绿化扩张弹性系数	0.561	88.545	5	0.000	88.457	9
	生态绿化强度	0.049	0.123	11	0.057	0.230	11
	城镇绿化动态变化	0.142	39.262	2	0.071	26.495	3
	绿化扩张强度	0.000	32.605	6	0.000	32.158	8
	城市绿化蔓延指数	19.895	16.257	3	26.529	17.762	2
	环境承载力	13962.319	0.312	10	15337.579	0.374	11
	城市绿化相对增长率	0.001	58.816	6	0.001	58.692	8
	城市绿化绝对增量加权指数	0.301	73.124	6	0.210	73.089	8

（二）崇左市生态绿化建设水平评估结果

根据表8-4对2010～2012年崇左市生态绿化建设水平得分、排名、优劣度进行分析。2010年崇左市生态绿化建设水平排名处在珠江－西江经济带第5名，2011年崇左市生态绿化建设水平排名降至第7名，2012年其排名又降至第 11 名，说明崇左市生态绿化建设水平较于珠江-西江经济带其他城市处于相对劣势的位置。对崇左市的生态绿化建设水平得分情况进行分析，发现崇左市生态绿化建设水平得分持续下降，变动幅度较小，说

明崇左市生态绿化水平仍待提升。2010~2012 年崇左市的生态绿化建设水平在珠江-西江经济带中由优势地位降至劣势地位波，说明崇左市的生态绿化建设水平整体稳定性仍待增强。

表 8-4　　2010~2012 年崇左市生态绿化建设水平各级指标的得分、排名及优劣度分析

指标	2010 年			2011 年			2012 年		
	得分	排名	优劣度	得分	排名	优劣度	得分	排名	优劣度
生态绿化	20.939	5	优势	20.764	7	中势	20.132	11	劣势
城镇绿化扩张弹性系数	8.209	3	优势	7.930	7	中势	8.243	10	劣势
生态绿化强度	0.012	11	劣势	0.010	11	劣势	0.003	11	劣势
城镇绿化动态变化	1.438	3	优势	1.419	4	优势	0.681	10	劣势
绿化扩张强度	1.553	7	中势	1.644	6	中势	1.593	11	劣势
城市绿化蔓延指数	0.631	1	强势	0.519	5	优势	0.479	9	劣势
环境承载力	0.002	9	劣势	0.003	10	劣势	0.004	10	劣势
城市绿化相对增长率	3.856	7	中势	3.739	6	中势	3.706	11	劣势
城市绿化绝对增量加权指数	5.238	7	中势	5.499	7	中势	5.422	11	劣势

对崇左市生态绿化建设水平的三级指标进行分析，其中城镇绿化扩张弹性系数得分排名呈现出持续下降的发展趋势。对崇左市城镇绿化扩张弹性系数的得分情况进行分析，发现崇左市城镇绿化扩张弹性系数得分波动上升，说明崇左市的城市环境与城市面积之间呈现协调发展的关系，城市的绿化扩张越来越合理。

生态绿化强度的得分排名呈现出持续保持的趋势。对崇左市生态绿化强度的得分情况进行分析，发现崇左市在生态绿化强度的得分持续下降，说明崇左市的生态绿化强度不断降低，城市公园绿地的优势不断降低，城市活力仍待提升。

城镇绿化动态变化得分排名呈现出持续下降的趋势。对崇左市城镇绿化动态变化的得分情况进行分析，发现崇左市在城镇绿化动态变化的得分持续下降，说明崇左市的城市绿化面积减小，与此显示出崇左市的经济活力和城市规模的不断降低。

绿化扩张强度得分排名呈现出先上升后下降的趋势。对崇左市绿化扩张强度的得分情况进行分析，发现崇左市在绿化扩张强度的得分波动上升，说明崇左市在推进城市绿化建设方面的能力不断提升，但在珠江-西江经济带中仍不具备优势。

城市绿化蔓延指数得分排名呈现持续下降的趋势。对崇左市的城市绿化蔓延指数的得分情况进行分析，发现崇左市的城市绿化蔓延指数的得分持续下降，分值变动幅度较大，说明城市的城市绿化蔓延指数稳定性较好。

环境承载力得分排名呈现出先下降后保持的趋势。对崇

左市环境承载力的得分情况进行分析，发现崇左市在环境承载力的得分持续上升，说明 2010~2012 年崇左市的环境承载力不断提高。

城市绿化相对增长率得分排名呈现出先上升后下降的趋势。对崇左市绿化相对增长率的得分情况进行分析，发现崇左市在城市绿化相对增长率的得分持续下降，分值变动幅度较小，说明 2010~2012 年崇左市的城市绿化面积不断减小。

城市绿化绝对增量加权指数得分排名呈现出先保持后下降的趋势。对崇左市的城市绿化绝对增量加权指数的得分情况进行分析，发现崇左市在城市绿化绝对增量加权指数的得分波动上升，变化幅度较小，说明 2010~2012 年崇左市的城市绿化要素集中度较高，城市绿化变化增长趋向于集中型发展。

根据表 8-5 对 2013~2015 年崇左市生态绿化建设水平的得分、排名和优劣度进行分析。2013 年崇左市生态绿化建设水平排名处在珠江-西江经济带第 3 名，2014 年其排名降至第 5 名，2015 年其排名降至第 6 名，说明崇左市生态绿化建设水平较于珠江-西江经济带其他城市处于相对中势的位置。对崇左市的生态绿化建设水平得分情况进行分析，发现崇左市生态绿化建设水平得分持续下降，说明崇左市生态绿化建设水平仍待提升。2013~2015 年崇左市的生态绿化建设水平在珠江-西江经济带介于优势和中势地位波动，说明崇左市的生态绿化建设水平整体的稳定性有待提升。

表 8-5　　2013~2015 年崇左市生态绿化建设水平各级指标的得分、排名及优劣度分析

指标	2013 年			2014 年			2015 年		
	得分	排名	优劣度	得分	排名	优劣度	得分	排名	优劣度
生态绿化	23.145	3	优势	21.318	5	优势	21.075	6	中势
城镇绿化扩张弹性系数	8.063	5	优势	8.124	5	优势	7.855	9	劣势
生态绿化强度	0.000	11	劣势	0.006	11	劣势	0.010	11	劣势
城镇绿化动态变化	3.382	1	强势	1.980	2	强势	1.185	3	优势
绿化扩张强度	1.589	6	中势	1.545	6	中势	1.793	8	中势
城市绿化蔓延指数	1.094	2	强势	0.679	3	优势	0.740	2	强势

续表

指标	2013 年			2014 年			2015 年		
	得分	排名	优劣度	得分	排名	优劣度	得分	排名	优劣度
环境承载力	0.009	10	劣势	0.014	10	劣势	0.016	11	劣势
城市绿化相对增长率	3.645	6	中势	3.607	6	中势	3.957	8	中势
城市绿化绝对增量加权指数	5.363	6	中势	5.363	6	中势	5.518	8	中势

对崇左市生态绿化建设水平的三级指标进行分析,其中城镇绿化扩张弹性系数得分排名呈现出先保持后下降的发展趋势。对崇左市城镇绿化扩张弹性系数的得分情况进行分析,发现崇左市的城镇绿化扩张弹性系数得分波动下降,说明崇左市的城市环境与城市面积之间的协调发展还有很大的提升空间。

生态绿化强度的得分排名呈现出持续保持的趋势。对崇左市生态绿化强度的得分情况进行分析,发现崇左市的生态绿化强度的得分在持续上升,说明崇左市生态绿化强度有所提高。

城镇绿化动态变化得分排名呈现持续下降的趋势。对崇左市城镇绿化动态变化的得分情况进行分析,发现崇左市城镇绿化动态变化的得分持续下降,说明城市的城镇绿化动态变化不断降低,城市绿化面积的增加变小,相应的呈现出城市经济活力和城市规模的不断降低。

绿化扩张强度得分排名呈现出先保持后下降的趋势。对崇左市的绿化扩张强度得分情况进行分析,发现崇左市在绿化扩张强度的得分波动上升,说明崇左市的绿化用地面积增长速率得到提高,相对应的呈现出城市城镇绿化能力及活力的不断扩大。

城市绿化蔓延指数得分排名呈现出先下降后上升的趋势。对崇左市的城市绿化蔓延指数的得分情况进行分析,发现崇左市在城市绿化蔓延指数的得分波动下降,说明2013~2015年崇左市绿化蔓延指数存在较大的提升空间。

环境承载力得分排名呈现出先保持后下降的趋势。对崇左市环境承载力的得分情况进行分析,发现崇左市在环境承载力的得分持续上升,说明2013~2015年崇左市环境承载力不断提高,城市的绿化面积整体密度、容量范围也在不断扩大。

城市绿化相对增长率得分排名呈现出先保持后下降的趋势。对崇左市的城市绿化相对增长率得分情况进行分析,发现崇左市在城市绿化相对增长率的得分波动上升,说明崇左市绿化面积增长速率不断提高,城市绿化面积不断扩大。

城市绿化绝对增量加权指数得分排名呈现出先保持后下降的趋势。对崇左市的城市绿化绝对增量加权指数的得分情况进行分析,发现崇左市绿化绝对增量加权指数的得分持续上升,说明崇左市的城市绿化绝对增量加权指数不断提高,城市的绿化要素集中度不断提高,城市绿化变化增长趋向于密集型发展。

对2010~2015年崇左市生态绿化建设水平及各三级指标的得分、排名和优劣度进行分析。2010年、2014年崇左市生态绿化建设水平得分排名均处在珠江-西江经济带第5名,2011年其排名降至第7名,2012年其排名降至第11名,2013年其排名升至第3名,2015年其排名降至第6名。2010~2015年崇左市生态绿化建设水平得分排名在珠江-西江经济带介于上游区、中游区和下游区波动,城市生态绿化建设水平也一直在优势、中势和劣势地位波动,说明崇左市生态绿化建设水平发展较之于珠江-西江经济带的其他城市具有一定的竞争优势。对崇左市的生态绿化建设水平得分情况进行分析,发现崇左市的生态绿化建设水平得分呈现波动下降的发展趋势,2010~2015年崇左市的生态绿化建设水平得分呈频繁升降的趋势,说明崇左市生态绿化建设水平稳定性有待提升。

从生态绿化建设水平基础指标的优劣度结构来看(见表8-6),在8个基础指标中,指标的优劣度结构为12.5:12.5:37.5:37.5。由于中势指标和劣势指标所占比重大于强势和优势指标的比重,从整体上看,生态绿化建设水平处于中势地位。

表8-6　　　　　　　　　2015 年崇左市生态绿化建设水平指标的优劣度结构

二级指标	三级指标数	强势指标		优势指标		中势指标		劣势指标		优劣度
		个数	比重(%)	个数	比重(%)	个数	比重(%)	个数	比重(%)	
生态绿化	8	1	12.500	1	12.500	3	37.500	3	37.500	中势

(三) 崇左市生态绿化建设水平比较分析

图8-9和图8-10将2010~2015年崇左市生态绿化建设水平与珠江-西江经济带最高水平和平均水平进行比较。从生态绿化建设水平的要素得分比较来看,由图8-9可知,2010年,崇左市城镇绿化扩张弹性系数得分比珠江-西江经济带最高分低0.067分,比平均分高0.012分;2011年,城镇绿化扩张弹性系数得分比最高分低1.035分,比平均分高0.591分;2012年,城镇绿化扩张弹性系数得分

比最高分低0.428分,比平均分低0.070分;2013年,城镇绿化扩张弹性系数得分比最高分低0.037分,比平均分高0.028分;2014年,城镇绿化扩张弹性系数得分比最高分低0.012分,比平均分高0.002分;2015年,城镇绿化扩张弹性系数得分比最高分低0.212分,比平均分低0.023分。这说明整体上崇左市城镇绿化扩张弹性系数得分与珠江-西江经济带最高分的差距先增大后减小,与珠江-西江经济带平均分的差距波动增大。

2010年,崇左市生态绿化强度得分比珠江-西江经济带

最高分低 3.438 分，比平均分低 0.563 分；2011 年，生态绿化强度得分比最高分低 3.482 分，比平均分低 0.566 分；2012 年，生态绿化强度得分比最高分低 4.197 分，比平均分低 0.591 分；2013 年，生态绿化强度得分比最高分低 4.485 分，比平均分低 0.601 分；2014 年，生态绿化强度得分比最高分低 4.536 分，比平均分低 0.599 分；2015 年，生态绿化强度得分比最高分低 4.386 分，比平均分低 0.574 分。这说明整体上崇左市生态绿化强度得分与珠江－西江经济带最高分的差距先增大后减小，与珠江－西江经济带平均分的差距波动增大。

2010 年，崇左市城镇绿化动态变化得分比珠江－西江

经济带最高分低 0.426 分，比平均分高 0.358 分；2011 年，城镇绿化动态变化得分比最高分低 1.623 分，比平均分高 0.153 分；2012 年，城镇绿化动态变化得分比最高分低 1.583 分，比平均分低 0.672 分；2013 年，城镇绿化动态变化得分为最高分，比平均分高 2.205 分；2014 年，城镇绿化动态变化得分比最高分低 3.063 分，比平均分高 0.518 分；2015 年，城镇绿化动态变化得分比最高分低 1.396 分，比平均分低 0.004 分。这说明整体上崇左市城镇绿化动态变化得分与珠江－西江经济带最高分的差距波动增大，与珠江－西江经济带平均分的差距先增大后减小。

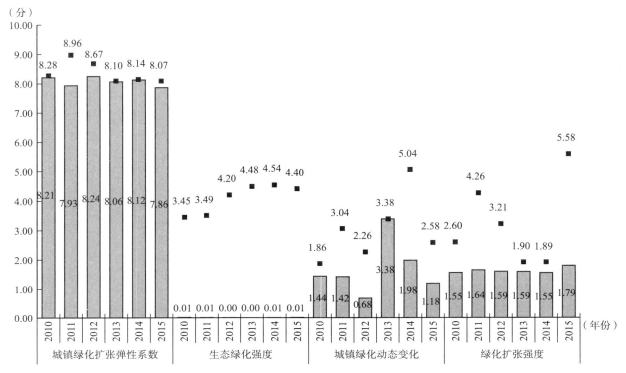

图 8 - 9　2010～2015 年崇左市生态绿化建设水平指标得分比较 1

2010 年，崇左市绿化扩张强度得分比珠江－西江经济带最高分低 1.043 分，比平均分高 0.041 分；2011 年，绿化扩张强度得分比最高分低 2.617 分，比平均分低 0.260 分；2012 年，绿化扩张强度得分比最高分低 1.621 分，比平均分低 0.238 分；2013 年，绿化扩张强度得分比最高分低 0.315 分，比平均分低 0.025 分；2014 年，绿化扩张强度得分比最高分低 0.349 分，比平均分高 0.096 分；2015 年，绿化扩张强度得分比最高分低 3.782 分，比平均分低 0.651 分。这说明整体上崇左市绿化扩张强度得分与珠江－西江经济带最高分的差距波动增大，与珠江－西江经济带平均分的差距波动增大。

由图 8 - 10 可知，2010 年，崇左市绿化蔓延指数得分与珠江－西江经济带最高分不存在差距，比平均分高 0.155 分；2011 年，城市绿化蔓延指数得分比最高分低 0.980 分，比平均分低 0.062 分；2012 年，城市绿化蔓延指数得分比最高分低 0.365 分，比平均分低 0.044 分；2013 年，城市绿化蔓延指数得分比最高分低 3.684 分，比

平均分高 0.052 分；2014 年，城市绿化蔓延指数得分比最高分低 0.917 分，比平均分高 0.079 分；2015 年，城市绿化蔓延指数得分比最高分低 1.926 分，比平均分高 0.040 分。这说明整体上崇左市绿化蔓延指数得分与珠江－西江经济带最高分的差距波动增大，与珠江－西江经济带平均分的差距波动减小。

2010 年，崇左市环境承载力得分比珠江－西江经济带最高分低 2.957 分，比平均分低 0.385 分；2011 年，环境承载力得分比最高分低 3.278 分，比平均分低 0.423 分；2012 年，环境承载力得分比最高分低 3.494 分，比平均分低 0.462 分；2013 年，环境承载力得分比最高分低 3.708 分，比平均分低 0.489 分；2014 年，环境承载力得分比最高分低 3.983 分，比平均分低 0.614 分；2015 年，环境承载力得分比最高分低 4.392 分，比平均分低 0.578 分。这说明整体上崇左市环境承载力得分与珠江－西江经济带最高分的差距持续增大，与珠江－西江经济带平均分的差距也持续增大。

2010 年，崇左市绿化相对增长率得分比珠江－西江经

济带最高分低 3.589 分，比平均分高 0.102 分；2011 年，城市绿化相对增长率得分比最高分低 1.447 分，比平均分低 0.144 分；2012 年，城市绿化相对增长率得分比最高分低 0.925 分，比平均分低 0.136 分；2013 年，城市绿化相对增长率得分比最高低 0.174 分，比平均分低 0.014 分；2014 年，城市绿化相对增长率得分比最高分低 0.202 分，比平均分高 0.055 分；2015 年，城市绿化相对增长率得分比最高分低 2.785 分，比平均分低 0.480 分。这说明整体上崇左市绿化相对增长率得分与珠江－西江经济带最高分的差距先减小后增大，与珠江－西江经济带平均分的差距波动增大。

2010 年，崇左市绿化绝对增量加权指数得分比珠江－

西江经济带最高分低 0.608 分，比平均分高 0.415 分；2011 年，城市绿化绝对增量加权指数得分比最高分低 1.103 分，比平均分低 0.109 分；2012 年，城市绿化绝对增量加权指数得分比最高分低 0.244 分，比平均分低 0.055 分；2013 年，城市绿化绝对增量加权指数得分比最高分低 0.148 分，比平均分低 0.017 分；2014 年，城市绿化绝对增量加权指数得分比最高分低 0.168 分，比平均分高 0.003 分；2015 年，城市绿化绝对增量加权指数得分比最高分低 2.032 分，比平均分低 0.278 分。这说明整体上崇左市绿化绝对增量加权指数得分与珠江－西江经济带最高分的差距波动增大，与珠江－西江经济带平均分的差距先减小后增大。

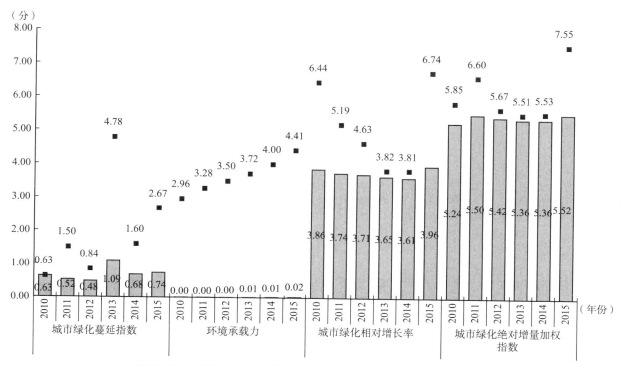

图 8 - 10　2010～2015 年崇左市生态绿化建设水平指标得分比较 2

二、崇左市环境治理水平综合评估与比较

（一）崇左市环境治理水平评估指标变化趋势评析

1. 地区环境相对损害指数（EVI）

根据图 8 - 11 分析可知，2010～2015 年崇左市地区环境相对损害指数（EVI）总体上呈现波动上升型的状态。2010～2015 年城市在这一类型指标上存在一定的波动变化，总体趋势为上升趋势，但在个别年份出现下降的情况，指标并非连续性上升状态。波动上升型指标意味着在评价的时间段内，虽然指标数据存在较大的波动变化，但是其评价末期数据值高于评价初期数据值。崇左市在 2010～2012 年虽然出现下降的状况，2012 年为 93.160，但是总体上还

是呈现上升的态势，最终稳定在 99.139。地区环境相对损害指数（EVI）越大，说明城市的生态环境保护能力越强，对于崇左市来说，其城市生态环境发展潜力越大。

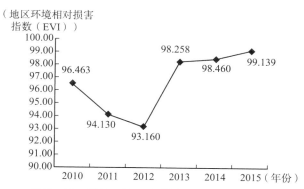

图 8 - 11　2010～2015 年崇左市地区环境相对损害指数（EVI）变化趋势

2. 单位 GDP 消耗能源

根据图 8－12 分析可知，2010～2015 年崇左市的单位 GDP 消耗能源总体上呈现波动下降型的状态。2010～2015 年城市在该项指标上总体呈现下降趋势，但在评估期间存在上下波动的情况，指标并非连续性下降状态。波动下降型指标意味着在评估期间，虽然指标数据存在较大波动变化，但是其评价末期数据值低于评价初期数据值。崇左市单位 GDP 消耗能源指标处于不断下降的状态，2010 年此指标数值最高，为 81.957，到 2015 年下降至 65.866。分析这种变化趋势，可以说明崇左市的整体发展水平仍待提升，城市的发展活力有待增强。

（单位GDP消耗能源）

图 8－12　2010～2015 年崇左市单位 GDP 消耗能源变化趋势

3. 环保支出水平

根据图 8－13 分析可知，2010～2015 年崇左市的环保支出水平总体上呈现波动上升型的状态。2010～2015 年城市在该项指标上存在较多波动变化，总体趋势为上升趋势，但在个别年份出现下降的情况，指标并非连续性上升。波动上升型指标意味着在评估期间，虽然指标数据存在较大波动变化，但是其评价末期数据值高于评价初期数据值。通过折线图可以看出，崇左市的环保支出水平指标不断提高，在 2015 年达到 38.232，相较于 2010 年上升 29 个单位左右；说明崇左市的生态环境保护水平较高，城市生态环境保护发展潜力较大。

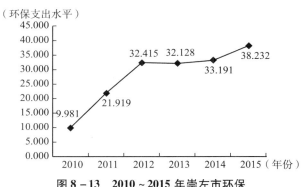

（环保支出水平）

图 8－13　2010～2015 年崇左市环保支出水平变化趋势

4. 污染处理率比重增量

根据图 8－14 分析可知，2010～2015 年崇左市污染处理率比重增量指数总体上呈现波动下降型的状态。这种状态表现为 2010～2015 年城市在该项指标上总体呈现下降趋势，但在评估期间存在上下波动的情况，并非连续性下降状态。这就意味着在评估的时间段内，虽然指标数据存在较大的波动化，但是其评价末期数据值低于评价初期数据值。崇左市的污染处理率比重增量指数末期低于初期的数据，降低 10 个单位左右，并且 2011～2012 年存在明显下降的变化；这说明崇左市污染处理率比重增量情况处于不太稳定的下降状态。

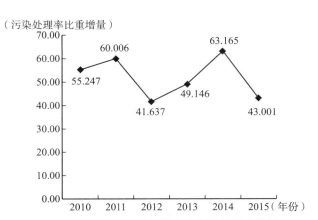

（污染处理率比重增量）

图 8－14　2010～2015 年崇左市污染处理率比重增量变化趋势

5. 综合利用率平均增长指数

根据图 8－15 分析可知，2010～2015 年崇左市综合利用率平均增长指数总体上呈现波动保持型的状态。波动保持型指标意味着城市在该项指标上虽然呈现波动状态，但在评价末期和评价初期的数值基本保持一致，崇左市综合利用率平均增长指数数值保持 26.734～44.611。即使崇左市综合利用率平均增长指数存在过最低值，其数值为 26.734，但崇左市在综合利用率平均增长指数上总体表现相对平稳；说明该地区城镇绿化能力及活力持续又稳定。

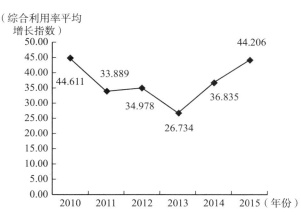

（综合利用率平均增长指数）

图 8－15　2010～2015 年崇左市综合利用率平均增长指数变化趋势

6. 综合利用率枢纽度

根据图 8－16 分析可知，2010～2015 年崇左市的综合利用率枢纽度总体上呈现波动下降型的状态。2010～2015 年城市在该项指标上总体呈现下降趋势，但在评估期间存在上下波动的情况，指标并非连续性下降状态。波动下降型指标意味着在评估期间，虽然指标数据存在较大波动变化，但是其评价末期数据值低于评价初期数据值。崇左市综合利用率枢纽度指标处于波动下降的状态中，2010 年此指标数值最高，为 78.547，到 2015 年下降至 59.455。分析这种变化趋势，可以说明崇左市综合利用率发展的水平仍待提升。

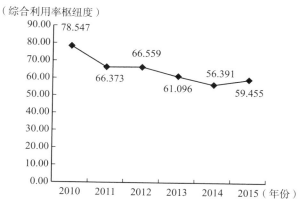

图 8－16　2010～2015 年崇左市综合利用率枢纽度变化趋势

7. 环保支出规模强度

根据图 8－17 分析可知，2010～2015 年崇左市的环保支出规模强度总体上呈现持续上升型的状态。处于持续上升型的指标，不仅意味着城市在各项指标数据上的不断增长，更意味着城市在该项指标以及生态保护实力整体上的竞争力优势不断扩大。通过折线图可以看出，崇左市的环保支出规模强度指标不断提高，在 2015 年达到 5.930，相较于 2010 年上升 5 个单位左右；说明崇左市的生态环境保护程度越高，其生态保护发展潜力越大。

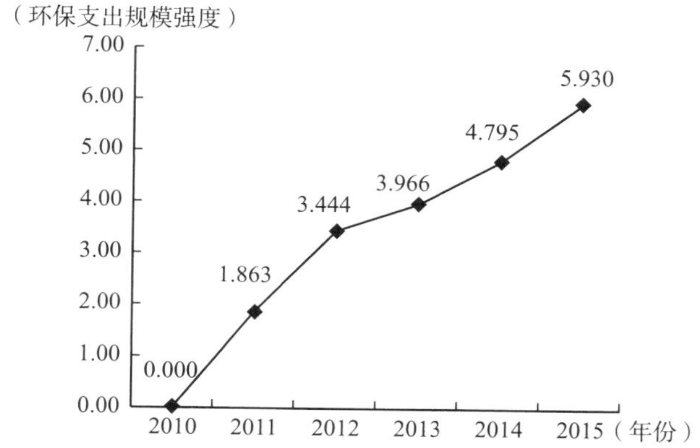

图 8－17　2010～2015 年崇左市环保支出规模强度变化趋势

8. 环保支出区位商

根据图 8－18 分析可知，2010～2015 年崇左市环保支出区位商总体上呈现波动上升型的状态。2010～2015 年城市在这一类型指标上存在一定的波动变化，总体趋势为上升趋势，但在个别年份出现下降的情况，指标并非连续性上升状态。波动上升型指标意味着在评价的时间段内，虽然指标数据存在较大的波动变化，但是其评价末期数据值高于评价初期数据值。崇左市在 2012～2013 年虽然出现下降的状况，2013 年为 26.698，但是总体上还是呈现上升的态势，最终稳定在 31.242。环保支出区位商越大，说明城市的生态环境保护水平越高，对于崇左市来说，其城市生态保护发展潜力越大。

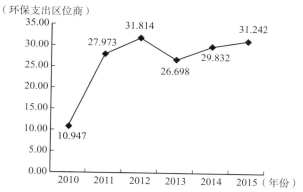

图 8－18　2010～2015 年崇左市环保支出区位商变化趋势

9. 环保支出职能规模

根据图 8－19 分析可知，2010～2015 年崇左市环保支出职能规模指数总体上呈现波动下降型的状态。这种状态表现为 2010～2015 年城市在该项指标上总体呈现下降趋势，但在评估期间存在上下波动的情况，并非连续性下降状态。这就意味着在评估的时间段内，虽然指标数据存在较大的波动，但是其评价末期数据值低于评价初期数据值。崇左市的环保支出职能规模指数末期低于初期的数据，降低 2 个单位左右，并且在 2013～2015 年存在明显下降的变化；这说明崇左市环保支出职能规模情况处于不太稳定的下降状态。

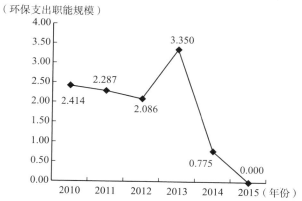

图 8－19　2010～2015 年崇左市环保支出职能规模变化趋势

10. 环保支出职能地位

根据图8－20分析可知，2010～2015年崇左市的环保支出职能地位总体上呈现持续上升型的状态。处于持续上升型的指标，不仅意味着城市在各项指标数据上的不断增长，更意味着城市在该项指标以及生态保护实力整体上的竞争力优势不断扩大。通过折线图可以看出，崇左市的环保支出职能地位指标不断提高，在2015年达到17.029，相较于2010年上升13个单位左右；说明崇左市发展具备的生态绿化及环境治理方面的潜力不断增强。

根据表8－7、表8－8、表8－9可以显示出2010～2015年崇左市环境治理水平在相应年份的原始值、标准值及排名情况。

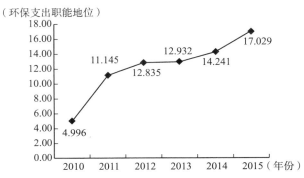

（环保支出职能地位）

图8－20　2010～2015年崇左市环保支出职能地位变化趋势

表8－7　　　　　　　　　2010～2011年崇左市环境治理水平各级指标排名及相关数据

指标		2010 年			2011 年		
		原始值	标准值	排名	原始值	标准值	排名
环境治理	地区环境相对损害指数（EVI）	0.783	96.463	3	1.119	94.130	4
	单位GDP消耗能源	0.009	81.957	2	0.012	61.470	6
	环保支出水平	0.002	9.981	9	0.004	21.919	2
	污染处理率比重增量	0.039	55.247	3	0.050	60.006	4
	综合利用率平均增长指数	0.001	44.611	6	0.000	33.889	6
	综合利用率枢纽度	0.000	78.547	3	0.000	66.373	3
	环保支出规模强度	-0.660	0.000	11	-0.555	1.863	9
	环保支出区位商	1.294	10.947	9	2.399	27.973	4
	环保支出职能规模	2699.057	5.119	10	24537.130	10.105	7
	环保支出职能地位	0.003	4.996	10	0.035	11.145	7

表8－8　　　　　　　　　2012～2013年崇左市环境治理水平各级指标排名及相关数据

指标		2012 年			2013 年		
		原始值	标准值	排名	原始值	标准值	排名
环境治理	地区环境相对损害指数（EVI）	1.259	93.160	4	0.524	98.258	3
	单位GDP消耗能源	0.012	61.497	6	0.011	67.723	6
	环保支出水平	0.005	32.415	2	0.005	32.128	2
	污染处理率比重增量	0.007	41.637	5	0.025	49.146	7
	综合利用率平均增长指数	0.000	34.978	4	0.000	26.734	7
	综合利用率枢纽度	0.000	66.559	3	0.000	61.096	3
	环保支出规模强度	-0.467	3.444	9	-0.438	3.966	7
	环保支出区位商	2.649	31.814	3	2.317	26.698	3
	环保支出职能规模	40579.261	13.767	6	35481.521	12.603	5
	环保支出职能地位	0.044	12.835	6	0.045	12.932	5

表8－9　　　　　　　　　2014～2015年崇左市环境治理水平各级指标排名及相关数据

指标		2014 年			2015 年		
		原始值	标准值	排名	原始值	标准值	排名
环境治理	地区环境相对损害指数（EVI）	0.495	98.460	3	0.397	99.139	3
	单位GDP消耗能源	0.012	61.656	5	0.011	65.866	7
	环保支出水平	0.005	33.191	2	0.005	38.232	2
	污染处理率比重增量	0.057	63.165	2	0.010	43.001	8
	综合利用率平均增长指数	0.000	36.835	5	0.001	44.206	2
	综合利用率枢纽度	0.000	56.391	5	0.000	59.455	2
	环保支出规模强度	-0.391	4.795	8	-0.328	5.930	7
	环保支出区位商	2.520	29.832	3	2.612	31.242	4
	环保支出职能规模	46602.950	15.142	5	57605.744	17.654	5
	环保支出职能地位	0.052	14.241	5	0.066	17.029	5

（二）崇左市环境治理水平评估结果

根据表 8 - 10 对 2010～2012 年崇左市环境治理水平得分、排名、优劣度进行分析。2010 年崇左市环境治理水平排名处在珠江－西江经济带第 2 名，2011 年崇左市环境治理水平排名降至第 3 名，2012 年崇左市环境治理水平排名升至第 2 名，说明崇左市环境治理水平较于珠江－西江经济带其他城市发展态势较好。对崇左市的环境治理水平得分情况进行分析，发现崇左市环境治理水平得分持续下降，说明崇左市环境治理力度仍待加强。2010～2012 年崇左市环境治理水平在珠江－西江经济带介于强势和优势地位波动，说明崇左市的环境治理水平处于较为领先的位置。

表 8 - 10　**2010～2012 年崇左市环境治理水平各级指标的得分、排名及优劣度分析**

指标	2010 年			2011 年			2012 年		
	得分	排名	优劣度	得分	排名	优劣度	得分	排名	优劣度
环境治理	25.069	2	强势	24.714	3	优势	24.166	2	强势
地区环境相对损害指数（EVI）	8.768	3	优势	8.494	4	优势	8.229	4	优势
单位 GDP 消耗能源	5.074	2	强势	3.838	6	中势	3.887	6	中势
环保支出水平	0.486	9	劣势	0.951	2	强势	1.507	2	强势
污染处理率比重增量	2.796	3	优势	3.774	4	优势	2.558	5	优势
综合利用率平均增长指数	2.386	3	中势	1.832	6	中势	1.662	4	优势
综合利用率枢纽度	4.522	3	优势	3.472	3	优势	3.406	3	优势
环保支出规模强度	0.000	11	劣势	0.079	9	劣势	0.149	9	劣势
环保支出区位商	0.546	9	劣势	1.306	4	优势	1.523	3	优势
环保支出职能规模	0.246	10	劣势	0.450	7	中势	0.653	6	中势
环保支出职能地位	0.246	10	劣势	0.519	7	中势	0.593	6	中势

对崇左市环境治理水平的三级指标进行分析，其中地区环境相对损害指数（EVI）得分排名呈现出先下降后保持的发展趋势。对崇左市的地区环境相对损害指数（EVI）的得分情况进行分析，发现崇左市的地区环境相对损害指数（EVI）得分持续下降，说明崇左市的地区环境相对损害指数（EVI）存在较大的提升空间，在发展城市经济的同时注重环境保护需要投入更大的力度。

单位 GDP 消耗能源的得分排名呈现出先下降后保持的趋势。对崇左市单位 GDP 消耗能源的得分情况进行分析，发现崇左市在单位 GDP 消耗能源的得分波动下降，说明崇左市的整体发展水平降低，城市活力有所降低。

环保支出水平得分排名呈现出先上升后保持的趋势。对崇左市环保支出水平的得分情况进行分析，发现崇左市在环保支出水平的得分持续上升，说明崇左市对环境治理的财政支持能力有所提高，促进经济发展与生态环境协调发展。

污染处理率比重增量得分排名呈现出持续下降的趋势。对崇左市的污染处理率比重增量的得分情况进行分析，发现崇左市在污染处理率比重增量的得分波动下降，说明崇左市在推动城市污染处理方面的力度不断降低。

综合利用率平均增长指数得分排名呈现先保持后上升的趋势。对崇左市的综合利用率平均增长指数的得分情况进行分析，发现崇左市的综合利用率平均增长指数的得分持续下降，分值变动幅度较大，说明城市的综合利用率平均增长指数平稳性降低，其工业固体废物的综合利用水平也降低。

综合利用率枢纽度得分排名呈现出持续保持的趋势。对崇左市的综合利用率枢纽度的得分情况进行分析，发现崇左市在综合利用率枢纽度的得分持续下降，说明 2010～2012 年崇左市的综合利用率能力不断降低，其综合利用率枢纽度存在较大的提升空间。

环保支出规模强度得分排名呈现出先上升后保持的趋势。对崇左市的环保支出规模强度的得分情况进行分析，发现崇左市在环保支出规模强度的得分持续上升，说明2010～2012 年崇左市的环保支出能力不断高于地区环保支出平均水平，但竞争优势有待提升。

环保支出区位商得分排名呈现出持续上升的趋势。对崇左市的环保支出区位商的得分情况进行分析，发现崇左市在环保支出区位商的得分持续上升，说明 2010～2012 年崇左市的环保支出区位商不断增强，城市所具备的环保支出能力不断提高。

环保支出职能规模得分排名呈现出持续上升的趋势。对崇左市的环保支出职能规模的得分情况进行分析，发现崇左市在环保支出职能规模的得分持续上升，说明崇左市环保支出水平不断增强，城市所具备的环保支出能力不断提高。

环保支出职能地位得分排名呈现出持续上升的趋势。对崇左市环保支出职能地位的得分情况进行分析，发现崇左市在环保支出职能地位的得分持续上升，说明崇左市在环保支出方面的地位不断增强，城市对保护环境和环境的治理能力提高。

根据表 8 - 11 对 2013～2015 年崇左市环境治理水平得分、排名、优劣度进行分析。2013～2014 年崇左市环境治理水平排名均处在珠江－西江经济带第 2 名，2015 年其排名降至珠江－西江经济带第 3 名，说明崇左市环境治理水平较于珠江－西江经济带其他城市处于相对优势的位置，具备较大的发展优势。对崇左市的环境治理水平得分情况进行分析，发现崇左市环境治理水平得分持续上升，说明崇左市环境治理力度不断提高。2013～2015 年崇左市的环境治理水平在珠江－西江经济带介于强势和优势地位波动，　说明崇左市的环境治理水平的发展优势较为稳定。

表 8－11　　　　　　　2013～2015 年崇左市环境治理水平各级指标的得分、排名及优劣度分析

指标	2013 年			2014 年			2015 年		
	得分	排名	优劣度	得分	排名	优劣度	得分	排名	优劣度
环境治理	24.867	2	强势	25.773	2	强势	26.029	3	优势
地区环境相对损害指数（EVI）	9.174	3	优势	9.376	3	优势	9.201	3	优势
单位 GDP 消耗能源	4.479	6	中势	3.858	5	优势	4.699	7	中势
环保支出水平	1.486	2	强势	1.559	2	强势	1.746	2	强势
污染处理率比重增量	2.857	7	中势	3.431	2	强势	2.291	8	中势
综合利用率平均增长指数	1.302	7	中势	1.826	5	优势	2.080	2	强势
综合利用率枢纽度	3.007	3	优势	2.721	3	优势	2.788	2	强势
环保支出规模强度	0.174	7	中势	0.218	8	中势	0.274	7	中势
环保支出区位商	1.209	3	优势	1.372	3	优势	1.374	4	优势
环保支出职能规模	0.577	5	优势	0.739	5	优势	0.808	5	优势
环保支出职能地位	0.601	5	优势	0.673	5	优势	0.768	5	优势

对崇左市环境治理水平的三级指标进行分析，其中地区环境相对损害指数（EVI）得分排名呈现出持续保持的发展趋势。对崇左市地区环境相对损害指数（EVI）的得分情况进行分析，发现崇左市的地区环境相对损害指数（EVI）得分波动上升，说明崇左市地区环境状况仍待改善，城市在发展经济的同时进行环境保护仍需注重。

单位 GDP 消耗能源的得分排名呈现出先升后降的趋势。对崇左市单位 GDP 消耗能源的得分情况进行分析，发现崇左市在单位 GDP 消耗能源的得分波动上升，说明崇左市的单位 GDP 消耗能源有所提高，城市整体发展水平提高，城市越来越具有活力。

环保支出水平得分排名呈现出持续保持的趋势。对崇左市的环保支出水平的得分情况进行分析，发现崇左市在环保支出水平的得分持续上升，说明崇左市的环保支出水平不断提高，城市的环保支出源不断丰富，城市对外部资源各类要素的集聚吸引能力不断增强。

污染处理率比重增量得分排名呈现出先升后降的趋势。对崇左市的污染处理率比重增量的得分情况进行分析，发现崇左市在污染处理率比重增量的得分波动下降，说明崇左市整体污染处理能力方面降低，污染处理率比重增量仍存在较大的提升空间。

综合利用率平均增长指数得分排名呈持续上升的趋势。对崇左市的综合利用率平均增长指数的得分情况进行分析，发现崇左市的综合利用率平均增长指数的得分持续上升，说明城市综合利用水平提高。

综合利用率枢纽度得分排名呈现出先保持后上升的趋势。对崇左市的综合利用率枢纽度的得分情况进行分析，发现崇左市在综合利用率枢纽度的得分波动下降，说明2013～2015 年崇左市的综合利用率枢纽度存在较大的发展空间。

环保支出规模强度得分排名呈现出先降后升的趋势。对崇左市的环保支出规模强度的得分情况进行分析，发现崇左市在环保支出规模强度的得分持续上升，说明2013～2015 年崇左市的环保支出规模强度与地区平均环保支出水平相比提高。

环保支出区位商得分排名呈现出先保持后下降的趋势。对崇左市的环保支出区位商的得分情况进行分析，发现崇左市在环保支出区位商的得分持续上升，说明2013～2015 年崇左市环保支出区位商增强，环保支出水平增强。

环保支出职能规模得分排名呈现出持续保持的趋势。对崇左市的环保支出职能规模的得分情况进行分析，发现崇左市在环保支出职能规模的得分持续上升，说明崇左市的环保支出水平方面不断增强，城市所具备的环保支出能力不断提高。

环保支出职能地位得分排名呈现出持续保持的趋势。对崇左市环保支出职能地位的得分情况进行分析，发现崇左市在环保支出职能地位的得分持续上升，说明崇左市在环保支出方面的地位不断增强，城市对保护环境和环境的治理能力提高。

对 2010～2015 年崇左市环境治理水平及各三级指标的得分、排名和优劣度进行分析。2010 年崇左市环境治理水平得分排名处在珠江－西江经济带第 2 名，2011 年崇左市环境治理水平得分排名降至第 3 名，2012～2014 年崇左市环境治理水平得分排名均升至第 2 名，2015 年其排名降至第 3 名。2010～2015 年崇左市环境治理水平得分排名在珠江－西江经济带上游区波动，城市环境治理水平也一直在强势、优势地位波动，说明崇左市环境治理水平发展较之于珠江－西江经济带的其他城市具备发展优势。对崇左市的环境治理水平得分情况进行分析，发现崇左市的环境治理水平得分呈现波动上升的发展趋势，说明崇左市环境治理水平逐渐增强，对环境治理的力度不断提高。

从环境治理水平基础指标的优劣度结构来看（见表8－12），在 10 个基础指标中，指标的优劣度结构为 30.0∶40.0∶30.0∶0.0。

表 8 - 12　　　　　　　　　　　　　2015 年崇左市环境治理水平指标的优劣度结构

二级指标	三级指标数	强势指标		优势指标		中势指标		劣势指标		优劣度
		个数	比重（%）	个数	比重（%）	个数	比重（%）	个数	比重（%）	
环境治理	10	3	30.000	4	40.000	3	30.000	0	0.000	优势

（三）崇左市环境治理水平比较分析

图 8 - 21 和图 8 - 22 将 2010～2015 年崇左市环境治理水平与珠江 - 西江经济带最高水平和平均水平进行比较。从环境治理水平的要素得分比较来看，由图 8 - 21 可知，2010 年，崇左市地区环境相对损害指数（EVI）得分比珠江 - 西江经济带最高分低 0.322 分，比平均分高 1.414 分；2011 年，地区环境相对损害指数（EVI）得分比最高分低 0.461 分，比平均分高 1.071 分；2012 年，地区环境相对损害指数（EVI）得分比最高分低 0.441 分，比平均分高 1.122 分；2013 年，地区环境相对损害指数（EVI）得分比最高分低 0.063 分，比平均分高 1.160 分；2014 年，地区环境相对损害指数（EVI）得分比最高分低 0.053 分，比平均分高 1.161 分；2015 年，地区环境相对损害指数（EVI）得分比最高分低 0.068 分，比平均分高 1.154 分。这说明整体上崇左市地区环境相对损害指数（EVI）得分与珠江 - 西江经济带最高分的差距波动增大，与珠江 - 西江经济带平均分的差距波动减小。

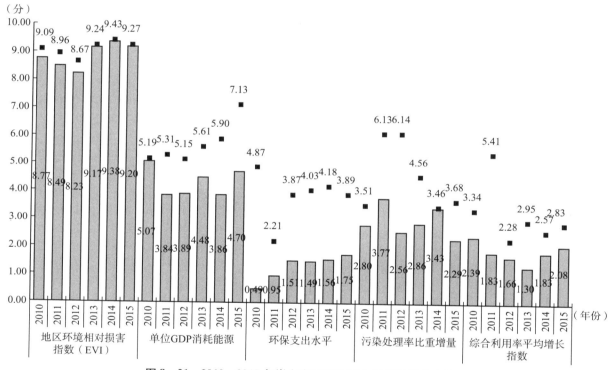

图 8 - 21　2010～2015 年崇左市环境治理水平指标得分比较 1

2010 年，崇左市单位 GDP 消耗能源得分比珠江 - 西江经济带最高分低 0.111 分，比平均分高 1.803 分；2011 年，单位 GDP 消耗能源得分比最高分低 1.471 分，比平均分高 0.523 分；2012 年，单位 GDP 消耗能源得分比最高分低 1.261 分，比平均分高 0.364 分；2013 年，单位 GDP 消耗能源得分比最高分低 1.130 分，比平均分高 0.545 分；2014 年，单位 GDP 消耗能源得分比最高分低 2.045 分，比平均分高 0.764 分；2015 年，单位 GDP 消耗能源得分比最高分低 2.435 分，比平均分高 0.136 分。这说明整体上崇左市单位 GDP 消耗能源得分与珠江 - 西江经济带最高分的差距波动增大，与珠江 - 西江经济带平均分的差距波动减小。

2010 年，崇左市环保支出水平得分比珠江 - 西江经济带最高分低 4.385 分，比平均分低 0.650 分；2011 年，环保支出水平得分比最高分低 1.255 分，比平均分高 0.165 分；2012 年，环保支出水平得分比最高分低 2.364 分，比平均分高 0.445 分；2013 年，环保支出水平得分比最高分低 2.546 分，比平均分高 0.465 分；2014 年，环保支出水平得分比最高分低 2.621 分，比平均分高 0.489 分；2015 年，环保支出水平得分比最高分低 2.142 分，比平均分高 0.620 分。这说明整体上崇左市环保支出水平得分与珠江 - 西江经济带最高分的差距波动减小，与珠江 - 西江经济带平均分的差距持续增大。

2010 年，崇左市污染处理率比重增量得分比珠江 - 西江经济带最高分低 0.717 分，比平均分高 1.051 分；2011 年，污染处理率比重增量得分比最高分低 2.358 分，比平均分高 0.230 分；2012 年，污染处理率比重增量得分比最高分低 3.585 分，比平均分低 0.427 分；2013 年，污染处理率比重增量得分比最高分低 1.705 分，比平均分低 0.137分；2014 年，污染处理率比重增量得分比最高分低 0.029分，比平均分高 0.987 分；2015 年，污染处理率比重增量得分比最高分低 1.385 分，比平均分低 0.217 分。这说明整体上崇左市污染处理率比重增量得分与珠江－西江经济带最高分的差距波动增大，与珠江－西江经济带平均分的差距波动减小。

2010 年，崇左市综合利用率平均增长指数得分比珠江－西江经济带最高分低 0.957 分，比平均分高 0.079 分；2011 年，综合利用率平均增长指数得分比最高分低 3.574分，比平均分低 0.203 分；2012 年，综合利用率平均增长指数得分比最高分低 0.615 分，比平均分高 0.272 分；2013年，综合利用率平均增长指数得分比最高分低 1.652 分，比平均分低 0.307 分；2014 年，综合利用率平均增长指数得分比最高分低 0.746 分，比平均分高 0.080 分；2015 年，

综合利用率平均增长指数得分比最高分低 0.754 分，比平均分高 0.544 分。这说明整体上崇左市综合利用率平均增长指数得分与珠江－西江经济带最高分的差距波动减小，与珠江－西江经济带平均分的差距持续增大。

由图 8-22 可知，2010 年，崇左市综合利用率枢纽度得分比珠江－西江经济带最高分低 1.235 分，比平均分高 2.315 分；2011 年，综合利用率枢纽度得分比最高分低 1.040 分，比平均分高 1.751 分；2012 年，综合利用率枢纽度得分比最高分低 0.634 分，比平均分高 1.807 分；2013年，综合利用率枢纽度得分比最高分低 0.700 分，比平均分高 1.581 分；2014 年，综合利用率枢纽度得分比最高分低 0.859 分，比平均分高 1.419 分；2015 年，综合利用率枢纽度得分比最高分低 0.941 分，比平均分高 1.516 分。这说明整体上崇左市综合利用率枢纽度得分与珠江－西江经济带最高分的差距先减小后增大，与珠江－西江经济带平均分的差距波动减小。

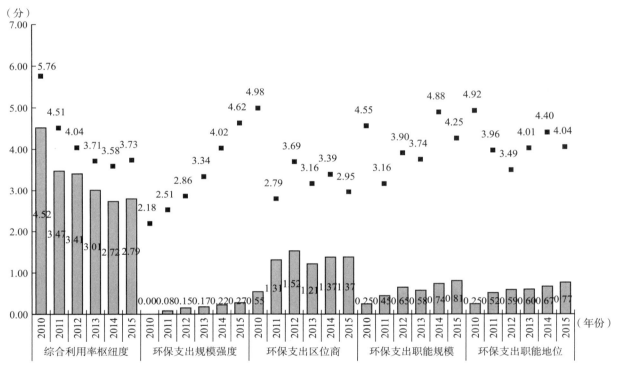

图 8-22　2010～2015 年崇左市环境治理水平指标得分比较 2

2010 年，崇左市环保支出规模强度得分比珠江－西江经济带最高分低 2.184 分，比平均分低 0.492 分；2011 年，环保支出规模强度得分比最高分低 2.433 分，比平均分低0.459 分；2012 年，环保支出规模强度得分比最高分低2.708 分，比平均分低 0.494 分；2013 年，环保支出规模强度得分比最高分低 3.162 分，比平均分低 0.531 分；2014年，环保支出规模强度得分比最高分低 3.800 分，比平均分低 0.597 分；2015 年，环保支出规模强度得分比最高分低 4.348 分，比平均分低 0.651 分。这说明整体上崇左市环保支出规模强度得分与珠江－西江经济带最高分的差距持续增大，与珠江－西江经济带平均分的差距先减小后减小。

2010 年，崇左市环保支出区位商得分比珠江－西江经

济带最高分低 4.439 分，比平均分低 0.750 分；2011 年，环保支出区位商得分比最高分低 1.486 分，比平均分高0.087 分；2012 年，环保支出区位商得分比最高分低 2.163分，比平均分高 0.228 分；2013 年，环保支出区位商得分比最高分低 1.952 分，比平均分高 0.189 分；2014 年，环保支出区位商得分比最高分低 2.017 分，比平均分高 0.316分；2015 年，环保支出区位商得分比最高分低 1.574 分，比平均分高 0.380 分。这说明整体上崇左市环保支出区位商得分与珠江－西江经济带最高分的差距波动减小，与珠江－西江经济带平均分的差距波动减小。

2010 年，崇左市环保支出职能规模得分比珠江－西江经济带最高分低 4.305 分，比平均分低 0.761 分；2011 年，

环保支出职能规模得分比最高分低 2.712 分，比平均分低 0.390 分；2012 年，环保支出职能规模得分比最高分低 3.250 分，比平均分低 0.463 分；2013 年，环保支出职能规模得分比最高分低 3.168 分，比平均分低 0.382 分；2014 年，环保支出职能规模得分比最高分低 1.141 分，比平均分低 0.396 分；2015 年，环保支出职能规模得分比最高分低 3.445 分，比平均分低 0.226 分。这说明整体上崇左市环保支出职能规模得分与珠江－西江经济带最高分的差距波动减小，与珠江－西江经济带平均分的差距波动减小。

2010 年，崇左市环保支出职能地位得分比珠江－西江经济带最高分低 4.674 分，比平均分低 0.826 分；2011 年，环保支出职能地位得分比最高分低 3.445 分，比平均分低 0.495 分；2012 年，环保支出职能地位得分比最高分低 2.901 分，比平均分低 0.413 分；2013 年，环保支出职能地位得分比最高分低 3.413 分，比平均分低 0.412 分；2014 年，环保支出职能地位得分比最高分低 3.730 分，比平均分低 0.357 分；2015 年，环保支出职能地位得分比最高分低 3.276 分，比平均分低 0.215 分。这说明整体上崇左市环保支出职能地位得分与珠江－西江经济带最高分的差距波动减小，与珠江－西江经济带平均分的差距持续减小。

三、崇左市生态环境建设水平综合评估与比较评述

从对崇左市生态环境建设水平评估及其 2 个二级指标在珠江－西江经济带的排名变化和指标结构的综合分析来看，2010～2015 年崇左市生态环境板块中上升指标的数量小于下降指标的数量，上升的动力小于下降的动力，使得 2015 年崇左市生态环境建设水平的排名呈波动下降趋势，在珠江－西江经济带城市排名中位居第 4 名。

（一）崇左市生态环境建设水平概要分析

崇左市生态环境建设水平在珠江－西江经济带所处的位置及变化如表 8－13 所示，2 个二级指标的得分和排名变化如表 8－14 所示。

表 8－13　　2010～2015 年崇左市生态环境建设水平一级指标比较

项目	2010 年	2011 年	2012 年	2013 年	2014 年	2015 年
排名	2	5	5	3	4	4
所属区位	上游	中游	中游	上游	中游	中游
得分	46.008	45.478	44.298	48.012	47.091	47.104
全国最高分	58.788	52.007	56.046	53.775	56.362	61.632
全国平均分	42.691	44.018	44.127	44.702	43.585	46.610
与最高分的差距	−12.779	−6.529	−11.748	−5.763	−9.272	−14.529
与平均分的差距	3.317	1.460	0.171	3.310	3.505	0.494
优劣度	强势	优势	优势	优势	优势	优势
波动趋势	—	下降	持续	上升	下降	持续

表 8－14　　2010～2015 年崇左市生态环境建设水平二级指标比较

年份	生态绿化		环境治理	
	得分	排名	得分	排名
2010	20.939	5	25.069	2
2011	20.764	7	24.714	3
2012	20.132	11	24.166	2
2013	23.145	3	24.867	2
2014	21.318	5	25.773	2
2015	21.075	6	26.029	3
得分变化	0.136		0.959	
排名变化		−1		−1
优劣度	中势	中势	强势	强势

（1）从指标排名变化趋势看，2015 年崇左市生态环境建设水平评估排名在珠江－西江经济带处于第 4 名，表明其在珠江－西江经济带处于优势地位，与 2010 年相比，排名下降 2 名。总的来看，评价期内崇左市生态环境建设水平呈现波动下降趋势。

在 2 个二级指标中，其中 2 个指标排名均处于下降的趋势，为生态绿化和环境治理，这是崇左市生态环境建设水平呈波动下降的原因所在。受指标排名升降的综合影响，评价期内崇左市生态环境建设水平呈波动下降趋势，在珠江－西江经济带排名第 4 名。

（2）从指标所处区位来看，2015 年崇左市生态环境建设水平处于中游区。其中，生态绿化为中势指标，环境治理为强势指标。

（3）从指标得分来看，2015 年崇左市生态环境建设水平得分为 47.104 分，比珠江－西江经济带最高分低 14.529 分，比平均分高 0.494 分；与 2010 年相比，崇左市生态环境建设水平得分上升 1.096 分，与当年最高分的差距增大，与珠江－西江经济带平均分的差距波动缩小。

2015 年，崇左市生态环境建设水平二级指标的得分均高于 20 分，与 2010 年相比，得分上升最多的为环境治理，上升 0.959 分；得分上升最少的为生态绿化，上升 0.136 分。

（二）崇左市生态环境建设水平评估指标动态变化分析

2010～2015 年崇左市生态环境建设水平评估各级指标的动态变化及其结构，如图 8-23 和表 8-15 所示。从图 8-23 可以看出，崇左市生态环境建设水平评估的三级指标中上升指标的比例小于下降指标，表明上升指标未居于主导地位。表 8-15 中的数据进一步说明，崇左市生态环境

建设水平评估的 18 个三级指标中，上升的指标有 7 个，占指标总数的 38.889%；保持的指标有 3 个，占指标总数的 16.667%；下降的指标有 8 个，占指标总数的 44.444%。由于上升指标的数量小于下降指标的数量，且受变动幅度与外部因素的综合影响，评价期内崇左市生态环境建设水平排名呈现波动下降趋势，在珠江－西江经济带位居第 4 名。

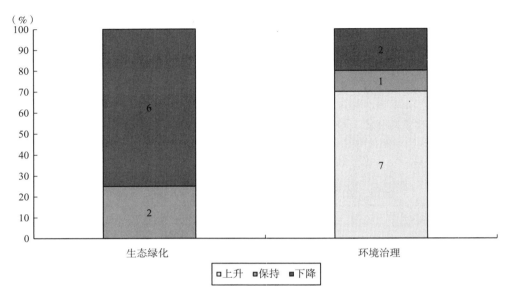

图 8-23　2010～2015 年崇左市生态环境建设水平动态变化结构

表 8-15　2010～2015 年崇左市生态环境建设水平各级指标排名变化态势比较

二级指标	三级指标数	上升指标		保持指标		下降指标	
		个数	比重（%）	个数	比重（%）	个数	比重（%）
生态绿化	8	0	0.000	2	25.000	6	75.000
环境治理	10	7	70.000	1	10.000	2	20.000
合计	18	7	38.889	3	16.667	8	44.444

（三）崇左市生态环境建设水平评估指标变化动因分析

2015 年崇左市生态环境建设水平各级指标的优劣势变化及其结构，如图 8-24 和表 8-16 所示。从图 8-24 可以看出，2015 年崇左市生态环境建设水平评估的三级指标强势和优势指标的比例大于劣势指标的比例，表明强势和优势指标居于主导地位。表 8-16 中的数据进一步说明，2015 年崇左市生态环境建设水平的 18 个三级指标中，强势指标有 4 个，占指标总数的 22.222%；优势指标为 5 个，占指标总数的 27.778%；中势指标 6 个，占指标总数的 33.333%；劣势指标为 3 个，占指标总数的 16.667%；强势指标和优势指标之和占指标总数的 50.000%，数量与比

重均大于劣势指标。从二级指标来看，其中，生态绿化的强势指标有 1 个，占指标总数的 12.500%；优势指标为 1 个，占指标总数的 12.500%；中势指标 3 个，占指标总数的 37.500%；劣势指标为 3 个，占指标总数的 37.500%；强势指标和优势指标之和占指标总数的 25.000%；说明生态绿化的强、优势指标未居于主导地位。环境治理的强势指标有 3 个，占指标总数的 30.000%；优势指标为 4 个，占指标总数的 40.000%；中势指标 3 个，占指标总数的 30.000%；不存在劣势指标；强势指标和优势指标之和占指标总数的 70.000%；说明环境治理的强、优势指标处于主导地位。由于强、优势指标比重较大，崇左市生态环境建设水平处于优势地位，在珠江－西江经济带位居第 4 名，处于中游区。

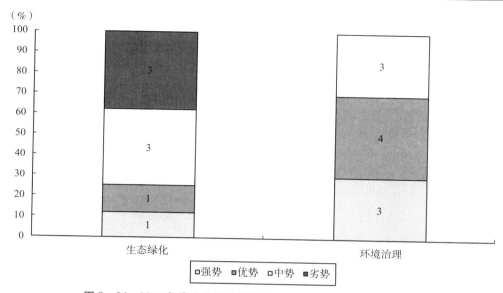

图 8 - 24　**2015 年崇左市生态环境建设水平各级指标优劣度结构**

表 8 - 16　　　　　　　　　　　　**2015 年崇左市生态环境建设水平各级指标优劣度比较**

二级指标	三级指标数	强势指标		优势指标		中势指标		劣势指标		优劣度
		个数	比重（%）	个数	比重（%）	个数	比重（%）	个数	比重（%）	
生态绿化	8	1	12.500	1	12.500	3	37.500	3	37.500	中势
环境治理	10	3	30.000	4	40.000	3	30.000	0	0.000	优势
合计	18	4	22.222	5	27.778	6	33.333	3	16.667	优势

　　为了进一步明确影响崇左市生态环境建设水平变化的具体因素，以便于对相关指标进行深入分析，为提升崇左市生态环境建设水平提供决策参考，表 8 - 17 列出生态环境建设水平评估指标体系中直接影响崇左市生态环境建设水平升降的强势指标、优势指标、中势指标和劣势指标。

表 8 - 17　　　　　　　　　　**2015 年崇左市生态环境建设水平三级指标优劣度统计**

指标	强势指标	优势指标	中势指标	劣势指标
生态绿化（8 个）	城市绿化蔓延指数（1 个）	城镇绿化动态变化（1 个）	绿化扩张强度、城市绿化相对增长率、城市绿化绝对增量加权指数（3 个）	城镇绿化扩张弹性系数、生态绿化强度、环境承载力（3 个）
环境治理（10 个）	环保支出水平、综合利用率平均增长指数、综合利用率枢纽度（3 个）	地区环境相对损害指数（EVI）、环保支出区位商、环保支出职能规模、环保支出职能地位（4 个）	单位 GDP 消耗能源、污染处理率比重增量、环保支出规模强度（3 个）	（0 个）

第九章 广州市生态环境建设水平综合评估

一、广州市生态绿化建设水平综合评估与比较

（一）广州市生态绿化建设水平评估指标变化趋势评析

1. 城镇绿化扩张弹性系数

根据图9-1分析可知，2010~2015年广州市城镇绿化扩张弹性系数总体上呈现波动保持型的状态。波动保持型指标意味着城市在该项指标上虽然呈现波动状态，但在评价末期和评价初期的数值基本保持一致，由该图可知广州市城镇绿化扩张弹性系数数值保持在79.651~100.000。即使广州市城镇绿化扩张弹性系数存在过最低值，其数值为79.651，但广州市在城镇绿化扩张弹性系数上总体表现相对平稳；说明该地区城镇绿化能力及活力持续又稳定。

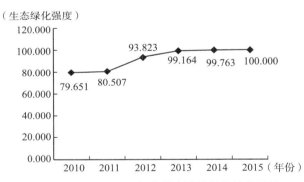

（生态绿化强度）

图9-1 2010~2015年广州市城镇绿化扩张弹性系数变化趋势

2. 生态绿化强度

根据图9-2分析可知，2010~2015年广州市的生态绿化强度总体上呈现波动下降型的状态。2010~2015年城市在该项指标上总体呈现下降趋势，但在评估期间存在上下波动的情况，指标并非连续性下降状态。波动下降型指标意味着在评估期间，虽然指标数据存在较大波动变化，但是其评价末期数据值低于评价初期数据值。广州市生态绿化强度指标处于波动下降的状态，2010年此指标数值最高，为18.174，到2015年下降至15.003。分析这种变化趋势，可以得出广州市生态环境发展发展的水平处于劣势，生态绿化水平不断下降，城

市的发展活力仍待提升。

（生态绿化强度）

图9-2 2010~2015年广州市生态绿化强度变化趋势

3. 城镇绿化动态变化

根据图9-3分析可知，2010~2015年广州市城镇绿化动态变化总体上呈现波动上升型的状态。2010~2015年城市在这一类型指标上存在一定的波动变化，总体趋势为上升趋势，但在个别年份出现下降的情况，指标并非连续性上升状态。波动上升型指标意味着在评价的时间段内，虽然指标数据存在较大的波动变化，但是其评价末期数据值高于评价初期数据值。广州市在2012~2013年虽然出现下降的状况，2013年为18.682，但是总体上还是呈现上升的态势，最终稳定在49.232。对于广州市来说，其城市生态保护发展潜力越大。

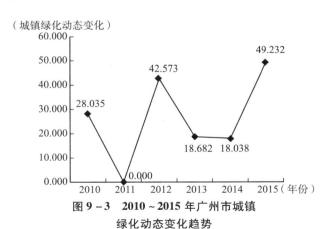

（城镇绿化动态变化）

图9-3 2010~2015年广州市城镇绿化动态变化趋势

4. 绿化扩张强度

根据图9-4分析可知，2010~2015年广州市绿化扩张强度总体上呈现波动上升型的状态。2010~2015年城市在

这一类型指标上存在一定的波动变化，总体趋势为上升趋势，但在个别年份出现下降的情况，指标并非连续性上升状态。波动上升型指标意味着在评价的时间段内，虽然指标数据存在较大的波动变化，但是其评价末期数据值高于评价初期数据值。广州市在 2011 ～ 2012 年虽然出现下降的状况，2012 年为 39.037，但是总体上还是呈现上升的态势，最终稳定在 100.000。绿化扩张强度越大，说明城市的生态环境保护水平越高，对于广州市来说，其城市生态保护发展潜力越大。

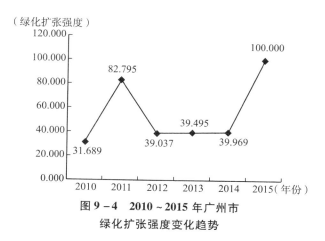

（绿化扩张强度）

图 9 - 4　2010 ～ 2015 年广州市绿化扩张强度变化趋势

5. 城市绿化蔓延指数

根据图 9 - 5 分析可知，2010 ～ 2015 年广州市城市绿化蔓延指数总体上呈现波动保持型的状态。波动保持型指标意味着城市在该项指标上虽然呈现波动状态，但在评价末期和评价初期的数值基本保持一致，其数值保持在 11.743 ～ 12.795。广州市城市绿化蔓延指数虽然有过波动下降趋势，但下降趋势不大，这说明广州市在城市绿化蔓延指数指标上表现相对稳定，也能体现出广州市生态保护发展潜力较大，将强化推进生态环境发展与经济增长的协同发展。

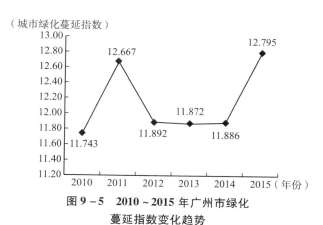

（城市绿化蔓延指数）

图 9 - 5　2010 ～ 2015 年广州市绿化蔓延指数变化趋势

6. 环境承载力

根据图 9 - 6 分析可知，2010 ～ 2015 年广州市的环境承载力总体上呈现持续上升型的状态。处于持续上升型的指

标，不仅意味着城市在各项指标数据上的不断增长，更意味着城市在该项指标以及生态绿化建设水平整体上的竞争力优势不断扩大。通过折线图可以看出，广州市的环境承载力指标不断提高，在 2015 年达到 100.000，相较于 2010 年上升 29 个单位左右；说明广州市的绿化面积整体密度更大、容量范围更广。

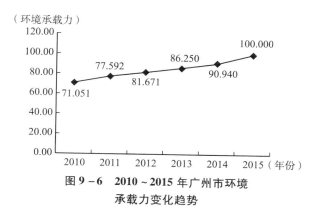

（环境承载力）

图 9 - 6　2010 ～ 2015 年广州市环境承载力变化趋势

7. 城市绿化相对增长率

根据图 9 - 7 分析可知，2010 ～ 2015 年广州市绿化相对增长率总体上呈现波动上升型的状态。2010 ～ 2015 年城市在这一类型指标上存在一定的波动变化，总体趋势为上升趋势，但在个别年份出现下降的情况，指标并非连续性上升状态。波动上升型指标意味着在评价的时间段内，虽然指标数据存在较大的波动变化，但是其评价末期数据值高于评价初期数据值。广州市在 2011 ～ 2012 年虽然出现下降的状况，2012 年为 61.729，但是总体上还是呈现上升的态势，最终稳定在 100.000。城市绿化相对增长率越大，说明城市的生态环境保护水平越高，对于广州市来说，其城市生态保护发展潜力越大。

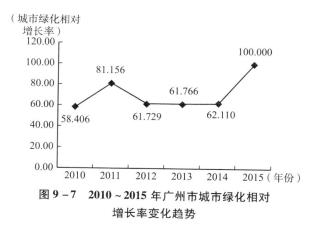

（城市绿化相对增长率）

图 9 - 7　2010 ～ 2015 年广州市城市绿化相对增长率变化趋势

8. 城市绿化绝对增量加权指数

根据图 9 - 8 分析可知，2010 ～ 2015 年广州市城市绿化绝对增量加权指数总体上呈现波动上升型的状态。2010 ～ 2015 年城市的这一类型指标上存在一定的波动变化，总体趋势为上升趋势，但在个别年份出现下降的情

况，指标并非连续性上升状态。波动上升型指标意味着在评价的时间段内，虽然指标数据存在较大的波动变化，但是其评价末期数据值高于评价初期数据值。广州市在2011～2012年虽然出现下降的状况，2012年为75.250，但是总体上还是呈现上升的态势，最终稳定在100.000。城市绿化绝对增量加权指数越大；说明城市的生态环境保护水平越高，对于广州市来说，其城市生态保护发展潜力越大。

根据表9-1、表9-2、表9-3可以显示出2010～2015年广州市生态绿化建设水平在相应年份的原始值、标准值及排名情况。

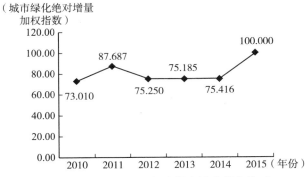

图9-8　2010～2015年广州市城市绿化绝对增量加权指数变化趋势

表9-1　　　　　2010～2011年广州市生态绿化建设水平各级指标排名及相关数值

指标		2010年			2011年		
		原始值	标准值	排名	原始值	标准值	排名
生态绿化	城镇绿化扩张弹性系数	0.000	88.457	8	0.934	88.604	5
	生态绿化强度	5.794	79.651	1	5.856	80.507	1
	城镇绿化动态变化	0.079	28.035	5	-0.078	0.000	11
	绿化扩张强度	0.000	31.689	10	0.003	82.795	1
	城市绿化蔓延指数	0.000	11.743	9	4.074	12.667	3
	环境承载力	1572019.063	71.051	1	1716085.573	77.592	1
	城市绿化相对增长率	0.000	58.406	10	0.060	81.156	1
	城市绿化绝对增量加权指数	0.000	73.010	10	38.752	87.687	1

表9-2　　　　　2012～2013年广州市生态绿化建设水平各级指标排名及相关数值

指标		2012年			2013年		
		原始值	标准值	排名	原始值	标准值	排名
生态绿化	城镇绿化扩张弹性系数	3.260	88.971	3	2.011	88.774	3
	生态绿化强度	6.818	93.823	1	7.204	99.164	1
	城镇绿化动态变化	0.161	42.573	2	0.027	18.682	7
	绿化扩张强度	0.000	39.037	2	0.000	39.495	1
	城市绿化蔓延指数	0.656	11.892	8	0.567	11.872	8
	环境承载力	1805926.476	81.671	1	1906773.580	86.250	1
	城市绿化相对增长率	0.009	61.729	2	0.009	61.766	1
	城市绿化绝对增量加权指数	5.915	75.250	2	5.744	75.185	1

表9-3　　　　　2014～2015年广州市生态绿化建设水平各级指标排名及相关数值

指标		2014年			2015年		
		原始值	标准值	排名	原始值	标准值	排名
生态绿化	城镇绿化扩张弹性系数	1.406	88.679	1	3.008	88.931	2
	生态绿化强度	7.247	99.763	1	7.264	100.000	1
	城镇绿化动态变化	0.023	18.038	7	0.198	49.232	2
	绿化扩张强度	0.000	39.969	1	0.004	100.000	1
	城市绿化蔓延指数	0.629	11.886	7	4.636	12.795	6
	环境承载力	2010088.335	90.940	1	2209629.679	100.000	1
	城市绿化相对增长率	0.010	62.110	1	0.111	100.000	1
	城市绿化绝对增量加权指数	6.353	75.416	1	71.264	100.000	1

（二）广州市生态绿化建设水平评估结果

根据表9-4对2010~2012年广州市生态绿化建设水平得分、排名、优劣度进行分析。2010年广州市生态绿化建设水平排名处在珠江-西江经济带第2名，2011~2012年广州市生态绿化建设水平排名均处在第1名，说明广州市生态绿化建设水平较于珠江-西江经济带其他城市处于显著优势的位置。对广州市的生态绿化建设水平得分情况进行分析，发现广州市生态绿化建设水平得分先升后降，变动幅度较大，说明广州市生态绿化建设水平仍待提升。2010~2012年广州市的生态绿化建设水平在珠江-西江经济带中均保持强势地位，说明广州市的生态绿化建设水平整体趋于平稳可持续。

表9-4　　　　2010~2012年广州市生态绿化建设水平各级指标的得分、排名及优劣度分析

指标	2010年			2011年			2012年		
	得分	排名	优劣度	得分	排名	优劣度	得分	排名	优劣度
生态绿化	26.865	2	强势	31.295	1	强势	29.955	1	强势
城镇绿化扩张弹性系数	8.174	8	中势	7.943	5	优势	8.291	3	优势
生态绿化强度	3.451	1	强势	3.493	1	强势	4.201	1	强势
城镇绿化动态变化	1.265	5	优势	0.000	11	劣势	2.008	2	强势
绿化扩张强度	1.527	10	劣势	4.261	1	强势	1.962	2	强势
城市绿化蔓延指数	0.481	9	劣势	0.529	3	优势	0.491	8	中势
环境承载力	2.959	1	强势	3.281	1	强势	3.498	1	强势
城市绿化相对增长率	3.790	10	劣势	5.186	1	强势	3.916	2	强势
城市绿化绝对增量加权指数	5.218	10	劣势	6.602	1	强势	5.588	2	强势

对广州市生态绿化建设水平的三级指标进行分析，其中城镇绿化扩张弹性系数得分排名呈现出持续上升的发展趋势。对广州市城镇绿化扩张弹性系数的得分情况进行分析，发现广州市城镇绿化扩张弹性系数得分波动上升，说明广州市的城市环境与城市面积之间呈现协调发展的关系，城市的绿化扩张越来越合理。

生态绿化强度的得分排名呈现出持续保持的趋势。对广州市生态绿化强度的得分情况进行分析，发现广州市在生态绿化强度的得分持续上升，说明广州市的生态绿化强度不断提高，城市公园绿地的优势不断提高，城市越来越具有活力。

城镇绿化动态变化得分排名呈现出波动上升的趋势。对广州市城镇绿化动态变化的得分情况进行分析，发现广州市在城镇绿化动态变化的得分波动上升，说明广州市的城市绿化面积得到较大的增加，显示出广州市的经济活力和城市规模的不断扩大。

绿化扩张强度得分排名呈现出波动上升的趋势。对广州市绿化扩张强度的得分情况进行分析，发现广州市在绿化扩张强度的得分波动上升，说明广州市在推进城市生态绿化建设方面存在较大的提升空间。

城市绿化蔓延指数得分排名呈现出波动上升的趋势。对广州市的城市绿化蔓延指数的得分情况进行分析，发现广州市的城市绿化蔓延指数的得分波动上升，分值变动幅度较小，说明城市的城市绿化蔓延指数稳定性仍待提升，但仍存在较大的提升空间。

环境承载力得分排名呈现出持续保持的趋势。对广州市环境承载力的得分情况进行分析，发现广州市在环境承载力的得分持续上升，说明2010~2012年广州市的环境承载力不断提高，并存在一定的提升空间。

城市绿化相对增长率得分排名呈现出波动上升的趋势。对广州市绿化相对增长率的得分情况进行分析，发现广州市在城市绿化相对增长率的得分波动上升，分值变动幅度较大，说明2010~2012年广州市的城市绿化面积不断扩大。

城市绿化绝对增量加权指数得分排名呈现出波动上升的趋势。对广州市的城市绿化绝对增量加权指数的得分情况进行分析，发现广州市在城市绿化绝对增量加权指数的得分波动上升，变化幅度较小，说明2010~2012年广州市的城市绿化要素集中度较高，城市绿化变化增长趋向于密集型发展。

表9-5　　　　2013~2015年广州市生态绿化建设水平各级指标的得分、排名及优劣度分析

指标	2013年			2014年			2015年		
	得分	排名	优劣度	得分	排名	优劣度	得分	排名	优劣度
生态绿化	28.951	1	强势	29.315	1	强势	39.304	1	强势
城镇绿化扩张弹性系数	8.080	3	优势	8.136	1	强势	7.898	2	强势
生态绿化强度	4.485	1	强势	4.542	1	强势	4.396	1	强势
城镇绿化动态变化	0.866	7	中势	0.910	7	中势	2.201	2	强势
绿化扩张强度	1.904	1	强势	1.895	1	强势	5.575	1	强势
城市绿化蔓延指数	0.567	8	中势	0.497	7	中势	0.533	6	中势

指标	2013 年			2014 年			2015 年		
	得分	排名	优劣度	得分	排名	优劣度	得分	排名	优劣度
环境承载力	3.718	1	强势	3.996	1	强势	4.409	1	强势
城市绿化相对增长率	3.819	1	强势	3.809	1	强势	6.742	1	强势
城市绿化绝对增量加权指数	5.512	1	强势	5.531	1	强势	7.550	1	强势

根据表9-5对2013~2015年广州市生态绿化建设水平的得分、排名和优劣度进行分析。2013~2015年广州市生态绿化建设水平排名均处在珠江－西江经济带第1名，说明广州市生态绿化建设水平较于珠江－西江经济带其他城市高且稳定。对广州市的生态绿化建设水平得分情况进行分析，发现广州市生态绿化建设水平得分持续上升，说明广州市生态绿化建设水平不断得到提高。2013~2015年广州市的生态绿化建设水平在珠江－西江经济带中一直处于强势地位，说明广州市的生态绿化建设水平整体趋于平稳发展。

对广州市生态绿化建设水平的三级指标进行分析，其中城镇绿化扩张弹性系数得分排名呈现出波动上升的发展趋势。对广州市城镇绿化扩张弹性系数的得分情况进行分析，发现广州市的城镇绿化扩张弹性系数得分波动下降，说明城市的城镇绿化扩张与城市的环境、城市面积之间的协调发展存在一定的提升空间。

生态绿化强度的得分排名呈现出持续保持的趋势。对广州市生态绿化强度的得分情况进行分析，发现广州市的生态绿化强度的得分在波动下降，说明广州市生态绿化强度存在一定的提升空间。

城镇绿化动态变化得分排名呈现先保持后上升的趋势。对广州市城镇绿化动态变化的得分情况进行分析，发现广州市城镇绿化动态变化的得分持续上升，说明城市的城镇绿化动态变化不断提高，城市绿化面积的增加变大，相应的呈现出城市经济活力和城市规模的不断扩大。

绿化扩张强度得分排名呈现出持续保持的趋势。对广州市的绿化扩张强度的得分情况进行分析，发现广州市在绿化扩张强度的得分波动上升，说明广州市的绿化用地面积增长速率得到提高，相对应的呈现出城市城镇绿化能力及活力的不断扩大。

城市绿化蔓延指数得分排名呈现出持续上升的趋势。对广州市的城市绿化蔓延指数的得分情况进行分析，发现广州市在城市绿化蔓延指数的得分波动下降，说明2013~2015年广州市绿化蔓延指数存在较大的提升空间。

环境承载力得分排名呈现出持续保持的趋势。对广州市环境承载力的得分情况进行分析，发现广州市在环境承载力上的得分持续上升，说明2013~2015年广州市环境承载力不断提高，城市的绿化面积整体密度、容量范围也在不断提高。

城市绿化相对增长率得分排名呈现出持续保持的趋势。对广州市的城市绿化相对增长率得分情况进行分析，发现广州市在城市绿化相对增长率的得分持续上升，说明广州市绿化面积增长速率不断提高，城市绿化面积不断扩大。

城市绿化绝对增量加权指数得分排名呈现出持续保持的趋势。对广州市的城市绿化绝对增量加权指数的得分情况进行分析，发现广州市在城市绿化绝对增量加权指数的得分持续上升，说明广州市的城市绿化绝对增量加权指数不断提高，城市的绿化要素集中度不断提高，城市绿化变化增长趋向于密集型发展。

对2010~2015年广州市生态绿化建设水平及各三级指标的得分、排名和优劣度进行分析。2010年广州市生态绿化建设水平得分排名处在珠江－西江经济带第2名，2011~2015年广州市生态绿化建设水平得分排名均升至珠江－西江经济带第1名。2010~2015年广州市生态绿化建设水平得分排名一直处在珠江－西江经济带的上游区，城市生态绿化建设水平一直处于强势地位，说明广州市生态绿化建设水平发展较之于珠江－西江经济带的其他城市具有较高的竞争优势。对广州市的生态绿化建设水平得分情况进行分析，发现广州市的生态绿化建设水平得分呈现波动上升的发展趋势，2010~2011年广州市的生态绿化建设水平得分保持上升的趋势，在2011~2013年则保持持续下降的趋势，之后2013~2015年广州市的生态绿化建设水平得分呈现持续上升的趋势，说明广州市生态绿化建设水平稳定性有待提升，生态绿化建设水平存在一定的发展空间。

从生态绿化建设水平基础指标的优劣度结构来看（见表9-6），在8个基础指标中，指标的优劣度结构为87.5:0.0:12.5:0.0。

表9-6　　　　　　　2015年广州市生态绿化建设水平指标的优劣度结构

二级指标	三级指标数	强势指标		优势指标		中势指标		劣势指标		优劣度
		个数	比重（%）	个数	比重（%）	个数	比重（%）	个数	比重（%）	
生态绿化	8	7	87.500	0	0.000	1	12.500	0	0.000	强势

（三）广州市生态绿化建设水平比较方向

图9-9和图9-10将2010~2015年广州市生态绿化建设水平与珠江－西江经济带最高水平和平均水平进行比较。从生态绿化建设水平的要素得分比较来看，由图9-9可知，2010年，广州市城镇绿化扩张弹性系数得分比最高分低

0.101 分，比平均分低 0.023 分；2011 年，城镇绿化扩张弹性系数得分比最高分低 1.022 分，比平均分高 0.605 分；2012 年，城镇绿化扩张弹性系数得分比最高分低 0.380 分，比平均分低 0.022 分；2013 年，城镇绿化扩张弹性系数得分比最高分低 0.020 分，比平均分高 0.045 分；2014 年，城镇

绿化扩张弹性系数得分为珠江 – 西江经济带最高分，比平均分高 0.014 分；2015 年，城镇绿化扩张弹性系数得分比最高分低 0.170 分，比平均分高 0.019 分。这说明整体上广州市城镇绿化扩张弹性系数得分与珠江 – 西江经济带最高分的差距波动增大，与珠江 – 西江经济带平均分的差距波动缩小。

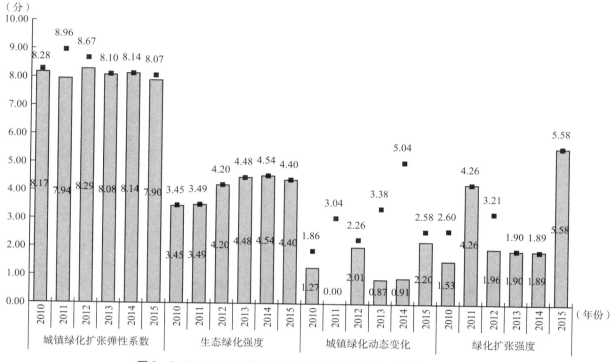

图 9 – 9　2010 ~ 2015 年广州市生态绿化建设水平指标得分比较 1

2010 年，广州市生态绿化强度得分与珠江 – 西江经济带最高分不存在差距，比平均分高 2.875 分；2011 年，生态绿化强度得分为珠江 – 西江经济带最高分，比平均分高 2.916 分；2012 年，生态绿化强度得分为珠江 – 西江经济带最高分，比平均分高 3.606 分；2013 年，生态绿化强度得分为珠江 – 西江经济带最高分，比平均分高 3.884 分；2014 年，生态绿化强度得分为珠江 – 西江经济带最高分，比平均分高 3.937 分；2015 年，生态绿化强度得分为珠江 – 西江经济带最高分，比平均分高 3.812 分。这说明整体上广州市生态绿化强度得分与珠江 – 西江经济带最高分的差距持续保持，与珠江 – 西江经济带平均分的差距波动增大。

2010 年，广州市城镇绿化动态变化得分比珠江 – 西江经济带最高分低 0.598 分，比平均分高 0.186 分；2011 年，城镇绿化动态变化得分比最高分低 3.043 分，比平均分低 1.266 分；2012 年，城镇绿化动态变化得分比最高分低 0.256 分，比平均分高 0.655 分；2013 年，城镇绿化动态变化得分比最高分低 2.516 分，比平均分低 0.311 分；2014 年，城镇绿化动态变化得分比最高分低 4.134 分，比平均分低 0.552 分；2015 年，城镇绿化动态变化得分比最高分低 0.379 分，比平均分高 1.012 分。这说明整体上广州市城镇绿化动态变化得分与珠江 – 西江经济带最高分的差距波动缩小，与珠江 – 西江经济带平均分的差距波动增大。

2010 年，广州市绿化扩张强度得分比珠江 – 西江经济带最高分低 1.069 分，比平均分高 0.015 分；2011 年，绿化扩张强度得分为珠江 – 西江经济带最高分，比平均分高 2.357 分；2012 年，绿化扩张强度得分比最高分低 1.252 分，比平均分高 0.130 分；2013 年，绿化扩张强度得分为珠江 – 西江经济带最高分，比平均分高 0.291 分；2014 年，绿化扩张强度得分为珠江 – 西江经济带最高分，比平均分高 0.445 分；2015 年，绿化扩张强度得分为珠江 – 西江经济带最高分，比平均分高 3.131 分。这说明整体上广州市绿化扩张强度得分与珠江 – 西江经济带最高分的差距波动减小，与珠江 – 西江经济带平均分的差距波动增大。

由图 9 – 10 可知，2010 年，广州市绿化蔓延指数得分比珠江 – 西江经济带最高分低 0.150 分，比平均分高 0.005 分；2011 年，城市绿化蔓延指数得分比最高分低 0.970 分，比平均分低 0.053 分；2012 年，城市绿化蔓延指数得分比最高分低 0.353 分，比平均分低 0.032 分；2013 年，城市绿化蔓延指数得分比最高分低 4.210 分，比平均分低 0.475 分；2014 年，城市绿化蔓延指数得分比最高分低 1.100 分，比平均分低 0.103 分；2015 年，城市绿化蔓延指数得分比最高分低 2.133 分，比平均分低 0.167 分。这说明整体上广州市绿化蔓延指数得分与珠江 – 西江经济带最高分的差距波动增大，与珠江 – 西江经济带平均分的差距波动增大。

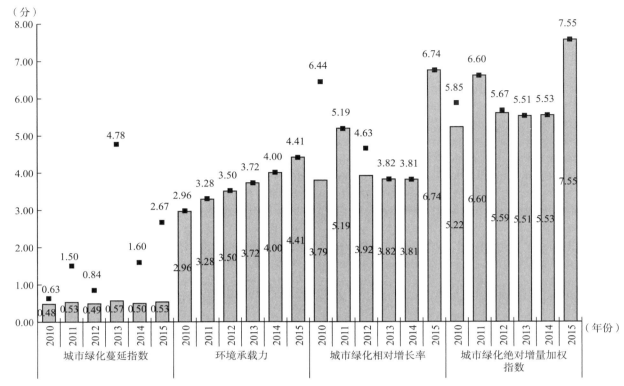

图 9-10　2010~2015 年广州市生态绿化建设水平指标得分比较 2

2010 年，广州市环境承载力得分与珠江-西江经济带最高分不存在差距，比平均分高 2.572 分；2011 年，环境承载力得分为珠江-西江经济带最高分，比平均分高 2.855 分；2012 年，环境承载力得分为珠江-西江经济带最高分，比平均分高 3.033 分；2013 年，环境承载力得分为珠江-西江经济带最高分，比平均分高 3.220 分；2014 年，环境承载力得分为珠江-西江经济带最高分，比平均分高 3.469 分；2015 年，环境承载力得分为珠江-西江经济带最高分，比平均分高 3.814 分。这说明整体上广州市环境承载力得分与珠江-西江经济带最高分的差距持续保持，与珠江-西江经济带平均分的差距持续增大。

2010 年，广州市绿化相对增长率得分比珠江-西江经济带最高分低 2.654 分，比平均分高 0.036 分；2011 年，城市绿化相对增长率得分为珠江-西江经济带最高分，比平均分高 1.303 分；2012 年，城市绿化相对增长率得分比最高分低 0.715 分，比平均分高 0.074 分；2013 年，城市绿化相对增长率得分为珠江-西江经济带最高分，比平均分高 0.160 分；2014 年，城市绿化相对增长率得分为珠江-西江经济带最高分，比平均分高 0.257 分；2015 年，城市绿化相对增长率得分为珠江-西江经济带最高分，比平均分高 2.306 分。这说明整体上广州市绿化相对增长率得分与珠江-西江经济带最高分的差距波动缩小，与珠江-西江经济带平均分的差距波动增大。

2010 年，广州市绿化绝对增量加权指数得分比珠江-西江经济带最高分低 0.628 分，比平均分高 0.395 分；2011年，城市绿化绝对增量加权指数得分为珠江-西江经济带最高分，比平均分高 0.993 分；2012 年，城市绿化绝对增量加权指数得分比最高分低 0.078 分，比平均分高 0.111

分；2013 年，城市绿化绝对增量加权指数得分为珠江-西江经济带最高分，比平均分低 0.131 分；2014 年，城市绿化绝对增量加权指数得分为珠江-西江经济带最高分，比平均分高 0.171 分；2015 年，城市绿化绝对增量加权指数得分为珠江-西江经济带最高分，比平均分低 1.754 分。这说明整体上广州市绿化绝对增量加权指数得分与珠江-西江经济带最高分的差距波动缩小，与珠江-西江经济带平均分的差距持续增大。

二、广州市环境治理水平综合评估与比较

（一）广州市环境治理水平评估指标变化趋势评析

1. 地区环境相对损害指数（EVI）

根据图 9-11 分析可知，2010~2015 年广州市地区环境相对损害指数（EVI）总体上呈现波动上升型的状态。2010~2015 年城市在这一类型指标上存在一定的波动变化，总体趋势为上升趋势，但在个别年份出现下降的情况，指标并非连续性上升状态。波动上升型指标意味着在评价的时间段内，虽然指标数据存在较大的波动变化，但是其评价末期数据值高于评价初期数据值。广州市在 2011~2012 年虽然出现下降的状况，2012 年为 49.608，但是总体上还是呈现上升的态势，最终稳定在 58.317。地区环境相对损害指数（EVI）越大，说明城市的生态环境保护能力越强，对于广州市来说，其城市生态环境发展潜力越大。

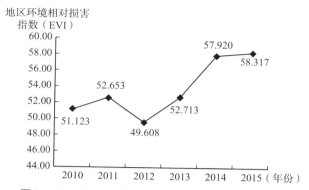

图 9 - 11　2010～2015 年广州市地区环境相对损害
指数（EVI）变化趋势

2. 单位 GDP 消耗能源

根据图 9 - 12 分析可知，2010～2015 年广州市的单位 GDP 消耗能源总体上呈现波动上升型的状态。2010～2015 年城市在该项指标上存在较多波动变化，总体趋势为上升趋势，但在个别年份出现下降的情况，指标并非连续性上升。波动上升型指标意味着在评估期间，虽然指标数据存在较大波动变化，但是其评价末期数据值高于评价初期数据值。通过折线图可以看出，广州市的单位 GDP 消耗能源指标波动提高，在 2015 年达到 79.488，相较于 2010 年上升 15 个单位左右；说明广州市的整体发展水平较高，城市的发展活力较高，其城镇化发展的潜力较大。

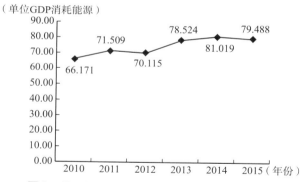

图 9 - 12　2010～2015 年广州市单位 GDP 消耗
能源变化趋势

3. 环保支出水平

根据图 9 - 13 分析可知，2010～2015 年广州市的环保支出水平总体上呈现波动上升型的状态。2010～2015 年城市在该项指标上存在较多波动变化，总体趋势为上升趋势，但在个别年份出现下降的情况，指标并非连续性上升。波动上升型指标意味着在评估期间，虽然指标数据存在较大波动变化，但是其评价末期数据值高于评价初期数据值。通过折线图可以看出，广州市的环保支出水平指标波动提高，在 2015 年达到 11.747，相较于 2010 年上升 2 个单位左右；说明广州市生态环境保护水平不断提升，城市生态环

境发展潜力较大。

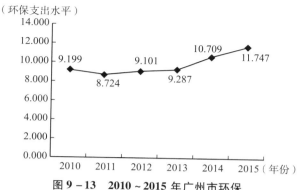

图 9 - 13　2010～2015 年广州市环保
支出水平变化趋势

4. 污染处理率比重增量

根据图 9 - 14 分析可知，2010～2015 年广州市污染处理率比重增量总体上呈现波动保持型的状态。波动保持型指标意味着城市在该项指标上虽然呈现波动状态，但在评价末期和评价初期的数值基本保持一致，广州市污染处理率比重增量数值保持在 32.931～54.326。即使广州市污染处理率比重增量存在过最低值，其数值为 32.931，但广州市在污染处理率比重增量上总体表现相对平稳；说明该地区城镇绿化能力及活力持续又稳定。

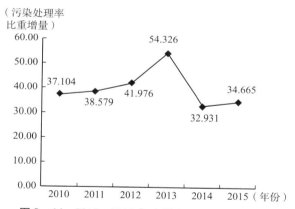

图 9 - 14　2010～2015 年广州市污染处理率比重
增量变化趋势

5. 综合利用率平均增长指数

根据图 9 - 15 分析可知，2010～2015 年广州市综合利用率平均增长指数总体上呈现波动保持型的状态。波动保持型指标意味着城市在该项指标上虽然呈现波动状态，但在评价末期和评价初期的数值基本保持一致，广州市综合利用率平均增长指数数值保持在 18.647～29.555。即使广州市综合利用率平均增长指数存在过最低值，其数值为 18.647，但广州市在综合利用率平均增长指数上总体表现相对平稳；说明该地区城镇绿化能力及活力持续又稳定。

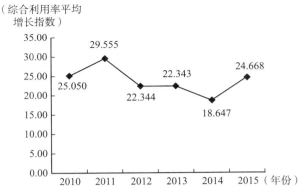

图9-15 2010~2015年广州市综合利用率
平均增长指数变化趋势

6. 综合利用率枢纽度

根据图9-16分析可知，2010~2015年广州市的综合利用率枢纽度总体上呈现持续下降型的状态。处于持续下降型的指标，意味着城市在该项指标上不断处在劣势状态，并且这一状况并未得到改善。广州市综合利用率枢纽度指标处于不断下降的状态，2010年此指标数值最高，为0.297，到2015年下降至最低点。分析这种变化趋势，可以说明广州市综合利用率发展的水平仍待提升。

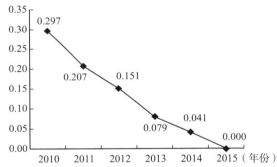

图9-16 2010~2015年广州市综合利用率
枢纽度变化趋势

7. 环保支出规模强度

根据图9-17分析可知，2010~2015年广州市的环保支出规模强度总体上呈现持续上升型的状态。处于持续上升型的指标，不仅意味着城市在各项指标数据上的不断增长，更意味着城市在该项指标以及生态保护实力整体上的竞争力优势不断扩大。通过折线图可以看出，广州市的环保支出规模强度指标不断提高，在2015年达到100.000，相较于2010年上升50个单位左右；说明广州市的生态环境保护程度较高，其生态保护发展潜力较大。

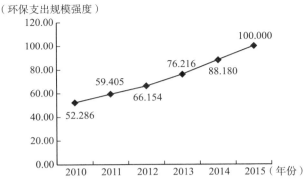

图9-17 2010~2015年广州市环保支出规
模强度变化趋势

8. 环保支出区位商

根据图9-18分析可知，2010~2015年广州市的环保支出区位商总体上呈现持续上升型的状态。处于持续上升型的指标，不仅意味着城市在各项指标数据上的不断增长，更意味着城市在该项指标以及环境治理水平整体上的竞争力优势不断扩大。通过折线图可以看出，广州市的环保支出区位商指标不断提高，在2015年达到10.118，相较于2010年上升5个单位左右；说明广州市的环保支出区位商数值越大，说明城市的环保支出水平越高，城市所具备的环保支出能力更强。

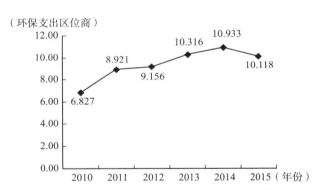

图9-18 2010~2015年广州市环保支出区位商
变化趋势

9. 环保支出职能规模

根据图9-19分析可知，2010~2015年广州市的环保支出职能规模总体上呈现波动上升型的状态。2010~2015年城市在该项指标上存在较多波动变化，总体趋势为上升趋势，但在个别年份出现下降的情况，指标并非连续性上升。波动上升型指标意味着在评估期间，虽然指标数据存在较大波动变化，但是其评价末期数据值高于评价初期数据值。通过折线图可以看出，广州市的环保支出职能规模指标波动提高，在2015年达到29.505，相较于2010年上升24个单位左右；说明广州市发展所具备的环保支出能力不断提升。

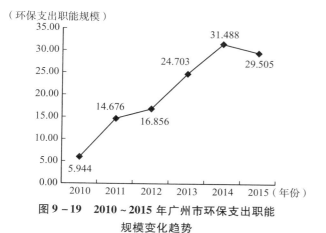

图 9 – 19　2010～2015 年广州市环保支出职能
规模变化趋势

10. 环保支出职能地位

根据图 9 – 20 分析可知，2010～2015 年广州市的环保支出职能地位总体上呈现波动上升型的状态。2010～2015 年城市在该项指标上存在较多波动变化，总体趋势为上升趋势，但在个别年份出现下降的情况，指标并非连续性上升。波动上升型指标意味着在评估期间，虽然指标数据存在较大波动变化，但是其评价末期数据值高于评价初期数据值。通过折线图可以看出，广州市的环保支出职能地位指标波动提高，在 2015 年达到 28.461，相较于 2010 年上升 23 个单位左右；说明广州市发展具备的生态绿化及环境治理方面的潜力不断增强。

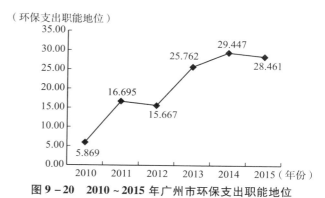

图 9 – 20　2010～2015 年广州市环保支出职能地位
变化趋势

根据表 9 – 7、表 9 – 8、表 9 – 9 可以显示出 2010～2015 年广州市环境治理水平在相应年份的原始值、标准值及排名情况。

表 9 – 7　2010～2011 年广州市环境治理水平各级指标排名及相关数值

指标		2010 年			2011 年		
		原始值	标准值	排名	原始值	标准值	排名
环境治理	地区环境相对损害指数（EVI）	7.320	51.123	10	7.100	52.653	10
	单位 GDP 消耗能源	0.011	66.171	5	0.010	71.509	4
	环保支出水平	0.002	9.199	10	0.002	8.724	10
	污染处理率比重增量	-0.004	37.104	4	0.000	38.579	11
	综合利用率平均增长指数	0.000	25.050	11	0.000	29.555	7
	综合利用率枢纽度	0.000	0.297	11	0.000	0.207	11
	环保支出规模强度	2.267	52.286	1	2.666	59.405	1
	环保支出区位商	1.026	6.827	10	1.162	8.921	10
	环保支出职能规模	6310.768	5.944	9	44560.455	14.676	5
	环保支出职能地位	0.008	5.869	9	0.064	16.695	5

表 9 – 8　2012～2013 年广州市环境治理水平各级指标排名及相关数值

指标		2012 年			2013 年		
		原始值	标准值	排名	原始值	标准值	排名
环境治理	地区环境相对损害指数（EVI）	7.539	49.608	10	7.091	52.713	10
	单位 GDP 消耗能源	0.010	70.115	4	0.009	78.524	5
	环保支出水平	0.002	9.101	10	0.002	9.287	9
	污染处理率比重增量	0.008	41.976	4	0.037	54.326	3
	综合利用率平均增长指数	0.000	22.344	8	0.000	22.343	10
	综合利用率枢纽度	0.000	0.151	11	0.000	0.079	11
	环保支出规模强度	3.044	66.154	1	3.607	76.216	1
	环保支出区位商	1.177	9.156	10	1.253	10.316	9
	环保支出职能规模	54113.197	16.856	5	88486.721	24.703	3
	环保支出职能地位	0.059	15.667	5	0.112	25.762	3

表9－9　　　　2014～2015 年广州市环境治理水平各级指标排名及相关数值

指标		2014 年			2015 年		
		原始值	标准值	排名	原始值	标准值	排名
环境治理	地区环境相对损害指数（EVI）	6.340	57.920	10	6.283	58.317	10
	单位 GDP 消耗能源	0.009	81.019	3	0.009	79.488	5
	环保支出水平	0.002	10.709	8	0.003	11.747	8
	污染处理率比重增量	-0.013	32.931	10	-0.009	34.665	11
	综合利用率平均增长指数	0.000	18.647	11	0.000	24.668	9
	综合利用率枢纽度	0.000	0.041	11	0.000	0.000	11
	环保支出规模强度	4.277	88.180	1	4.939	100.000	1
	环保支出区位商	1.293	10.933	8	1.240	10.118	8
	环保支出职能规模	118206.215	31.488	3	109519.762	29.505	4
	环保支出职能地位	0.131	29.447	3	0.126	28.461	4

（二）广州市环境治理水平评估结果

根据表9－10 对 2010～2012 年广州市环境治理水平得分、排名、优劣度进行分析。2010 年广州市环境治理水平排名处在珠江－西江经济带第 11 名，2011～2012 年广州市环境治理水平排名均升至第 10 名，说明广州市环境治理水平较于珠江－西江经济带其他城市发展态势差。对广州市的环境治理水平得分情况进行分析，发现广州市环境治理水平得分波动上升，说明广州市环境治理力度有所加强。2010～2012 年广州市的环境治理水平在珠江－西江经济带中一直处于劣势地位，说明广州市的环境治理水平仍有待提升。

表9－10　　　　2010～2012 年广州市环境治理水平各级指标的得分、排名及优劣度分析

指标	2010 年			2011 年			2012 年		
	得分	排名	优劣度	得分	排名	优劣度	得分	排名	优劣度
环境治理	15.525	11	劣势	17.988	10	劣势	17.703	10	劣势
地区环境相对损害指数（EVI）	4.647	10	劣势	4.751	10	劣势	4.382	10	劣势
单位 GDP 消耗能源	4.097	5	优势	4.465	4	优势	4.432	4	优势
环保支出水平	0.448	10	劣势	0.378	10	劣势	0.423	10	劣势
污染处理率比重增量	1.878	4	优势	2.427	11	劣势	2.579	4	优势
综合利用率平均增长指数	1.340	11	劣势	1.598	7	中势	1.062	8	中势
综合利用率枢纽度	0.017	11	劣势	0.011	11	劣势	0.008	11	劣势
环保支出规模强度	2.184	1	强势	2.512	1	强势	2.857	1	强势
环保支出区位商	0.340	10	劣势	0.416	10	劣势	0.438	10	劣势
环保支出职能规模	0.285	9	劣势	0.653	5	优势	0.800	5	优势
环保支出职能地位	0.289	9	劣势	0.777	5	优势	0.724	5	优势

对广州市环境治理水平的三级指标进行分析，其中地区环境相对损害指数（EVI）得分排名呈现出持续保持的发展趋势。对广州市的地区环境相对损害指数（EVI）的得分情况进行分析，发现广州市的地区环境相对损害指数（EVI）得分波动下降，说明广州市的地区环境相对损害指数（EVI）存在较大的提升空间，在发展城市经济的同时注重环境保护需要投入更大的力度。

单位 GDP 消耗能源的得分排名呈现出先上升后保持的趋势。对广州市单位 GDP 消耗能源的得分情况进行分析，发现广州市在单位 GDP 消耗能源上的得分波动上升，说明广州市的整体发展水平高，城市活力有所提升，环境发展潜力大。

环保支出水平得分排名呈现出持续保持的趋势。对广州市环保支出水平的得分情况进行分析，发现广州市在环保支出水平的得分波动下降，说明广州市对环境治理的财政支持能力有待提高，以促进经济发展与生态环境协调发展。

污染处理率比重增量得分排名呈现出波动保持的趋势。对广州市的污染处理率比重增量的得分情况进行分析，发现广州市在污染处理率比重增量的得分持续上升，说明广州市在推动城市污染处理方面的力度不断提高。

综合利用率平均增长指数得分排名呈现波动上升的趋势。对广州市的综合利用率平均增长指数的得分情况进行分析，发现广州市的综合利用率平均增长指数的得分波动下降，分值变动幅度较小，说明城市的综合利用覆盖程度有待增强。

综合利用率枢纽度得分排名呈现出持续保持的趋势。对广州市的综合利用率枢纽度的得分情况进行分析，发现广州市在综合利用率枢纽度的得分持续下降，说明2010～2012 年广州市的综合利用率能力不断降低，其综合利用率

枢纽度存在较大的提升空间。

环保支出规模强度得分排名呈现出持续保持的趋势。对广州市的环保支出规模强度的得分情况进行分析，发现广州市在环保支出规模强度的得分持续上升，说明2010～2012年广州市的环保支出能力不断高于地区环保支出平均水平。

环保支出区位商得分排名呈现出持续保持的趋势。对广州市的环保支出区位商的得分情况进行分析，发现广州市在环保支出区位商的得分持续上升，说明2010～2012年广州市的环保支出区位商不断提升，城市所具备的环保支出能力不断提高。

环保支出职能规模得分排名呈现出先上升后保持的趋势。对广州市的环保支出职能规模的得分情况进行分析，发现广州市在环保支出职能规模的得分持续上升，说明广州市在环保支出水平方面不断提高，城市所具备的环保支出能力不断增强。

环保支出职能地位得分排名呈现出先上升后保持的趋势。对广州市环保支出职能地位的得分情况进行分析，发现广州市在环保支出职能地位的得分波动上升，说明广州市在环保支出方面的地位不断提高，城市对保护环境和环境的治理能力增大。

根据表9－11对2013～2015年广州市环境治理水平得分、排名、优劣度进行分析。2013年广州市环境治理水平排名处在珠江－西江经济带第8名，2014～2015年广州市环境治理水平排名均升至珠江－西江经济带第6名，说明广州市环境治理水平较于珠江－西江经济带其他城市不具备明显优势。对广州市的环境治理水平得分情况进行分析，发现广州市环境治理水平得分持续上升，说明广州市环境治理力度不断加强。2013～2015年广州市的环境治理水平在珠江－西江经济带中均保持中势地位，说明广州市的环境治理水平存在较大的提升空间。

表9－11　　　　　　2013～2015年广州市环境治理水平各级指标的得分、排名及优劣度分析

指标	2013 年			2014 年			2015 年		
	得分	排名	优劣度	得分	排名	优劣度	得分	排名	优劣度
环境治理	20.926	8	中势	21.252	6	中势	22.328	6	中势
地区环境相对损害指数（EVI）	4.922	10	劣势	5.515	10	劣势	5.413	10	劣势
单位 GDP 消耗能源	5.193	5	优势	5.070	3	优势	5.670	5	优势
环保支出水平	0.430	9	劣势	0.503	8	中势	0.536	8	中势
污染处理率比重增量	3.158	3	优势	1.789	10	劣势	1.847	11	劣势
综合利用率平均增长指数	1.089	10	劣势	0.924	11	劣势	1.161	9	劣势
综合利用率枢纽度	0.004	11	劣势	0.002	11	劣势	0.000	11	劣势
环保支出规模强度	3.336	1	强势	4.018	1	强势	4.622	1	强势
环保支出区位商	0.467	9	劣势	0.503	8	中势	0.445	8	中势
环保支出职能规模	1.130	3	优势	1.537	3	优势	1.350	4	优势
环保支出职能地位	1.198	3	优势	1.391	3	优势	1.284	4	优势

对广州市环境治理水平的三级指标进行分析，其中地区环境相对损害指数（EVI）得分排名呈现出持续保持的发展趋势。对广州市地区环境相对损害指数（EVI）的得分情况进行分析，发现广州市的地区环境相对损害指数（EVI）得分波动上升，说明广州市地区环境状况有所改善，城市在发展经济的同时进行环境保护仍需注重。

单位 GDP 消耗能源的得分排名呈现出波动保持的趋势。对广州市单位 GDP 消耗能源的得分情况进行分析，发现广州市在单位 GDP 消耗能源的得分波动上升，说明广州市的单位 GDP 消耗能源有所提高，城市整体发展水平提高，城市越来越具有活力。

环保支出水平得分排名呈现出先上升后保持的趋势。对广州市的环保支出水平的得分情况进行分析，发现广州市在环保支出水平的得分持续上升，说明广州市的环保支出水平不断提高，城市的环保支出源不断丰富，城市对外部资源各类要素的集聚吸引能力不断提升。

污染处理率比重增量得分排名呈现出持续下降的趋势。对广州市的污染处理率比重增量的得分情况进行分析，发现广州市在污染处理率比重增量的得分波动下降，说明广州市整体污染处理能力方面有所下降，污染处理率比重增量存在较大的提升空间。

综合利用率平均增长指数得分排名呈现波动上升的趋势。对广州市的综合利用率平均增长指数的得分情况进行分析，发现广州市的综合利用率平均增长指数的得分波动上升，说明城市综合利用水平有所提升。

综合利用率枢纽度得分排名呈现出持续保持的趋势。对广州市的综合利用率枢纽度的得分情况进行分析，发现广州市在综合利用率枢纽度的得分持续下降，说明2013～2015年广州市的综合利用率枢纽度的发展处于停滞状态。

环保支出规模强度得分排名呈现出持续保持的趋势。对广州市的环保支出规模强度的得分情况进行分析，发现广州市在环保支出规模强度的得分持续上升，说明2013～2015年广州市的环保支出规模强度与地区平均环保支出水平相比不断提高。

环保支出区位商得分排名呈现出先上升后保持的趋势。对广州市的环保支出区位商的得分情况进行分析，发现广州市在环保支出区位商的得分波动下降，说明2013～2015年广州市环保支出区位商有所下降，环保支出水平降低。

环保支出职能规模得分排名呈现出先保持后下降的趋势。对广州市的环保支出职能规模的得分情况进行分析，

发现广州市在环保支出职能规模上的得分波动上升，说明广州市的环保支出职能规模存在一定的提升空间。

环保支出职能地位得分排名呈现出先保持后下降的趋势。对广州市环保支出职能地位的得分情况进行分析，发现广州市在环保支出职能地位的得分波动上升，说明广州市对保护环境和治理环境的能力增强，其环保支出职能地位存在一定的提升空间。

对 2010～2015 年间广州市环境治理水平及各三级指标的得分、排名和优劣度进行分析。2010 年广州市环境治理水平得分排名处在珠江－西江经济带第 11 名，2011～2012 年广州市环境治理水平得分排名均升至第 10 名，2013 年广州市环境治理水平得分排名又升至第 8

名，2014～2015 年广州市环境治理水平得分排名均升至第 6 名。2010～2015 年广州市环境治理水平得分排名一直处在珠江－西江经济带中游区或下游区，在城市环境治理水平从劣势地位升至中势地位，说明广州市环境治理水平发展较之于珠江－西江经济带的其他城市不断提升。对广州市的环境治理水平得分情况进行分析，发现广州市的环境治理水平得分呈现波动上升的发展趋势，说明广州市环境治理水平不断提高，对环境治理的力度不断加强。

从环境治理水平基础指标的优劣度结构来看（见表 9－12），在 10 个基础指标中，指标的优劣度结构为 10.0 : 30.0 : 20.0 : 40.0。

表 9－12　　　　　　　　　2015 年广州市环境治理水平指标的优劣度结构

二级指标	三级指标数	强势指标		优势指标		中势指标		劣势指标		优劣度
		个数	比重（%）	个数	比重（%）	个数	比重（%）	个数	比重（%）	
环境治理	10	1	10.000	3	30.000	2	20.000	4	40.000	中势

（三）广州市环境治理水平比较方向

图 9－21 和图 9－22 将 2010～2015 年广州市环境治理水平与珠江－西江经济带最高水平和平均水平进行比较。从环境治理水平的要素得分比较来看，由图 9－21 可知，2010 年，广州市地区环境相对损害指数（EVI）得分比珠江－西江经济带最高分低 4.443 分，比平均分低 2.707 分；2011 年，地区环境相对损害指数（EVI）得分比最高分低 4.204 分，比平均分低 2.672 分；2012 年，地区环境相对损

害指数（EVI）得分比最高分低 4.288 分，比平均分低 2.725 分；2013 年，地区环境相对损害指数（EVI）得分比最高分低 4.315 分，比平均分低 3.092 分；2014 年，地区环境相对损害指数（EVI）得分比最高分低 3.913 分，比平均分低 2.700 分；2015 年，地区环境相对损害指数（EVI）得分比最高分低 3.857 分，比平均分低 2.635 分。这说明整体上广州市地区环境相对损害指数（EVI）得分与珠江－西江经济带最高分的差距呈波动缩小，与珠江－西江经济带平均分的差距波动缩小。

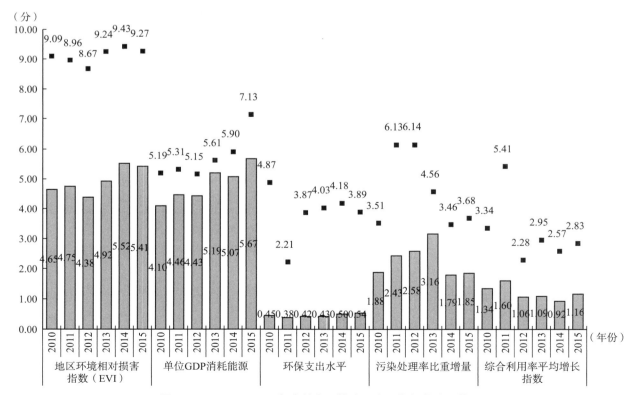

图 9－21　2010～2015 年广州市环境治理水平指标得分比较 1

2010 年，广州市单位 GDP 消耗能源得分比珠江－西江经济带最高分低 1.089 分，比平均分高 0.825 分；2011 年，单位 GDP 消耗能源得分比最高分低 0.844 分，比平均分高 1.150 分；2012 年，单位 GDP 消耗能源得分比最高分低 0.716 分，比平均分高 0.909 分；2013 年，单位 GDP 消耗能源得分比最高分低 0.416 分，比平均分高 1.259 分；2014 年，单位 GDP 消耗能源得分比最高分低 0.834 分，比平均分高 1.975 分；2015 年，单位 GDP 消耗能源得分比最高分低 1.463 分，比平均分高 1.107 分。这说明整体上广州市单位 GDP 消耗能源得分与珠江－西江经济带最高分的差距先持续缩小后持续增大，与珠江－西江经济带平均分的差距波动增大。

2010 年，广州市环保支出水平得分比珠江－西江经济带最高分低 4.423 分，比平均分低 0.688 分；2011 年，环保支出水平得分比最高分低 1.827 分，比平均分低 0.408 分；2012 年，环保支出水平得分比最高分低 3.448 分，比平均分低 0.639 分；2013 年，环保支出水平得分比最高分低 3.602 分，比平均分低 0.592 分；2014 年，环保支出水平得分比最高分低 3.676 分，比平均分低 0.567 分；2015 年，环保支出水平得分比最高分低 3.352 分，比平均分低 0.589 分。这说明整体上广州市环保支出水平得分与珠江－西江经济带最高分的差距波动减小，与珠江－西江经济带平均分的差距波动缩小。

2010 年，广州市污染处理率比重增量得分比珠江－西江经济带最高分低 1.635 分，比平均分高 0.133 分；2011 年，污染处理率比重增量得分比最高分低 3.706 分，比平均分低 1.117 分；2012 年，污染处理率比重增量得分比最高分低 3.564 分，比平均分低 0.406 分；2013 年，污染处理率比重增量得分比最高分低 1.404 分，比平均分高 0.164 分；2014 年，污染处理率比重增量得分比最高分低 1.672

分，比平均分低 0.656 分；2015 年，污染处理率比重增量得分比最高分低 1.829 分，比平均分低 0.661 分。这说明整体上广州市污染处理率比重增量得分与珠江－西江经济带最高分的差距波动增大，与珠江－西江经济带平均分的差距波动增大。

2010 年，广州市综合利用率平均增长指数得分比珠江－西江经济带最高分低 2.003 分，比平均分低 0.967 分；2011 年，综合利用率平均增长指数得分比最高分低 3.808 分，比平均分低 0.437 分；2012 年，综合利用率平均增长指数得分比最高分低 1.216 分，比平均分低 0.328 分；2013 年，综合利用率平均增长指数得分比最高分低 1.865 分，比平均分低 0.521 分；2014 年，综合利用率平均增长指数得分比最高分低 1.648 分，比平均分低 0.822 分；2015 年，综合利用率平均增长指数得分比最高分低 1.673 分，比平均分低 0.375 分。这说明整体上广州市综合利用率平均增长指数得分与珠江－西江经济带最高分的差距波动缩小，与珠江－西江经济带平均分的差距波动缩小。

由图 9-22 可知，2010 年，广州市综合利用率枢纽度得分比珠江－西江经济带最高分低 5.740 分，比平均分低 2.190 分；2011 年，综合利用率枢纽度得分比最高分低 4.501 分，比平均分低 1.710 分；2012 年，综合利用率枢纽度得分比最高分低 4.032 分，比平均分低 1.591 分；2013 年，综合利用率枢纽度得分比最高分低 3.704 分，比平均分低 1.423 分；2014 年，综合利用率枢纽度得分比最高分低 3.578 分，比平均分低 1.300 分；2015 年，综合利用率枢纽度得分比最高分低 3.729 分，比平均分低 1.272 分。这说明整体上广州市综合利用率枢纽度得分与珠江－西江经济带最高分的差距波动减小，与珠江－西江经济带平均分的差距持续缩小。

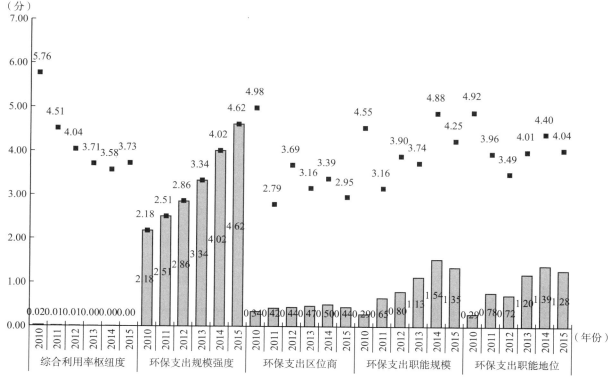

图 9-22 2010～2015 年广州市环境治理水平指标得分比较 2

2010 年，广州市环保支出规模强度得分为珠江－西江经济带最高分，比平均分高 1.692 分；2011 年，环保支出规模强度得分为珠江－西江经济带最高分，比平均分高 1.974 分；2012 年，环保支出规模强度得分为珠江－西江经济带最高分，比平均分高 2.214 分；2013 年，环保支出规模强度得分为珠江－西江经济带最高分，比平均分高 2.631 分；2014 年，环保支出规模强度得分为珠江－西江经济带最高分，比平均分高 3.202 分；2015 年，环保支出规模强度得分为珠江－西江经济带最高分，比平均分高 3.697 分。这说明整体上广州市环保支出规模强度得分与珠江－西江经济带最高分的差距持续保持，与珠江－西江经济带平均分的差距持续增大。

2010 年，广州市环保支出区位商得分比珠江－西江经济带最高分低 4.645 分，比平均分低 0.955 分；2011 年，环保支出区位商得分比最高分低 2.375 分，比平均分低 0.802 分；2012 年，环保支出区位商得分比最高分低 3.248 分，比平均分低 0.857 分；2013 年，环保支出区位商得分比最高分低 2.694 分，比平均分低 0.554 分；2014 年，环保支出区位商得分比最高分低 2.886 分，比平均分低 0.553 分；2015 年，环保支出区位商得分比最高分低 2.503 分，比平均分低 0.549 分。这说明整体上广州市环保支出区位商得分与珠江－西江经济带最高分的差距波动减小，与珠江－西江经济带平均分的差距波动缩小。

2010 年，广州市环保支出职能规模得分比珠江－西江经济带最高分低 4.266 分，比平均分低 0.721 分；2011 年，环保支出职能规模得分比最高分低 2.509 分，比平均分低 0.187 分；2012 年，环保支出职能规模得分比最高分低 3.104 分，比平均分低 0.317 分；2013 年，环保支出职能规模得分比最高分低 2.614 分，比平均分高 0.172 分；2014 年，环保支出职能规模得分比最高分低 3.344 分，比平均分高 0.402 分；2015 年，环保支出职能规模得分比最高分低 2.903 分，比平均分高 0.317 分。这说明整体上广州市环保支出职能规模得分与珠江－西江经济带最高分的差距波动减小，与珠江－西江经济带平均分的差距波动缩小。

2010 年，广州市环保支出职能地位得分比珠江－西江经济带最高分低 4.631 分，比平均分低 0.783 分；2011 年，环保支出职能地位得分比最高分低 3.187 分，比平均分低 0.237 分；2012 年，环保支出职能地位得分比最高分低 2.770 分，比平均分低 0.283 分；2013 年，环保支出职能地位得分比最高分低 2.817 分，比平均分高 0.185 分；2014 年，环保支出职能地位得分比最高分低 3.011 分，比平均分高 0.362 分；2015 年，环保支出职能地位得分比最高分低 2.760 分，比平均分高 0.301 分。这说明整体上广州市环保支出职能地位得分与珠江－西江经济带最高分的差距波动减小，与珠江－西江经济带平均分的差距波动缩小。

三、广州市生态环境建设水平综合评估与比较评述

从对广州市生态环境建设水平评估及其 2 个二级指标在珠江－西江经济带的排名变化和指标结构的综合分析来看，2010～2015 年广州市生态环境板块中上升指标的数量大于下降指标的数量，上升的动力大于下降的拉力，使 2015 年广州市生态环境建设水平的排名呈持续上升趋势，在珠江－西江经济带城市排名中居第 1 名。

（一）广州市生态环境建设水平概要分析

广州市生态环境建设水平在珠江－西江经济带所处的位置及变化如表 9－13 所示，2 个二级指标的得分和排名变化如表 9－14 所示。

表 9－13　　　2010～2015 年广州市生态环境建设水平一级指标比较

指标	2010 年	2011 年	2012 年	2013 年	2014 年	2015 年
排名	5	2	2	2	2	1
所属区位	中游	上游	上游	上游	上游	上游
得分	42.390	49.283	47.658	49.877	50.567	61.632
经济带最高分	58.788	52.007	56.046	53.775	56.362	61.632
经济带平均分	42.691	44.018	44.127	44.702	43.585	46.610
与最高分的差距	-16.398	-2.724	-8.388	-3.898	-5.795	0.000
与平均分的差距	-0.301	5.265	3.531	5.175	6.982	15.022
优劣度	优势	强势	强势	强势	强势	强势
波动趋势	—	上升	持续	持续	持续	上升

表 9 – 14　　　　　**2010～2015 年广州市生态环境建设水平二级指标比较**

年份	生态绿化		环境治理	
	得分	排名	得分	排名
2010	26.865	2	15.525	11
2011	31.295	1	17.988	10
2012	29.955	1	17.703	10
2013	28.951	1	20.926	8
2014	29.315	1	21.252	6
2015	39.304	1	22.328	6
得分变化	12.439	—	6.803	—
排名变化	—	1	—	5
优劣度	强势	强势	劣势	劣势

（1）从指标排名变化趋势看，2015 年广州市生态环境建设水平评估排名在珠江－西江经济带处于第 1 名，表明其在珠江－西江经济带处于强势地位，与 2010 年相比，排名上升 4 名。总的来看，评价期内广州市生态环境建设水平呈现持续上升趋势。

在 2 个二级指标中，其中 2 个指标排名均保持上升，分别是生态绿化、环境治理；这是广州市生态环境建设水平保持上升趋势的动力所在。受指标排名升降的综合影响，评价期内广州市生态环境建设水平排名呈持续上升趋势，在珠江－西江经济带排名第 1 名。

（2）从指标所处区位来看，2015 年广州市生态环境建设水平处在上游区。其中，生态绿化为强势指标，环境治理为劣势指标。

（3）从指标得分来看，2015 年广州市生态环境建设水平得分为 61.632 分，为珠江－西江经济带最高分，比平均分高 15.022 分；与 2010 年相比，广州市生态环境建设水平得分上升 19.242 分，与当年最高分的差距缩小，与珠江－西江经济带平均分的差距拉大。

2015 年，广州市生态环境建设水平二级指标的得分均高于 20 分，与 2010 年相比，得分上升最多的为生态绿化，上升 12.439 分；得分上升最少的为环境治理，上升6.803 分。

（二）广州市生态环境建设水平评估指标动态变化分析

2010～2015 年广州市生态环境建设水平评估各级指标的动态变化及其结构，如图 9 – 23 和表 9 – 15 所示。从图 9 – 23 可以看出，广州市生态环境建设水平评估的三级指标中上升指标的比例大于下降指标，表明上升指标居于主导地位。表 9 – 15 中的数据进一步说明，广州市生态环境建设水平评估的 18 个三级指标中，上升的指标有 11 个，占指标总数的 61.111%；保持的指标有 6 个，占指标总数的 33.333%；下降的指标有 1 个，占指标总数的5.556%。由于上升指标的数量大于下降指标的数量，且受变动幅度与外部因素的综合影响，评价期内广州市生态环境建设水平排名呈现持续上升趋势，在珠江－西江经济带位居第 1 名。

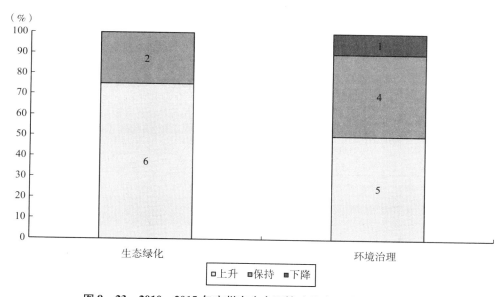

图 9 – 23　2010～2015 年广州市生态环境建设水平动态变化结构

表 9 – 15　　　　　　　　　**2010～2015 年广州市生态环境建设水平各级指标排名变化态势比较**

二级指标	三级指标数	上升指标		保持指标		下降指标	
		个数	比重（%）	个数	比重（%）	个数	比重（%）
生态绿化	8	6	75.000	2	25.000	0	0.000
环境治理	10	5	50.000	4	40.000	1	10.000
合计	18	11	61.111	6	33.333	1	5.556

（三）广州市生态环境建设水平评估指标变化动因分析

2015 年广州市生态环境建设水平评估指标的优劣势变化及其结构，如图9－24 和表9－16 所示。从图9－24 可以看出，2015 年广州市生态环境建设水平评估的三级指标强势和优势指标的比例大于劣势指标的比例，表明强势和优势指标居于主导地位。表 9－16 中的数据进一步说明，2015 年广州市生态环境建设水平的 18 个三级指标中，强势指标有 8 个，占指标总数的 44.444%；优势指标为 3 个，占指标总数的 16.667%；中势指标 3 个，占指标总数的 16.667%；劣势指标为 4 个，占指标总数的 22.222%；强势指标和优势指标之和占指标总数的 61.111%，数量与比

重均大于劣势指标。从二级指标来看，其中，生态绿化的强势指标有 7 个，占指标总数的 87.500%；优势指标为 0 个，占指标总数的 0.000%；中势指标 1 个，占指标总数的 12.500%；劣势指标为 0 个，占指标总数的 0.000%；强势指标和优势指标之和占指标总数的 87.500%；说明生态绿化的强、优势指标居于主导地位。环境治理的强势指标有 1 个，占指标总数的 10.000%；优势指标为 3 个，占指标总数的 30.000%；中势指标 2 个，占指标总数的 20.000%；劣势指标为 4 个，占指标总数的 40.000%；强势指标和优势指标之和占指标总数的 40.000%；说明环境治理的强、优势指标未处于主导地位。由于强、优势指标比重较大，广州市生态环境建设水平处于强势地位，在珠江－西江经济带位居第 1 名，处于上游区。

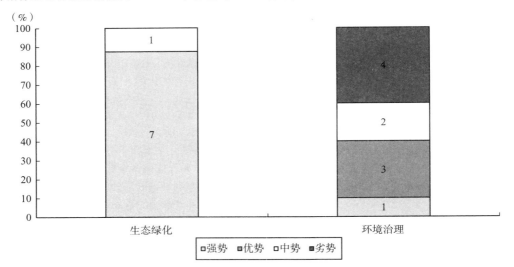

图 9－24　2015 年广州市生态环境建设水平各级指标优劣度结构

表 9－16　　　　　2015 年广州市生态环境建设水平各级指标优劣度比较

二级指标	三级指标数	强势指标		优势指标		中势指标		劣势指标		优劣度
		个数	比重（%）	个数	比重（%）	个数	比重（%）	个数	比重（%）	
生态绿化	8	7	87.500	0	0.000	1	12.500	0	0.000	强势
环境治理	10	1	10.000	3	30.000	2	20.000	4	40.000	中势
合计	18	8	44.444	3	16.667	3	16.667	4	22.222	强势

为了进一步明确影响广州市生态环境建设水平变化的具体因素，以便于对相关指标进行深入分析，为提升广州市生态环境建设水平提供决策参考，表 9－17 列出

生态环境建设水平评估指标体系中直接影响广州市生态环境建设水平升降的强势指标、优势指标、中势指标和劣势指标。

表 9－17　　　　　2015 年广州市生态环境建设水平三级指标优劣度统计

指标	强势指标	优势指标	中势指标	劣势指标
生态绿化（8 个）	城镇绿化扩张弹性系数、生态绿化强度、城镇绿化动态变化、绿化扩张强度、环境承载力、城市绿化相对增长率、城市绿化绝对增量加权指数（7 个）	（0 个）	城市绿化蔓延指数（1 个）	（0 个）
环境治理（10 个）	环保支出规模强度（1 个）	单位 GDP 消耗能源、环保支出职能规模、环保支出职能地位（3 个）	环保支出水平、环保支出区位商（2 个）	地区环境相对损害指数（EVI）、污染处理率比重增量、综合利用率平均增长指数、综合利用率枢纽度（4 个）

第十章　佛山市生态环境建设水平综合评估

一、佛山市生态绿化建设水平综合评估与比较

（一）佛山市生态绿化建设水平评估指标变化趋势评析

1. 城镇绿化扩张弹性系数

根据图 10－1 分析可知，2010～2015 年佛山市城镇绿化扩张弹性系数总体上呈现波动保持型的状态。波动保持型指标意味着城市在该项指标上虽然呈现波动状态，但在评价末期和评价初期的数值基本保持一致，由该图可知佛山市城镇绿化扩张弹性系数数值保持在 88.454～88.524。即使佛山市城镇绿化扩张弹性系数存在过最低值，其数值为 88.454，但佛山市在城镇绿化扩张弹性系数上总体表现相对平稳；说明该地区城镇绿化能力及活力持续又稳定。

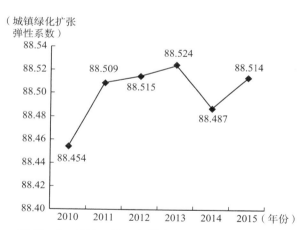

（城镇绿化扩张弹性系数）

图 10－1　2010～2015 年佛山市城镇绿化扩张弹性系数变化趋势

2. 生态绿化强度

根据图 10－2 分析可知，2010～2015 年佛山市的生态绿化强度总体上呈现波动下降型的状态。2010～2015 年城市在该项指标上总体呈现下降趋势，但在评估期间存在上下波动的情况，指标并非连续性下降状态。波动下降型指标意味着在评估期间，虽然指标数据存在较大波动变化，但是其评价末期数据值低于评价初期数据值。佛山市生态绿化强度指标处于不断下降的状态中，2011 年此指标数值最高，为 15.745，到 2015 年下降至

11.250。分析这种变化趋势，可以得出佛山市生态环境发展的水平处于劣势，生态绿化水平不断下降，城市的发展活力仍待提升。

（生态绿化强度）

图 10－2　2010～2015 年佛山市生态绿化强度变化趋势

3. 城镇绿化动态变化

根据图 10－3 分析可知，2010～2015 年佛山市城镇绿化动态变化总体上呈现波动下降型的状态。2010～2015 年城市在该项指标数值上虽然呈现波动变化状态，但总体数值情况保持一致。波动保持型指标意味着城市在该项指标上虽然呈现波动状态，但在评价末期和评价初期的数值基本保持一致。这就意味着在评估的时间段内，虽然指标数据存在较大的波动，但是其评价末期数据值低于评价初期数据值。佛山市的城镇绿化末期低于初期的数据，降低 1 个单位左右，并且在 2011～2012 年存在明显下降的变化；这说明佛山市城镇绿化动态变化情况处于不太稳定的下降状态。

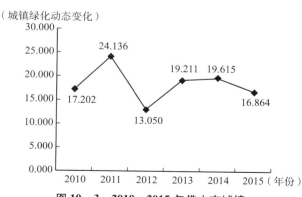

（城镇绿化动态变化）

图 10－3　2010～2015 年佛山市城镇绿化动态变化趋势

4. 绿化扩张强度

根据图 10－4 分析可知，2010～2015 年佛山市的绿化扩张强度总体上呈现波动上升型的状态。2010～2015 年城市在该项指标上存在较多波动变化，总体趋势为上升趋势，但在个别年份出现下降的情况，指标并非连续性上升。波动上升型指标意味着在评估期间，虽然指标数据存在较大波动变化，但是其评价末期数据值高于评价初期数据值。通过折线图可以看出，佛山市的绿化扩张强度指标波动提高，在 2015 年达到 33.343，相较于 2010 年上升 33 个单位左右；说明佛山市绿化能力不断提升，城市生态保护发展潜力较大。

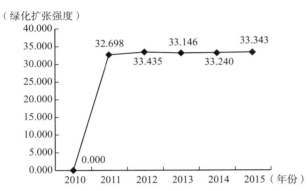

（绿化扩张强度）

图 10－4　2010～2015 年佛山市绿化扩张强度变化趋势

5. 城市绿化蔓延指数

根据图 10－5 分析可知，2010～2015 年佛山市的城市绿化蔓延指数总体上呈现持续上升型的状态。2010～2015 年城市在该项指标上存在较多波动变化，总体趋势为上升趋势，但在个别年份出现下降的情况，指标并非连续性上升。波动上升型指标意味着在评估期间，虽然指标数据存在较大波动变化，但是其评价末期数据值高于评价初期数据值。通过折线图可以看出，佛山市的城市绿化蔓延指数指标不断提高，在 2015 年达到 12.657，相较于 2010 年上升 10 个单位左右；说明佛山市生态保护发展潜力较大，将强化推进生态环境发展与经济增长的协同发展。

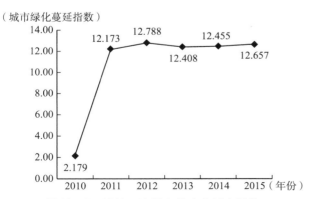

（城市绿化蔓延指数）

图 10－5　2010～2015 年佛山市城市绿化蔓延指数变化趋势

6. 环境承载力

根据图 10－6 分析可知，2010～2015 年佛山市的环境承载力总体上呈现持续上升型的状态。处于持续上升型的指标，不仅意味着城市在各项指标数据上的不断增长，更意味着城市在该项指标以及生态环境建设水平整体上的竞争力优势不断扩大。通过折线图可以看出，佛山市的环境承载力指标不断提高，在 2015 年达到 4.026，相较于 2010 年上升 2 个单位左右；说明佛山市的绿化面积整体密度更大，容量范围更广。

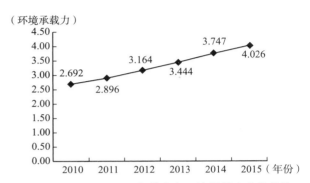

（环境承载力）

图 10－6　2010～2015 年佛山市环境承载力变化趋势

7. 城市绿化相对增长率

根据图 10－7 分析可知，2010～2015 年佛山市的城市绿色相对增长率总体上呈现持续上升型的状态。2010～2015 年城市在该项指标上存在较多波动变化，总体趋势为上升趋势，但在个别年份出现下降的情况，指标并非连续性上升。波动上升型指标意味着在评估期间，虽然指标数据存在较大波动变化，但是其评价末期数据值高于评价初期数据值。通过折线图可以看出，佛山市的城市绿色相对增长率指标不断提高，在 2015 年达到 59.413，相较于 2010 年上升 59 个单位左右；说明佛山市的绿化面积不断扩大，城市生态保护发展潜力较大。

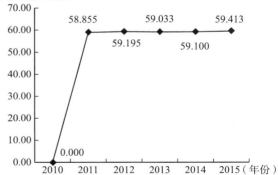

（城市绿化相对增长率）

图 10－7　2010～2015 年佛山市城市绿化相对增长率变化趋势

8. 城市绿化绝对增量加权指数

根据图 10－8 分析可知，2010～2015 年佛山市的城市绿化绝对增量加权指数总体上呈现波动上升型的状态。
2010~2015 年城市在该项指标上存在较多波动变化，总体
趋势为上升趋势，但在个别年份出现下降的情况，指标并
非连续性上升。波动上升型指标意味着在评估期间，虽然
指标数据存在较大波动变化，但是其评价末期数据值高于
评价初期数据值。通过折线图可以看出，佛山市的城市绿
化绝对增量加权指数指标波动提高，在 2015 年达到
74.288，相较于 2010 年上升 74 个单位左右；说明佛山市生
态保护发展潜力较大。

　　根据表 10 - 1、表 10 - 2、表 10 - 3 可以显示出
2010~2015 年佛山市生态绿化建设水平在相应年份的原
始值、标准值及排名情况。

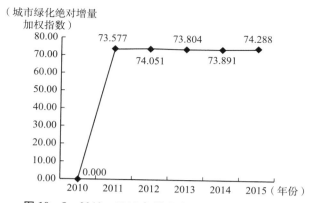

图 10 - 8　2010~2015 年佛山市城市绿化建设水平
绝对增量加权指数变化趋势

表 10 - 1　　2010~2011 年佛山市生态绿化建设水平各级指标排名及相关数值

指标		2010 年			2011 年		
		原始值	标准值	排名	原始值	标准值	排名
生态绿化	城镇绿化扩张弹性系数	-0.018	88.454	11	0.329	88.509	6
	生态绿化强度	1.143	15.270	3	1.178	15.745	3
	城镇绿化动态变化	0.018	17.202	8	0.057	24.136	7
	绿化扩张强度	-0.002	0.000	11	0.000	32.698	4
	城市绿化蔓延指数	-42.151	2.179	11	1.896	12.173	6
	环境承载力	66383.123	2.692	4	70884.096	2.896	4
	城市绿化相对增长率	-0.155	0.000	11	0.001	58.855	4
	城市绿化绝对增量加权指数	-192.771	0.000	11	1.497	73.577	2

表 10 - 2　　2012~2013 年佛山市生态绿化建设水平各级指标排名及相关数值

指标		2012 年			2013 年		
		原始值	标准值	排名	原始值	标准值	排名
生态绿化	城镇绿化扩张弹性系数	0.367	88.515	7	0.426	88.524	6
	生态绿化强度	0.900	11.898	3	0.829	10.920	3
	城镇绿化动态变化	-0.005	13.050	11	0.030	19.211	5
	绿化扩张强度	0.000	33.435	7	0.000	33.146	5
	城市绿化蔓延指数	4.606	12.788	4	2.932	12.408	6
	环境承载力	76777.883	3.164	4	82947.349	3.444	4
	城市绿化相对增长率	0.002	59.195	7	0.002	59.033	5
	城市绿化绝对增量加权指数	2.750	74.051	3	2.099	73.804	2

表 10 - 3　　2014~2015 年佛山市生态绿化建设水平各级指标排名及相关数值

指标		2014 年			2015 年		
		原始值	标准值	排名	原始值	标准值	排名
生态绿化	城镇绿化扩张弹性系数	0.194	88.487	6	0.359	88.514	6
	生态绿化强度	0.843	11.109	3	0.853	11.250	3
	城镇绿化动态变化	0.032	19.615	6	0.016	16.864	10
	绿化扩张强度	0.000	33.240	3	0.000	33.343	5
	城市绿化蔓延指数	3.137	12.455	5	4.030	12.657	7
	环境承载力	89632.019	3.747	4	95785.451	4.026	5
	城市绿化相对增长率	0.002	59.100	3	0.003	59.413	5
	城市绿化绝对增量加权指数	2.328	73.891	3	3.376	74.288	4

（二）佛山市生态绿化建设水平评估结果

根据表10－4对2010～2012年佛山市生态绿化建设水平得分、排名、优劣度进行分析。2010年佛山市生态绿化建设水平排名处在珠江－西江经济带第11名，2011年佛山市生态绿化建设水平排名升至第5名，2012年佛山市生态绿化建设水平排名降至第8名，说明佛山市生态绿化建设水平较于珠江－西江经济带其他城市在经济带中具有一定优势。对佛山市的生态绿化建设水平得分情况进行分析，发现佛山市生态绿化建设水平得分波动上升，变动幅度较大，说明佛山市生态绿化的发展不稳定。2010～2012年间佛山市的生态绿化建设水平在珠江－西江经济带中从劣势地位升至优势地位，接着又降至中势地位，说明佛山市的生态绿化建设水平整体平稳性仍待增强。

表10－4　　　　2010～2012年佛山市生态绿化建设水平各级指标的得分、排名及优劣度分析

指标	2010年			2011年			2012年		
	得分	排名	优劣度	得分	排名	优劣度	得分	排名	优劣度
生态绿化	9.813	11	劣势	21.365	5	优势	20.995	8	9.813
城镇绿化扩张弹性系数	8.174	11	劣势	7.935	6	中势	8.249	7	8.174
生态绿化强度	0.662	3	优势	0.683	3	优势	0.533	3	0.662
城镇绿化动态变化	0.776	8	中势	1.133	7	中势	0.615	11	0.776
绿化扩张强度	0.000	11	劣势	1.683	4	优势	1.680	7	0.000
城市绿化蔓延指数	0.089	11	劣势	0.508	6	中势	0.528	4	0.089
环境承载力	0.112	4	优势	0.122	4	优势	0.136	4	0.112
城市绿化相对增长率	0.000	11	劣势	3.761	4	优势	3.756	7	0.000
城市绿化绝对增量加权指数	0.000	11	劣势	5.539	2	强势	5.499	3	0.000

对佛山市生态绿化建设水平的三级指标进行分析，其中城镇绿化扩张弹性系数得分排名呈现出波动上升的发展趋势。对佛山市城镇绿化扩张弹性系数的得分情况进行分析，发现佛山市城镇绿化扩张弹性系数得分波动上升，2010～2011年城镇绿化扩张弹性系数得到较大提升，2011～2012年分值变动幅度小，说明佛山市在2010～2011年环境与城市面积之间的协调发展得到较大改善，城市的绿化扩张的合理性得到较大提升。

生态绿化强度的得分排名呈现出持续保持的趋势。对佛山市生态绿化强度的得分情况进行分析，发现佛山市在生态绿化强度上的得分波动下降，说明佛山市的生态绿化强度有所下降，城市公园绿地的优势降低，城市的活力减弱，城市生态绿化强度存在一定的提升空间。

城镇绿化动态变化得分排名呈现出波动下降的趋势。对佛山市城镇绿化动态变化的得分情况进行分析，发现佛山市在城镇绿化动态变化的得分波动下降，说明佛山市的城市绿化面积的增加幅度有所减少，其城镇绿化动态变化存在较大的提升空间。

绿化扩张强度得分排名呈现出波动上升的趋势。对佛山市绿化扩张强度的得分情况进行分析，发现佛山市在绿化扩张强度的得分波动上升，说明佛山市的绿化用地面积增长速率得到较大的提高，其城市城镇绿化能力及活力不断扩大，但是发展的稳定性有待加强。

城市绿化蔓延指数得分排名呈现持续上升的趋势。对佛山市的城市绿化蔓延指数的得分情况进行分析，发现佛山市的城市绿化蔓延指数的得分持续上升，2010～2011年分值变动幅度较大，2011～2012年分值变动幅度较小，说明佛山市的城市绿化蔓延指数稳定性仍存在较大的提升空间。

环境承载力得分排名呈现出持续保持的趋势。对佛山市环境承载力的得分情况进行分析，发现佛山市在环境承载力的得分持续上升，说明2010～2012年佛山市的环境承载力在不断增强，城市的绿化面积整体密度、容量范围不断扩大。

城市绿化相对增长率得分排名呈现出波动上升的趋势。对佛山市绿化相对增长率的得分情况进行分析，发现佛山市在城市绿化相对增长率的得分波动上升，2010～2011年分值变动幅度较大，说明2010～2011年佛山市的城市绿化面积得到较大的增长，其城市绿化面积增长速率的稳定性也有待提高。

城市绿化绝对增量加权指数得分排名呈现出波动上升的趋势。对佛山市的城市绿化绝对增量加权指数的得分情况进行分析，发现佛山市在城市绿化绝对增量加权指数的得分波动上升，2010～2011年变化幅度大，2011～2012年变化幅度小，说明2010～2011年佛山市的城市绿化要素集中度得到较大的提高，2011～2012年城市绿化变化增长较为稳定，并趋向于密集型发展。

根据表10－5对2013～2015年佛山市生态绿化建设水平的得分、排名和优劣度进行分析。2013年佛山市生态绿化建设水平排名处在珠江－西江经济带第5名，2014年佛山市生态绿化建设水平排名降至珠江－西江经济带第6名，2015年佛山市生态绿化建设水平排名升至珠江－西江经济带第5名，说明佛山市生态绿化建设水平较于珠江－西江经济带其他城市较为稳定。对佛山市的生态绿化建设水平得分情况进行分析，发现佛山市生态绿化建设水平得分持续上升，说明佛山市生态绿化建设水平不断提高。2013～2015年间佛山市的生态绿化建设水平在珠江－西江经济带中从优势地位降至中势地位，接着又升至优势地位，说明佛山市的生态绿化建设水平整体趋于平稳。

表 10－5　　　　　2013～2015 年佛山市生态绿化建设水平各级指标的得分、排名及优劣度分析

指标	2013 年			2014 年			2015 年		
	得分	排名	优劣度	得分	排名	优劣度	得分	排名	优劣度
生态绿化	20.842	5	优势	20.918	6	中势	21.287	5	优势
城镇绿化扩张弹性系数	8.057	6	中势	8.119	6	中势	7.860	6	中势
生态绿化强度	0.494	3	优势	0.506	3	优势	0.495	3	优势
城镇绿化动态变化	0.891	5	优势	0.989	6	中势	0.754	10	劣势
绿化扩张强度	1.598	5	优势	1.576	3	优势	1.859	5	优势
城市绿化蔓延指数	0.593	6	中势	0.520	5	优势	0.527	7	中势
环境承载力	0.148	4	优势	0.165	4	优势	0.178	5	优势
城市绿化相对增长率	3.650	5	优势	3.624	3	优势	4.006	5	优势
城市绿化绝对增量加权指数	5.411	2	强势	5.419	3	优势	5.609	4	优势

对佛山市生态绿化建设水平的三级指标进行分析,其中城镇绿化扩张弹性系数得分排名呈现出持续保持的发展趋势。对佛山市城镇绿化扩张弹性系数的得分情况进行分析,发现佛山市的城镇绿化扩张弹性系数得分波动下降,说明城镇绿化扩张弹性系数存在一定的提升空间,其稳定性也有待加强。

生态绿化强度的得分排名呈现出持续保持的趋势。对佛山市生态绿化强度的得分情况进行分析,发现佛山市的生态绿化强度的得分在波动上升,说明佛山市生态绿化强度有所增强,公园绿地优势不断提高,城市活力逐渐上升。

城镇绿化动态变化得分排名呈现持续下降的趋势。对佛山市城镇绿化动态变化的得分情况进行分析,发现佛山市城镇绿化动态变化的得分波动下降,说明城市的城镇绿化动态变化有所降低,城市绿化面积的增加有所减少,相应的呈现出城市经济活力减弱和城市规模的扩大减缓。

绿化扩张强度得分排名呈现出波动保持的趋势。对佛山市的绿化扩张强度得分情况进行分析,发现佛山市在绿化扩张强度的得分波动上升,说明佛山市的绿化用地面积增长速率得到提高,呈现出城市城镇绿化能力及活力相应的扩大。

城市绿化蔓延指数得分排名呈现出波动下降的趋势。对佛山市的城市绿化蔓延指数的得分情况进行分析,发现佛山市在城市绿化蔓延指数的得分波动下降,说明2013～2015 年佛山市的绿化面积的增长幅度逐渐下降,其城市绿化蔓延指数存在较大的提升空间。

环境承载力得分排名呈现出先保持后下降的趋势。对佛山市环境承载力的得分情况进行分析,发现佛山市在环境承载力的得分持续上升,说明 2013～2015 年佛山市环境承载能力不断提高,城市的绿化面积整体密度、容量范围也在不断提高。

城市绿化相对增长率得分排名呈现出波动保持的趋势。对佛山市的城市绿化相对增长率得分情况进行分析,发现佛山市在城市绿化相对增长率的得分波动上升,说明佛山市绿化面积增长速率有所提高,城市绿化面积的扩大存在一定的提升空间。

城市绿化绝对增量加权指数得分排名呈现出持续下降的趋势。对佛山市的城市绿化绝对增量加权指数的得分情况进行分析,发现佛山市在城市绿化绝对增量加权指数的得分持续升,说明佛山市的城市绿化绝对增量加权指数不断提高,城市的绿化要素集中度不断提高,城市绿化变化增长趋向于密集型发展。

对 2010～2015 年佛山市生态绿化建设水平及各三级指标的得分、排名和优劣度进行分析。2010 年佛山市生态绿化建设水平得分排名处在珠江－西江经济带第 11 名,2011 年佛山市生态绿化建设水平得分排名升至珠江－西江经济带第 5 名,2012 年佛山市生态绿化建设水平得分排名降至珠江－西江经济带第 8 名,2013 年佛山市生态绿化建设水平得分排名升至珠江－西江经济带第 5 名,2014 年佛山市生态绿化建设水平得分排名降至珠江－西江经济带第 6 名,2015 年佛山市生态绿化建设水平得分排名升至珠江－西江经济带第 5 名。2010～2015 年佛山市生态绿化建设水平得分排名一直在珠江－西江经济带的中游区或下游区,说明佛山市生态绿化建设水平发展较之于珠江－西江经济带的其他城市具备一定竞争优势。对佛山市的生态绿化建设水平得分情况进行分析,发现佛山市的生态绿化建设水平得分呈现波动上升的发展趋势,2010～2011 年分值变动幅度大,2011～2015 年分值变动幅度小,说明佛山市生态绿化建设水平在 2011 年得到较大的提高,其稳定性也有待提升,生态绿化建设水平仍存在一定的发展空间。

从生态绿化建设水平基础指标的优劣度结构来看（见表 10－6）,在 8 个基础指标中,指标的优劣度结构为 0.0∶62.5∶25.0∶12.5。由于优势指标比重大于强势、中势和劣势指标的比重,生态绿化建设水平处于优势地位。

表 10－6　　　　　　　2015 年佛山市生态绿化建设水平指标的优劣度结构

二级指标	三级指标数	强势指标		优势指标		中势指标		劣势指标		优劣度
		个数	比重（%）	个数	比重（%）	个数	比重（%）	个数	比重（%）	
生态绿化	8	0	0.000	5	62.500	2	25.000	1	12.500	优势

（三）佛山市生态绿化建设水平比较分析

图 10-9 和图 10-10 将 2010～2015 年佛山市生态绿化建设水平与珠江－西江经济带最高水平和平均水平进行比较。从生态绿化建设水平的要素得分比较来看，由图 10-9 可知，2010 年，佛山市城镇绿化扩张弹性系数得分比珠江－西江经济带最高分低 0.102 分，比平均分低 0.023 分；2011 年，城镇绿化扩张弹性系数得分比最高分低 1.030 分，比平均分高 0.596 分；2012 年，城镇绿化扩张弹性系数得分比最高分低 0.423 分，比平均分低 0.065 分；2013 年，城镇绿化扩张弹性系数得分比最高分低 0.043 分，比平均分高 0.022 分；2014 年，城镇绿化扩张弹性系数得分比最高分低 0.018 分，比平均分低 0.004 分；2015 年，城镇绿化扩张弹性系数得分比最高分低 0.207 分，比平均分低 0.018 分。这说明整体上佛山市城镇绿化扩张弹性系数得分与珠江－西江经济带最高分的差距波动增大，与珠江－西江经济带平均分的差距波动缩小。

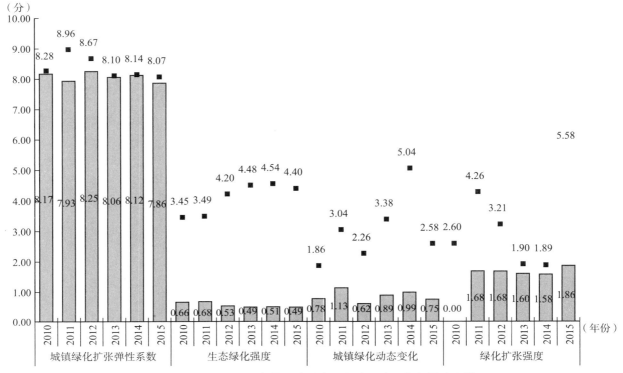

图 10-9　2010～2015 年佛山市生态绿化建设水平指标得分比较 1

2010 年，佛山市生态绿化强度得分比珠江－西江经济带最高分低 2.789 分，比平均分高 0.086 分；2011 年，生态绿化强度得分比最高分低 2.810 分，比平均分高 0.107 分；2012 年，生态绿化强度得分比最高分低 3.668 分，比平均分低 0.062 分；2013 年，生态绿化强度得分比最高分低 3.991 分，比平均分低 0.107 分；2014 年，生态绿化强度得分比最高分低 4.036 分，比平均分低 0.099 分；2015 年，生态绿化强度得分比最高分低 3.902 分，比平均分低 0.090 分。这说明整体上佛山市生态绿化强度得分与珠江－西江经济带最高分的差距先增大后减小，与珠江－西江经济带平均分的差距波动增大。

2010 年，佛山市城镇绿化动态变化得分比珠江－西江经济带最高分低 1.087 分，比平均分低 0.303 分；2011 年，城镇绿化动态变化得分比最高分低 1.909 分，比平均分低 0.133 分；2012 年，城镇绿化动态变化得分比最高分低 1.649 分，比平均分低 0.737 分；2013 年，城镇绿化动态变化得分比最高分低 2.491 分，比平均分低 0.286 分；2014 年，城镇绿化动态变化得分比最高分低 4.054 分，比平均分低 0.473 分；2015 年，城镇绿化动态变化得分比最高分低 1.826 分，比平均分低 0.435 分。这说明整体上佛山市城镇绿化动态变化得分与珠江－西江经济带最高分的差距波动增大，与珠江－西江经济带平均分的差距波动增大。

2010 年，佛山市绿化扩张强度得分比珠江－西江经济带最高分低 2.596 分，比平均分低 1.512 分；2011 年，绿化扩张强度得分比最高分低 2.578 分，比平均分低 0.221 分；2012 年，绿化扩张强度得分比最高分低 1.534 分，比平均分低 0.152 分；2013 年，绿化扩张强度得分比最高分低 0.306 分，比平均分低 0.015 分；2014 年，绿化扩张强度得分比最高分低 0.319 分，比平均分高 0.126 分；2015 年，绿化扩张强度得分比最高分低 3.716 分，比平均分低 0.585 分。这说明整体上佛山市绿化扩张强度得分与珠江－西江经济带最高分的差距波动增大，与珠江－西江经济带平均分的差距波动缩小。

由图 10-10 可知，2010 年，佛山市绿化蔓延指数得分比珠江－西江经济带最高分低 0.542 分，比平均分低 0.387 分；2011 年，城市绿化蔓延指数得分比最高分低 0.991 分，比平均分低 0.073 分；2012 年，城市绿化蔓延指数得分比最高分低 0.316 分，比平均分高 0.005 分；2013 年，城市绿化蔓延指数得分比最高分低 4.185 分，比平均分低 0.449 分；2014 年，城市绿化蔓延指数得分比最高分低 1.076 分，

比平均分低 0.079 分；2015 年，城市绿化蔓延指数得分比最高分低 2.139 分，比平均分低 0.172 分。这说明整体上佛山市绿化蔓延指数得分与珠江－西江经济带最高分的差距波动增大，与珠江－西江经济带平均分的差距波动缩小。

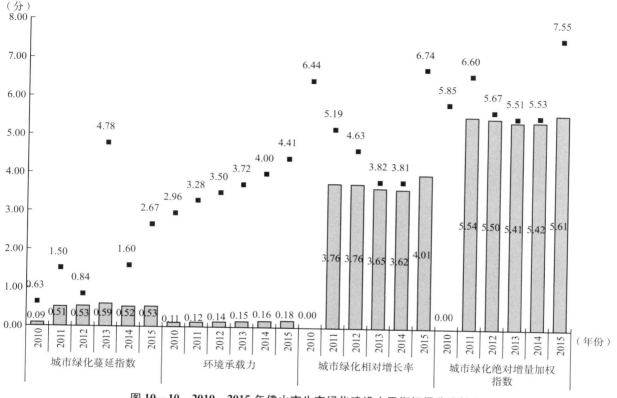

图 10－10　2010～2015 年佛山市生态绿化建设水平指标得分比较 2

2010 年，佛山市环境承载力得分比珠江－西江经济带最高分低 2.847 分，比平均分低 0.275 分；2011 年，环境承载力得分比最高分低 3.159 分，比平均分低 0.303 分；2012 年，环境承载力得分比最高分低 3.363 分，比平均分低 0.330 分；2013 年，环境承载力得分比最高分低 3.569 分，比平均分低 0.350 分；2014 年，环境承载力得分比最高分低 3.832 分，比平均分低 0.363 分；2015 年，环境承载力得分比最高分低 4.231 分，比平均分低 0.417 分。这说明整体上佛山市环境承载力得分与珠江－西江经济带最高分的差距持续增大，与珠江－西江经济带平均分的差距持续增大。

2010 年，佛山市绿化相对增长率得分比珠江－西江经济带最高分低 6.444 分，比平均分低 3.754 分；2011 年，城市绿化相对增长率得分比最高分低 1.425 分，比平均分低 0.122 分；2012 年，城市绿化相对增长率得分比最高分低 0.876 分，比平均分低 0.087 分；2013 年，城市绿化相对增长率得分比最高分低 0.169 分，比平均分低 0.009 分；2014 年，城市绿化相对增长率得分比最高分低 0.185 分，比平均分低 0.073 分；2015 年，城市绿化相对增长率得分比最高分低 2.737 分，比平均分低 0.431 分。这说明整体上佛山市绿化相对增长率得分与珠江－西江经济带最高分的差距波动缩小，与珠江－西江经济带平均分的差距波动减小。

2010 年，佛山市绿化绝对增量加权指数得分比珠江－西江经济带最高分低 5.846 分，比平均分低 4.823 分；2011 年，城市绿化绝对增量加权指数得分比最高分低 1.062 分，比平均分低 0.069 分；2012 年，城市绿化绝对增量加权指数得分比最高分低 0.167 分，比平均分低 0.022 分；2013 年，城市绿化绝对增量加权指数得分比最高分低 0.101 分，比平均分低 0.030 分；2014 年，城市绿化绝对增量加权指数得分比最高分低 0.112 分，比平均分低 0.060 分；2015 年，城市绿化绝对增量加权指数得分比最高分低 1.941 分，比平均分低 0.187 分。这说明整体上佛山市绿化绝对增量加权指数得分与珠江－西江经济带最高分的差距波动缩小，与珠江－西江经济带平均分的差距先减小后增大。

二、佛山市环境治理水平综合评估与比较

（一）佛山市环境治理水平评估指标变化趋势评析

1. 地区环境相对损害指数（EVI）

根据图 10－11 分析可知，2010～2015 年佛山市地区环境相对损害指数（EVI）总体上呈现波动上升型的状态。

2010～2015 年城市在这一类型指标上存在一定的波动变化，总体趋势为上升趋势，但在个别年份出现下降的情况，指标并非连续性上升状态。波动上升型指标意味着在评价的时间段内，虽然指标数据存在较大的波动变化，但是其评价末期数据值高于评价初期数据值。佛山市在 2011～2012 年虽然出现下降的状况，2012 年为 13.331，但是总体上还是呈现上升的态势，最终稳定在 27.015。地区环境相对损害指数（EVI）越大，说明城市的生态环境保护能力越强，对于佛山市来说，其城市生态环境发展潜力越大。

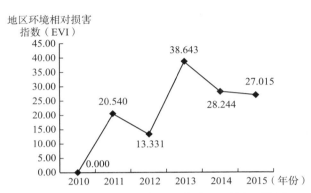

图 10－11　2010～2015 年佛山市地区环境相对损害指数（EVI）变化趋势

2. 单位 GDP 消耗能源

根据图 10－12 分析可知，2010～2015 年佛山市单位 GDP 消耗能源指数总体上呈现波动下降型的状态。这种状态表现为在 2010～2015 年城市在该项指标上总体呈现下降趋势，但在评估期间存在上下波动的情况，并非连续性下降状态。这就意味着在评估的时间段内，虽然指标数据存在较大的波动，但是其评价末期数据值低于评价初期数据值。佛山市的单位 GDP 消耗能源指数末期低于初期的数据，降低 5 个单位左右，并且在 2011～2012 年存在明显下降的变化；这说明佛山市单位 GDP 消耗能源情况处于不太稳定的下降状态。

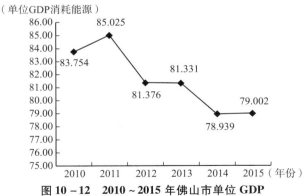

图 10－12　2010～2015 年佛山市单位 GDP 消耗能源变化趋势

3. 环保支出水平

根据图 10－13 分析可知，2010～2015 年佛山市的环保

支出水平总体上呈现波动下降型的状态。2010～2015 年城市在该项指标上总体呈现下降趋势，但在评估期间存在上下波动的情况，指标并非连续性下降状态。波动下降型指标意味着在评估期间，虽然指标数据存在较大波动变化，但是其评价末期数据值低于评价初期数据值。佛山市环保支出水平指标处于波动、下降的状态中，2010 年此指标数值最高，为 20.715，到 2015 年下降至 16.233。分析这种变化趋势，可以说明佛山市生态环境保护水平仍待提升。

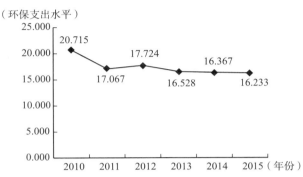

图 10－13　2010～2015 年佛山市环保支出水平变化趋势

4. 污染处理率比重增量

根据图 10－14 分析可知，2010～2015 年佛山市污染处理率比重增量总体上呈现波动上升型的状态。2010～2015 年城市在这一类型指标上存在一定的波动变化，总体趋势为上升趋势，但在个别年份出现下降的情况，指标并非连续性上升状态。波动上升型指标意味着在评价的时间段内，虽然指标数据存在较大的波动变化，但是其评价末期数据值高于评价初期数据值。佛山市在 2011～2012 年虽然出现下降的状况，2012 年为 27.134，但是总体上还是呈现上升的态势，最终稳定在 52.048。污染处理率比重增量越大，说明城市的生态环境保护水平越高，对于佛山市来说，其城市生态保护发展潜力越大。

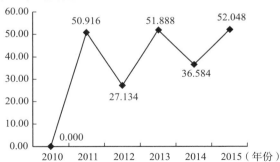

图 10－14　2010～2015 年佛山市污染处理率比重增量变化趋势

5. 综合利用率平均增长指数

根据图 10－15 分析可知，2010～2015 年佛山市综合利用率平均增长指数总体上呈现波动下降型的状态。这种状

态表现为 2010~2015 年城市在该项指标上总体呈现下降趋势，但在评估期间存在上下波动的情况，并非连续性下降状态。这就意味着在评估的时间段内，虽然指标数据存在较大的波动，但是其评价末期数据值低于评价初期数据值。佛山市的综合利用率平均增长指数末期低于初期的数据，降低 30 个单位左右，并且在 2014~2015 年存在明显下降的变化；这说明佛山市综合利用率平均增长指数情况处于不太稳定的下降状态。

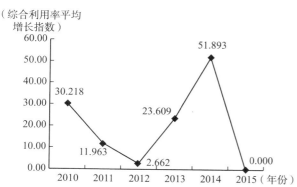

（综合利用率平均增长指数）

图 10－15 2010~2015 年佛山市综合利用率平均增长指数变化趋势

6. 综合利用率枢纽度

根据图 10－16 分析可知，2010~2015 年佛山市的综合利用率枢纽度总体上呈现波动下降型的状态。2010~2015 年城市在该项指标上总体呈现下降趋势，但在评估期间存在上下波动的情况，指标并非连续性下降状态。波动下降型指标意味着在评估期间，虽然指标数据存在较大波动变化，但是其评价末期数据值低于评价初期数据值。佛山市综合利用率枢纽度指标处于波动下降的状态中，2010 年此指标数值最高，为 2.100，到 2015 年下降至 1.391。分析这种变化趋势，可以说明佛山市综合利用率发展的水平仍待提升。

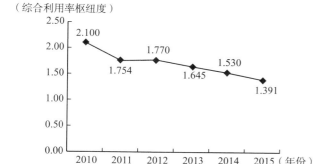

（综合利用率枢纽度）

图 10－16 2010~2015 年佛山市综合利用率枢纽度变化趋势

7. 环保支出规模强度

根据图 10－17 分析可知，2010~2015 年佛山市的环保支出规模强度总体上呈现持续上升型的状态。处于持续上升型的指标，不仅意味着城市在各项指标数据上的不断增

长，更意味着城市在该项指标以及生态保护实力整体上的竞争力优势不断扩大。通过折线图可以看出，佛山市的环保支出规模强度指标不断提高，在 2015 年达到 51.283，相较于 2010 年上升 10 个单位左右；说明佛山市的生态环境保护水平不断提升，城市生态环境发展潜力较大。

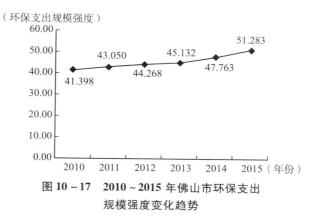

（环保支出规模强度）

图 10－17 2010~2015 年佛山市环保支出规模强度变化趋势

8. 环保支出区位商

根据图 10－18 分析可知，2010~2015 年佛山市的环保支出区位商总体上呈现持续下降型的状态。处于持续下降型的指标，意味着城市在该项指标上不断处于劣势状态，并且这一状况并未得到改善。如图所示，佛山市环保支出区位商指标处于不断下降的状态中，2011 年此指标数值最高，为 28.663，到 2015 年下降至 15.176。分析这种变化趋势，可以得出佛山市环保发展的水平处于劣势，生态绿化建设水平不断下降，城市的发展活力仍待提升。

（环保支出区位商）

图 10－18 2010~2015 年佛山市环保支出区位商变化趋势

9. 环保支出职能规模

根据图 10－19 分析可知，2010~2015 年佛山市环保支出职能规模指数总体上呈现波动下降型的状态。这种状态表现为 2010~2015 年城市在该项指标上总体呈现下降趋势，但在评估期间存在上下波动的情况，并非连续性下降状态。这就意味着在评估的时间段内，虽然指标数据存在较大的波动化，但是其评价末期数据值低于评价初期数据值。佛山市的环保支出职能规模指数末期低于初期的数据，降低 28 个单位左右，并且在 2011~2015 年存在明显下降的变化，这说明佛山市环保支出职能规模情况处于不太稳定

的下降状态。

（环保支出职能规模）

图 10－19　2010～2015 年佛山市环保支出职能
规模变化趋势

10. 环保支出职能地位

根据图 10－20 分析可知，2010～2015 年佛山市环保支出职能地位指数总体上呈现波动下降型的状态。这种状态表现为 2010～2015 年城市在该项指标上总体呈现下降趋势，但在评估期间存在上下波动的情况，并非连续性下降状态。

这就意味着在评估的时间段内，虽然指标数据存在较大的波动，但是其评价末期数据值低于评价初期数据值。佛山市的环保支出职能地位指数末期低于初期的数据，降低 33 个单位左右，并且在 2011～2015 年存在明显下降的变化；这说明佛山市环保支出职能地位情况处于不太稳定的下降状态。

（环保支出职能地位）

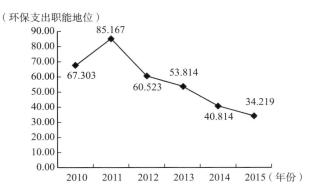

图 10－20　2010～2015 年佛山市环保支出职能
地位变化趋势

根据表 10－7、表 10－8、表 10－9 可以显示出 2010～2015 年佛山市环境治理水平在相应年份的原始值、标准值及排名情况。

表 10－7　　　　2010～2011 年佛山市环境治理水平各级指标排名及相关数值

指标		2010 年			2011 年		
		原始值	标准值	排名	原始值	标准值	排名
环境治理	地区环境相对损害指数（EVI）	14.692	0.000	11	11.730	20.540	11
	单位 GDP 消耗能源	0.008	83.754	1	0.008	85.025	1
	环保支出水平	0.003	20.715	4	0.003	17.067	6
	污染处理率比重增量	－0.090	0.000	11	0.029	50.916	7
	综合利用率平均增长指数	0.000	30.218	10	0.000	11.963	11
	综合利用率枢纽度	0.000	2.100	10	0.000	1.754	10
	环保支出规模强度	1.658	41.398	2	1.750	43.050	2
	环保支出区位商	2.339	27.045	4	2.444	28.663	3
	环保支出职能规模	260476.914	63.966	2	291589.890	71.069	1
	环保支出职能地位	0.328	67.303	2	0.421	85.167	1

表 10－8　　　　2012～2013 年佛山市环境治理水平各级指标排名及相关数值

指标		2012 年			2013 年		
		原始值	标准值	排名	原始值	标准值	排名
环境治理	地区环境相对损害指数（EVI）	12.770	13.331	11	9.120	38.643	11
	单位 GDP 消耗能源	0.009	81.376	2	0.009	81.331	3
	环保支出水平	0.003	17.724	6	0.003	16.528	6
	污染处理率比重增量	－0.027	27.134	11	0.031	51.888	4
	综合利用率平均增长指数	0.000	2.662	11	0.000	23.609	8
	综合利用率枢纽度	0.000	1.770	10	0.000	1.645	10
	环保支出规模强度	1.819	44.268	2	1.867	45.132	2
	环保支出区位商	2.295	26.361	4	1.968	21.324	4
	环保支出职能规模	268472.016	65.791	2	204378.412	51.160	2
	环保支出职能地位	0.293	60.523	2	0.258	53.814	2

表 10 – 9　　　　　　　　**2014～2015 年佛山市环境治理水平各级指标排名及相关数值**

指标		2014 年			2015 年		
		原始值	标准值	排名	原始值	标准值	排名
环境治理	地区环境相对损害指数（EVI）	10.619	28.244	11	10.797	27.015	11
	单位 GDP 消耗能源	0.009	78.939	4	0.009	79.002	6
	环保支出水平	0.003	16.367	6	0.003	16.233	6
	污染处理率比重增量	− 0.005	36.584	9	0.031	52.048	2
	综合利用率平均增长指数	0.001	51.893	1	− 0.001	0.000	11
	综合利用率枢纽度	0.000	1.530	10	0.000	1.391	10
	环保支出规模强度	2.014	47.763	2	2.211	51.283	2
	环保支出区位商	1.770	18.284	6	1.568	15.176	6
	环保支出职能规模	171729.177	43.706	2	135669.337	35.474	2
	环保支出职能地位	0.190	40.814	2	0.156	34.219	2

（二）佛山市环境治理水平评估结果

根据表 10 – 10 对 2010～2012 年间佛山市环境治理水平得分、排名、优劣度进行分析。2010 年佛山市环境治理水平排名处在珠江－西江经济带第 9 名，2011 年佛山市环境治理排名升至珠江－西江经济带第 6 名，2012 年佛山市环境治理水平排名降至珠江－西江经济带第 9 名，说明佛山市环境治理水平较于珠江－西江经济带其他城市发展态势较差。对佛山市的环境治理水平得分情况进行分析，发现佛山市环境治理水平得分波动上升，说明佛山市环境治理力度有所加强。2010～2012 年间佛山市的环境治理水平在珠江－西江经济带中从劣势地位升至优势地位，接着又降至劣势地位，说明佛山市的环境治理水平的提升仍存在较大的发展空间。

表 10 – 10　　　**2010～2012 年佛山市环境治理水平各级指标的得分、排名及优劣度分析**

指标	2010 年			2011 年			2012 年		
	得分	排名	优劣度	得分	排名	优劣度	得分	排名	优劣度
环境治理	17.389	9	劣势	22.127	6	中势	18.119	9	劣势
地区环境相对损害指数（EVI）	0.000	11	劣势	1.853	11	劣势	1.178	11	劣势
单位 GDP 消耗能源	5.185	1	强势	5.309	1	强势	5.144	2	强势
环保支出水平	1.009	4	优势	0.740	6	中势	0.824	6	中势
污染处理率比重增量	0.000	11	劣势	3.203	7	中势	1.667	11	劣势
综合利用率平均增长指数	1.616	10	劣势	0.647	11	劣势	0.126	11	劣势
综合利用率枢纽度	0.121	10	劣势	0.092	10	劣势	0.091	10	劣势
环保支出规模强度	1.729	2	强势	1.821	2	强势	1.912	2	强势
环保支出区位商	1.348	4	优势	1.338	3	优势	1.262	4	优势
环保支出职能规模	3.069	2	强势	3.162	1	强势	3.121	2	强势
环保支出职能地位	3.311	2	强势	3.964	1	强势	2.795	2	强势

对佛山市环境治理水平的三级指标进行分析，其中地区环境相对损害指数（EVI）得分排名呈现出持续保持的发展趋势。对佛山市的地区环境相对损害指数（EVI）的得分情况进行分析，发现佛山市的地区环境相对损害指数（EVI）得分波动上升，说明佛山市的地区环境相对损害指数（EVI）存在较大的提升空间，在发展城市经济的同时需要注重环境保护投入更大的力度。

单位 GDP 消耗能源的得分排名呈现出先保持后下降的趋势。对佛山市单位 GDP 消耗能源的得分情况进行分析，发现佛山市在单位 GDP 消耗能源的得分波动下降，说明佛山市的整体发展水平有所下降，城市活力的提升和环境的发展存在一定的提升空间。

环保支出水平得分排名呈现出先下降后保持的趋势。

对佛山市环保支出水平的得分情况进行分析，发现佛山市在环保支出水平的得分波动下降，说明佛山市环保支出水平有所降低，佛山市对环境治理的财政支持能力有待提高。

污染处理率比重增量得分排名呈现出波动保持的趋势。对佛山市的污染处理率比重增量的得分情况进行分析，发现佛山市在污染处理率比重增量的得分波动上升，说明佛山市在推动城市污染处理方面的力度不断提高，城市整体污染处理水平不断提升。

综合利用率平均增长指数得分排名呈现先下降后保持的趋势。对佛山市的综合利用率平均增长指数的得分情况进行分析，发现佛山市的综合利用率平均增长指数的得分持续下降，分值变动幅度较大，说明城市的综合利用覆盖程度有待增强。

综合利用率枢纽度得分排名呈现出持续保持的趋势。对佛山市的综合利用率枢纽度的得分情况进行分析，发现佛山市在综合利用率枢纽度的得分持续下降，说明2010~2012年佛山市的综合利用率能力不断下降，其综合利用率枢纽度存在较大的提升空间。

环保支出规模强度得分排名呈现出持续保持的趋势。对佛山市的环保支出规模强度的得分情况进行分析，发现佛山市在环保支出规模强度的得分持续上升，说明2010~2012年佛山市的环保支出能力不断高于地区环保支出平均水平。

环保支出区位商得分排名呈现出波动保持的趋势。对佛山市的环保支出区位商的得分情况进行分析，发现佛山市在环保支出区位商的得分持续下降，说明2010~2012年佛山市的环保支出区位商不断下降，城市所具备的环保支出能力不断降低。

环保支出职能规模得分排名呈现出波动保持的趋势。对佛山市的环保支出职能规模的得分情况进行分析，发现佛山市在环保支出职能规模的得分波动上升，说明佛山市在环保支出水平方面不断提高，城市所具备的环保支出能力有所增强。

环保支出职能地位得分排名呈现出波动保持的趋势。对佛山市环保支出职能地位的得分情况进行分析，发现佛山市在环保支出职能地位的得分波动下降，说明佛山市在环保支出职能地位方面有所下降，城市对保护环境和环境的治理能力降低，在城市绿化和环境治理上存在一定的发展潜力。

根据表10-11对2013~2015年佛山市环境治理水平得分、排名、优劣度进行分析。2013年佛山市环境治理水平排名处在珠江-西江经济带第5名，2014年佛山市环境治理水平排名降至珠江-西江经济带第8名，2015年佛山市环境治理水平排名又降至珠江-西江经济带第10名，说明佛山市环境治理较于珠江-西江经济带其他城市优势不显著。对佛山市的环境治理水平得分情况进行分析，发现佛山市环境治理水平得分持续下降，说明佛山市环境治理力度不断减弱。2013~2015年佛山市的环境治理水平在珠江-西江经济带中从优势地位降至中势地位，接着又降至劣势地位，说明佛山市的环境治理水平存在较大的提升空间。

表10-11　　　　　　　　2013~2015年佛山市环境治理水平各级指标的得分、排名及优劣度分析

指标	2013年			2014年			2015年		
	得分	排名	优劣度	得分	排名	优劣度	得分	排名	优劣度
环境治理	21.783	5	优势	20.110	8	中势	17.927	10	劣势
地区环境相对损害指数（EVI）	3.608	11	劣势	2.690	11	劣势	2.507	11	劣势
单位GDP消耗能源	5.379	3	优势	4.939	4	优势	5.636	6	中势
环保支出水平	0.765	6	中势	0.769	6	中势	0.741	6	中势
污染处理率比重增量	3.016	4	优势	1.987	9	劣势	2.773	2	强势
综合利用率平均增长指数	1.150	8	中势	2.572	1	强势	0.000	11	劣势
综合利用率枢纽度	0.081	10	劣势	0.074	10	劣势	0.065	10	劣势
环保支出规模强度	1.975	2	强势	2.176	2	强势	2.370	2	强势
环保支出区位商	0.966	4	优势	0.841	6	中势	0.667	6	中势
环保支出职能规模	2.341	2	强势	2.133	2	强势	1.623	2	强势
环保支出职能地位	2.502	2	强势	1.928	2	强势	1.544	2	强势

对佛山市环境治理水平的三级指标进行分析，其中地区环境相对损害指数（EVI）得分排名呈现出持续保持的发展趋势。对佛山市地区环境相对损害指数（EVI）的得分情况进行分析，发现佛山市的地区环境相对损害指数（EVI）得分持续下降，说明佛山市整体地区环境状况有所下降，城市在发展经济的同时进行环境保护仍需注重。

单位GDP消耗能源的得分排名呈现出持续下降的趋势。对佛山市单位GDP消耗能源的得分情况进行分析，发现佛山市在单位GDP消耗能源的得分波动上升，说明佛山市的单位GDP消耗能源有所提高，城市整体发展水平提高，城市的活力有所上升。

环保支出水平得分排名呈现出持续保持的趋势。对佛山市的环保支出水平的得分情况进行分析，发现佛山市在环保支出水平的得分波动下降，说明佛山市的环保支出水平有所下降，城市对外部资源各类要素的集聚吸引能力有所降低，其环保支出水平存在一定的提升空间。

污染处理率比重增量得分排名呈现出波动上升的趋势。对佛山市的污染处理率比重增量的得分情况进行分析，发现佛山市在污染处理率比重增量的得分波动下降，说明佛山市整体污染处理能力方面有所下降，污染处理率比重增量存在较大的提升空间。

综合利用率平均增长指数得分排名呈现波动下降的趋势。对佛山市的综合利用率平均增长指数的得分情况进行分析，发现佛山市的综合利用率平均增长指数的得分波动下降，说明城市综合利用水平有所降低，城市内的综合利用覆盖程度下降。

综合利用率枢纽度得分排名呈现出持续保持的趋势。对佛山市的综合利用率枢纽度的得分情况进行分析，发现佛山市在综合利用率枢纽度的得分持续下降，说明2013~2015年佛山市的综合利用能力不断降低，其综合利用率枢纽度存在较大的提升空间。

环保支出规模强度得分排名呈现出持续保持的趋势。对佛山市的环保支出规模强度的得分情况进行分析，发现佛山市在环保支出规模强度的得分持续上升，说明2013~2015年佛山市的环保支出规模强度与地区平均环保支出水平相比不断提高。

环保支出区位商得分排名呈现出先下降后保持的趋势。对佛山市的环保支出区位商的得分情况进行分析，发现佛山市在环保支出区位商的得分持续下降，说明2013~2015年佛山市环保支出区位商不断所下降，环保支出水平降低，城市所具备的环保支出能力也不断减弱。

环保支出职能规模得分排名呈现出持续保持的趋势。对佛山市的环保支出职能规模的得分情况进行分析，发现佛山市在环保支出职能规模的得分持续下降，说明佛山市的环保支出职能规模不断减弱，城市的环保支出能力不断下降，其环保支出职能规模存在较大的提升空间。

环保支出职能地位得分排名呈现出持续保持的趋势。对佛山市环保支出职能地位的得分情况进行分析，发现佛山市在环保支出职能地位的得分持续下降，说明佛山市对保护环境和对环境的治理能力不断减小，城市发展所具备的绿化和环境治理的潜力下降，其环保支出职能地位存在

较大的提升空间。

对2010~2015年佛山市环境治理水平及各三级指标的得分、排名和优劣度进行分析。2010年佛山市环境治理水平得分排名处在珠江-西江经济带第9名，2011年佛山市环境治理水平得分排名升至珠江-西江经济带第6名，2012年佛山市环境治理水平得分排名降至珠江-西江经济带第9名，2013年佛山市环境治理水平得分排名升至珠江-西江经济带第5名，2014年佛山市环境治理水平得分排名降至珠江-西江经济带第8名，2015年佛山市环境治理水平得分排名又降至珠江-西江经济带第10名，2010~2015年间佛山市环境治理在珠江-西江经济带中变动幅度大，说明佛山市环境治理水平得分排名稳定性较低。2010~2015年佛山市环境治理水平得分排名处在珠江-西江经济带中游区或下游区，说明佛山市环境治理水平发展较之于珠江-西江经济带的其他城市发展态势较差。对佛山市的环境治理水平得分情况进行分析，发现佛山市的环境治理水平得分呈现波动上升的发展趋势，说明佛山市环境治理水平有所提高，对环境治理的力度存在一定的提升空间。

从环境治理水平基础指标的优劣度结构来看（见表10-12），在10个基础指标中，指标的优劣度结构为40.0:0.0:30.0:30.0。

表10-12　　　　　　　　　　　　2015年佛山市环境治理水平指标的优劣度结构

二级指标	三级指标数	强势指标		优势指标		中势指标		劣势指标		优劣度
		个数	比重（%）	个数	比重（%）	个数	比重（%）	个数	比重（%）	
环境治理	10	4	40.000	0	0.000	3	30.000	3	30.000	劣势

（三）佛山市环境治理水平比较方向

图10-21和图10-22将2010~2015年佛山市环境治理水平与珠江-西江经济带最高水平和平均水平进行比较。从环境治理水平的要素得分比较来看，由图10-21可知，2010年，佛山市地区环境相对损害指数（EVI）得分比珠江-西江经济带最高分低9.089分，比平均分低7.354分；2011年，地区环境相对损害指数（EVI）得分比最高分低7.102分，比平均分低5.570分；2012年，地区环境相对损害指数（EVI）得分比最高分低7.492分，比平均分低5.929分；2013年，地区环境相对损害指数（EVI）得分比最高分低5.629分，比平均分低4.406分；2014年，地区环境相对损害指数（EVI）得分比最高分低6.739分，比平均分低5.526分；2015年，地区环境相对损害指数（EVI）得分比最高分低6.762分，比平均分低5.540分。这说明整体上佛山市地区环境相对损害指数（EVI）得分与珠江-西江经济带最高分的差距波动缩小，与珠江-西江经济带平均分的差距波动缩小。

2010年，佛山市单位GDP消耗能源得分为珠江-西江经济带最高分，比平均分高1.914分；2011年，单位GDP消耗能源得分为珠江-西江经济带最高分，比平均分高1.993分；2012年，单位GDP消耗能源得分比最高分低0.004分，比平均分高1.620分；2013年，单位GDP消耗

能源得分比最高分低0.230分，比平均分高1.445分；2014年，单位GDP消耗能源得分比最高分低0.964分，比平均分高1.845分；2015年，单位GDP消耗能源得分比最高分低1.498分，比平均分高1.073分。这说明整体上佛山市单位GDP消耗能源得分与珠江-西江经济带最高分的差距持续增大，与珠江-西江经济带平均分的差距波动减小。

2010年，佛山市环保支出水平得分比珠江-西江经济带最高分低3.862分，比平均分低0.127分；2011年，环保支出水平得分比最高分低1.465分，比平均分低0.046分；2012年，环保支出水平得分比最高分低3.047分，比平均分低0.238分；2013年，环保支出水平得分比最高分低3.267分，比平均分低0.257分；2014年，环保支出水平得分比最高分低3.411分，比平均分低0.301分；2015年，环保支出水平得分比最高分低3.147分，比平均分低0.384分。这说明整体上佛山市环保支出水平得分与珠江-西江经济带最高分的差距波动减小，与珠江-西江经济带平均分的差距先减小后增大。

2010年，佛山市污染处理率比重增量得分比珠江-西江经济带最高分低3.513分，比平均分低1.745分；2011年，污染处理率比重增量得分比最高分低2.930分，比平均分低0.341分；2012年，污染处理率比重增量得分比最高分低4.476分，比平均分低1.318分；2013年，污染处理率比重增量得分比最高分低1.545分，比平均分高0.022

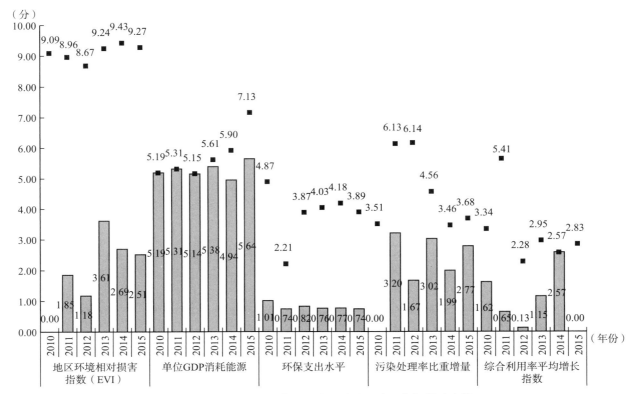

图 10 – 21　2010～2015 年佛山市环境治理水平指标得分比较 1

分；2014 年，污染处理率比重增量得分比最高分低 1.473 分，比平均分低 0.457 分；2015 年，污染处理率比重增量得分比最高分低 0.903 分，比平均分高 0.265 分。这说明整体上佛山市污染处理率比重增量得分与珠江－西江经济带最高分的差距波动减小，与珠江－西江经济带平均分的差距波动减小。

2010 年，佛山市综合利用率平均增长指数得分比珠江－西江经济带最高分低 1.726 分，比平均分低 0.691 分；2011 年，综合利用率平均增长指数得分比最高分低 4.759 分，比平均分低 1.388 分；2012 年，综合利用率平均增长指数得分比最高分低 2.151 分，比平均分低 1.263 分；2013 年，综合利用率平均增长指数得分比最高分低 1.804 分，比平均分低 0.459 分；2014 年，综合利用率平均增长指数得分为珠江－西江经济带最高分，比平均分高 0.826 分；2015 年，综合利用率平均增长指数得分比最高分低 2.834 分，比平均分低 1.536 分。这说明整体上佛山市综合利用率平均增长指数得分与珠江－西江经济带最高分的差距波动增大，与珠江－西江经济带平均分的差距波动增大。

由图 10 – 22 可知，2010 年，佛山市综合利用率枢纽度得分比珠江－西江经济带最高分低 5.636 分，比平均分低 2.086 分；2011 年，综合利用率枢纽度得分比最高分低 4.420 分，比平均分低 1.629 分；2012 年，综合利用率枢纽度得分比最高分低 3.949 分，比平均分低 1.508 分；2013 年，综合利用率枢纽度得分比最高分低 3.627 分，比平均分低 1.346 分；2014 年，综合利用率枢纽度得分比最高分低 3.506 分，比平均分低 1.228 分；2015 年，综合利用率

枢纽度得分比最高分低 3.664 分，比平均分低 1.207 分。这说明整体上佛山市综合利用率枢纽度得分与珠江－西江经济带最高分的差距波动减小，与珠江－西江经济带平均分的差距持续缩小。

2010 年，佛山市环保支出规模强度得分比珠江－西江经济带最高分低 0.455 分，比平均分高 1.237 分；2011 年，环保支出规模强度得分比最高分低 0.692 分，比平均分高 1.282 分；2012 年，环保支出规模强度得分比最高分低 0.945 分，比平均分高 1.269 分；2013 年，环保支出规模强度得分比最高分低 1.360 分，比平均分高 1.271 分；2014 年，环保支出规模强度得分比最高分低 1.842 分，比平均分高 1.361 分；2015 年，环保支出规模强度得分比最高分低 2.252 分，比平均分高 1.445 分。这说明整体上佛山市环保支出规模强度得分与珠江－西江经济带最高分的差距持续增大，与珠江－西江经济带平均分的差距波动增大。

2010 年，佛山市环保支出区位商得分比珠江－西江经济带最高分低 3.637 分，比平均分高 0.053 分；2011 年，环保支出区位商得分比最高分低 1.454 分，比平均分高 0.119 分；2012 年，环保支出区位商得分比最高分低 2.424 分，比平均分低 0.033 分；2013 年，环保支出区位商得分比最高分低 2.195 分，比平均分低 0.055 分；2014 年，环保支出区位商得分比最高分低 2.548 分，比平均分低 0.215 分；2015 年，环保支出区位商得分与最高分低 2.281 分，比平均分低 0.327 分。这说明整体上佛山市环保支出区位商得分与珠江－西江经济带最高分的差距波动减小，与珠江－西江经济带平均分的差距波动增大。

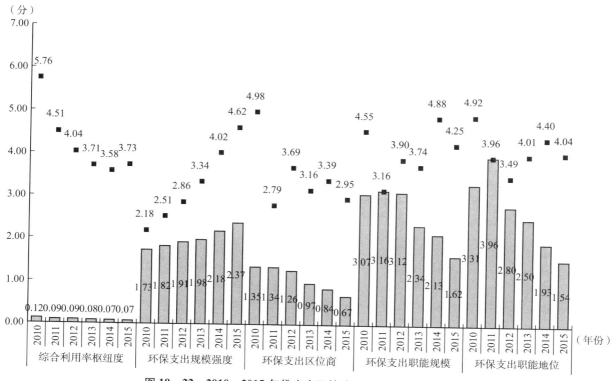

图 10－22　2010～2015 年佛山市环境治理水平指标得分比较 2

2010 年，佛山市环保支出职能规模得分比珠江－西江经济带最高分低 1.482 分，比平均分高 2.063 分；2011 年，环保支出职能规模得分为珠江－西江经济带最高分，比平均分高 2.323 分；2012 年，环保支出职能规模得分比最高分低 0.782 分，比平均分高 2.004 分；2013 年，环保支出职能规模得分比最高分低 1.404 分，比平均分高 1.382 分；2014 年，环保支出职能规模得分比最高分低 2.747 分，比平均分高 0.998 分；2015 年，环保支出职能规模得分比最高分低 2.629 分，比平均分高 0.590 分。这说明整体上佛山市环保支出职能规模得分与珠江－西江经济带最高分的差距波动增大，与珠江－西江经济带平均分的差距先增大后减小。

2010 年，佛山市环保支出职能地位得分比珠江－西江经济带最高分低 1.609 分，比平均分高 2.239 分；2011 年，环保支出职能地位得分为珠江－西江经济带最高分，比平均分高 2.950 分；2012 年，环保支出职能地位得分比最高分低 0.698 分，比平均分高 1.789 分；2013 年，环保支出职能地位得分比最高分低 1.513 分，比平均分高 1.489 分；2014 年，环保支出职能地位得分比最高分低 2.474 分，比平均分高 0.899 分；2015 年，环保支出职能地位得分比最

高分低 2.501 分，比平均分高 0.561 分。这说明整体上佛山市环保支出职能地位得分与珠江－西江经济带最高分的差距先减小后增大，与珠江－西江经济带平均分的差距先增大后减小。

三、佛山市生态环境建设水平综合评估与比较评述

从对佛山市生态环境建设水平评估及其 2 个二级指标在珠江－西江经济带的排名变化和指标结构的综合分析来看，2010～2015 年佛山市生态环境板块中上升指标的数量等于下降指标的数量，上升的动力等于下降的拉力，使得 2015 年佛山市生态环境建设水平的排名呈波动上升趋势，在珠江－西江经济带城市排名中位居第 10 名。

（一）佛山市生态环境建设水平概要分析

佛山市生态环境建设水平在珠江－西江经济带所处的位置及变化如表 10－13 所示，2 个二级指标的得分和排名变化如表 10－14 所示。

表 10－13　　　　　　2010～2015 年佛山市建设水平生态环境一级指标比较

项目	2010 年	2011 年	2012 年	2013 年	2014 年	2015 年
排名	11	7	11	7	7	10
所属区位	下游	中游	下游	中游	中游	下游
得分	27.203	43.492	39.114	42.625	41.027	39.214
经济带最高分	58.788	52.007	56.046	53.775	56.362	61.632

续表

项目	2010 年	2011 年	2012 年	2013 年	2014 年	2015 年
经济带平均分	42.691	44.018	44.127	44.702	43.585	46.610
与最高分的差距	-31.585	-8.514	-16.932	-11.150	-15.335	-22.418
与平均分的差距	-15.489	-0.526	-5.013	-2.077	-2.558	-7.396
优劣度	劣势	中势	劣势	中势	中势	劣势
波动趋势	—	上升	下降	上升	持续	下降

表 10 - 14　2010～2015 年佛山市生态环境建设水平二级指标比较

年份	生态绿化		环境治理	
	得分	排名	得分	排名
2010	9.813	11	17.389	9
2011	21.365	5	22.127	6
2012	20.995	8	18.119	9
2013	20.842	5	21.783	5
2014	20.918	6	20.110	8
2015	21.287	5	17.927	10
得分变化	11.474	—	0.537	—
排名变化	—	6	—	-1
优劣度	劣势	劣势	劣势	劣势

（1）从指标排名变化趋势看，2015 年佛山市生态环境建设水平评估排名在珠江－西江经济带处于第 10 名，表明其在珠江－西江经济带处于劣势地位，与 2010 年相比，排名上升 1 名。总的来看，评价期内佛山市生态环境建设水平呈现波动上升趋势。

在 2 个二级指标中，其中 1 个指标排名处于上升趋势，为生态绿化；1 个指标排名处于下降趋势，为环境治理；这是佛山市生态环境建设水平处于上升趋势的动力所在。受指标排名升降的综合影响，评价期内佛山市生态环境建设水平的综合排名呈波动上升趋势，在珠江－西江经济带排名第 10 名。

（2）从指标所处区位来看，2015 年佛山市生态环境建设水平处在下游区。其中，生态绿化为劣势指标，环境治理为劣势指标。

（3）从指标得分来看，2015 年佛山市生态环境建设水平得分为 39.214 分，比珠江－西江经济带最高分低 22.418 分，比平均分低 7.396 分；与 2010 年相比，佛山市生态环境建设水平得分上升 11.911 分，与当年最高分的差距缩小，与珠江－西江经济带平均分的差距缩小。

2015 年，佛山市生态环境建设水平二级指标的得分均高于 15 分，与 2010 年相比，得分上升最多的为生态绿化，上升 11.474 分；得分上升最少的为环境治理，上升 0.537 分。

（二）佛山市生态环境建设水平评估指标动态变化分析

2010～2015 年佛山市生态环境建设水平评估各级指标的动态变化及其结构，如图 10 - 23 和表 10 - 15 所示。从图 10 - 23 可以看出，佛山市生态环境建设水平评估的三级指标中上升指标的比例等于下降指标，表明上升指标居于有利地位。表 10 - 27 中的数据进一步说明，佛山市生态环境建设水平评估的 18 个三级指标中，上升的指标有 6 个，占指标总数的 33.333%；保持的指标有 6 个，占指标总数的 33.333%；下降的指标有 6 个，占指标总数的 33.333%。由于上升指标的数量等于下降指标的数量，且受变动幅度与外部因素的综合影响，评价期内佛山市生态环境建设水平排名呈现波动上升趋势，在珠江－西江经济带位居第 10 名。

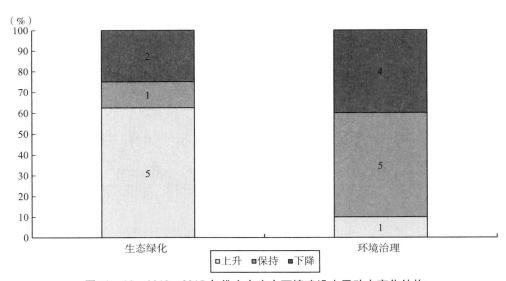

图 10 - 23　2010～2015 年佛山市生态环境建设水平动态变化结构

表 10 – 15　　　　　　　2010～2015 年佛山市生态环境建设水平各级指标排名变化态势比较

二级指标	三级指标数	上升指标		保持指标		下降指标	
		个数	比重（%）	个数	比重（%）	个数	比重（%）
生态绿化	8	5	62.500	1	12.500	2	25.000
环境治理	10	1	10.000	5	50.000	4	40.000
合计	18	6	33.333	6	33.333	6	33.333

（三）佛山市生态环境建设水平评估指标变化动因分析

2015 年佛山市生态环境建设水平评估指标的优劣势变化及其结构，如图 10 – 24 和表 10 – 16 所示。从图 10 – 24 可以看出，2015 年佛山市生态环境建设水平评估的三级指标强势和优势指标的比例大于劣势指标的比例，表明强势和优势指标居于主导地位。表 10 – 16 中的数据进一步说明，2015 年佛山市生态环境建设水平的 18 个三级指标中，强势指标有 4 个，占指标总数的 22.222%；优势指标为 5 个，占指标总数的 27.778%；中势指标 5 个，占指标总数的 27.778%；劣势指标为 4 个，占指标总数的 22.222%；强势指标和优势指标之和占指标总数的 50.000%，数量与比重均大于劣势指标。

从二级指标来看，其中，生态绿化的强势指标有 0 个，占指标总数的 0.000%；优势指标为 5 个，占指标总数的 62.500%；中势指标 2 个，占指标总数的 25.000%；劣势指标为 1 个，占指标总数的 12.500%；强势指标和优势指标之和占指标总数的 62.500%；说明生态绿化的强、优势指标居于主导地位。环境治理的强势指标有 4 个，占指标总数的 40.000%；优势指标为 0 个，占指标总数的 0.000%；中势指标 3 个，占指标总数的 30.000%；劣势指标为 3 个，占指标总数的 30.000%；强势指标和优势指标之和占指标总数的 40.000%；说明环境治理的强、优势指标未处于主导地位。由于强、优势指标比重等于中、劣势指标比重，佛山市生态环境建设水平整体上来说处于劣势地位，在珠江 – 西江经济带位居第 10 名，处于下游区。

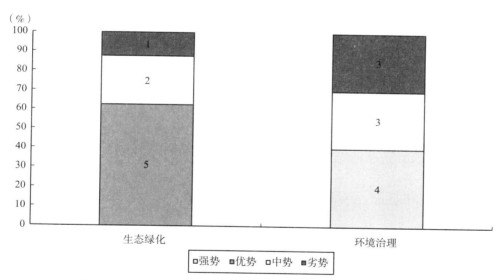

图 10 – 24　2015 年佛山市生态环境建设水平各级指标优劣度结构

表 10 – 16　　　　　　　2015 年佛山市生态环境建设水平各级指标优劣度比较

二级指标	三级指标数	强势指标		优势指标		中势指标		劣势指标		优劣度
		个数	比重（%）	个数	比重（%）	个数	比重（%）	个数	比重（%）	
生态绿化	8	0	0.000	5	62.500	2	25.000	1	12.500	优势
环境治理	10	4	40.000	0	0.000	3	30.000	3	30.000	劣势
合计	18	4	22.222	5	27.778	5	27.778	4	22.222	劣势

为了进一步明确影响佛山市生态环境建设水平变化的具体因素，以便于对相关指标进行深入分析，为提升佛山市生态环境建设水平提供决策参考，表 10 – 17 列出生态环境建设水平评估指标体系中直接影响佛山市生态环境建设水平升降的强势指标、优势指标、中势指标和劣势指标。

表 10－17 **2015 年佛山市生态环境建设水平三级指标优劣度统计**

指标	强势指标	优势指标	中势指标	劣势指标
生态绿化（8 个）	（0 个）	生态绿化强度、绿化扩张强度、环境承载力、城市绿化相对增长率、城市绿化绝对增量加权指数（5 个）	城镇绿化扩张弹性系数、城市绿化蔓延指数（2 个）	城镇绿化动态变化（1 个）
环境治理（10 个）	污染处理率比重增量、环保支出规模强度、环保支出职能规模、环保支出职能地位（4 个）	（0 个）	单位 GDP 消耗能源、环保支出水平、环保支出区位商（3 个）	地区环境相对损害指数（EVI）、综合利用率平均增长指数、综合利用率枢纽度（3 个）

第十一章 肇庆市生态环境建设水平综合评估

一、肇庆市生态绿化建设水平综合评估与比较

（一）肇庆市生态绿化建设水平评估指标变化趋势评析

1. 城镇绿化扩张弹性系数

根据图 11 - 1 分析可知，2010～2015 年肇庆市城镇绿化扩张弹性系数总体上呈现波动保持型的状态。波动保持型指标意味着城市在该项指标上虽然呈现波动状态，但在评价末期和评价初期的数值基本保持一致，由该图可知肇庆市城镇绿化扩张弹性系数数值保持在 88.457～91.548。即使肇庆市城镇绿化扩张弹性系数存在过最低值，其数值为 88.457，但肇庆市在城镇绿化扩张弹性系数上总体表现相对平稳，说明该地区城镇绿化能力及活力持续又稳定。

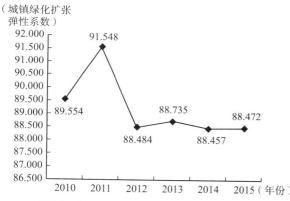

（城镇绿化扩张弹性系数）

图 11 - 1 2010～2015 年肇庆市城镇绿化扩张弹性系数变化趋势

2. 生态绿化强度

根据图 11 - 2 分析可知，2010～2015 年肇庆市的生态绿化强度总体上呈现持续下降型的状态。处于持续下降型的指标，意味着城市在该项指标上不断处在劣势状态，并且这一状况并未得到改善。如图所示，肇庆市生态绿化强度指标处于不断下降的状态中，2010 年此指标数值最高，为 9.170，到 2015 年下降至 4.831。分析这种变化趋势，可以得出肇庆市生态环境发展发展的水平处于劣势，生态绿化水平不断下降，城市的发展活力仍待提升。

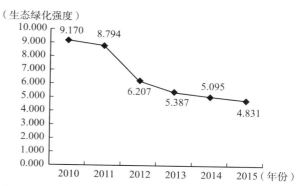

（生态绿化强度）

图 11 - 2 2010～2015 年肇庆市生态绿化强度变化趋势

3. 城镇绿化动态变化

根据图 11 - 3 分析可知，2010～2015 年肇庆市城镇绿化动态变化总体上呈现波动上升型的状态。2010～2015 年城市在这一类型指标上存在一定的波动变化，总体趋势为上升趋势，但在个别年份出现下降的情况，指标并非连续性上升状态。波动上升型指标意味着在评价的时间段内，虽然指标数据存在较大的波动变化，但是其评价末期数据值高于评价初期数据值。肇庆市在 2011～2012 年虽然出现下降的状况，2012 年为 18.007，但是总体上还是呈现上升的态势，最终稳定在 57.709。城镇绿化越大，说明城市的环境保护水平越高，对于肇庆市来说，其城市生态保护发展潜力越大。

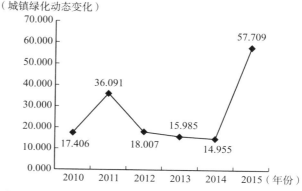

（城镇绿化动态变化）

图 11 - 3 2010～2015 年肇庆市城镇绿化动态变化趋势

4. 绿化扩张强度

根据图 11 - 4 分析可知，2010～2015 年肇庆市绿化扩张强度总体呈现波动上升型的状态。2010～2015 年城市在这一类型指标上存在一定的波动变化，总体趋势为上升趋

势，但在个别年份出现下降的情况，指标并非连续性上升状态。波动上升型指标意味着在评价的时间段内，虽然指标数据存在较大的波动变化，但是其评价末期数据值高于评价初期数据值。肇庆市在2013～2014年虽然出现下降的状况，2014年为11.203，但是总体上还是呈现上升的态势，最终稳定在86.692。绿化扩张强度越大，说明城市的生态环境保护水平越高，对于肇庆市来说，其城市生态保护发展潜力越大。

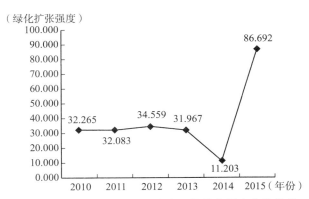

（绿化扩张强度）

图 11－4　2010～2015 年肇庆市绿化扩张强度变化趋势

5. 城市绿化蔓延指数

根据图 11－5 分析可知，2010～2015 年肇庆市城市绿化蔓延指数总体呈现波动上升型的状态。2010～2015 年城市在这一类型指标上存在一定的波动变化，总体趋势为上升趋势，但在个别年份出现下降的情况，指标并非连续性上升状态。波动上升型指标意味着在评价的时间段内，虽然指标数据存在较大的波动变化，但是其评价末期数据值高于评价初期数据值。肇庆市在2012～2014年虽然出现下降的状况，2014年为0.101，但是总体上还是呈现上升的态势，最终稳定在63.999。城市绿化蔓延指数越大，说明城市的生态环境保护水平仍待提升，对于肇庆市来说，其城市生态保护发展潜力越大。

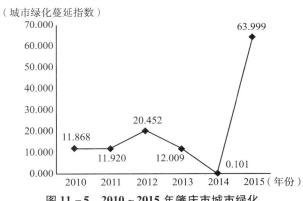

（城市绿化蔓延指数）

图 11－5　2010～2015 年肇庆市城市绿化蔓延指数变化趋势

6. 环境承载力

根据图 11－6 分析可知，2010～2015 年肇庆市环境承

载力总体上呈现波动上升型的状态。2010～2015 年城市在这一类型指标上存在一定的波动变化，总体趋势为上升趋势，但在个别年份出现下降的情况，指标并非连续性上升状态。波动上升型指标意味着在评价的时间段内，虽然指标数据存在较大的波动变化，但是其评价末期数据值高于评价初期数据值。肇庆市在2013～2014年虽然出现下降的状况，2014年为1.642，但是总体上还是呈现上升的态势，最终稳定在6.627。城市环境承载力越大，说明城市的生态环境保护水平越高，对于肇庆市来说，其城市生态保护发展潜力越大。

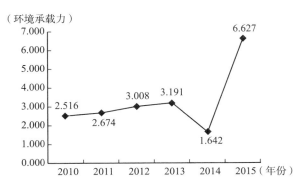

（环境承载力）

图 11－6　2010～2015 年肇庆市环境承载力变化趋势

7. 城市绿化相对增长率

根据图 11－7 分析可知，2010～2015 年肇庆市城市绿化相对增长率总体上呈现波动上升型的状态。2010～2015 年城市在这一类型指标上存在一定的波动变化，总体趋势为上升趋势，但在个别年份出现下降的情况，指标并非连续性上升状态。波动上升型指标意味着在评价的时间段内，虽然指标数据存在较大的波动变化，但是其评价末期数据值高于评价初期数据值。肇庆市在2013～2014年虽然出现下降的状况，2014年为49.243，但是总体上还是呈现上升的态势，最终稳定在91.897。城市绿化相对增长率越大，说明城市的绿化面积不断扩大，对于肇庆市来说，其城市生态保护发展潜力越大。

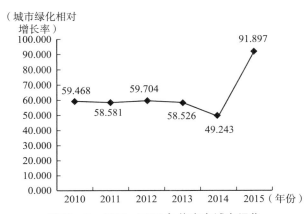

（城市绿化相对增长率）

图 11－7　2010～2015 年肇庆市城市绿化相对增长率变化趋势

8. 城市绿化绝对增量加权指数

根据图 11－8 分析可知，2010～2015 年肇庆市城市绿化绝对增量加权指数总体呈现波动上升型的状态。2010～2015 年城市在这一类型指标上存在一定的波动变化，总体趋势为上升趋势，但在个别年份出现下降的情况，指标并非连续性上升状态。波动上升型指标意味着在评价的时间段内，虽然指标数据存在较大的波动变化，但是其评价末期数据值高于评价初期数据值。肇庆市在 2013～2014 年虽然出现下降的状况，2014 年为 70.038，但是总体上还是呈现上升的态势，最终稳定在 83.859。城市绿化绝对增量加权指数越大；说明城市的生态环境保护水平越高，对于肇庆市来说，其城市生态保护发展潜力越大。

根据表 11－1、表 11－2、表 11－3 可以显示出 2010～2015 年肇庆市生态绿化建设水平在相应年份的原始值、标准值及排名情况。

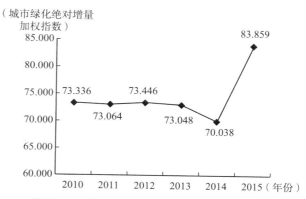

（城市绿化绝对增量加权指数）

图 11－8　2010～2015 年肇庆市城市绿化绝对增量加权指数变化趋势

表 11－1　　　　　　　2010～2011 年肇庆市生态绿化建设水平各级指标排名及相关数值

指标		2010 年			2011 年		
		原始值	标准值	排名	原始值	标准值	排名
生态绿化	城镇绿化扩张弹性系数	6.957	89.554	1	19.611	91.548	2
	生态绿化强度	0.703	9.170	5	0.675	8.794	5
	城镇绿化动态变化	0.019	17.406	7	0.124	36.091	3
	绿化扩张强度	0.000	32.265	6	0.000	32.083	5
	城市绿化蔓延指数	0.553	11.868	6	0.780	11.920	7
	环境承载力	62516.881	2.516	5	65990.064	2.674	5
	城市绿化相对增长率	0.003	59.468	6	0.000	58.581	5
	城市绿化绝对增量加权指数	0.861	73.336	6	0.144	73.064	6

表 11－2　　　　　　　2012～2013 年肇庆市生态绿化建设水平各级指标排名及相关数值

指标		2012 年			2013 年		
		原始值	标准值	排名	原始值	标准值	排名
生态绿化	城镇绿化扩张弹性系数	0.171	88.484	9	1.763	88.735	4
	生态绿化强度	0.488	6.207	5	0.429	5.387	5
	城镇绿化动态变化	0.023	18.007	8	0.011	15.985	9
	绿化扩张强度	0.000	34.559	3	0.000	31.967	7
	城市绿化蔓延指数	38.383	20.452	1	1.173	12.009	7
	环境承载力	73360.921	3.008	5	77391.414	3.191	5
	城市绿化相对增长率	0.003	59.704	3	0.000	58.526	7
	城市绿化绝对增量加权指数	1.153	73.446	4	0.102	73.048	8

表 11 - 3　　　　　　2014～2015 年肇庆市生态绿化建设水平各级指标排名及相关数值

指标		2014 年			2015 年		
		原始值	标准值	排名	原始值	标准值	排名
生态绿化	城镇绿化扩张弹性系数	0.000	88.457	7	0.095	88.472	8
	生态绿化强度	0.408	5.095	5	0.389	4.831	5
	城镇绿化动态变化	0.006	14.955	10	0.246	57.709	1
	绿化扩张强度	- 0.001	11.203	11	0.003	86.692	2
	城市绿化蔓延指数	- 51.312	0.101	11	230.313	63.999	1
	环境承载力	43268.013	1.642	6	153062.457	6.627	3
	城市绿化相对增长率	- 0.024	49.243	11	0.089	91.897	2
	城市绿化绝对增量加权指数	- 7.847	70.038	11	28.646	83.859	2

（二）肇庆市生态绿化建设水平评估结果

根据表 11 - 4 对 2010～2012 年肇庆市生态绿化建设水平得分、排名、优劣度进行分析。2010 年肇庆市生态绿化建设水平排名处在珠江 - 西江经济带第 7 名，2011 年肇庆市生态绿化建设水平排名升至珠江 - 西江经济带第 4 名，2012 年肇庆市生态绿化建设水平排名降至珠江 - 西江经济带第 5 名，说明肇庆市生态绿化建设水平较于珠江 - 西江经济带其他城市有所提高。对肇庆市的生态绿化建设水平得分情况进行分析，发现肇庆市生态绿化建设水平综合得分波动上升，说明肇庆市生态绿化发展水平有所提升，城市居民的生活环境不断改善。2010～2012 年肇庆市的生态绿化建设水平在珠江 - 西江经济带中从中势地位升至优势地位，说明肇庆市的生态绿化建设水平整体趋向健康可持续。

表 11 - 4　　　　　2010～2012 年肇庆市生态绿化建设水平各级指标的得分、排名及优劣度分析

指标	2010 年			2011 年			2012 年		
	得分	排名	优劣度	得分	排名	优劣度	得分	排名	优劣度
生态绿化	20.705	7	中势	21.790	4	优势	21.325	5	优势
城镇绿化扩张弹性系数	8.275	1	强势	8.207	2	强势	8.246	9	劣势
生态绿化强度	0.397	5	优势	0.382	5	优势	0.278	5	优势
城镇绿化动态变化	0.786	7	中势	1.695	3	优势	0.849	8	中势
绿化扩张强度	1.555	6	中势	1.651	5	优势	1.737	3	优势
城市绿化蔓延指数	0.486	6	中势	0.498	7	中势	0.844	1	强势
环境承载力	0.105	5	优势	0.113	5	优势	0.129	5	优势
城市绿化相对增长率	3.859	6	中势	3.743	5	优势	3.788	3	优势
城市绿化绝对增量加权指数	5.242	6	中势	5.501	6	中势	5.454	4	优势

对肇庆市生态绿化建设水平的三级指标进行分析，其中城镇绿化扩张弹性系数得分排名呈现出波动上升的发展趋势。对肇庆市城镇绿化扩张弹性系数的得分情况进行分析，发现肇庆市城镇绿化扩张弹性系数得分波动上升，分值变动幅度小，说明肇庆市的城市环境与城市面积之间的协调发展关系较为合理，城市的绿化扩张较为稳定。

生态绿化强度的得分排名呈现出持续保持的趋势。对肇庆市生态绿化强度的得分情况进行分析，发现肇庆市生态绿化能力和城市活力的逐渐降低。

城市绿化蔓延指数得分排名呈现持续下降的趋势。肇庆市在城市绿化蔓延指数的得分波动下降，说明肇庆市的城市绿化蔓延指数稳定性较好。

城镇绿化动态变化得分排名呈现出波动下降的趋势。对肇庆市城镇绿化动态变化的得分情况进行分析，发现肇庆市在城镇绿化动态变化的得分波动上升，说明肇庆市的城镇绿化动态变化有一定的提升，但其发展水平较不稳定，存在较大的提升空间。

绿化扩张强度得分排名呈现出持续上升的趋势。对肇庆市的绿化扩张强度的得分情况进行分析，发现肇庆市的绿化扩张强度的得分持续上升，分值变动幅度较大，说明肇庆市的绿化面积的增长较快。

环境承载力得分排名呈现出持续保持的趋势。对肇庆市环境承载力的得分情况进行分析，发现肇庆市在环境承载力的得分持续上升，说明 2010～2012 年肇庆市的环境承载力不断提高，但仍存在一定的提升空间。

城市绿化相对增长率得分排名呈现出持续上升的趋势。对肇庆市绿化相对增长率的得分情况进行分析，发现肇庆市在城市绿化相对增长率上的得分波动下降，分值变动幅度小，说明 2010～2012 年肇庆市的绿化面积增长速率有所降低，城市绿化面积扩大的变化较小。

城市绿化绝对增量加权指数得分排名呈现出先保持后上升的趋势。对肇庆市的城市绿化绝对增量加权指数的得分情况进行分析，发现肇庆市在城市绿化绝对增量加权指数上的得分波动上升，变化幅度较小，说明 2010～2012 年

肇庆市的城市绿化要素集中度提高，城市绿化变化增长趋向于密集型发展。

根据表11-5对2013~2015年间肇庆市生态绿化建设水平的得分、排名和优劣度进行分析。2013年肇庆市生态绿化建设水平排名处在珠江-西江经济带第9名，2014年肇庆市生态绿化建设水平排名降至珠江-西江经济带第11名，2015年肇庆市生态绿化建设水平排名升至珠江-西江经济带第2名，说明肇庆市生态绿化建设水平较于珠江-

西江经济带其他城市，其竞争优势有较大的提升。对肇庆市的生态绿化建设水平得分情况进行分析，发现肇庆市生态绿化建设水平得分波动上升，说明肇庆市生态绿化建设水平得到有效提升。2013~2015年肇庆市的生态绿化建设水平在珠江-西江经济带中从劣势地位升至强势地位，说明肇庆市的生态绿化建设水平稳定性仍存在较大的提升空间。

表11-5   **2013~2015年肇庆市生态绿化建设水平各级指标的得分、排名及优劣度分析**

指标	2013年			2014年			2015年		
	得分	排名	优劣度	得分	排名	优劣度	得分	排名	优劣度
生态绿化	20.288	9	劣势	17.866	11	劣势	30.968	2	强势
城镇绿化扩张弹性系数	8.076	4	优势	8.116	7	中势	7.857	8	中势
生态绿化强度	0.244	5	优势	0.232	5	优势	0.212	5	优势
城镇绿化动态变化	0.741	9	劣势	0.754	10	劣势	2.580	1	强势
绿化扩张强度	1.541	7	中势	0.531	11	劣势	4.833	2	强势
城市绿化蔓延指数	0.574	7	中势	0.004	11	劣势	2.666	2	强势
环境承载力	0.138	5	优势	0.072	6	中势	0.292	3	优势
城市绿化相对增长率	3.619	7	中势	3.020	11	劣势	6.196	2	强势
城市绿化绝对增量加权指数	5.355	8	中势	5.137	11	劣势	6.331	2	强势

对肇庆市生态绿化建设水平的三级指标进行分析，其中城镇绿化扩张弹性系数得分排名呈现出持续下降的发展趋势。对肇庆市城镇绿化扩张弹性系数的得分情况进行分析，发现肇庆市的城镇绿化扩张弹性系数得分波动下降，说明城市的城镇绿化扩张与城市的环境、城市面积之间的协调发展存在一定的提升空间。

生态绿化强度的得分排名呈现出持续保持的趋势。对肇庆市生态绿化强度的得分情况进行分析，发现肇庆市的生态绿化强度的得分在持续下降，说明肇庆市生态绿化强度不断降低，城市公园绿地的优势不断减弱，城市活力下降，城市的城镇绿化动态变化存在一定的提升空间。

城镇绿化动态变化得分排名呈现波动上升的趋势。对肇庆市城镇绿化动态变化的得分情况进行分析，发现肇庆市城镇绿化动态变化的得分持续上升，说明城市的城镇绿化动态变化不断提高，城市绿化面积的增加变大，相应的呈现出城市经济活力和城市规模的不断扩大。

绿化扩张强度得分排名呈现出波动上升的趋势。对肇庆市的绿化扩张强度得分情况进行分析，发现肇庆市在绿化扩张强度的得分波动上升，说明肇庆市的绿化用地面积增长速率加快，相对应地呈现出城市城镇绿化能力及活力的上升。

城市绿化蔓延指数得分排名呈现出波动上升的趋势。对肇庆市的城市绿化蔓延指数的得分情况进行分析，发现肇庆市在城市绿化蔓延指数的得分波动上升，分值变动幅度大，说明2013~2015年肇庆市绿化蔓延指数不稳定。

环境承载力得分排名呈现出波动上升的趋势。对肇庆市环境承载力的得分情况进行分析，发现肇庆市在环境承载力上得分波动上升，说明2013~2015年肇庆市环境承载力不断提高，城市的绿化面积整体密度、容量范围也在不

断扩大，但其稳定性有待加强。

城市绿化相对增长率得分排名呈现出波动上升的趋势。对肇庆市的城市绿化相对增长率得分情况进行分析，发现肇庆市在城市绿化相对增长率的得分波动上升，说明肇庆市绿化面积增长速率有所提高，城市绿化面积不断扩大，但其稳定性有待提升。

城市绿化绝对增量加权指数得分排名呈现出波动上升的趋势。对肇庆市的城市绿化绝对增量加权指数的得分情况进行分析，发现肇庆市在城市绿化绝对增量加权指数的得分波动上升，说明肇庆市的城市绿化绝对增量加权指数有所提高，城市的绿化要素集中度不断提高，城市绿化变化增长趋向于密集型发展。

对2010~2015年间肇庆市生态绿化建设水平及各三级指标的得分、排名和优劣度进行分析。2010年肇庆市生态绿化建设水平得分排名处在珠江-西江经济带第7名，2011年肇庆市生态绿化建设水平得分排名升至珠江-西江经济带第4名，2012年肇庆市生态绿化建设水平得分排名降至珠江-西江经济带第5名，2013年肇庆市生态绿化建设水平得分排名又降至珠江-西江经济带第9名，2014年肇庆市生态绿化建设水平得分排名又降至第11名，2015年肇庆市生态绿化建设水平得分排名升至第2名。2010~2015年间肇庆市生态绿化建设水平得分排名变动幅度比较大，2010~2012年处在珠江-西江经济带的中游区，2013~2014年处在珠江-西江经济带的下游区，2015年升至珠江-西江经济带的上游区，其城市生态绿化建设水平的强势、优势、中势、劣势地位也变化频繁，说明肇庆市生态绿化建设水平较之于珠江-西江经济带的其他城市竞争力不断提升。对肇庆市的生态绿化建设水平得分情况进行分析，发现肇庆市的生态绿化建设水平得分呈现波动上升的发展趋

势，说明肇庆市生态绿化建设水平有所提升，城市生态环境发展质量有所上升，但生态绿化建设水平仍存在一定的发展空间，其稳定性有待提升。

从生态绿化建设水平基础指标的优劣度结构来看（见表 11－6），在 8 个基础指标中，指标的优劣度结构为 62.5∶25.0∶12.5∶0.0。

表 11－6　　　　　　　　　　2015 年肇庆市生态绿化建设水平指标的优劣度结构

二级指标	三级指标数	强势指标		优势指标		中势指标		劣势指标		优劣度
		个数	比重（%）	个数	比重（%）	个数	比重（%）	个数	比重（%）	
生态绿化	8	5	62.500	2	25.000	1	12.500	0	0.000	强势

（三）肇庆市生态绿化建设水平比较分析

图 11－9 和图 11－10 将 2010～2015 年肇庆市生态绿化建设水平与珠江－西江经济带最高水平和平均水平进行比较。从生态绿化建设水平的要素得分比较来看，由图 11－9 可知，2010 年，肇庆市城镇绿化扩张弹性系数得分为珠江－西江经济带最高分，比平均分高 0.078 分；2011 年，城镇绿化扩张弹性系数得分比珠江－西江经济带最高分低 0.758 分，比平均分高 0.868 分；2012 年，城镇绿化扩张弹

性系数得分比最高分低 0.425 分，比平均分低 0.068 分；2013 年，城镇绿化扩张弹性系数得分比最高分低 0.024 分，比平均分高 0.042 分；2014 年，城镇绿化扩张弹性系数得分比最高分低 0.020 分，比平均分低 0.006 分；2015 年，城镇绿化扩张弹性系数得分比最高分低 0.211 分，比平均分低 0.022 分。这说明整体上肇庆市城镇绿化扩张弹性系数得分与珠江－西江经济带最高分的差距波动增大，与珠江－西江经济带平均分的差距波动增大。

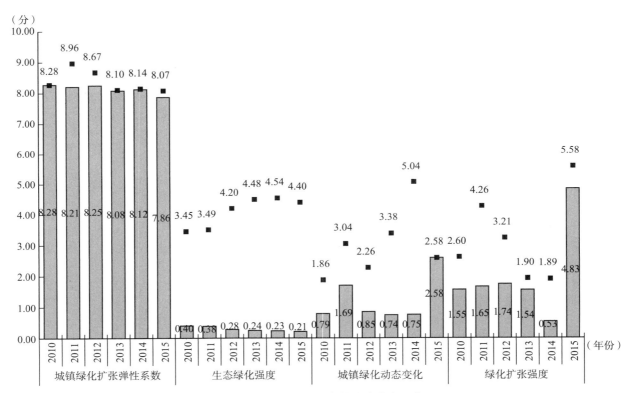

图 11－9　2010～2015 年肇庆市生态绿化
建设水平指标得分比较 1

2010 年，肇庆市生态绿化强度得分比珠江－西江经济带最高分低 3.053 分，比平均分低 0.178 分；2011 年，生态绿化强度得分比最高分低 3.111 分，比平均分低 0.195 分；2012 年，生态绿化强度得分比最高分低 3.923 分，比平均分低 0.317 分；2013 年，生态绿化强度得分比最高分低 4.241 分，比平均分低 0.357 分；2014 年，生态绿化强度得分比最高分低 4.310 分，比平均分低 0.373 分；2015

年，生态绿化强度得分比最高分低 4.184 分，比平均分低 0.372 分。这说明整体上肇庆市生态绿化强度得分与珠江－西江经济带最高分的差距先增大后减小，与珠江－西江经济带平均分的差距波动增大。

2010 年，肇庆市城镇绿化动态变化得分比珠江－西江经济带最高分低 1.078 分，比平均分低 0.294 分；2011 年，城镇绿化动态变化得分比最高分低 1.348 分，比平均分高

0.429 分；2012 年，城镇绿化动态变化得分比最高分低 1.415 分，比平均分低 0.504 分；2013 年，城镇绿化动态变化得分比最高分低 2.641 分，比平均分低 0.436 分；2014 年，城镇绿化动态变化得分比最高分低 4.289 分，比平均分低 0.708 分；2015 年，城镇绿化动态变化得分为珠江 - 西江经济带最高分，比平均分高 1.391 分。这说明整体上肇庆市城镇绿化动态变化得分与珠江 - 西江经济带最高分的差距先增大后减小，与珠江 - 西江经济带平均分的差距波动增大。

2010 年，肇庆市绿化扩张强度得分比珠江 - 西江经济带最高分低 1.042 分，比平均分高 0.042 分；2011 年，绿化扩张强度得分比最高分低 2.610 分，比平均分低 0.253 分；2012 年，绿化扩张强度得分比最高分低 1.477 分，比平均分低 0.095 分；2013 年，绿化扩张强度得分比最高分低 0.363 分，比平均分低 0.072 分；2014 年，绿化扩张强度得分比最高分低 1.364 分，比平均分高 0.919 分；2015

年，绿化扩张强度得分比最高分低 0.742 分，比平均分高 2.389 分。这说明整体上肇庆市绿化扩张强度得分与珠江 - 西江经济带最高分的差距波动减小，与珠江 - 西江经济带平均分的差距波动增大。

由图 11 - 10 可知，2010 年，肇庆市绿化蔓延指数得分比珠江 - 西江经济带最高分低 0.145 分，比平均分高 0.010 分；2011 年，城市绿化蔓延指数得分比最高分低 1.001 分，比平均分低 0.084 分；2012 年，城市绿化蔓延指数得分为珠江 - 西江经济带最高分，比平均分高 0.321 分；2013 年，城市绿化蔓延指数得分比最高分低 4.204 分，比平均分低 0.468 分；2014 年，城市绿化蔓延指数得分比最高分低 1.592 分，比平均分低 0.595 分；2015 年，城市绿化蔓延指数得分为珠江 - 西江经济带最高分，比平均分高 1.966 分。这说明整体上肇庆市绿化蔓延指数得分与珠江 - 西江经济带最高分的差距波动缩小，与珠江 - 西江经济带平均分的差距持续增大。

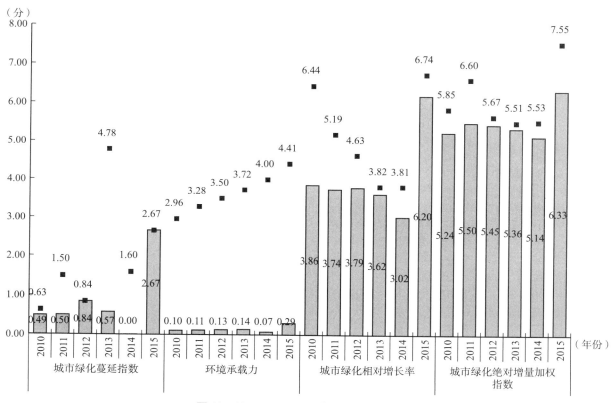

图 11 - 10　2010～2015 年肇庆市生态绿化建设水平指标得分比较 2

2010 年，肇庆市环境承载力得分比珠江 - 西江经济带最高分低 2.854 分，比平均分低 0.282 分；2011 年，环境承载力得分比最高分低 3.168 分，比平均分低 0.313 分；2012 年，环境承载力得分比最高分低 3.369 分，比平均分低 0.337 分；2013 年，环境承载力得分比最高分低 3.580 分，比平均分低 0.360 分；2014 年，环境承载力得分比最高分低 3.924 分，比平均分低 0.456 分；2015 年，环境承载力得分比最高分低 4.117 分，比平均分低 0.303 分。这说明整体上肇庆市环境承载力得分与珠江 - 西江经济带最高

分的差距持续增大，与珠江 - 西江经济带平均分的差距先增大后减小。

2010 年，肇庆市绿化相对增长率得分比珠江 - 西江经济带最高分低 2.585 分，比平均分高 0.105 分；2011 年，城市绿化相对增长率得分比最高分低 1.443 分，比平均分低 0.140 分；2012 年，城市绿化相对增长率得分比最高分低 0.843 分，比平均分低 0.054 分；2013 年，城市绿化相对增长率得分比最高分低 0.200 分，比平均分低 0.040 分；2014 年，城市绿化相对增长率得分比最高分低 0.789 分，比平均分低 0.532 分；2015 年，城市绿化相对增长率得分比最高分低 0.546 分，比平均分高 1.759 分。这说明整体上肇庆市绿化相对增长率得分与珠江－西江经济带最高分的差距波动缩小，与珠江－西江经济带平均分的差距波动增大。

2010 年，肇庆市绿化绝对增量加权指数得分比珠江－西江经济带最高分低 0.604 分，比平均分高 0.418 分；2011 年，城市绿化绝对增量加权指数得分比最高分低 1.101 分，比平均分低 0.108 分；2012 年，城市绿化绝对增量加权指数得分比最高分低 0.212 分，比平均分低 0.023 分；2013 年，城市绿化绝对增量加权指数得分比最高分低 0.157 分，比平均分低 0.025 分；2014 年，城市绿化绝对增量加权指数得分比最高分低 0.394 分，比平均分低 0.223 分；2015 年，城市绿化绝对增量加权指数得分比最高分低 1.219 分，比平均分高 0.535 分。这说明整体上肇庆市绿化绝对增量加权指数得分与珠江－西江经济带最高分的差距波动增大，与珠江－西江经济带平均分的差距先减小后增大。

二、肇庆市环境治理水平综合评估与比较

（一）肇庆市环境治理水平评估指标变化趋势评析

1. 地区环境相对损害指数（EVI）

根据图 11－11 分析可知，2010～2015 年肇庆市地区环境相对损害指数（EVI）总体上呈现波动保持型的状态。波动保持型指标意味着城市在该项指标上虽然呈现波动状态，但在评价末期和评价初期的数值基本保持一致，由该图可知肇庆市地区环境相对损害指数（EVI）数值保持在 87.945～93.597。即使肇庆市地区环境相对损害指数（EVI）存在过最低值，其数值为 87.945，但肇庆市在地区环境相对损害指数（EVI）上总体表现相对平稳；说明该地区城镇绿化能力及活力持续又稳定。

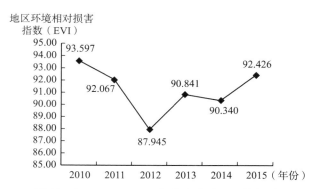

图 11－11　2010～2015 年肇庆市地区环境相对损害指数（EVI）变化趋势

2. 单位 GDP 消耗能源

根据图 11－12 分析可知，2010～2015 年肇庆市单位

GDP 消耗能源总体上呈现波动上升型的状态。2010～2015 年城市在这一类型指标上存在一定的波动变化，总体趋势为上升趋势，但在个别年份出现下降的情况，指标并非连续性上升状态。波动上升型指标意味着在评价的时间段内，虽然指标数据存在较大的波动变化，但是其评价末期数据值高于评价初期数据值。肇庆市在 2013～2014 年虽然出现下降的状况，2014 年为 1.765，但是总体上还是呈现上升的态势，最终稳定在 100.000。单位 GDP 消耗能源越大，说明城市的生态环境保护水平越高，对于肇庆市来说，其城市生态保护发展潜力越大。

（单位GDP消耗能源）

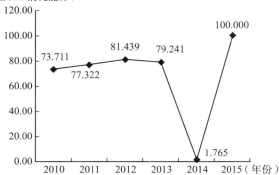

图 11－12　2010～2015 年肇庆市单位 GDP 消耗能源变化趋势

3. 环保支出水平

根据图 11－13 分析可知，2010～2015 年肇庆市环保支出水平指数总体上呈现波动下降型的状态。这种状态表现为 2010～2015 年城市在该项指标上总体呈现下降趋势，但在评估期间存在上下波动的情况，并非连续性下降状态。这就意味着在评估的时间段内，虽然指标数据存在较大的波动化，但是其评价末期数据值低于评价初期数据值。肇庆市的环保支出水平指数末期低于初期的数据，降低 3 个单位左右；这说明肇庆市环保支出水平情况处于不太稳定的下降状态。

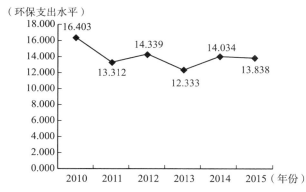
（环保支出水平）

图 11－13　2010～2015 年肇庆市环保支出水平变化趋势

4. 污染处理率比重增量

根据图 11－14 分析可知，2010～2015 年肇庆市污染处

理率比重增量总体上呈现波动上升型的状态。2010~2015年城市在这一类型指标上存在一定的波动变化，总体趋势为上升趋势，但在个别年份出现下降的情况，指标并非连续性上升状态。波动上升型指标意味着在评价的时间段内，虽然指标数据存在较大的波动变化，但是其评价末期数据值高于评价初期数据值。肇庆市在2011~2012年虽然出现下降的状况，2012年为35.092，但是总体上还是呈现上升的态势，最终稳定在43.409。污染处理率比重增量越大，说明城市的生态环境保护水平越高，对于肇庆市来说，其城市生态保护发展潜力越大。

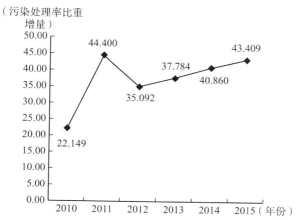

图 11-14 2010~2015年肇庆市污染处理率比重增量变化趋势

5. 综合利用率平均增长指数

根据图11-15分析可知，2010~2015年肇庆市综合利用率平均增长指数指数总体上呈现波动下降型的状态。这种状态表现为2010~2015年城市在该项指标上总体呈现下降趋势，但在评估期间存在上下波动的情况，并非连续性下降状态。这就意味着在评估的时间段内，虽然指标数据存在较大的波动化，但是其评价末期数据值低于评价初期数据值。肇庆市的综合利用率平均增长指数末期低于初期的数据，降低20个单位左右，并且在2011~2012年存在明显下降的变化；这说明肇庆市综合利用率平均增长指数情况处于不太稳定的下降状态。

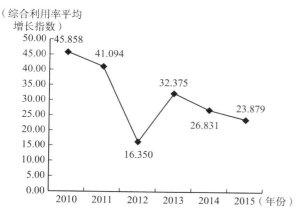

图 11-15 2010~2015年肇庆市综合利用率平均增长指数变化趋势

6. 综合利用率枢纽度

根据图11-16分析可知，2010~2015年肇庆市的综合利用率枢纽度总体上呈现持续下降型的状态。处于持续下降型的指标，意味着城市在该项指标上不断处在劣势状态，并且这一状况并未得到改善。如图所示，肇庆市综合利用率枢纽度指标处于不断下降的状态，2010年此指标数值最高，为15.779，到2015年下降至10.404。分析这种变化趋势，可以说明肇庆市综合利用率发展的水平仍待提升。

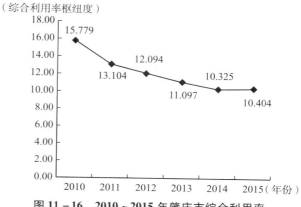

图 11-16 2010~2015年肇庆市综合利用率枢纽度变化趋势

7. 环保支出规模强度

根据图11-17分析可知，2010~2015年肇庆市的环保支出规模强度总体上呈现持续上升型的状态。处于持续上升型的指标，不仅意味着城市在各项指标数据上的不断增长，更意味着城市在该项指标以及生态保护实力整体上的竞争力优势不断扩大。通过折线图可以看出，肇庆市的环保支出规模强度指标不断提高，在2015年达到9.995，相较于2010年上升4个单位左右，说明肇庆市的环保支出规模强度越大，城市的生态环境保护水平越高，城市生态保护发展潜力越大。

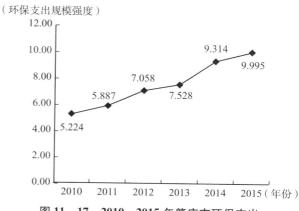

图 11-17 2010~2015年肇庆市环保支出规模强度变化趋势

8. 环保支出区位商

根据图11-18分析可知，2010~2015年肇庆市环保支出区位商指数总体上呈现波动下降型的状态。这种状态表现为 2010~2015 年城市在该项指标上总体呈现下降趋势，但在评估期间存在上下波动的情况，并非连续性下降状态。这就意味着在评估的时间段内，虽然指标数据存在较大的波动化，但是其评价末期数据值低于评价初期数据值。肇庆市的环保支出区位商指数末期低于初期的数据，降低 3 个单位左右，并且在 2012~2013 年存在明显下降的变化；这说明肇庆市环保支出区位商情况处于不太稳定的下降状态。

（环保支出区位商）

**图 11－18　2010~2015 年肇庆市环保
支出区位商变化趋势**

9. 环保支出职能规模

根据图 11－19 分析可知，2010~2015 年肇庆市环保支出职能规模总体上呈现波动保持型的状态。波动保持型指标意味着城市在该项指标上虽然呈现波动状态，但在评价末期和评价初期的数值基本保持一致，由该图可知肇庆市环保支出职能规模数值保持在 8.678~10.743。即使肇庆市环保支出职能规模存在过最低值，其数值为 8.678，但肇庆市在环保支出职能规模上总体表现相对平稳；说明该地区城镇绿化能力及活力持续又稳定，城市发展所具备的环保支出能力仍待提升。

10. 环保支出职能地位

根据图 11－20 分析可知，2010~2015 年肇庆市环保支出职能地位总体上呈现波动保持型的状态。波动保持型指

（环保支出职能规模）

**图 11－19　2010~2015 年肇庆市环保支出
职能规模变化趋势**

标意味着城市在该项指标上虽然呈现波动状态，但在评价末期和评价初期的数值基本保持一致，由该图可知肇庆市环保支出职能地位数值保持在 8.764~10.202。即使肇庆市环保支出职能地位存在过最低值，其数值为 8.764，但肇庆市在环保支出职能地位上总体表现相对平稳；说明该地区城镇绿化能力及活力持续又稳定，城市发展具备的生态绿化及环境治理方面的潜力仍待增强。

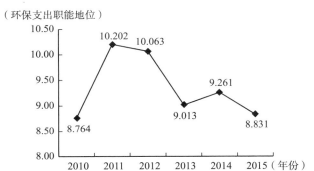

（环保支出职能地位）

**图 11－20　2010~2015 年肇庆市环保支出
职能地位变化趋势**

根据表 11－7、表 11－8、表 11－9 可以显示出 2010~2015 年肇庆市环境治理水平在相应年份的原始值、标准值及排名情况。

表 11－7　　　　2010~2011 年肇庆市环境治理水平各级指标排名及相关数值

指标		2010 年			2011 年		
		原始值	标准值	排名	原始值	标准值	排名
环境治理	地区环境相对损害指数（EVI）	1.196	93.597	6	1.417	92.067	5
	单位 GDP 消耗能源	0.010	73.711	3	0.009	77.322	2
	环保支出水平	0.003	16.403	7	0.003	13.312	8
	污染处理率比重增量	-0.039	22.149	8	0.013	44.400	9
	综合利用率平均增长指数	0.001	45.858	4	0.000	41.094	4
	综合利用率枢纽度	0.000	15.779	8	0.000	13.104	8
	环保支出规模强度	-0.367	5.224	5	-0.330	5.887	5
	环保支出区位商	1.561	15.070	7	1.594	15.580	9
	环保支出职能规模	18288.177	8.678	5	21132.672	9.328	8
	环保支出职能地位	0.023	8.764	5	0.031	10.202	8

表 11 - 8　　　　　　　　　　2012~2013 年肇庆市环境治理水平各级指标排名及相关数值

指标		2012 年			2013 年		
		原始值	标准值	排名	原始值	标准值	排名
环境治理	地区环境相对损害指数（EVI）	2.011	87.945	8	1.593	90.841	8
	单位 GDP 消耗能源	0.009	81.439	1	0.009	79.241	4
	环保支出水平	0.003	14.339	8	0.003	12.333	8
	污染处理率比重增量	-0.008	35.092	7	-0.002	37.784	10
	综合利用率平均增长指数	0.000	16.350	9	0.000	32.375	6
	综合利用率枢纽度	0.000	12.094	8	0.000	11.097	8
	环保支出规模强度	-0.264	7.058	5	-0.238	7.528	5
	环保支出区位商	1.670	16.744	8	1.450	13.352	8
	环保支出职能规模	27331.246	10.743	7	19291.252	8.907	7
	环保支出职能地位	0.030	10.063	7	0.024	9.013	7

表 11 - 9　　　　　　　　　　2014~2015 年肇庆市环境治理水平各级指标排名及相关数值

指标		2014 年			2015 年		
		原始值	标准值	排名	原始值	标准值	排名
环境治理	地区环境相对损害指数（EVI）	1.666	90.340	9	1.365	92.426	9
	单位 GDP 消耗能源	0.021	1.765	11	0.006	100.000	1
	环保支出水平	0.003	14.034	7	0.003	13.838	7
	污染处理率比重增量	0.005	40.860	7	0.011	43.409	7
	综合利用率平均增长指数	0.000	26.831	9	0.000	23.879	10
	综合利用率枢纽度	0.000	10.325	8	0.000	10.404	8
	环保支出规模强度	-0.138	9.314	4	-0.100	9.995	4
	环保支出区位商	1.455	13.432	7	1.378	12.244	7
	环保支出职能规模	23151.747	9.789	7	20377.438	9.155	8
	环保支出职能地位	0.026	9.261	7	0.023	8.831	8

（二）肇庆市环境治理水平评估结果

根据表 11 - 10 对 2010~2012 年间肇庆市环境治理水平得分、排名、优劣度进行分析。2010 年肇庆市环境治理水平排名处在珠江 - 西江经济带第 8 名，2011 年肇庆市环境治理水平排名升至珠江 - 西江经济带第 7 名，2012 年肇庆市环境治理水平排名降至珠江 - 西江经济带第 8 名，说明肇庆市环境治理较于珠江 - 西江经济带其他城市发展态势较为一般。对肇庆市的环境治理水平得分情况进行分析，发现肇庆市环境治理水平得分波动下降，说明肇庆市环境治理力度有所减弱。2010~2012 年肇庆市的环境治理水平在珠江 - 西江经济带中一直处于中势地位，说明肇庆市的环境治理水平的提升仍存在较大的发展空间。

表 11 - 10　　　　　2010~2012 年肇庆市环境治理水平各级指标的得分、排名及优劣度分析

指标	2010 年			2011 年			2012 年		
	得分	排名	优劣度	得分	排名	优劣度	得分	排名	优劣度
环境治理	20.169	8	中势	21.279	7	中势	19.214	8	中势
地区环境相对损害指数（EVI）	8.507	6	中势	8.308	5	优势	7.768	8	中势
单位 GDP 消耗能源	4.564	3	优势	4.828	2	强势	5.148	1	强势
环保支出水平	0.799	7	中势	0.577	8	中势	0.667	8	中势
污染处理率比重增量	1.121	8	中势	2.793	9	劣势	2.156	7	中势
综合利用率平均增长指数	2.453	4	优势	2.222	4	优势	0.777	9	劣势
综合利用率枢纽度	0.908	8	中势	0.685	8	中势	0.619	8	中势
环保支出规模强度	0.218	5	优势	0.249	5	优势	0.305	5	优势
环保支出区位商	0.751	7	中势	0.727	9	劣势	0.801	8	中势
环保支出职能规模	0.416	5	优势	0.415	8	中势	0.510	7	中势
环保支出职能地位	0.431	5	优势	0.475	8	中势	0.465	7	中势

对肇庆市环境治理水平的三级指标进行分析，其中地区环境相对损害指数（EVI）得分排名呈现出波动下降的发展趋势。对肇庆市的地区环境相对损害指数（EVI）的得分情况进行分析，发现肇庆市的地区环境相对损害指数（EVI）得分持续下降，说明肇庆市的地区环境相对损害指数（EVI）存在一定的提升空间，在发展城市经济的同时注重环境保护需要加大力度。

单位 GDP 消耗能源的得分排名呈现出持续上升的趋势。对肇庆市单位 GDP 消耗能源的得分情况进行分析，发现肇庆市在单位 GDP 消耗能源的得分持续上升，说明肇庆市的整体发展水平不断提高，城市活力上升，环境发展潜力不断增强。

环保支出水平得分排名呈现出先下降后保持的趋势。对肇庆市环保支出水平的得分情况进行分析，发现肇庆市在环保支出水平的得分波动下降，说明肇庆市环保支出水平有待提升，才能更好促进经济发展与生态环境协调发展。

污染处理率比重增量得分排名呈现出波动上升的趋势。对肇庆市的污染处理率比重增量的得分情况进行分析，发现肇庆市在污染处理率比重增量的得分波动上升，说明肇庆市在推动城市污染处理方面的力度不断加强，城市整体污染处理水平优势不断提升。

综合利用率平均增长指数得分排名呈现先保持后下降的趋势。对肇庆市的综合利用率平均增长指数的得分情况进行分析，发现肇庆市的综合利用率平均增长指数的得分持续下降，2012 年分值变动幅度较大，说明城市的综合利用覆盖程度有待增强。

综合利用率枢纽度得分排名呈现出持续保持的趋势。对肇庆市的综合利用率枢纽度的得分情况进行分析，发现肇庆市在综合利用率枢纽度的得分持续下降，说明 2010～2012 年肇庆市的综合利用率能力不断降低，其综合利用率枢纽度存在较大的提升空间。

环保支出规模强度得分排名呈现出持续保持的趋势。对肇庆市的环保支出规模强度的得分情况进行分析，发现肇庆市在环保支出规模强度的得分持续上升，说明 2010～2012 年肇庆市的环保支出能力不断高于地区环保支出平均水平，优势不断提高。

环保支出区位商得分排名呈现出波动下降的趋势。对肇庆市的环保支出区位商的得分情况进行分析，发现肇庆市在环保支出区位商的得分波动上升，说明 2010～2012 年肇庆市的环保支出区位商稳定性有待提升。

环保支出职能规模得分排名呈现出波动下降的趋势。对肇庆市的环保支出职能规模的得分情况进行分析，发现肇庆市在环保支出职能规模的得分波动上升，说明肇庆市在环保支出水平方面有所提高，城市所具备的环保支出能力增强。

环保支出职能地位得分排名呈现出波动下降的趋势。对肇庆市环保支出职能地位的得分情况进行分析，发现肇庆市在环保支出职能地位的得分波动上升，说明肇庆市在环保支出方面的地位不断提高，城市对保护环境和环境的治理能力增大。

根据表 11-11 对 2013～2015 年肇庆市环境治理水平得分、排名、优劣度进行分析。2013 年肇庆市环境治理水平排名处在珠江－西江经济带第 10 名，2014 年肇庆市环境治理水平排名降至珠江－西江经济带第 11 名，2015 年肇庆市环境治理水平排名升至珠江－西江经济带第 7 名，说明肇庆市环境治理水平较于珠江－西江经济带其他城市发展态势较差。对肇庆市的环境治理水平得分情况进行分析，发现肇庆市环境治理水平得分波动上升，但分值变动幅度较大，说明肇庆市环境治理力度有待加强。2013～2015 年肇庆市的环境治理水平在珠江－西江经济带中从劣势地位升至中势地位，说明肇庆市的环境治理水平存在较大的提升空间。

表 11-11　　　　　　2013～2015 年肇庆市环境治理水平各级指标的得分、排名及优劣度分析

指标	2013 年			2014 年			2015 年		
	得分	排名	优劣度	得分	排名	优劣度	得分	排名	优劣度
环境治理	20.374	10	劣势	15.377	11	劣势	22.086	7	中势
地区环境相对损害指数（EVI）	8.481	8	中势	8.603	9	劣势	8.578	9	劣势
单位 GDP 消耗能源	5.241	4	优势	0.110	11	劣势	7.134	1	强势
环保支出水平	0.570	8	中势	0.659	7	中势	0.632	7	中势
污染处理率比重增量	2.197	10	劣势	2.220	7	中势	2.313	7	中势
综合利用率平均增长指数	1.577	6	中势	1.330	9	劣势	1.124	10	劣势
综合利用率枢纽度	0.546	8	中势	0.498	8	中势	0.488	8	中势
环保支出规模强度	0.330	5	优势	0.424	4	优势	0.462	4	优势
环保支出区位商	0.605	8	中势	0.618	7	中势	0.538	7	中势
环保支出职能规模	0.408	7	中势	0.478	7	中势	0.419	8	中势
环保支出职能地位	0.419	7	中势	0.438	7	中势	0.398	8	中势

对肇庆市环境治理水平的三级指标进行分析，其中地区环境相对损害指数（EVI）得分排名呈现出先下降后保持的发展趋势。对肇庆市地区环境相对损害指数（EVI）的得分情况进行分析，发现肇庆市的地区环境相

对损害指数（EVI）得分波动上升，说明肇庆市地区环境状况不断改善，城市在发展经济的同时注重对环境的保护。

单位 GDP 消耗能源的得分排名呈现出波动上升的趋势。对肇庆市单位 GDP 消耗能源的得分情况进行分析，发现肇庆市在单位 GDP 消耗能源上的得分波动上升，分值变动幅度大，说明肇庆市的单位 GDP 消耗能源发展不合理，城市整体发展水平的稳定性有待提升。

环保支出水平得分排名呈现出先上升后保持的趋势。对肇庆市的环保支出水平的得分情况进行分析，发现肇庆市在环保支出水平的得分波动上升，说明肇庆市的环保支出水平不断提高，城市的环保支出源不断丰富，城市对外部资源各类要素的集聚吸引能力不断提升。

污染处理率比重增量得分排名呈现出先上升后保持的趋势。对肇庆市的污染处理率比重增量的得分情况进行分析，发现肇庆市在污染处理率比重增量的得分持续上升，说明肇庆市整体污染处理能力方面不断增强。

综合利用率平均增长指数得分排名呈现持续下降的趋势。对肇庆市的综合利用率平均增长指数的得分情况进行分析，发现肇庆市的综合利用率平均增长指数的得分持续下降，说明云浮市整体综合利用水平仍待提升。

综合利用率枢纽度得分排名呈现出持续保持的趋势。对肇庆市的综合利用率枢纽度的得分情况进行分析，发现肇庆市在综合利用率枢纽度的得分持续下降，说明 2013～2015 年肇庆市的综合利用能力有待提升。

环保支出规模强度得分排名呈现出先上升后保持的趋势。对肇庆市的环保支出规模强度的得分情况进行分析，发现肇庆市在环保支出规模强度的得分持续上升，说明 2013～2015 年肇庆市的环保支出规模强度与地区平均环保支出水平相比不断提高。

环保支出区位商得分排名呈现出先上升后保持的趋势。对肇庆市的环保支出区位商的得分情况进行分析，发现肇庆市在环保支出区位商的得分波动下降，说明 2013～2015 年肇庆市环保支出水平的稳定性有待提升。

环保支出职能规模得分排名呈现出先保持后下降的趋势。对肇庆市的环保支出职能规模的得分情况进行分析，发现肇庆市在环保支出职能规模的得分波动上升，说明肇庆市的环保支出职能规模有所增强，城市所具备的环保支出能力不断提高。

环保支出职能地位得分排名呈现出先保持后下降的趋势。对肇庆市环保支出职能地位的得分情况进行分析，发现肇庆市在环保支出职能地位的得分波动下降，说明肇庆市对保护环境和治理环境的能力减弱，其环保支出职能地位存在一定的提升空间。

对 2010～2015 年间肇庆市环境治理水平及各三级指标的得分、排名和优劣度进行分析。2010 年肇庆市环境治理水平得分排名处在珠江 - 西江经济带第 8 名，2011 年肇庆市环境治理水平得分排名升至珠江 - 西江经济带第 7 名，2012 年肇庆市环境治理水平得分排名降至珠江 - 西江经济带第 8 名，2013 年肇庆市环境治理水平得分排名又降至珠江 - 西江经济带第 10 名，2014 年肇庆市环境治理水平得分排名又降至珠江 - 西江经济带第 11 名，2015 年肇庆市环境治理水平得分排名升至珠江 - 西江经济带第 7 名。2010～2015 年肇庆市环境治理水平得分排名一直处在珠江 - 西江经济带中游区或下游区，城市环境治理水平从中势地位升至劣势地位，接着又升至中势地位，说明肇庆市环境治理水平发展较之于珠江 - 西江经济带的其他城市发展态势较差。对肇庆市的环境治理水平得分情况进行分析，发现肇庆市的环境治理水平得分呈现波动上升的发展趋势，说明肇庆市环境治理水平发展相对不稳定，对环境治理的力度有待加强。

从环境治理水平基础指标的优劣度结构来看（见表 11－12），在 10 个基础指标中，指标的优劣度结构为 10.0：10.0：60.0：20.0。

表 11－12　　　　　　2015 年肇庆市环境治理水平指标的优劣度结构

二级指标	三级指标数	强势指标		优势指标		中势指标		劣势指标		优劣度
		个数	比重（%）	个数	比重（%）	个数	比重（%）	个数	比重（%）	
环境治理	10	1	10.000	1	10.000	6	60.000	2	20.000	中势

（三）肇庆市环境治理水平比较分析

图 11－21 和图 11－22 将 2010～2015 年肇庆市环境治理水平与珠江 - 西江经济带最高水平和平均水平进行比较。从环境治理水平的要素得分比较来看，由图 11－21 可知，2010 年，肇庆市地区环境相对损害指数（EVI）得分比珠江 - 西江经济带最高分低 0.582 分，比平均分高 1.153 分；2011 年，地区环境相对损害指数（EVI）得分比最高分低 0.647 分，比平均分高 0.885 分；2012 年，地区环境相对损害指数（EVI）得分比最高分低 0.902 分，比平均分高 0.661 分；2013 年，地区环境相对损害指数（EVI）得分比最高分低 0.755 分，比平均分高 0.468 分；2014 年，地区环境相对损害指数（EVI）得分比最高分低 0.826 分，比平均分高 0.388 分；2015 年，地区环境相对损害指数（EVI）得分比最高分低 0.691 分，比平均分高 0.531 分。这说明整体上肇庆市地区环境相对损害指数（EVI）得分与珠江 - 西江经济带最高分的差距波动缩小，与珠江 - 西江经济带平均分的差距波动缩小。

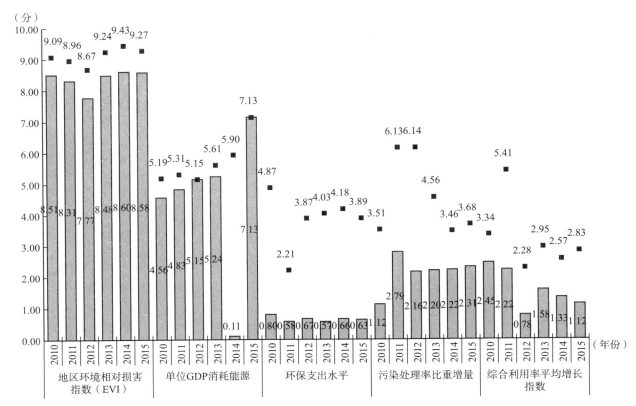

图 11－21　2010～2015 年肇庆市环境治理
水平指标得分比较 1

2010 年，肇庆市单位 GDP 消耗能源得分比珠江－西江经济带最高分低 0.622 分，比平均分高 1.292 分；2011 年，单位 GDP 消耗能源得分比最高分低 0.481 分，比平均分高 1.513 分；2012 年，单位 GDP 消耗能源得分为珠江－西江经济带最高分，比平均分高 1.624 分；2013 年，单位 GDP 消耗能源得分比最高分低 0.369 分，比平均分高 1.307 分；2014 年，单位 GDP 消耗能源得分比最高分低 5.793 分，比平均分低 2.984 分；2015 年，单位 GDP 消耗能源得分为珠江－西江经济带最高分，比平均分高 2.571 分。这说明整体上肇庆市单位 GDP 消耗能源得分与珠江－西江经济带最高分的差距持续减小，与珠江－西江经济带平均分的差距波动增大。

2010 年，肇庆市环保支出水平得分比珠江－西江经济带最高分低 4.072 分，比平均分低 0.337 分；2011 年，环保支出水平得分比最高分低 1.628 分，比平均分低 0.209 分；2012 年，环保支出水平得分比最高分低 3.204 分，比平均分低 0.395 分；2013 年，环保支出水平得分比最高分低 3.461 分，比平均分低 0.451 分；2014 年，环保支出水平得分比最高分低 3.520 分，比平均分低 0.411 分；2015 年，环保支出水平得分比最高分低 3.256 分，比平均分低 0.494 分。这说明整体上肇庆市环保支出水平得分与珠江－西江经济带最高分的差距波动减小，与珠江－西江经济带平均分的差距波动增大。

2010 年，肇庆市污染处理率比重增量得分比珠江－西江经济带最高分低 2.392 分，比平均分低 0.624 分；2011 年，污染处理率比重增量得分比最高分低 3.340 分，比平

均分低 0.751 分；2012 年，污染处理率比重增量得分比最高分低 3.987 分，比平均分低 0.829 分；2013 年，污染处理率比重增量得分比最高分低 2.365 分，比平均分高 0.797 分；2014 年，污染处理率比重增量得分比最高分低 1.241 分，比平均分低 0.225 分；2015 年，污染处理率比重增量得分比最高分低 1.363 分，比平均分高 0.195 分。这说明整体上肇庆市污染处理率比重增量得分与珠江－西江经济带最高分的差距波动减小，与珠江－西江经济带平均分的差距先增大后减小。

2010 年，肇庆市综合利用率平均增长指数得分比珠江－西江经济带最高分低 0.890 分，比平均分高 0.146 分；2011 年，综合利用率平均增长指数得分比最高分低 3.184 分，比平均分高 0.187 分；2012 年，综合利用率平均增长指数得分比最高分低 1.500 分，比平均分低 0.613 分；2013 年，综合利用率平均增长指数得分比最高分低 1.377 分，比平均分低 0.032 分；2014 年，综合利用率平均增长指数得分比最高分低 1.242 分，比平均分低 0.416 分；2015 年，综合利用率平均增长指数得分比最高分低 1.710 分，比平均分低 0.412 分。这说明整体上肇庆市综合利用率平均增长指数得分与珠江－西江经济带最高分的差距波动增大，与珠江－西江经济带平均分的差距波动增大。

由图 11－22 可知，2010 年，肇庆市综合利用率枢纽度得分比珠江－西江经济带最高分低 4.849 分，比平均分低 1.299 分；2011 年，综合利用率枢纽度得分比最高分低 3.826 分，比平均分低 1.035 分；2012 年，综合利用率枢纽度得分比最高分低 3.421 分，比平均分低 0.980 分；2013

年，综合利用率枢纽度得分比最高分低 3.161 分，比平均分低 0.880 分；2014 年，综合利用率枢纽度得分比最高分低 3.082 分，比平均分低 0.804 分；2015 年，综合利用率枢纽度得分比最高分低 3.241 分，比平均分低 0.784 分。这

说明整体上肇庆市综合利用率枢纽度得分与珠江－西江经济带最高分的差距先减小后增大，与珠江－西江经济带平均分的差距持续缩小。

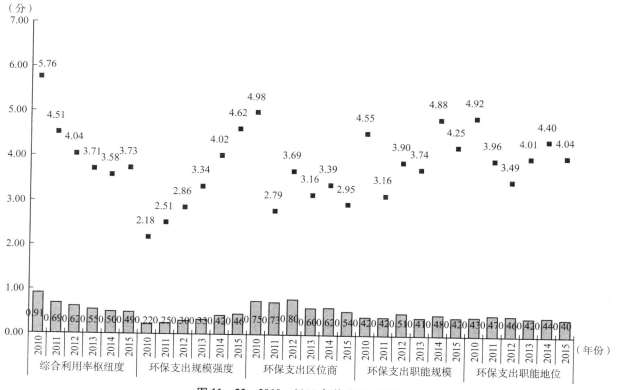

图 11 - 22　2010 ~ 2015 年肇庆市环境治理
水平指标得分比较 2

2010 年，肇庆市环保支出规模强度得分比珠江－西江经济带最高分低 1.966 分，比平均分低 0.274 分；2011 年，环保支出规模强度得分比最高分低 2.263 分，比平均分低 0.289 分；2012 年，环保支出规模强度得分比最高分低 2.552 分，比平均分低 0.338 分；2013 年，环保支出规模强度得分比最高分低 3.006 分，比平均分点 0.375 分；2014 年，环保支出规模强度得分比最高分低 3.594 分，比平均分低 0.391 分；2015 年，环保支出规模强度得分比最高分低 4.160 分，比平均分低 0.463 分。这说明整体上肇庆市环保支出规模强度得分与珠江－西江经济带最高分的差距持续增大，与珠江－西江经济带平均分的差距持续增大。

2010 年，肇庆市环保支出区位商得分比珠江－西江经济带最高分低 4.234 分，比平均分低 0.544 分；2011 年，环保支出区位商得分比最高分低 2.064 分，比平均分低 0.492 分；2012 年，环保支出区位商得分比最高分低 2.884 分，比平均分低 0.494 分；2013 年，环保支出区位商得分比最高分低 2.556 分，比平均分低 0.416 分；2014 年，环保支出区位商得分比最高分低 2.771 分，比平均分低 0.438 分；2015 年，环保支出区位商得分比最高分低 2.410 分，比平均分低 0.456 分。这说明整体上肇庆市环保支出区位商得分与珠江－西江经济带最高分的差距波动减小，与珠江－西江经济带平均分的差距波动减小。

2010 年，肇庆市环保支出职能规模得分比珠江－西江经济带最高分低 4.134 分，比平均分低 0.590 分；2011 年，环保支出职能规模得分比最高分低 2.747 分，比平均分低 0.425 分；2012 年，环保支出职能规模得分比最高分低 3.394 分，比平均分低 0.607 分；2013 年，环保支出职能规模得分比最高分低 3.337 分，比平均分低 0.551 分；2014 年，环保支出职能规模得分比最高分低 4.403 分，比平均分低 0.657 分；2015 年，环保支出职能规模得分比最高分低 3.834 分，比平均分低 0.615 分。这说明整体上肇庆市环保支出职能规模得分与珠江－西江经济带最高分的差距波动缩小，与珠江－西江经济带平均分的差距波动增大。

2010 年，肇庆市环保支出职能地位得分比珠江－西江经济带最高分低 4.489 分，比平均分低 0.641 分；2011 年，环保支出职能地位得分比最高分低 3.489 分，比平均分低 0.539 分；2012 年，环保支出职能地位得分比最高分低 3.029 分，比平均分低 0.541 分；2013 年，环保支出职能地位得分比最高分低 3.595 分，比平均分低 0.594 分；2014 年，环保支出职能地位得分比最高分低 3.965 分，比平均分低 0.592 分；2015 年，环保支出职能地位得分比最高分低 3.646 分，比平均分低 0.584 分。这说明整体上肇庆市环保支出职能地位得分与珠江－西江经济带最高分的差距波动减小，与珠江－西江经济带平均分的差距波动减小。

三、肇庆市生态环境建设水平综合评估与比较评述

从对肇庆市生态环境建设水平评估及其 2 个二级指标在珠江 - 西江经济带的排名变化和指标结构的综合分析来看，2010 ~ 2015 年肇庆市生态环境板块中上升指标的数量大于下降指标的数量，上升的动力大于下降的拉力，使得2015 年肇庆市生态环境建设水平的排名呈波动上升，在珠江 - 西江经济带城市排名中居第 2 名。

（一）肇庆市生态环境建设水平概要分析

肇庆市生态环境建设水平在珠江 - 西江经济带所处的位置及变化如表 11 - 13 所示，2 个二级指标的得分和排名变化如表 11 - 14 所示。

表 11 - 13   2010 ~ 2015 年肇庆市生态环境建设水平一级指标比较

项目	2010 年	2011 年	2012 年	2013 年	2014 年	2015 年
排名	9	8	9	10	11	2
所属区位	下游	中游	下游	下游	下游	上游
得分	40.874	43.068	40.539	40.662	33.243	53.054
经济带最高分	58.788	52.007	56.046	53.775	56.362	61.632
经济带平均分	42.691	44.018	44.127	44.702	43.585	46.610
与最高分的差距	-17.914	-8.938	-15.506	-13.113	-23.119	-8.578
与平均分的差距	-1.817	-0.950	-3.588	-4.040	-10.342	6.444
优劣度	劣势	中势	劣势	劣势	劣势	强势
波动趋势	—	上升	下降	下降	下降	上升

表 11 - 14   2010 ~ 2015 年肇庆市生态环境建设水平二级指标比较

年份	生态绿化		环境治理	
	得分	排名	得分	排名
2010	20.705	7	20.169	8
2011	21.790	4	21.279	7
2012	21.325	5	19.214	8
2013	20.288	9	20.374	10
2014	17.866	11	15.377	11
2015	30.968	2	22.086	7
得分变化	10.264	—	1.917	—
排名变化	—	5	—	1
优劣度	优势	优势	中势	中势

（1）从指标排名变化趋势看，2015 年肇庆市生态环境建设水平评估排名在珠江 - 西江经济带处于第 2 名，表明其在珠江 - 西江经济带处于强势地位，与 2010 年相比，排名上升 7 名。总的来看，评价期内肇庆市生态环境建设水平呈现波动上升。

在 2 个二级指标中，其中 2 个指标排名均处于上升趋势，分别是生态绿化、环境治理；这是肇庆市生态环境建设水平处于上升趋势的动力所在。受指标排名升降的综合影响，评价期内肇庆市生态环境建设水平的综合排名呈波动上升趋势，在珠江 - 西江经济带排名第 2 名。

（2）从指标所处区位来看，2015 年肇庆市生态环境建设水平处在上游区。其中，生态绿化为优势指标，环境治理为中势指标。

（3）从指标得分来看，2015 年肇庆市生态环境建设水平得分为 53.054 分，比珠江 - 西江经济带最高分低8.578 分，比平均分高 6.444 分；与 2010 年相比，肇庆市生态环境建设水平得分上升 12.180 分，与当年最高分的差距缩小，与珠江 - 西江经济带平均分的差距拉大。

2015 年，肇庆市生态环境建设水平二级指标的得分均高于 20 分，与 2010 年相比，得分上升最多的为生态绿化，上升 10.264 分；得分上升最少的为环境治理，上升1.917 分。

（二）肇庆市生态环境建设水平评估指标动态变化分析

2010 ~ 2015 年肇庆市生态环境建设水平评估各级指标的动态变化及其结构，如图 11 - 23 和表 11 - 15 所示。从图11 - 23 可以看出，肇庆市生态环境建设水平评估的三级指标中上升指标的比例大于下降指标，表明上升指标居于主导地位。表 11 - 15 中的数据进一步说明，肇庆市生态环境建设水平评估的 18 个三级指标中，上升的指标有 9 个，占指标总数的 50.000%；保持的指标有 4 个，占指标总数的 22.222%；下降的指标有 5 个，占指标总数的27.778%。由于上升指标的数量大于下降指标的数量，且受变动幅度与外部因素的综合影响，评价期内肇庆市生态环境建设水平排名呈现波动上升趋势，在珠江 - 西江经济带位居第 2 名。

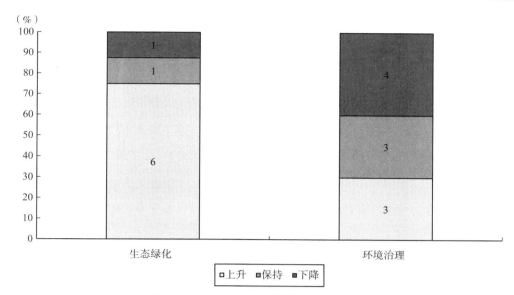

图 11 - 23　2010～2015 年肇庆市生态环境
建设水平动态变化结构

表 11 - 15　　　　　2010～2015 年肇庆市生态环境建设水平各级指标排名变化态势比较

二级指标	三级指标数	上升指标		保持指标		下降指标	
		个数	比重（%）	个数	比重（%）	个数	比重（%）
生态绿化	8	6	75.000	1	12.500	1	12.500
环境治理	10	3	30.000	3	30.000	4	40.000
合计	18	9	50.000	4	22.222	5	27.778

（三）肇庆市生态环境建设水平评估指标变化动因分析

2015 年肇庆市生态环境建设水平评估指标的优劣势变化及其结构，如图 11 - 24 和表 11 - 16 所示。从图 11 - 24 可以看出，2015 年肇庆市生态环境建设水平评估的三级指标中强势和优势指标的比例大于劣势指标的比例，表明强势和优势指标居于主导地位。表 11 - 16 中的数据进一步说明，2015 年肇庆市生态环境建设水平的 18 个三级指标中，

强势指标有 6 个，占指标总数的 33.333%；优势指标为 3 个，占指标总数的 16.667%；中势指标 7 个，占指标总数的 38.889%；劣势指标为 2 个，占指标总数的 11.111%；强势指标和优势指标之和占指标总数的 50.000%，数量与比重均大于劣势指标。从二级指标来看，其中，生态绿化的强势指标有 5 个，占指标总数的 62.500%；优势指标为 2 个，占指标总数的 25.000%；中势指标 1 个，占指标总数的 12.500%；劣势指标为 0 个，占指标总数的 0.000%；强势指标和优势指标之和占指标总数的 87.500%；说明生态

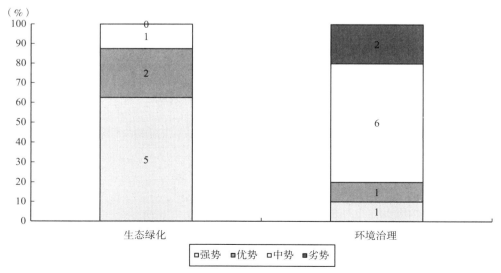

图 11 - 24　2015 年肇庆市生态环境建设水平各级指标优劣度结构

表 11 – 16   2015 年肇庆市生态环境建设水平各级指标优劣度比较

二级指标	三级指标数	强势指标		优势指标		中势指标		劣势指标		优劣度
		个数	比重（%）	个数	比重（%）	个数	比重（%）	个数	比重（%）	
生态绿化	8	5	62.500	2	25.000	1	12.500	0	0.000	强势
环境治理	10	1	10.000	1	10.000	6	60.000	2	20.000	中势
合计	18	6	33.333	3	16.667	7	38.889	2	11.111	强势

绿化的强、优势指标居于主导地位。环境治理的强势指标有 1 个，占指标总数的 10.000%；优势指标为 1 个，占指标总数的 10.000%；中势指标 6 个，占指标总数的 60.000%；劣势指标为 2 个，占指标总数的 20.000%；强势指标和优势指标之和占指标总数的 20.000%；说明环境治理的强、优势指标未处于主导地位。由于强、优势指标比重等于劣势指标比重，肇庆市生态环境建设水平整体上来说处于强势地位，在珠江 – 西江经济带位居第 2 名，处于上游区。

为了进一步明确影响肇庆市生态环境建设水平变化的具体因素，以便于对相关指标进行深入分析，为提升肇庆市生态环境建设水平提供决策参考，表 11 – 17 列出生态环境建设水平评估指标体系中直接影响肇庆市生态环境建设水平升降的强势指标、优势指标、中势指标和劣势指标。

表 11 – 17   2015 年肇庆市生态环境建设水平三级指标优劣度统计

指标	强势指标	优势指标	中势指标	劣势指标
生态绿化（8 个）	城镇绿化动态变化、绿化扩张强度、城市绿化蔓延指数、城市绿化相对增长率、城市绿化绝对增量加权指数（5 个）	生态绿化强度、环境承载力（2 个）	城镇绿化扩张弹性系数（1 个）	（0 个）
环境治理（10 个）	单位 GDP 消耗能源（1 个）	环保支出规模强度（1 个）	环保支出水平、污染处理率比重增量、综合利用率枢纽度、环保支出区位商、环保支出职能规模、环保支出职能地位（6 个）	地区环境相对损害指数（EVI）、综合利用率平均增长指数（2 个）

第十二章 云浮市生态环境建设水平综合评估

一、云浮市生态绿化建设水平综合评估与比较

（一）云浮市生态绿化建设水平评估指标变化趋势评析

1. 城镇绿化扩张弹性系数

根据图 12 - 1 分析可知，2010～2015 年云浮市城镇绿化扩张弹性系数总体上呈现波动保持型的状态。波动保持型指标意味着城市在该项指标上虽然呈现波动状态，但在评价末期和评价初期的数值基本保持一致，由该图可知云浮市城镇绿化扩张弹性系数数值保持在 88.479～93.050。即使云浮市城镇绿化扩张弹性系数存在过最低值，其数值为 88.479，但云浮市在城镇绿化扩张弹性系数上总体表现相对平稳；说明该地区城镇绿化能力及活力持续又稳定。

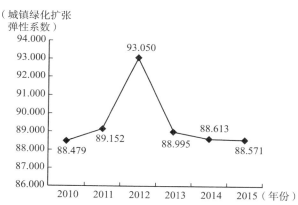

（城镇绿化扩张弹性系数）

图 12 - 1 2010～2015 年云浮市城镇绿化扩张弹性系数变化趋势

2. 生态绿化强度

根据图 12 - 2 分析可知，2010～2015 年云浮市的生态绿化强度总体上呈现波动下降型的状态。2010～2015 年城市在该项指标上总体呈现下降趋势，但在评估期间存在上下波动的情况，指标并非连续性下降状态。波动下降型指标意味着在评估期间，虽然指标数据存在较大波动变化，但是其评价末期数据值低于评价初期数据值。如图所示，云浮市生态绿化强度指标处于波动下降的状态中，2010 年此指标数值最高，为 1.653，到 2015 年下降至 0.834。分析这种变化趋势，可以得出云浮市

生态绿化发展的水平处于劣势，生态绿化水平不断下降，城市的发展活力仍待提升。

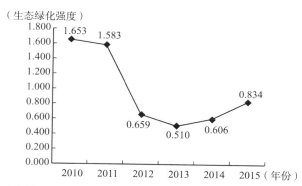

（生态绿化强度）

图 12 - 2 2010～2015 年云浮市生态绿化强度变化趋势

3. 城镇绿化动态变化

根据图 12 - 3 分析可知，2010～2015 年云浮市城镇绿化动态变化总体上呈现波动上升型的状态。2010～2015 年城市在这一类型指标上存在一定的波动变化，总体趋势为上升趋势，但在个别年份出现下降的情况，指标并非连续性上升状态。波动上升型指标意味着在评价的时间段内，虽然指标数据存在较大的波动变化，但是其评价末期数据值高于评价初期数据值。云浮市在 2011～2012 年虽然出现下降的状况，2012 年为 15.102，但是总体上还是呈现上升的态势，最终稳定在 19.259。对于云浮市来说，其城市生态保护发展潜力较大。

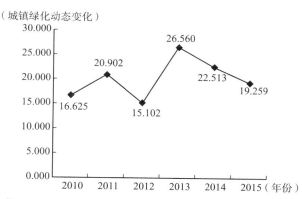

（城镇绿化动态变化）

图 12 - 3 2010～2015 年云浮市城镇绿化动态变化趋势

4. 绿化扩张强度

根据图 12 - 4 分析可知，2010～2015 年云浮市绿化扩张强度总体上呈现波动上升型的状态。在 2010～2015 年城

市在这一类型指标上存在一定的波动变化，总体趋势为上升趋势，但在个别年份出现下降的情况，指标并非连续性上升状态。波动上升型指标意味着在评价的时间段内，虽然指标数据存在较大的波动变化，但是其评价末期数据值高于评价初期数据值。云浮市在 2010～2012 年虽然出现下降的状况，2012 年为 31.735，但是总体上还是呈现上升的态势，最终稳定在 33.820。绿化扩张强度越大，说明城市的绿色能力不断提升，对于云浮市来说，其城市生态保护发展潜力越大。

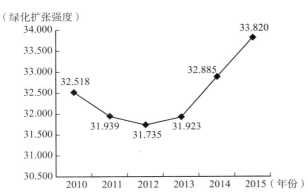

（绿化扩张强度）

图 12－4　2010～2015 年云浮市绿化扩张强度变化趋势

5. 城市绿化蔓延指数

根据图 12－5 分析可知，2010～2015 年云浮市的绿化蔓延指数总体上呈现波动上升型的状态。2010～2015 年城市在该项指标上存在较多波动变化，总体趋势为上升趋势，但在个别年份出现下降的情况，指标并非连续性上升。波动上升型指标意味着在评估期间，虽然指标数据存在较大波动变化，但是其评价末期数据值高于评价初期数据值。通过折线图可以看出，云浮市的城市绿化蔓延指数指标波动提高，在 2015 年达到 16.316，相较于 2010 年上升 3 个单位左右；说明云浮市生态保护发展潜力大，将强化推进生态环境发展与经济增长的协同发展。

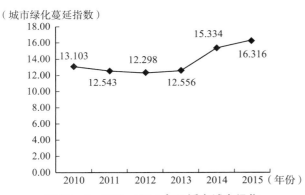

（城市绿化蔓延指数）

图 12－5　2010～2015 年云浮市城市绿化蔓延指数变化趋势

6. 环境承载力

根据图 12－6 分析可知，2010～2015 年云浮市的环境

承载力总体上呈现持续上升型的状态。处于持续上升型的指标，不仅意味着城市在各项指标数据上的不断增长，更意味着城市在该项指标以及生态保护实力整体上的竞争力优势不断扩大。通过折线图可以看出，云浮市的环境承载力指标不断提高，在 2015 年达到 0.456，相较于 2010 年上升 0.4 个单位左右；说明云浮市的绿化面积整体密度更大、容量范围更广。

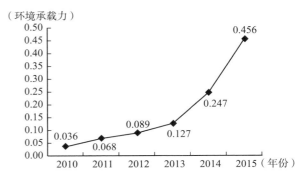

（环境承载力）

图 12－6　2010～2015 年云浮市环境承载力变化趋势

7. 城市绿化相对增长率

根据图 12－7 分析可知，2010～2015 年云浮市绿化相对增长率总体上呈现波动保持型的状态。波动保持型指标意味着城市在该项指标上虽然呈现波动状态，在评价末期和评价初期的数值基本保持一致，该图可知云浮市绿化相对增长率数值保持在 58.427～59.933。即使云浮市绿化相对增长率存在过最低值，其数值为 58.427，但云浮市在城市绿化相对增长率上总体表现相对平稳；说明该地区城镇绿化能力及活力持续又稳定。

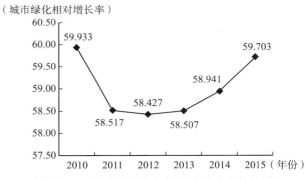

（城市绿化相对增长率）

图 12－7　2010～2015 年云浮市城市绿化相对
增长率变化趋势

8. 城市绿化绝对增量加权指数

根据图 12－8 分析可知，2010～2015 年云浮市城市绿化绝对增量加权指数总体上呈现波动保持型的状态。波动保持型指标意味着城市在该项指标上虽然呈现波动状态，在评价末期和评价初期的数值基本保持一致，该图可知云浮市绿化绝对增量加权指数数值保持在 73.023～73.942。即使云浮市绿化绝对增量加权指数存在过最低值，其数值为 73.023，但云浮市在城市绿化绝对增量加

权指数上总体表现相对平稳；说明该地区城镇绿化能力及活力持续又稳定。

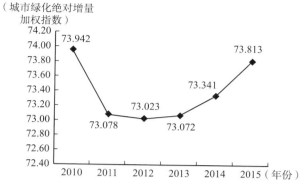

（城市绿化绝对增量加权指数）

图 12－8　2010～2015 年云浮市城市绿化绝对增量加权指数变化趋势

根据表 12－1、表 12－2、表 12－3 可以显示出 2010～2015 年云浮市生态绿化建设水平在相应年份的原始值、标准值及排名情况。

（二）云浮市生态绿化建设水平评估结果

根据表 12－4 对 2010～2012 年云浮市生态绿化建设水平得分、排名、优劣度进行分析。2010～2011 年云浮市生态绿化建设水平排名均处在珠江－西江经济带第 8 名，2012 年云浮市生态绿化建设水平排名降至珠江－西江经济带第 10 名，说明云浮市生态绿化建设水平较于珠江－西江经济带其他城市处于优势不显著的位置。对云浮市的生态绿化建设水平得分情况进行分析，发现云浮市生态绿化建设水平得分持续上升，说明云浮市生态绿化建设水平不断提高。2010～2012 年云浮市的生态绿化建设水平在珠江－西江经济带中从中势地位降至劣势地位，说明云浮市的生态绿化建设水平有待提高。

表 12－1　　　　　**2010～2011 年云浮市生态绿化建设水平各级指标排名及相关数值**

指标		2010 年			2011 年		
		原始值	标准值	排名	原始值	标准值	排名
生态绿化	城镇绿化扩张弹性系数	0.138	88.479	7	4.408	89.152	3
	生态绿化强度	0.160	1.653	8	0.154	1.583	8
	城镇绿化动态变化	0.015	16.625	10	0.039	20.902	8
	绿化扩张强度	0.000	32.518	5	0.000	31.939	6
	城市绿化蔓延指数	5.995	13.103	3	3.527	12.543	4
	环境承载力	7884.101	0.036	10	8597.623	0.068	11
	城市绿化相对增长率	0.004	59.933	5	0.000	58.517	6
	城市绿化绝对增量加权指数	2.461	73.942	2	0.181	73.078	5

表 12－2　　　　　**2012～2013 年云浮市生态绿化建设水平各级指标排名及相关数值**

指标		2012 年			2013 年		
		原始值	标准值	排名	原始值	标准值	排名
生态绿化	城镇绿化扩张弹性系数	29.138	93.050	1	3.417	88.995	1
	生态绿化强度	0.088	0.659	10	0.077	0.510	10
	城镇绿化动态变化	0.006	15.102	9	0.071	26.560	4
	绿化扩张强度	0.000	31.735	10	0.000	31.923	8
	城市绿化蔓延指数	2.445	12.298	5	3.585	12.556	5
	环境承载力	9061.174	0.089	11	9893.335	0.127	11
	城市绿化相对增长率	0.000	58.427	10	0.000	58.507	8
	城市绿化绝对增量加权指数	0.035	73.023	10	0.165	73.072	7

表 12 - 3 　　　　　　　　2014～2015 年云浮市生态绿化建设水平各级指标排名及相关数值

指标		2014 年			2015 年		
		原始值	标准值	排名	原始值	标准值	排名
生态绿化	城镇绿化扩张弹性系数	0.987	88.613	4	0.724	88.571	4
	生态绿化强度	0.084	0.606	9	0.100	0.834	9
	城镇绿化动态变化	0.048	22.513	5	0.030	19.259	8
	绿化扩张强度	0.000	32.885	4	0.000	33.820	4
	城市绿化蔓延指数	15.826	15.334	4	20.156	16.316	3
	环境承载力	12550.911	0.247	11	17154.902	0.456	10
	城市绿化相对增长率	0.001	58.941	4	0.003	59.703	4
	城市绿化绝对增量加权指数	0.876	73.341	4	2.122	73.813	5

表 12 - 4 　　　　　　2010～2012 年云浮市生态绿化建设水平各级指标的得分、排名及优劣度分析

指标	2010 年			2011 年			2012 年		
	得分	排名	优劣度	得分	排名	优劣度	得分	排名	优劣度
生态绿化	20.278	8	中势	20.454	8	中势	20.649	10	劣势
城镇绿化扩张弹性系数	8.176	7	中势	7.992	3	优势	8.671	1	强势
生态绿化强度	0.072	8	中势	0.069	8	中势	0.030	10	劣势
城镇绿化动态变化	0.750	10	劣势	0.982	8	中势	0.712	9	劣势
绿化扩张强度	1.567	5	优势	1.644	6	中势	1.595	10	劣势
城市绿化蔓延指数	0.537	3	优势	0.524	4	优势	0.508	5	优势
环境承载力	0.001	10	劣势	0.003	11	劣势	0.004	11	劣势
城市绿化相对增长率	3.889	5	优势	3.739	6	中势	3.707	10	劣势
城市绿化绝对增量加权指数	5.285	2	强势	5.502	5	优势	5.423	10	劣势

对云浮市生态绿化建设的三级指标进行分析，其中城镇绿化扩张弹性系数得分排名呈现出持续上升的发展趋势。对云浮市城镇绿化扩张弹性系数的得分情况进行分析，发现云浮市城镇绿化扩张弹性系数得分波动上升，说明云浮市的城市环境与城市面积之间呈现协调发展的关系，但其稳定性有待提升。

生态绿化强度的得分排名呈现出先保持后下降的趋势。对云浮市生态绿化强度的得分情况进行分析，发现云浮市在生态绿化强度的得分持续下降，说明云浮市的生态绿化强度不断降低，城市公园绿地的优势不断下降，城市活力仍待提升。

城镇绿化动态变化得分排名呈现出波动上升的趋势。对云浮市城镇绿化动态变化的得分情况进行分析，发现云浮市在城镇绿化动态变化的得分波动下降，说明云浮市的城市绿化面积有所减少，与此显示出云浮市的经济活力和城市规模的扩大较不稳定，其城镇绿化动态变化存在一定的提升空间。

绿化扩张强度得分排名呈现出持续下降的趋势。对云浮市绿化扩张强度的得分情况进行分析，发现云浮市在绿化扩张强度的得分波动上升，分值变动幅度小，说明云浮市的城市绿化用地面积增长速率变化较为稳定，城市城镇绿化能力和活力较为稳定。

城市绿化蔓延指数得分排名呈现持续下降的趋势。对云浮市的城市绿化蔓延指数的得分情况进行分析，发现云浮市的城市绿化蔓延指数的得分持续下降，分值变动幅度

小，说明城市的城市绿化蔓延指数稳定性较高，但城市绿化发展有待加强。

环境承载力得分排名呈现出先下降后保持的趋势。对云浮市环境承载力的得分情况进行分析，发现云浮市在环境承载力的得分持续上升，说明 2010～2012 年云浮市的环境承载力不断提高，城市的绿化面积整体密度、容量范围不断扩大。

城市绿化相对增长率得分排名呈现出持续下降的趋势。对云浮市绿化相对增长率的得分情况进行分析，发现云浮市在城市绿化相对增长率的得分持续下降，分值变动幅度小，说明 2010～2012 年云浮市的城市绿化面积扩大较为稳定，但城市绿化面积增长速率存在一定的提升空间。

城市绿化绝对增量加权指数得分排名呈现出持续下降的趋势。对云浮市的城市绿化绝对增量加权指数的得分情况进行分析，发现云浮市在城市绿化绝对增量加权指数的得分波动上升，变化幅度较小，说明 2010～2012 年云浮市的城市绿化要素集中度较为稳定，但城市绿化变化增长趋向于密集型发展的力度有待提升。

根据表 12 - 5 对 2013～2015 年云浮市生态绿化建设水平的得分、排名和优劣度进行分析。2013 年云浮市生态绿化建设水平排名处在珠江 - 西江经济带第 8 名，2014～2015 年云浮市生态绿化建设水平排名均升至珠江 - 西江经济带第 7 名，说明云浮市生态绿化建设水平较于珠江 - 西江经济带其他城市竞争力有待提升。对云浮市的生态绿化

建设水平得分情况进行分析，发现云浮市生态绿化建设水平得分持续上升，说明云浮市生态绿化建设水平不断提升。2013～2015 年云浮市的生态绿化建设水平在珠江－西江经济带中处于中势地位，说明云浮市的生态绿化建设水平整体趋于平稳。

表 12 － 5　　　　2013～2015 年云浮市生态绿化建设水平各级指标的得分、排名及优劣度分析

指标	2013 年			2014 年			2015 年		
	得分	排名	优劣度	得分	排名	优劣度	得分	排名	优劣度
生态绿化	20.474	8	中势	20.497	7	中势	20.947	7	中势
城镇绿化扩张弹性系数	8.100	1	强势	8.130	4	优势	7.866	4	优势
生态绿化强度	0.023	10	劣势	0.028	9	劣势	0.037	9	劣势
城镇绿化动态变化	1.232	4	优势	1.135	5	优势	0.861	8	中势
绿化扩张强度	1.539	8	中势	1.559	4	优势	1.885	4	优势
城市绿化蔓延指数	0.600	5	优势	0.641	4	优势	0.680	3	优势
环境承载力	0.005	11	劣势	0.011	11	劣势	0.020	10	劣势
城市绿化相对增长率	3.618	8	中势	3.614	4	优势	4.025	4	优势
城市绿化绝对增量加权指数	5.357	7	中势	5.379	4	优势	5.573	5	优势

对云浮市生态绿化建设水平的三级指标进行分析。其中城镇绿化扩张弹性系数得分排名呈现出先下降后保持的发展趋势。对云浮市城镇绿化扩张弹性系数的得分情况进行分析，发现云浮市的城镇绿化扩张弹性系数得分波动下降，说明城市的城镇绿化扩张与城市的环境、城市面积之间的协调发展存在一定的提升空间。

生态绿化强度的得分排名呈现出先上升后保持的趋势。对云浮市生态绿化强度的得分情况进行分析，发现云浮市的生态绿化强度的得分在持续上升，说明云浮市生态绿化强度不断提升，城市活力不断加强。

城镇绿化动态变化得分排名呈现持续下降的趋势。对云浮市城镇绿化动态变化的得分情况进行分析，发现云浮市城镇绿化动态变化的得分持续下降，说明城市的城镇绿化动态变化不断下降，城市绿化面积的增加减少。

绿化扩张强度得分排名呈现出先上升后保持的趋势。对云浮市的绿化扩张强度得分情况进行分析，发现云浮市在绿化扩张强度的得分持续上升，说明云浮市的绿化用地面积增长速率得到提高，相对应的呈现出城市城镇绿化能力及活力的不断扩大。

城市绿化蔓延指数得分排名呈现出持续上升的趋势。对云浮市的城市绿化蔓延指数的得分情况进行分析，发现云浮市在城市绿化蔓延指数上的得分持续上升。

环境承载力得分排名呈现出先保持后上升的趋势。对云浮市环境承载力的得分情况进行分析，发现云浮市在环境承载力的得分持续上升，说明 2013～2015 年云浮市环境承载力不断提高，城市的绿化面积整体密度、容量范围不断扩大。

城市绿化相对增长率得分排名呈现出先上升后保持的趋势。对云浮市的城市绿化相对增长率得分情况进行分析，发现云浮市在城市绿化相对增长率的得分波动上升，说明云浮市绿化面积增长速率有所提高，城市绿化面积不断扩大。

城市绿化绝对增量加权指数得分排名呈现出波动上升的趋势。对云浮市的城市绿化绝对增量加权指数的得分情况进行分析，发现云浮市在城市绿化绝对增量加权指数的得分持续上升，说明云浮市的城市绿化绝对增量加权指数不断提高，城市绿化要素集中度不断提高，城市绿化变化增长不断趋向于密集型发展。

对 2010～2015 年云浮市生态绿化建设水平及各三级指标的得分、排名和优劣度进行分析。2010～2011 年云浮市生态绿化建设水平得分排名均处在珠江－西江经济带第 8 名，2012 年云浮市生态绿化建设水平得分排名降至珠江－西江经济带第 10 名，2013 年云浮市生态绿化建设水平得分排名升至珠江－西江经济带第 8 名，2014～2015 年云浮市生态绿化建设水平得分排名又升至珠江－西江经济带第 7 名。2010～2015 年云浮市生态绿化建设水平得分排名一直在珠江－西江经济带的中游区或下游区，城市生态绿化建设水平从中势地位降至劣势地位，接着又升至中势地位，说明较之于珠江－西江经济带的其他城市竞争力有待提升。对云浮市的生态绿化建设水平得分情况进行分析，发现云浮市的生态绿化建设水平得分呈现波动上升的发展趋势，分值变动幅度小，说明云浮市生态绿化建设水平稳定性较高，生态绿化建设水平有所提升。

从生态绿化建设水平基础指标的优劣度结构来看（见表 12 － 6），在 8 个基础指标中，指标的优劣度结构为 0.0∶62.5∶12.5∶25.0。由于优势指标比重大于优势、中势和劣势指标的比重，从整体上来说，生态绿化建设水平处于中势地位。

表 12－6   2015 年云浮市生态绿化建设水平指标的优劣度结构

二级指标	三级指标数	强势指标		优势指标		中势指标		劣势指标		优劣度
		个数	比重（%）	个数	比重（%）	个数	比重（%）	个数	比重（%）	
生态绿化	8	0	0.000	5	62.500	1	12.500	2	25.000	中势

（三）云浮市生态绿化比较分析

图 12－9 和图 12－10 将 2010～2015 年云浮市生态绿化建设水平与珠江－西江经济带最高水平和平均水平进行比较。从生态绿化建设水平的要素得分比较来看，由图 12－9 可知，2010 年，云浮市城镇绿化扩张弹性系数得分比珠江－西江经济带最高分低 0.099 分，比平均分低 0.021 分；2011 年，城镇绿化扩张弹性系数得分比最高分低 0.973 分，比平均分高 0.654 分；2012 年，城镇绿化扩张弹性系数得分为珠江－西江经济带最高分，比平均分高 0.358 分；2013 年，城镇绿化扩张弹性系数得分为珠江－西江经济带最高分，比平均分高 0.065 分；2014 年，城镇绿化扩张弹性系数得分比最高分低 0.006 分，比平均分高 0.008 分；2015 年，城镇绿化扩张弹性系数得分比最高分低 0.202 分，比平均分低 0.013 分。这说明整体上云浮市城镇绿化扩张弹性系数得分与珠江－西江经济带最高分的差距波动增大，与珠江－西江经济带平均分的差距波动缩小。

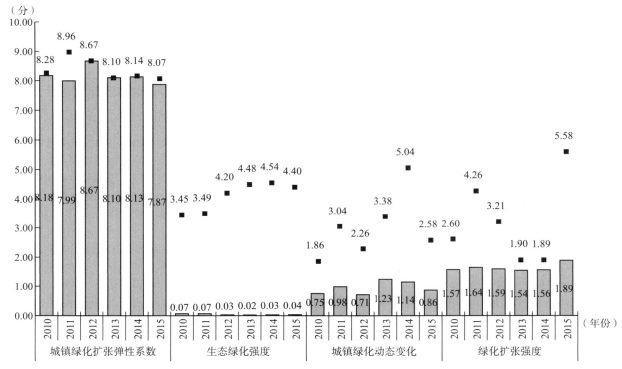

图 12－9   2010～2015 年云浮市生态绿化建设水平指标得分比较 1

2010 年，云浮市生态绿化强度得分比珠江－西江经济带最高分低 3.379 分，比平均分低 0.504 分；2011 年，生态绿化强度得分比最高分低 3.424 分，比平均分低 0.508 分；2012 年，生态绿化强度得分比最高分低 4.171 分，比平均分低 0.565 分；2013 年，生态绿化强度得分比最高分低 4.462 分，比平均分低 0.578 分；2014 年，生态绿化强度得分比最高分低 4.360 分，比平均分低 0.547 分；2015 年，生态绿化强度得分比最高分低 1.113 分，比平均分低 0.329 分。这说明整体上云浮市生态绿化强度得分与珠江－西江经济带最高分的差距波动增大，与珠江－西江经济带平均分的差距先增大后减小。

2010 年，云浮市城镇绿化动态变化得分比珠江－西江经济带最高分低 1.113 分，比平均分低 0.329 分；2011 年，城镇绿化动态变化得分比最高分低 2.061 分，比平均分低 0.284 分；2012 年，城镇绿化动态变化得分比最高分低 1.552 分，比平均分低 0.641 分；2013 年，城镇绿化动态变化得分比最高分低 2.150 分，比平均分高 0.054 分；2014 年，城镇绿化动态变化得分比最高分低 3.908 分，比平均分低 0.327 分；2015 年，城镇绿化动态变化得分比最高分低 1.719 分，比平均分低 0.328 分。这说明整体上云浮市城镇绿化动态变化得分与珠江－西江经济带最高分的差距波动增大，与珠江－西江经济带平均分的差距波动增大。

2010 年，云浮市绿化扩张强度得分比珠江－西江经济带最高分低 1.029 分，比平均分高 0.055 分；2011 年，绿化扩张强度得分比最高分低 2.617 分，比平均分低 0.260 分；2012 年，绿化扩张强度得分比最高分低 1.619 分，比平均分低 0.237 分；2013 年，绿化扩张强度得分比最高分低 0.365 分，比平均分低 0.074 分；2014 年，绿化扩张强度得分比最高分低 1.336 分，比平均分高 0.109 分；2015 年，绿化扩张强度得分比最高分低 3.690 分，比平均分低 0.559 分。这说明整体上云浮市绿化扩张强度得分与珠江－西江经济带最高分的差距波动增大，与珠江－西江经济带平均分的差距波动增大。

由图 12 - 10 可知，2010 年，云浮市绿化蔓延指数得分比珠江－西江经济带最高分低 0.095 分，比平均分高 0.061

分；2011 年，城市绿化蔓延指数得分比最高分低 0.975 分，比平均分低 0.058 分；2012 年，城市绿化蔓延指数得分比最高分低 0.337 分，比平均分低 0.015 分；2013 年，城市绿化蔓延指数得分比最高分低 4.178 分，比平均分低 0.442 分；2014 年，城市绿化蔓延指数得分比最高分低 0.956 分，比平均分高 0.041 分；2015 年，城市绿化蔓延指数得分比最高分低 1.986 分，比平均分低 0.020 分。这说明整体上云浮市绿化蔓延指数得分与珠江－西江经济带最高分的差距波动增大，与珠江－西江经济带平均分的差距波动减小。

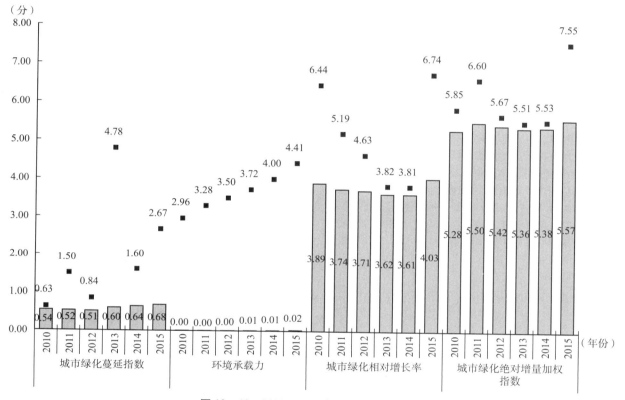

图 12 - 10　2010～2015 年云浮市生态绿化
建设水平指标得分比较 2

2010 年，云浮市环境承载力得分比珠江－西江经济带最高分低 2.957 分，比平均分低 0.385 分；2011 年，环境承载力得分比最高分低 3.278 分，比平均分低 0.423 分；2012 年，环境承载力得分比最高分低 3.494 分，比平均分低 0.462 分；2013 年，环境承载力得分比最高分低 3.712 分，比平均分低 0.492 分；2014 年，环境承载力得分比最高分低 3.985 分，比平均分低 0.517 分；2015 年，环境承载力得分比最高分低 4.389 分，比平均分低 0.575 分。这说明整体上云浮市环境承载力得分与珠江－西江经济带最高分的差距持续增大，与珠江－西江经济带平均分的差距持续增大。

2010 年，云浮市绿化相对增长率得分比珠江－西江经济带最高分低 2.555 分，比平均分高 0.136 分；2011 年，城市绿化相对增长率得分比最高分低 1.447 分，比平均分低 0.144 分；2012 年，城市绿化相对增长率得分比最高分低 0.924 分，比平均分低 0.135 分；2013 年，城市绿化相

对增长率得分比最高分低 0.202 分，比平均分低 0.041 分；2014 年，城市绿化相对增长率得分比最高分低 0.194 分，比平均分高 0.063 分；2015 年，城市绿化相对增长率得分比最高分低 2.717 分，比珠江－西江经济带平均分低 0.411 分。这说明整体上云浮市绿化相对增长率得分与珠江－西江经济带最高分的差距先减小后增大，与珠江－西江经济带平均分的差距波动增大。

2010 年，云浮市绿化绝对增量加权指数得分比珠江－西江经济带最高分低 0.561 分，比平均分高 0.462 分；2011 年，城市绿化绝对增量加权指数得分比最高分低 1.100 分，比平均分低 0.107 分；2012 年，城市绿化绝对增量加权指数得分比最高分低 0.243 分，比平均分低 0.054 分；2013 年，城市绿化绝对增量加权指数得分比最高分低 0.155 分，比平均分低 0.024 分；2014 年，城市绿化绝对增量加权指数得分比最高分低 0.152 分，比平均分高 0.019 分；2015 年，城市绿化绝对增量加权指数得分比最高分低 1.977 分，

比平均分高 0.223 分。这说明整体上云浮市绿化绝对增量加权指数得分与珠江－西江经济带最高分的差距波动增大，与珠江－西江经济带平均分的差距先减小后增大。

二、云浮市环境治理水平综合评估与比较

（一）云浮市环境治理水平评估指标变化趋势评析

1. 地区环境相对损害指数（EVI）

根据图 12－11 分析可知，2010～2015 年云浮市地区环境相对损害指数（EVI）总体上呈现波动上升型的状态。2010～2015 年城市在这一类型指标上存在一定的波动变化，总体趋势为上升趋势，但在个别年份出现下降的情况，指标并非连续性上升状态。波动上升型指标意味着在评价的时间段内，虽然指标数据存在较大的波动变化，但是其评价末期数据值高于评价初期数据值。云浮市在 2010～2012 年虽然出现下降的状况，2012 年为 94.546，但是总体上还是呈现上升的态势，最终稳定在 99.255。地区环境相对损害指数（EVI）越大，说明城市的生态环境保护能力有待提升，对于云浮市来说，其城市生态环境发展潜力越大。

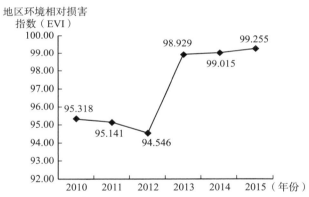

地区环境相对损害指数（EVI）

图 12－11　2010～2015 年云浮市地区环境相对损害指数（EVI）变化趋势

2. 单位 GDP 消耗能源

根据图 12－12 分析可知，2010～2015 年云浮市单位 GDP 消耗能源总体呈现波动上升型的状态。2010～2015 年城市在这一类型指标上存在一定的波动变化，总体趋势为上升趋势，但在个别年份出现下降的情况，指标并非连续性上升状态。波动上升型指标意味着在评价的时间段内，虽然指标数据存在较大的波动变化，但是其评价末期数据值高于评价初期数据值。云浮市在 2010～2011 年虽然出现下降的状况，2011 年为 2.507，但是总体上还是呈现上升的态势，最终稳定在 88.713。单位 GDP 消耗能源越大，说明城市的生态环境保护水平越高，对于云浮市来说，其城市生态保护发展潜力越大。

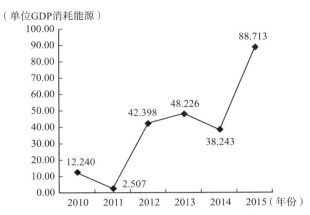

（单位GDP消耗能源）

图 12－12　2010～2015 年云浮市单位 GDP 消耗能源变化趋势

3. 环保支出水平

根据图 12－13 分析可知，2010～2015 年云浮市环保支出水平总体上呈现波动上升型的状态。2010～2015 年城市在这一类型指标上存在一定的波动变化，总体趋势为上升趋势，但在个别年份出现下降的情况，指标并非连续性上升状态。波动上升型指标意味着在评价的时间段内，虽然指标数据存在较大的波动变化，但是其评价末期数据值高于评价初期数据值。云浮市在 2010～2012 年虽然出现下降的状况，2012 年为 10.274，但是总体上还是呈现上升的态势，最终稳定在 32.754。环保支出水平越大，说明城市的生态环境保护水平越高，对于云浮市来说，其城市生态保护发展潜力越大。

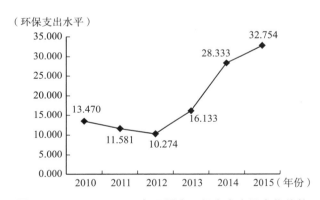

（环保支出水平）

图 12－13　2010～2015 年云浮市环保支出水平变化趋势

4. 污染处理率比重增量

根据图 12－14 分析可知，2010～2015 年云浮市污染处理率比重增量总体上呈现波动上升型的状态。2010～2015 年城市在这一类型指标上存在一定的波动变化，总体趋势为上升趋势，但在个别年份出现下降的情况，指标并非连续性上升状态。波动上升型指标意味着在评价的时间段内，虽然指标数据存在较大的波动变化，但是其评价末期数据值高于评价初期数据值。2011～2012 年，云浮市虽然出现下降的状况，2012 年为 30.188，但是总体上还是呈现上升的态势，最终稳定在 43.432。污染处理率比重增量越大，

说明城市的生态环保发展水平越高,对于云浮市来说,其城市生态保护发展潜力越大。

高,为100.000,到2015年下降至59.211。分析这种变化趋势,可以说明云浮市综合利用率发展的水平仍待提升。

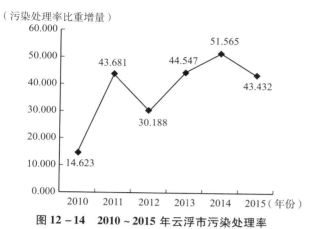

(污染处理率比重增量)

图 12 - 14　2010~2015 年云浮市污染处理率
比重增量变化趋势

(综合利用率枢纽度)

图 12 - 16　2010~2015 年云浮市综合
利用率枢纽度变化趋势

5. 综合利用率平均增长指数

根据图 12 - 15 分析可知,2010~2015 年云浮市综合利用率平均增长指数总体上呈现波动下降型的状态。这种状态表现为 2010~2015 年城市在该项指标上总体呈现下降趋势,但在评估期间存在上下波动的情况,并非连续性下降状态。这就意味着在评估的时间段内,虽然指标数据存在较大的波动化,但是其评价末期数据值低于评价初期数据值。云浮市的综合利用率平均增长指数末期低于初期的数据,降低 14 个单位左右,并且在 2012~2013 年间存在明显下降的变化;这说明云浮市综合利用率平均增长指数情况处于不太稳定的下降状态。

7. 环保支出规模强度

根据图 12 - 17 分析可知,2010~2015 年云浮市的环保支出规模强度总体上呈现持续上升型的状态。处于持续上升型的指标,不仅意味着城市在各项指标数据上的不断增长,更意味着城市在该项指标以及生态保护实力整体上的竞争力优势不断扩大。通过折线图可以看出,云浮市的环保支出规模强度指标不断提高,在 2015 年达到 5.392,相较于 2010 年上升 5 个单位左右;说明云浮市的环保支出规模强度越大,城市的生态环境保护水平越高,城市生态保护发展潜力越大。

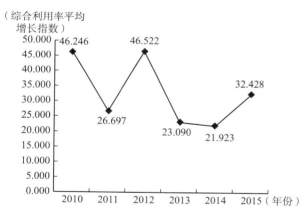

(综合利用率平均
增长指数)

图 12 - 15　2010~2015 年云浮市综合利用率
平均增长指数变化趋势

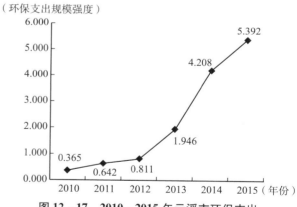

(环保支出规模强度)

图 12 - 17　2010~2015 年云浮市环保支出
规模强度变化趋势

6. 综合利用率枢纽度

根据图 12 - 16 分析可知,2010~2015 年云浮市的综合利用率枢纽度总体上呈现持续下降型的状态。处于持续下降型的指标,意味着城市在该项指标上不断处在劣势状态,并且这一状况并未得到改善。如图所示,云浮市综合利用率枢纽度指标处于不断下降的状态,2010 年此指标数值最

8. 环保支出区位商

根据图 12 - 18 分析可知,2010~2015 年云浮市环保支出区位商总体上呈现波动上升型的状态。2010~2015 年城市在这一类型指标上存在一定的波动变化,总体趋势为上升趋势,但在个别年份出现下降的情况,指标并非连续性上升状态。波动上升型指标意味着在评价的时间段内,虽然指标数据存在较大的波动变化,但是其评价末期数据值高于评价初期数据值。云浮市在 2011~2012 年虽然出现下

降的状况，2012 年为 13.863，但是总体上还是呈现上升的态势，最终稳定在 23.045。环保支出区位商越大，说明城市的环境保护水平越高，对于云浮市来说，其城市生态保护发展潜力越大。

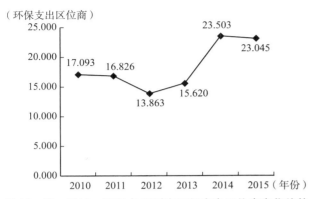

（环保支出区位商）

图 12 - 18　2010～2015 年云浮市环保支出区位商变化趋势

9. 环保支出职能规模

根据图 12 - 19 分析可知，2010～2015 年云浮市环保支出职能规模指数总体上呈现波动下降型的状态。这种状态表现为 2010～2015 年城市在该项指标上总体呈现下降趋势，但在评估期间存在上下波动的情况，并非连续性下降状态。这就意味着在评估的时间段内，虽然指标数据存在较大的波动，但是其评价末期数据值低于评价初期数据值。云浮市的末期环保支出职能规模指数低于初期的数据，降低 2.4 个单位左右，并且在 2013～2015 年间存在明显下降的变化；这说明云浮市环保支出职能规模情况处于不太稳定的下降状态，城市发展所具备的环保支出能力仍待提升。

（环保支出职能规模）

**图 12 - 19　2010～2015 年云浮市环保支出
职能规模变化趋势**

10. 环保支出职能地位

根据图 12 - 20 分析可知，2010～2015 年云浮市的环保支出职能地位总体上呈现持续上升型的状态。2010～2015 年城市在该项指标上存在较多波动变化，总体趋势为上升趋势，但在个别年份出现下降的情况，指标并非连续性上升。波动上升型指标意味着在评估期间，虽然指标数据存在较大波动变化，但是其评价末期数据值高于评价初期数据值。通过折线图可以看出，云浮市的环保支出职能地位指标不断提高，在 2015 年达到 12.266，相较于 2010 年上升 6 个单位左右；说明云浮市发展具备的生态绿化及环境治理方面的潜力仍待增强。

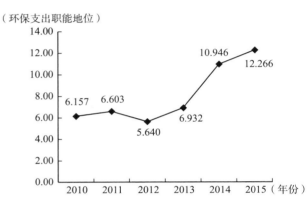

（环保支出职能地位）

**图 12 - 20　2010～2015 年云浮市环保支出
职能地位变化趋势**

根据表 12 - 7、表 12 - 8、表 12 - 9 可以显示出 2010～2015 年云浮市环境治理水平在相应年份的原始值、标准值及排名情况。

（二）云浮市环境治理水平评估结果

根据表 12 - 10 对 2010～2012 年云浮市环境治理水平得分、排名、优劣度进行分析。2010 年云浮市环境治理水平排名处在珠江－西江经济带第 7 名，2011 年云浮市环境治理水平排名降至珠江－西江经济带第 9 名，2012 年云浮市环境治理水平排名升至珠江－西江经济带第 7 名，说明云浮市环境治理水平较于珠江－西江经济带其他城市发展态势较差。对云浮市的环境治理水平得分情况进行分析，发现云浮市环境治理水平综合得分波动上升，说明云浮市环境治理力度有所加强。2010～2012 年云浮市的环境治理水平在珠江－西江经济带中从中势地位降至劣势地位，接着又升至中势地位，说明云浮市的环境治理水平的提升仍存在较大的发展空间。

表 12 - 7　　　　　　2010～2011 年云浮市环境治理水平各级指标排名及相关数值

指标		2010 年			2011 年		
		原始值	标准值	排名	原始值	标准值	排名
环境治理	地区环境相对损害指数（EVI）	0.948	95.318	4	0.973	95.141	3
	单位 GDP 消耗能源	0.019	12.240	11	0.021	2.507	11

指标		2010 年			2011 年		
		原始值	标准值	排名	原始值	标准值	排名
环境治理	环保支出水平	0.003	13.470	8	0.003	11.581	9
	污染处理率比重增量	−0.056	14.623	10	0.012	43.681	10
	综合利用率平均增长指数	0.001	46.246	3	0.000	26.697	8
	综合利用率枢纽度	0.000	100.000	1	0.000	86.260	1
	环保支出规模强度	−0.639	0.365	10	−0.624	0.642	11
	环保支出区位商	1.693	17.093	6	1.675	16.826	8
	环保支出职能规模	7500.623	6.216	8	8150.583	6.364	10
	环保支出职能地位	0.009	6.157	8	0.012	6.603	10

表 12 – 8　　　　　**2012～2013 年云浮市环境治理水平各级指标排名及相关数值**

指标		2012 年			2013 年		
		原始值	标准值	排名	原始值	标准值	排名
环境治理	地区环境相对损害指数（EVI）	1.059	94.546	3	0.427	98.929	1
	单位 GDP 消耗能源	0.015	42.398	9	0.014	48.226	8
	环保支出水平	0.002	10.274	9	0.003	16.133	7
	污染处理率比重增量	−0.020	30.188	9	0.014	44.547	8
	综合利用率平均增长指数	0.001	46.522	2	0.000	23.090	9
	综合利用率枢纽度	0.000	78.956	1	0.000	69.938	2
	环保支出规模强度	−0.614	0.811	11	−0.551	1.946	10
	环保支出区位商	1.483	13.863	9	1.597	15.620	7
	环保支出职能规模	6194.214	5.917	10	10691.165	6.944	9
	环保支出职能地位	0.007	5.640	10	0.013	6.932	9

表 12 – 9　　　　　**2014～2015 年云浮市环境治理水平各级指标排名及相关数值**

指标		2014 年			2015 年		
		原始值	标准值	排名	原始值	标准值	排名
环境治理	地区环境相对损害指数（EVI）	0.415	99.015	1	0.380	99.255	2
	单位 GDP 消耗能源	0.015	38.243	7	0.007	88.713	3
	环保支出水平	0.004	28.333	4	0.005	32.754	4
	污染处理率比重增量	0.030	51.565	4	0.011	43.432	6
	综合利用率平均增长指数	0.000	21.923	10	0.000	32.428	7
	综合利用率枢纽度	0.000	63.118	2	0.000	59.211	3
	环保支出规模强度	−0.424	4.208	9	−0.358	5.392	8
	环保支出区位商	2.109	23.503	4	2.079	23.045	5
	环保支出职能规模	31086.505	11.600	6	35975.028	12.716	7
	环保支出职能地位	0.034	10.946	6	0.041	12.266	7

表 12 – 10　　　　**2010～2012 年云浮市环境治理水平各级指标的得分、排名及优劣度分析**

指标	2010 年			2011 年			2012 年		
	得分	排名	优劣度	得分	排名	优劣度	得分	排名	优劣度
环境治理	20.517	7	中势	19.350	9	劣势	20.853	7	中势
地区环境相对损害指数（EVI）	8.664	4	优势	8.586	3	优势	8.351	3	优势
单位 GDP 消耗能源	0.758	11	劣势	0.156	11	劣势	2.680	9	劣势
环保支出水平	0.656	8	中势	0.502	9	劣势	0.478	9	劣势
污染处理率比重增量	0.740	10	劣势	2.748	10	劣势	1.854	9	劣势

指标	2010 年			2011 年			2012 年		
	得分	排名	优劣度	得分	排名	优劣度	得分	排名	优劣度
综合利用率平均增长指数	2.474	3	优势	1.443	8	中势	2.210	2	强势
综合利用率枢纽度	5.757	1	强势	4.512	1	强势	4.040	1	强势
环境支出规模强度	0.015	10	劣势	0.027	11	劣势	0.035	11	劣势
环保支出区位商	0.852	6	中势	0.785	8	中势	0.664	9	劣势
环保支出职能规模	0.298	8	中势	0.283	10	劣势	0.281	10	劣势
环保支出职能地位	0.303	8	中势	0.307	10	劣势	0.260	10	劣势

对云浮市环境治理水平的三级指标进行分析，其中地区环境相对损害指数（EVI）得分排名呈现出先上升后保持的发展趋势。对云浮市的地区环境相对损害指数（EVI）的得分情况进行分析，发现云浮市的地区环境相对损害指数（EVI）得分持续下降，说明云浮市的地区环境相对损害指数（EVI）存在一定的提升空间，在发展城市经济的同时注重环境保护需要加大投入力度。

单位 GDP 消耗能源的得分排名呈现出先保持后上升的趋势。对云浮市单位 GDP 消耗能源的得分情况进行分析，发现云浮市在单位 GDP 消耗能源的得分波动上升，分值变动幅度较大，说明云浮市的整体发展水平不稳定，在 2012 年获得较大提升，云浮市单位 GDP 消耗能源稳定性有待提高。

环保支出水平得分排名呈现出先下降后保持的趋势。对云浮市环保支出水平的得分情况进行分析，发现云浮市在环保支出水平的得分持续下降，说明云浮市对环境治理的财政支持能力不断降低，经济发展与生态环境的协调发展有待提升。

污染处理率比重增量得分排名呈现出先保持后上升的趋势。对云浮市的污染处理率比重增量的得分情况进行分析，发现云浮市在污染处理率比重增量的得分波动上升，说明云浮市在推动城市污染处理方面的力度有较大提高。

综合利用率平均增长指数得分排名呈现波动上升的趋势。对云浮市的综合利用率平均增长指数的得分情况进行分析，发现云浮市的综合利用率平均增长指数的得分波动下降，分值变动幅度较大，说明城市的综合利用覆盖程度有待增强。

综合利用率枢纽度得分排名呈现出持续保持的趋势。对云浮市的综合利用率枢纽度的得分情况进行分析，发现云浮市在综合利用率枢纽度上的得分持续下降，说明 2010～2012 年云浮市的综合利用率能力不断降低，其综合利用率枢纽度存在一定的提升空间。

环保支出规模强度得分排名呈现出先下降后保持的趋势。对云浮市的环保支出规模强度的得分情况进行分析，发现云浮市在环保支出规模强度的得分持续上升，说明 2010～2012 年云浮市的环保支出能力与地区平均水平相比不断提高。

环保支出区位商得分排名呈现出持续下降的趋势。对云浮市的环保支出区位商的得分情况进行分析，发现云浮市在环保支出区位商的得分持续下降，说明 2010～2012 年云浮市的环保支出区位商不断降低，城市所具备的环保支出能力仍待提升。

环保支出职能规模得分排名呈现出先下降后保持的趋势。对云浮市的环保支出职能规模的得分情况进行分析，发现云浮市在环保支出职能规模的得分持续下降，说明云浮市在环保支出水平方面不断下降，城市所具备的环保支出能力不断降低。

环保支出职能地位得分排名呈现出先下降后保持的趋势。对云浮市环保支出职能地位的得分情况进行分析，发现云浮市在环保支出职能地位的得分波动下降，说明云浮市对保护环境和环境的治理能力有待提升。

根据表 12－11 对 2013～2015 年间云浮市环境治理水平得分、排名、优劣度进行分析。2013 年云浮市环境治理水平排名处在珠江－西江经济带第 6 名，2014 年云浮市环境治理水平排名升至珠江－西江经济带第 3 名，2015 年云浮市环境治理水平排名又升至珠江－西江经济带第 2 名，说明云浮市环境治理水平较于珠江－西江经济带其他城市竞争力不断提升。对云浮市的环境治理水平得分情况进行分析，发现云浮市环境治理水平得分持续上升，说明云浮市环境治理水平不断提升。2013～2015 年云浮市的环境治理水平在珠江－西江经济带中从中势地位升至优势地位，接着又升至强势地位，说明云浮市的环境治理水平稳定性存在较大的提升空间。

表 12－11   2013～2015 年云浮市环境治理水平各级指标的得分、排名及优劣度分析

指标	2013 年			2014 年			2015 年		
	得分	排名	优劣度	得分	排名	优劣度	得分	排名	优劣度
环境治理	21.762	6	中势	22.442	3	优势	26.050	2	强势
地区环境相对损害指数（EVI）	9.237	1	强势	9.429	1	强势	9.212	2	强势
单位 GDP 消耗能源	3.189	8	中势	2.393	7	中势	6.328	3	优势
环保支出水平	0.746	7	中势	1.331	4	优势	1.495	4	优势

续表

指标	2013 年			2014 年			2015 年		
	得分	排名	优劣度	得分	排名	优劣度	得分	排名	优劣度
污染处理率比重增量	2.590	8	中势	2.801	4	优势	2.314	6	中势
综合利用率平均增长指数	1.125	9	劣势	1.087	10	劣势	1.526	7	中势
综合利用率枢纽度	3.443	2	强势	3.046	2	强势	2.776	3	优势
环保支出规模强度	0.085	10	劣势	0.192	9	劣势	0.249	8	中势
环保支出区位商	0.708	7	中势	1.081	4	优势	1.013	5	优势
环保支出职能规模	0.318	9	劣势	0.566	6	中势	0.582	7	中势
环保支出职能地位	0.322	9	劣势	0.517	6	中势	0.553	7	中势

对云浮市环境治理水平的三级指标进行分析,其中地区环境相对损害指数(EVI)得分排名呈现出先保持后下降的发展趋势。对云浮市地区环境相对损害指数(EVI)的得分情况进行分析,发现云浮市的地区环境相对损害指数(EVI)得分波动下降,说明云浮市地区环境的保护与改善存在一定的提升空间。

单位 GDP 消耗能源的得分排名呈现出持续上升的趋势。对云浮市单位 GDP 消耗能源的得分情况进行分析,发现云浮市在单位 GDP 消耗能源上的得分波动上升,在 2015 年有较大幅度提升,说明云浮市的单位 GDP 消耗能源有较大提高,城市整体发展水平提高,城市越来越具有活力。

环保支出水平得分排名呈现出先上升后保持的趋势。对云浮市的环保支出水平的得分情况进行分析,发现云浮市在环保支出水平的得分持续上升,说明云浮市的环保支出水平不断提高,城市的环保支出源不断丰富,城市对外部资源各类要素的集聚吸引能力不断提升。

污染处理率比重增量得分排名呈现出波动上升的趋势。对云浮市的污染处理率比重增量的得分情况进行分析,发现云浮市在污染处理率比重增量的得分波动下降,说明云浮市整体污染处理能力方面有所下降,污染处理率比重增量存在一定的提升空间。

综合利用率平均增长指数得分排名呈现波动上升的趋势。对云浮市的综合利用率平均增长指数的得分情况进行分析,发现云浮市的综合利用率平均增长指数的得分波动上升,说明城市综合利用水平有所提升。

综合利用率枢纽度得分排名呈现出先保持后下降的趋势。对云浮市的综合利用率枢纽度的得分情况进行分析,发现云浮市在综合利用率枢纽度的得分持续下降,说明云浮市的综合利用率枢纽度存在一定的提升空间。

环保支出规模强度得分排名呈现出持续上升的趋势。对云浮市的环保支出规模强度的得分情况作出分析,发现云浮市在环保支出规模强度的得分持续上升,说明 2013~2015 年云浮市的环保支出规模强度与地区平均环保支出水

平相比不断提高。

环保支出区位商得分排名呈现出波动上升的趋势。对云浮市的环保支出区位商的得分情况进行分析,发现云浮市在环保支出区位商的得分波动上升,说明 2013~2015 年云浮市环保支出区位商有所提高,环保支出水平增强。

环保支出职能规模得分排名呈现出波动上升的趋势。对云浮市的环保支出职能规模的得分情况进行分析,发现云浮市在环保支出职能规模的得分持续上升,说明云浮市的环保支出职能规模不断提高,城市所具备的环保支出能力不断增强。

环保支出职能地位得分排名呈现出波动上升的趋势。对云浮市环保支出职能地位的得分情况进行分析,发现云浮市在环保支出职能地位的得分持续上升,说明云浮市对保护环境和治理环境的能力不断提高,城市发展绿化和环境治理的发展潜力增强。

对 2010~2015 年云浮市环境治理水平及各三级指标的得分、排名和优劣度进行分析。2010 年云浮市环境治理水平得分排名处在珠江－西江经济带第 7 名,2011 年云浮市环境治理水平得分排名降至珠江－西江经济带第 9 名,2012 年云浮市环境治理水平得分排名升至珠江－西江经济带第 7 名,2013 年云浮市环境治理水平得分排名又升至珠江－西江经济带第 6 名,2014 年云浮市环境治理水平得分排名又升至珠江－西江经济带第 3 名,2015 年云浮市环境治理水平得分排名又升至珠江－西江经济带第 2 名,说明在 2010~2015 年云浮市环境治理水平发展较之于珠江－西江经济带的其他城市竞争力不断提升。对云浮市的环境治理水平得分情况进行分析,发现云浮市的环境治理水平得分呈现波动上升的发展趋势,说明云浮市环境治理水平不断提高,对环境治理的力度不断加强。

从环境治理水平基础指标的优劣度结构来看(见表 12－12),在 10 个基础指标中,指标的优劣度结构为 10.0:40.0:50.0:0.0。

表 12－12　　　　　　　　　　2015 年云浮市环境治理水平指标的优劣度结构

二级指标	三级指标数	强势指标		优势指标		中势指标		劣势指标		优劣度
		个数	比重(%)	个数	比重(%)	个数	比重(%)	个数	比重(%)	
环境治理	10	1	10.000	4	40.000	5	50.000	0	0.000	强势

（三）云浮市环境治理水平比较分析

图12-21和图12-22将2010~2015年云浮市环境治理水平与珠江-西江经济带最高水平和平均水平进行比较。从环境治理水平的要素得分比较来看，由图12-21可知，2010年，云浮市地区环境相对损害指数（EVI）得分比珠江-西江经济带最高分低0.426分，比平均分高1.310分；2011年，地区环境相对损害指数（EVI）得分比最高分低0.370分，比平均分高1.162分；2012年，地区环境相对损

害指数（EVI）得分比最高分低0.319分，比平均分高1.244分；2013年，地区环境相对损害指数（EVI）得分为珠江-西江经济带最高分，比平均分高1.223分；2014年，地区环境相对损害指数（EVI）得分为珠江-西江经济带最高分，比平均分高1.214分；2015年，地区环境相对损害指数（EVI）得分比最高分低0.057分，比平均分高1.164分。这说明整体上云浮市地区环境相对损害指数（EVI）得分与珠江-西江经济带最高分的差距波动先减小后增大，与珠江-西江经济带平均分的差距波动缩小。

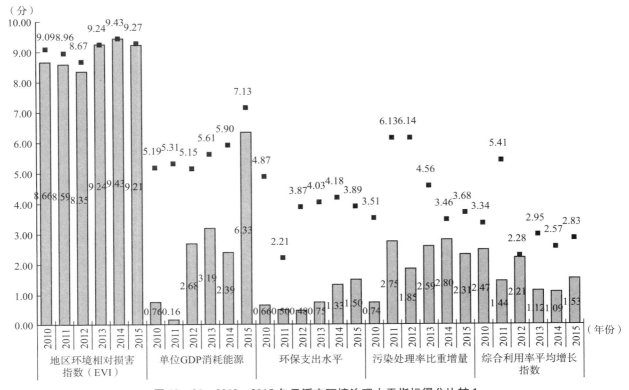

图12-21 2010~2015年云浮市环境治理水平指标得分比较1

2010年，云浮市单位GDP消耗能源得分比珠江-西江经济带最高分低4.428分，比平均分低2.514分；2011年，单位GDP消耗能源得分比最高分低5.152分，比平均分低3.159分；2012年，单位GDP消耗能源得分比最高分低2.468分，比平均分低0.843分；2013年，单位GDP消耗能源得分比最高分低2.420分，比平均分低0.745分；2014年，单位GDP消耗能源得分比最高分低3.510分，比平均分低0.701分；2015年，单位GDP消耗能源得分比最高分低0.805分，比平均分高1.765分。这说明整体上云浮市单位GDP消耗能源得分与珠江-西江经济带最高分的差距波动减小，与珠江-西江经济带平均分的差距波动减小。

2010年，云浮市环保支出水平得分比珠江-西江经济带最高分低4.215分，比平均分低0.480分；2011年，环保支出水平得分比最高分低1.703分，比平均分低0.284分；2012年，环保支出水平得分比最高分低3.394分，比平均分低0.584分；2013年，环保支出水平得分比最高分低3.286分，比平均分低0.275分；2014年，环保支出水平得分比最高分低2.849分，比平均分高0.261分；2015

年，环保支出水平得分比最高分低2.393分，比平均分高0.370分。这说明整体上云浮市环保支出水平得分与珠江-西江经济带最高分的差距波动减小，与珠江-西江经济带平均分的差距波动缩小。

2010年，云浮市污染处理率比重增量得分比珠江-西江经济带最高分低2.773分，比平均分低1.004分；2011年，污染处理率比重增量得分比最高分低3.385分，比平均分低0.797分；2012年，污染处理率比重增量得分比最高分低4.289分，比平均分低1.130分；2013年，污染处理率比重增量得分比最高分低1.972分，比平均分低0.404分；2014年，污染处理率比重增量得分比最高分低0.659分，比平均分高0.357分；2015年，污染处理率比重增量得分比最高分低1.362分，比平均分低0.194分。这说明整体上云浮市污染处理率比重增量得分与珠江-西江经济带最高分的差距波动减小，与珠江-西江经济带平均分的差距波动减小。

2010年，云浮市综合利用率平均增长指数得分比珠江-西江经济带最高分低0.869分，比平均分高0.167分；

2011 年，综合利用率平均增长指数得分比最高分低 3.963 分，比平均分低 0.592 分；2012 年，综合利用率平均增长指数得分比最高分低 0.067 分，比平均分高 0.820 分；2013 年，综合利用率平均增长指数得分比最高分低 1.829 分，比平均分低 0.484 分；2014 年，综合利用率平均增长指数得分比最高分低 1.485 分，比平均分低 0.659 分；2015 年，综合利用率平均增长指数得分比最高分低 1.308 分，比平均分低 0.010 分。这说明整体上云浮市综合利用率平均增长指数得分与珠江－西江经济带最高分的差距波动增大，与珠江－西江经济带平均分的差距波动缩小。

由图 12-22 可知，2010 年，云浮市综合利用率枢纽度

得分为珠江－西江经济带最高分，比平均分高 3.550 分；2011 年，综合利用率枢纽度得分为珠江－西江经济带最高分，比平均分高 2.791 分；2012 年，综合利用率枢纽度得分为珠江－西江经济带最高分，比平均分高 2.441 分；2013 年，综合利用率枢纽度得分比最高分低 0.265 分，比平均分高 2.016 分；2014 年，综合利用率枢纽度得分比最高分低 0.534 分，比平均分高 1.743 分；2015 年，综合利用率枢纽度得分比最高分低 0.953 分，比平均分高 1.504 分。这说明整体上云浮市综合利用率枢纽度得分与珠江－西江经济带最高分的差距持续增大，与珠江－西江经济带平均分的差距持续缩小。

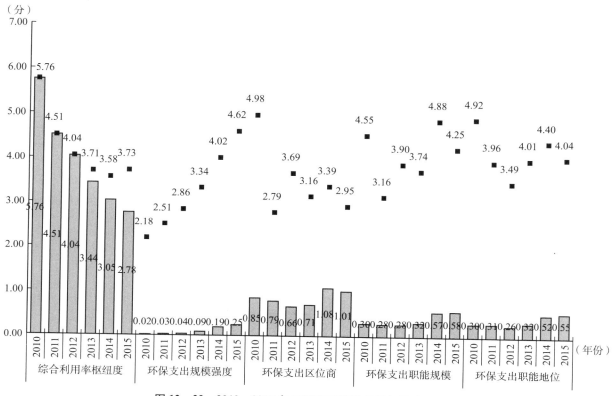

图 12-22　2010~2015 年云浮市环境治理指标得分比较 2

2010 年，云浮市环保支出规模强度得分比珠江－西江经济带最高分低 2.169 分，比平均分低 0.477 分；2011 年，环保支出规模强度得分比最高分低 2.485 分，比平均分低 0.511 分；2012 年，环保支出规模强度得分比最高分低 2.822 分，比平均分低 0.608 分；2013 年，环保支出规模强度得分比最高分低 3.251 分，比平均分点 0.619 分；2014 年，环保支出规模强度得分比最高分低 3.826 分，比平均分低 0.624 分；2015 年，环保支出规模强度得分比最高分低 4.373 分，比平均分低 0.676 分。这说明整体上云浮市环保支出规模强度得分与珠江－西江经济带最高分的差距持续增大，与珠江－西江经济带平均分的差距持续增大。

2010 年，云浮市环保支出区位商得分比珠江－西江经济带最高分低 4.133 分，比平均分低 0.444 分；2011 年，环保支出区位商得分比最高分低 2.006 分，比平均分低 0.433 分；2012 年，环保支出区位商得分比最高分低 3.022

分，比平均分低 0.632 分；2013 年，环保支出区位商得分比最高分低 2.454 分，比平均分低 0.313 分；2014 年，环保支出区位商得分比最高分低 2.308 分，比平均分高 0.025 分；2015 年，环保支出区位商得分比最高分低 1.935 分，比平均分低 0.019 分。这说明整体上云浮市环保支出区位商得分与珠江－西江经济带最高分的差距波动减小，与珠江－西江经济带平均分的差距波动减小。

2010 年，云浮市环保支出职能规模得分比珠江－西江经济带最高分低 4.253 分，比平均分低 0.708 分；2011 年，环保支出职能规模得分比最高分低 2.879 分，比平均分低 0.556 分；2012 年，环保支出职能规模得分比最高分低 3.622 分，比平均分低 0.836 分；2013 年，环保支出职能规模得分比最高分低 3.427 分，比平均分低 0.641 分；2014 年，环保支出职能规模得分比最高分低 4.314 分，比平均分低 0.569 分；2015 年，环保支出职能规模得分比最高分

低 3.671 分，比平均分低 0.452 分。这说明整体上云浮市环保支出职能规模得分与珠江－西江经济带最高分的差距波动缩小，与珠江－西江经济带平均分的差距波动减小。

2010 年，云浮市环保支出职能地位得分比珠江－西江经济带最高分低 4.617 分，比平均分低 0.769 分；2011 年，环保支出职能地位得分比最高分低 3.656 分，比平均分低 0.707 分；2012 年，环保支出职能地位得分比最高分低 3.233 分，比平均分低 0.746 分；2013 年，环保支出职能地位得分比最高分低 3.692 分，比平均分低 0.691 分；2014 年，环保支出职能地位得分比最高分低 3.885 分，比平均分低 0.512 分；2015 年，环保支出职能地位得分比最高分低 3.491 分，比平均分低 0.430 分。这说明整体上云浮市环保支出职能地位得分与珠江－西江经济带最高分的差距波动减小，与珠江－西江经济带平均分的差距波动减小。

三、云浮市生态环境建设水平综合评估与比较评述

从对云浮市生态环境建设水平评估及其 2 个二级指标在珠江－西江经济带的排名变化和指标结构的综合分析来看，2010～2015 年云浮市生态环境板块中上升指标的数量大于下降指标的数量，上升的动力大于下降的拉力，使得 2015 年云浮市生态环境建设水平的排名呈持续上升趋势，在珠江－西江经济带城市排名中居第 5 名。

（一）云浮市生态环境建设水平概要分析

云浮市生态环境建设水平在珠江－西江经济带所处的位置及变化如表 12－13 所示，2 个二级指标的得分和排名变化如表 12－14 所示。

表 12－13　　**2010～2015 年云浮市生态环境建设水平一级指标比较**

项目	2010 年	2011 年	2012 年	2013 年	2014 年	2015 年
排名	10	10	8	8	5	5
所属区位	下游	下游	中游	中游	中游	中游
得分	40.794	39.804	41.502	42.236	42.938	46.997
经济带最高分	58.788	52.007	56.046	53.775	56.362	61.632
经济带平均分	42.691	44.018	44.127	44.702	43.585	46.610
与最高分的差距	－17.993	－12.203	－14.544	－11.539	－13.424	－14.635
与平均分的差距	－1.897	－4.214	－2.625	－2.465	－0.647	0.387
优劣度	劣势	劣势	中势	中势	优势	优势
波动趋势	—	持续	上升	持续	上升	持续

表 12－14　　**2010～2015 年云浮市生态环境建设水平二级指标比较**

年份	生态绿化		环境治理	
	得分	排名	得分	排名
2010	20.278	8	20.517	7
2011	20.454	8	19.350	9
2012	20.649	10	20.853	7
2013	20.474	8	21.762	6
2014	20.497	7	22.442	3
2015	20.947	7	26.050	2
得分变化	0.670	—	5.533	—
排名变化	—	1	—	5
优劣度	劣势	劣势	优势	优势

（1）从指标排名变化趋势看，2015 年云浮市生态环境建设水平评估排名在珠江－西江经济带处于第 5 名，表明其在珠江－西江经济带处于优势地位，与 2010 年相比，排名上升 5 名。总的来看，评价期内云浮市生态环境建设水平呈现持续上升趋势。

在 2 个二级指标中，其中 2 个指标排名均处于上升趋势，分别是生态绿化和环境治理；这是云浮市生态环境建设水平处于上升趋势的动力所在。受指标排名升降的综合影响，评价期内云浮市生态环境建设水平的综合排名呈持续上升趋势，在珠江－西江经济带排名第 5 名。

（2）从指标所处区位来看，2015 年云浮市生态环境建设水平处在中游区。其中，生态绿化为劣势指标，环境治理为优势指标。

（3）从指标得分来看，2015 年云浮市生态环境建设水平得分为 46.997 分，比珠江－西江经济带最高分低 14.635 分，比平均分高 0.387 分；与 2010 年相比，云浮市生态环境建设水平得分上升 6.203 分，与当年最高分的差距缩小，与珠江－西江经济带平均分的差距缩小。

2015 年，云浮市生态环境建设水平二级指标的得分均高于 20 分，与 2010 年相比，得分上升最多的为环境治理，上升 5.533 分；得分上升最少的为生态绿化，上升 0.670 分。

（二）云浮市生态环境建设水平评估指标动态变化分析

　　2010~2015 年云浮市生态环境建设水平评估各级指标的动态变化及其结构，如图 12-23 和表 12-15 所示。从图 12-23 可以看出，云浮市生态环境建设水平评估的三级指标中上升指标的比例大于下降指标，表明上升指标居于主导地位。表 12-27 中的数据进一步说明，云浮市生态环境建设水平评估的 18 个三级指标中，上升的指标有 12 个，占指标总数的 66.667%；保持的指标有 2 个，占指标总数的 11.111%；下降的指标有 4 个，占指标总数的 22.222%。由于上升指标的数量大于下降指标的数量，且受变动幅度与外部因素的综合影响，评价期内云浮市生态环境建设水平排名呈现持续上升趋势，在珠江－西江经济带位居第 5 名。

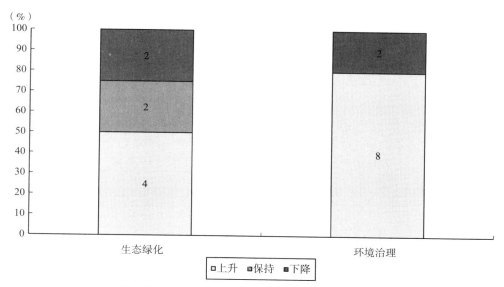

图 12-23　2010~2015 年云浮市生态环境建设水平动态变化结构

表 12-15　　　　　　　　2010~2015 年云浮市生态环境建设水平各级指标排名变化态势比较

二级指标	三级指标数	上升指标		保持指标		下降指标	
		个数	比重（%）	个数	比重（%）	个数	比重（%）
生态绿化	8	4	50.000	2	25.000	2	25.000
环境治理	10	8	80.000	0	0.000	2	20.000
合计	18	12	66.667	2	11.111	4	22.222

（三）云浮市生态环境建设水平评估指标变化动因分析

　　2015 年云浮市生态环境建设水平评估指标的优劣势变化及其结构，如图 12-24 和表 12-16 所示。从图 12-24 可以看出，2015 年云浮市生态环境建设水平评估的三级指标强势和优势指标的比例大于劣势指标的比例，表明强势和优势指标居于主导地位。表 12-16 中的数据进一步说明，2015 年云浮市生态环境建设水平的 18 个三级指标中，强势指标有 1 个，占指标总数的 5.556%；优势指标为 9 个，占指标总数的 50.000%；中势指标 6 个，占指标总数的 33.333%；劣势指标为 2 个，占指标总数的 11.111%；强势指标和优势指标之和占指标总数的 55.556%，数量与

比重均大于劣势指标。从二级指标来看，其中，生态绿化的强势指标有 0 个，占指标总数的 0.000%；优势指标为 5 个，占指标总数的 62.500%；中势指标 1 个，占指标总数的 12.500%；劣势指标为 2 个，占指标总数的 25.000%；强势指标和优势指标之和占指标总数的 62.500%；说明生态绿化的强、优势指标居于主导地位。环境治理的强势指标有 1 个，占指标总数的 10.000%；优势指标为 4 个，占指标总数的 40.000%；中势指标 5 个，占指标总数的 50.000%；劣势指标为 0 个，占指标总数的 0.000%；强势指标和优势指标之和占指标总数的 50.000%；说明环境治理的强、优势指标处于主导地位。由于强、优势指标比重大于劣势指标比重，云浮市生态环境建设水平处于强势地位，在珠江－西江经济带位居第 5 名，处于中游区。

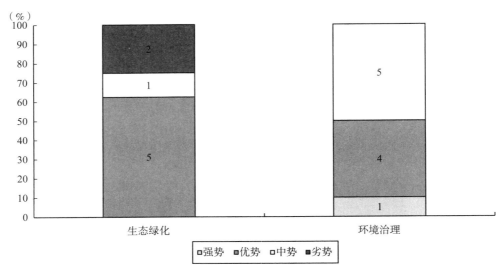

图 12 – 24   2015 年云浮市生态环境建设水平各级指标优劣度结构

表 12 – 16   2015 年云浮市生态环境建设水平各级指标优劣度比较

二级指标	三级指标数	强势指标		优势指标		中势指标		劣势指标		优劣度
		个数	比重（%）	个数	比重（%）	个数	比重（%）	个数	比重（%）	
生态绿化	8	0	0.000	5	62.500	1	12.500	2	25.000	中势
环境治理	10	1	10.000	4	40.000	5	50.000	0	0.000	强势
合计	18	1	5.556	9	50.000	6	33.333	2	11.111	优势

为了进一步明确影响云浮市生态环境建设水平变化的具体因素，以便于对相关指标进行深入分析，为提升云浮市生态环境建设水平提供决策参考，表 12 – 17 列出生态环境建设水平评估指标体系中直接影响云浮市生态环境建设水平升降的强势指标、优势指标、中势指标和劣势指标。

表 12 – 17   2015 年云浮市生态环境建设水平三级指标优劣度统计

指标	强势指标	优势指标	中势指标	劣势指标
生态绿化（8 个）	（0 个）	城镇绿化扩张弹性系数、绿化扩张强度、城市绿化蔓延指数、城市绿化相对增长率、城市绿化绝对增量加权指数（5 个）	城镇绿化动态变化（1 个）	生态绿化强度、环境承载力（2 个）
环境治理（10 个）	地区环境相对损害指数（EVI）（1 个）	单位 GDP 消耗能源、环保支出水平、综合利用率枢纽度、环保支出区位商（4 个）	污染处理率比重增量、综合利用率平均增长指数、环保支出规模强度、环保支出职能规模、环保支出职能地位（5 个）	（0 个）

第十三章 珠江－西江经济带城市生态环境建设水平的现实研判和发展路径

生态环境是一个综合性的评价指标体系，该体系由1个一级指标、2个二级指标、18个三级指标构成，包括生态绿化、环境治理两个方面。在生态环境建设水平体系中，每个指标之间存在一定的联系，且相互影响并具备各自的独特性。生态环境建设水平在整体上反映珠江－西江经济带各个城市在生态绿化、环境治理两个方面的发展水平。同时，珠江－西江经济带各城市在每个方面的发展又共同促进和影响其生态环境建设水平在珠江－西江经济带中的排名和变化趋势，并且各城市在生态绿化、环境治理等方面的发展在一定程度上也反映其生态环境建设水平的变化特征和发展规律。珠江－西江经济带各城市的发展具有一般性的规律，也存在因各城市独特情况所决定的特殊发展规律。借助相关指标体系对珠江－西江经济带11个城市的生态环境建设水平的评价，全面、客观地探析珠江－西江经济带各城市生态环境建设水平的差距以及其变化趋势，通过认识和把握其发展规律，从而认清生态环境建设水平的变化实质和内在特性，提升研究和发现生态环境建设发展路径的能力，对指导珠江－西江经济带各城市在有效提升生态环境建设水平过程中采取有效措施具有重要的意义。

一、强化生态环境，促进各指标协调发展

表13-1列出2010～2015年珠江－西江经济带城市生态环境建设水平的排名及其变化情况。2010～2015年珠江－西江经济带各城市生态环境建设水平排名变化波动幅度较大，只有部分城市变化较小，排名处于中上游的8个城市中，只有1个城市在2010～2015年间始终处于上游区。中游区和上游区均变化幅度较大，5个中游区城市中只有2个城市始终处于同一个区段。生态环境建设水平的排名变化在一定程度上说明每个城市的竞争优势或劣势受到多元因素长期积累地影响。

表13-1 珠江－西江经济带城市生态环境建设水平排名变化分析

地区	2010年	2015年	区段	地区	2010年	2015年	区段	地区	2010年	2015年	区段
广州	5	1		崇左	2	4		贵港	8	9	
肇庆	9	2	上游区	云浮	10	5	中游区	佛山	11	10	下游区
百色	1	3		梧州	6	6		南宁	4	11	
				来宾	3	7					
				柳州	7	8					

在2010～2015年间，生态环境建设水平竞争力的整体排名变化相对较大，有5个城市的排名变化超过3名，其中排名变化最大的城市是肇庆市，排名上升7名。此外肇庆市的二级指标的变化幅度同样非常大，如肇庆市生态绿化得分评定排名变化较大，排名上升5名；其环境治理得分评定排名变化最大的广州，排名上升4名。再如，2010～2015年，云浮市的生态环境建设水平排名从第10名上升到第8名，随后又升至第5名，从二级指标来看，生态绿化得分评定和环境治理得分评定的排名分别上升1名、上升5名，极大地提升其整体的排名，使云浮最终生态环境建设水平持续上升。以上数据说明，生态环境建设水平是生态绿化和环境治理两个二级指标共同作用的结果，据此可知二级指标的变化在一定程度上将影响生态环境建设水平的变动。虽短期内二级指标的变化较不明显，但长期短板的发展将导致生态环境建设水平的下降。因此，对每个指标予以足够重视，均衡各个方面的发展，从而提升城市整体的实力水平。这说明二级指标乃至三级指标对生态环境建设水平的分析至关重要，不可单纯从某一级指标对各城市的生态环境建设水平进行分析，避免忽略对影响生态环境建设水平的内在因素的分析。通过对二级指标和三级指标的分析，可以深入研究生态环境建设水平变化的本质特征。珠江－西江经济带各城市在发展过程中可从各个方面关注影响生态环境建设水平的因素，对于下降幅度较大的指标需重点关注，实现统筹协调发展。通过以上分析可以说明，生态环境建设水平的提升源于绿化及各种治理措施长期实施的结果，从而形成一种全面、持续发展的态势。一个城市即使在某些年份遇到特殊情况影响其生态环境建设水平，但是在往后的年份中其排名也将慢慢恢复正常。当然，各个城市将不断发挥各自优势快速发展，生态环境建设水平处于上游区的城市将继续保持发展优势；处于中游区和下游区的城市结合自身发展情况协调生态绿化等资源配置的比例，进而在整体层面提升生态环境建设水平。

二、发展与稳定并重，深化生态
　　环境发展层次

2010～2015 年，珠江－西江经济带城市生态环境建设水平整体平均得分分别为 42.691 分、44.018 分、44.127 分、44.702 分、43.585 分和 46.610 分，呈波动上升趋势，但均在 44.000 分左右波动。如果将生态环境建设水平的最高值 100 分视为理想标准，可以发现珠江－西江经济带城市生态环境建设水平与理想状态存在较大差距，整体水平的提升仍然任重道远。珠江－西江经济带城市生态环境建设水平整体水平受生态绿化建设水平和环境治理水平的共同影响。由表 13－2 可知，珠江－西江经济带广东地区生态环境建设水平的平均得分部分未超过 44.000 分。相对而言，广西地区生态环境建设水平得分较高，建设水平平均得分均超过 44.000 分。

表 13－2　　　　　珠江－西江经济带地区生态环境建设水平平均得分及上游区城市个数

地区	平均得分（分）						上游区城市个数（个）					
	2010 年	2011 年	2012 年	2013 年	2014 年	2015 年	2010 年	2011 年	2012 年	2013 年	2014 年	2015 年
广西	45.478	44.079	45.226	45.189	44.523	44.545	3	2	2	2	2	1
广东	37.815	43.912	42.203	43.850	41.944	50.224	0	1	1	1	1	2

广西地区的生态环境建设水平得分变化比较稳定，广东地区变化幅度较大。生态环境建设水平每年上下波动 2 分。"十二五"时期，珠江－西江经济带城市生态环境建设水平保持相对稳定的是广西地区，平均分基本均维持在 44.000 分以上。这说明广西地区各城市在生态绿化和环境治理方面成效显著，城市生态环境建设正蓬勃发展，生态环境建设水平仍有较大发展空间。各城市将充分保持生态绿化和环境治理稳定同步协调发展，避免导致生态环境建设水平得分出现下滑或者较大幅度波动。

三、破除地域壁垒，全面弱化
　　地域发展差异性

珠江－西江经济带城市生态环境建设水平放在区域上看，从东往西成阶梯状分布，生态环境建设水平依次上升，广西地区的生态环境建设水平相对广东地区较高，与广东地区相比存在一定的优势。表 13－2 列出珠江－西江经济带城市生态环境建设水平的平均得分及其处于上游区城市的个数。从该列表可以看出，2010～2015 年广东地区的生态环境建设水平平均得分均低于广西地区 3 分左右，2013 年广西地区高于广东地区 1 分左右。从 2010～2015 年的总体情况来看，广东地区的生态环境建设水平得分增长速度较快，但处于上游区的城市个数较少，广东地区 4 个城市中，2010～2012 年仅有 1 个城市处于上游区，说明广东地区的生态环境建设水平较弱；广西地区生态环境建设水平的平均得分相对广东地区较高，2010～2015 年平均分在 44.000 分左右，且 7 个城市中有 2 个城市进入上游区，说明广西地区的生态环境建设水平不断提升。

表 13－3　　　　2015 年珠江－西江经济带各城市生态环境建设水平三级指标优劣度结构

地区	强势指标个数及其比重	优势指标个数及其比重	中势指标个数及其比重	劣势指标个数及其比重	强势和优势指标个数及其比重	综合排名	所属区位
广州	8	3	3	4	11	1	上游区
	0.444	0.167	0.167	0.222	0.611		
肇庆	6	3	7	2	9	2	上游区
	0.333	0.167	0.389	0.111	0.500		
百色	5	2	3	8	7	3	上游区
	0.278	0.111	0.167	0.444	0.389		
崇左	4	5	6	3	9	4	中游区
	0.222	0.278	0.333	0.167	0.500		
云浮	1	9	6	2	10	5	中游区
	0.056	0.500	0.333	0.111	0.556		
梧州	1	6	6	5	7	6	中游区
	0.056	0.333	0.333	0.278	0.389		
来宾	2	4	8	4	6	7	中游区
	0.111	0.222	0.444	0.222	0.333		

续表

地区	强势指标个数及其比重	优势指标个数及其比重	中势指标个数及其比重	劣势指标个数及其比重	强势和优势指标个数及其比重	综合排名	所属区位
柳州	1	8	4	5	9	8	中游区
	0.056	0.444	0.222	0.278	0.500		
贵港	2	7	4	5	9	9	下游区
	0.111	0.389	0.222	0.278	0.500		
佛山	4	5	5	4	9	10	下游区
	0.222	0.278	0.278	0.222	0.500		
南宁	2	2	2	12	4	11	下游区
	0.111	0.111	0.111	0.667	0.222		

广西地区将持续巩固其生态环境建设水平在珠江－西江经济带中的优势地位，争取广西地区所有的城市均能进入上游区。广东地区可加强生态环境建设的投入力度和发展力度，有效提升生态环境建设水平，争取广东地区有更多的城市进入中游区或上游区，逐渐缩小与广西地区在生态环境建设水平方面的差距，达到珠江－西江经济带区域协同发展。

表13－3列出2015年珠江－西江经济带城市生态环境建设水平三级指标的优劣度结构，直观反映生态环境建设水平指标优劣度及其所占比重对生态环境建设水平排名的影响。上游区各城市强势和优势指标所占比重比中游区和下游区高，综合排名前2名的城市平均比重达到55.550%，上游区平均比重为50.000%，而中游区平均比重为45.560%，下游区平均比重为40.730%。通过数据分析可知，下游区和上游区相比差距较大。若城市拥有较高比重的强势和优势指标，其生态环境建设水平也将处于优势地位。当然，也存在特殊情况，例如，贵港市强势和优势指标所占比重为50.000%，在下游区城市中所占比重较高，但贵港的劣势指标比重高达27.800%，极大拉低贵港的排名。佛山市强势和优势指标所占比重为50.000%，其劣势指标比重为22.200%。因此，一个城市生态环境建设水平

的发展不仅考虑强势和优势指标所占比重，也需综合考虑其劣势指标的比重。珠江－西江经济带各城市在发展过程中，对于生态环境建设注重因地制宜、差异化建设，制定相应的解决措施，既继续巩固优势指标，也不断改善和提高劣势指标，从而巩固和提升生态环境建设水平，增强生态环境竞争优势。

四、整合各方资源，多元化生态环境发展渠道

生态环境建设水平是多元因素共同影响的结果，多元因素的变化也是生态环境建设水平的直接体现。图13－1和图13－2分别显示2010年和2015年珠江－西江经济带各城市生态绿化得分评定和环境治理得分评定的对比情况。可以看出，各生态绿化得分评定和环境治理得分评定排名差距较大，不存在城市得分排名相同的情况。如广西地区的南宁市、柳州市、梧州市、百色市和广东地区的广州市、佛山市（2015年）等的得分排名表现出较大差距，这充分说明生态绿化得分评定并不完全替代环境治理得分评定，只是生态环境建设水平的基础部分之一。

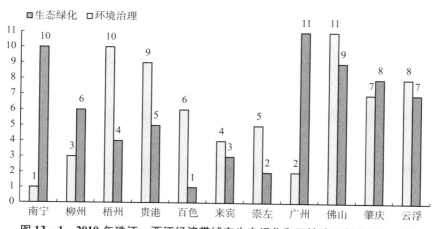

图13－1　2010年珠江－西江经济带城市生态绿化和环境治理得分排名对比

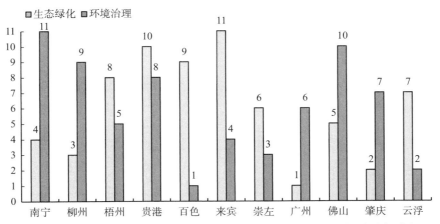

图 13－2   2015 年珠江－西江经济带城市生态绿化和环境治理得分排名对比

总之，生态环境建设水平是多元因素综合作用的结果，城市居民的生产生活活动通过生态绿化和环境治理反映在生态环境建设水平层面，并反映生态绿化与环境治理之间的复杂关系。因此，生态绿化建设水平和环境治理水平是生态环境建设水平的基础内容。

图 13－3 和图 13－4 分别显示 2010 年和 2015 年珠江－西江经济带城市生态绿化得分和环境治理得分变化关系。珠江－西江经济带各城市生态绿化得分和环境治理得分基本处于同方向变化，具有线性关系，大部分城市均聚集在趋势线附近。生态绿化得分较高的城市，环境治理的得分也相对较高，2010 年和 2015 年的趋势接近，上、中、下游区的城市生态绿化得分评定排名升降与环境治理得分评定排名升降基本处于同方向变动，两者关系密切；生态绿化得分评定以及环境治理得分评定处于上游区的城市，生态

环境综合竞争力排名也多处于上游区；生态绿化得分评定和环境治理得分评定处于中游区的城市，生态环境建设水平排名也大多处于中游区；下游区城市也类似如此。然而，也存在特殊情况，如广州市、百色市就较大程度偏离趋势线，说明生态绿化与环境治理的得分也存在不一致性，生态绿化得分不仅受环境治理得分的影响，还受其他因素的影响。

综合来看，生态绿化建设水平和环境治理水平是促进生态环境建设水平提升的主要因素，因此，为大力提升珠江－西江经济带城市生态环境建设水平，需要注重生态绿化和环境治理指标管理，降低关键指标对生态环境建设水平不利影响，有效提升珠江－西江经济带城市整体生态环境建设水平。

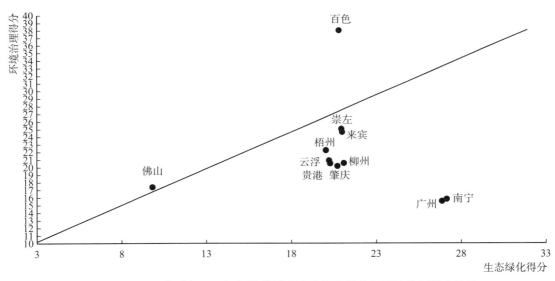

图 13－3   2010 年珠江－西江经济带城市生态绿化得分和环境治理得分关系

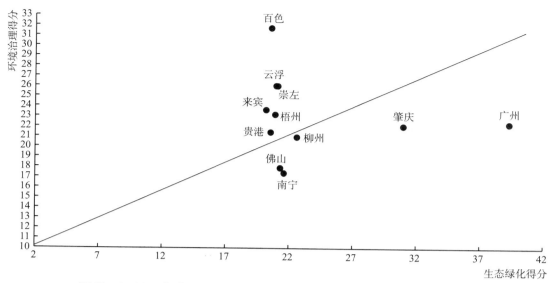

图 13 - 4　2015 年珠江 - 西江经济带城市生态绿化得分和环境治理得分关系

第十四章　提升珠江－西江经济带城市生态环境建设水平的对策建议

一、推进城乡生态绿化发展

（一）完善城乡生态绿化建设政策体系

第一，发挥政府对城乡生态绿化建设的推动作用。通过完善城乡生态绿化建设政策体系，建立和完善生态绿化管理体制，统筹城乡生态绿化发展，引导城乡生态绿化步入正轨；在城乡生态绿化建设过程中，以绿色价值观引领发展，统筹发展生态环境建设；在制定经济发展目标时，充分考虑生态绿化与经济发展的协调关系；将生态与绿化置于优先地位，以保护生态为前提制定各项政策规划；深入贯彻落实国家坚持节约资源和保护环境的基本国策；创新生态绿化绩效考评方式，构建完善的生态绿化考评机制；加强居民生态绿化意识，促使全民了解生态绿化和全面参与生态绿化建设。

第二，均衡城市与农村的生态绿化建设支出。农村生态绿化建设资金不足是影响农村生态绿化建设缓慢发展的主要原因之一。均衡城市与农村生态绿化建设资金投入，有助于解决农村生态绿化建设过程中的资金短缺问题，缩小城乡生态绿化建设水平的差距。为此，重视农村生态绿化建设，改变以往对农村地区生态绿化建设重视不够的局面，将资金向农村地区倾斜，有助于提升农村地区生态环境建设水平。

（二）加大生态绿化建设资金投入

第一，鼓励多元投资主体加入。通过提倡多元投资主体参与生态环境建设，加大对生态绿化建设的投入力度，增强投资主体投资信心；加强生态环保意识宣传，使生态环保意识深入民众，促使民众自发保护生态环境。

第二，加强农村生态绿化基础设施建设融资力度。通过完善生态补偿机制，引入多元化投资主体，鼓励金融资本和社会资本参与生态绿化基础设施的建设与运营；针对城乡生态绿化建设领域存在非均衡性的突出问题，将生态绿化建设投融资重点转向农村，提升农村基础设施建设水平；注重农村地区生态绿化的观赏性，重点保护已有的历史古迹、自然风景等，提升农村地区生态绿化环境建设水平。

第三，建立健全农村生态补偿机制。通过引导社会公众树立生态绿化保护意识，在城乡间建立生态补偿机制，实现生态绿化建设的协调发展；针对破坏生态环境行为进行征税，有效控制居民对生态环境的破坏，有利于将税金用于生态绿化建设。

（三）增强城乡生态绿化多样性建设

第一，物种多样性是促进城市绿地自然化的基础。通过保护当地原有的自然植被、重建动植物生活栖息地等方式，提高更多物种在城市生存的能力；在进行城市道路修筑过程中，尽量避免和避开动物群居地，尽量减少对森林和植被的砍伐和破坏；建立动物自然保护区、生态公园等方式，着重保护城市稀缺动植物；保持地区物种多样性，维护地区生态系统功能，促进地区生态环境和谐发展；改善物种结构，发展适宜动物需求的生存环境；构建具有城市特色的植物景观，合理配置城市植被体系，维持城市生态绿化多样性，完善城市生态系统。

第二，将中国传统文化融入城市生态绿化建设。通过促使城市植被的种植和设计成为民俗风情和人文底蕴的重要载体；在进行城市生态绿化建设过程中，自然融入区域特色植被；配置生态公园、主题公园等不同形式观赏景观，将区域特色文化淋漓尽致地展示与传承发展。

（四）积极推进生态型城市化建设

第一，结合城市生态建设实际发展需求，选择适合自身发展的城市化发展模式。注重保护绿色发展、加强生态文明建设和坚持生态型城市发展道路，是城市实现人与自然协调发展、实现生态良性循环、促进城市可持续发展的内在需求。在推进城市化进程中，由于不同城市的社会与自然发展环境、发展阶段具有较大差异，城市结合自身条件和特点选择分散发展或集中发展的城市发展模式。例如，选择集中式城市发展模式，促使城市建设用地集中连片发展，引致城市布局紧凑、土地利用率提高以及生活与经济活动联系效率的提升，并提升资源和能源的利用效率，推进城市的社会生态、自然生态与经济生态的协调发展。在选择集中式城市发展模式时，需要注意规划布局要有弹性，适当处理近期发展和远期发展的城市生态环境系列问题，从而使城市建设更好地朝着建设生态型城市的方向发展。

第二，完善生态环境保护激励机制。生态环境保护机制是推动生态文明建设的重要内容，对提高生态绿化建设水平具有重要作用。通过建立与完善生态环境产权机制，推进转移支付分配与生态保护成效挂钩；充分发挥市场在资源配置中的决定性作用，利用资源环境价格机制对市场供求、生态环境损害成本和修复效益等因素的反映，及时落实水、电资源费用的征收标准，鼓励各类投资进入绿色消费品市场，推动市场绿色产品的发展；建立多元化的生态保护补偿机制，充分发挥政府在完善生态产权保护机制中的作用；落实环境保护、生态建设、新能源开发利用的税收优惠政策，发挥财政税收政策的引导作用；建立绿色评级体系以及公益性的环境成本核算和影响评估体系，鼓励各类金融机构加大绿色信贷发放力度，支持设立市场化运作的绿色发展基金。

第三，提高生态环境保护和绿色生活意识。环境意识是促进生态型城市建设可持续发展的必要条件，是在进行经济活动和社会行为的过程中对人与环境、人与自然之间关系的辩证认识。通过全面提升城市居民的生态环境保护意识，促进城市经济社会与生态绿化协调发展；加大对生态环境保护的宣传教育力度，将环境保护和生态文明建设作为践行社会主义核心价值观的重要内容；将环境保护和生态文明教育纳入教学内容，提高城市居民的环境保护意识和生态文明观念，促进社会环境保护良好氛围的形成；加强公众对环保与日常生活之间关系的认识，将环保理念渗透日常生活，强化公众绿色生活和绿色消费意识；引导社会公众践行绿色简约生活和低碳生活模式，提高公众参与环境保护和绿色生活的积极性。

（五）优化产业结构发展低碳经济

第一，更好发挥政府作用。由于部分传统行业进入门槛偏低，且环境治理等相关成本又容易被忽视，使得高污染、高排放产业居高不下，原先应该淘汰的落后产能仍存在一定比重。经过政府补贴和市场竞争，及时淘汰落后的企业和设备，促进产业结构优化升级，这也是支持领先企业进行技术创新、推进企业重组以及提高产业集中度的有利时机。通过加强对能源利用的监管，依法关停污染生态环境的落后企业；着力发展节能服务产业和环保产业，助推企业的低碳化生产以及居民的低碳生活理念；将低碳经济发展政策与已有政策体系有机融合，强调城市化与生态绿化的相融和谐；制定范围更宽、标准更高的落后产能淘汰政策，建立重污染产能退出和过剩产能化解机制；强化工业、交通运输、公共机构等重点领域的环保节能，加强环保节能的监察和管控，促进重点领域的专项技术改造，加快推动重点节能工程的实施；支持企业增强绿色精益制造能力，推动低碳、循环、绿色与企业生产的深度融合；统筹科技资源，深化生态环保科技体制改革，积极引导企业与科研机构协同合作，推动环保技术研发、科技成果转移转化和推广应用；健全绿色标识认证体系，强化能效标识管理制度并扩大实施范围，逐步将市场领域的环保、节能、节水、低碳、有机等产品整合为绿色产品，建立统一的绿色产品标准、认证、标识体系。

第二，推进绿色环保产业建设，促进产业转型升级。通过坚持新型工业化道路、生态农林业道路，促进产业高端化、品牌化、特色化，满足公众对优质绿色产品的需求；淘汰高污染、低产能的落后工艺技术，推动科学技术的创新与应用，全面实施能效提升、节水节能、污染防治、清洁生产、循环利用等专项技术改造；不断加强企业的系统化、精细化、信息化管理水平，依托专业技术人才知识更新企业的生产流程，提高企业的节能环保标准，促进企业的循环改造升级，提升企业资源的利用效率；深化企业发展与"互联网＋"的深度融合，加强大数据的运用能力，推动企业内部新技术、新产品、新模式的发展。

第三，践行绿色生活，鼓励低碳消费。通过增强公众资源节约和环境保护意识，大力推广节能环保汽车、新能源汽车的使用，促进交通用能清洁化；鼓励购买使用节能环保低碳产品，坚决抵制和反对各种形式的奢侈浪费，实施全民节能行动；形成人人、事事、时时参与节能减排的良好社会氛围。

二、提升城乡环境治理能力

（一）完善政府对环境治理的激励与问责机制

第一，完善政府绩效考核体系建设，拓宽城市政府环境问责的主客体。在完善政府绩效考核体系建设方面，通过构建城市政府官员环境治理绩效奖励机制，增加政府政绩中环保考核的比重，因地制宜地增加环境保护的考核比重。在拓宽城市政府环境问责的主体方面，通过拓宽政府环境问责的主体范围，在完善同体问责的基础上强化异体问责，提升城市政府环境问责效力；完善城市政府的同体问责，加强行政监察的问责，加强环境审计监督问责。在拓宽城市政府环境问责的客体方面，通过理顺行政机关上下级之间的权责关系，理顺政府与环保管理部门的权责关系，实行环境质量行政首长负责制，合理划分权限。

第二，细化政府官员问责复出机制。通过建立公正且透明的官员复出机制，细化问责的官员复出的条件，规范被问责官员的复出程序，保障官员复出的公正性；建立被问责官员的跟踪监督机制，加大对被问责官员的跟踪监督，使事前、事中和事后的监督形成闭合的监督链，消除监督管理盲区；在完善群众检举制度和拓宽群众监督范围的同时，保证全程监督的透明性。

（二）完善现有环境税体制

第一，资源税。一方面，扩大资源税征收范围。根据城市资源分布状况，结合城市自身资源的开发利用状况，在不影响全国统一市场秩序的前提下，制定地方资源税征收标准。例如，将地表水、地下水纳入征税范围，实行从量定额计征；对高耗水行业用水适当提高税额标准；逐步将城市其他开发利用较为成熟的自然资源纳入征收范围，从而实现通过税收的调节，促进资源节约集约利用和对生态环境的保护，减少对环境的污染。另一方面，合理确定资源税税率水平。既考虑政府在规定的税率幅度内所提出的适用税率建议，也考虑其市场经济价值和资源的稀缺程度以及对环境的危害程度；结合企业实际生产经营情况，充分考虑企业的负担能力。此外，加强矿产资源的税收优惠政策管理，提高资源的综合利用效率。例如，对符合国家相关部门规定条件的矿产资源进行开采，对于采用高新技术对废水、废气、废渣等进行循环处理和回收利用的企业予以资源税收减征。

第二，消费税。依据经济社会的发展形势，适时调整消费税，以促进消费税的税目选择、征税环节、税率设定与实际的产业结构、消费水平以及消费结构相适应，促进经济、社会和生态的协调发展。一方面，合理调整原有的计税范围，适当扩大消费税的征收范围，完善对高耗能、高污染和资源性产品设置的专门税目，使消费税征收范围更符合征税原则，从而更好地引导社会正常的消费倾向，增强消费者的绿色消费意识。另一方面，合理调整消费税税率，引导和刺激市场消费者进行绿色消费；通过降低税率或免征税等方式，对低能耗、低污染的相关企业或产品予以鼓励，刺激企业改进或生产环保节能产品；对于导致环境污染加重的高排放、高污染、高能耗等企业或产品，通过适当提高消费税税率，刺激企业提高减排技术，加强环保节能产品的研发，提高资源的利用率，从而减少对环境的污染。

第三，单独开征环境税。开征环境税将鉴于中国在环境税制的设计和征管经验方面的现况，采取循序渐进的办法，将环境治理、可持续发展与税收制度进行融合。环境税的制度设计需在考虑理论合理的同时，又得考虑实践中的可行性。开征初期，征税范围不宜太宽，从重点污染源和易于征管的对象入手；待条件成熟后，再扩大征收范围。环境税内容除了包括原来各税种的环境保护条款，还包括排污费。在构建成熟完善的相关税制体系方面，积极借鉴国外环境治理经验，不断推动与环境相关税种和税收政策的完善，促进环境税早日单独开征；拓宽税收的调节领域，促进生态环境的保护和污染的治理，实现经济社会的可持续发展。开征有关环境保护的税种，通过这些税收政策的调节作用，加重高污染、高排放企业或产品的税收负担，倒逼企业考虑发展综合效益从而减轻或停止对环境的污染和破坏。

（三）健全农村环境治理管理体系

第一，加强财政资金的投入力度。通过建立和完善与环保支出相适宜的财政管理制度，保障农村地区环境保护和治理的支出，避免资金被挪用或低效率使用；优化和创新环保资金的使用方式，使资金效益最大化；建立和健全农村地区资源有偿使用和生态补偿机制，实现生态环境资本增值；增强社会公众对环境的保护意识，自觉践行环境保护行为准则；拓宽资金筹措渠道，加强政府与社会资本的合作，鼓励社会资本以市场化方式增加生态环保投入，鼓励和引导金融机构加大对环境保护和生态建设项目的资金支持。

第二，加强农村居民的环境保护和环境污染治理意识。通过强化环境保护和污染治理的宣传教育，培养农村居民健康科学的生活方式，提高居民的文化素质；推动农业与科学技术的结合，坚持现代化农业发展道路；加强乡镇企业的环保意识教育，加强企业污染物排放的监管和治理；积极转变低效落后的生产方式，提高资源的综合利用效率，实现企业经济效益、生态效益与社会效益的协调统一。

第三，不断完善农村环境治理的相关政策法规体系，明确各主体保护环境的责任。通过加强农村地区环境保护科普宣传，增加环保法律的相关知识，让农村居民掌握基本的环境保护法律法规，明确自身在保护环境方面的权利与义务；结合农村地区的生产生活方式，不断加强法律制度建设，制定农村污染治理的实施细则和办法；在农村环境监管和治理工作中做到有法可依、有法必依、执法必严，推动农村环境治理走向法制化，推进美丽乡村建设。

（四）建设公众参与型的环境治理氛围

第一，增强城市公众的环境意识和公民参与环境建设的积极性。通过注重加强环境意识和环境治理的教育，严格执行相关生态环境奖惩制度；拓宽社会组织力量以及公众参与环境治理的领域；建设保护生态环境的文化，在潜移默化中促进社会公众环境意识的提升。

第二，建立环境信息制度。通过建立生态环境信息机制，公开当地生态环境现状、建设情况及其他有关环境信息，确保公民生存和发展权益不受侵害；借助现代大数据和互联网技术发展，有效降低环境信息制度建立和运行的成本。

第三，建立公众诉求的表达机制。通过畅通社会公众表达诉求的渠道，倾听公众的生态环境诉求，让公众监督政府生态环境建设；让社会公众通过政协代表、人大代表等间接形式反映个人的生态环境建设诉求；通过信访、市长热线等直接形式反映诉求；直接向当地或上级环保局反映发展问题；通过合法网络渠道理性表达诉求。

参 考 文 献

［1］安广峰：《近十年草原生态环境保护政策实施效果的调查与思考》，载《经济纵横》2016 年第 11 期。

［2］陈海嵩：《环境治理视阈下的"环境国家"——比较法视角的分析》，载《经济社会体制比较》2015 年第 1 期。

［3］曹诗颂、王艳慧、段福洲、赵文吉、王志恒、房娜：《中国贫困地区生态环境脆弱性与经济贫困的耦合关系——基于连片特困区 714 个贫困县的实证分析》，载《应用生态学报》2016 年第 8 期。

［4］崔晶：《新型城镇化进程中地方政府环境治理行为研究》，载《中国人口·资源与环境》2016 年第 8 期。

［5］崔木花：《中原城市群 9 市城镇化与生态环境耦合协调关系》，载《经济地理》2015 年第 7 期。

［6］崔秀萍、吕君、王珊：《生态脆弱区资源型城市生态环境影响评价与调控》，载《干旱区地理》2015 年第 1 期。

［7］董亮、张海滨：《2030 年可持续发展议程对全球及中国环境治理的影响》，载《中国人口·资源与环境》2016 年第 1 期。

［8］杜焱强、刘平养、包存宽、苏时鹏：《社会资本视阈下的农村环境治理研究——以欠发达地区 J 村养殖污染为个案》，载《公共管理学报》2016 年第 4 期。

［9］杜耘：《保护长江生态环境，统筹流域绿色发展》，载《长江流域资源与环境》2016 年第 2 期。

［10］方创琳、周成虎、顾朝林、陈利顶、李双成：《特大城市群地区城镇化与生态环境交互耦合效应解析的理论框架及技术路径》，载《地理学报》2016 年第 4 期。

［11］冯东海、沈清基：《基于相关性和关联耦合分析的上海市生态环境优化思考》，载《城市规划学刊》2015 年第 6 期。

［12］冯亮、王海侠：《农村环境治理演绎的当下诉求：透视京郊一个村》，载《改革》2015 年第 7 期。

［13］冯霞、刘新平：《江苏省城镇化与生态环境系统耦合协同发展的路径选择》，载《干旱区地理》2016 年第 2 期。

［14］龚继红、黄梦思、马玉申、孙剑：《农民背景特征、生态环境保护意识与农药施用行为的关系》，载《生态与农村环境学报》2016 年 4 期。

［15］郭庆宾、刘静、王涛：《武汉城市圈城镇化生态环境响应的时空演变研究》，载《中国人口·资源与环境》2016 年第 2 期。

［16］何可、张俊飚、张露、吴雪莲：《人际信任、制度信任与农民环境治理参与意愿——以农业废弃物资源化为例》，载《管理世界》2015 年第 5 期。

［17］胡珺、宋献中、王红建：《非正式制度、家乡认同与企业环境治理》，载《管理世界》2017 年第 3 期。

［18］胡振鹏、黄晓杏、傅春、余达锦：《环鄱阳湖地区旅游产业—城镇化—生态环境交互耦合的定量比较及演化分析》，载《长江流域资源与环境》2015 年第 12 期。

［19］黄珊、周立华、陈勇、路慧玲：《近 60 年来政策因素对民勤生态环境变化的影响》，载《干旱区资源与环境》2014 年第 7 期。

［20］黄森慰、唐丹、郑逸芳：《农村环境污染治理中的公众参与研究》，载《中国行政管理》2017 年第 3 期。

［21］黄英、周智、黄娟：《基于 DEA 的区域农村生态环境治理效率比较分析》，载《干旱区资源与环境》2015 年第 3 期。

［22］金晶：《国家环境治理与环境政策审计：作用机理、现实困境与发展路径》，载《中国行政管理》2017 年第 5 期。

［23］李冰强：《区域环境治理中的地方政府行为：逻辑与规则重构》，载《中国行政管理》2017 年第 8 期。

［24］李波、张吉献：《中原经济区城镇化与生态环境耦合发展时空差异研究》，载《地域研究与开发》2015 年第 3 期。

［25］李国平、杨雷、刘生胜：《国家重点生态功能区县域生态环境质量空间溢出效应研究》，载《中国地质大学学报》（社会科学版）2016 年第 1 期。

［26］李咏梅：《农村生态环境治理中的公众参与度探析》，载《农村经济》2015 年第 12 期。

［27］李子豪：《公众参与对地方政府环境治理的影响——2003－2013 年省际数据的实证分析》，载《中国行政管理》2017 年第 8 期。

［28］蔺旭东、周军锋、刘佳：《资源关联性大数据分析在农业生态环境保护中的应用》，载《中国农业资源与区划》2016 年第 2 期。

［29］蔺雪芹、王岱、刘旭：《北京城市空间扩展的生态环境响应及驱动力》，载《生态环境学报》2015 年第 7 期。

［30］刘贺贺、杨青山、张郁：《东北地区城镇化与生态环境的脱钩分析》，载《地理科学》2016 年第 12 期。

［31］刘炯：《生态转移支付对地方政府环境治理的激励效应——基于东部六省 46 个地级市的经验证据》，载《财经研究》2015 年第 2 期。

［32］刘军会、高吉喜、马苏、王文杰、邹长新：《中国生态环境敏感区评价》，载《自然资源学报》2015 年第 10 期。

［33］刘丽香、张丽云、赵芬、赵苗苗、赵海凤、邵蕊、徐明：《生态环境大数据面临的机遇与挑战》，载《生态学报》2017 年第 14 期。

［34］刘世梁、尹艺洁、安南南、董世魁：《有机产业对生态环境影响的全过程分析与评价体系框架构建》，载《中国生态农业学报》2015 年第 7 期。

［35］刘艳军、田俊峰、付占辉、刘德刚：《哈大巨型城市带要素集聚程度与生态环境水平关系演变》，载《地理科学》2017 年第 2 期。

［36］刘艳艳、王少剑：《珠三角地区城市化与生态环境的交互胁迫关系及耦合协调度》，载《人文地理》2015 年第 3 期。

［37］龙开胜、刘澄宇：《基于生态地租的生态环境补偿方案选择及效应》，载《生态学报》2015 年第 10 期。

［38］娄树旺：《环境治理：政府责任履行与制约因素》，载《中国行政管理》2016 年第 3 期。

［39］吕忠梅、窦海阳：《修复生态环境责任的实证解析》，载《法学研究》2017 年第 3 期。

［40］梅凤乔：《论生态文明政府及其建设》，载《中国人口·资源与环境》2016 年第 3 期。

［41］孟庆瑜：《论京津冀环境治理的协同立法保障机制》，载《政法论丛》2016 年第 1 期。

［42］祁毓、卢洪友、吕翘怡：《社会资本、制度环境与环境治理绩效——来自中国地级及以上城市的经验证据》，载《中国人口·资源与环境》2015 年第 12 期。

［43］石玉林、于贵瑞、王浩、刘兴土、谢冰玉、王立新、张红旗、唐克旺：《中国生态环境安全态势分析与战略思考》，载《资源科学》2015 年第 7 期。

［44］王兵、罗佑军：《中国区域工业生产效率、环境治理效率与综合效率实证研究——基于 RAM 网络 DEA 模型的分析》，载《世界经济文汇》2015 年第 1 期。

［45］王国霞、刘婷：《中部地区资源型城市城市化与生态环境动态耦合关系》，载《中国人口·资源与环境》2017 年第 7 期。

［46］王浩：《落实资源型城市环境治理政府责任的路径选择》，载《城市发展研究》2015 年第 11 期。

［47］王佳、盛鹏飞：《环境治理降低中国工业全要素增长了吗？——基于修正方向性距离函数的研究》，载《产业经济研究》2015 年第 5 期。

［48］王家庭、马洪福、曹清峰、陈天烨：《我国区域环境治理的成本－收益测度及模式选择——基于 30 个省区数据的实证研究》，载《经济学家》2017 年第 6 期。

［49］王树义、蔡文灿：《论我国环境治理的权力结构》，载《法制与社会发展》2016 年第 3 期。

［50］王晓君、吴敬学、蒋和平：《中国农村生态环境质量动态评价及未来发展趋势预测》，载《自然资源学报》2017 年第 5 期。

［51］王晓娆：《环境治理投入与银行资产质量——基于绿色信贷视角的分析》，载《金融论坛》2016 年第 11 期。

［52］王印红、李萌竹：《地方政府生态环境治理注意力研究——基于 30 个省市政府工作报告（2006－2015 年）文本分析》，载《中国人口·资源与环境》2017 年第 2 期。

［53］杨晨曦：《东北亚地区环境治理的困境：基于地区环境治理结构与过程的分析》，载《当代亚太》2013 年第 2 期。

［54］杨钧：《城镇化对环境治理绩效的影响——省级面板数据的实证研究》，载《中国行政管理》2016 年第 4 期。

［55］杨建林、徐君：《经济区产业结构变动对生态环境的动态效应分析——以呼包银榆经济区为例》，载《经济地理》2015 年第 10 期。

［56］姚丽、谷国锋：《吉林省区域经济空间一体化的生态环境响应演变及其影响因素》，载《地理科学》2014 年第 4 期。

［57］张福德：《环境治理的社会规范路径》，载《中国人口·资源与环境》2016 年第 11 期。

［58］张荣天、焦华富：《泛长江三角洲地区经济发展与生态环境耦合协调关系分析》，载《长江流域资源与环境》2015 年第 5 期。

［59］张晓瑞、贺岩丹、方创琳、王振波：《城市生态环境脆弱性的测度分区与调控》，载《中国环境科学》2015 年第 7 期。

［60］张亚斌、金培振、沈裕谋：《两化融合对中国工业环境治理绩效的贡献——重化工业化阶段的经验证据》，载《产业经济研究》2014 年第 1 期。

［61］赵苗苗、赵师成、张丽云、赵芬、邵蕊、刘丽香、赵海凤、徐明：《大数据在生态环境领域的应用进展与展望》，

载《应用生态学报》2017 年第 5 期。

　　[62] 赵其国、黄国勤、马艳芹:《中国生态环境状况与生态文明建设》, 载《生态学报》2016 年第 19 期。

　　[63] 赵倩楠、李世平:《煤炭城市的城镇化与生态环境协调发展量化分析》, 载《干旱区资源与环境》2015 年第 9 期。

　　[64] 赵玉、徐鸿、邹晓明:《环境污染与治理的空间效应研究》, 载《干旱区资源与环境》2015 年第 7 期。

　　[65] 甄江红、李灵敏、何孙鹏、罗莎莎:《内蒙古工业化进程中的生态环境影响及其响应研究》, 载《干旱区资源与环境》2015 年第 11 期。

　　[66] 邹伟进、李旭洋、王向东:《基于耦合理论的产业结构与生态环境协调性研究》, 载《中国地质大学学报》(社会科学版) 2016 年第 2 期。

　　[67] Ardern Hulme – Beaman, Keith Dobney, Thomas Cucchi, Jeremy B. Searle, An Ecological and Evolutionary Framework for Commensalism in Anthropogenic Environments. *Trends in Ecology & Evolution*, Vol. 31, Issue 8, August 2016, pp. 633 – 645.

　　[68] Barbara Sowińska – Świerkosz, Application of Surrogate Measures of Ecological Quality Assessment: The Introduction of the Indicator of Ecological Landscape Quality (IELQ). *Ecological Indicators*, Vol. 73, February 2017, pp. 224 – 234.

　　[69] Brian E. Robinson, Ping Li, Xiangyang Hou, Institutional Change in Social – Ecological Systems: The Evolution of Grassland Management in Inner Mongolia. Global Environmental Change, Vol. 47, November 2017, pp. 64 – 75.

　　[70] Bryan W. Husted, José Milton de Sousa – Filho, The Impact of Sustainability Governance, Country Stakeholder Orientation, and Country Risk on Environmental, Social, and Governance Performance. *Journal of Cleaner Production*, Vol. 155, Part 2, 1 July 2017, pp. 93 – 102.

　　[71] Cheng-lin Miao, Li-yan Sun, Li Yang, The Studies of Ecological Environmental Quality Assessment in Anhui Province Based on Ecological Footprint. *Ecological Indicators*, Vol. 60, January 2016, pp. 879 – 883.

　　[72] Chrisna Du Plessis, Peter Brandon, An Ecological Worldview as Basis for a Regenerative Sustainability Paradigm for the Built Environment. *Journal of Cleaner Production*, Vol. 109, 16 December 2015, pp. 53 – 61.

　　[73] Corinne Gendron, Beyond Environmental and Ecological Economics: Proposal for An Economic Sociology of the Environment. *Ecological Economics*, Vol. 105, September 2014, pp. 240 – 253.

　　[74] Giancarlo Mangone, Constructing Hybrid Infrastructure: Exploring the Potential Ecological, Social, and Economic Benefits of Integrating Municipal Infrastructure into Constructed Environments. *Cities*, Vol. 55, June 2016, pp. 165 – 179.

　　[75] Hidenori Nakamura, Political and Environmental Attitude toward Participatory Energy and Environmental Governance: A Survey in Post – Fukushima Japan. *Journal of Environmental Management*, Vol. 201, 1 October 2017, pp. 190 – 198.

　　[76] Ingrid J Visseren – Hamakers, Integrative Environmental Governance: Enhancing Governance in the Era of Synergies. *Current Opinion in Environmental Sustainability*, Vol. 14, June 2015, pp. 136 – 143.

　　[77] Jian Peng, Mingyue Zhao, Xiaonan Guo, Yajing Pan, Yanxu Liu, Spatial – Temporal Dynamics and Associated Driving Forces of Urban Ecological Land: A Case Study in Shenzhen City, China. *Habitat International*, Vol. 60, February 2017, pp. 81 – 90.

　　[78] Jian Peng, Huijuan Zhao, Yanxu Liu, Urban Ecological Corridors Construction: A Review. *Acta Ecologica Sinica*, Vol. 37, Issue 1, February 2017, pp. 23 – 30.

　　[79] John S. Dryzek, Jonathan Pickering, Deliberation as a Catalyst for Reflexive Environmental Governance. *Ecological Economics*, Vol. 131, January 2017, pp. 353 – 360.

　　[80] Katherine Mattor, Michele Betsill, Ch'aska Huayhuaca, Heidi Huber – Stearns, Environmental Governance Working Group, Transdisciplinary Research on Environmental Governance: A View from the inside. *Environmental Science & Policy*, Vol. 42, October 2014, pp. 90 – 100.

　　[81] Lei Zhang, Arthur PJ Mol, Guizhen He, Transparency and Information Disclosure in China's Environmental Governance. *Current Opinion in Environmental Sustainability*, Vol. 18, February 2016, pp. 17 – 24.

　　[82] Lili Li, Peng Qi, The Impact of China's Investment Increase in Fixed Assets on Ecological Environment: an Empirical Analysis. *Energy Procedia*, Vol. 5, 2011, pp. 501 – 507.

　　[83] Lv Jun, Hou Jundong, Liu yang, Analysis of Rural Ecological Environment Governance in the Two-oriented Society Construction: A Case Study of Xiantao City in Hubei Province. *Procedia Environmental Sciences*, Vol. 11, Part C, 2011, pp. 1278 – 1284.

　　[84] Margarida B. Monteiro, Maria Rosário Partidário, Governance in Strategic Environmental Assessment: Lessons from the Portuguese practice. *Environmental Impact Assessment Review*, Vol. 65, July 2017, pp. 125 – 138.

　　[85] Matthew Cashmore, Tim Richardson, Jaap Rozema, Ivar Lyhne, Environmental Governance through Guidance: The 'Making up' of Expert Practitioners. *Geoforum*, Vol. 62, June 2015, pp. 84 – 95.

　　[86] Per Angelstam, Garth Barnes, Marine Elbakidze, Christo Marais, William Stafford, Collaborative Learning to Unlock In-

vestments for Functional Ecological Infrastructure: Bridging Barriers in Social – Ecological Systems in South Africa. *Ecosystem Services*, Vol. 27, Part B, October 2017, pp. 291 – 304.

［87］Qiang Yu, Depeng Yue, Jiping Wang, Qibin Zhang, Ning Li, The Optimization of Urban Ecological Infrastructure Network Based on the Changes of County Landscape Patterns: a Typical Case Study of Ecological Fragile Zone Located at Deng Kou (Inner Mongolia). Journal of Cleaner Production, Vol. 163, Supplement, 1 October 2017, pp. 54 – 67.

［88］Ronald C. Estoque, Yuji Murayama, A Worldwide Country-based Assessment of Social – Ecological Status (c. 2010) Using the Social – Ecological Status Index. *Ecological Indicators*, Vol. 72, January 2017, pp. 605 – 614.

［89］Tao Lin, Rubing Ge, Jie Huang, Qianjun Zhao, Kai Yin, A Quantitative Method to Assess the Ecological Indicator System's Effectiveness: a Case Study of the Ecological Province Construction Indicators of China. *Ecological Indicators*, Vol. 62, March 2016, pp. 95 – 100.

［90］Wei Fang, Haizhong An, Huajiao Li, Xiangyun Gao, Xiaoqi Sun, Urban Economy Development and Ecological Carrying Capacity: Taking Beijing City as the Case. *Energy Procedia*, Vol. 105, May 2017, pp. 3493 – 3498.

［91］Wei – Ning Xiang, Ecophronesis: The Ecological Practical Wisdom for and from Ecological Practice. *Landscape and Urban Planning*, Vol. 155, November 2016, pp. 53 – 60.

［92］Xi Chu, Xiangzheng Deng, Gui Jin, Zhan Wang, Zhaohua Li, Ecological Security Assessment Based on Ecological Footprint Approach in Beijing – Tianjin – Hebei region, China. *Physics and Chemistry of the Earth*, Parts A/B/C, Vol. 101, October 2017, pp. 43 – 51.

［93］Xinhao Wang, Danilo Palazzo, Mark Carper, Ecological Wisdom as an Emerging Field of Scholarly Inquiry in Urban Planning and Design. *Landscape and Urban Planning*, Vol. 155, November 2016, pp. 100 – 107.

［94］Xiaohong Zhang, Yanqing Wang, Yan Qi, Jun Wu, Hui Qi, Reprint of: Evaluating the Trends of China's Ecological Civilization Construction Using a Novel Indicator System. *Journal of Cleaner Production*, Vol. 163, Supplement, 1 October 2017, pp. 338 – 351.

［95］Xiao – Yi Fang, Chen Cheng, Yong – Hong Liu, Wu – Peng Du, Bing Dang, A Climatic Environmental Performance Assessment Method for Ecological City Construction: Application to Beijing Yanqi Lake. *Advances in Climate Change Research*, Vol. 6, Issue 1, March 2015, pp. 23 – 35.

［96］Yifan Li, Jinyan Zhan, Fan Zhang, Miaolin Zhang, Dongdong Chen. The Study on Ecological Sustainable Development in Chengdu. *Physics and Chemistry of the Earth*, Parts A/B/C, Vol. 101, October 2017, pp. 112 – 120.

［97］Yupeng Fan, Qi Qiao, Chaofan Xian, Yang Xiao, Lin Fang, A Modified Ecological Footprint Method to Evaluate Environmental Impacts of Industrial Parks. Resources, *Conservation and Recycling*, Vol. 125, October 2017, pp. 293 – 299.

［98］Yurui Li, Zhi Cao, Hualou Long, Yansui Liu, Wangjun Li, Dynamic Analysis of Ecological Environment Combined with Land Cover and NDVI Changes and Implications for Sustainable Urban – Rural Development: The Case of Mu Us Sandy Land, China. *Journal of Cleaner Production*, Vol. 142, Part 2, 20 January 2017, pp. 697 – 715.

［99］Yvonne Buchholz, Organism & Environment: Ecological Development, Niche Construction, and Adaptation. *Basic and Applied Ecology*, Vol. 17, Issue 8, December 2016, P. 751.

［100］Zhang Yu, Chen Xudong, A Study on the Choices of Construction Land Suitability Evaluation of Ecological Index. *Procedia Computer Science*, Vol. 91, 2016, pp. 180 – 183.

后　　记

　　近1000万字的《珠江－西江经济带城市发展研究（2010～2015）》（10卷本）经过我们研究团队一年多时间的通力合作最终完成了。

　　呈现给读者的这10卷本著作是课题组多年来对珠江－西江经济带城市研究的全面整合和更进一步地深入探讨。既从理论上探讨了城市综合发展水平的内涵和内在机制，也对珠江－西江经济带城市综合发展现状进行了全面评估。其中既包括课题组的独特思考和创新，也传承了前人在珠江－西江经济带各方面研究所奠定的基础。由于珠江－西江经济带发展规划从真正实施至今已有三年多，而规划实施之后经济带各城市发展得如何？规划实施效果是否明显？城市各方面发展成效还有很多内容值得挖掘，研究永无止境，课题组也将持续关注珠江－西江经济带城市综合发展水平，追踪珠江－西江经济带城市发展规划的实施成效。

　　回首这10卷本著作的创作过程，我的内心五味杂陈，心中充满了感谢。

　　首先要感谢广西师范大学副校长林春逸教授对这10卷本著作的大力支持，没有您的帮助我们的课题研究走不到今天。

　　其次要感谢广西师范大学珠江－西江经济带发展研究院对这10卷本著作的立项，并从前期构思、数据收集到成果完成给予大力支持。感谢广西师范大学的徐毅教授在此之中为我们做的大量无私的工作。

　　再次要感谢经济科学出版社的李晓杰编辑及其编辑团队，是你们在出版过程中的辛勤工作以及给我们的帮助与支持才让这10卷本著作能够按时付梓。

　　最后要感谢研究团队的每一位成员，在我们一起经历的三百多个日日夜夜中，我们利用暑假和寒假之时，以及平时工作学习之余全身心的投入才取得了如此的成果，这10卷本著作凝结了我们研究团队的每一位成员的智慧和劳动。

　　感谢每一位帮助过我们的人。

　　由于我们的学识有限，在这10卷本著作中难免存在疏漏与不足，我们真诚地希望读者能够提出批评指正，以使我们能够完善自身研究的缺陷与不足，在学术道路上能有进一步提升。